全国水利行业规划教材　高职高专水利水电类
中国水利教育协会策划组织

水利水电工程建筑物

（第2版）

主　编　宋东辉　吴伟民
副主编　李继国　潘　乐　邓　晓
　　　　郭书亮　徐瑛丽
主　审　宋春发

黄河水利出版社
·郑州·

内容提要

本书是全国水利行业规划教材，是根据中国水利教育协会职业技术教育分会高等职业教育教学研究会组织制定的水利水电工程建筑物课程标准编写完成的。全书分两篇，第一篇为水利水电工程建筑物基础知识，共分十一章，包括水利水电工程建筑物的发展与类型、重力坝、土石坝与堤防、其他坝型、水闸、河岸溢洪道、无压引水建筑物、有压引水建筑物、水电站水力过渡过程、水电站厂房、泵站的基本结构和构造的基本知识；第二篇为水利水电工程建筑物设计，共分十个设计项目，主要包括设计标准与设计文件编制、水利水电枢纽总体布置设计、重力坝的设计、土石坝与堤防的设计、水闸设计、无压引水建筑物设计、有压引水建筑物设计、水电站水力过渡过程计算、水电站厂房布置设计、泵站设计等。

本书适用于高职高专水利水电类专业以及建筑工程技术、工程监理、市政工程、道桥等土建类专业水利水电工程建筑物课程教学，亦可作为水利工程技术人员的参考书。

图书在版编目(CIP)数据

水利水电工程建筑物/宋东辉，吴伟民主编. —2 版.
郑州：黄河水利出版社，2018.2
全国水利行业规划教材
ISBN 978-7-5509-1850-4

Ⅰ.①水… Ⅱ.①宋…②吴… Ⅲ.①水工建筑物-高等职业教育-教材 Ⅳ.①TV6

中国版本图书馆 CIP 数据核字(2017)第 233424 号

组稿编辑：王路平　电话：0371-66022212　E-mail：hhslwlp@163.com

出 版 社：黄河水利出版社　网址：www.yrcp.com
地址：河南省郑州市顺河路黄委会综合楼 14 层　邮政编码：450003
发行单位：黄河水利出版社
发行部电话：0371-66026940、66020550、66028024、66022620(传真)
E-mail：hhslcbs@126.com
承印单位：河南承创印务有限公司
开本：787 mm×1 092 mm　1/16
印张：25
字数：580 千字　印数：1—3 100
版次：2009 年 11 月第 1 版　印次：2018 年 2 月第 1 次印刷
2018 年 2 月第 2 版

定价：52.00 元

第2版前言

本书是贯彻落实《国家中长期教育改革和发展规划纲要(2010—2020年)》、《国务院关于加快发展现代职业教育的决定》(国发〔2014〕19号)、《现代职业教育体系建设规划(2014—2020年)》和水利部、教育部《关于进一步推进水利职业教育改革发展的意见》(水人事〔2013〕121号)等文件精神,在中国水利教育协会指导下,由中国水利教育协会职业技术教育分会高等职业教育教学研究会组织编写的第三轮水利水电类专业规划教材。第三轮教材以学生能力培养为主线,体现出实用性、实践性、创新性的教材特色,是一套理论联系实际、教学面向生产的高职教育精品规划教材。

本书第1版是根据全国水利水电高职教研会和黄河水利出版社主办的水利类第二轮专业教材编写工作会议的精神,结合高职教育改革的要求编写的。

经过多年使用,在总结水利类高等职业技术教育多年教学经验的基础上,对第1版进行适当调整,以项目和任务为主线,将原内容重新整合和编排,分两篇编写,第一篇为水利水电工程建筑物基础知识,为理论教学的内容,以课堂教学为主,教学目的是掌握水利水电工程建筑物的基础知识,主要掌握技能是构造识图和构造绘图;第二篇为水利水电工程建筑物设计,并增加水泵站设计内容,为实训教学内容,以专题实训教学为主,教学目的是掌握水利水电工程建筑物设计的专业知识,主要掌握技能是设计计算能力、设计图绘制以及计算书和设计说明书的编制能力。

本书编写人员及编写分工如下:第一篇的第一章、第三章、第九章和第十一章由广东水利电力职业技术学院宋东辉编写,第二章和第五章由福建水利电力职业技术学院吴伟民编写,第四章由云南水利水电职业学院李继国编写,第六章由重庆水利电力职业技术学院邓晓编写,第七章由江西水利职业学院潘乐编写,第八章由重庆工贸职业技术学院郭书亮编写,第十章由浙江同济科技职业学院徐瑛丽编写。第二篇的项目一由李继国编写,项目二由郭书亮编写,项目三由吴伟民编写,项目四、项目八、项目九和项目十由宋东辉编写,项目五由徐瑛丽编写,项目六由邓晓编写,项目七由潘乐编写。本书由宋东辉、吴伟民担任主编,由宋东辉负责全书统稿;由李继国、潘乐、邓晓、郭书亮、徐瑛丽担任副主编;由安徽水利水电职业技术学院宋春发担任主审。

本书在编写过程中,参考和借鉴了多方面的教材、著作,在此对有关作者表示衷心感谢!尽管编者竭尽全力,但仍会有不足之处,恳请广大读者批评指正。

编 者

2017年6月

目录

第二篇　水利水电工程建筑物设计

第一篇　水利水电工程建筑物基础

第一章　绪　论

【教学要求】

掌握水利水电工程的基本任务，熟悉水利水电工程建筑物的组成与分类，了解我国水利水电工程建设与发展情况。

第一节　水利水电工程建设与发展

一、水利水电工程

水利水电工程是指本着除害兴利的目的兴建的，对自然界地表水和地下水进行控制与调配的工程。从兴利的目的来看，水利水电工程主要分为防洪工程、农田水利工程、水力发电工程、城市供水和排水工程、航运工程等。

水利水电工程按其所承担的任务叙述如下。

（一）防洪工程

防洪工程是指建立“上蓄下排”的防洪工程体系。

“上蓄”主要措施有：①在山地丘陵地区进行水土保持，拦截水土，有效地减少地面径流；②在干、支流的中上游兴建水库拦蓄洪水，调节下泄流量不超过下游河道的过流能力。水库作为一种蓄水工程，在汛期可以拦蓄洪水，削减洪峰，保护下游地区的安全；由于拦蓄的水流使水库水位抬高，可以用来满足灌溉、发电、供水、航运和淡水养殖的要求。

“下排”就是疏浚河道、修筑堤防、提高河道泄洪能力、减轻洪水威胁。筑堤防洪是一项重要且有效的措施，同时也需要加强汛期的防护、管理、监督等非工程措施，以确保安全。

此外，还可以采用“两岸分滞”的措施。在河道两岸适当位置修建分洪闸、引洪道、滞洪区等，将超过河道安全泄量的洪峰流量通过泄洪建筑物分流到该河道下游或其他水系，或者蓄于低洼地区（滞洪区），以保证河道两岸保护区的安全。滞洪区的规划与兴建，应根据当地经济发展情况、人口因素、地理情况和国家的需要，由国家统一安排。

（二）农田水利工程

农田水利工程是通过建闸修渠等工程措施，构建灌排系统，调节和改变农田水分状态和地区水利条件,使之符合农业生产发展的需要。农田水利工程一般包括:①取水工程,是从河流、湖泊、水库、地下水等水源适时适量地引取水量的工程。河流取水工程一般包括拦河坝(闸)、进水闸、冲沙闸、沉沙池等建筑物。当河流流量较大、水位较高,能满足引水灌溉要求时,可以不修建拦河坝(闸),直接引水灌溉。当水源水位较低时,可建提灌站,提水灌溉。②输水配水工程,是将一定流量的水流输送并配置到田间的建筑物的综合体。如各级固定渠道系统及渠道上的涵洞、渡槽、交通桥、分水闸等。③农田排水工程,包括各级排水渠及渠系建筑物。其作用是排泄暴雨或农田内多余的水分,使农田水分保持适宜状态,以适应农作物的正常生长。农田排水工程也需要考虑化肥、农药残渣的污染问题。

(三)水力发电工程

将有巨大能量的水流通过水轮机转换为机械能,并通过发电机将机械能转换为电能的工程称为水力发电工程。

落差、流量是水力发电的基本要素。为了利用天然河道的水能,需要采用工程措施集中落差,输送水量,使水流符合水力发电工程的要求。在山区常用的水能开发方式是拦河筑坝,形成水库,它既可以调节径流,又可以集中落差。在坡度很陡或有瀑布、急滩、弯道的河段,可以沿河岸修建引水建筑物(渠道、水洞)来集中落差。有条件的可以同时采用拦河坝和引水建筑物方式来开发水能。

(四)城市供水和排水工程

城市供水工程是指从天然水源中取水,经过净化、加压和输送管网供给城市、工矿企业等用水部门的工程;城市排水工程是指将工矿企业及城市的废水、污水和地面雨水排出的相关工程。城市供水对水质、水量及供水可靠性要求很高;城市排水必须符合国家相关规定的污水排放标准。

(五)航运工程

航运包括船运与筏运(木、竹浮运)。它运费低廉,运输量大,发展航运对物资交流、繁荣市场、促进经济和文化发展是很重要的。内河航运有天然水道(河流、湖泊等)和人工水道(运河、河网、水库、闸化河流等)两种。

利用天然河道通航,必须进行疏浚、河床整治,改善河道的弯曲情况,设立航道标志,以建立稳定的航道。但当河道航运深度不足时,可以通过拦河建闸、坝的措施抬高河道水位;或利用水库进行径流调节,改善水库下游的通航条件。

若在航道上建闸、坝等拦河建筑物,应同时修建通航建筑物。通航建筑物主要有升船机、船闸、过木道等。

二、我国水利水电工程建设与发展概况

我国是水利大国,像华夏文明一样,治水的历史源远流长,治水的成就灿烂辉煌。特殊的自然地理条件,决定了除水害、兴水利历来是我国治国安邦的大事。水利兴则天下定、仓廪实、百业兴。历代善治国者均以治水为重。中华人民共和国成立前,水利基础设施非常薄弱,水旱灾害十分频繁。中华人民共和国成立后,党和政府对水利高度重视,领导全国各族人民进行了大规模的水利建设,取得了举世瞩目的成就。之后,水利事业得到

了前所未有的发展,取得了辉煌的成就。

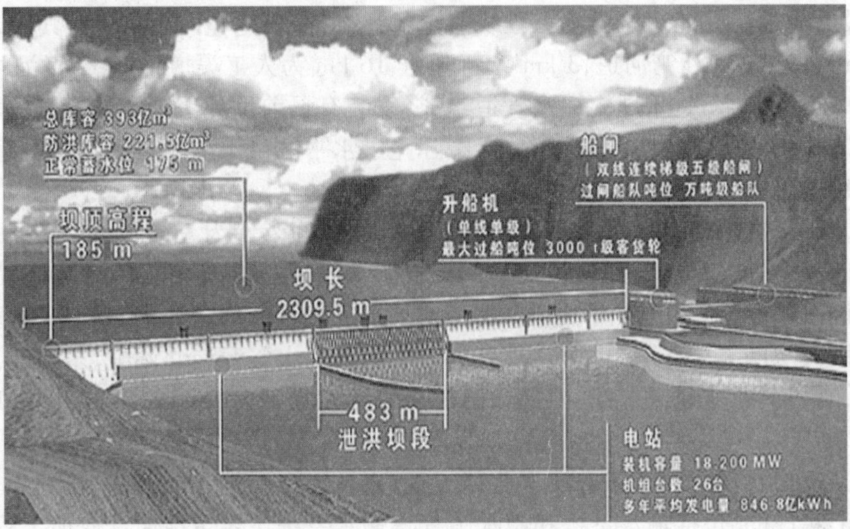

图 1-1-1　三峡水利枢纽工程

按照“蓄泄兼筹”和“除害与兴利相结合”的方针,我国对大江大河进行了大规模的治理。到 2010 年年底,我国累计修建、加固大江大河大湖等各类堤防 29.4 万 km,建成大中小型水库 8.79 万多座,我国主要江河初步形成了以堤防、河道整治、水库、蓄滞洪区等为主的工程防洪体系,以及预测预报、防汛调度、洪泛区管理、抢险救灾等非工程防护体系,使我国主要江河的防洪能力有了明显的提高。

在农田水利事业方面,我国共兴建万亩以上灌区 5 795 个、30 万亩以上灌区 349 个,全国灌溉总面积 6 635.2 万 hm^2,累计机电井灌区面积 1 780.7 万 hm^2。节水灌溉从无到有,统计到 2010 年节水灌溉面积已达 2 731.4 万 hm^2。

水力发电已成为我国日益重要的能源供应。我国水能资源丰富,理论蕴藏量为 6.76 亿 kW,可开发资源为 3.78 亿 kW,均占世界第一位。经过 60 多年的开发建设,一大批举世闻名的水利水电枢纽工程已经建成或正在建设。中华人民共和国成立初期,全国水电装机容量仅为 36 万 kW,年发电量 12 亿 kWh;到 2010 年年底,全国已建水电站装机容量 21 157 万 kW,年发电量 6 813 亿 kWh。在水电建设中,农村水电已经成为一支重要的力量。为了帮助中西部地区人民脱贫致富,在水电资源丰富的地区,大力进行水电开发建设,农村水电装机容量 5 924 万 kW,年发电量 2 044 亿 kWh。农村水电的发展,促进了农村经济和精神文明的发展,在农村奔小康中,担负着重要使命,有着举足轻重的作用。

三、我国城市供水工程建设与发展概况

在城市供水工程方面,我国主要建设了东深供水、引滦入津、南水北调等大型供水工程。其中,引滦入津工程是一个大规模的跨流域引水工程,该引水工程全长 234 km,集中布置 4 个大型泵站,分别采用多台叶片可调节的大型轴流泵和高压离心泵,全年引水总量为 10 亿多 m^3。

东深供水工程是在广东省东莞市内实现北水南调的一项宏伟工程。它于东莞桥头采

东江水，通过拦河筑坝及建立一系列抽水站，逐级提升水位，改东江支流石马河水由北向南倒流，最后输送到香港。该供水工程线路全长83 km(东莞境内64 km)，其中，50.5 km为石马河道，13 km为沙湾河道，3 km为新开河，16 km为人工渠道，由6个拦河坝、8个梯级抽水站、2个调节水库、35 km输水管道组成；安装有目前世界上同类型最大的液压全调节立轴抽芯式斜流泵，成功开发应用具有国际先进水平的供水工程自动化监控系统，工程建设技术总体上达到国际先进水平。

南水北调研究自20世纪50年代开始，总体布局被设计为三条调水线路，即西线工程、中线工程和东线工程，分别从长江上、中、下游调水，以适应西北、华北各地发展需要。通过三条调水线路与长江、黄河、淮河和海河四大江河的联系，逐步构成以“四横三纵”为主体的中国大水网。这样的总体布局，有利于实现我国水资源南北调配、东西互济的合理配置格局，对协调北方地区东部、中部和西部可持续发展对水资源的需求，具有重大的战略意义。

东线工程是在现有的江苏省江水北调工程、京杭运河工程、淮河现有工程和其他相关工程基础上建设的，包括输水系统和蓄水工程。输水系统主要包括输水河道工程、泵站工程、穿黄工程，有两个引水口，分别是淮河入长江的三江营和京杭运河入长江的高港。从长江到天津输水河道总长1 156 km，黄河地势最高，引水口处比黄河地面处低36～37 m。从长江引水到黄河南岸需建设13级泵站，总扬程65 m，穿过黄河将自流到天津。东线泵站特性是低扬程(2～6 m)、大流量(每台15～40 m^3/s)、运行时间长(5 000 h/a)。

中线工程地理位置优越，可基本自流输水，工程投资较大；但水源水质好，规划输水干线与现有河道全部立交，易于保护水质；输水渠线所处位置地势较高，不仅可解决京、津、冀、豫4省(直辖市)京广铁路沿线的城市供水问题，还有利于改善生态环境。中线工程由两个主要部分组成：水源区工程和输水系统。水源区工程为丹江口大坝续建工程和汉江中、下游补偿工程；输水系统包括汉江输水总干渠和天津干渠。输水总干渠开始于陶岔渠首，沿已建8 km渠道延伸，沿伏牛山南麓向东北，经南阳过白河跨方城垭口分水岭，经宝丰、禹州、新郑西部，于河南省省会郑州市西北部李村穿过黄河，在太行山东麓与京广线之间沿华北平原延伸，过唐县进入丘陵区，穿过北拒马河进入首都北京，穿永定河进入北京市区，终点为团城湖，总长1 273.72 km。总干渠渠首设计水位147.38 m，终点设计水位48.57 m，能沿全线自流。天津干渠总长154 km，从河北省徐水县西黑山北部分水口到天津西河闸。

西线工程从长江上游引水入黄河，是解决我国西北地区和华北部分地区干旱缺水的战略性工程。

黄河与长江之间有巴颜喀拉山相隔，黄河河床高于长江相应河床80～450 m。南水北调工程需筑高坝壅水或水泵提水，并开挖长隧洞穿过巴颜喀拉山。引水方式考虑自流和提水两种。无论采取哪种引水方式，都要修建高200 m左右的高坝和开挖长100 km以上的长隧洞。该工程引水的水源点多，调水区的水质好，但因地处长江上游，水量相对有限。西线工程引水处位于青藏高原东南部，属高寒缺氧地区，自然环境较为恶劣，交通不便，且处于褶皱强烈、活动断裂较为发育的强地震带，地质条件较为复杂，工程技术难点相对较多，工程投资大。

第二节　水利水电工程建筑物的类型

一、水利水电工程建筑物的类型

水利水电工程建筑物按分类标准不同,可分为不同的类型。

(一)按建筑物用途分类

水利水电工程建筑物按用途可分为以下几类:

(1)挡水建筑物。用以拦截江河,形成水库或壅高水位,如各种坝和闸,以及为防御洪水或挡潮,沿江河海岸修建的堤防、海塘等。

(2)泄水建筑物。用以宣泄在各种情况下特别是洪水期的多余入库水量,以确保大坝和其他建筑物的安全,如溢流坝、溢洪道、泄水隧洞等。

(3)输水建筑物。为灌溉、发电和供水的需要从上游向下游输水用的建筑物,如输水洞、引水管、渠道、渡槽等。输水建筑物还可分为有压输水(引水)建筑物和无压输水(引水)建筑物两类。

(4)取水建筑物。输水建筑物的首部建筑物,如进水闸、扬水站等。

(5)整治建筑物。用以整治河道、改善河道水流条件,如丁坝、顺坝、导流堤、护岸等。

(6)专门性水工建筑物。专门为灌溉、发电、供水、过坝需要而修建的建筑物,如水电站厂房、沉沙池、船闸、升船机、鱼道、筏道等。

(二)按建筑物使用时间分类

水利水电工程建筑物按使用时间的长短分为永久性建筑物和临时性建筑物两类。

(1)永久性建筑物。这种建筑物在运用中长期使用,根据其在整体工程中的重要性又可分为主要建筑物和次要建筑物。主要建筑物是指该建筑物失事后将造成下游灾害或严重影响工程效益,如闸、坝、泄水建筑物、输水建筑物及水电站厂房等;次要建筑物是指失事后不致造成下游灾害和对工程效益影响不大且易于检修的建筑物,如挡土墙、导流墙、工作桥及护岸等。

(2)临时性建筑物。这种建筑物仅在工程施工期间使用,如围堰、导流建筑物等。有些水工建筑物在枢纽中的作用并不是单一的,如溢流坝既可挡水,又能泄水;水闸既可挡水,又能泄水,还可作取水之用。

二、水电站的类型

在开发河流水能资源时,按集中落差形成水头的方式不同,将水电站分为坝式水电站、引水式水电站和混合式水电站三种。

(一)坝式水电站

主要依靠拦河筑坝(或闸)抬高水位、集中落差形成水头的水电站称为坝式水电站。坝式水电站有河床式水电站(见图1-1-2)、坝后式水电站(见图1-1-3)等类型。

当水头不大时,水电站厂房本身能承受上游水压力,成为挡水建筑物的一个组成部分,这种坝式水电站称为河床式水电站。河床式水电站多建于河流的中、下游,且水头较低。

图 1-1-2 河床式水电站

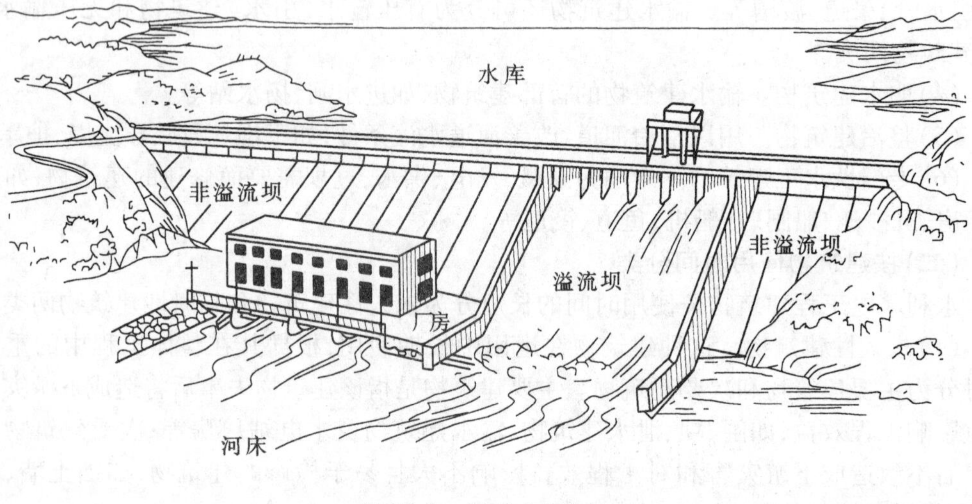

图 1-1-3 坝后式水电站

当水头较大时,水电站厂房难于独立承担上游水压力,因此厂房不能起挡水作用。水电站厂房一般布置在挡水坝下游,这种坝式水电站称为坝后式水电站。坝后式水电站多建于河流的中、上游,并具有一定的水库库容,对水量进行重新分配。

(二)引水式水电站

引水式水电站是在河段上游筑闸或低坝取水,经引水道引水至河段下游来集中落差形成水头的水电站,如图 1-1-4 所示。

这类水电站的水头主要依靠引水道来形成,多建于河流的中、上游,河道坡陡流急或有跌水,有时也修建于河流中、下游有大弯段的河段,利用裁弯取直集中水头。

引水道可以是无压的,也可以是有压的。

(三)混合式水电站

通过拦河筑坝集中部分落差,再通过有压引水道集中另一部分落差而形成总水头的水电站,称为混合式水电站,如图 1-1-5 所示。

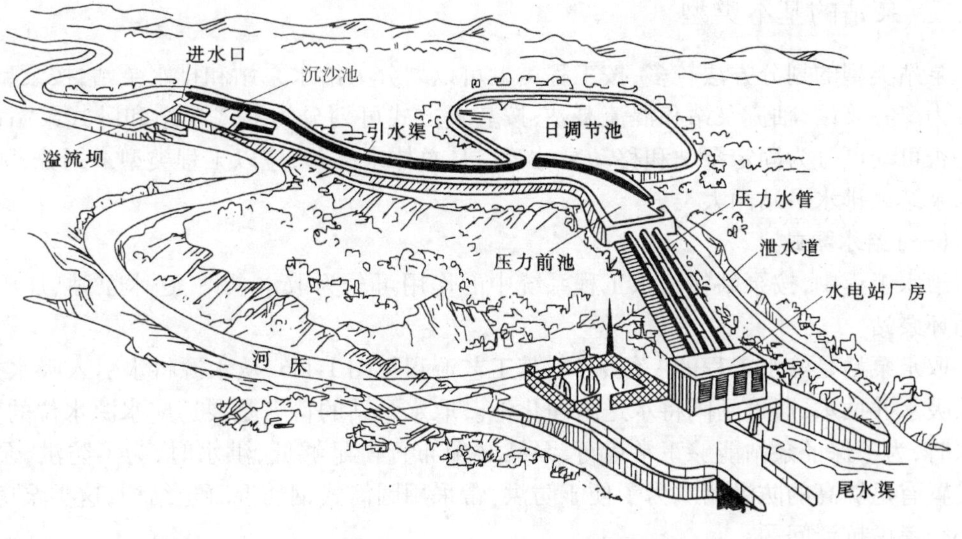

图 1-1-4　引水式水电站

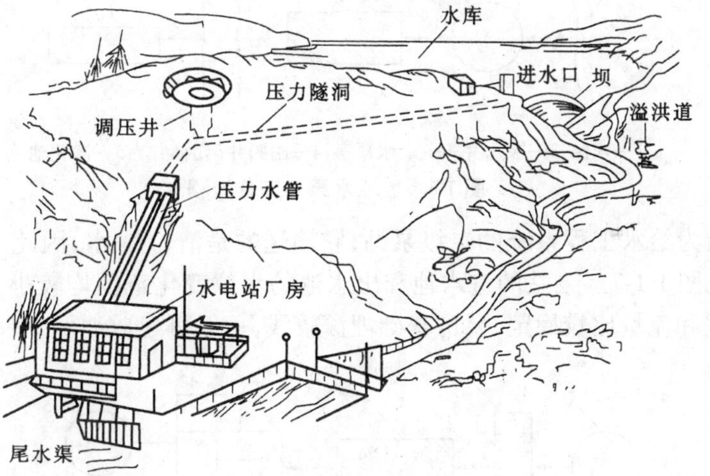

图 1-1-5　混合式水电站

当上游河段有良好的筑坝建库条件，且下游河段坡降大时，适于建混合式水电站。混合式水电站大多为中大型水电站。

（四）水电站的组成

（1）进水建筑物、输水建筑物。从河道或水库按发电要求将水引进引水道的建筑物，如有压进水口、无压进水口等为进水建筑物。将发电用水由进水建筑物输送给水轮发电机组的建筑物为输水建筑物，如明渠、隧道、压力管道等。

（2）平水建筑物。当水电站负荷变化时用以平稳引水建筑物中流量和压力的变化，保证水电站运行稳定的建筑物，如调压室、压力前池等。

（3）厂房建筑物。主要是指主厂房、副厂房、变压器场、高压开关站等建筑物。

三、泵站的基本类型

泵站类型的划分方法较多,按工程类型可以划分为给水泵站和排水泵站;按泵型可以划分为离心泵站、轴流泵站和混流泵站;按装置方式可划分为立式泵站和卧式泵站;按泵房是否可动可分为固定泵站和移动泵站等。从总体来区分,应以工程类型来划分,即分为给水泵站和排水泵站两大类。

(一)给水泵站

给水工程中,按泵站在给水工程系统中的作用可分为取水泵站、送水泵站、加压泵站及循环泵站。

取水泵站是给水工程的一级泵站,其工艺流程见图1-1-6,从水源将水引入吸水井,水泵从吸水井抽水,通过闸阀将水送入净化池。取水泵站的特点是要适应水源水位的变化,枯水时,为了保证泵站能够正常运行,泵站必须布置得足够低,洪水时,为了防洪,泵站必须设置有足够高的防洪墙。为了便于防洪,常采用圆筒式钢筋混凝土结构,这类泵房的设计必须考虑抗浮问题。

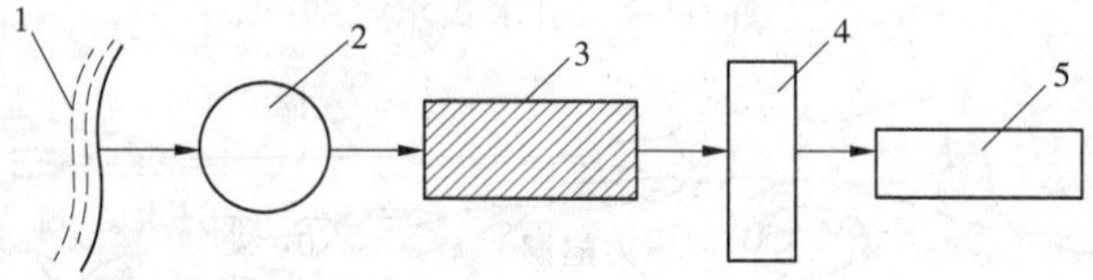

1—水源;2—吸水井;3—取水泵房;4—闸阀井(切换井);5—净化池

图1-1-6　取水泵站工艺流程

送水泵站为给水工程系统的二级泵站,它输送的是清(净)水,因此又称为清水泵站,其工艺流程见图1-1-7。泵站的进水池和出水池的水位变化范围均较小,通常不超过3~4 m,工作扬程和流量比较稳定,泵房基础埋深较浅,一般可建成地面式泵房。

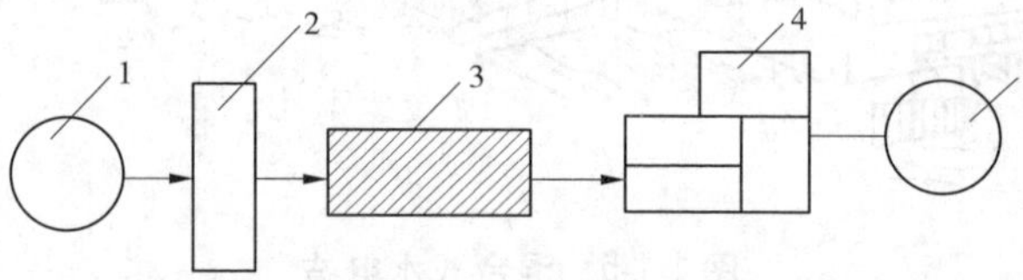

1—清水池;2—吸水井;3—送水泵站;4—管网;5—高地水池(水塔)

图1-1-7　送水泵站工艺流程

若供水管网面积比较大或输配水线路较长,由于地形起伏大,需要在输水管网中增设加压泵站,其工艺流程如图1-1-8所示。在工业生产中,当生产用水可以循环使用或经过简单处理后可回用时,需要设置循环泵站。例如,在水冷却用水系统中,需要设置两套泵系统,分别为热水泵和冷水泵系统,热水泵将生产中的热废水排出,输送到冷却构筑物进行降温,冷却后的水再由冷水泵抽送到生产车间重新使用。循环泵站工艺流程如图1-1-9所示。

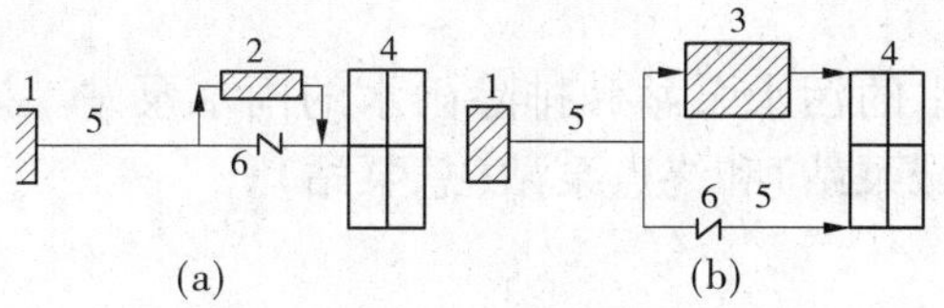

1—二级泵房；2—增压泵房；3—水库泵站；
4—配水管网；5—输水管；6—逆止阀

图 1-1-8　加压泵站供水方式

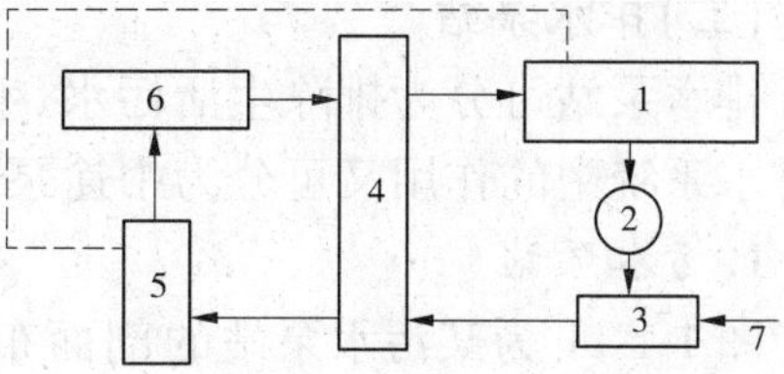

1—生产车间；2—净水构筑物；3—热水井；
4—循环泵站；5—冷却构筑物；6—集水池；7—补充新鲜水

图 1-1-9　循环泵站工艺流程

大型的调水工程需要分级设置提水泵站，一般根据地形变化沿程布置提水泵站，泵站规模比较大，多采用轴流泵或混流泵。取水泵站的布置简图如图 1-1-10 所示。

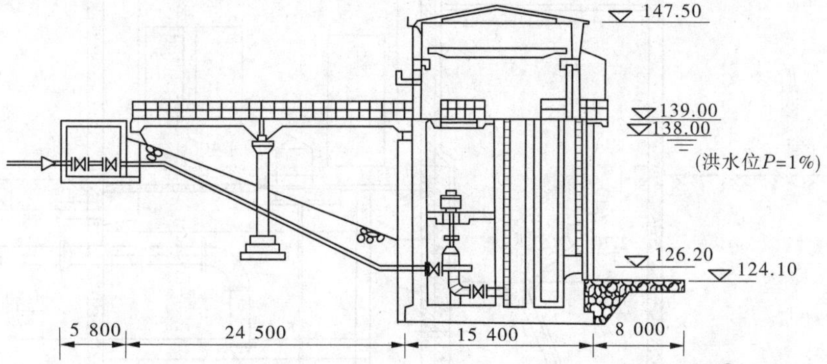

(a)剖面

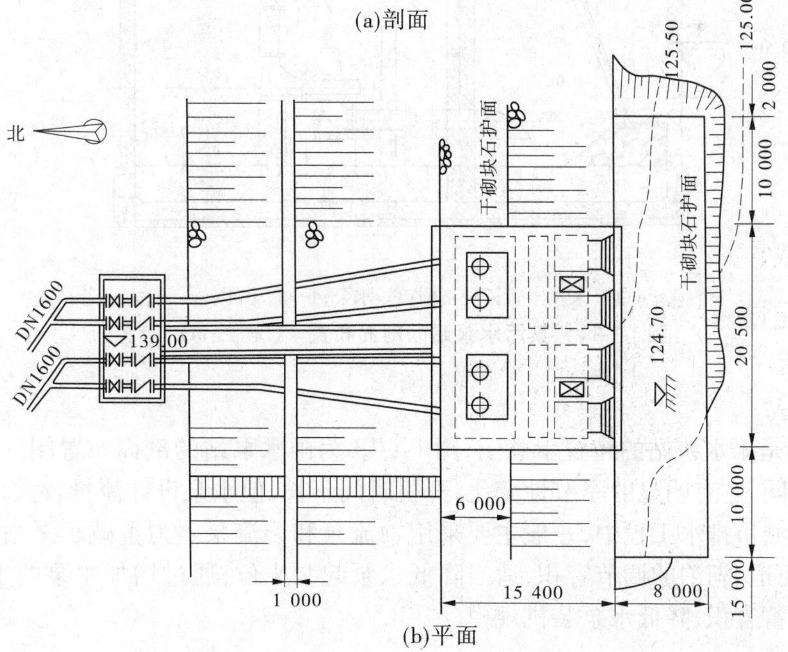

(b)平面

图 1-1-10　取水泵站布置简图　（单位：高程，m；尺寸，mm）

(二)排水泵站

排水泵站可分为排除生活污水、生产废水的污水泵站和排除雨水的雨水泵站。按其在排水系统中的作用又可分为中途泵站(区域泵站)和终点泵站(总泵站)。

1.污水泵站

图1-1-11为某污水泵站的剖面布置。污水泵站主要排除生活污水、生产废水,排水流量比较均匀,流量较小,没有明显的日间和季节变化;一般设置集水井,各种污水和废水汇集到集水井,水满后启动水泵抽水。因此,污水泵站水泵启动比较频繁,启动的次数和持续时间取决于集水井的容积。

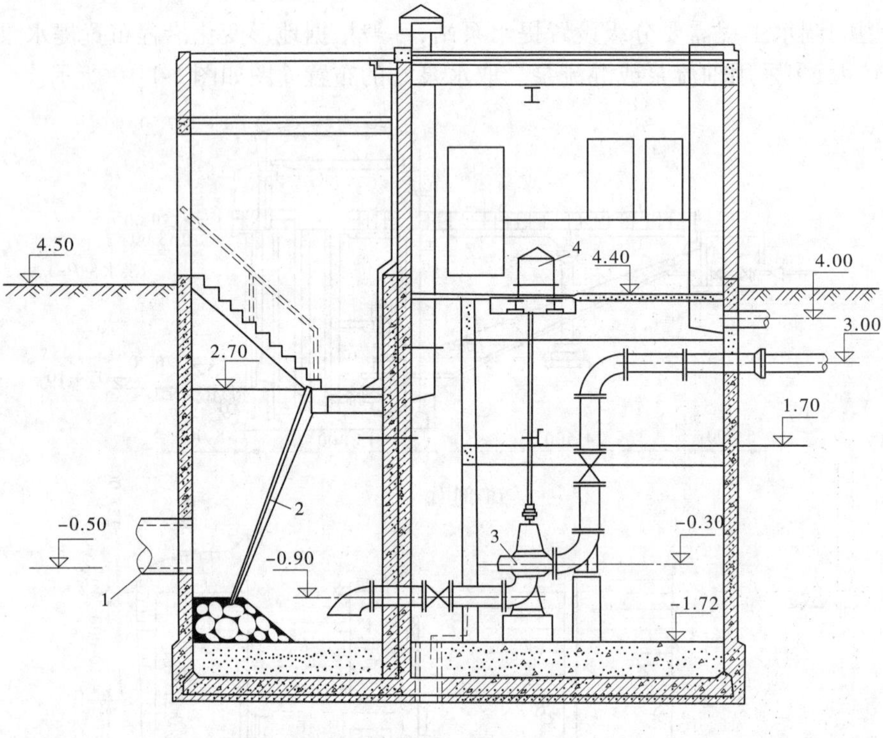

1—来水干管;2—格栅;3—水泵;4—电动机

图1-1-11 某污水泵站的剖面布置 (单位:m)

2.雨水泵站

图1-1-12是雨水泵站的布置示意图,图1-1-13为雨水泵站的剖面布置图。雨水泵站与污水泵站不同,它有明显的季节性变化,开机时间不长,但水泵设计流量较大,装机规模也比较大。在城市排水工程中,一般主要采用轴流泵和混流泵。为了减小泵站的装机规模,需要利用河道、湖泊的调节容积,适当降低水泵起泵水位,通过增加水泵的工作时间,增加更大的调蓄容积,降低水泵装机规模。

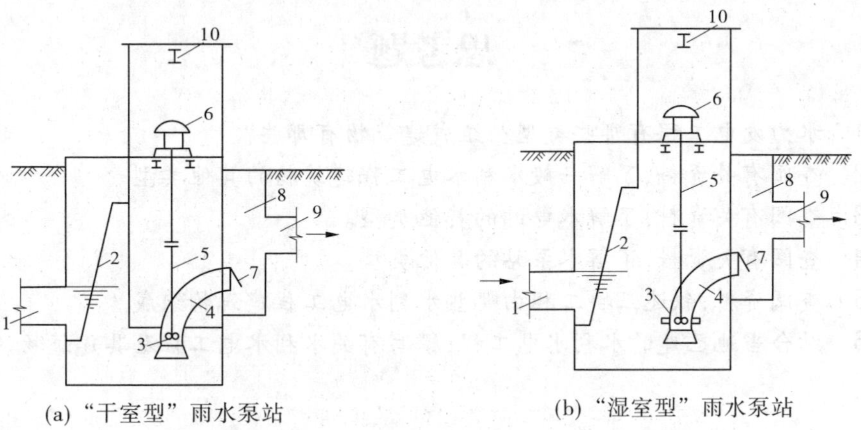

1—来水干管;2—格栅;3—水泵;4—压水管;5—传动轴;
6—立式电机;7—拍门;8—出水井;9—出水管;10—单梁吊车

图 1-1-12 "干室型"和"湿室型"雨水泵站的布置示意

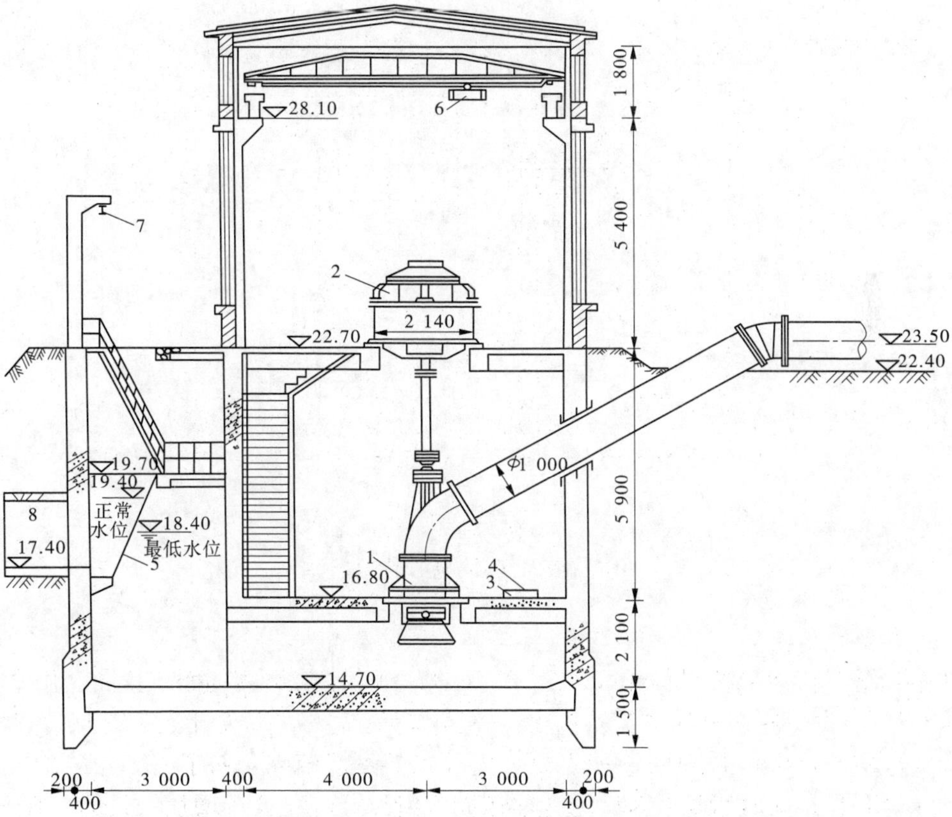

1—40ZLQ－50 型轴流泵;2—TDL 型电动机;3— 4BA－18A 型污水泵;4—JQ_2－52 型电动机;
5—格栅;6—A57 型电动单梁吊车;7—SH_5 型手动吊车;8—来水矩形渠

图 1-1-13 雨水泵站的剖面布置 （单位:高程,m;尺寸,mm)

思考题

1-1-1　水力发电工程有哪些类型？组成建筑物有哪些？

1-1-2　查阅有关资料,了解一般水利水电工程建筑物的其他类型。

1-1-3　查阅有关资料,了解水电站的其他类型。

1-1-4　查阅有关资料,了解水泵站的其他类型。

1-1-5　查阅资料,叙述三峡工程由哪些水利水电工程建筑物组成。

1-1-6　结合当地已建的水利水电工程,撰写有关水利水电工程及其建筑物的论文。

第二章　重力坝

【教学要求】

掌握重力坝的工作原理和工作特点，了解重力坝的分类，掌握岩石地基的处理措施，了解重力坝材料、构造和混凝土分区的依据。

第一节　重力坝类型

重力坝是一种古老而又广泛应用的坝型，因主要依靠坝体自重产生的抗滑力维持稳定而得名。它通常修建在岩基上，用混凝土或浆砌石筑成。坝轴线一般为直线，垂直坝轴线方向设有永久性横缝，将坝体分为若干个独立坝段，以适应温度变化和地基不均匀沉陷，坝的横剖面基本上是上游近于铅直的三角形，如图 1-2-1 所示。

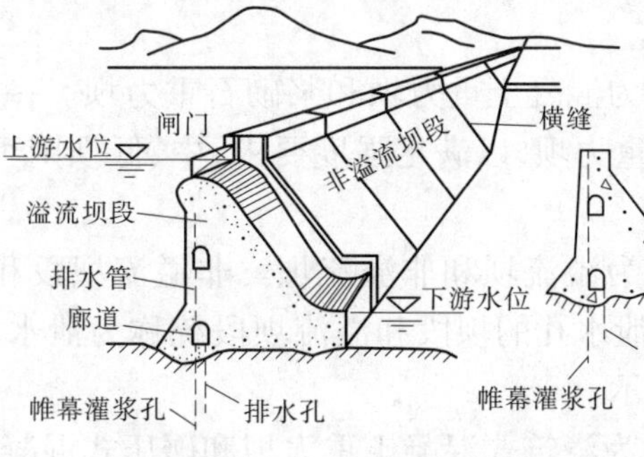

图 1-2-1　混凝土重力坝示意

一、重力坝的工作原理及特点

重力坝的工作原理是在水压力及其他荷载的作用下，主要依靠坝体自身重量在滑动面上产生的抗滑力来满足稳定要求；同时也依靠坝体自重在水平截面上产生的压应力来抵消由于水压力所引起的拉应力，以满足强度要求。与其他坝型比较，其主要特点有：

（1）结构作用明确，设计方法简便。重力坝沿坝轴线用横缝将坝体分成若干个坝段，各坝段独立工作，结构作用明确，稳定计算和应力计算都比较简单。

（2）泄洪和施工导流比较容易解决。重力坝的断面大，筑坝材料抗冲刷能力强，适用于在坝顶溢流和坝身设置泄水孔。在施工期可以利用坝体或底孔导流。枢纽布置方便紧凑，一般不需要另设河岸溢洪道或泄洪隧洞。在特殊情况下，即使从坝顶少量过水，一般也不会招致坝体失事，这是重力坝最大的优点。

（3）结构简单，施工方便，安全可靠。坝体放样、立模、混凝土浇筑和振捣都比较方便，有利于机械化施工。而且由于剖面尺寸大，筑坝材料强度高，耐久性好，因此抵抗水的渗透、冲刷,以及地震和战争破坏的能力都比较强,安全性较高。

(4)对地形、地质条件适应性强。地形条件对重力坝的影响不大,几乎任何形状的河谷均可修建重力坝。由于坝体作用于地基面上的压应力不高,所以对地质条件的要求也较低。重力坝对地基的要求虽比土石坝高,但低于拱坝及支墩坝,对于无重大缺陷、一般强度的岩基均可满足要求。

(5)受扬压力影响较大。坝体和坝基在某种程度上都是透水的,渗透水流将对坝体产生扬压力。由于坝体和坝基接触面较大,故受扬压力影响也大。扬压力的作用方向与坝体自重的方向相反,会抵消部分坝体的有效重量,对坝体的稳定和应力不利。

(6)材料强度不能充分发挥。由于重力坝的断面是根据抗滑稳定和无拉应力条件确定的,坝体内的压应力通常不大,使材料强度得不到充分发挥,这是重力坝的主要缺点。

(7)坝体体积大,水泥用量多,一般均需采取温控散热措施。许多工程因施工时温度控制不当而出现裂缝,有的甚至形成危害性裂缝,从而削弱坝体的整体性能。

二、重力坝的类型与选择

(1)按坝的高度分类,可分为高坝、中坝、低坝三类。坝高指的是坝体最低面(不包括局部深槽或井、洞)至坝顶路面的高度。坝高大于 70 m 的为高坝,坝高在 30 ~ 70 m 的为中坝,坝高小于 30 m 的为低坝。

(2)按筑坝材料分类,可分为混凝土重力坝和浆砌石重力坝。一般情况下,较高的坝和重要的工程经常采用混凝土重力坝,以满足强度要求;中、低坝则可以采用浆砌石重力坝,可以就地取材,减小投资。

(3)按泄水条件分类,可分为溢流坝和非溢流坝。非溢流坝段和溢流坝段是重力坝的主要组成坝段。坝体内设有泄水孔的坝段和溢流坝段统称为泄水坝段,非溢流坝段也可称为挡水坝段,如图 1-2-1 所示。

(4)按施工方法分类,可分为浇筑式混凝土重力坝和碾压式混凝土重力坝,可根据具体施工要求和施工技术条件来确定。

(5)按坝体的结构形式分类,可分为实体重力坝(见图 1-2-2(a))、宽缝重力坝(见图 1-2-2(b))、空腹重力坝(见图 1-2-2(c))。实体重力坝施工技术简单,适用于堤坝;宽缝重力坝、空腹重力坝结构复杂,但可以减小混凝土量,可以结合其他需要来设计,如坝内厂房的布置要求等,适用于中高重力坝。

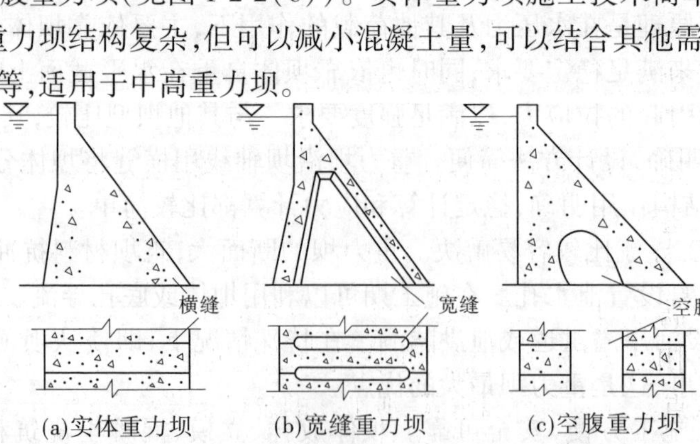

图 1-2-2　重力坝的形式

第二节　重力坝剖面

一、非溢流坝段

重力坝剖面设计的任务是在满足稳定和强度要求的条件下，求得一个施工简单、运用方便、体积最小的剖面。影响剖面设计的因素很多，主要有作用荷载、地形地质条件、运用要求、筑坝材料、施工条件等。其设计步骤一般是：首先，简化荷载条件并结合工程经验，拟定出基本剖面；其次，根据坝的运用和安全要求，将基本剖面修改为实用剖面，并进行稳定计算和应力分析；再次，优化剖面设计，得出满足设计原则条件下的经济剖面；最后，进行构造设计和地基处理。

（一）基本剖面

重力坝承受的主要荷载是静水压力、扬压力和自重，控制剖面尺寸的主要指标是稳定和强度要求。因为作用于上游面的水压力呈三角形分布，所以重力坝的基本剖面是三角形，如图 1-2-3 所示。

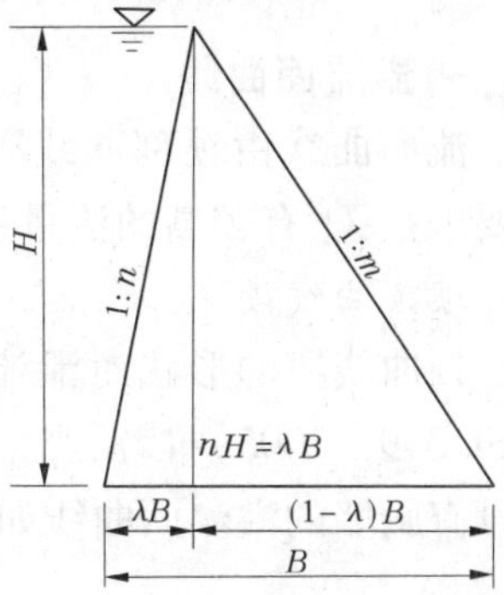

图 1-2-3　重力坝的基本剖面

图中坝高 H 是已知的，关键是要确定最小坝底宽 B 以及上下游边坡系数 n、m。经分析计算可知，坝体断面尺寸与坝基的好坏有着密切关系，当坝体与坝基的摩擦系数较大时，坝体断面由应力条件控制；当摩擦系数较小时，坝体断面由稳定条件控制。根据工程经验，重力坝基本剖面的上游边坡系数常采用 0～0.2，下游边坡系数常采用 0.6～0.8，坝底宽为坝高的 0.7～0.9 倍。

（二）实用剖面

1. 坝顶宽度

由于运用和交通的需要，坝顶应有足够的宽度。坝顶宽度应根据设备布置、运行、检修、施工和交通等需要确定，并满足抗震、特大洪水时抢护等要求。当无特殊要求时，混凝土坝坝顶最小宽度为 3 m，碾压混凝土坝最小宽度为 5 m，一般取坝高的 1/8～1/10。若有交通要求或有移动式启闭机设施，应根据实际需要确定。

2. 坝顶防浪墙

为避免坝体过大，实用剖面的坝顶可设置坝顶防浪墙，防浪墙顶的高程为坝顶高程，防浪墙高度一般不超过 1.5 m。

3. 剖面形式

有时为了同时满足稳定和强度的要求，重力坝的上游面布置成倾斜面或折面（见图 1-2-4），这样可利用部分水重，以满足坝体抗滑稳定的要求，同时也避免施工期下游面产生拉应力。折坡点高度应结合引水管、泄水孔的进口布置等因素确定，一般为坝前最大水头的 1/2～1/3。

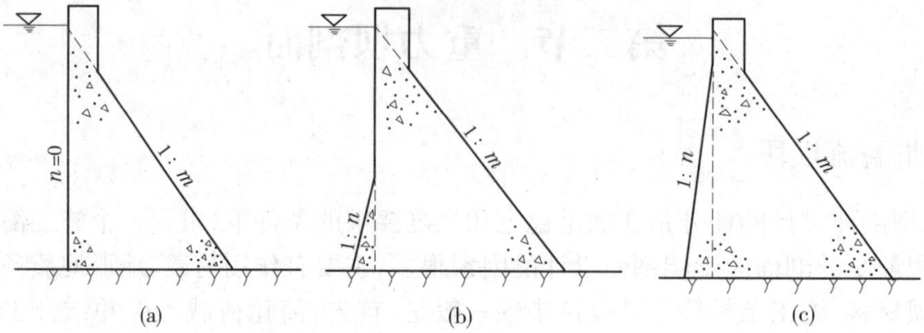

图1-2-4　重力坝常用剖面形式

二、溢流坝段

(一)溢流面曲线

溢流面曲线由顶部曲线段、中间直线段和下部反弧段三部分组成,如图1-2-5所示。设计要求是:①有较高的流量系数;②水流平顺,不产生空蚀。

1. 坝顶曲线段

坝顶曲线段的形状对泄流能力和流态有很大的影响。我国《混凝土重力坝设计规范》(SL 319—2005)推荐,当采用开敞式溢流孔时可采用WES幂曲线。

设有胸墙的溢流面曲线如图1-2-6所示。

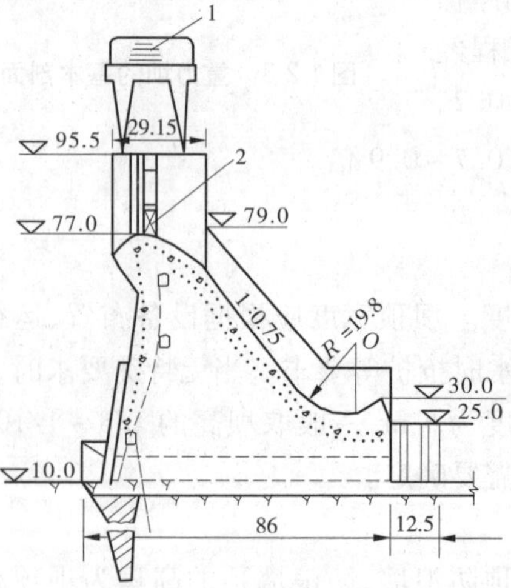

1—门机;2—工作闸门

图1-2-5　坝顶溢流式　(单位:m)

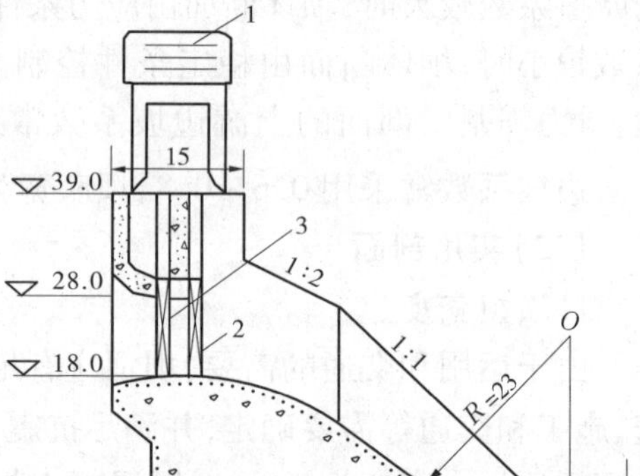

1—门机;2—工作闸门;3—检修闸门

图1-2-6　大孔口溢流式　(单位:m)

2. 中间直线段

中间的直线段与坝顶曲线段相连,和下部反弧段相切,坡度一般与非溢流坝段的下游坡度相同。具体应由稳定和强度分析及剖面设计确定。

3. 下部反弧段

溢流坝下部反弧段的作用是使溢流坝面下泄的水流平顺地与下游消能设施相衔接。

(二)溢流坝的结构布置

1. 闸门和启闭机

水工闸门按其功用可分为工作闸门、检修闸门和事故闸门。工作闸门用来控制下泄流量,需要在动水中启闭,要求有较大的启门力;检修闸门用于短期挡水,以便对工作闸门、建筑物及机械设备进行检修,一般在静水中启闭,启门力较小;事故闸门是在建筑物或设备出现事故时紧急应用,要求能在动水中快速关闭。溢流坝一般只设置工作闸门和检修闸门。工作闸门常设在溢流堰的顶部,有时为了使溢流面水流平顺,可将闸门设在堰顶稍下游一些。检修闸门和工作闸门之间应留有1~3 m的净距,以便进行检修。全部溢流孔通常备有1~2个检修闸门,交替使用。

常用的工作闸门有平面闸门和弧形闸门。平面闸门的主要优点是结构简单,闸墩受力条件较好,各孔口可共用一个活动式启闭机;缺点是启门力较大,闸墩较厚。弧形闸门的主要优点是启门力小,闸墩较薄,且无门槽,水流平顺,闸门开启时水流条件较好;缺点是闸墩较长,且受力条件差。

检修闸门通常采用平面闸门,小型工程也可采用比较简单的叠梁门。

启闭机有活动式和固定式两种。活动式启闭机多用于平面闸门,可以兼用启吊工作闸门和检修闸门。固定式启闭机有螺杆式、卷扬式和液压式三种。

2. 闸墩和工作桥

闸墩的作用是将溢流坝前缘分隔为若干个孔口,并承受闸门传来的水压力(支承闸门),也是坝顶桥梁和启闭设备的支承结构。

闸墩的断面形状应使水流平顺,减小孔口水流的侧收缩。闸墩上游端常采用三角形、半圆形和流线形,下游端多为半圆形和流线形,以使水流平顺扩散。闸墩厚度与闸门形式有关。由于平面闸门的闸墩设有闸槽,工作闸门槽深一般不小于0.3 m,宽0.5~1.0 m,最优宽深比宜取1.6~1.8;检修门槽深一般为0.15~0.25 m,宽0.15~0.3 m,故闸墩厚度一般为2.0~4.0 m,弧形闸门闸墩的厚度为1.5~3.0 m。如果是缝墩,墩厚要增加0.5~1.0 m。闸墩通常需要配置受力钢筋和构造钢筋,并将钢筋伸入坝体受压区内,配筋数量由闸墩结构计算确定。

闸墩的长度和高度,应满足布置闸门、工作桥、交通桥和启闭机械的要求,如图1-2-7所示。

工作桥多采用钢筋混凝土结构,大跨度的工作桥也可采用预应力钢筋混凝土结构。工作桥的平面布置应满足启闭机械的安装和运行要求。

溢流坝两侧设边墩,也称边墙或导水墙,一方面起闸墩的作用,另一方面起分隔溢流段和非溢流段的作用,如图1-2-8所示。边墩从坝顶延伸到坝趾,边墙高度由溢流水面线决定,并应考虑溢流面上水流的冲击波和掺气所引起的水面增高,一般应高出掺气水面1~1.5 m。当采用底流式消能工时,边墙还需延长到消力池末端形成导水墙。

3. 横缝的布置

溢流坝段的横缝有两种布置方式:①缝设在闸墩中间,如图1-2-9(a)所示,各坝段产

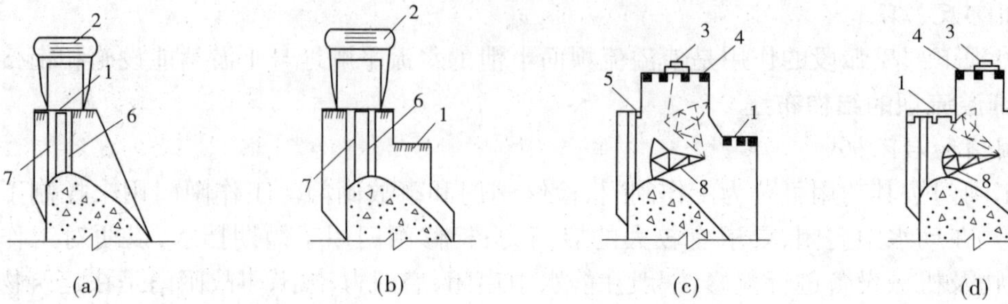

1—公路桥;2—门机;3—启闭机;4—工作桥;5—便桥;6—工作闸槽;7—检修门槽;8—弧形闸门

图 1-2-7　溢流坝顶布置

生不均匀沉陷时不影响闸门启闭,工作可靠,缺点是闸墩厚度增大。②缝设在溢流孔跨中,如图1-2-9(b)所示,闸墩可以较薄,但易受地基不均匀沉陷的影响,且水流在横缝上流过,易造成局部水流不顺,适用于基岩较坚硬、完整的情况。

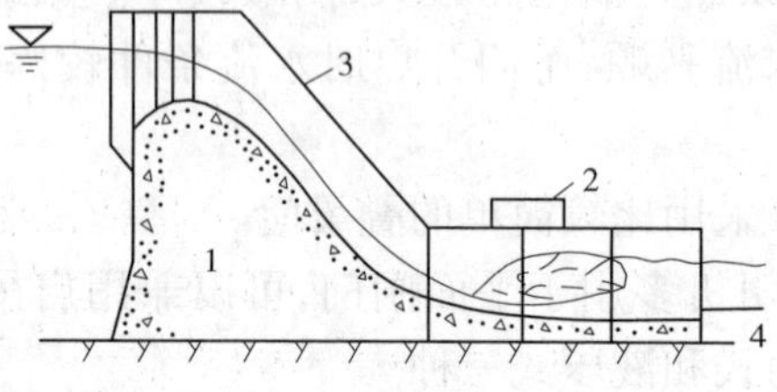

1—溢流坝;2—水电站;3—边墙;4—护坦

图 1-2-8　边墙和导水墙

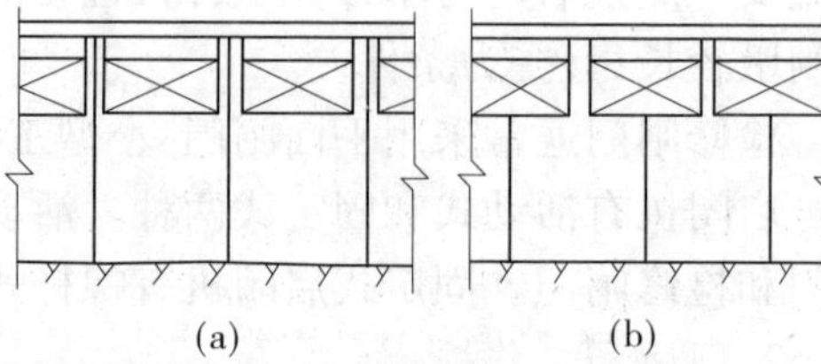

图 1-2-9　溢流坝段横缝布置

第三节　重力坝的材料及构造

一、混凝土重力坝的材料

(一)水工混凝土的特性指标

建造重力坝的混凝土,除应有足够的强度承受荷载外,还要有一定的抗渗性、抗冻性、抗侵蚀性、抗冲耐磨性以及低热性等。

1. 混凝土的强度

混凝土按标准立方体试块抗压极限强度分为12个强度等级,用符号C表示。重力坝常用的有C7.5、C10、C15、C20、C25、C30六个级别。混凝土的强度随龄期而增加,坝体混凝土抗压强度一般采用90 d龄期强度,保证率为80%。抗拉强度采用28 d龄期强度,一般不采用后期强度。

2. 混凝土的耐久性

混凝土的耐久性包括抗渗性、抗冻性、抗冲耐磨性、抗侵蚀性等。

(1)抗渗性是指混凝土抵抗水压力渗透作用的能力。抗渗性可用抗渗等级表示,抗渗等级是用28 d龄期的标准试件测定的,分为W2、W4、W6、W8、W10和W12六级。重力坝所采用的抗渗等级应根据所在的部位及承受的渗透水力坡降进行选用。

(2)抗冻性是表示混凝土在饱和状态下能经受多次冻融循环而不破坏,同时也不严重降低强度的性能。混凝土抗冻性用抗冻等级表示。抗冻等级是用28 d龄期的试件采用快冻试验测定的,分为F50、F100、F150、F200、F300五级。采用时,应根据建筑物所在地区的气候分区、年冻融循环次数、表面局部小气候条件、结构构件重要性和检修的难易程度等因素确定混凝土的抗冻等级。

(3)抗冲耐磨性是指混凝土抗高速水流或挟沙水流的冲刷、磨损的性能。目前,对于抗冲耐磨性尚未定出明确的技术标准。根据经验,使用高等级硅酸盐水泥或硅酸盐大坝水泥拌制成的高等级混凝土,其抗冲耐磨性较强,且要求骨料坚硬、振捣密实。

(4)抗侵蚀性是指混凝土抵抗环境侵蚀的性能。当环境水有侵蚀时,应选择抗侵蚀性能较好的水泥,水位变化区及水下混凝土的水灰比,可比常态混凝土的水灰比减少0.05。

为了降低水泥用量并提高混凝土的性能,在坝体混凝土内可适量掺加粉煤灰掺合料及引气剂、塑化剂等外加剂。

(二)坝体混凝土分区

混凝土重力坝坝体各部位的工作条件及受力条件不同,对上述混凝土材料性能指标的要求也不同。为了满足坝体各部位的不同要求,节省水泥用量及工程费用,把安全与经济统一起来,通常将坝体混凝土按不同工作条件分为6个区,如图1-2-10所示。

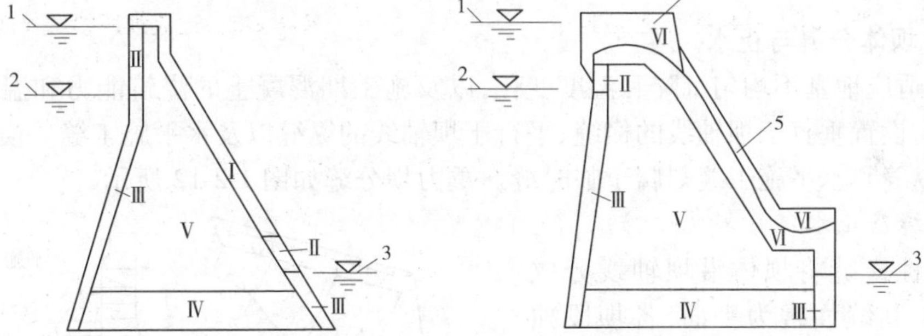

1—上游最高水位;2—上游最低水位;3—下游最低水位;4—闸墩;5—导墙

图1-2-10 坝体混凝土分区示意

Ⅰ区——上下游水位以上坝体表层混凝土,其特点是受大气影响;

Ⅱ区——上下游水位变化区坝体表层混凝土,既受水的作用,也受大气影响;

Ⅲ区——上下游最低水位以下坝体表层混凝土;

Ⅳ区——坝体基础混凝土;

Ⅴ区——坝体内部混凝土;

Ⅵ区——抗冲刷部位的混凝土(如溢流面、泄水孔、导墙和闸墩等)。

为了便于施工,当选定各区混凝土强度等级时,强度等级的类别应尽量少,相邻区的强度等级相差应不超过两级,以免由于性能差别太大而引起应力集中或产生裂缝。分区的厚度一般不得小于 2 ~ 3 m,以便浇筑施工。

二、混凝土重力坝的构造

重力坝的构造设计包括坝顶构造、坝体分缝、止水、排水、廊道布置等内容。这些构造的合理选型和布置,可以改善重力坝工作性能,满足运用和施工上的要求,保证大坝正常工作。

(一) 坝顶构造

非溢流坝坝顶上游侧一般设有防浪墙,防浪墙宜采用与坝体连成整体的钢筋混凝土结构,高度一般为 1.2 m,防浪墙在坝体横缝处应留伸缩缝并设止水。坝顶路面一般为实体结构(见图 1-2-11(a)),并布置排水系统和照明设备。也可采用拱形结构支承坝顶路面(见图 1-2-11(b)),以减轻坝顶重量,有利于抗震。

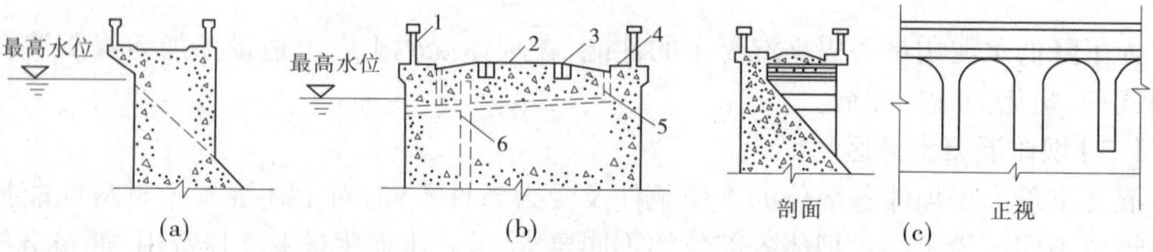

1—防浪墙;2—公路;3—起重机轨道;4—人行道;5—坝顶排水管;6—坝体排水管

图 1-2-11　非溢流坝坝顶构造

(二) 坝体分缝与止水

为了适应地基不均匀沉降和温度变化,以及施工期混凝土的浇筑能力和温度控制等要求,常需设置垂直于坝轴线的横缝、平行于坝轴线的纵缝以及水平施工缝。横缝一般是永久缝,纵缝和水平施工缝则属于临时缝。重力坝分缝如图 1-2-12 所示。

1. 横缝及止水

永久性横缝将坝体沿坝轴线分成若干坝段,其缝面常为平面,各坝段独立工作。横缝可兼作伸缩缝和沉降缝,间距(坝段长度)一般为 12 ~ 20 m,当坝内设有泄水孔或电站引水管道时,还应考虑泄水孔和电站机组间距;对于溢流坝段,还要结合溢流孔口尺寸进行布置。

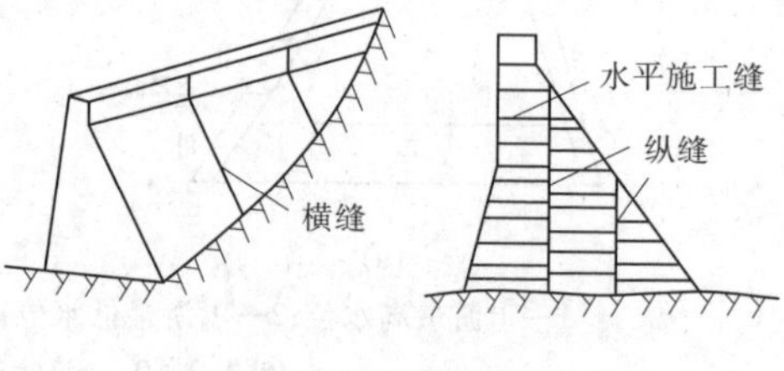

图 1-2-12　坝体分缝示意

横缝内需设止水设备,止水材料有金属片、橡胶、塑料及沥青等。高坝的横缝止水应采用两道金属止水铜片和一道防渗沥青井,如图 1-2-13 所示。对于中、低坝的止水可适当简化,中坝第二道止水片可采用橡胶或塑料等,低坝经论证也可仅设一道止水片。金属止水片的厚度一般为 1.0 ~ 1.6 mm,加工成“卜”形,以便更好地适应伸缩变形。第一道止水片距上游坝面为 0.5 ~ 2.0 m,以后各道止水设备之间的距离为 0.5 ~ 1.0 m;止水每侧埋入混凝土的长度为 20 ~ 25 cm。沥青井为方形或圆形,边长或内径为 15 ~ 25 cm,为便于施工,后浇坝段一侧可用预制混凝土块构成,井内灌注石油沥青和设置加热设备。

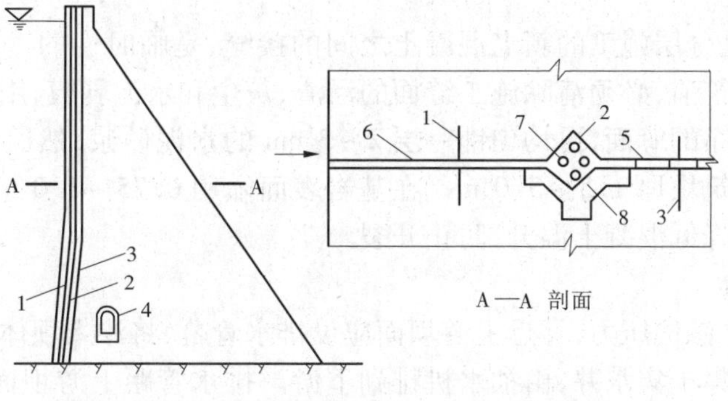

1—第一道止水铜片;2—沥青井;3—第二道止水铜片;
4—廊道止水;5—横缝;6—沥青油毡;7—加热电极;8—预制块

图 1-2-13　横缝止水构造

止水片及沥青井需伸入基岩 30～50 cm,止水片必须延伸到最高水位以上,沥青井需延伸到坝顶。溢流孔口段的横缝止水应沿溢流面至坝体下游尾水位以下,穿越横缝的廊道和孔洞周边均需设止水片。

当遇到下述情况时,可将横缝做成临时性横缝:①若河谷狭窄,做成整体式重力坝,可适当发挥两岸的支撑作用,有利于坝体的强度和稳定;②若岸坡较陡,将各坝段连成整体,以改善岸坡坝段的稳定性;③坐落在软弱破碎带上的各坝段,连成整体可增加坝体刚度;④在强地震区,各坝段连成整体可提高坝段的抗震性能。

2. 纵缝

为了适应混凝土的浇筑能力和减少施工期的温度应力,常在平行坝轴线方向设纵缝,将一个坝段分成几个坝块,待坝体降到稳定温度后再进行接缝灌浆。常用的纵缝形式有竖直纵缝、斜缝和错缝等,如图 1-2-14 所示。纵缝间距一般为 15～30 m。为了在接缝之间传递剪力和压力,缝内还必须设置足够数量的三角形键槽(见图 1-2-15)。斜缝适用于中、低坝,可不灌浆。错缝也不做灌浆处理,施工简便,可在低坝上使用。

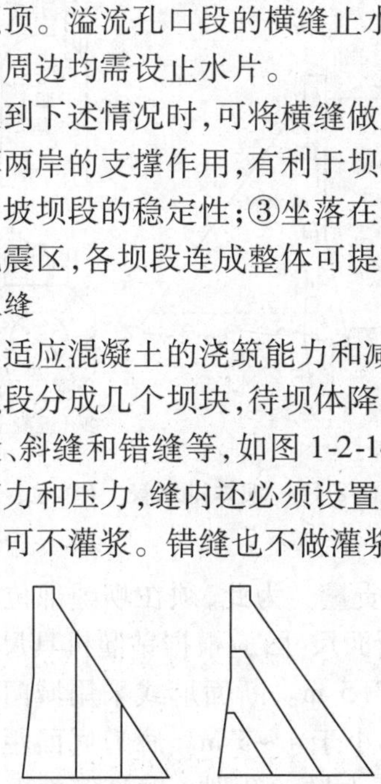

图 1-2-14　重力坝纵缝布置

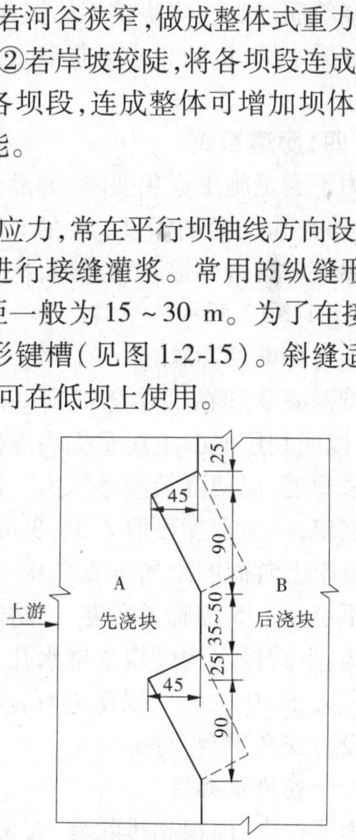

图 1-2-15　三角形键槽　(单位:cm)

3. 水平施工缝

水平施工缝是分层施工的新老混凝土之间的接缝,是临时性的。为了使施工缝结合好,在新混凝土浇筑前,必须清除施工缝面的浮渣、灰尘和水泥乳膜,用风水枪或压力水冲洗,使表面成为干净的麻面,再均匀铺一层2~3 cm的水泥砂浆,然后浇筑。国内外普遍采用薄层浇筑,浇筑块厚1.5~3.0 m。在基岩表面须用0.75~1.0 m厚的薄层浇筑,以便通过表面散热,降低混凝土温升,防止开裂。

(三)坝体排水

为了减少坝体渗透压力,靠近上游坝面应设排水管幕,将渗入坝体的水由排水管排入廊道,再由廊道汇集于集水井,由抽水机排到下游。排水管距上游坝面的距离,一般要求不小于坝前水头的1/15~1/25,且不小于2 m,以使渗透坡降在允许范围以内。排水管的间距为2~3 m,上下层廊道之间的排水管应布置成垂直的或接近于垂直方向,不宜有弯头,以便检修。

排水管可采用预制无砂混凝土管、多孔混凝土管,内径为15~25 cm,见图1-2-16。排水管施工时用水泥浆砌筑,随着坝体混凝土的浇筑而加高。当浇筑坝体混凝土时,须保护好排水管,以防止水泥浆漏入而造成堵塞。

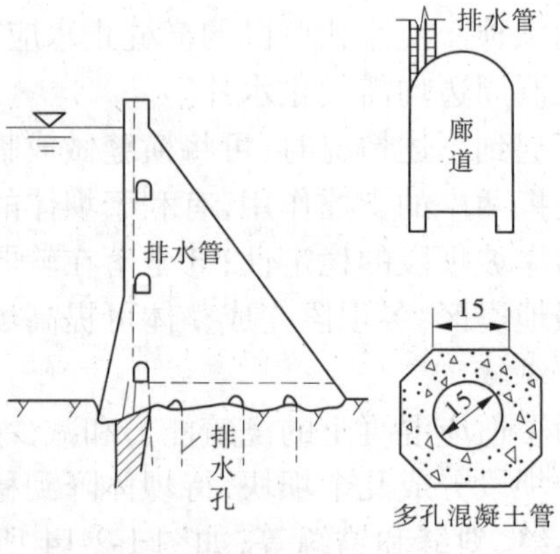

图1-2-16 坝体排水管 (单位:cm)

(四)廊道系统

为了满足施工运用要求,如灌浆、排水、观测、检查和交通的需要,须在坝体内设置各种廊道。这些廊道互相连通,构成廊道系统,如图1-2-17所示。

1. 基础灌浆廊道

帷幕灌浆须在坝体浇筑到一定高程后进行,以便利用混凝土压重提高灌浆压力,保证灌浆质量。为此,须在坝踵部位沿纵向设置灌浆廊道,以便降低渗透压力。基础灌浆廊道的断面尺寸,应根据钻灌机具尺寸及工作要求确定,一般宽度可取2.5~3 m,高度可为3.0~3.5 m。断面形式采用城门洞形。灌浆廊道距上游面的距离可取0.05~0.1倍水头,且不小于4~5 m。廊道底面距基岩面的距离不小于1.5倍廊道宽度,以防廊道底板被灌浆压力掀动开裂。廊道底面上下游侧设排水沟,下游排水沟设坝基排水孔及扬压力观测孔。灌浆廊道沿地形向两岸逐渐升高,坡度不宜大于40°~45°,以便进行钻孔、灌浆操作和搬运灌浆设备。对坡度较陡的长廊,应分段设置安全平台及扶手。

2. 检查排水廊道

为了检查、巡视和排除渗水,常在靠近坝体上游面沿高度方向每隔15~30 m设置检查排水廊道。断面形式多采用城门洞形,最小宽度为1.2 m,最小高度为2.2 m,与上游面距离应不小于0.05~0.07倍水头,且不小于3 m。寒冷地区应适当加厚。

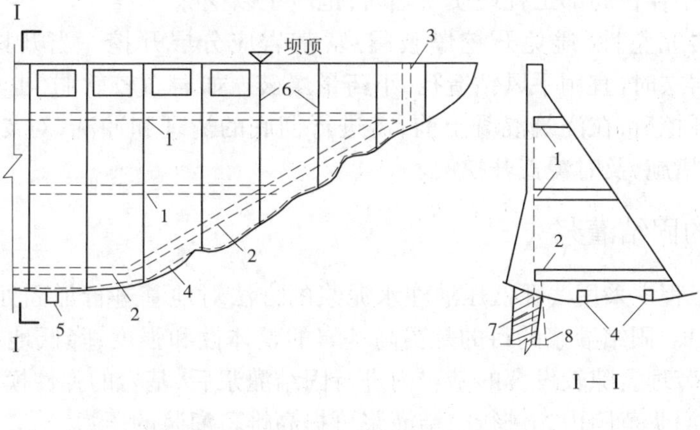

1—检查廊道;2—基础灌浆廊道;3—竖井;4—排水廊道;
5—集水井;6—横缝;7—灌浆帷幕;8—排水孔幕

图1-2-17 廊道和竖井系统布置

第四节 重力坝的地基处理

重力坝承受较大的荷载,对地基的要求较高,它对地基的要求介于拱坝和土石坝之间。除少数较低的重力坝可建在土基上之外,一般须建在岩基上。然而天然基岩经受长期地质构造运动及外界因素的作用,存在着风化、节理、裂隙、破碎等缺陷,在不同程度上破坏了基岩的整体性和均匀性,降低了基岩的强度和抗渗性。因此,必须对地基进行适当的处理,以满足重力坝对地基的要求。这些要求包括:①具有足够的强度,以承受坝体的压力;②具有足够的整体性、均匀性,以满足坝基抗滑稳定和减少不均匀沉陷;③具有足够的抗渗性,以满足渗透稳定,控制渗流量;④具有足够的耐久性,以防止岩体性质在水的长期作用下发生恶化。

重力坝的地基处理一般包括坝基的开挖清理,对基岩进行固结灌浆和防渗帷幕灌浆,设置基础排水系统,对特殊软弱带如断层、破碎带进行专门的处理等。

一、坝基的开挖与清理

坝基开挖与清理的目的是使坝体坐落在稳定、坚固的地基上。开挖深度应根据坝基应力、岩石强度及完整性,结合上部结构对地基的要求、地基加固处理的效果、工期和费用等研究确定。我国《混凝土重力坝设计规范》(SL 319—2005)要求,凡100 m以上的高坝须建在新鲜、微风化或弱风化下部基岩上;100~50 m的坝可建在微风化至弱风化中部基岩上;当坝高小于50 m时,可建在弱风化层中部或上部基岩上。同一工程中,两岸较高部位的坝段,其利用基岩的标准可比河床部位适当放宽。

坝基开挖的边坡必须保持稳定。在顺河方向,各坝段基础面上、下游高差不宜过大,为有利于坝体的抗滑稳定,可开挖成略向上游倾斜;两岸岸坡应开挖成台阶形,以利于坝块的侧向稳定;基坑开挖轮廓应尽量平顺,避免有高差悬殊的突变,以免应力集中造成坝体裂缝；当地基中存在局部工程地质缺陷时，也应予以挖除。

为保持基岩完整性，避免开挖爆破震裂，基岩应分层开挖。当开挖到距设计高程0.5～1.0 m的岩层时，宜用手风钻造孔，小药量爆破。如岩石较软弱，也可用人工借助风镐清除。基岩开挖后，在浇筑混凝土前，需进行彻底的清理和冲洗；对易风化、泥化的岩体，应采取保护措施，及时覆盖开挖面。

二、坝基的固结灌浆

在重力坝工程中采用浅孔低压灌注水泥浆的方法对地基进行加固处理，称为固结灌浆（见图1-2-18）。固结灌浆的目的是提高基岩的整体性和强度，降低地基的透水性。现场试验表明，在节理裂隙较发育的基岩内进行固结灌浆后，基岩的弹性模量可提高2倍甚至更多，在帷幕灌浆范围内先进行固结灌浆可提高帷幕灌浆的压力。

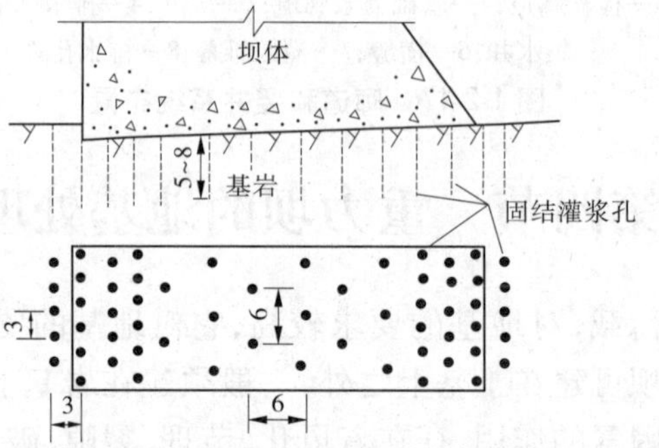

图1-2-18　固结灌浆孔的布置　（单位：m）

固结灌浆孔一般布置在应力较大的坝踵和坝趾附近，以及节理裂隙发育和破碎带范围内。灌浆孔呈梅花形布置，孔距、排距和孔深根据坝高、基岩的构造情况确定，一般孔距3～4 m，孔深5～8 m。帷幕上游区的孔深一般为8～15 m，钻孔方向垂直于基岩面。当无混凝土盖重灌浆时，压力一般为0.2～0.4 MPa，有盖重时为0.4～0.7 MPa，以不掀动基础岩体为原则。

三、帷幕灌浆

帷幕灌浆的目的是降低坝底的渗透压力，防止坝基内产生机械或化学管涌，减少坝基和绕渗渗透流量。帷幕灌浆是在靠近上游坝基布设一排或几排深钻孔，利用高压灌浆充填基岩内的裂隙和孔隙等渗水通道，在基岩中形成一道相对密实的阻水帷幕（见图1-2-19）。帷幕灌浆的材料目前最常用的是水泥浆，水泥浆具有结石体强度高，经济和施工方便等优点。在水泥浆灌注困难的地方，可考虑采用化学灌浆。化学灌浆具有很好的灌注性能，能够灌入细小的裂隙，抗渗性好，但价格昂贵，又易造成环境污染，使用时需慎重。

防渗帷幕的深度应根据基岩的透水性、坝体承受的水头和降低坝底渗透压力的要求确定。当坝基下存在可靠的相对隔水层时，帷幕应伸入相对隔水层内3～5 m。不同坝高所要求的相对隔水层的透水率 q（1 m长钻孔在1 MPa水压力作用下，1 min内的透水量）应采取下列不同标准：坝高在100 m以上，$q=1\sim3$ Lu；坝高在100～50 m，$q=3\sim5$ Lu；坝

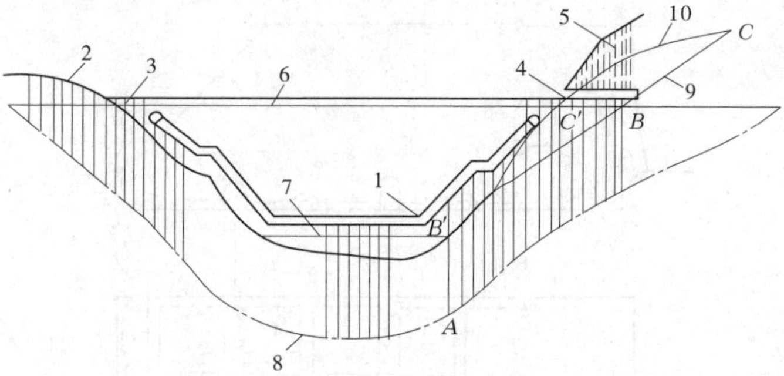

1—灌浆廊道;2—山坡钻进;3—坝顶钻进;4—灌浆平洞;5—排水孔;6—最高库水位;
7—原河水位;8—防渗帷幕底线;9—原地下水位线;10—蓄水后地下水位线

图 1-2-19 防渗帷幕沿坝轴线的布置

高在 50 m 以下,$q=5$ Lu。如相对隔水层埋藏很深,帷幕深度可根据降低渗透压力和防止渗透变形的要求确定,一般可在 0.3 ~ 0.7 倍水头范围内选取。

防渗帷幕的排数、排距及孔距,应根据坝高、作用水头、工程地质、水文地质条件确定。在一般情况下,高坝可设两排,中坝设一排。当帷幕由两排灌浆孔组成时,可将其中的一排钻至设计深度,另一排可取其深度的 1/2 左右。帷幕灌浆孔距为 1.5 ~ 3.0 m,排距宜比孔距略小。

帷幕灌浆需要从河床向两岸延伸一定的范围,形成一道从左到右的防渗帷幕。当相对不透水层距地面较近时,帷幕可伸入岸坡与相对不透水层相衔接。当两岸相对不透水层很深时,帷幕可以伸到原地下水位线与最高库水位相交点 B 附近,如图 1-2-19 所示。在最高库水位以上的岸坡可设置排水孔,以降低地下水位,增加岸坡的稳定性。

帷幕灌浆必须在浇筑一定厚度的坝体混凝土作为盖重后进行,灌浆压力由试验确定,通常在帷幕孔顶段取 1.0 ~ 1.5 倍的坝前静水压强,在孔底段取 2 ~ 3 倍的坝前静水压强,但应以不破坏岩体为原则。

四、坝基排水设施

为了进一步降低坝底扬压力,需在防渗帷幕后设置排水系统,如图 1-2-20 所示。坝基排水系统一般由排水孔幕和基面排水组成。主排水孔一般设在基础灌浆廊道的下游侧,孔距 2 ~ 3 m,孔径 15 ~ 20 cm,孔深常采用帷幕深度的 0.4 ~ 0.6 倍,方向则略倾向下游。除主排水孔外,还可设辅助排水孔 1 ~ 3 排,孔距一般为 3 ~ 5 m,孔深为 6 ~ 12 m。

如基岩裂隙发育,还可在基岩表面设置排水廊道或排水沟、排水管作为辅助排水。排水沟、排水管纵横相连形成排水网,以增加排水效果和可靠性,并应在坝基上布置集水井,渗水汇入集水井后,用水泵排向下游。

五、坝基软弱破碎带的处理

当坝基中存在断层破碎带或软弱结构面时,则需要进行专门的处理。处理方式应根据软弱带在坝基中的位置、走向、倾角的陡缓以及对强度和防渗的影响程度而定。

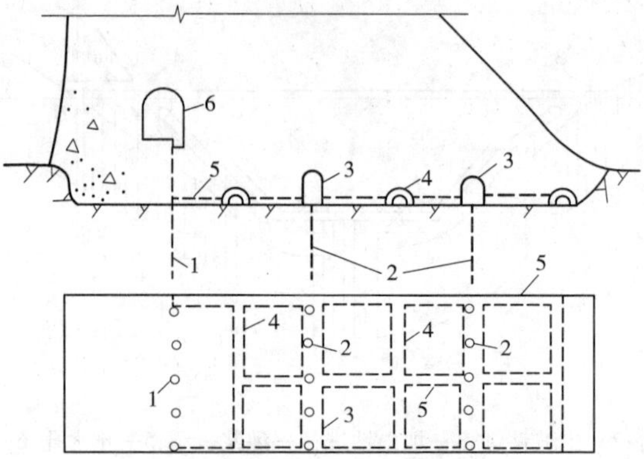

1—主排水孔;2—辅助排水孔;3—坝基纵向排水廊道;
4—半圆形排水管;5—横向排水沟;6—灌浆廊道

图1-2-20　坝基排水设施布置

对于走向与水流方向大致垂直、倾角较大的断层破碎带,常采用混凝土梁(塞)或混凝土拱进行加固,如图1-2-21所示。混凝土塞是将破碎带挖除至一定深度后回填混凝土,以提高地基局部的承载能力。当破碎带的宽度小于2~3 m时,混凝土塞的深度可采用破碎带宽度的1~2倍,且不得小于1 m。当破碎带的走向与水流方向大致相同,与上游水库连通时,则须同时做好坝基加固和防渗处理,常用的方法有钻孔灌浆、混凝土防渗墙、防渗塞(见图1-2-22)等。

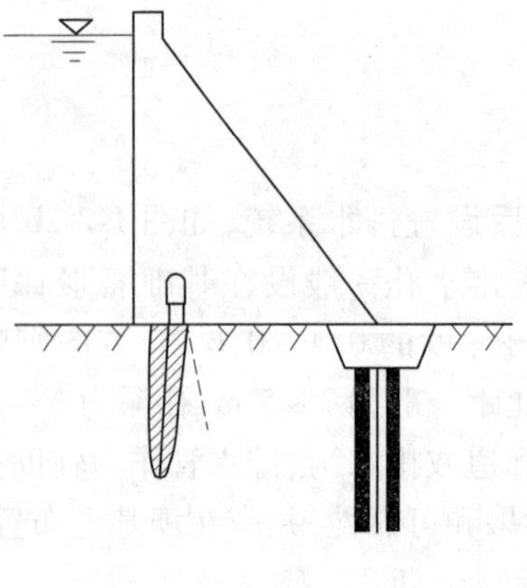

图1-2-21　陡倾角断层处理

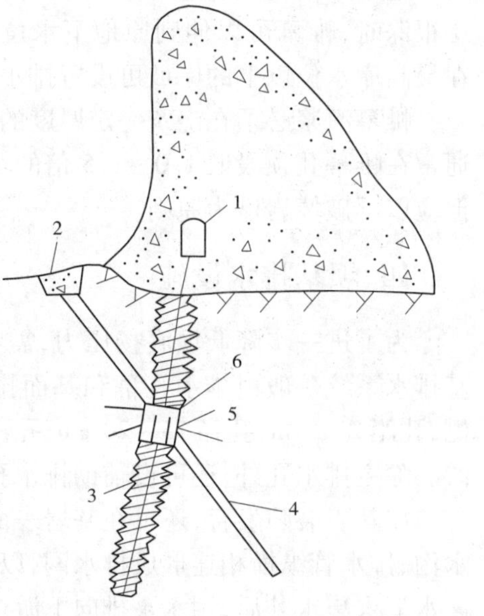

1—灌浆廊道;2—回填混凝土;3—灌浆帷幕;4—破碎带;
5—混凝土防渗塞;6—井壁固结灌浆

图1-2-22　混凝土防渗塞

对于某些倾角较缓的断层破碎带，除应在顶部做混凝土塞外，还应沿破碎带开挖若干个斜井和平洞，用混凝土回填密实，形成斜塞和水平塞组成的刚性骨架（见图 1-2-23），封闭破碎物，以增加抗滑稳定性和提高承载能力。

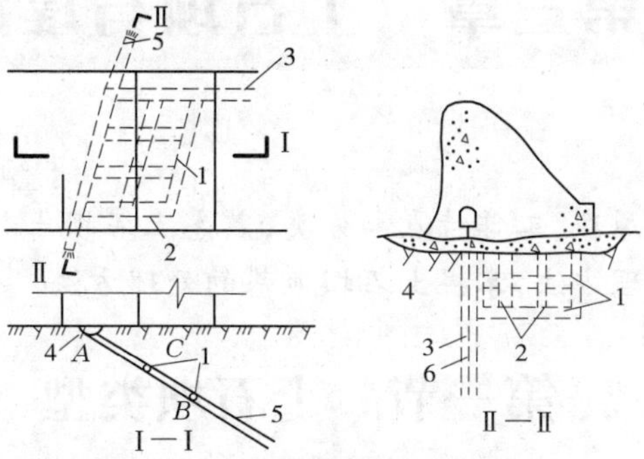

1—灌浆廊道；2—回填混凝土；3—灌浆帷幕；
4—破碎带；5—混凝土防渗塞；6—井壁固结灌浆

图 1-2-23　缓倾角断层破碎带处理

思考题

1-2-1　重力坝的工作原理是什么？重力坝的工作特点有哪些？

1-2-2　重力坝是如何分类的？

1-2-3　结合工程实例绘制重力坝非溢流坝段和溢流坝段横断面图以及坝顶结构详图。

1-2-4　混凝土重力坝对筑坝材料有哪些要求？为什么要对坝体混凝土进行分区？

1-2-5　为什么要对重力坝分缝？分缝的类型有哪些？横缝如何处理？

1-2-6　重力坝内设置廊道系统的组成和作用是什么？

1-2-7　重力坝对地基的要求是什么？地基处理措施有哪些？

1-2-8　帷幕灌浆和固结灌浆的作用是什么？设计内容有哪些？

1-2-9　断层破碎带的处理措施有哪些？

1-2-10　试述坝基排水系统的组成和作用。

第三章 土石坝与堤防

【教学要求】

掌握土石坝的工作原理、工作特点和分类,熟悉土石坝土料选用和施工要求、土石坝排水设施构造和坝基处理方法,掌握土石坝地基的处理方法。

第一节 土石坝类型

土石坝是指由土料、石料或土石混合料,采用抛填、碾压等方法堆筑成的挡水坝。堤防是指沿河岸构筑的护岸建筑物,大多数采用土石坝的结构形式,在许多方面土石坝与堤防都存在共性。由于结构简单、施工方便、可就地取材和投资低等特点,土石坝是应用最为广泛和发展最快的一种坝型,也是历史最为悠久的坝型。

一、土石坝的工作原理

土石坝是土石材料的堆筑物,主要利用土石颗粒之间的摩擦、黏聚特性和密实性来维持自身的稳定、抵御水压力和防止渗透破坏。一般来说,土石坝为维持自身稳定需要较大的断面尺寸,因而有足够的能力抵御水压力。因此,土石坝工程主要面对两个问题:确保自身稳定和防止渗透破坏。其中,自身稳定包括滑坡、渗流、沉陷和冲刷问题。

(一)滑坡

由于土石材料为松散体,抗剪强度低,主要依靠土石颗粒之间的摩擦和黏聚力来维持稳定,没有支撑的边坡是填筑体稳定问题的关键。所以,土石坝失稳的形式,主要是坝坡的滑动或坝坡连同部分坝基一起滑动,影响坝体的正常工作,甚至导致工程失事。为确保土石填筑体的稳定,土石坝断面一般设计成梯形或复合梯形,而且边坡较缓,通常为1:1.5~1:3.5。

(二)渗流

水库蓄水后,土石坝迎水面与背水面之间形成一定的水位差,在坝体内形成由上游向下游的渗流。渗流不仅使水库损失水量,还会使背水面的土体颗粒流失、土体变形,引起管涌和流土等渗透破坏。在坝体与坝基、两岸以及其他非土质建筑物的结合面,还会产生集中渗流现象。

防止渗流破坏的原则是“前堵后排”,在坝前(迎水面)采取防渗、防漏的工程措施,减少渗流量,同时要尽量排除渗入坝体的水量,降低渗流对坝体的不利影响。

(三)沉陷

由于土石颗粒之间存在较大的孔隙,在外荷载的作用下,易产生移动、错位,细颗粒填充部分孔隙,使坝体产生沉降,也使土体逐步密实、固结。如果土石坝颗粒级配不合理,坝体产生变形、不均匀沉降会产生裂缝，破坏坝体结构，也会降低坝顶高程，使坝的高度不足。土石坝的沉陷与坝体、坝基的土石材料有关，因此土石坝设计需要考虑土石材料选用、坝基处理、填筑工艺等因素，筑坝时应有适量的超填。

(四)冲刷

土石坝为散粒结构，抗冲能力低，且受到波浪、雨水和水流作用，会造成冲刷破坏。因此，土石坝坝坡要设置护面结构，特别是迎水面为防止波浪影响，须重视护面设计。背水坡面要设置排水沟，防止雨水对坝面的冲刷。土石坝的溢洪道和引水涵一般远离坝区布置，以免冲刷坝体。土石堤防还要采用各种护脚措施，例如抛石和模袋混凝土护脚，或设置丁坝。

二、土石坝的类型

(一)按坝高分类

根据我国《碾压式土石坝设计规范》(SL 274—2001)的规定：土石坝按其坝高可分为低坝、中坝和高坝。高度在 30 m 以下的为低坝，高度在 30 ~ 70 m 的为中坝，高度在 70 m 以上的为高坝。

(二)按施工方法分类

1. 碾压式土石坝

碾压式土石坝的施工方法是用适当的土料，以合理的厚度分层填筑、逐层压实而成的坝。碾压填筑是应用最广的土石坝施工方法，本章主要讲述这类坝型。

2. 水力冲填坝

以水力为动力完成土料开采、运输和填筑全部筑坝工序而建成的土石坝称为水力冲填坝。利用水力冲刷泥土形成泥浆，通过泵或沟槽将泥浆输送到土石坝填筑面，泥浆在土石坝填筑面沉淀和排水固结形成新的填筑层，这样逐层向上填筑，直至完成整个坝体填筑。

3. 定向爆破堆石坝

定向爆破堆石坝是指利用定向爆破方法，将河两岸山体的岩石爆出、抛向筑坝地点，形成堆石坝体，经过人工修整，浇筑防渗体，即可完成坝体建筑。

(三)按坝体材料的组合和防渗体的材料、相对位置分类

按坝体材料可分为土坝、土石混合坝和堆石坝三种，如图 1-3-1 所示。

1. 土坝

土坝是用土料填筑而成的挡水坝。根据土料的分布情况，土坝还可分为均质坝、黏土心墙坝或斜墙坝、人工材料心墙坝或斜墙坝和多种土质坝。均质坝采用单一土料填筑，要求土料具有一定的防渗性能。黏土心墙坝或斜墙坝是采用防渗能力强的黏土做防渗体，设在坝体中上游位置，两边用透水性较大且抗剪强度较大的土料填筑。人工材料心墙坝或斜墙坝则是采用防渗能力强的人工材料，如沥青混凝土、钢筋混凝土作防渗体，设在坝体中上游位置，两边用土料填筑。多种土质坝采用多种土料填筑，一般要设防渗心墙或斜墙。

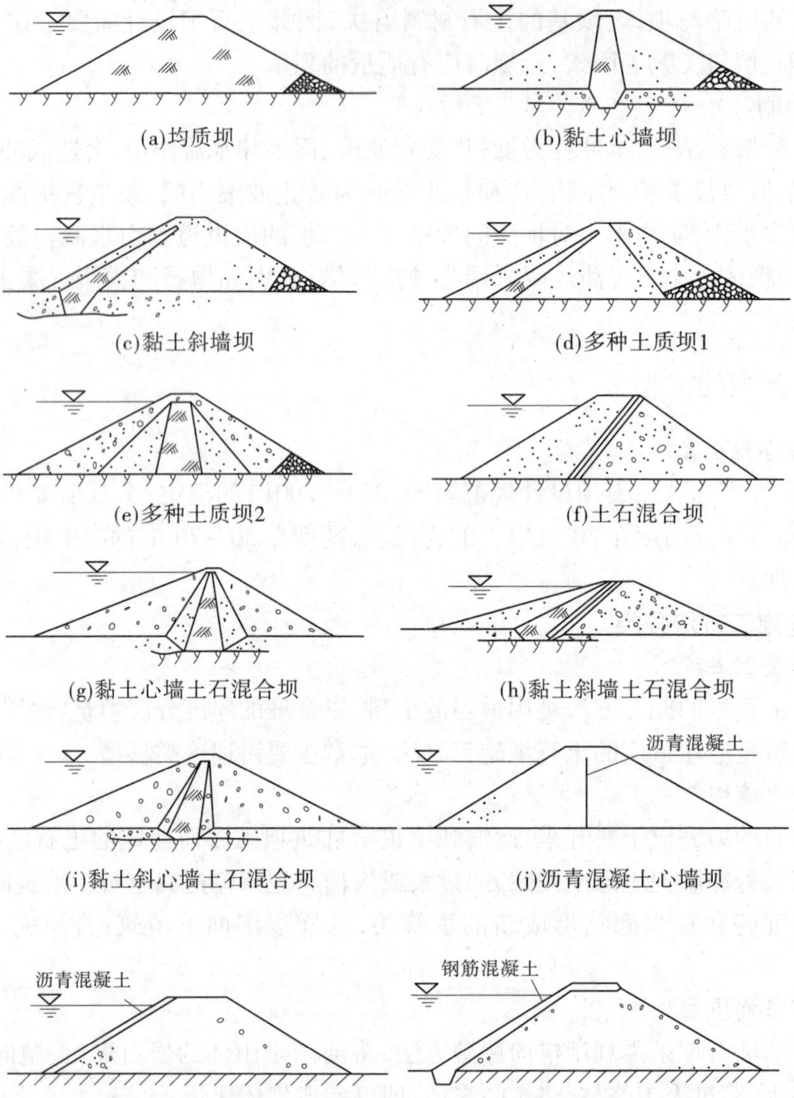

图 1-3-1 土石坝的类型

2. 土石混合坝

当多种土质坝的下游部分采用砂砾石料时,就构成土石混合坝。

3. 堆石坝

坝体绝大部分采用石料堆筑的坝,需要设置防渗心墙或斜墙。

堤防大多选用土石材料,其形式与土石坝类似,后文均称土石坝。

第二节　细部构造与坝体材料

土石坝的构造主要包括防渗体、排水设施、坝顶、护坡、反滤层等。

一、防渗体

(一)土质心墙

土质心墙(见图 1-3-2)位于土石坝坝体断面的中心部位,并略微偏向上游,有利于心墙与坝顶的防浪墙相连接;同时也可使心墙后的坝壳先期施工,坝壳得到充分的先期沉降,从而避免或减少坝壳与心墙之间因变形不协调而产生的裂缝。

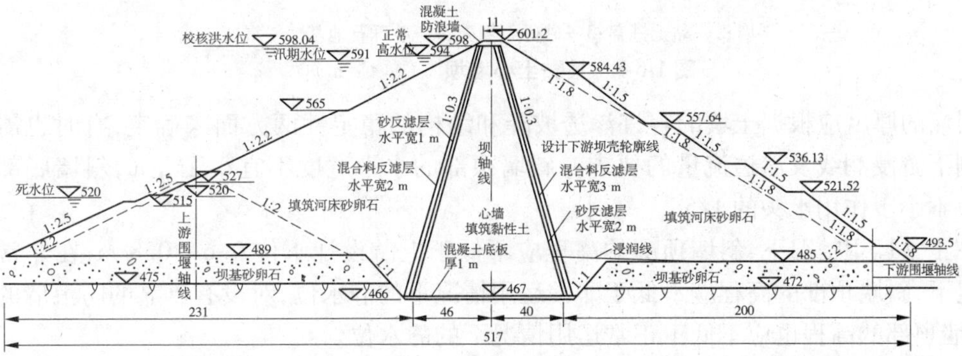

图 1-3-2　某黏土心墙坝　(单位:m)

心墙的厚度应根据土料的容许渗透坡降来确定,保证心墙在渗透坡降作用下不至于被破坏,有时也需考虑控制下游浸润线的要求。

轻壤土的容许渗透坡降为 3 ~ 4,壤土为 4 ~ 6,黏土为 6 ~ 8。心墙顶部厚度不宜小于 3 m,心墙底部厚度不宜小于作用水头的 1/4。心墙的两侧坡度一般在 1∶0.15 ~ 1∶0.3,有些两侧坡度可达 1∶0.4 ~ 1∶0.5。

在正常运用情况下,心墙顶部的高程应不低于上游设计水位 0.3 ~ 0.6 m;在非常运用情况下,心墙顶部的高程应不低于非常运用情况下的静水位;对设有可靠的防浪墙的土坝,心墙顶部的高程也应不低于正常运用情况下的静水位。

心墙顶部与坝顶之间应设置保护层,以防止受冻结、干燥等因素的影响,并按结构要求不小于 1 m,一般为 1.5 ~ 2.5 m。

心墙与坝壳之间应设置过渡层。过渡层的要求可以比反滤层的要求低,一般采用级配较好的、抗风化的细粒石料和砂砾石料。过渡层除有一定的反滤作用外,主要还是为了避免防渗体与坝壳两种刚度相差较大的土料之间刚度的突然变化,使应力传递均匀,防止防渗体产生裂缝,或控制裂缝的发展。

心墙与坝基及两岸必须有可靠的连接。对于土基,一般采用黏性土截水墙;对于岩基,一般采用混凝土垫座或混凝土齿墙。

(二)土质斜墙

土质斜墙(见图1-3-3)位于土石坝坝体上游面。它是土石坝中常见的又一种防渗结构,填筑斜墙土料与心墙土料相近。

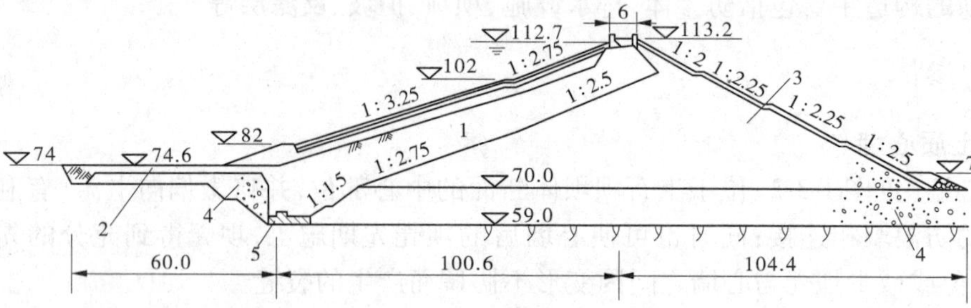

1—黏土斜墙;2—黏土铺盖;3—砂砾石坝壳;4—砂砾石地基;5—混凝土齿墙

图1-3-3　某黏土心墙坝　(单位:m)

斜墙的厚度应根据土壤的容许渗透坡降和结构的稳定性两方面来确定,有时也需考虑控制下游浸润线及渗透流量的要求。斜墙顶部的水平宽度不宜小于3 m,斜墙底部的厚度应不小于作用水头的1/5。

在正常运用情况下,斜墙顶部的高程应不低于上游设计水位0.6~0.8 m;在非常运用情况下,斜墙顶部的高程应不低于非常运用情况下的静水位;对设有可靠的防浪墙的土坝,斜墙顶部的高程也应不低于正常运用情况下的静水位。

斜墙顶部与坝顶之间应设置保护层,以防止受冻结、干燥等因素的影响,并按结构要求不小于1 m,一般为1.5~2.5 m。

斜墙及过渡层的两侧坡度,主要取决于土坝稳定计算的结果,一般外坡应为1:2.0~1:2.5,内坡为1:1.5~1:2.0。

斜墙的上游侧坡面和斜墙的顶部,必须设置保护层。其目的是防止斜墙被冲刷、冻裂或干裂,一般用砂、砂砾石、卵石或碎石等砌筑而成。保护层的厚度不得小于冰冻和干燥深度,一般为2~3 m。

斜墙与坝壳之间应设置过渡层。过渡层的作用、构造要求等与心墙坝的过渡层类似,但由于斜墙在受力后更容易变形,因此斜墙后的过渡层的要求应适当高一些,且常设置为两层。斜墙与保护层之间的过渡层可适当简单,当保护层的材料比较合适时,可只设一层,有时甚至可以不设保护层。

(三)非土料防渗体

非土料防渗体,也称人工材料防渗体,主要包括沥青混凝土或钢筋混凝土做成的防渗体。

1. 沥青混凝土防渗体

沥青混凝土具有较好的塑性和柔性,渗透系数很小,为$1\times10^{-7}\sim1\times10^{-10}$ cm/s,防渗和适应变形的能力均较好;产生裂缝时,有一定的自行愈合的功能;施工受气候的影响小,是一种合适的防渗材料。沥青混凝土可以做成心墙,也可以做成斜墙。

沥青混凝土心墙(见图1-3-4)不受气候和日照的影响,可减缓沥青的老化速度,对抗震也有利,但检修困难。沥青混凝土心墙底部厚度一般为坝高的1/40~1/60,且不小于0.4 m;顶部厚度不小于0.3 m。心墙两侧应设置过渡层。

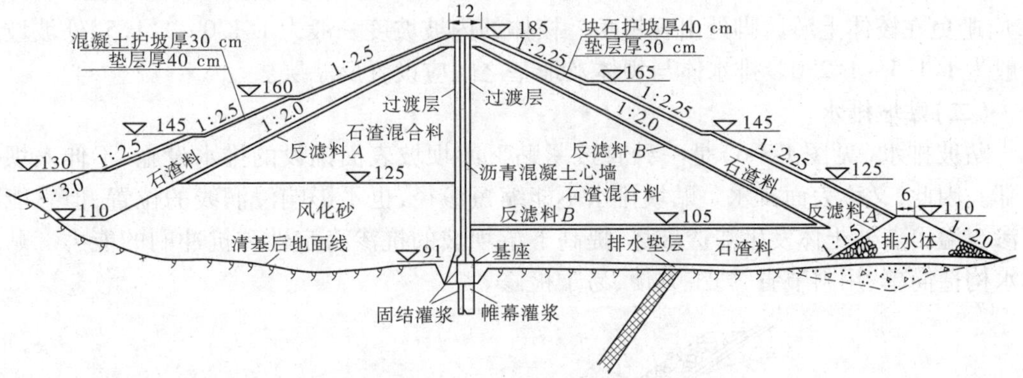

图1-3-4　某沥青混凝土心墙防护坝　(单位:m)

沥青混凝土斜墙铺筑在厚1~3 cm、由碎石或砾石做成的垫层和3~4 cm厚的沥青碎石基垫上,以调节坝体变形。沥青混凝土斜墙一般厚20 cm,分层铺填碾压,每层厚3~6 cm。沥青混凝土斜墙上游侧坡度不应陡于1:1.6~1:1.7。

2. 钢筋混凝土防渗体

钢筋混凝土心墙已较少使用。钢筋混凝土心墙底部厚度一般为坝高的1/20~1/40,顶部厚度不少于0.3 m。心墙两侧应设置过渡层。

钢筋混凝土面板一般不用于以砂砾石为坝壳材料的土石坝,因为土石坝坝面沉降大,而且不均匀,面板容易产生裂缝。钢筋混凝土面板主要用于堆石坝中。

二、排水设施

土石坝坝身排水设施的主要作用是:①降低坝体浸润线,防止渗流逸出处的渗透变形,增强坝坡的稳定性;②防止坝坡受冰冻破坏;③有时也起降低孔隙水压力的作用。

(一)堆石棱体排水

堆石棱体排水(见图1-3-5)是在坝趾处用块石堆筑而成的棱体,也称为排水棱体或滤水坝趾。堆石棱体排水能降低坝体浸润线,防止坝坡冰冻和渗透变形,保护下游坝脚不受尾水淘刷,同时还可支撑坝体,增加坝体的稳定性。堆石棱体排水工作可靠,便于观测和检修,是目前使用最为广泛的一种坝体排水设施,多设置在下游有水的情况。

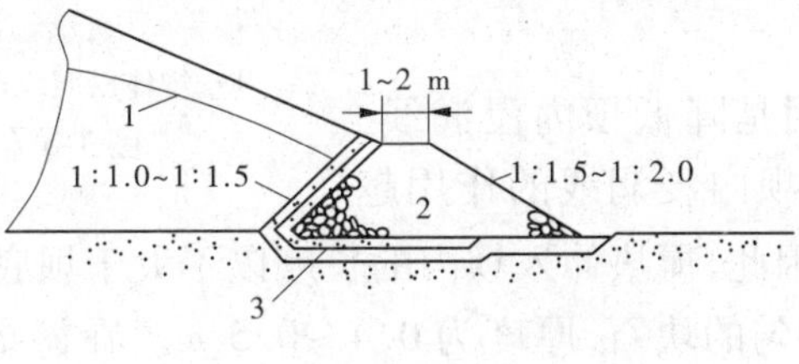

1—坝体浸润线;2—排水棱体;3—反滤层

图1-3-5　堆石棱体排水示意

棱体排水顶部高程应超出下游最高水位。对1、2级坝,不应小于1.0 m;对3~5级坝,不应小于0.5 m,并应超过波浪沿坡面的爬高;顶部高程应使坝体浸润线距坝面的距离大于该地区冻结深度;顶部宽度应根据施工条件和检查观测需要确定,且不宜少于1.0 m;应避免在棱体上游坡脚处出现锐角。棱体的内坡坡度一般为1∶1.0~1∶1.5,外坡坡度一般为1∶1.5~1∶2.0。排水体与坝体及地基之间应设置反滤层。

(二)贴坡排水

贴坡排水(见图1-3-6)是一种直接紧贴下游坝坡表面铺设的排水设施,不伸入坝体内部。因此,又称表面排水。贴坡排水不能缩短渗径,也不影响浸润线的位置,但它能防止渗流溢出点处土体发生渗透破坏,提高下游坝坡的抗渗稳定性和抗冲刷的能力。贴坡排水构造简单、用料节省、施工方便、易于检修。

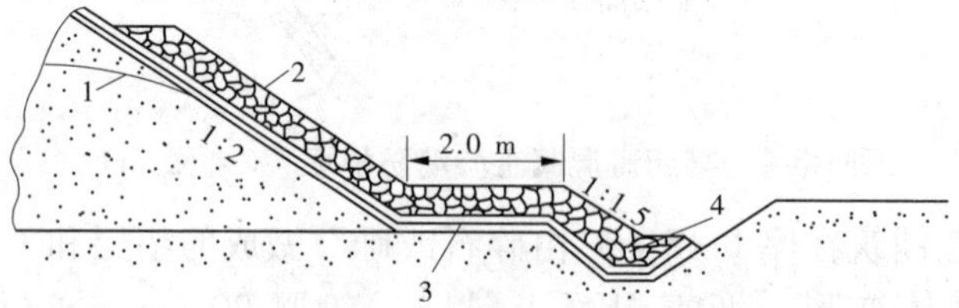

1—坝体浸润线;2—贴坡排水;3—反滤层;4—排水沟

图1-3-6　贴坡排水示意

贴坡排水顶部高程应高于坝体浸润线出逸点,且应使坝体浸润线在该地区的冻结深度以下。对1、2级坝,不应小于2.0 m;对3~5级坝,不应小于1.5 m,并应超过波浪沿坡面的爬高;底脚应设置排水沟或排水体;材料应满足防浪护坡的要求。

贴坡排水单独使用时,主要用于周期性被淹没的、坝的滩地部分的下游坝坡上。贴坡排水常与其他排水设施结合在一起使用,形成组合式排水。

贴坡排水一般由1~2层足够均匀的块石组成,从而保证有很高的渗透系数。石块的粒径应根据在下游波浪的作用下能够保持稳定的条件来确定。下游最高水位以上的贴坡排水,可只填筑砾石或碎石。

贴坡排水砌石或堆石与下游坡面之间应设置反滤层。

(三)褥垫排水

褥垫排水(见图1-3-7)是设在坝体基部、从坝趾部位沿坝底向上游方向伸展的水平排水设施。

1—坝体浸润线;2—褥垫排水;3—反滤层

图1-3-7　褥垫排水示意

褥垫排水的主要作用是降低坝内浸润线。褥垫伸入坝体越长,降低坝内浸润线的作用越大,但越长也越不经济。因此,褥垫伸入坝内的长度以不大于坝底宽度的1/3~1/4为宜。褥垫排水一般采用粒径均匀的块石,厚度为0.4~0.5 m。在褥垫排水的周围,应设置反滤层。

褥垫排水一般设置在下游无水的情况。但由于褥垫排水对地基不均匀沉降的适应性较差,且难以检修,因此在工程中应用的不多。

(四)组合式排水

组合式排水(见图1-3-8)是为了充分发挥不同排水设施的功效,根据工程的需要,采用两种或两种以上的排水设施形式组合而成的排水设施。

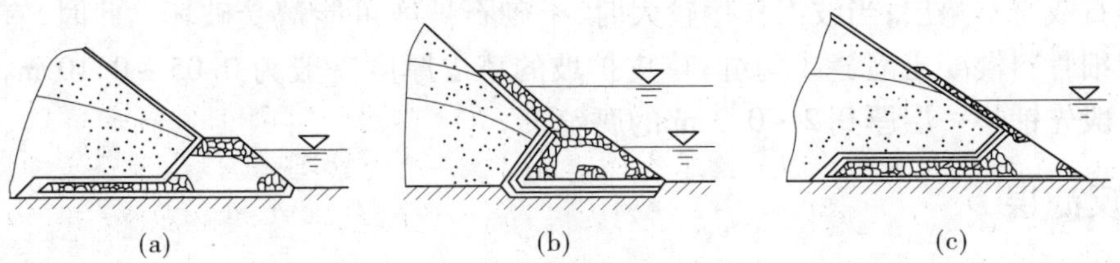

图1-3-8 组合式排水示意

三、坝顶及护坡

(一)坝顶

坝顶一般采用碎石、单层砌石、沥青或混凝土路面。如坝顶有公路交通要求,坝顶结构应满足公路交通路面的有关规定。坝顶上游侧常设防浪墙,防浪墙应坚固、不透水,一般采用浆砌石或钢筋混凝土筑成,墙底应与坝体中的防渗体紧密连接。坝顶下游一般设路边石或栏杆。坝顶面应向两侧或一侧倾斜,形成2%~3%的坡度,以便排除雨水。

坝顶构造如图1-3-9所示。

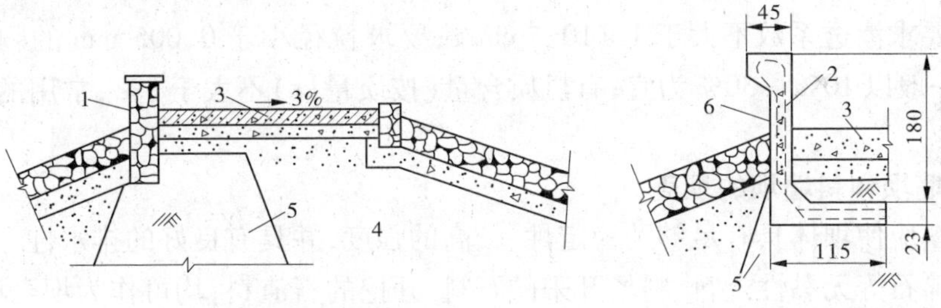

(a)坝顶路面和浆砌石防浪墙　(b)钢筋混凝土防浪墙

1—浆砌石防浪墙;2—钢筋混凝土防浪墙;3—坝顶路面;
4—砂砾坝壳;5—心墙;6—方柱

图1-3-9 坝顶构造 (单位:cm)

(二)护坡

护坡主要是保护坝坡免受波浪和降雨的冲刷,防止坝体的黏性土发生冰结、膨胀、收缩现象。对坝表面为土、砂、砂砾石等材料的土石坝,其上、下游均应设置专门的护坡。对堆石坝,可采用堆石材料中的粗颗粒料或超径石做护坡。

上游护坡主要有堆石(抛石)、干砌石、浆砌石、预制或现浇的混凝土或钢筋混凝土板(或块)、沥青混凝土等。

下游护坡主要有干砌石、草皮、钢筋混凝土框格填石等。

上游面护坡的覆盖范围上部自坝顶起(如设防浪墙,应与防浪墙连接),下部至死水位以下。死水位以下的距离,对1~3级坝,不宜小于2.50 m;对于4、5级坝,不宜小于1.50 m。当上游最低水位不确定时,上游护坡应护至坝脚。

下游面护坡的覆盖范围应由坝顶护至排水棱体;当无排水棱体时,应护至坝脚。

干砌石、浆砌石、碎石或砾石护坡的厚度一般为0.3 m;块石、堆石护坡底部应按反滤原则设碎石或砾石垫层;当波浪作用较大时,干砌石护坡可能遭受破坏。此时,宜采用水泥砂浆或细骨料混凝土灌缝或勾缝;草皮护坡的草皮厚度一般为0.05~0.10 m,且在草皮下部一般先铺垫一层厚0.2~0.3 m的腐殖土。

四、反滤层

设置反滤层的主要目的是提高土体抗渗破坏能力,防止各类渗透变形,如管涌、流土、接触冲刷等。

反滤层一般由2~3层不同粒径的、级配均匀的、耐风化的砂、砾石、卵石或碎石构成。反滤层的排列应尽量与渗流的方向垂直,各层的粒径按渗流方向逐层增大。

人工施工时,水平反滤层的最小厚度一般为0.15~0.30 m,垂直或倾斜反滤层的最小厚度为0.50 m。

当采用机械化施工时,反滤层的最小厚度根据施工方法确定。

五、坝体各部分对土料的要求

(一)均质坝

均质坝要求渗透系数不大于1×10^{-4} cm/s;要求粒径小于0.005 mm的颗粒的含量小于30%,一般以10%~30%为宜;有机质含量(按质量计)不大于5%,常用的是砂质黏土和壤土。

(二)心墙坝和斜墙坝的坝壳

坝壳填料应使坝体具有足够的稳定性、较高的强度,并具有良好的排水性。砂、砾石、卵石、漂石、碎石等无黏性土料、料场开采的石料、开挖的石渣料,均可作为坝壳填料。

均匀的中砂、细砂及粉砂,不均匀系数$C_u=1.5\sim2.6$时,极易发生液化破坏,因此只可用于中、低坝坝壳的干燥区,但不宜用于地震区域的坝。

(三)防渗体

防渗体一般要求渗透系数不大于1×10^{-5} cm/s,与坝壳材料的渗透系数之比不大于1/1 000;水溶盐含量应小于3%,有机质含量应小于1%。

用于填筑防渗体的砾石土,粒径大于5 mm的颗粒含量不宜超过50%,最大粒径不宜大于150 mm或铺填厚度的2/3,0.075 mm以下的颗粒含量不应小于15%。填筑时不得发生粗料集中架空现象。

(四)排水体

排水体采用具有较高的抗压强度,良好的抗水性、抗冻性和抗风化性的块石。块石料重度应大于22 kN/m³,岩石孔隙率不应大于3%,吸水率(按孔隙体积比)不应大于0.8;块石料饱和抗压强度不应小于30 MPa,软化系数不应大于0.75~0.85。

六、填筑标准

填筑标准主要由填筑密度控制。

(1)对不含砾石或砾石含量很少的黏性土料,以压实干容重作为设计标准,等于击实试验的最大干容重乘以压实度。对于1级坝和高坝,压实度为0.98～1.00;对于2、3级坝及中坝,压实度为0.96～0.98。

(2)对含砾石的黏性土料,以最大干密度和最优含水量作为设计标准。

砂砾石和砂的填筑标准以相对密度为设计控制指标。其中,砂砾石的相对密度不应低于0.75,砂的相对密度不应低于0.70,反滤料的相对密度宜为0.70。

堆石的填筑标准宜以孔隙率为设计控制标准。其中,土质防渗体分区坝的堆石料,其孔隙率宜为20%～28%。

第三节　土石坝的坝基处理

土石坝对地基的要求比混凝土坝低,一般不必挖除地表透水土壤和砂砾石等。但是,为了满足渗透稳定、静力和动力稳定、容许沉降量和不均匀沉降等方面的要求,保证坝的安全经济运行,也必须根据需要对地基进行处理。

对所有土石坝的坝基,首先应完全清除表面的腐殖土、可能形成集中渗流和可能发生滑动的表层土石,然后根据不同的地基情况采用不同的处理措施。

一、岩基处理

针对土石坝的特点,岩基的处理主要应注意以下几点。

(一)岩基上的覆盖层

对于中、低土石坝,只需将防渗体坐落在岩基上,形成截水槽以隔断渗流即可;对于高土石坝,最好挖除全部覆盖层,使防渗体和坝壳均建在岩基上。

(二)防渗体与岩基的连接

防渗体与岩基的接触面应紧密结合。以前多要求在防渗体的岩基面上浇筑混凝土垫层或混凝土齿墙。但是,研究表明,混凝土垫层和齿墙的作用并不明显,受力条件不佳,易产生裂缝,因此现在的发展趋势是将防渗体直接建在岩基上。

黏土心墙与岩基的连接形式如图1-3-10所示。

(三)岩基内部防渗处理

岩基内部防渗处理主要是防渗帷幕。

(四)对不良地质构造的处理

对断层、破碎带等不良地基构造,主要考虑其渗透稳定性和抗溶蚀性能,而不太看重其承载力和不均匀沉降。处理方法主要有水泥灌浆或化学灌浆、混凝土塞、混凝土防渗墙、设置防渗铺盖等。

二、砂砾石地基处理

砂砾石具有足够的承载能力,压缩性不大,干湿变化对体积的影响也不大。但砂砾石

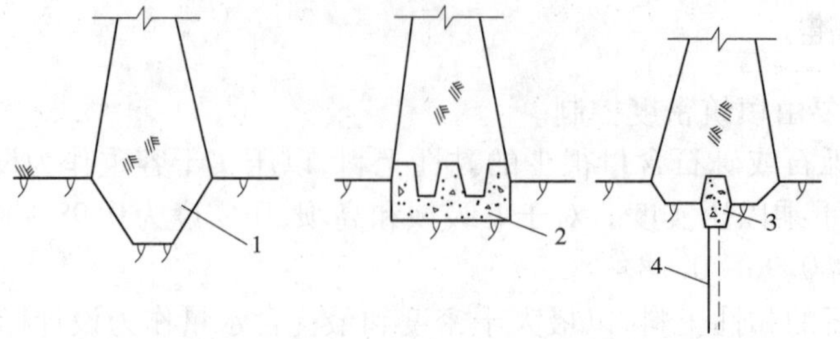

1—黏土截水墙;2—混凝土垫座;3—混凝土齿墙;4—灌浆孔

图 1-3-10 黏土心墙与岩基的连接形式

地基的透水性很大,渗漏现象严重,而且可能发生管涌、流土等渗透变形。因此,砂砾石地基的处理,主要是对地基的防渗处理。

(一)垂直防渗设施

垂直防渗是解决坝基渗流问题效果最好的措施。垂直防渗的效果相当于水平防渗效果的3倍。因此,在土石坝的防渗措施中,应优先选择垂直防渗措施。

垂直防渗措施主要有黏性土截水墙、混凝土防渗墙、灌浆帷幕、板桩等。

1. 黏性土截水墙

(1)当砂砾石透水地基的深度不大时,可将截水墙直接伸入岩基,并与岩基紧密相连。这种情况下的截水墙结构简单、工作可靠、防渗效果好;当砂砾石透水地基的深度较大时,可将截水墙深入坝基一定深度,不与岩基相连,称为悬挂式截水墙,但防渗效果较差。

黏性土截水墙如图 1-3-11 所示。

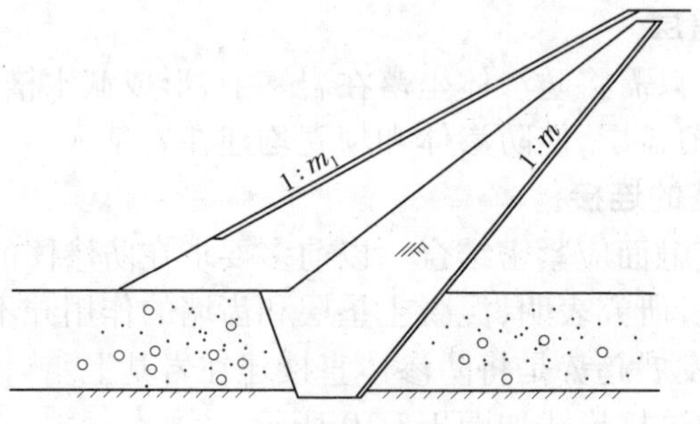

图 1-3-11 黏性土截水墙

(2)截水墙的厚度 L 应满足容许渗透坡降的要求(见计算式(1-3-1)),且一般不小于3 m。

$$L \geqslant \frac{\Delta H}{[J_c]} \tag{1-3-1}$$

式中 ΔH ——运行期最大水头;

$[J_c]$ ——回填土料的容许渗透坡降,对于轻壤土,$[J_c]=3\sim4$,对于壤土,$[J_c]=4\sim6$,对于黏土,$[J_c]=5\sim10$。

(3)截水槽的开挖边坡应缓于1:1,以保持边坡的稳定。

(4)截水墙一般位于心墙或斜墙的底部,截水墙的土料应与心墙或斜墙一致。

2. 混凝土防渗墙

对深厚砂砾石地基,采用混凝土防渗墙(见图1-3-12)是比较有效和经济的防渗设施。

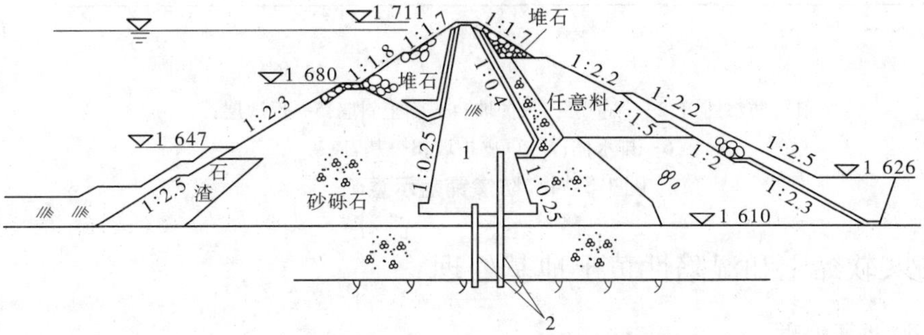

1—黏土心墙;2—混凝土防渗墙

图1-3-12　土石坝混凝土防渗墙　(单位:m)

3. 灌浆帷幕

当砂砾石透水地基的深度很大时,可采用灌浆帷幕(见图1-3-13)进行防渗。

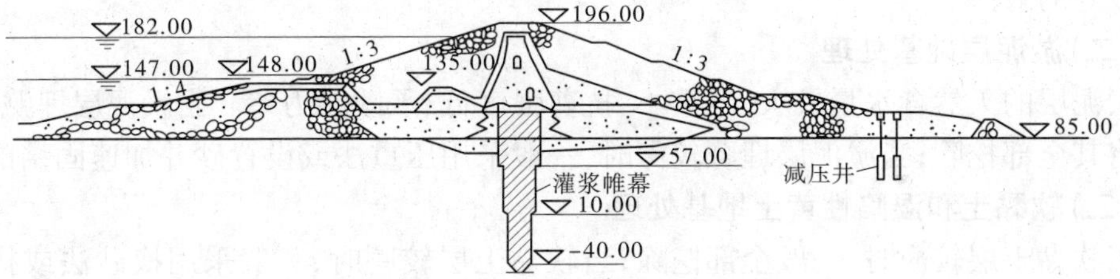

图1-3-13　灌浆帷幕　(单位:m)

4. 板桩

当砂砾石透水地基的深度较大时,可采用钢板桩防渗。木板桩一般只用于临时工程。

由于钢板桩在打入砂砾石地基中时可能产生弯曲、脱缝等现象,影响防渗效果,且造价较高,因此目前已较少采用。

(二)水平防渗设施

土石坝中,水平防渗措施主要是设置防渗铺盖,如图1-3-14所示。

防渗铺盖是位于上游坝脚、用渗透系数很小的黏性土做成的水平防渗设施。水平铺盖的防渗效果远不如垂直防渗措施,但它结构简单、施工方便、造价较低。因此,当设置垂直防渗措施困难时,可选用水平防渗措施。

铺盖的渗透系数一般应小于10^{-5} cm/s,铺盖的长度一般为4~6倍水头,铺盖的厚度应满足铺盖材料容许渗透坡降的要求,一般不小于0.5~1.0 m。

防渗铺盖很少单独作为土石坝的防渗措施,一般与其他措施相结合。

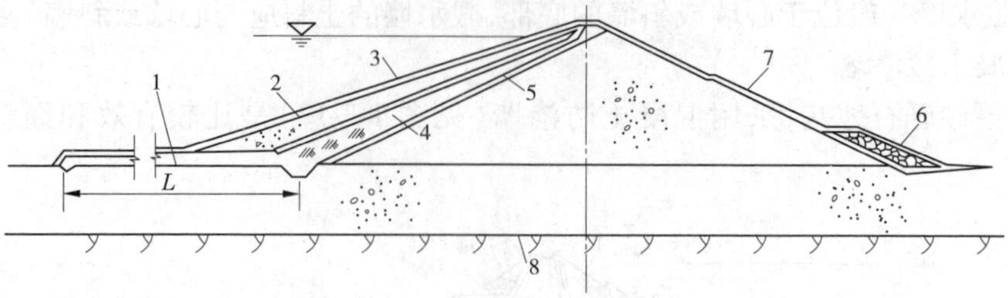

1—防渗铺盖;2—保护层;3—护坡;4—黏土斜墙;5—反滤层;
6—排水体;7—草皮护坡;8—基岩

图1-3-14 防渗铺盖示意

三、细砂、软黏土和湿陷性黄土地基处理

(一)细砂地基处理

细砂地基,特别是饱和的细砂地基,在动力作用下容易产生液化现象,因此应加以处理。对于厚度不大的细砂地基,一般采用挖除的办法;对于厚度较大的细砂地基,以前采用板桩加以封闭的办法,但很不经济。现在主要采用人工加密的办法,即在细砂地基中人工掺入粗砂。近年来,我国采用振冲法加密细砂地基,从而提高细砂地基的相对密度,取得了较好的效果。

(二)淤泥层地基处理

淤泥层的天然含水量较大、容重小、抗剪强度低、承载能力差。当淤泥层埋藏较浅时,一般将其全部挖除;当淤泥层埋藏较深时,一般采用压重法或设置砂井加速固结的方法。

(三)软黏土和湿陷性黄土地基处理

当软黏土层较薄时,一般全部挖除;当软黏土层较厚时,一般采用换砂法或排水砂井法。对于黄土地基,一般的处理方法有:预先浸水,使其湿陷加固;将表层土挖除,换土压实;夯实表层土,破坏黄土的天然结构,使其密实等。

思考题

1-3-1 土石坝的适用条件是什么?

1-3-2 如何选用土石坝坝型?

1-3-3 查阅有关资料,了解土石坝坝顶结构构造。

1-3-4 查阅有关资料,了解土石坝、堤防排水结构。

1-3-5 参考其他教材和专著,了解各种土石坝稳定边坡的选择范围。

1-3-6 查阅有关资料,了解面板堆石坝的结构和构造。

1-3-7 查阅有关资料,了解堤防选线和河道治理的要求。

1-3-8 查阅有关资料,了解海堤的基本构造。

1-3-9 结合工程实例绘制土石坝横断面图以及坝顶和反滤结构详图。

第四章 其他坝型

【教学要求】

掌握拱坝、橡胶坝、碾压混凝土坝和浆砌石坝的工作原理、工作特点和分类，熟悉拱坝、橡胶坝、碾压混凝土坝和浆砌石坝的材料选用、细部构造和施工要求。

第一节 拱 坝

一、拱坝的特点、类型和适用条件

（一）拱坝的特点

拱坝为一空间壳体结构，其坝体结构可近似看作由一系列凸向上游的水平拱圈和一系列竖向悬臂梁所组成。坝体结构既有拱的作用又有梁的作用，因此具有双向传递荷载的特点。坝体所承受的水平荷载一部分由拱的作用传至两岸岩体，另一部分通过悬臂梁的作用传到坝底基岩，如图 1-4-1 所示。

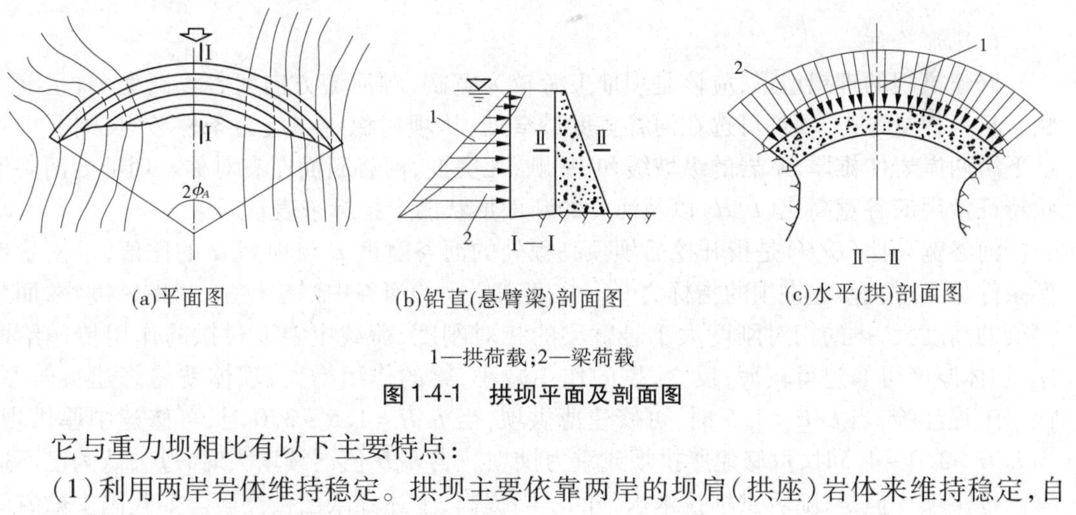

(a)平面图　(b)铅直(悬臂梁)剖面图　(c)水平(拱)剖面图

1—拱荷载;2—梁荷载

图 1-4-1 拱坝平面及剖面图

它与重力坝相比有以下主要特点：

（1）利用两岸岩体维持稳定。拱坝主要依靠两岸的坝肩（拱座）岩体来维持稳定，自重对其稳定影响不大，这是拱坝最大的特点。

（2）能充分发挥筑坝材料强度。拱坝是一种以拱受力为主的结构，在外荷载作用下主要产生轴向压力，因此有利于充分发挥混凝土或浆砌石材料的抗压强度。与重力坝相比，体积大为减小，对于适宜修建拱坝和重力坝的同一坝址，若二者坝高相同，拱坝体积较重力坝可减小 1/3 ~ 2/3。因此，拱坝是一种比较经济的坝型。

（3）超载能力大，安全度高。拱坝属周边嵌固的高次超静定结构，当外荷超载后，坝体发生局部开裂时,应力可自行调整而得到新的平衡,使裂缝终止。国内外拱坝的结构模型破坏试验表明,混凝土拱坝的超载能力可达设计荷载的5~11倍。

(4)抗震性能好。由于拱坝属整体性空间壳体结构,重量轻、富有弹性,故其抗震性能较好。

(5)荷载特点。由于拱坝不设永久性横缝,且周边嵌固,所以温度变化和坝基岩体变形对拱坝的应力影响较大,而坝体自重和扬压力则对拱坝应力影响较小。

(二)拱坝的类型

(1)按坝高分。高度在30 m以下的为低坝,高度在30~70 m的为中坝,高度在70 m以上的为高坝。

(2)按厚高比分。拱坝最大坝高处的坝底厚度T与坝高H之比,称为拱坝的厚高比(T/H)。按厚高比的不同,可将拱坝分为薄拱坝、中厚拱坝和厚拱坝(或称重力拱坝)。$T/H<0.2$者为薄拱坝,$T/H=0.2\sim0.35$者为中厚拱坝,$T/H>0.35$者为厚拱坝。

(3)按水平拱圈的形状分。可分为圆弧拱坝、多圆心拱坝、变曲率拱坝等。

(4)按坝体曲率分。可分为单曲率拱坝和双曲率拱坝。

(5)按坝体结构形式分。可分为一般拱坝、周边缝拱坝、空腹拱坝等。

此外,还可按水平拱圈的厚度变化分为等厚度拱坝和变厚度拱坝。

(三)拱坝的适用条件

地形、地质条件是决定拱坝坝址选择的重要因素,也是确定是否适宜修建拱坝以及影响拱坝安全与经济的主要因素。因此,修建拱坝应首先勘测与考察坝址的地形、地质条件。

1.地形条件

修建拱坝的理想地形,应该是坝址上游较为宽阔,顺河流方向河谷逐渐变窄,呈漏斗状。从工程量考虑,坝址可选在河谷宽度最窄处;从坝肩稳定与应力条件考虑,则要求坝址下游两岸岩体雄厚,基岩的纵坡缓和、平顺,无突变,河谷断面左右对称。坝址处河谷形状特征常用河谷宽高比(L/H)以及河谷的断面形状两个指标来表示。

河谷宽高比(L/H)是指开挖后坝顶高程处的河谷宽度L与坝高H的比值,是衡量地形条件是否适宜修建拱坝的指标之一。在宽高比小的河谷中修建拱坝,拱的跨度小,而悬臂梁的高度大,拱的相对刚度大于悬臂梁的相对刚度,荷载主要通过拱的作用传递给两岸,坝体厚度可修建得较薄;反之,拱的作用减小,梁的作用增大,坝体就需修建得较厚。根据工程经验,当$L/H<1.5$时,可修建薄拱坝;当$L/H=1.5\sim3.0$时,可修建中厚拱坝;当$L/H>3.0\sim4.5$时,可修建厚拱坝或重力拱坝。当L/H值继续增大时,过去认为已不适宜修建拱坝。但是,随着拱坝技术水平的不断提高,上述界限已被突破。如我国安徽省陈村重力拱坝,高76.3 m,$L/H=5.6$;美国的奥本三圆心拱坝,高210 m,$L/H=6.0$;南非的亨德列·维尔沃特双曲拱坝,高90 m,$L/H=10$。

在河谷断面宽高比相同的情况下,河谷断面的形状不同,拱的作用也不同,坝体剖面可能相差很大。如图1-4-2(a)所示为对称的V形河谷,拱的作用显著,靠近底部的水压强度虽高,但拱跨最小,坝体底部仍可采用较小的厚度。如图1-4-2(b)所示为对称的U形河谷,底拱作用降低,大部分荷载将由悬臂梁承担,坝体底部厚度必然加大,因此V形河谷更适于修建高而薄的拱坝。梯形河谷断面坝体受力情况则介于V形与U形之间。

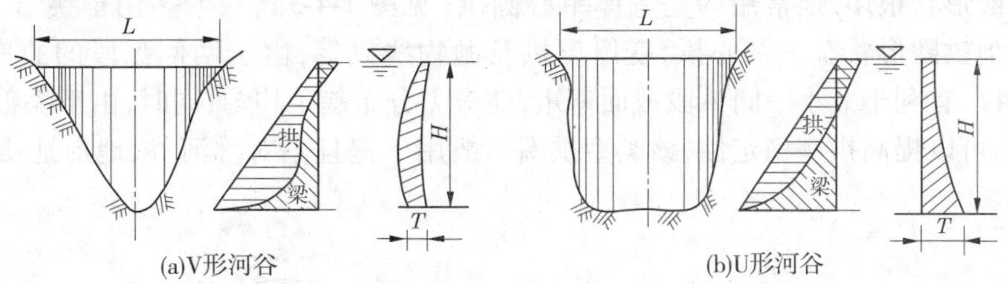

图1-4-2　坝体剖面与河谷形状的关系

2.地质条件

修建拱坝的理想地质条件，应该是构造简单、质地均匀、岩体坚硬、有足够的强度、透水性小、抗风化能力强的坝基。两岸拱座基岩应坚固完整，边坡稳定，无大的断裂构造和软弱夹层，能承受由拱端传来的巨大推力而不致产生过大变形，尤其要避免两岸边坡存在向河床倾斜、陡倾角、顺水流走向的节理裂隙或构造。但是，实际上很难找到完全符合理想要求的地质条件，当坝址地质条件存在有节理、裂隙或局部断层破碎带等缺陷时，则应采取严格的地基处理措施，使之满足设计要求。如我国的龙羊峡重力拱坝，坝高178 m，坝区断层、软弱带极为发育，但经严格地基处理，工程于1987年建成使用后，至今运行良好。

（四）拱坝的发展概况

目前，世界上拱坝发展速度之快，仅次于土石坝，且多修建高拱坝、双曲拱坝和薄拱坝。高度超过200 m的拱坝约17座，占所有高度为200 m以上大坝总数的57%。这17座拱坝中有13座是双曲拱坝，双曲拱坝是高拱坝发展的趋向，被誉为“近代拱坝”。之前，世界上最高的拱坝是格鲁吉亚的英古里双曲拱坝，最大坝高272 m，$T/H=0.19$。

目前，我国已经建成的最高拱坝是二滩双曲拱坝，最大坝高240 m；最高的重力拱坝是青海省的龙羊峡拱坝，高178 m；最薄的拱坝是广东省的泉水双曲拱坝，高80 m，$T/H=0.112$。我国最大坝高达278 m的金沙江溪洛渡双曲拱坝、澜沧江小湾拱坝（高292 m）以及雅砻江锦屏一级双曲拱坝（高305 m），均超过格鲁吉亚英古里双曲拱坝，这在我国拱坝建设史上是空前的，标志着我国坝工技术的快速发展。

二、拱坝的形状、尺寸及布置

拱坝布置的具体内容是根据坝址的地形、地质、水文和施工条件选择坝的体型，拟定坝体基本尺寸，进行平面布置。具体进行布置时，需要经过多次修改，使坝体应力分布合理，坝肩稳定性好，并满足施工、枢纽总体布置及运行要求，且工程总投资最小。

（一）水平拱圈形状与参数

1.水平拱圈的形状

合理的水平拱圈应当是压力线接近拱轴线，使拱截面内的压应力分布趋于均匀。以圆弧拱圈中水压荷载在拱梁系统的分配情况看，拱所分担的水压荷载并不是沿拱圈均匀分布的，而是从拱冠向拱端逐渐减小，如图1-4-1所示。因此，最合理的拱圈形状应是变曲率、变厚度、扁平的。

拱圈形状很多,最常用的是等厚单心圆拱(见图1-4-3),一般多用于狭窄、对称的河谷。其他拱圈形状有三圆心拱、变厚度拱及抛物线拱等,由于两侧弧段的曲率变小(见图1-4-4),有利于减小中间弧段截面弯矩,使应力分布趋于均匀;同时,由于改善了拱端推力方向,可以提高拱座稳定性,该类型拱圈一般用于宽且不对称河谷、地形地质条件特殊的情况。

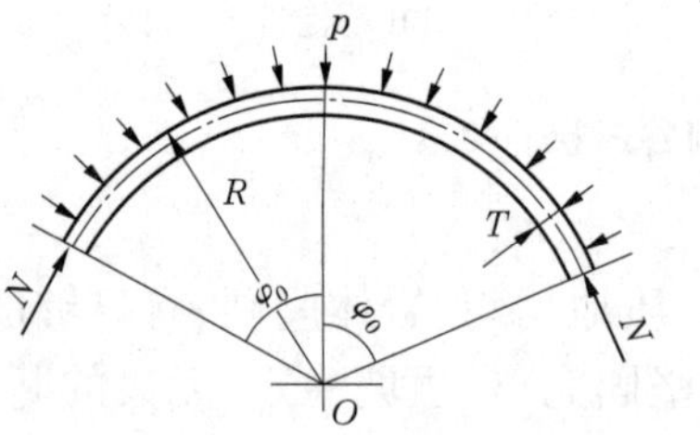

图1-4-3 等厚单心圆拱

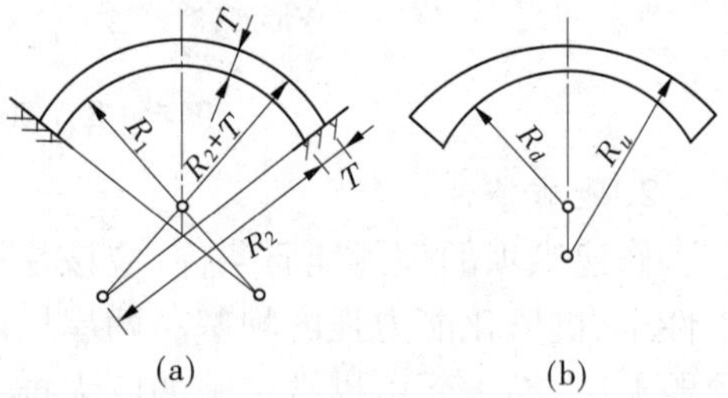

图1-4-4 其他拱圈形状

2. 水平拱圈的形状参数

等厚圆拱拱圈的形状参数包括中心角 $2\varphi_0$、拱圈半径 R 和拱圈厚度 T 等三要素。为了便于说明拱圈形状参数($2\varphi_0$、R、T)之间的关系,近似采用圆筒公式对图1-4-3所示的计算图进行分析。

从经济方面考虑,适当加大中心角 $2\varphi_0$ 是有利的,但中心角加大,一方面,拱圈弧长增加,相应坝体工程量就增大,将抵消减小拱厚所节省的工程量;另一方面,拱端圆弧切线与岩面等高线的夹角过小,对坝肩稳定不利。因此,一般要求拱圈轴线两端的切线与可利用基岩等高线的夹角不宜小于30°,亦即当基岩等高线与河流平行时,$2\varphi_0$ 不宜大于110°~120°。工程实践表明,顶拱中心角一般取90°~110°,底拱中心角一般取50°~80°,其他各层拱圈介于两者之间。

(二)拱冠梁剖面形状与尺寸

1. 坝顶及坝底厚度

坝顶厚度 T_c 基本上代表了拱顶的刚度,加大坝顶厚度不仅能改善坝体上部下游面的应力状态,还能改善拱冠梁附近的梁底应力,有利于降低坝踵拉应力。在选择拱冠梁顶部厚度时,应考虑工程规模、交通和运行要求,如无交通要求,T_c 一般取3~5 m。

2. 拱冠梁剖面形式

拱冠梁的剖面形式多种多样,选择剖面形式应根据拱坝坝体的体型、拱坝的运行要求以及施工条件等因素进行综合考虑,并参照已建类似工程,经过反复修改而确定。对于单曲拱坝,多选用上游面近似铅直,下游面倾斜或曲线的形式,有时为了便于坝顶自由跌落泄水,也可将下游面做成铅直(见图1-4-5(a)、(b)、(c))。对于双曲拱坝(见图1-4-5(d)),拱冠梁剖面的曲率对坝体应力和两岸坝体倒悬影响较为敏感,并直接影响施工难易程度。

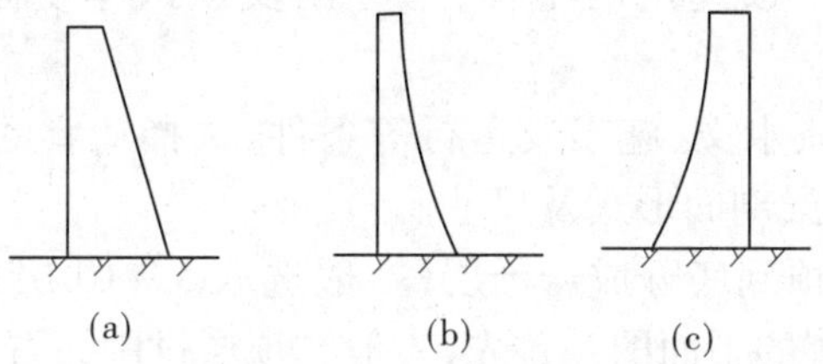

图 1-4-5　拱冠梁断面形状

(三)拱坝的总体布置

1. 拱坝布置的原则

(1)基岩轮廓线连续光滑。开挖后的基岩面应无突出的齿坎,岩性均匀连续变化,开挖后的河谷地形基本对称和连续变化。如天然河谷不满足要求,可采用如图 1-4-6 所示的工程措施进行适当处理。

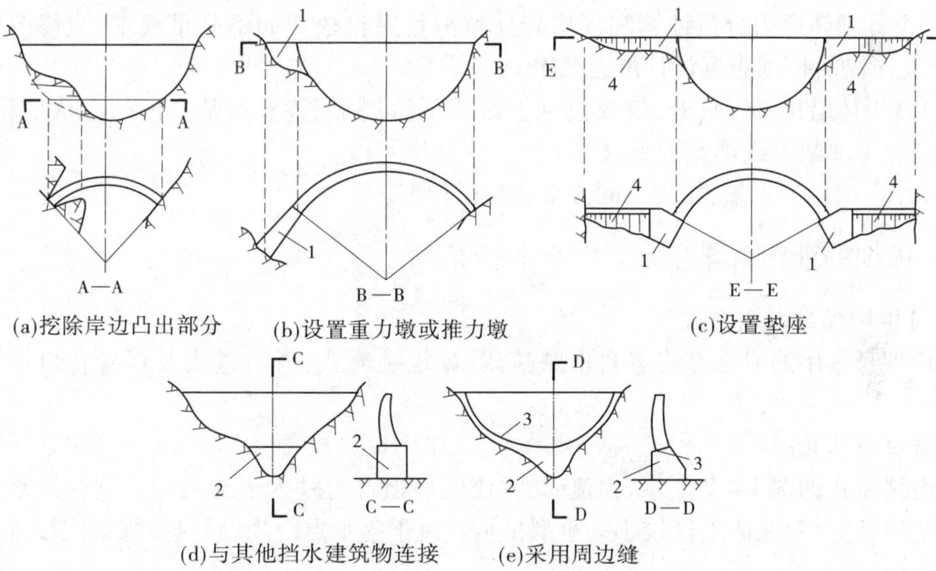

1—重力墩;2—垫座;3—周边缝;4—其他挡水建筑物

图 1-4-6　复杂断面河谷的处理

(2)坝体轮廓线连续光滑。拱坝坝体轮廓应力求简单,光滑平顺,避免有任何突变。圆心连线、中心角和内外半径沿高程的变化也应光滑连续或基本连续,悬臂梁的倒悬度应满足拱坝设计的规范要求。《混凝土拱坝设计规范(附条文说明)》(SL 282—2003)规定悬臂梁上游面的倒悬度不宜大于 0.3∶1。

2. 拱坝布置的步骤

拱坝的布置没有固定程序,而是一个反复调整和修改的过程。一般步骤如下:

(1)根据坝址地形、地质资料,确定坝基开挖线,作出坝址可利用基岩面的等高线图。

(2)在可利用基岩等高线图上,试定顶拱轴线的位置。为了方便,将顶拱轴线绘制在透明纸上,以便在地形图上移动、调整位置,使拱轴线与基岩等高线在拱端处的夹角不小于30°,并使两端夹角大致相同。按选定的半径、中心角及顶拱厚度画出顶拱内外圆弧线。

(3)综合考虑坝址地形、地质、水文、施工及运行等条件,选择适宜的拱坝坝型,并按选定的坝型及工程规模初拟拱冠梁剖面形式及尺寸。

(4)将拟定的拱冠梁剖面从顶到底分成若干层(一般选取5~10层),然后按照顶层拱圈布置的原则,绘制出各层拱圈的平面图。首先,一般在顶层拱圈布置后即可布置底层拱圈,接着,布置约1/3坝高处拱圈,然后布置中间各层拱圈。布置时,各层拱圈的圆心连线在平面上最好能对称河谷两岸可利用基岩面的等高线,在竖直面上圆心连线应能够形成光滑的曲线。

(5)自对称中心线向两岸切取铅直剖面,检查其轮廓线是否连续光滑,倒悬度是否满足要求。为了检查方便,可将各层拱圈的半径、圆心位置以及中心角分别按高程点绘制,连成上下游圆心线及中心角线。对不连续或有突变的部位,应适当修改此拱圈的半径、中心角和圆心的位置,直至连续光滑。

(6)进行坝体应力分析计算和坝肩岩体抗滑稳定校核。如不满足要求,应修改布置和尺寸,直至满足拱坝布置设计的总要求。

(7)将坝体沿拱轴线展开,绘成拱坝上游或下游展示图,显示基岩面的起伏变化,对于突变处应采取削平或填塞措施。

(8)计算坝体工程量,作为不同方案比较的依据。

三、拱坝的泄流和消能

(一)拱坝坝身泄水方式

拱坝坝身常用的泄水方式有自由跌落式、鼻坎挑流式、滑雪道式及坝身孔口泄流式等。

1.自由跌落式

自由跌流式如图1-4-7所示,泄流时,水流经坝顶自由跌入下游河床。这种泄水方式适用于基岩良好、单宽泄洪量较小的小型拱坝。由于落水点距坝趾较近,坝下应设置必要的防护措施。

2.鼻坎挑流式

为了使泄水跌落点远离坝脚,常在溢流堰顶曲线末端以反弧段连接成为挑流鼻坎,如图1-4-8所示。挑流鼻坎多采用连续式结构,堰顶至鼻坎之间的高差一般不大于6~8 m,大致为设计水头的1.5倍,反弧半径约等于堰上设计水头,鼻坎挑射角为10°~25°。该泄水方式的过堰水流经鼻坎挑射后,落水点距坝趾较远,且泄流量较大(一般$q \leq 50\ m^2/s$),故为拱坝坝身最常采用的泄水方式。格鲁吉亚的英古里双曲拱坝,坝高272 m,就是采用坝顶鼻坎挑流的泄流方式。我国的东风拱坝、流溪河双曲拱坝、单江拱坝也采用了这种泄流方式,运行情况良好。

3.滑雪道式

滑雪道式泄流是拱坝特有的一种泄洪方式,其溢流面由溢流坝顶和与之相连接的泄槽组成,如图1-4-9所示。水流经过坝以后,流经泄槽,由槽末端的挑流鼻坎挑出,使水流

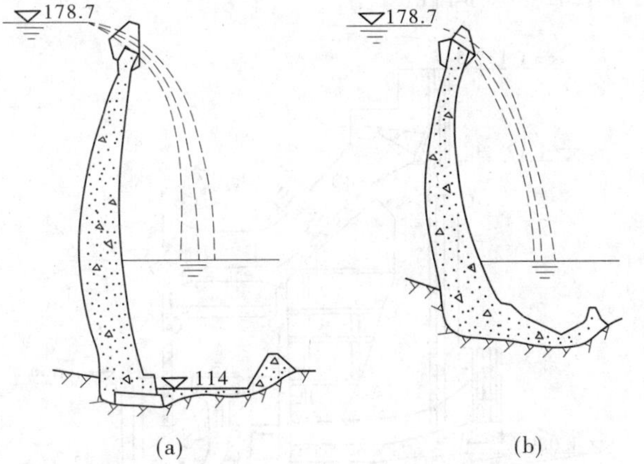

图 1-4-7　自由跌落式泄水与护坦布置

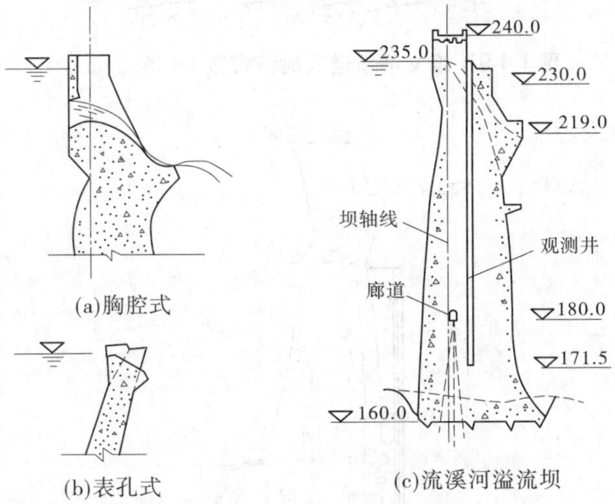

图 1-4-8　鼻坎挑流式溢洪布置

在空中扩散,下落到距坝趾较远的地点。挑流坎一般都较堰顶低很多,落差较大,因而挑距较远,适用于泄洪量较大的拱坝。滑雪道式泄水结构因滑雪道支垫形式的不同,有重叠式泄流和支撑结构泄水两种布置形式。

4. 坝身孔口泄流式

在拱坝的中部、中高部或底部开设孔口用来辅助泄洪、放空水库或排沙的均属坝身孔口泄流。位于拱坝坝体中部偏上的泄水孔称为中孔,位于坝体中部偏下的泄水孔称为深孔,位于底部附近的泄水孔称为底孔。

坝身孔口的泄水通道通常布置为水平或大体水平,但有时因某种要求,例如下游落点控制、立面水流碰撞或结构布置要求,也可设计成上仰或下俯。如图 1-4-10 所示的罗克斯拱坝泄水孔就设计成上仰的。

如果拱坝坝身设有多个泄水孔,为取得良好的下游消能效果,各泄水孔的出口高程可以相互错开,不一定非处在同一高程。

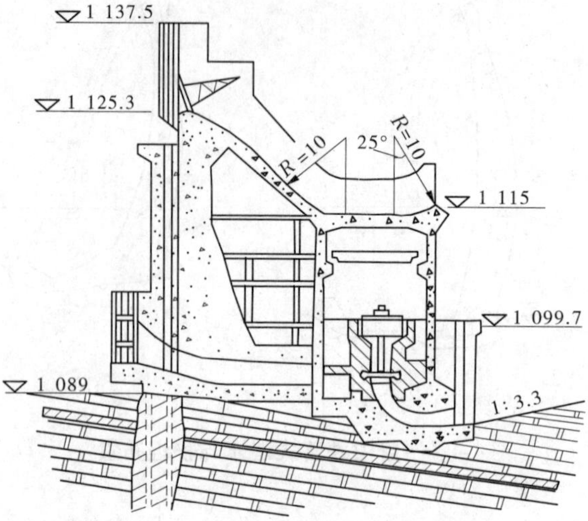

图1-4-9 修文滑雪道式泄流布置 (单位:m)

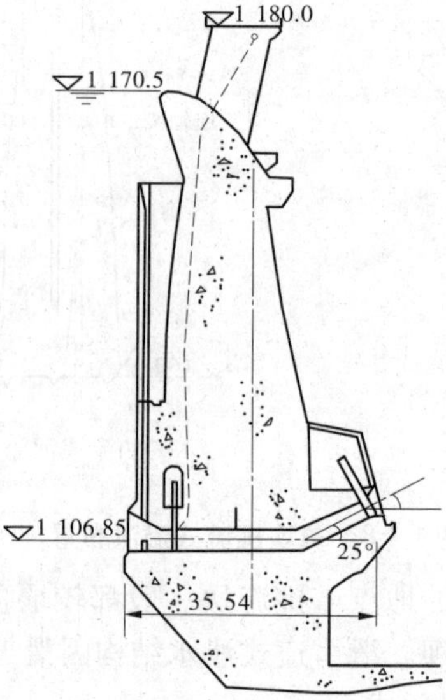

图1-4-10 罗克斯拱坝泄水孔的布置 (单位:m)

坝身开孔泄流的优点是能够将射出的水流送得很远,可以对水流的落点、挑射轨迹进行人为控制;高速水流流道短、初泄流量大,对调洪排沙有利。

(二)拱坝的消能和防冲

拱坝泄流具有以下特点:水流过坝后具有向心集中现象,水舌入水处单位面积能量大,造成集中冲刷;拱坝河谷一般比较狭窄,当泄流量集中在河床中部时,两侧形成强力回流,淘刷岸坡。因此,消能防冲设计要防止发生危害性的河床集中冲刷以及防止危及两岸坝肩的岸坡冲刷或淘刷。

拱坝消能形式一般有以下几种。

1. 水垫消能

水流从坝顶表孔或坝身孔口直接跌落到下游河床,利用下游水流形成的水垫消能。由于水舌入水点距坝趾较近,故需采取相应的防冲措施,一般在坝下游一定距离处设置消力坎、二道坝(见图1-4-11)或挖深式消力池。

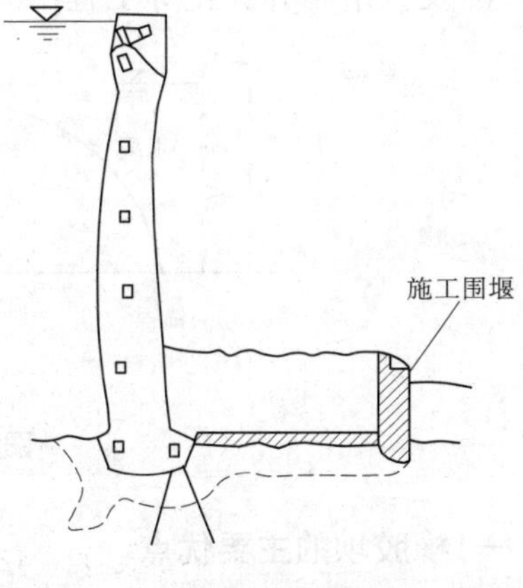

图1-4-11　利用施工围堰做成二道坝

2. 挑流消能

这是拱坝采用最多的消能形式。鼻坎挑流式、滑雪道式和坝身孔口泄流式大都采用各种不同形式的鼻坎,使水流扩散、冲撞或改变方向,在空中消减部分能量后再跌入水中,以减轻对下游河床的冲刷。

为了减小水流向心集中,工程中将布置在拱坝两侧或一侧的溢洪道的挑流鼻坎做成窄缝式或扭曲挑坎,使挑射出的水舌能沿河谷纵向拉开,既减少落点处单位面积能量,又不冲两岸。

3. 空中冲击消能

对于狭窄河谷中的中、高拱坝,可利用过坝水流的向心作用特点,在拱冠两侧各布置一组溢流表孔或泄水孔,使两侧的水舌在空中交汇,冲击掺气,沿河槽纵向激烈扩散,从而消耗大量的能量,减轻对下游河床的冲刷。实际操作中应注意两侧闸门必须同步开启,否则射流将直冲对岸,危害更大。

在大流量的中、高拱坝上,采用高低坎大差动形式,形成水股上下对撞消能。这种消能形式不仅把集中的水流分散成多股水流,而且由于通气充分,有利于减免空蚀的破坏。我国的白山重力拱坝采用高差较大的溢流面低坎和中孔高坎相间布置,形成挑流水舌相互穿射、横向扩散、纵向分层的三维综合消能,效果很好。但对撞水流形成的雾化程度较为严重,应适当加以控制。

泄水拱坝的下游一般都需采取防冲加固措施,如护坦、护坡、二道坝等。护坦、护坡的长度、范围以及二道坝的位置和高度等,应由水工模型试验确定。

第二节　橡胶坝

一、概述

在国外,橡胶坝称为尼龙坝、织物坝、可充胀坝等,我国通常称为橡胶坝,它是20世纪50年代随着高分子合成材料工业的发展而出现的一种新型水工建筑物。橡胶坝是用胶布按设计要求的尺寸,锚固于底板上形成封闭状的坝袋,通过连接坝袋和充胀介质的管道及控制设备,用水(气)将其充胀形成的袋式挡水坝,如图1-4-12所示。当不需要挡水时,泄空坝袋内的水(气),便可恢复原有河(渠)的过水断面。橡胶坝坝高调节自如,溢流水深可控,起到闸门、滚水坝和活动坝的作用,可用于防洪、灌溉、发电、供水、航运、挡潮、地下水回灌及城市园林美化等工程中。

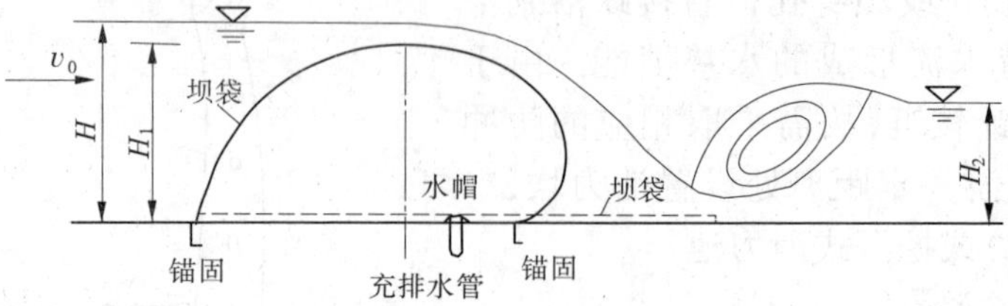

图 1-4-12　橡胶坝示意

(一)橡胶坝的主要优点

橡胶坝的结构简单、新颖。坝袋是石油副产品,用现代工业生产的合成材料,原材料来源丰富,坝的跨度大,适用范围广,还具有节省三材(钢、木、水泥)、造价低、施工期短、抗震性能好、不阻水和止水效果好、操作灵活、管理运行费用低等优点。

1. 结构简单、节省三材、造价低

橡胶坝的坝袋是用合成纤维织物和合成橡胶制成的薄壁柔性结构,代替钢和钢筋混凝土结构,不需要修建中间闸墩、工作桥、机架桥等钢或钢筋混凝土结构,结构简单,只用一条通长的坝袋横卧河道,橡胶坝作用在底板上的荷载属均布荷载,且坝底板的承载比常规闸坝要小,故坝基础底板、上游防渗、下游消能等结构可适当简化,由此可大大节省工程投资。国内橡胶坝与同规模的钢闸门的造价相比,一般为 1∶1.5～1∶3.0。在橡胶坝工程费用组成中,坝袋造价一般为工程总造价的 20%～50%。建在水库溢洪道上的橡胶坝,由于混凝土基础底板工程量小,坝袋造价一般为总造价的 50%;建在河道上的橡胶坝,由于基础处理较为复杂,混凝土基础底板的工程量较大,坝袋的造价一般为总造价的 20%。

2. 施工期短

橡胶坝工程总工期的长短主要取决于土建工程的复杂和难易程度。由于橡胶坝结构简单,土建工程的施工难度低,技术要求也低,故相应的施工期较短。作为挡水的坝袋,可安排有关厂家先行按设计图纸生产加工,然后运到施工现场进行安装。正常情况一般 5～10 d 便可安装调试完坝袋。橡胶坝工程可安排在一个非汛期内施工完毕,随即投入运行。

3. 抗震和抗冲击性能好

橡胶坝结构简单,其坝体为柔性薄壳结构,富有弹性,可适应基础的不均匀沉陷,能较好地承受地震波和水流的剧烈冲击。如 1976 年河北唐山发生 7.9 级大地震后,修建于 1968 年的唐山市陡河橡胶坝却安然无恙。

4. 不阻水、止水效果好

橡胶坝体内的水泄空后,坝袋紧贴在底板上,不缩小原有河床的过水断面。橡胶坝跨度大,一般无须建中间闸墩和机架桥等结构物,不阻碍水流。橡胶坝将坝袋周边密封锚固在底板和岸墙上,可以达到滴水不漏,止水效果好。

5. 管理方便，运行费用低

橡胶坝的挡水主体为充满水（气）的坝袋，通过向坝袋内充排水（气）来调节坝高的升降，控制系统仅由水泵（空压机）、阀门等设备组成，简单可靠，管理方便，还可以配置自行充坍坝的自控装置。坝袋材料平时几乎不需要维修，避免了像闸门那样定期涂刷防锈漆。

（二）橡胶坝的不足

橡胶坝作为一种新型的水工建筑物有其突出的优点，但也有自身的缺点。

1. 坝袋坚固性较差

坝袋仅为几毫米厚的胶布制品，虽然具有重量轻和柔性好的优点，但是其坚固性无法和钢、石、混凝土等相提并论，在使用中容易受砂石磨损、漂浮物刺破等。所以，在坝袋的运输、安装和运行管理中应精心保护。

2. 坝袋容易老化，使用寿命比较短

坝袋材料是高分子合成聚合物，在日光、大气、水以及交变应力的作用下，坝袋会逐渐失去原有的优良性能，强度和弹性降低，出现老化现象。根据工程经验，一般坝袋使用寿命可达 20 年左右。随着科技的进步及坝袋材料制造工艺的完善与提高，橡胶坝坝袋的使用寿命会随之延长。

3. 坝高受到限制

因橡胶坝坝袋材料的特点，橡胶坝高度受到了限制。《橡胶坝技术规范》（SL 227—1998）只适用于≤5 m 的袋式橡胶坝工程，如需建造大于 5 m 的橡胶坝，还需进行专题试验研究和技术论证。目前，世界上最高的橡胶坝是建成于 2003 年的荷兰拉姆斯波水气双充橡胶坝，坝高为 8 m。随着高分子合成材料的发展和建坝技术的提高，为建设更高的橡胶坝开拓了广阔的前景。

（三）橡胶坝的应用

橡胶坝以其自身的诸多特点，在低水头、大跨度的坝工程中得到了广泛的应用。

1. 改善城市水生态环境

人类择水而栖，喜水而居。然而我国城市河流大多遭受不同程度污染，尤其北方城市有季节性河流，枯水季节河底杂物污泥裸露，满目极尽凄凉。随着经济的发展，人民生活水平的改善，人们对生活环境的要求日益提高，对生存、生态环境有了更高的追求。在城市河道中建造橡胶坝，可以利用其充坝蓄水、坍坝过洪，利用自然又不破坏自然。橡胶坝在城市园林美化工程中越来越多地得到应用。如山西汾河太原市城市段建造了若干橡胶坝，拦蓄上游来水，形成水面景观，不仅为市民提供了休闲娱乐场所，还对净化空气、消除水体污染、调节气温、增加空气湿度产生了重要作用。

2. 利用溢洪道或溢洪堰抬高水头

将橡胶坝用于水库溢洪道的增高，可以充分利用水资源，发挥水库或水电站的潜在效益，尽可能多地蓄水，取得较高的发电水头。而且溢洪道下游一般紧接陡坡段，无回流顶托现象，坝袋体不易产生颤动；大量推移质已在水库沉积，过流时不致磨损坝袋。当不挡水时上下游均无水，有利于对坝袋进行全面检查维修；当充坝挡水时，下游无水，可检修坝袋下游部分。因此，橡胶坝在水库溢洪道上被广泛采用。如广东省流溪河大型水库，在溢洪道上利用原有桥墩建造了充气式橡胶坝工程。

3. 沿海挡潮和防浪工程

橡胶坝袋是用高分子材料制成的,目前多数采用氯丁橡胶作为主要材料,并用少量天然橡胶、氧化镁等其他材料配方,这种配方加工的坝袋在淡水中使用寿命已超过20年。橡胶坝袋耐海水和海生物的性能,曾在广东湛江南海投入了30多个配方的试片,观测资料表明,其耐海水老化的性能比较好,橡胶坝用于沿海防浪或挡潮,可以克服钢铁闸门容易锈蚀的缺点。如山东烟台市为解决夹河口的海水入侵修建了高为2.5 m的橡胶坝,全长195 m,有效地阻挡了海水入侵;河北北戴河橡胶坝,主要作用是防潮蓄淡。

4. 回灌地下水

橡胶坝升坍自如,汛期洪水来临时,可坍坝行洪;之后升坝拦截汛末洪水。河道蓄水后不仅可美化环境,还可将水回灌地下,补充地下水。如北京市,几年来在潮白河上修建了10余座橡胶坝,将降雨和排泄下来的水分段蓄在沿线的拦河橡胶坝中,让其渗到地下,以补充地下水。

二、橡胶坝构造

(一)橡胶坝组成

橡胶坝一般由坝基土建工程、挡水坝体、控制和观测系统等组成,如图1-4-13所示。

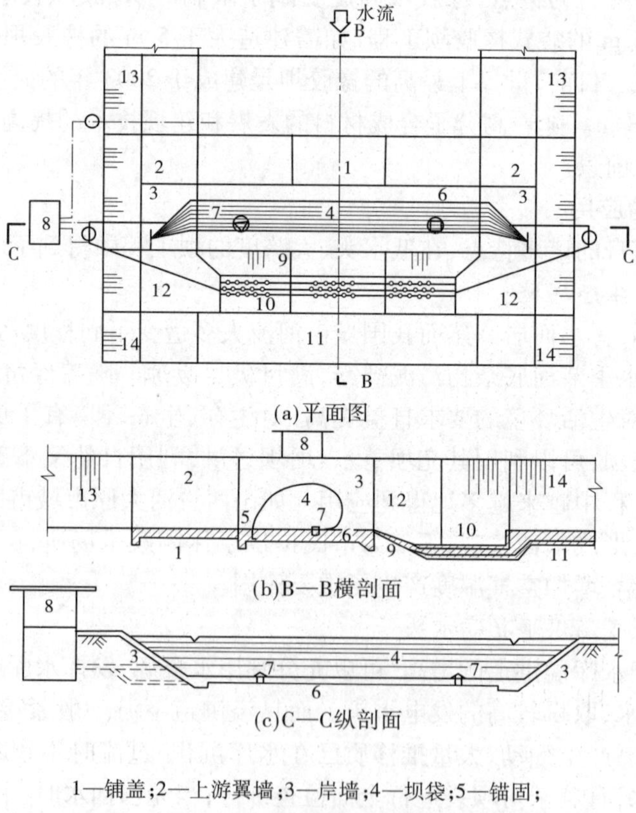

1—铺盖;2—上游翼墙;3—岸墙;4—坝袋;5—锚固;
6—基础底板;7—充排水管路;8—操作室;9—陡坡段;
10—消力池;11—海漫;12—下游翼墙;13—上游护坡;14—下游护坡

图1-4-13　橡胶坝枢纽布置

1. 土建工程

土建工程包括坝底板、边墩(墙)、上下游翼墙、上下游护坡、上游防渗铺盖或截渗墙、下游消力池、海漫等。其基本作用是将上游水流平稳而均匀地引入橡胶坝,并保证过坝水流不产生淘刷。固定橡胶坝坝袋的基础底板要能抵抗通过锚固系统传递到底板的推力,使坝体保持稳定。

2. 挡水坝体

挡水坝体包括橡胶坝坝袋和锚固结构,用水(气)将坝袋充胀后即可起到挡水作用,并可调节水位和控制流量。

3. 控制和观测系统

控制和观测系统包括充胀坝体的充排设备、安全观测装置等。充水式橡胶坝的充排设备有控制室、蓄水池、水泵、管路、阀门等;充气式橡胶坝的充排设备是用空气压缩机(鼓风机)代替水泵,不需要蓄水池。观测设备有压力表、水封管、U 形管、水位计或水尺等。

(二)坝袋

坝袋是橡胶坝工程的主体性挡水建筑物,坝袋的重要性显而易见。

1. 坝袋形式

坝袋按充胀介质可分为充水式坝袋、充气式坝袋。其剖面对比如图 1-4-14 所示。工程实践中,应按运用要求、工作条件等综合分析确定。

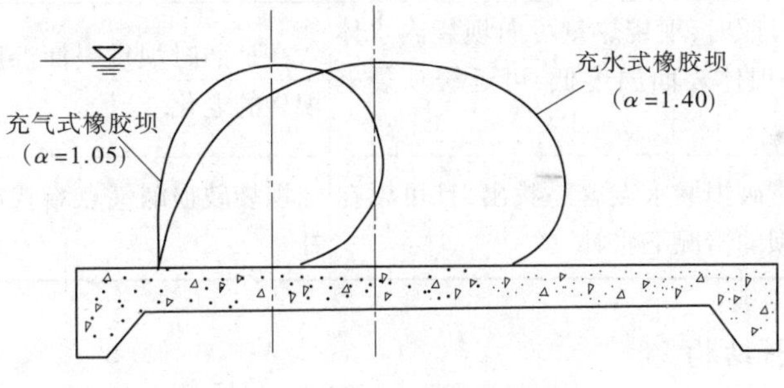

图 1-4-14　充水(气)式橡胶坝剖面示意

充水式橡胶坝在坝顶溢流时袋形比较稳定,振动小、过水均匀,对下游河床冲刷较小;充气式橡胶坝在坝顶溢流时,由于气体有比较大的压缩性,会出现凹坑现象,造成水流集中,对下游河道冲刷较强。但在冰冻的地区,充气式橡胶坝内的介质没有冰冻的问题,而充水式橡胶坝没有这一优点。充气式橡胶坝比充水式橡胶坝对坝袋的气密性要求高。在选择坝袋形式时,应根据运用要求和工作条件等综合分析确定。充水式橡胶坝和充气式橡胶坝的主要特点对比见表 1-4-1,供选择坝型时参考。

表1-4-1 充水式橡胶坝和充气式橡胶坝特点对比

项目	充水式橡胶坝	充气式橡胶坝
充坝介质	需要有水源	充坝气体容易得到
坝袋有效周长	坝体横断面为椭圆曲线,有效周长较长	坝体横断面近似圆形曲线,有效周长较短,一般为充水式的70%左右
气温影响	在寒冷地区,坝袋内水有结冰的危险	在温差大的地区,坝袋内压将发生明显变化
基础底板	基础底板比较长;坝体内水重为均布荷载,可以增加基础底板的稳定性	基础底板比较短,坝袋可安装在曲线形堰顶上;因充气式坝袋锚固处的集中荷载,对基础底板要求高,需采取措施来提高底板的稳定性,基础处理费用比较高
锚固结构	坝袋拉力小,气密性要求低,可采用螺栓压板、楔块锚固	坝袋拉力相对充水式大一些,对气密性要求高,宜采用螺栓压板锚固
操作稳定性	在充坍坝及正常挡水时坝体稳定	当坝袋内压下降时,就会产生局部凹坑现象,最好以全升全坍模式运行
水位调节	调节范围比较大	当发生凹坑现象时,难以调节水位
消能防冲	常规处理	因易发生凹坑现象,消能防冲比充水式要求高
充排时间	充排时间较长	充排时间短
抗振动性	抗溢流振动能力好	抗溢流振动能力相对较差
耐老化	在日照时,坝袋热量可向坝袋内水体扩散,坝体表面温度低,可延缓坝袋老化	在日照时坝袋表面温度升高很快,容易加速坝袋的老化
维修	坝袋破损漏水点容易找出,且可以在不坍坝的情况下修补	坝袋破损漏气点难找出,需在坍坝情况下修补

2. 坝袋胶布材料结构

坝袋胶布材料应达到强度高、耐老化、耐腐蚀、耐磨损、抗冲击、耐屈挠、耐寒等性能要求,能满足工程使用目的。

(三)橡胶坝锚固

橡胶坝是将坝袋用锚固构件安装锚固在基础底板和边坡(岸墙)上,用水(气)将坝袋充胀,构成可升高挡水和可降低泄流的工程。锚固结构是橡胶坝工程的关键组成部分,工程中应切实做好锚固结构选择、锚固线布置及锚固结构强度试验研究等工作。

1. 单锚固线

单锚固线是将坝袋胶布安装锚固在基础底板上,只有底板上游一条锚固线,如图1-4-15所示。其锚线短,锚固件少,安装简单,密封和防漏性能好。但坝袋周长较长,坝袋胶布用量相对较多。由于单锚固线仅在上游锚固,坝袋可动范围大,对坝袋防振防磨不利,尤其当坝顶溢流时,在下游坝脚处产生负压,将泥沙吸进坝袋底部,造成坝袋磨损。一般充气式橡胶坝或坝高较低的充水式橡胶坝可采用单锚固线进行坝袋锚固。

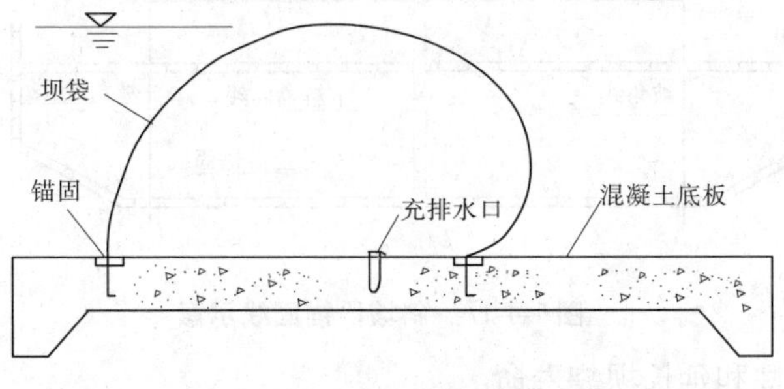

图 1-4-15 坝袋单锚固线示意

2. 双锚固线

双锚固线是用两条锚线将坝袋胶布分别锚固于四周,如图 1-4-16 所示。其锚线长,锚固件多,安装工作量大,相应处理密封的工作量也大,但坝袋四周被锚固,坝袋可动范围小,对坝袋防振防磨有利。由于在上下游锚固线间的贴地段可用纯胶片代替坝袋胶布防渗,从而可节省坝袋胶布约 1/3,可降低坝袋的投资,在工程中普遍采用。

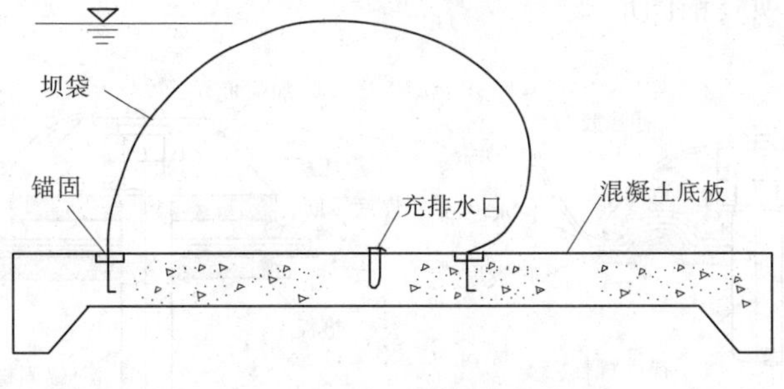

图 1-4-16 坝袋双锚固线示意

3. 堵头式橡胶坝锚固线

如岸墙或中墩为直墙,为改善坝袋应力集中,宜采用堵头式坝袋,上下游的锚固线仍布置在底板两侧,其位置与双锚固线相同,两侧端头沿岸墙或中墩底脚顺水流向布置两条锚固线,组成矩形封闭的锚固线。

堵头式坝袋的两侧端一般采用外锚固,这样底板处的坝袋与直墙之间就会有空隙,充胀后的坝袋难以挤紧底板与直墙间的直角死角部位,容易引起漏水,工程中应注意做好封堵工作。

4. 岸墙(中墩)斜坡段锚固线

岸墙锚固线布置,应满足坍坝时坝袋平整不阻水,充坝时坝袋褶皱较少。当岸墙(中墩)为斜坡时,为改善坝袋局部受力状态,一般设渐变爬坡段,成为斜坡连接。斜坡段锚线最好按坝袋设计充胀断面与斜坡相交形成的空间曲线布置,这样坝袋边端须加工成相应曲线,锚固件也应做成曲线形,加工制作困难。实际工程中,一般上游侧多采用相切于坝袋设计外形的折线布置,下游侧为直线布置。上游锚线在边坡上要延长一段,然后分布若干段折线向上布置,便于坝袋在充胀时减少端部的法向应力,如图 1-4-17 所示。

总之,工程中应合理选择坝袋的锚固线形式,以改善坝袋的受力情况,确保坝袋运用

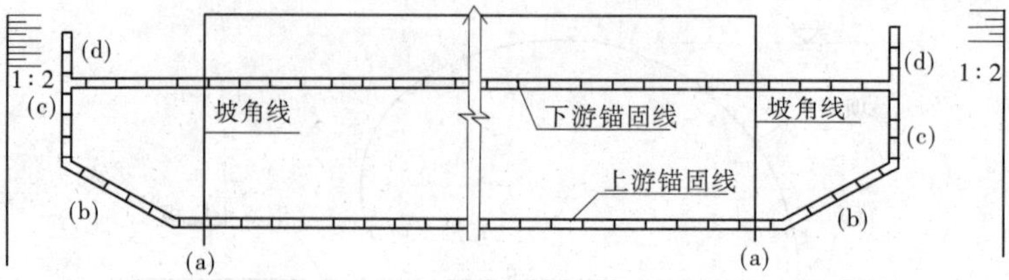

图 1-4-17　斜坡段锚固线示意

过程中的安全可靠性和延长坝袋寿命。

(四)锚固结构形式

工程中锚固结构形式多种多样,按锚固构件的材料来分,可分为螺栓压板式锚固、楔块挤压式锚固和胶囊充水式锚固三种。

1. 螺栓压板式锚固

螺栓压板式锚固的锚固构件由螺栓、压板及垫板组成,如图 1-4-18 所示。螺栓压板式锚固的锚固力可控,安装止水效果好,国内自橡胶坝建设之初就采用该种构件锚固,是应用最广泛的一种坝袋锚固形式。

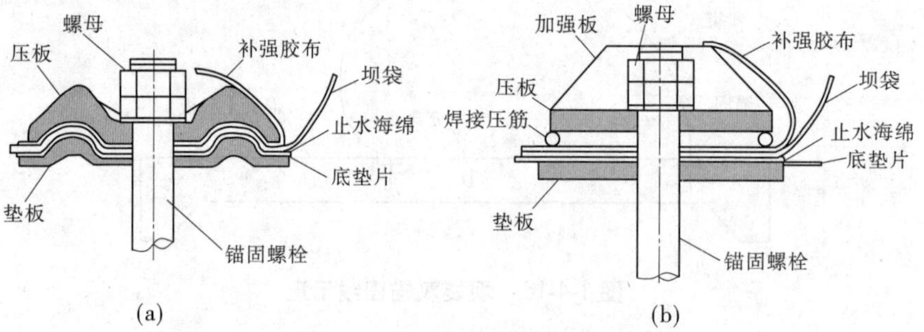

图 1-4-18　螺栓压板式锚固

2. 楔块挤压式锚固

楔块挤压式锚固构件由前楔块、后楔块和压轴组成,如图 1-4-19 所示。锚固槽有靴形和梯形两种,施工时用压轴将坝袋胶布卷入槽中,用楔块挤紧。

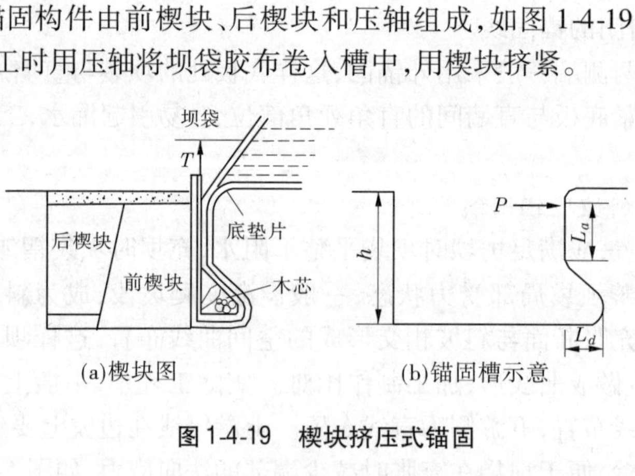

图 1-4-19　楔块挤压式锚固

3. 胶囊充水式锚固

胶囊充水式锚固是先建一个椭圆形的锚固槽，再制作一条与锚固槽形状相似的封闭胶囊，将坝袋胶布、胶囊和底垫片共同放在锚固槽内，胶囊充水后使坝袋胶布受到挤压，利用坝袋胶布与锚固槽之间产生的摩擦力来抵抗坝袋的拉力，如图1-4-20所示。

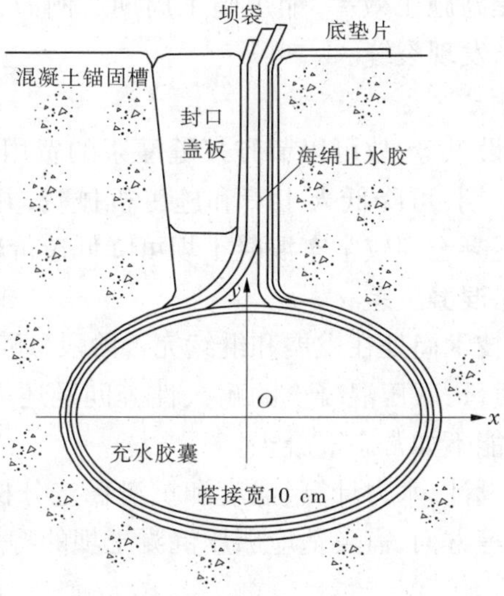

图1-4-20 胶囊充水式锚固

在工程实践中，可根据工程实际情况，综合分析选择锚固方式。一般情况下，锚固施工绝大多数采用经验的方法对锚固楔块进行夯击，或对螺母进行拧紧。但对于重要的橡胶坝工程，应做专门的锚固结构试验，以达到牢固可靠的密封性要求。

第三节 碾压混凝土坝

一、碾压混凝土坝的特点

碾压混凝土坝是20世纪70年代以来得到迅速发展的一种新坝型，它利用机械的强力振动和碾压的共同作用，对分薄层摊铺的、水泥含量比较低的干硬性混凝土拌和料进行振动压实，从根本上改革了传统混凝土坝的筑坝方法。实质上，它是把混凝土坝的结构与材料和土石坝的施工方法二者的优越性加以综合，经择优改进而形成的一种新的筑坝技术。与常态混凝土坝相比，碾压混凝土坝有以下主要特点。

(一)水泥用量少，混凝土强度高

常态混凝土筑坝，一般每立方米混凝土水泥用量均在200 kg以上，而碾压混凝土由于改变了施工方法而采用干硬性混凝土，在减少了水用量的同时也减少了水泥用量。目前，每立方米碾压混凝土水泥的常用量多为50～70 kg，掺加粉煤灰80～100 kg，但强度仍能达到或超过设计要求。

(二)水化热低，抗裂性好

因用粉煤灰代替大量水泥可大幅度减少混凝土水化热和降低温升，所以即使不采取任何温控措施,一般也不会发生温度裂缝;又由于这种混凝土用水量少、密实度高、干缩变形小,因此减少了干缩变形性裂缝。

(三)可以不分缝、薄层连续浇筑,施工工期短

由于水泥用量少、水化热低、抗裂性能好等特性,所以可不设纵缝和少设横缝、薄层大面积连续施工,从而大大提高施工效率,缩短施工周期。例如,我国福建坑口大坝132 m长坝段不设缝,运用至今未发现裂缝。

(四)工程造价显著降低

由于碾压混凝土坝不设纵缝,故可以节省接缝灌浆的费用和器材;不设或少设横缝,可以节省止水费用;缩短工期,可降低人工费和施工机械费,并可使工程提前发挥效益。经济分析表明,一般碾压混凝土坝较常态混凝土坝可降低造价15%~40%。

(五)耐久性能比常态混凝土差

因碾压混凝土坝施工技术尚处在发展和继续完善阶段,还存在一些问题,如高水头坝的防渗、碾压层面的结合质量、碾压混凝土的耐久性等问题还需不断探索解决。所以,其抗渗、抗冻、抗冲等耐久性能不如常态混凝土。

碾压混凝土坝的剖面设计、水力计算、强度和抗滑稳定分析与常态混凝土坝相同,但在混凝土材料和坝体构造等方面,需要适应碾压混凝土坝的特点。

二、碾压混凝土的材料

碾压混凝土是由水泥、活性掺合料、砂、石、水及外加剂组成的,其材料的选用与常态混凝土类似。

(一)胶凝材料

胶凝材料包括水泥和活性掺合料,凡适用于水工混凝土使用的水泥,均可用于碾压混凝土。为适应碾压混凝土连续、快速施工,以及尽可能降低水泥用量,碾压混凝土中均掺入活性掺合料,其掺量不宜超过胶凝材料总质量的55%~65%。常用的活性掺合料有粉煤灰、粒化高炉矿渣、火山灰或其他火山灰质材料,其中使用较多的是粉煤灰。

(二)细骨料

砂的含水量变化对碾压混凝土拌和物稠度的影响比常态混凝土敏感,因此应准确测定和控制砂的含水量。对细骨料中微细颗粒含量的限制可以比常态混凝土放宽些,目前我国一般控制在7%~15%。

(三)粗骨料

石子最大粒径和级配,对碾压混凝土的压实和胶凝材料用量,以及混凝土的性能都有一定的影响。通常采用人工骨料连续级配,最大粒径一般应小于80 mm,当粒径超过80 mm时,混凝土拌和料易产生分离,难以保证施工质量。

(四)外加剂

碾压混凝土中胶凝材料用量少,必须掺入减水剂以改善其黏聚性与抗离析性能。为了适应大面积施工的特点,延长初凝时间,减少冷缝,并为改善层面胶结,还必须掺入缓凝剂。如工程有特殊要求,还应掺入其他相应的外加剂。

三、碾压混凝土坝的剖面和构造

(一)剖面选择

根据碾压混凝土的施工特点,其坝体剖面应力求简单。例如,重力坝在满足稳定的条件下,最好采用上游面垂直、下游面单一边坡。但对于高坝,为了节约混凝土工程量,也可采用上游面为折坡或斜坡的剖面形式,如图1-4-21和图1-4-22所示。

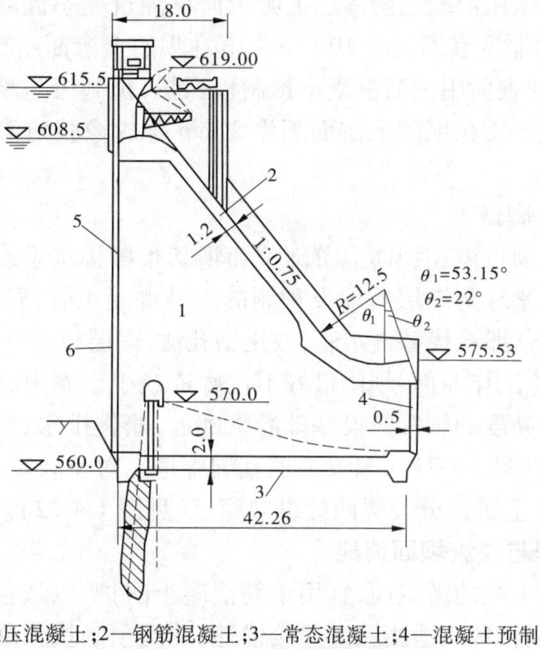

1—碾压混凝土;2—钢筋混凝土;3—常态混凝土;4—混凝土预制板;
5—沥青砂浆防渗层;6—钢筋混凝土预制板

图1-4-21　坑口碾压混凝土重力坝横剖面　(单位:m)

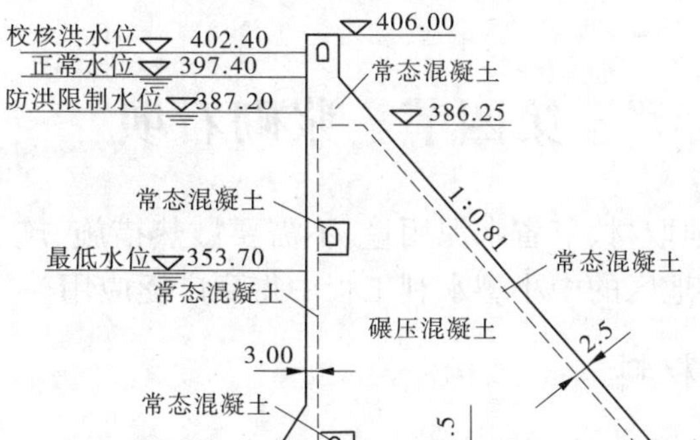

图1-4-22　日本玉川碾压混凝土重力坝　(单位:m)

(二)坝体分缝

碾压混凝土坝因可采用薄层通仓浇筑,自然散热,因而不设纵缝,对于重力坝可少设或不设置横缝。横缝常由切缝机切割而成,也可利用手工打钻邮票式连续孔或预埋分缝板,设置诱导缝。横缝止水一般应设两道。

(三)坝体防渗

碾压混凝土坝上游面的防渗措施有以下几种:①在坝的上游面采用常态混凝土作防渗层,常用厚度1.5~3.5 m,并将横缝止水设在防渗层内。②在上游坝面附近采用二级配碾压混凝土防渗层,防渗层的有效厚度宜为坝面水头的1/30~1/15,但最小厚度应满足施工要求。二级配碾压混凝土防渗层上游表面再浇筑变态混凝土,变态混凝土的厚度宜为30~50 cm,最大厚度宜不大于100 cm。③在坝的上游面用6 cm厚的沥青砂浆作防渗层,沥青砂浆层的外表面用钢筋混凝土预制板保护,预制板与坝体之间用钢筋连接,兼作沥青砂灌注的模板。④在坝的上游面喷涂2 mm合成橡胶防渗薄膜,如美国的盖尔斯维尔坝。

(四)坝内排水及廊道

碾压混凝土重力坝也需在坝体上游部位和坝基布置排水系统,以降低扬压力。坝内竖向排水管一般可在紧靠防渗层后埋设预制的无砂混凝土管,管距2.0~3.0 m,内径为7~15 cm。也可用碎石、卵石代替透水管,或用钻孔法、逐层拔管等方法形成排水体系。为减少施工干扰,加大施工作业面,坝内最好不设廊道或少设廊道,尽量做到一个廊道兼有多种用途。一般中等高度的坝常只设基础灌浆廊道,兼作排水、检查及交通之用,如坑口碾压混凝土重力坝(见图1-4-21),只设一道基础廊道。对于较高的坝,如日本玉川坝,坝高100 m,也只在坝体上游部分设置两层纵向廊道(见图1-4-22)。

(五)下游坡处理与溢流坝面消能

溢流式碾压混凝土坝的溢流面,宜用钢筋混凝土防护,以增强其抗冲、耐磨性能。在填筑坝内碾压混凝土时,埋入适当数量连接锚筋,并用预制块作临时模板,以形成台阶状交接面,当碾压混凝土达一定强度后,吊开预制块并处理交接面,再浇筑溢流面钢筋混凝土。当溢流坝水头较小、水流流速较低时,也可用预制块拼装成台阶形溢流面,以增加沿程消能效果。

第四节　浆砌石坝

浆砌石坝具有就地取材、节省水泥用量、不需要散热措施、施工技术比较简单等显著优点,因此在石料丰富地区的中小型水利工程中得到广泛应用。

一、浆砌石坝的材料

(一)石料

砌筑坝体的石料必须新鲜、坚硬、完整。石料按其加工外形可分为粗料石、块石和毛石三种。修建浆砌石坝多采用块石。粗料石一般仅用于坝面,而乱毛石则用于坝内次要部位。石料的强度等级分为1 000、800、600、500、400、300六级,坝越高,要求采用的石料强度等级也越高。

石料的尺寸越大,越能够节省胶结材料,砌体的强度越高,容重也越大。所以,应尽量采用体积较大的石料，但也应考虑施工条件，一般块石最小边长不小于 25 cm，重量不小于 400 N。

（二）胶结材料

浆砌石坝的胶结材料主要有水泥砂浆和细石混凝土两种。

水泥砂浆是由水泥、砂和水拌和而成的，常用于砌筑粗料石或空隙较小的块石。修建浆砌石坝的水泥砂浆强度等级一般为 M5 ~ M7.5，粗料石砌体一般用 M7.5 ~ M10 的水泥砂浆砌筑，勾缝则采用 M10 ~ M15 的水泥砂浆，且任何部位砌体的水泥砂浆强度等级不应低于所受力的 5 倍。

细石混凝土是浆砌石坝广泛应用的一种胶结材料，主要用于砌筑毛石和块石砌体。它由水泥、砂、石子和水按一定比例拌和而成，石子最大粒径多为 4 cm。

（三）材料分区

浆砌石重力坝也需要对坝体进行分区，分区原则与混凝土坝基本一样。在坝的上下游面、溢流面和消能设施处，常用高强度等级混凝土浇筑或采用质地良好的料石丁砌护面，并采用较高强度等级的胶结材料。由于浆砌石与基岩接触不易密实，在坝底部也常浇筑一层 C10 ~ C15 的混凝土。

二、浆砌石坝的构造要点

浆砌石坝在构造上与混凝土坝大致相同，但由于浆砌石坝水泥用量少，水化热低，所以施工中不需要采取任何温控措施，不设纵缝，横缝间距也可增大，一般为 30 ~ 40 m。同时，砌体本身防渗性能差，一般不能满足坝体防渗要求，因此需在坝上游面设置专门的防渗设施；此外，溢流坝面与非溢流坝面的下游面也需要设置专门的护面，以满足水流条件、耐久性和美观的要求。

（一）坝体防渗设备

（1）混凝土防渗面板或心墙。在坝体上游面设置混凝土面板防渗时，其厚度一般为作用水头的 1/20 ~ 1/25，但最小厚度不得小于 0.3 m。面板需嵌入完整的基岩内 1.0 ~ 1.5 m，并与坝基防渗帷幕连成整体。面板必须设伸缩缝，缝内设止水，并配适量的温度钢筋。为使面板与砌体牢固连接，应在砌体内预埋锚筋并与面板的温度钢筋连接起来。混凝土面板亦可设在距迎水面 1 ~ 2 m 的坝体内，成为防渗心墙，并利用砌体作模板，如图 1-4-23 所示。

（2）浆砌条石防渗层。对中、低水头的浆砌石坝，可在坝体上游面用 M7.5 ~ M10 的水泥砂浆砌筑一层质地良好的粗料石作为防渗层，厚度为水头的 1/15 ~ 1/20。砌缝厚度控制在 1 ~ 2 cm，然后采用 M10 ~ M15 的水泥砂浆仔细勾缝，勾缝深度不小于 2 ~ 3 cm。

（二）坝体分缝、止水和排水

（1）重力坝和拱坝的混凝土防渗面板应设伸缩缝，缝距宜为 10 ~ 20 m。如坝体设横缝，混凝土防渗面板或心墙的分缝应与坝体一致。拱坝混凝土防渗面板或心墙应和坝体同时封拱。

（2）混凝土防渗面板或心墙的工作缝除必须按有关规定处理外，竖直工作缝应埋设止水，水平工作缝宜采用键槽连接。

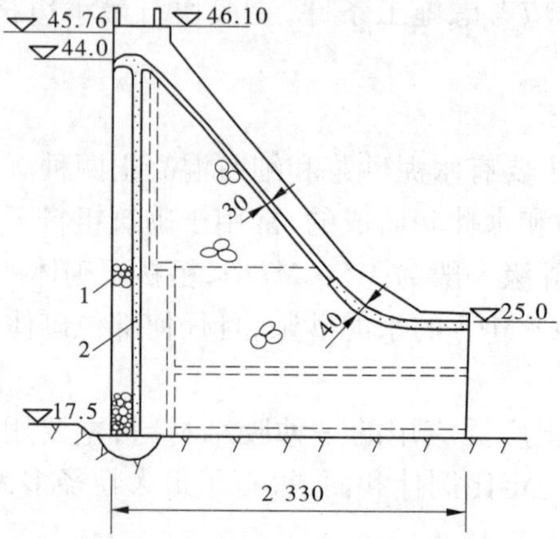

1—水泥砂浆勾缝;2—混凝土防渗墙

图1-4-23 混凝土防渗墙式砌石重力坝 (单位:尺寸,cm;高程,m)

(3)混凝土防渗面板与心墙的伸缩缝,在水头大于30 m或死水位以下的部位应设两道止水,死水位以上且水头小于30 m的部位可设一道止水。

(4)横缝止水应与坝基岩石紧密连接,止水片宜埋入基岩内30~50 cm。横缝止水后面宜设竖向排水孔,通至纵向排水检查廊道或坝体水平排水系统。

(三)溢流坝面的衬护

浆砌石坝的溢流面一般采用混凝土衬护,常用混凝土强度等级为C20,护面厚度为0.6~1.5 m,并在衬护内设温度筋,用锚筋与砌体锚固。如过坝流速不大,也可只在溢流堰顶和反弧段用混凝土衬护,直线段用条石砌筑衬护。小型工程也可全部用条石衬护。

思考题

1-4-1 拱坝对地形地质条件的要求是什么?

1-4-2 拱坝的工作原理是什么?

1-4-3 拱坝的基本尺寸有哪些?

1-4-4 试述拱坝的布置原则和方法。

1-4-5 拱坝的泄流方式有哪些?适用情况如何?

1-4-6 橡胶坝的溢流特性是什么?

1-4-7 简述橡胶坝袋锚固方法。

1-4-8 试述橡胶坝的启闭系统和特性。

1-4-9 碾压混凝土坝的特点和构造要点有哪些?

1-4-10 浆砌石坝的特点和构造要点有哪些?

第五章　水　闸

【教学要求】

掌握水闸的类型、工作特点、组成及各组成部分的作用，了解水闸布置与构造、两岸连接建筑物的形式与布置等方面的内容。

第一节　概　述

水闸是一种控制水位和调节流量的低水头建筑物，具有挡水和泄水的双重作用。

一、水闸的类型

（一）按水闸所承担的任务分类

（1）进水闸（取水闸）。建在天然河道、水库、湖泊的岸边及渠道的首部，用于引水，并控制引水流量，以满足发电或供水的需要。

（2）节制闸。灌溉渠系中的节制闸一般建于干、支、斗渠分水口的下游。拦河而建的节制闸也叫拦河闸，用于在枯水期抬高水位，以满足上游取水或航运的需要；在洪水期提闸泄水，控制下泄流量。

（3）冲沙闸（排沙闸）。多建在多泥沙河流上的引水枢纽或渠系中布置有节制闸的分水枢纽处及沉沙池的末端，用于排除泥沙。一般与节制闸并排布置。

（4）分洪闸。建造在天然河道的一侧，用于将超过下游河道安全泄量的洪水泄入湖泊、洼地等滞洪区，以削减洪峰，保证下游河道的安全。

（5）排水闸。在江河沿岸排水渠的出口处建造，排除其附近低洼地区的积水，当外河水位高时关闸以防河水倒灌。其具有闸底板高程较低，且受双向水头作用的特点。

（6）挡潮闸。建在入海河口附近，涨潮时关闸，防止海水倒灌；退潮时开闸放水。挡潮闸也具有双向承受水头作用的特点，且操作频繁。

上述各水闸的布置示意图如图1-5-1所示。

（二）按闸室结构的形式分类

（1）开敞式。开敞式水闸闸室是露天的，可分为无胸墙和有胸墙两种形式（见图1-5-2（a）、（b））。当上游水位变幅较大而过闸流量不大时，采用胸墙式，既可降低闸门高度，又能减小启闭力；当有泄洪、通航、排冰、过木等要求时，宜采用无胸墙的开敞式水闸。

（2）涵洞式。当水闸修建在河、渠堤之下时，便成为涵洞式水闸，如图1-5-2（c）所示。根据水力条件的不同，可分为有压式和无压式两类，其适用情况基本同胸墙式水闸。

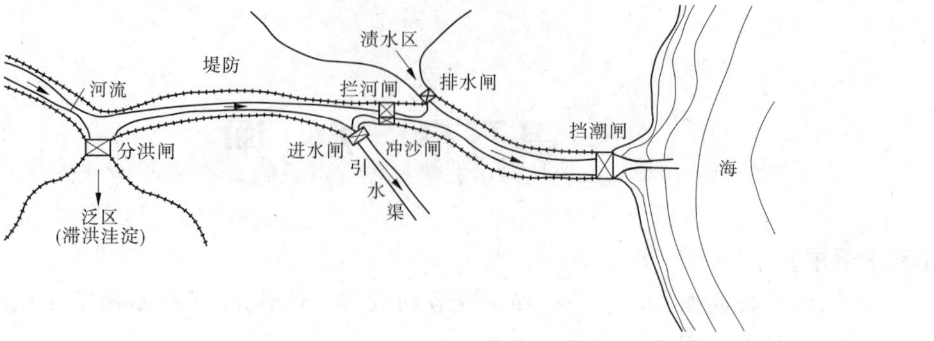

图1-5-1　水闸布置示意

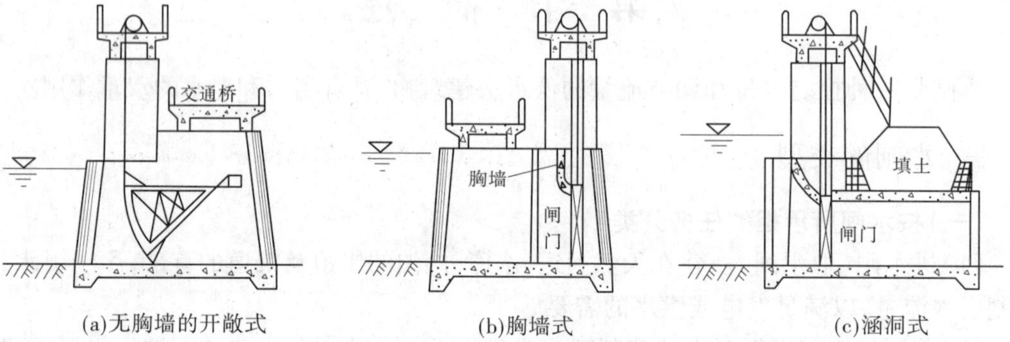

图1-5-2　水闸闸室结构分类

二、水闸的工作特点和设计要求

水闸是一种既挡水又泄水的低水头水工建筑物,且多修建在土质地基上,因而它在抗滑稳定、防渗、消能防冲及沉陷等方面具有以下工作特点和设计要求:

(1)当水闸完建时,可能因较大的垂直荷载,使基底压力超过地基容许承载力,导致闸基土深层滑动失稳。因此,水闸必须具有适当的基础(底板)面积,以满足应力要求。

(2)当水闸挡水时,上、下游水位差形成的水平水压力,可能使水闸产生滑动。同时,这种水位差还会引起闸基及两岸的渗流,渗流不仅将对水闸底部施加向上的渗透压力,降低水闸的抗滑稳定性,而且还可能在闸基及两岸土壤中产生渗透变形。因此,水闸必须具有足够的重量,以维持自身的稳定,且应妥善设计防渗设施,并在渗流逸出处设反滤层等设施以保证不发生渗透变形。

(3)当水闸泄水时,一方面,需有足够的过流能力;另一方面,过闸水流如具有较大动能,且流态较复杂,易在下游河床及两岸产生有害冲刷。因此,设计水闸时,应合理确定水闸孔口尺寸,同时要采取有效的消能防冲措施,确保泄流安全。

(4)当闸基为软土地基时,由于地基的抗剪强度低,压缩性比较大,水闸在重力和外荷载作用下,可能产生较大沉陷,尤其是不均匀沉陷,导致水闸倾斜,甚至断裂,影响水闸正常使用。因此,设计时必须合理选择闸型和构造,安排好施工程序及采取必要的地基处理措施等，以减小地基沉陷。

三、水闸的组成

水闸一般由上游连接段、闸室段及下游连接段三部分组成，见图1-5-3。闸室段是水闸的主体部分，起挡水和调节水流的作用；上游连接段起到引导水流平顺、均匀地进入闸室，同时起防冲、防渗和挡土的作用；下游连接段主要用来引导水流均匀扩散、消能、防冲及安全排出流经闸基和两岸的渗流。

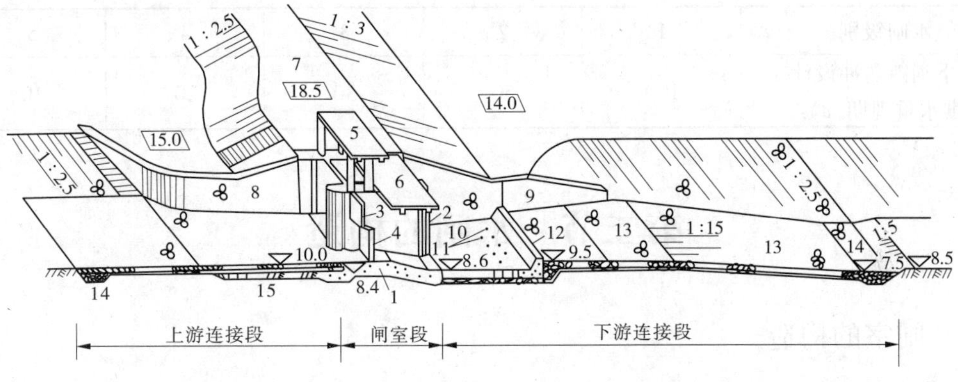

1—闸室底板；2—闸墩；3—胸墙；4—闸门；5—工作桥；6—交通桥；7—堤顶；8—上游翼墙；9—下游翼墙；10—护坦；11—排水孔；12—消力坎；13—海漫；14—防冲槽；15—上游铺盖

图1-5-3　开敞式水闸组成示意

四、水闸的等级划分和洪水标准

(1)平原地区的水闸枢纽工程，其工程等别按水闸最大过闸流量及其防护对象的重要性划分成五等，如表1-5-1所示。枢纽中的水工建筑物级别和洪水标准仍根据《水利水电工程等级划分及洪水标准》(SL 252—2017)的规定确定。

表1-5-1　平原区水闸枢纽工程分等指标

工程等别	Ⅰ	Ⅱ	Ⅲ	Ⅳ	Ⅴ
规模	大(1)型	大(2)型	中型	小(1)型	小(2)型
最大过闸流量(m^3/s)	≥5 000	5 000～1 000	1 000～100	100～20	<20
防护对象的重要性	特别重要	重要	中等	一般	—

(2)灌排渠系上的水闸，其级别可按《灌溉与排水工程设计规范》(GB 50288—1999)的规定确定，见表1-5-2，其洪水标准见表1-5-3。

表1-5-2　灌排渠系建筑物级别划分

建筑物级别	1	2	3	4	5
过闸流量(m^3/s)	≥300	300～100	100～20	20～5	<5

表1-5-3　灌排渠系水闸的设计洪水标准

水闸级别	1	2	3	4	5
设计洪水重现期(a)	100~50	50~30	30~20	20~10	10

(3)平原区水闸闸下消能防冲的洪水标准应与该水闸洪水标准一致,并应考虑泄放小于消能防冲设计洪水标准的流量时可能出现的不利情况。山区、丘陵区水闸闸下消能防冲设计洪水标准,见表1-5-4。

表1-5-4　山区、丘陵区水闸闸下消能防冲设计洪水标准

水闸级别	1	2	3	4	5
闸下消能防冲设计洪水重现期(a)	100	50	30	20	10

第二节　水闸的构造

一、闸室的构造

(一)底板

闸室底板形式通常有平底板、低堰底板及折线底板。其形式可根据地基、泄流等条件进行选用。开敞式闸室结构的底板按照闸墩与底板的连接方式又可分为整体式和分离式两种。涵洞式和双层式闸室结构不宜采用分离式。

1.整体式底板

当闸墩与底板浇筑或砌筑成整体时,称为整体式底板。对于孔数多、宽度较大的水闸,为了适应地基不均匀沉陷和温度变化需要,在顺水流方向设永久缝将底板分成若干闸段,每个闸段一般由2~4个完整的闸孔组成,靠近岸墙的闸段,考虑到边荷载的影响,宜为单孔。缝距一般不宜超过20 m(岩基)或35 m(土基),缝宽2~3 cm,缝中应设止水。

将缝设在闸墩中间(见图1-5-4(a)),其闸室结构整体性好,但闸墩工程量大、施工难度增加,这种底板适用于地质条件较差的地基或地震区。如果地基条件较好,相邻闸段不致出现不均匀沉降的情况下,也可将缝设在闸孔底板中间(见图1-5-4(c))。

2.分离式底板

在闸墩附近设缝,将闸室底板与闸墩断开的,称为分离式底板(见图1-5-4(b))。分离式底板的优点是结构受力明确,设计计算简单,工程量小;缺点是底板接缝较多,闸室结构的整体性较差,给止水防渗和浇筑分块带来不利和麻烦,且不均匀沉陷将影响闸门启闭,故对地基要求较高。这种底板适用于地质条件较好、承载能力较大的地基。

底板顺水流方向的长度应根据闸室地基条件、上部结构布置、满足闸室整体稳定和地基允许承载力等要求来确定。初拟时可参考已建工程的经验数据选定,当地基为碎石土和砾(卵)石时,底板长度取(1.5~2.5)H(H为水闸上、下游最大水位差);砂土和砂壤土取(2.0~3.5)H;粉质壤土和壤土取(2.0~4.0)H;黏土取(2.5~4.5)H。

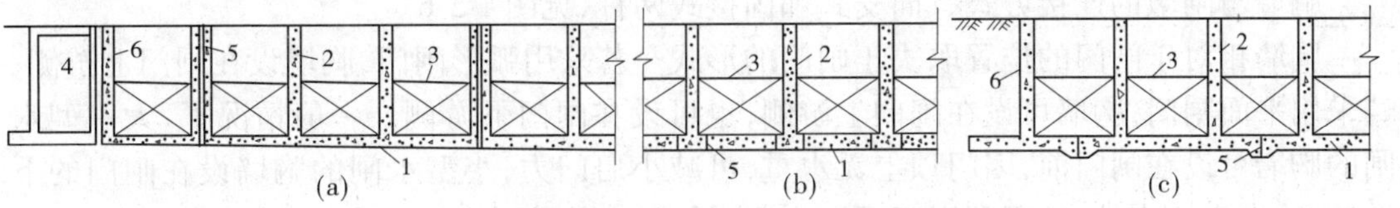

1—底板;2—闸墩;3—闸门;4—空箱式岸墙;5—温度沉陷缝;6—边墩

图1-5-4　整体式、分离式平底板

底板厚度必须满足强度和刚度的要求,大中型水闸平底板厚度可取为闸孔净宽的1/6~1/8,一般为1.0~2.0 m,最薄不小于0.7 m,小型水闸不宜小于0.3 m。闸室底板还应具有足够的整体性、坚固性、抗渗性和耐久性,通常采用钢筋混凝土结构,小型水闸底板也可采用混凝土浇筑。常用的强度等级为C15、C20。

(二)闸墩与胸墙

1. 闸墩

闸墩的外形轮廓及厚度确定在溢流重力坝部分已做了介绍。

闸墩顶高程一般指闸室胸墙或闸门挡水线上游闸墩和岸墙的顶部高程,应满足挡水和泄水两种运用情况的要求。挡水时,闸顶高程不应低于水闸正常蓄水位(或最高挡水位)加波浪计算高度与相应安全超高值之和;泄水时,不应低于设计洪水位(或校核洪水位)与相应安全超高值之和。水闸安全超高下限值见表1-5-5。此外,确定闸顶高程时,还应考虑闸室沉降、闸前河渠淤积、潮水位壅高等影响以及在防洪大堤上的水闸闸顶高程应不低于两侧堤顶高程。下游部分的闸顶高程可适当降低,但应保证下游的交通桥底部高出泄洪水位0.5 m以上及桥面能与闸室两岸道路衔接。

表1-5-5　水闸安全超高下限值　(单位:m)

运用情况		水闸级别			
		1	2	3	4、5
挡水时	正常蓄水位	0.7	0.5	0.4	0.3
	最高挡水位	0.5	0.4	0.3	0.2
泄水时	设计洪水位	1.5	1.0	0.7	0.5
	校核洪水位	1.0	0.7	0.5	0.4

闸墩的长度取决于上部结构布置和闸门的形式,一般与底板等长或稍短于底板。通常弧形闸门的闸墩长度比平面闸门的闸墩长。

2. 胸墙

胸墙常用钢筋混凝土结构做成板式或梁板式。当孔径小于或等于6.0 m时可采用板式,墙板也可做成上薄下厚的楔形板(见图1-5-5(a)),其顶部厚度一般不小于0.2 m。当孔径大于6.0 m时,宜采用梁板式,它由墙板、顶梁和底梁组成(见图1-5-5(b)),其板厚一般不小于0.12 m;顶梁梁高一般为胸墙跨度的1/12~1/15,梁宽常取0.4~0.8 m;底梁由于与闸门顶接触,要求有较大的刚度,梁高为胸墙跨度的1/8~1/9,梁宽为0.6~1.2 m。当胸墙高度大于5.0 m,且跨度较大时,可增设中梁及竖梁构成肋形结构(见图1-5-5(c))。各结构尺寸应根据受力条件和边界支承情况计算确定。

胸墙与闸墩的连接方式有简支式和固接式两种,见图1-5-6。

胸墙相对于闸门的位置取决于闸门的形式。若采用弧形闸门,胸墙设在闸门上游侧;若采用平面闸门,胸墙可设在闸门上游侧,也可设在闸门下游侧。一般情况下,大中型水闸的胸墙可设在闸门前,因门顶上无水重,可减小启门力;小型水闸的胸墙设在闸门的下游侧,除便于止水外,还可利用门顶上水重增加闸室的稳定。

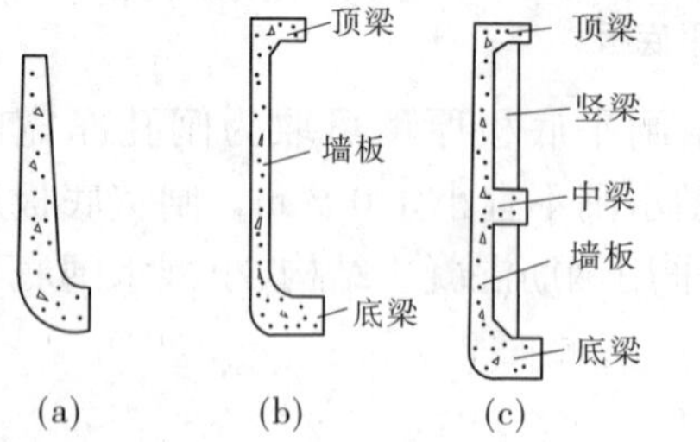

图1-5-5　胸墙结构

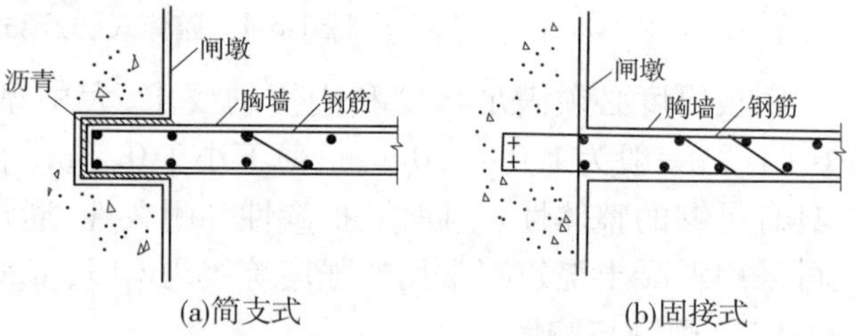

图1-5-6　胸墙的支撑形式

(三)工作桥、交通桥

为了安装启闭设备和便于工作人员操作,通常在闸墩上设置工作桥。工作桥的高程与闸门和启闭设备的形式、闸门高度有关,一般应使闸门开启后,门底高于上游最高水位,以免阻碍过闸水流。对于平面直升门,若采用固定启闭设备,桥的高度(横梁底部高程与底板高程的差值)约为门高的2倍加上1.0~1.5 m的富余高度;若采用活动式启闭设备,则桥高可以低些,但也应大于1.7倍的闸门高度。对于弧形闸门及升卧式平面闸门,工作桥高度可以降低很多,具体应视工作桥的位置及闸门吊点位置等条件而定。工作桥的宽度,小型水闸为2.0~2.5 m,大中型水闸为2.5~4.5 m。

建闸后,为便于行人或车马通行,通常也在闸墩上设置交通桥。交通桥的位置应根据闸室稳定及两岸交通连接的需要而定,一般布置在闸墩的下游侧。

工作桥、交通桥可采用板式、梁板式或板拱式,其与闸墩的连接形式应与底板分缝位置及胸墙支承形式统一考虑。当有条件时,可采用预制构件现场吊装。工作桥、交通桥的梁(板)底高程均应高出最高洪水位0.5 m以上;如果有流冰,则应高出流冰面0.2 m。

(四)分缝与止水

1.分缝方式与布置

除闸室本身分缝以外,凡是相邻结构荷重相差悬殊或结构较长、面积较大的地方也要设缝分开,如铺盖与闸室底板、翼墙的连接处以及消力池与闸室底板、翼墙的连接处要分别设缝。另外,若翼墙本身较长,混凝土铺盖、消力池的护坦面积较大也需设缝,以防产生不均匀沉陷。

2.止水设备

凡是具有防渗要求的缝中都应设置止水设备。对止水设备的要求是:①应防渗可靠;②应能适应混凝土收缩及地基不均匀沉降的变形;③应结构简单,施工方便。按止水所设置的位置不同可分为水平止水和铅直止水两种,两种止水交叉处的构造必须妥善处理,以便形成一个完整的止水体系。止水的构造做法详见有关资料。

二、两岸连接建筑物的形式与布置

(一)连接建筑物的作用

水闸两端与河岸或堤、坝等建筑物的连接处,需设置连接建筑物,它们包括上、下游翼墙,边墩或岸墙、刺墙和导流墙等。其作用是:①挡住两侧填土,维持土坝及两岸的稳定,防止过闸水流的冲刷;②引导水流平顺进闸,并使出闸水流均匀扩散;③阻止侧向绕渗,防止与其相连的岸坡或土坝产生渗透变形。

(二)连接建筑物的布置形式

1. 上、下游翼墙

边墩或岸墙向上、下游延伸,便形成了上、下游翼墙。上、下游翼墙在顺水流方向上的投影长度,应分别等于或大于铺盖及消力池的长度。在有侧向防渗要求的条件下,上、下游翼墙的墙顶高程应分别高于上、下游最不利运用水位。上、下游翼墙宜与闸室及两岸岸坡平顺连接,其平面布置形式通常有以下几种:

(1)圆弧或椭圆弧形翼墙(见图1-5-7(a)),从边墩两端开始,用圆弧或1/4椭圆弧形直墙插入两岸。其优点是水流条件好;缺点是施工复杂,工程量大。适用于水位差及单宽流量大、闸身高、地基承载力较低的大中型水闸。

(2)反翼墙(见图1-5-7(b))。翼墙向上、下游延伸一定距离后,转90°插入两岸。上游翼墙的收缩角不宜大于12°~18°,下游翼墙的平均扩散角一般采用7°~12°,以免出闸水流脱离边壁,产生回流,挤压主流。其优点是水流条件较好,防渗效果好;缺点是工程量大,造价较高。适用于大中型水闸。小型水闸也可采用一字形布置形式。

(3)扭曲面翼墙(见图1-5-7(c))。翼墙的迎水面自闸室连接处开始,由垂直面逐渐变化为倾斜面,直至与河岸同坡度相接。其优点是水流条件好,工程量较小;缺点是施工较麻烦。一般在渠系工程中采用较多。

(4)斜降翼墙(见图1-5-7(d))。翼墙在平面上呈"八"字形,翼墙的高度随着其向上、下游方向延伸而逐渐降低,直至与河底相接。其优点是工程量小,施工方便;缺点是防渗效果差,水流易在闸孔附近产生立轴漩涡,冲刷堤岸。常用于小型水闸。

2. 边墩和岸墙

边墩是闸室靠近两岸的闸墩,而岸墙则是设在边墩后面的一种挡土结构。其布置形式与闸室结构情况及地基条件等因素有关,通常有以下几种:

(1)边墩与岸墙结合。当闸室不太高、地基承载力较大时采用(见图1-5-8)。此时,边墩除起支承闸门及上部结构、防冲、防渗、导水作用外,还要起挡土作用。

(2)边墩与岸墙分开。当闸室较高、孔数较多及地基软弱时,可在边墩后面另设岸墙,起挡土作用,岸墙与边墩之间设有沉降缝(见图1-5-9)。其优点是可大大减轻边墩负担,改善闸室受力条件。

(3)边墩或岸墙部分挡土。当地基承载力过低时,可利用边墩或岸墙的下部挡土,并在边墩或岸墙的后面设置与其垂直的刺墙进行挡水。墙(墩)后填土至一定高度,再以一定的坡度到达堤顶(见图1-5-10)。

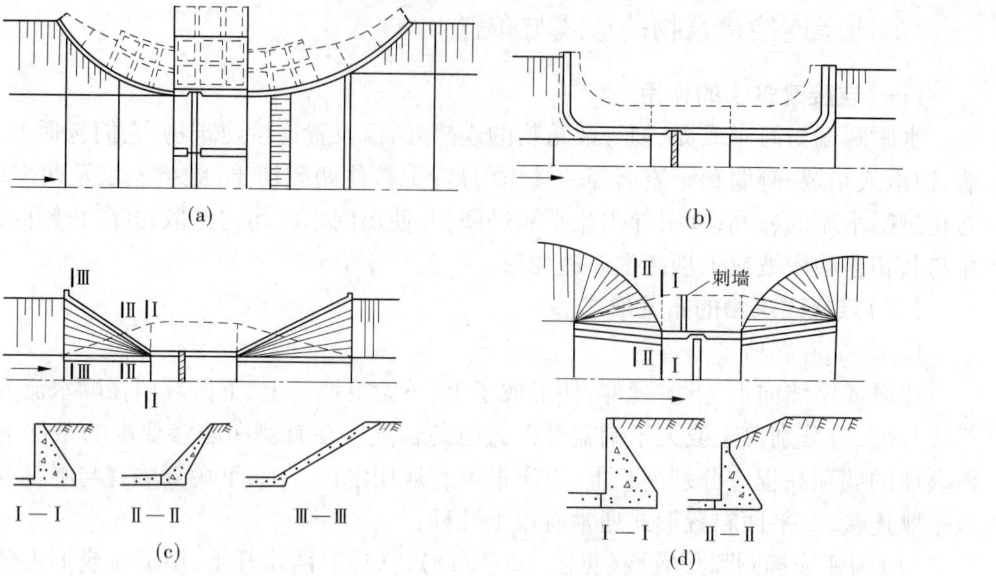

图 1-5-7　翼墙平面布置形式

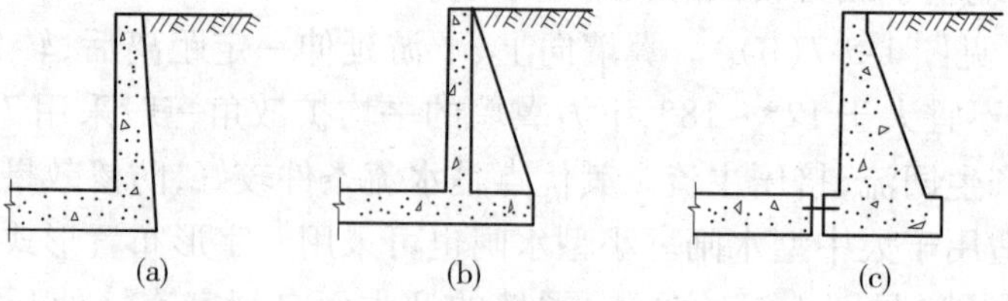

图 1-5-8　边墩与岸墙结合布置示意

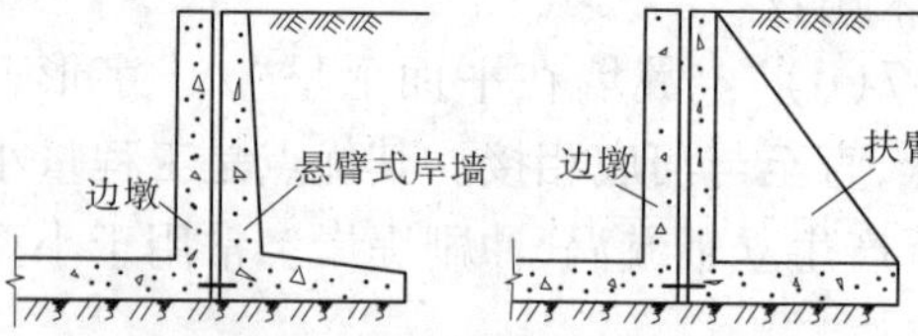

图 1-5-9　边墩与岸墙分开布置示意

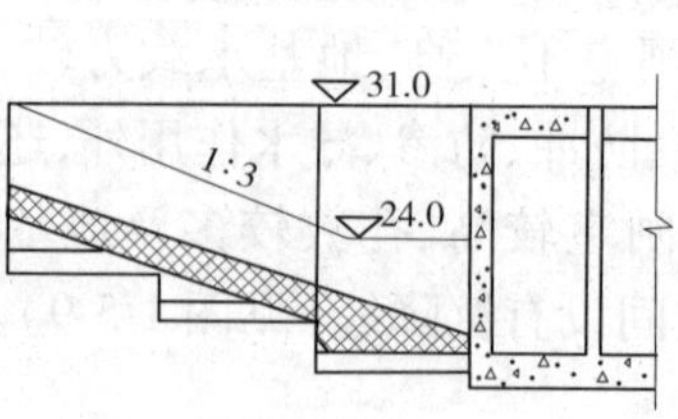

图 1-5-10　边墩或岸墙部分挡土形式

三、闸门与启闭机

(一)闸门

1. 闸门的组成

闸门结构一般由活动部分、埋固构件和悬吊设备三部分组成。活动部分主要是由面板、梁格系统组成的门体结构(见图 1-5-11),埋固构件是预埋在闸墩和胸墙等结构内部的固定构件,悬吊设备是指连接闸门和启闭设备的拉杆或牵引索等。

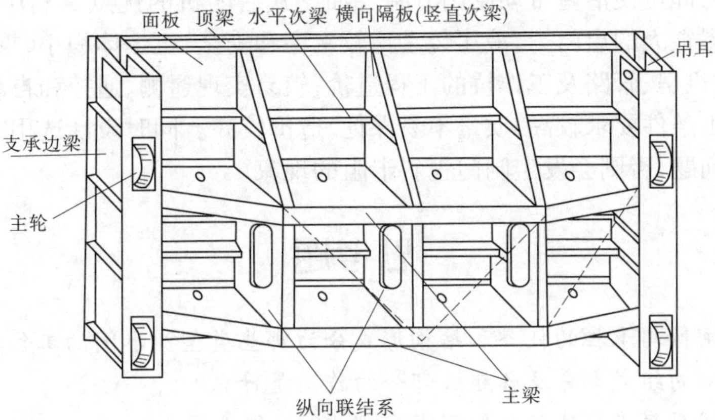

图 1-5-11 直升式平面闸门门叶结构布置

2. 闸门的类型

(1)按结构形式,闸门可分为平面闸门、弧形闸门。平面闸门一般应用在中小尺寸的闸孔中,弧形闸门由于启闭力较小,因此在大中尺寸的闸孔中应用较广。

(2)按工作性质,闸门可分为工作闸门、检修闸门和事故闸门。水闸一般只设工作闸门和检修闸门。工作闸门用以调节水位和流量,要求其在动水中启闭;检修闸门是当工作闸门、门槽或门坎等检修时,临时挡水的闸门,通常在平压静水中启闭。

(3)按所用材料,闸门可分为钢闸门、钢筋混凝土及钢丝网水泥闸门、钢木混合结构闸门、木闸门和铸铁闸门等。钢闸门由于工作可靠,在大中型水闸中应用广泛。

(4)按其在水中的位置,闸门可分为露顶闸门和潜孔闸门。

(二)启闭机

闸门启闭机可分为固定式启闭机和移动式启闭机两种。常用的固定式启闭机有卷扬式启闭机、螺杆式启闭机和油压式启闭机三种。移动式启闭机一般有门架式启闭机和桥式启闭机两种。启闭机的形式应根据门型、尺寸及其运用条件等因素选定。所选用启闭机的启闭力应不小于计算的启闭力,同时应符合《水利水电工程钢闸门设计规范》(SL 74—2013)所规定的启闭机系列标准。若要求短时间内全部均匀开启或多孔闸门启闭频繁,每孔应设一台固定式启闭机。

固定卷扬式启闭机,主要由电动机、减速箱、传动轴和绳鼓所组成。当启闭闸门时,通过电动机、减速箱和传动轴使绳鼓转动,进而钢丝绳牵引闸门升降,并通过滑轮组的作用,使用较小的钢丝绳拉力,便可获得较大启闭力。固定卷扬式启闭机适用于闭门时不需施加压力,且要求在短时间内全部开启的闸门。一般每孔布置一台。

螺杆式启闭机主要由摇柄、主机和螺杆组成。利用机械或人力转动主机,使螺杆连同闸门上下移动,从而启闭闸门。其优点是结构简单、使用方便、价格较低且易于制造;缺点是启闭速度慢,启闭力小,一般用于小型水闸。当水压力较大、门重不足时,可通过螺杆对闸门施加压力,以便使闸门关闭到底。当螺杆长度较大(如大于3 m)时,可在胸墙上每隔一定距离设支承套环,以防止螺杆受压失稳。

油压式启闭机主体由油缸和活塞两部分组成。活塞经活塞杆或连杆和闸门连接,改变油管中的压力即可使活塞带动闸门升降。油压式启闭机的优点是利用液压原理,可用较小的动力获得很大的启门力;液压传动比较平稳和安全;机体体积小,重量轻,当闸孔较多时,可以降低机房、管路及工作桥的工程造价;较易实现遥测、遥控和自动化。其主要缺点是对金属加工条件要求较高,质量不易保证,造价较高。同时设计选用时要注意解决闸门起吊同步的问题,否则会发生闸门歪斜卡阻的现象。

思考题

1-5-1 水闸按其承担的任务和结构形式分为哪些类型?水闸的工作特点如何?

1-5-2 水闸的组成部分及各组成部分的作用是什么?

1-5-3 水闸两岸连接建筑物的形式有哪些?如何选用?

1-5-4 试述闸门、启闭机的分类与选型方法。

1-5-5 结合工程实例绘制水闸横断面图、平面布置图。

1-5-6 结合工程实例绘制水闸钢闸门设计图。

第六章　河岸溢洪道

【教学要求】

了解溢洪道的作用和工作特点，掌握溢洪道的基本组成和作用，熟悉溢洪道的形式和泄洪设施。

第一节　溢洪道形式

在水利枢纽中，必须设置泄水建筑物。溢洪道是一种最常见的泄水建筑物，用于排泄水库的多余水量、必要时放空水库以及施工期导流，以满足安全和其他要求而修建的建筑物。

溢洪道既可以与坝体结合在一起，也可以设在坝体以外。混凝土坝一般适用于经坝体溢洪或泄洪，如各种溢流坝。此时，坝体既是挡水建筑物又是泄水建筑物，枢纽布置紧凑、管理集中，这种布置一般是经济合理的。但对于土石坝、堆石坝以及某些轻型坝，一般不容许从坝身溢流或大量泄流；或当河谷狭窄而泄流量较大，难于经混凝土坝泄放全部洪水时，需要在坝体以外的岸边或天然垭口处建造溢洪道（通常称河岸溢洪道）或开挖泄水隧洞。

河岸溢洪道和泄水隧洞一起作为坝外泄水建筑物，适用范围很广，除了以上情况，还可适用于以下情况：

（1）坝型虽适于布置坝身泄水道，但由于其他条件的影响，仍不得不用坝外泄水建筑物的情况：①坝轴线长度不足以满足泄洪要求的溢流前缘宽度；②在坝后布置水电站厂房，不容许同时布置坝身泄水道；③水库有排沙要求，而又无法借助于坝身泄水底孔或底孔尚不能胜任（三门峡水库，除底孔外，又续建两条净高达 13 m 的大断面泄洪冲沙隧洞）。

（2）虽完全可以布置坝身泄水道，但当采用坝外泄水建筑物的技术经济条件更有利时，也会用坝外泄水建筑物。如：①有适于修建坝外溢洪道的理想地形、地质条件，如刘家峡水利枢纽，除在坝高 148 m 的混凝土重力坝坝身设一道泄水孔外，还在坝外建有高水头、大流量的溢洪道和溢洪隧洞；②施工期已有导流隧洞，结合作为运用期泄水道并无困难。

岸边溢洪道按泄洪标准和运用情况，可分为正常溢洪道（包括主、副溢洪道）和非常溢洪道。

正常溢洪道的泄流能力应满足宣泄设计洪水的要求，超过此标准的洪水由正常溢洪道和非常溢洪道共同承担。正常溢洪道在布置和运用上有时也可分为主溢洪道和副溢洪道，但采用这种布置是有条件的，应根据地形条件、地质条件、枢纽布置、坝型、洪水特征及其对下游影响等因素研究确定,主溢洪道宣泄常遇洪水,常遇洪水标准可在20年一遇至设计洪水之间选择。非常溢洪道在稀遇洪水时才启用,因此运行机会少,可采用较简易的结构,以获得全面、综合的经济效益。

岸边溢洪道按其结构形式可分为正槽溢洪道、侧槽溢洪道、井式溢洪道和虹吸式溢洪道等。在实际工程中,正槽溢洪道被广泛应用,也较典型,为本章介绍的重点,其他形式的溢洪道仅作简要介绍。

第二节　正槽溢洪道

一、正槽溢洪道的位置选择

溢洪道的布置和形式应根据水文条件、坝址地形条件、地质条件、水流条件、枢组布置、施工、运用管理以及造价等因素,通过技术经济比较后确定。下面介绍地形条件、地质条件、泄洪时的水流条件、施工条件对正槽溢洪道位置选择的影响。

(一)地形条件

溢洪道应选择在线路短和土石方开挖量少的位置。比如坝址附近有高程适宜的马鞍形垭口,则往往是布置溢洪道较理想之处。拦河坝两岸顺河谷方向的缓坡台地上也适于布置溢洪道。

(二)地质条件

溢洪道应尽量位于较坚硬的岩基上。当然土基上也能建造溢洪道,但要注意,位于好岩基上的溢洪道可以减轻工程量,甚至不衬砌;而土基上的溢洪道,虽然开挖较岩基为易,但衬砌及消能防冲工程量可能大得多。此外,无论如何应避免在可能坍滑的地带修建溢洪道。

(三)泄洪时的水流条件

溢洪道应位于水流顺畅且对枢纽其他建筑物无不利影响之处,通常应注意以下几个方面:①控制堰上游应开阔,使堰前水头损失小;②控制堰如靠近土石坝,其进水方向应不致冲刷坝的上游坡;③泄水陡槽在平面上最好不设弯段;④泄槽末端的消能段应远离坝脚,以免造成坝身的冲刷;⑤水利枢纽中如尚有水力发电、航运等建筑物时,应尽量使溢洪道泄水时不造成电站水头的波动,不影响过船筏的安全。

(四)施工条件

应使溢洪道的开挖土、石方量具有好的经济效益,如将其用于填筑土石坝的坝体;在施工布置时,应仔细考虑出渣路线及弃渣场的合理安排,此外,还要解决与相邻建筑物的施工干扰问题。

二、正槽溢洪道的组成

正槽溢洪道通常由引水渠、控制段、泄槽、出口消能段及尾水渠等部分组成,溢流堰轴线与泄槽轴线接近正交,过堰水流流向与泄槽轴线方向一致(见图1-6-1)。其中,控制段、泄槽及出口消能段是溢洪道的主体。

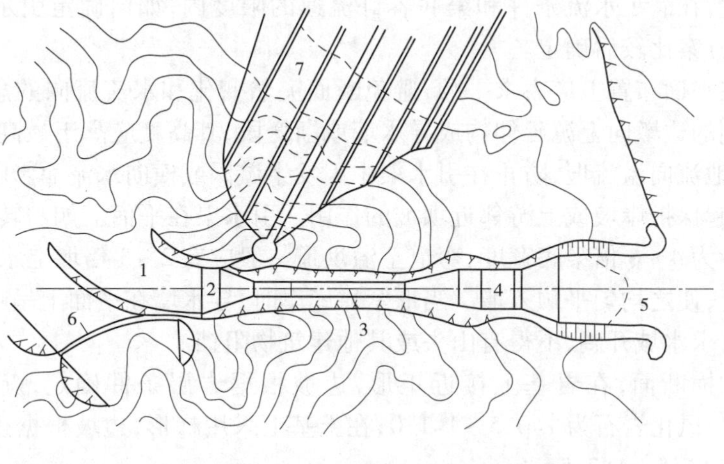

1—引水渠;2—溢流堰;3—泄槽;4—出口消能段;5—尾水渠;6—非常溢洪道;7—土石坝

图 1-6-1　正槽溢洪道平面布置

(一)引水渠

由于地形、地质条件限制,溢流堰往往不能紧靠库岸,需在溢流堰前开挖引水渠,将库水平顺地引向溢流堰,当溢流堰紧靠库岸或坝肩时,此段只是一个喇叭口,如图 1-6-2 所示。

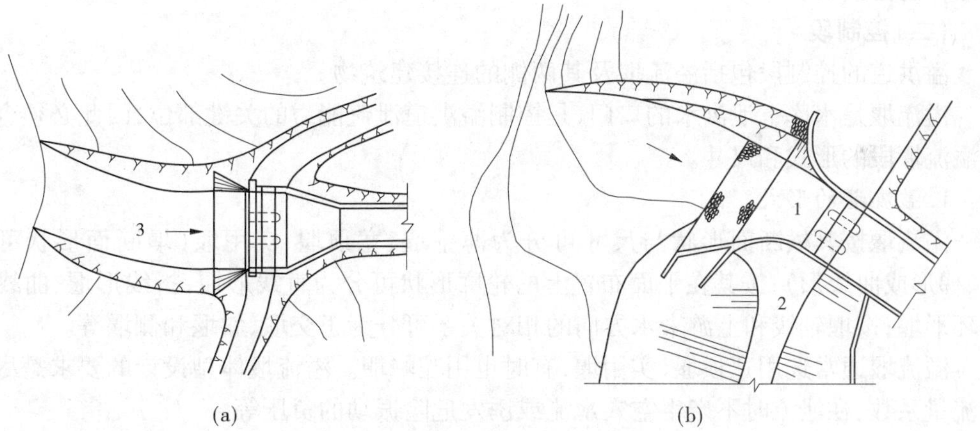

1—喇叭口;2—土石坝;3—引水渠

图 1-6-2　溢洪道引水渠的形式

为了提高溢洪道的泄流能力,引水渠中的水流应平顺、均匀,并在合理开挖的前提下减小渠中水流流速,以减少水头损失。流速应大于悬移质不淤流速,小于渠道中不冲流速,设计流速宜采用 3 ~5 m/s。引水渠越长,流速越大,水头损失就越大。在山高坡陡的岩体中开挖溢洪道,为了减少土石方开挖,也可采用较大的流速。例如,碧口水电站的岸边溢洪道,经技术经济比较,其引水渠的水流流速,在设计情况下选用了 5.8 m/s。

引水渠的渠底视地形条件可做成平底或具有不大的逆坡。渠底高程要比堰顶高程低些,因为在一定的堰顶水头下,行近水深大,流量系数也较大,泄放相同流量所需的堰顶长度要短。因此,在满足水流条件和渠底容许流速的限度内,如何确定引水渠的水深和宽度,需要经过方案比较后确定。

引水渠在平面布置上应力求平顺,避免断面突然变化和水流流向的急剧转变。通常把溢流堰两侧的边墩向上游延伸构成导水墙或渐变段,其高度应高于最高水位,这样水流能平稳、均匀地流向溢流堰,防止在引水渠中因发生漩涡或横向水流而影响泄流能力。此外,导水墙也起保护岸坡或上游邻近坝坡的作用。引水渠在平面上如需转弯时,其轴线的转弯半径一般为4~6倍渠底宽度,弯道至溢洪道一般应有2~3倍堰上水头的直线长度,以便调整水流,使之均匀平顺入堰。当堰紧靠库岸时,导水墙在平面上呈喇叭口状。引水渠前沿库面要求水域开阔,不得有山头或其他建筑物阻挡。

引水渠的横断面,在岩基上接近矩形,边坡根据岩层条件确定,新鲜岩石一般为1:0.1~1:0.3,风化岩石为1:0.5~1:1.0;在土基上采用梯形,边坡根据土坡稳定要求确定,一般选用1:1.5~1:2.5。

引水渠应根据地质情况、渠线长短、流速大小等条件确定是否需要砌护。岩基上的引水渠可以不砌护,但应开挖整齐。对长的引水渠,则要考虑糙率的影响,以免过多地降低泄流能力。在较差的岩基或土基上,应进行砌护,尤其在靠近堰前的区段,由于流速较大,为了防止冲刷和减少水头损失,可采用混凝土板或浆砌石护面。保护段长度,视流速大小而定,一般与导水墙长度相近。砌护厚度一般为0.3 m。当有防渗要求时,混凝土砌护还可兼作防渗铺盖。

(二)控制段

溢洪道的控制段包括溢流堰及其两侧的连接建筑物。

溢流堰是水库下泄洪水的口门,是控制溢洪道泄流能力的关键部位,因此必须合理选择溢流堰段的形式和尺寸。

1. 溢流堰的形式

溢流堰按其横断面形状与尺寸可分为薄壁堰、宽顶堰、实用堰(堰断面形状可为矩形、梯形或曲线形);按其在平面布置上的轮廓形状可分为直线形堰、折线形堰、曲线形堰和环形堰;按堰轴线和上游来水方向的相对关系可分为正交堰、斜堰和侧堰等。

溢流堰通常选用宽顶堰、实用堰,有时也用驼峰堰。溢流堰体型设计的要求是尽量增大流量系数,在泄流时不产生空穴水流或诱发危险振动的负压等。

1)宽顶堰

宽顶堰的特点是结构简单、施工方便,但流量系数较低(0.32~0.385)。由于宽顶堰较低,荷载小,对承载力较差的土基适应能力强,因此在泄流不大或附近地形较平缓的中、小型工程中,应用广泛,如图1-6-3所示。宽顶堰的堰顶通常需进行砌护。对于中、小型工程,尤其是小型工程,若岩基有足够的抗冲刷能力,也可以不加砌护,但应考虑开挖后岩石表面不平整对流量系数的影响。

2)实用堰

实用堰的优点是流量系数比宽顶堰大,在相同泄流量条件下,需要的溢流前缘较短,工程量相对较小,但施工较复杂。对于大、中型水库,特别是当岸坡较陡时,多采用此种形式,如图1-6-4所示。

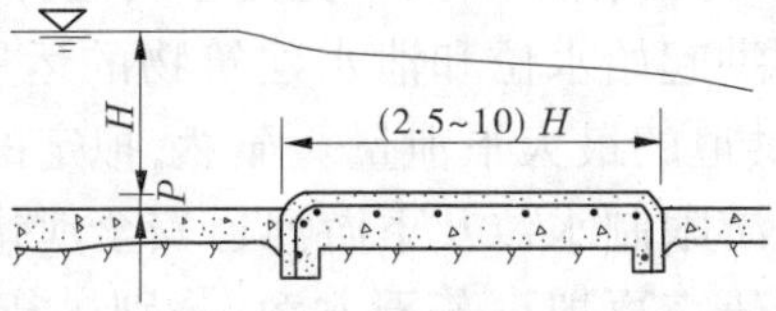

图 1-6-3　宽顶堰

实用堰的断面形式很多,我国最常用的是 WES 型、克 - 奥型和幂次曲线型。在《溢洪道设计规范》(SL 253—2000)中建议优先选择 WES 型堰。为了使溢流堰具有较大的流量系数,在设计和施工中,堰高、堰面坐标、堰面曲线长度和下游堰坡均需满足规定要求;否则,将影响流量系数或使堰面压强降低,有产生空蚀的危险。当上游堰高 P_1 和堰面曲线定型设计水头 H_d 的比值 $P_1/H_d>1.33$ 时,流量系数接近一个常数,不受堰高的影响,为高堰。对于低堰的标准,一般认为 $0.3<P_1/H_d<1.33$,流量系数将随 P_1/H_d 的减小而降低,因此堰高 P_1 不能过低,建议 P_1 以不低于 $0.3H_d$ 为宜。低堰的流量系数还受下游堰高 P_2 的影响,随 P_2 减小过堰水流受顶托甚至淹没,为保证堰的自由泄流状态,下游堰高 P_2 建议不大于 $0.6H_d$。对于低堰,因下游堰面水深较大,堰面一般不会出现过大的负压,不致发生破坏性空蚀和振动。

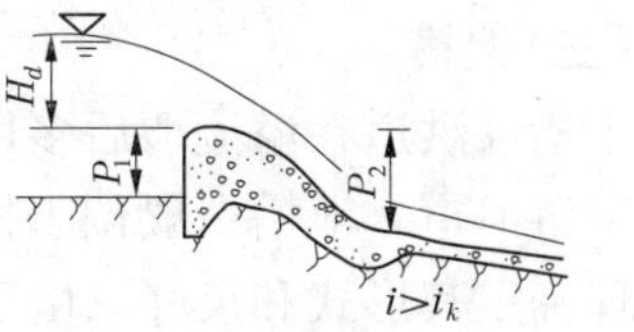

图 1-6-4　实用堰

3)驼峰堰

驼峰堰是一种复合圆弧组成的低堰,堰体低,是我国从工程实践中总结出来的一种新堰型,如图 1-6-5 所示,驼峰堰的流量系数较大,一般为 0.40 ~ 0.46,但流量系数随堰上水头增加而有所减小。它设计与施工简便,对地基要求低,适用于软弱地基。

2. 闸门的布置与选型

溢流堰顶可设置闸门,也可不设置闸门。当不设闸门时,堰顶高程就是水库的正常蓄水位;当设闸门时,堰顶高程低于水库的正常蓄水位。

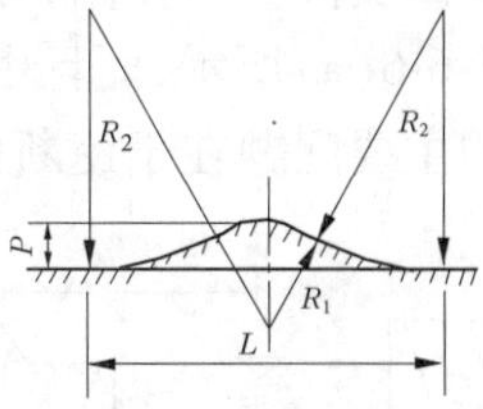

图 1-6-5　驼峰堰

一般情况下,对于大、中型水库的溢洪道,一般都设置闸门;小型水库对上游水位稍有增高所加大的淹没损失和加高坝身及其他建筑物的工程费用都不是很大,从施工简单、管理方便以及节省工程费用等各方面考虑,一般都不设置闸门。

关于溢流堰设计的一些主要问题,如闸墩、边墩、防渗、排水、工作桥、交通桥等的设计,溢流堰与水闸相类似。

3. 堰顶高程和孔口尺寸的确定

确定了溢洪道位置、堰型及是否设置闸门之后,即可进一步确定堰顶高程、孔口尺寸(或前缘长度)。其设计方法和溢流坝相同。值得说明的是,由于进水渠的存在,特别是较长的进水渠,其上的水头损失是不能忽略的。另外,溢洪道出口一般远离坝脚,其单宽流量的选取比溢流坝所采用的数值更大些。

溢流堰前缘长度和孔口尺寸的拟定以及单宽流量的选择,可参考重力坝的有关内容。拟定了上述尺寸后,应选定调洪起始水位和泄水建筑物的运用方式,然后进行调洪演算,得出水库的设计洪水位和溢洪道的最大下泄量。显然,拟定的控制段基本形式、尺寸和调洪演算成果,不一定能满足上游限制水位及下游河道安全泄量的要求,同时也不一定经济合理。在此基础上,通过分析研究再拟订若干方案,分别进行调洪计算,得出不同的水库设计洪水位和最大下泄量,并相应定出枢纽中各主要建筑物的布置尺寸、工程量和造价。最后,从安全、经济以及管理运用等方面进行综合分析论证,从而选出最优方案。

(三)泄槽

正槽溢洪道在溢流堰后多用泄水陡槽与出口消能段相连接,以便将过堰洪水安全地泄向下游河道。泄槽一般位于挖方地段,设计时要根据地形、地质、水流条件及经济等因素合理确定其形式和尺寸。由于泄槽内的水流处于急流状态,高速水流带来的一些特殊问题,如冲击波、水流掺气、空蚀和压力脉动等,均应认真考虑,并采取相应的措施。

1. 泄槽的平面布置

泄槽在平面上宜尽量呈直线、等宽、对称布置,使水流平顺,避免产生冲击波等不良现象。但实际工程中受地形、地质条件的限制,有时泄槽很长,为减少开挖、衬砌工程量或避免地基软弱带等,往往做成带收缩段和弯曲段的形式。

1)收缩段

泄槽段水流属于急流,如必须设置收缩段,其收缩角也不宜太大。当收缩角太大时,必须进行冲击波计算,并应通过水工模型试验验证。收缩段最大冲击波波高由总偏转角大小决定,而与边墙偏转过程无关。因此,为了减小冲击波高度,采用直线形收缩段比圆弧形收缩段为好。

2)弯曲段

泄槽弯曲段通常采用圆弧曲线,弯曲半径应大于 10 倍槽宽。弯曲段水流流态复杂,不仅因受离心力作用,导致外侧水深加大,内侧水深减小,造成断面内流量分布不均,如图 1-6-6(a)所示,而且由于边墙转折,迫使水流改变方向,产生冲击波。因此,弯曲段设计的主要问题在于使断面内的流量分布趋近均匀,消除或抑制冲击波。

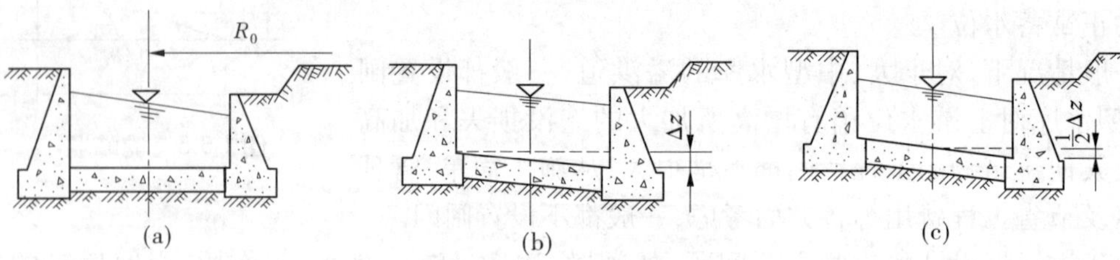

图 1-6-6　弯道上的泄槽

弯曲段的水力设计方法很多,大体可分为两类:①施加侧向力,即采取工程措施,向弯曲段水流施加作用力,使它与水流所受的离心力相平衡,以达到消除干扰的目的。渠底超高法、弯曲导流墙法等方法都属于这一类。②干扰处理法,即在曲线的起点和终点,引入与原来的干扰大小相等但相位相反的反扰动,以消除原来扰动的影响。复曲线段法、螺旋线过渡段法和斜法就是基于这个原理提出来的。

渠底超高法是在弯曲段的横剖面上，将外侧渠底抬高，造成一个横向坡度，如图1-6-6(b)所示。利用重力沿横向坡度产生的分力，与弯曲段水体的离心力相平衡，以调整横剖面上的流量分布，使之均匀，改善流态，减小冲击波和保持弯曲段水面的稳定性。

2. 泄槽的纵剖面布置

泄槽纵剖面设计主要是确定纵坡。当泄槽纵坡必须保证泄流时，溢流堰下为自由出流和槽中不发生水跃，使水流始终处于急流状态。因此，泄槽纵坡必须大于临界坡度。为了减小工程量，泄槽沿程可随地形、地质变坡，但变坡次数不宜过多，而且在两种坡度连接处，要用平滑曲线连接，以免在变坡处发生水流脱离边壁引起负压或空蚀。当坡度由缓变陡时，应采用竖向射流抛物线来连接；当坡度由陡变缓时，需用反弧连接，反弧半径 R 面上的变化应错开，尤其不要在扩散段变坡。

3. 泄槽的横断面

泄槽横断面形状与地质情况紧密相连。在非岩基上，一般做成梯形断面，边坡比为1:1～1:2；在岩基上的泄槽多做成矩形或近于矩形的横断面，边坡坡比为1:0.1～1:0.3。泄槽的过水断面通过水力计算确定。

4. 泄槽的构造及减蚀措施

为了保护槽底不受冲刷和岩石不受风化，防止高速水流钻入岩石裂隙，将岩石掀起，泄槽都需要进行衬砌。对泄槽衬砌的要求是：衬砌材料能抵抗水流冲刷；在各种荷载作用下能够保持稳定；表面光滑平整，不致引起不利的负压和空蚀；做好底板下排水，以减小作用在底板上的扬压力；做好接缝止水，隔绝高速水流侵入底板底面，避免因脉动压力引起的破坏，要考虑温度变化对衬砌的影响，在寒冷地区对衬砌材料还应有一定的抗冻要求。

作用在泄槽底板上的力有底板自重、水压力、水流的拖曳力和扬压力等。其中，脉动压力在时间和空间上都在不断地变化，是具有随机性质的脉动量。扬压力和动水压力是影响衬砌安全的两种主要荷载。

影响泄槽衬砌可靠性的因素是多方面的，而不易确切计算。因此，衬砌设计应着重分析不同的地基、气候、水流和施工条件，选用不同的衬砌形式，并采取相应的构造措施。

(1)岩基上泄槽的衬砌。岩基上泄槽的衬砌可以用混凝土、水泥浆砌条石或块石以及石灰浆砌块石水泥浆勾缝等形式。

水泥浆砌条石或块石，适用于流速小于15 m/s的中、小型水库溢洪道。但对抗冲能力较强的坚硬岩石，如果砌得光滑平整，做好接缝止水和底部排水，也可以承受20 m/s左右的流速。

石灰浆砌块石水泥浆勾缝，适用于流速小于10 m/s的小型水库溢洪道。

对于大、中型工程，由于泄槽中流速较高，一般多采用混凝土衬砌。混凝土衬砌厚度不宜小于30 cm。为防止产生温度裂缝，需要设置纵横缝（见图1-6-7(a)、(b)）。由于岩基的约束力较大，分缝距离不宜太大，一般为10～15 m（当衬砌厚度较小、温度变化较大时，取小值）。靠近衬砌表面沿纵横向需配置温度钢筋，含钢率约为0.1%。

岩基上的衬砌接缝有平接缝、搭接缝和键槽缝几种形式。对垂直于水流流向的横缝比平行于水流流向的纵缝要求高，横缝一般做成搭接缝，在良好的岩基上有时也可用键槽缝（见图1-6-7(c)）。

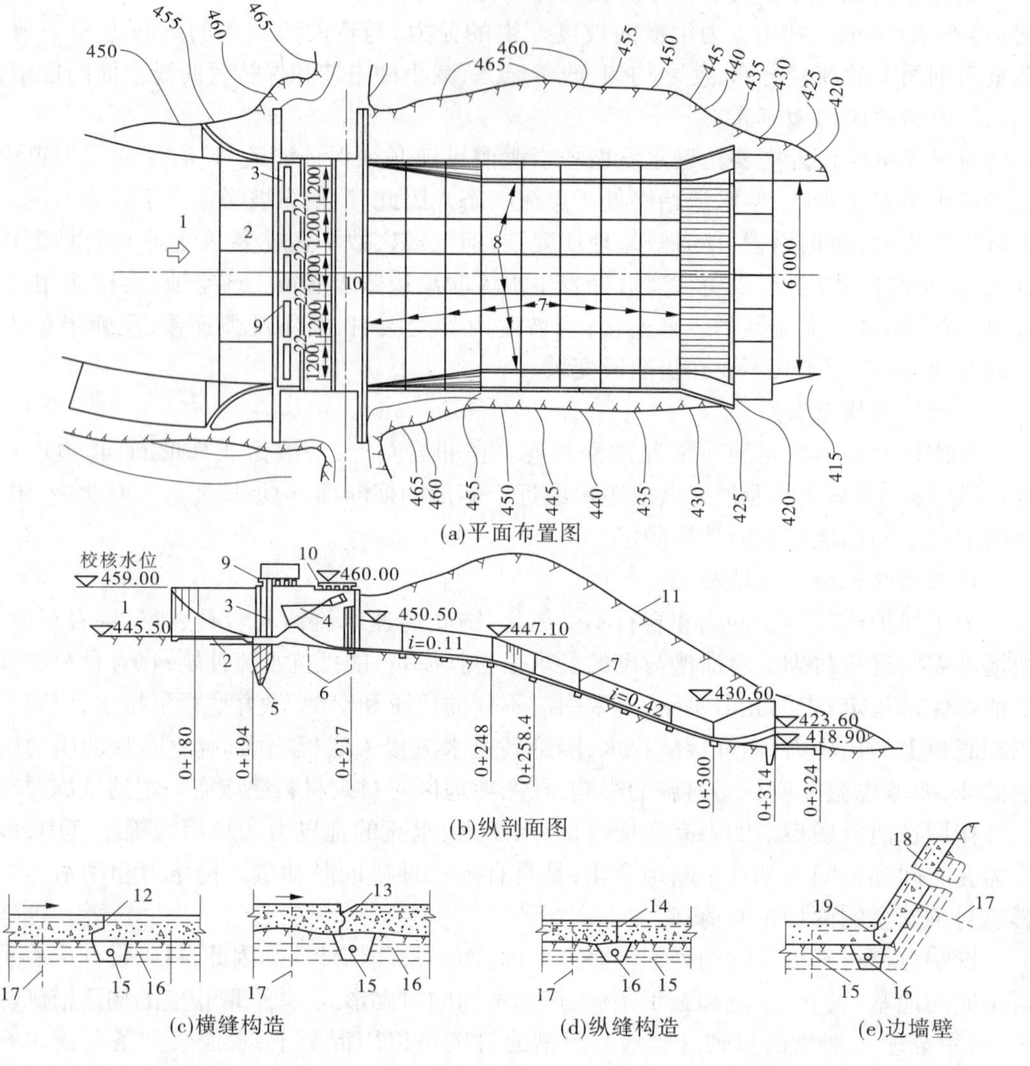

1—引水渠;2—混凝土护底;3—检修门槽;4—工作门槽;5—帷幕;6—排水孔;
7—横缝;8—纵缝;9—工作桥;10—公路桥;11—开挖线;12—搭接缝;13—键槽缝;
14—平接缝;15—横向排水管;16—纵向排水管;17—锚筋;18—通气孔;19—边墙缝

图 1-6-7 岩基上泄槽的构造 (单位:高程,m;尺寸,cm)

施工时要做到接缝处衬砌表面平整,特别要防止下游块底板高出上游块底板。国外有小坝工程,在高流速处将紧靠横缝下游块底板的边缘降低 12.7 mm,并以 1:12 或更缓的斜坡升高至原底板高程,受到了减小脉动压力和防止空蚀破坏的效果,可供设计参考。做好接缝止水是底板防冲的一项重要措施,止水效果好,可隔绝水流侵蚀底部。从理论上讲,没有向上的脉动压力,底板就不会失稳。对于平行于水流流向的纵缝,可适当降低要求,一般可用平接形式(见图 1-6-7(d)),但缝内也要做好止水。

衬砌的纵缝和横缝下面都应设置排水设施,且需要相互连通,以便将渗水集中到纵向排水内,然后排入下游。纵向排水的做法,通常是在沟内放置缸瓦管,管径视渗水大小而定，一般为10～20 cm。管的周围用粒径1～2 cm的卵石或砾石填满，顶部盖水泥袋，以防浇筑混凝土的灰浆进入，造成堵塞。当渗流量较小时，纵向排水也可以在岩基上开挖沟槽，沟内填不易风化的碎石或砾石，上面用水泥袋盖好，再浇混凝土。横向排水通常都是在岩基表面上开挖沟槽，沟槽尺寸视渗水大小而定，一般为0.3 m×0.3 m。为防止排水管被堵塞，纵向排水管至少应有两排，以保证排水流畅。

在岩基上应注意将表面风化破碎的岩石挖除。为了保证衬砌与基岩紧密结合，增强衬砌稳定，有时用锚筋将二者连在一起。锚筋的直径、间距和插入深度与岩石性质和节理有关，一般1 m^2的衬砌范围约需要1 cm^2的锚筋。锚筋直径d不宜太小，通常采用25 mm或更大，间距为1.5～3.0 m，插入深度为(40～60)d。对于较差的岩石，应通过现场试验确定。

泄槽的两侧边墙，如岩基良好，也可采用衬砌的形式，其构造与底板基本相同。衬砌厚度一般不小于30 cm，以便浇筑，且需用钢筋锚固。边墙横缝一般与底板横缝一致。边墙本身不设纵缝，但多在与边墙接近的底板上设置纵缝(见图1-6-7(e))。当岩石比较软弱时，需将边墙做成重力式挡土墙。边墙应做好排水，并与底板下横向排水管连通。为了排水通畅，在排水管靠近边墙顶部的一端应设置通气孔。边墙顶部应设置马道，以利交通。

(2)土基上泄槽的衬砌。土基上的泄槽通常采用混凝土衬砌。由于土基的沉降量大，而且不能采用锚筋，所以衬砌厚度一般要比岩基上的大，通常为0.3～0.5 m。当单宽流量或流速比较大时，也可用到0.7～1.0 m。混凝土衬砌的横向缝必须采用搭接的形式(见图1-6-8)，以保证接缝处的平整，有时还在下块的上游侧做齿墙嵌入地基内，以防止衬砌底板沿地基面滑动。齿墙应配置足够的钢筋，以保证强度。如果底板不够稳定或为了增加底板的稳定性，可在地基中设置锚筋桩，使底板与地基紧密结合，利用土的重力，增加底板的稳定性。图1-6-9为岳城水库溢洪道锚筋桩布置图。纵缝有时也做成搭接的形式。缝中除沥青等填料外，还需设水平止水片。由于土基对混凝土板伸缩的约束力比岩基小，因此可以采用较大的分块尺寸。纵横缝间距可用到15 m或更大，以增加衬砌的整体性和稳定性。衬砌需双向配筋，各向含钢筋率为0.1%。

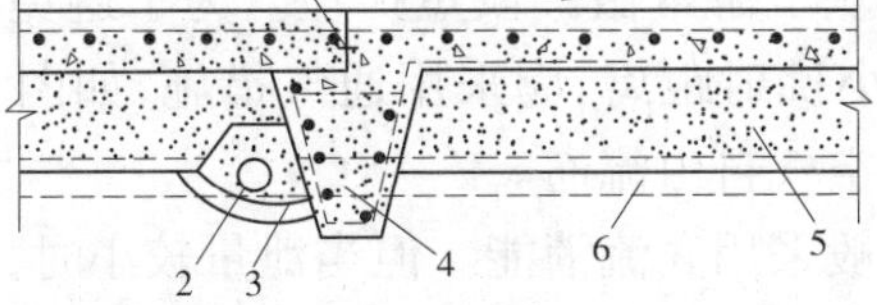

(a)横缝

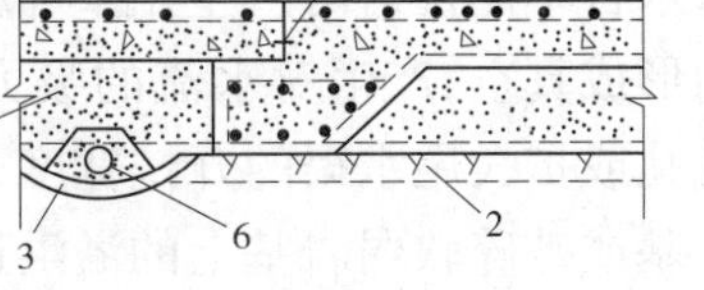

(b)纵缝

1—止水；2—横向排水管；3—灰浆垫座；4—齿墙；5—透水垫层；6—纵向排水管

图1-6-8　土基上泄槽底板的构造

在土基或是破碎软弱的岩基上，需要在衬砌底板下设置面层排水，以减小底板承受的渗流压力，排水可采用厚约30 cm的卵石或碎石层。如地基是黏性土，应先铺一层厚0.2～0.5 m的砂砾垫层，垫层上再铺卵石或碎石排水层；或在砂砾层中做纵横排水管，管

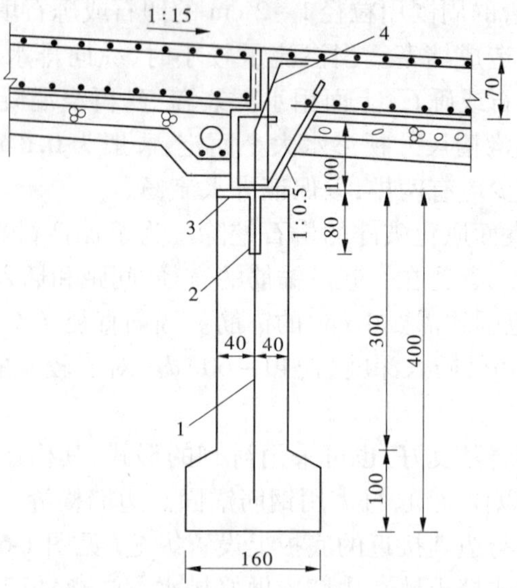

1—15 kg/m 钢轨;2—涂沥青厚 2 cm,包油毡一层;3—沥青油毡厚 1 cm;4—Φ 32 螺纹钢筋

图 1-6-9 岳城水库溢洪道锚筋桩布置 (单位:cm)

周做反滤。如地基是细砂,应先铺一层粗砂,再做排水层,以防渗流破坏。

这里还须指出,泄槽的止水和排水都是为防止动水压力引起底板破坏和降低扬压力而采取的有力措施,对保证安全是很重要的。但在工程实践中往往因对其认识不足而被忽视,以致造成工程事故。所以,必须认真做好泄槽的构造设计,认真施工。

(四)出口消能段及尾水渠

在较好的岩基上,一般多采用挑流消能。挑坎所受的荷载,主要是水流的离心力、水重、扬压力、脉动压力、挑坎自重等。根据这些作用力,可对挑坎进行强度验算。为了保证挑坎稳定,常在挑坎的末端做一道深齿墙(见图 1-6-10)。齿墙深度应根据冲刷坑的形状和尺寸决定,一般可达 5 ~ 8 m。如冲坑再深,齿墙还应加深。挑坎的左右两侧也应做齿墙插入两侧岩体。为了加强挑坎的稳定,常用锚筋将挑坎与基岩锚固连成一体。为了防止小流量水舌不能挑射时产生贴壁冲刷,挑坎下游常做一段短护坦。为了避免在挑流水舌的下面形成真空,产生对水流的吸力,减小挑射距离,应采用通气措施,如图 1-6-10 所示的通气孔或扩大尾水渠的开挖宽度,以使空气自由流通。

在土基或破碎软弱岩基上的溢洪道,一般采用底流消能。但当泄量较小时,也可考虑采用挑流消能,如山西省在软基上建造了不少采用挑流消能的溢洪道,最大泄量达 1 055 m^3/s,最大单宽泄流量 25 m^2/s。与采用消力池相比,挑流消能可节省工程量 20% ~60%,节省投资 25% ~50%。

由溢洪道下泄的水流应与坝脚和其他建筑物保持一定距离,且应和原河道水流妥善衔接,以免影响坝及其他建筑物的安全和正常运行。在有的情况下,当下泄的水流不能直接归入原河道时,需要布置一段尾水渠。尾水渠要短、直、平顺,底坡尽量接近下游原河道的平均坡降,以使下泄的水流能顺畅平稳地归入原河道。

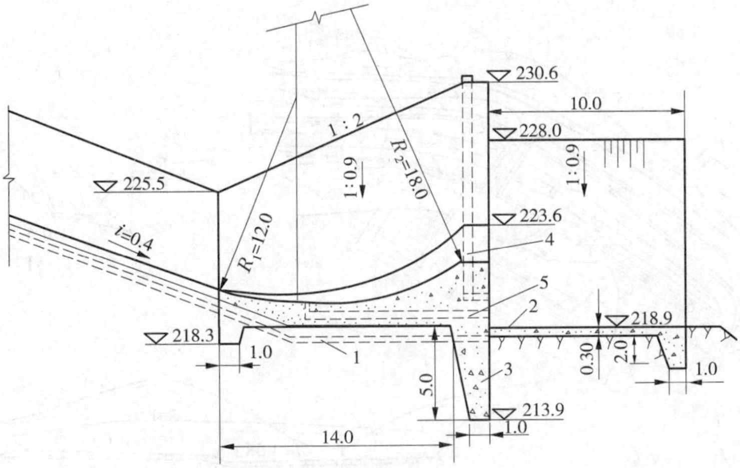

1—纵向排水;2—护坦;3—混凝土齿墙;4—直径 50 cm 通气孔;5—直径 10 cm 通气孔

图 1-6-10　溢洪道挑坎布置　(单位:m)

第三节　其他形式的溢洪道和非常泄洪设施

一、其他形式的溢洪道

(一)侧槽溢洪道

侧槽溢洪道一般由溢流堰、侧槽、泄水道和出口消能段等部分组成。溢流堰大致沿河岸等高线布置,水流经过溢流堰泄入与堰大致平行的泄槽后,在槽内转向约 90°,经泄槽或泄水隧洞流入下游(见图 1-6-11 和图 1-6-12)。当坝址处山头较高、岸坡陡峭时,可选用侧槽溢洪道。与正槽溢洪道相比较,侧槽溢洪道具有以下优点:①可以减少开挖方量;②能在开挖方量增加不多的情况下,适当加大溢流堰的长度,从而提高堰顶高程,增加兴利库容;③使堰顶水头减小,减少淹没损失,非溢流坝的高度也可适当降低。

侧槽溢洪道的水流条件比较复杂,过堰水流进入侧槽后,形成横向漩滚,同时侧槽内沿程流量不断增加,漩滚强度也不断变化,水流脉动和撞击比较强烈,水面极不平稳。而侧槽又多是在坝头山坡上劈山开挖的深槽,其运行情况直接关系到大坝的安全。因此,侧槽多建在完整坚实的岩基上,且要有质量较好的衬砌。除泄量较小者外,不宜在土基上修建侧槽溢洪道。

侧槽溢洪道的溢流堰多采用实用堰,堰顶上可设闸门,也可不设。泄水道可以是泄槽,也可以是无压隧洞,视地形、地质条件而定。如果施工时用隧洞导流,则可将泄水隧洞与导流隧洞相结合。

(二)井式溢洪道

井式溢洪道通常由溢流喇叭口、渐变段、竖井、弯段、泄水隧洞和出口消能段等部分组成,如图 1-6-13 所示。

当岸坡陡峭、地质条件良好,又有适宜的地形布置环形溢流喇叭口时,可以采用井式

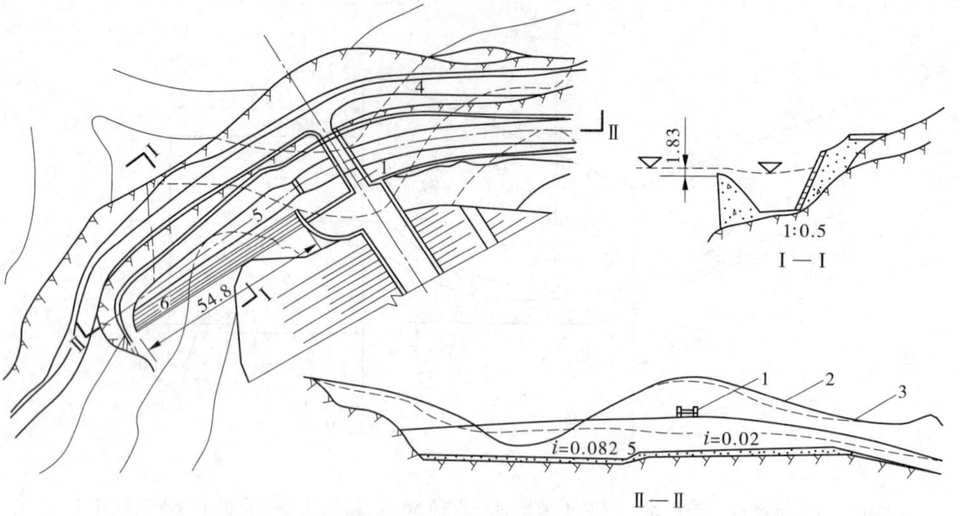

1—公路桥;2—原地面线;3—岩石线;4—上坝公路;5—侧槽;6—溢洪道

图1-6-11　明渠泄水的侧槽溢洪道　(单位:m)

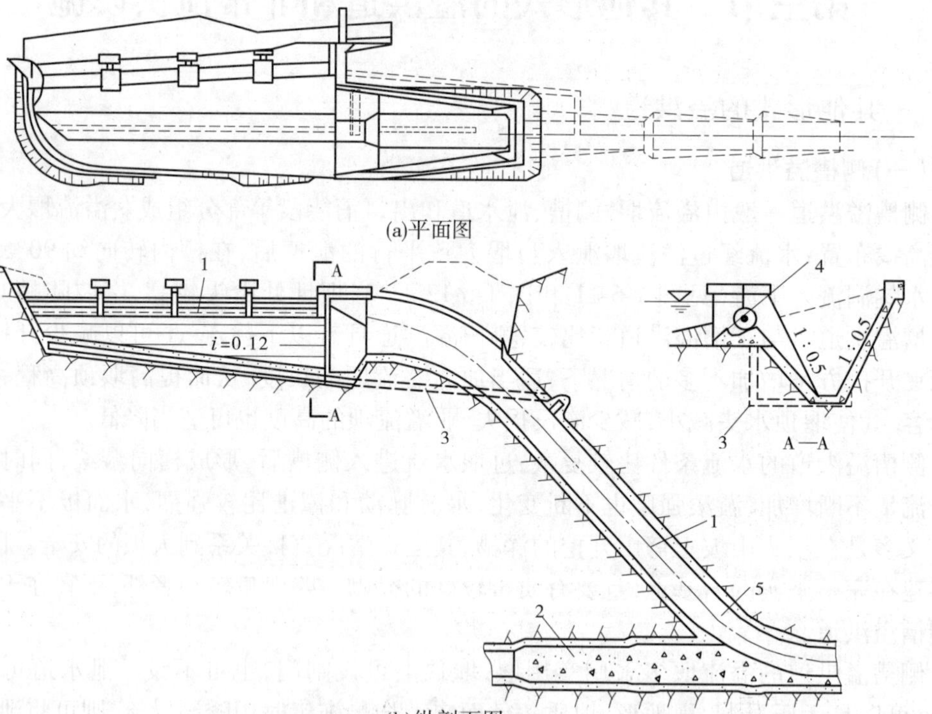

1—水面线;2—混凝土塞;3—排水管;4—闸门;5—泄水隧洞

图1-6-12　隧洞泄水的侧槽溢洪道

溢洪道。这样可避免大量的土石方开挖,造价可能较其他形式溢洪道低。当水位上升,喇叭口溢流堰顶淹没后,堰流即转变为孔流,所以井式溢洪道的超泄能力较小。当宣泄小流量、井内的水流连续性遭到破坏时,水流很不平稳,容易产生震动和空蚀。因此,我国目前较少采用。

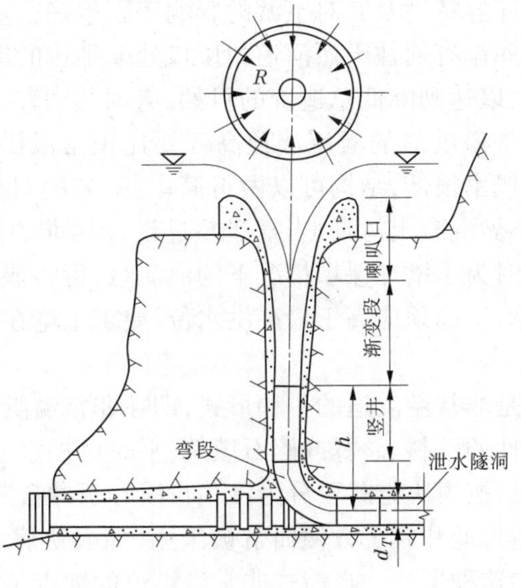

图 1-6-13 井式溢洪道

溢流喇叭口的断面形式有实用堰和平顶堰两种,前者较后者的流量系数大。在两种溢流堰上都可以布置闸墩、安设平面或弧形闸门。在环形实用堰上,由于直径较小,为了避免设置闸墩,有时可采用漂浮式的环形闸门,溢流时闸门下降到堰体以内的环形门室,但在多泥沙的道上,门室易被堵塞,不宜采用。在堰顶设置闸墩或导水墙可起导流和阻止发生立轴漩涡的作用。

(三)虹吸式溢洪道

除了前面讲述的正槽溢洪道、侧槽溢洪道和井式溢洪道,还有一种可以与坝体结合在一起,也可以建在岸边的虹吸式溢洪道。虹吸式溢洪道的优点有:①利用大气压强所产生的虹吸作用,能在较小的堰顶水头下得到较大的泄流量;②管理方便,可自动泄水和停止泄水,能比较灵敏地自动调节上游水位。

二、非常泄流设施

泄水建筑物选用的洪水设计标准,应当根据有关规范确定。当校核洪水与设计洪水的泄流量相差较大时,应当考虑设置非常泄洪设施。目前,常用的非常泄洪设施有非常溢洪道和破副坝泄洪。在设计非常泄洪设施时,应注意以下几个问题:①非常泄洪设施运行机会很少,设计所用的安全系数可适当降低;②枢纽总的最大下泄量不得超过天然来水最大流量;③对泄洪通道和下游可能发生的情况,要预先做出安排,确保能及时启用生效;④规模大或具有两个以上的非常泄洪设施,一般应考虑能分别先后启用,以控制下泄流量;⑤非常泄洪设施应尽量布置在地质条件较好的地段,要做到既能保证预期的泄洪效果,又不致造成变相垮坝。

(一)非常溢洪道

非常溢洪道用于宣泄超过设计情况的洪水,其启用条件应根据工程等级、枢纽布置、坝型、洪水特性及标准、库容特性及其对下游的影响等因素确定。

非常溢洪道宜选在库岸有通往天然河道的垭口处或平缓的岸坡上。通常正常溢洪道与非常溢洪道分开布置,以达到降低总造价的目的,有时也可结合布置在一起,如河北省王快水库的溢洪道。非常溢洪道的溢流堰顶高程要比正常溢洪道稍高,一般不设闸门。由于非常溢洪道的运用概率很低,结构可以做得简单些,有的只做溢流堰和泄槽;在较好的岩体中开挖泄槽,可不做混凝土衬砌;当宣泄超过设计标准的洪水时,可允许消能防冲设施发生局部损坏。有时为了增加保坝情况下的泄流量,可将堰顶高程降低;或为了多蓄水兴利,常在堰顶筑土埝,土埝顶应高于最高洪水位,要求土埝在正常情况下不失事,在非常情况下能及时破开。

自溃式非常溢洪道是非常溢洪道的一种形式,即在非常溢洪道的底板上加设自溃堤。堤体可因地制宜用非黏性的砂料、砂砾或碎石填筑,平时可挡水,当水位超过一定高程时,又能迅速提起冲溃行洪。按溃决方式可分为漫顶自溃和引冲自溃两种形式。自溃式非常溢洪道因其结构简单、造价低和施工方便而常被采用,如大伙房、鸭河口和南山等水库的非常溢洪道,就是采用的这种形式。自溃式非常溢洪道的缺点是:控制过水口门形成和口门形成的时间尚缺少有效的措施,溃堤泄洪后,调蓄库容减小,可能影响来年的综合效益。

(二)破副坝泄洪

当水库没有开挖非常溢洪道的适宜条件,而有适于破开的副坝时,可考虑破副坝的应急措施,其启用条件与非常溢洪道相同。

被破的副坝位置,应综合考虑地形、地质、副坝高度、对下游影响、损失情况和汛后副坝恢复工作量等因素慎重选定。最好选在山坳里,与主坝间有小山头隔开,这样的副坝溃决时不会危及主坝。

当破副坝时,应控制决口下泄流量,使下泄量的总和(包括副坝决口流量及其他泄洪建筑物的流量)不超过入库流量。如副坝较长,除用裹头控制决口宽度外,也可预做中墩,将副坝分成数段,遇到不同频率的洪水可分段泄洪。

应当指出的是,由于非常泄洪设施的运用概率很低,至今经过实际运用考验的还不多,尚缺乏实践经验。因此,在设计中对如何确定合理的非常洪水标准、非常泄洪设施的启用条件、各种设施的可靠性及建立健全指挥系统等,尚待进一步研究解决。

思考题

1-6-1　如何确保溢洪道控制段水闸为自由出流?

1-6-2　溢洪道水面线有何特点?

1-6-3　查阅有关资料,了解泄槽由缓变陡时应如何连接。

1-6-4　溢洪道出口消能方式有哪些?

1-6-5　泄槽底板排水的作用及其措施是什么?

1-6-6　结合工程实例绘制溢洪道断面布置图。

第七章　无压引水建筑物

【教学要求】

掌握无压引水建筑物的概念、特点及构造;结合其他相关知识,熟悉各相关建筑物构造。

第一节　无压进水口

无压进水口是无压引水(无压引水式电站、灌区建筑物)的首部建筑物。其特点是进水口水流为无压流。无压进水口分为有坝取水进水口和无坝取水进水口。无坝取水不能充分利用河流资源,很少采用,所以无压进水口一般采用的是有坝取水。以下主要介绍开敞式有坝进水口。

一、开敞式进水口

(一)开敞式进水口的特点和位置选择

开敞式进水口无论是有坝取水还是无坝取水,进水口位置都应尽可能选在河流的凹岸,以防水流挟带的大量泥沙和漂浮物在进水口前回旋淤积。如处理不当,可能造成河道变形,危及建筑物的正常运行。为此,进水口位置选在河床较稳定河段的凹岸,以便引进河流表层清水,防止进水口前淤积泥沙。

此外,为使水流平顺,在进水闸前最好有一段喇叭口与河流相衔接,如图 1-7-1 所示。在喇叭进水口前根据需要可设置拦沙坎拦截泥沙,如水流中漂浮物较多,在喇叭口段内还应设置胸墙及拦污栅拦阻漂浮物进入。

当无合适稳定河段可利用时,可采取人工措施造成人工弯道。如图 1-7-2 所示为开敞式进水口布置实例。

(二)开敞式进水口的组成建筑物及其布置

有坝开敞式进水口的组成建筑物一般有拦河低坝(拦河闸)、进水闸、冲沙闸及沉沙池等。其布置受河道形态和水文特征影响较大,应根据具体条件确定布置形式。布置中应使水流平顺,易于防沙、防冰和清污。当无适合的稳定河湾可利用时,可采取工程措施造成人工弯道,以形成横向环流,如图 1-7-2 所示。进水口由人工弯道的凹岸取水,在弯道尾端设冲沙泄洪闸排除推移质泥沙,进水口设有进水闸和灌溉闸。弯道半径为弯道断面平均宽度的 4 ~8 倍,弯道长度为弯道半径的 1 ~1.4 倍。

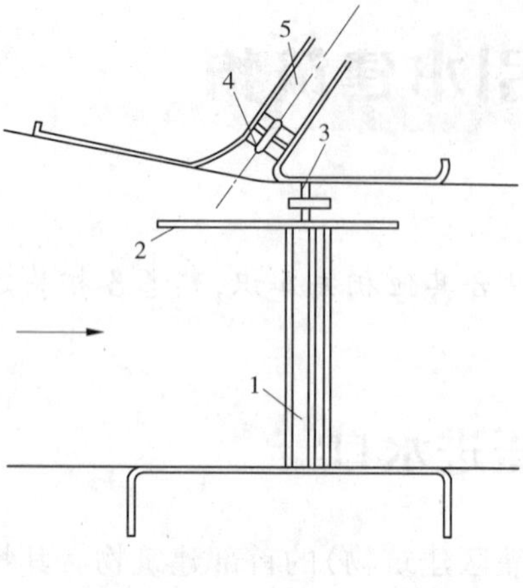

1—溢流坝;2—导流墙;3—冲沙闸;
4—进水闸;5—引水渠道

图1-7-1 有坝进水口

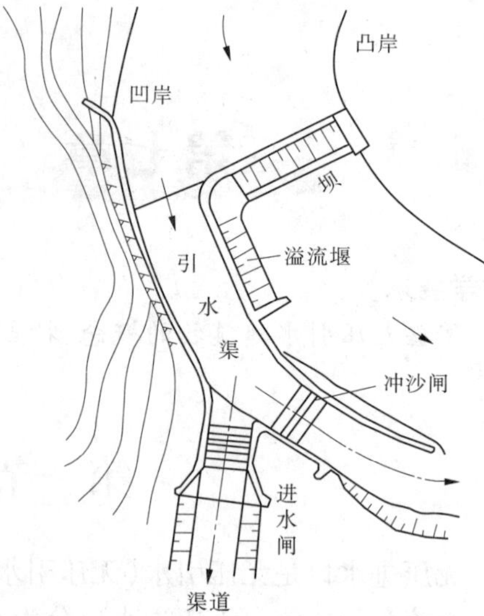

图1-7-2 开敞式进水口布置

进水闸与冲沙闸的相对位置应以"正面取水,侧向排沙"的原则进行布置。当条件允许时,进水闸引水方向与河道主流方向偏向角尽量减小,一般不大于20°~30°。冲沙闸的布置应以提高冲沙效果、施工方便为原则,因地制宜进行。进水闸轴线与冲沙闸轴线交角宜为35°~45°,以保证防沙效果。当地形条件限制不能满足以上要求时,应适当加大冲沙闸的过水能力,并在进口前设分水墙,以形成冲沙槽。冲沙槽和冲沙闸可按常年洪水流量设计,其布置如图1-7-3所示,也可设置冲沙廊道排除进口前淤沙。

冲沙闸底板高程一般与河床齐平,进水闸底槛高程应高出冲沙闸底板高程不小于1.05~1.5 m,以防止泥沙进入引水道。在洪水期,当引水比例较小、河道推移质较大时,可设拦沙坎防止泥沙入渠。拦沙坎高度为冲沙槽设计水深的1/4~1/3,不宜小于1~1.5 m,拦沙坎与进水闸前水流方向宜成30°~40°交角。

二、虹吸式进水口

对于水头在20~30 cm、前池水位变幅不大的水利工程及无压引水式电站,采用虹吸式进水口可简化布置,节约投资。在小型水电站及水利工程中采用较多,如图1-7-4所示。

虹吸式进水口是利用虹吸原理将水从前池引向压力管道。由于这种进水口能迅速切断水流而无须闸门及启闭机等设备,布置简化,操作简便,停机可靠,节省投资。但虹吸管的体型较复杂,施工质量要求较高。由于水流要越过压力墙顶进入压力管道,故引水道比闸门式进水口较长,工程量相应增多。

虹吸式进水口一般由进口段、驼峰段、渐变段三部分组成。进口段的进口淹没在上游一定的水深下,并安装拦污栅。进口流道光滑平顺,为矩形断面的管道,以曲线与驼峰衔接。流道可采用象鼻形、S形等形式,驼峰段经常处于负压下工作,驼峰高程最高、压力最

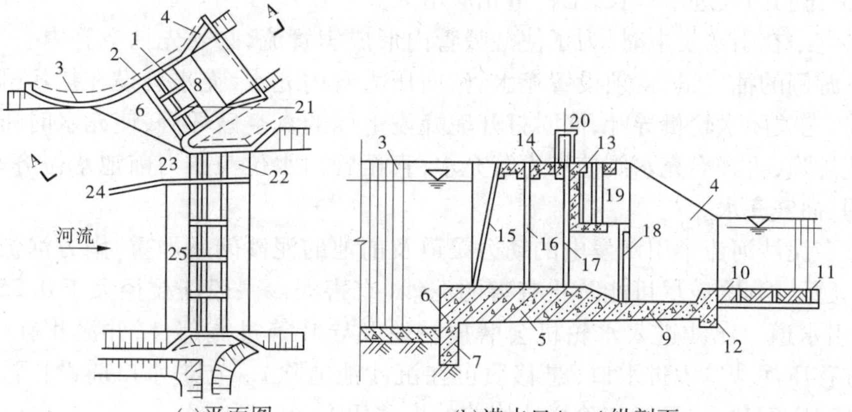

(a)平面图　　(b)进水口A—A纵剖面

1—闸墩;2—边墩;3—上游翼墙;4—下游翼墙;5—闸底板;6—拦沙坎;
7—截水墙;8—消力池;9—护坦;10—穿孔混凝土板;11—海漫;12—齿墙;
13—胸墙;14—工作桥;15—拦污栅;16—检修闸门;17—工作闸门;
18—下游检修闸门;19—下游闸门存放槽;20—启闭机;
21—进水闸;22—冲沙闸;23—沉沙池;24—导墙;25—拦河闸坝

图 1-7-3　带冲沙廊道的进水口总体布置

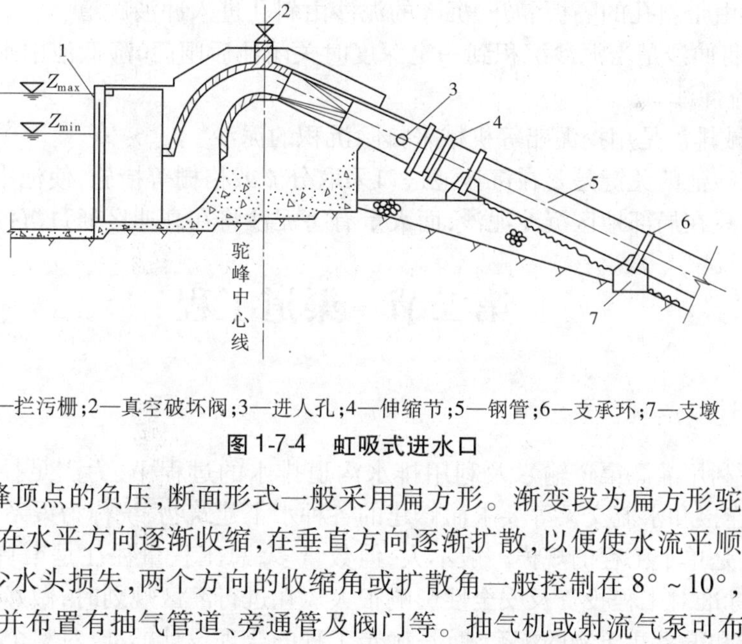

1—拦污栅;2—真空破坏阀;3—进人孔;4—伸缩节;5—钢管;6—支承环;7—支墩

图 1-7-4　虹吸式进水口

低。为减小驼峰顶点的负压,断面形式一般采用扁方形。渐变段为扁方形驼峰段和圆形管道的过渡段,在水平方向逐渐收缩,在垂直方向逐渐扩散,以便使水流平顺地进入压力管道。为了减少水头损失,两个方向的收缩角或扩散角一般控制在 8°~10°,驼峰顶点装有真空破坏阀,并布置有抽气管道、旁通管及阀门等。抽气机或射流气泵可布置在附近机房内。虹吸式进水口的进口段、驼峰段和渐变段都是埋置在大体积混凝土或浆砌块石中的钢筋混凝土结构,如图 1-7-4 所示。

由于这种进水口能迅速切断水流而无须闸门及启闭设备,因此布置简单、操作简便,对电站而言,停机可靠,节省投资。当然,这种进水口也有缺点:体型复杂,施工质量要求高,引水道比闸门式进水口长,工程量相应增大。

当水电站在引水发电时,为了使虹吸管内形成满管流,必须先抽空管内空气;为了减少驼峰下游侧的抽气量,常须设置充水管,向压力管内充水,充水管设在拦污栅后面。机组启动前,先关闭水轮机导叶,同时打开驼峰段上面的真空破坏阀,使充水时压力管内的空气由此排除,再开启充水阀使压力管充水,直至管内水位与压力前池水位齐平,然后关闭充水阀,抽气充水。

北方多泥沙河流中引水发电的动力渠道及前池的泥沙问题严重,南方河流也存在泥沙淤积问题。因此,应尽可能防止有害的泥沙(有害泥沙一般指粒径大于0.25 mm的颗粒)进入引水道。泥沙进入水轮机会磨损转轮及导叶等过流部件,并淤积在引水道上。应防止推移质泥沙进入进水口(悬移质可在沉沙池清除)。在进水口前设拦沙坎可挡住底部的推移质泥沙,应及时清除拦沙坎前的推移质泥沙。

沉沙池的基本原理是加大过水断面、减小流速、降低挟沙能力。泥沙即在沉沙池中沉淀,清水则进入引水道。设计沉沙池首先应确定过水断面及长度。沉沙池过水断面取决于池中平均流速,一般取0.25~0.70 m/s,视允许粒径而定。沉沙池长度则与泥沙沉速有关,短了达不到沉沙效果,过长则不经济。沉沙池的断面与长度应通过专门计算和模型试验确定。

沉沙池内沉积的泥沙应及时排除。排沙方式有连续冲沙、定期冲沙及机械排沙三种。

(1)连续冲沙是将逐渐沉下的泥沙由底部冲沙廊道排至下游,上层清水进入引水道,上下层之间由带斜孔的隔板隔开,沉降的泥沙由斜孔进入冲沙廊道。

(2)定期冲沙是当泥沙沉积到一定深度时关闭池后闸门,降低池中水位,向原河道中冲沙,或轮流冲沙。

(3)机械排沙是用挖泥船等机械来排除沉积的泥沙。

设计沉沙池的关键是要在沉沙池进口采取分流或格栅等措施,使池中水流流速均匀,否则池中将只在局部地区沉淀泥沙,而大量有害泥沙将在高速区通过沉沙池。

第二节 渠道工程

一、概述

在灌区利用灌溉渠道输水及利用排水沟道排水的过程中,为满足控制水流、分配水量、上下游连接和水流交叉等要求而修建的各种水工建筑物,统称为渠系建筑物。渠系建筑物的特点是单个工程的规模一般不大,但数量多,总工程量往往是渠首工程的若干倍。因此,设计标准对工程投资及安全性影响很大。在进行灌区规划时,做好渠系建筑物的规划设计工作和渠系建筑物的配套建设,确定工程的合理设计标准,对整个灌区意义重大。

(一)渠系建筑物的种类及作用

渠系建筑物的种类很多,按其作用可分为以下几种:

(1)控制建筑物。控制建筑物也称配水建筑物,主要用以控制渠道的水位和分配流量,以满足各级渠道输水、配水和灌水的要求,如进水闸、节制闸、分水闸等,如图1-7-5所示。

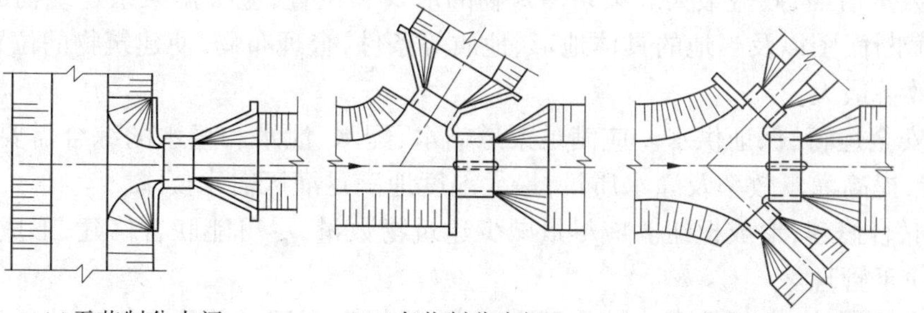

(a)无节制分水闸　(b)有节制分水闸　(c)有节制双向分水闸

图 1-7-5　控制建筑物平面布置

(2)泄水建筑物。泄水建筑物是指为了保护渠道及建筑物安全或进行维修,用以泄放多余洪水或放空渠水的建筑物。如溢流堰、泄水闸、退水闸等。

(3)交叉建筑物。交叉建筑物是指当渠道与高山、山谷、洼地、河沟、道路或其他渠道等相交叉时,修建的用以跨越山谷、洼地、河流、道路等障碍的建筑物,如渡槽、倒虹吸管、涵洞、隧洞、桥梁等。由于渠系建筑物种类较多,应根据交叉处的相对高差、运用要求、地形、地质、水文等条件,经综合比较合理选用。

(4)落差建筑物。落差建筑物也称连接(或衔接)建筑物,当渠道通过地面坡度较大的地段时,为了使渠底纵坡符合设计要求,避免深挖高填,便于调整渠底坡度,将渠道落差集中而修建的建筑物,如跌水、陡坡等,还可利用集中落差修建水电站。

(5)冲沉沙建筑物。冲沉沙建筑物是指为了防止和减少渠道淤积,在渠首或渠系中修建的沉沙及冲沙设施,如沉沙池、沉沙条渠、冲沙闸、冲沙管等。

(6)量水建筑物。量水建筑物是指用以计量输水量或配水的专门设施,如量水堰、量水槽、量水喷嘴等,如图 1-7-6 所示。工程中,常利用符合水利计算要求的建筑物,如水闸、渡槽、倒虹吸管等进行量水。

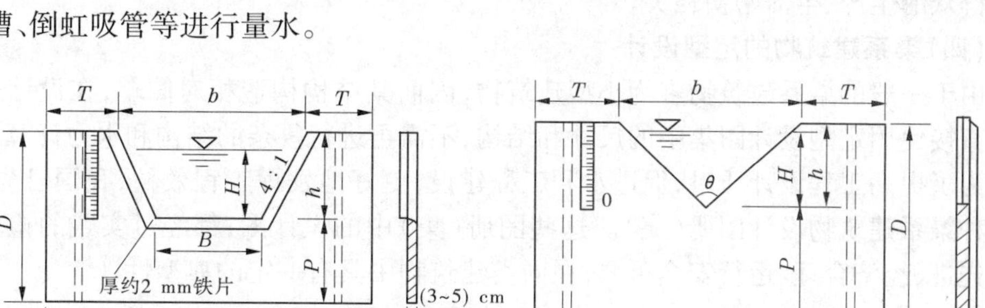

(a)梯形量水堰　(b)三角形量水堰

图 1-7-6　量水建筑物

(7)便民利民建筑物。便民利民建筑物是指为便于农业生产,方便群众交通、取水、用水等而修建的建筑物,如农桥、踏步、码头等。

(二)渠系建筑物的布置原则

在渠系建筑物的布置工作中,一般应遵循以下原则:

(1)数量恰当,效益最大。渠系建筑物的形式和位置,应根据渠系建筑物的平面布置图、渠道横断面图以及当地的具体地形、地质等条件,合理布局,使建筑物的位置及数量恰当,工程效益最大。

(2)安全运行,保证供水。应满足渠道输水、配水、泄水和量水的综合需要,保证渠道安全运行,提高灌溉效率及灌水质量,最大限度地满足灌区需水要求。

(3)联合修建,形成枢纽。应尽量减少建筑物数量,尽可能联合修建,形成枢纽,以节约投资,便于管理。

(4)独立供水,方便管理。结合用水要求,最好做到用水单位各自有独立的取水控制建筑物。

(5)便于交通,方便生产。在满足灌区用水要求的同时,应考虑便于交通,方便生产。

(三)渠系建筑物的特点

(1)面广量大,总投资多。在一个灌区内,渠系建筑物的数量是很大的。如陕西宝鸡峡灌区,干渠平均每千米3.8座,支渠平均每千米4座,斗渠平均每千米9.5座,共计建筑物13 484座。虽然单个渠系建筑物的规模一般并不大,但由于分布面广、数量多,它的总投资额往往比渠首枢纽工程的投资大。因此,对渠系建筑物的合理布局、选型及构造、设计的不断革新,对降低工程造价将是十分重要的。

(2)建筑物具有相似性。同一类型的渠系建筑物,其工作条件一般是较为近似的,其结构形式、尺寸及构造也较为相近。因此,在一个灌区内可以较多地采用统一的结构形式和施工方法,广泛采用定型设计和预制装配。这不仅能简化设计和施工程序,便于群众施工,而且能够保证工程质量,加快施工进度和便于维修。对于规模较大、技术复杂的建筑物,则必须进行专门设计。

(3)受地形影响大,与群众联系密切。渠系建筑物的布置主要取决于地形条件,同时又与群众的生产、生活密切相关。

(四)渠系建筑物的定型设计

由于一般的渠系建筑物多为小型建筑物,因而其结构构造相对简单,在设计过程中,可以直接使用定型设计图集中的尺寸和结构,不需再进行复杂的结构和水力计算。

为了提高工程设计质量,促进水利工程建设,更好地发挥工程效益,我国已先后出版了多种渠系建筑物设计图册(集)。这些图册(集)中的设计图,都经过实践的检验,它们技术先进、经济合理、运行安全可靠,在同类建筑物中具有一定的典型性。

二、渠道

(一)概述

渠道是发电、灌溉、航运、给水、排水等水利工程中广泛采用的输水建筑物。渠道遍布整个灌区或电站枢纽,线长面广。规划设计是否合理,将直接关系到渠道的安全、工程土方量、渠系建筑物的数量、施工和管理的难易程度以及工程效益的大小。如都江堰灌区,灌溉面积1 200万亩,各级渠道数量巨大;新疆喀群引水枢纽工程,如图1-7-7所示,灌溉面积500万亩。

作为灌溉用渠道,一般可分为干、支、斗、农、毛五级,构成完整的灌溉系统,前四级一

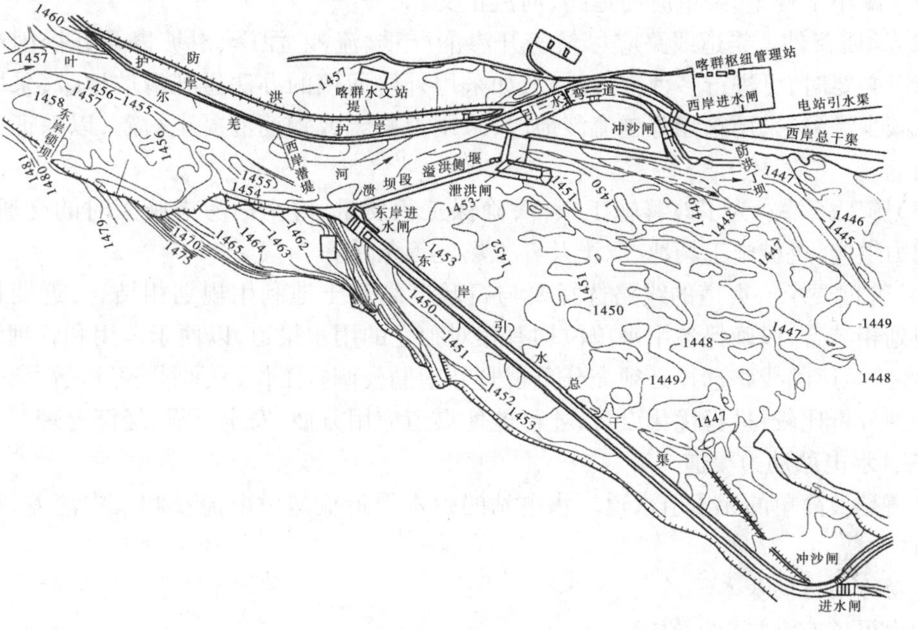

图 1-7-7 新疆喀群引水枢纽工程

般为固定渠道，第五级多为临时渠道。大型灌区可设总干、分干、分支、分斗等渠沟。一般干、支渠主要起输水作用，称为输水渠道；斗、农渠主要起配水作用，称为配水渠道，如图 1-7-8 所示。

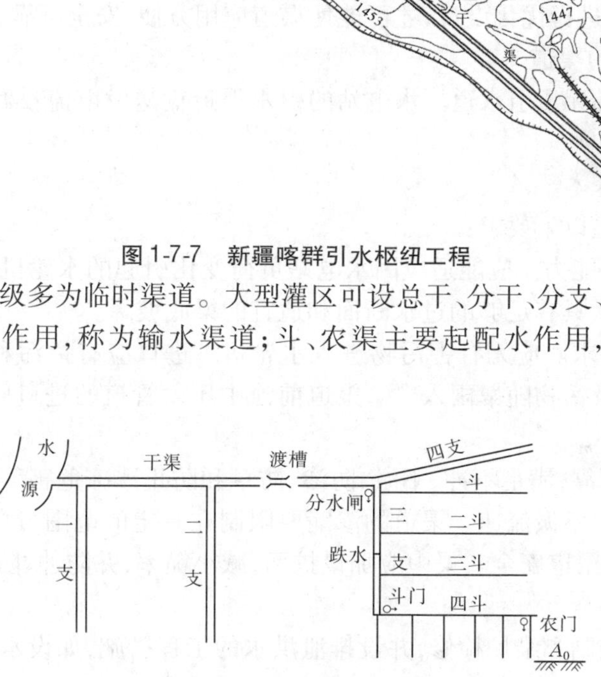

图 1-7-8 灌区渠系布置示意

渠道设计的任务是在给定的设计流量条件下，选择渠道的线路，确定渠道的纵坡、横断面尺寸、形状和结构等。

（二）渠道线路选择

渠道的线路选择关系到枢纽合理布置开发、渠道安全输水和降低工程造价等关键问题，应综合考虑地形、地质、施工条件、挖填方平衡及便于管理养护等因素分析确定。

（1）地形条件。渠道线路尽量选用直线，并力求选择在挖填方基本平衡的地方，如不能满足，则应尽量避免高填方和深挖方地带，转弯也不能过急。对于衬砌渠道，转弯半径不应小于 $2.5B$（B 为渠道水面宽度）；对于不衬砌渠道，转弯半径不应小于 $5B$。

在山区及丘陵地区，渠道线路应尽量沿等高线布置，以免产生过大的挖填方量。当渠道通过山谷、山脊时，应对高填、深挖、绕线、渡槽、穿洞等方案进行比较，从中优选方案。

为了减小工程量,渠道应与道路、河流正交。

(2)地质条件。渠道线路应尽量避开渗漏严重、流沙、泥泽、滑坡以及开挖困难的岩层地带。必要时,可进行多种方案比较,如采用外绕回填的办法避开滑坡地带,采取防渗措施以减少渗漏,采用箱涵跨越流沙地段,采用混凝土或钢筋混凝土衬砌,以保证渠道安全应用等。

(3)施工条件。为了改善施工条件,确保工程质量,应全面考虑施工时的交通运输、水及动力供应、机械施工场地、取土及弃土场地等条件。

(4)管理要求。渠道的线路选择要与行政区划和土地利用规划相结合,近期目标与远期规划相结合,以确保各用水单位均有相对独立的用水渠道,以便于运用和管理维护。

总之,渠道的线路选择必须充分重视野外踏勘及调查工作,从技术、经济、社会等方面进行仔细分析比较,进行优化设计,才可能使渠道应用方便、安全可靠、经济合理。

(三)水电站动力渠道

渠道是最简单的无压引水道。水电站的引水渠道输送发电流量和集中落差,称为动力渠道。

1. 动力渠道的基本要求

动力渠道应满足以下要求:

(1)足够的输水能力。应能适应因水电站负荷变化引起的水轮机的引用流量改变的要求,为此,渠道必须具有足够的过水断面和适宜的渠底坡降。

(2)水质符合要求。应无有害污物进入水轮机。进口应有拦污和沉沙设施,渠道沿线应防止山坡泥沙及污物随暴雨入渠。渠道前池中压力管道的进口应设拦污、排沙及排冰设施。

(3)运行安全可靠,满足不冲、不淤、防渗、防草和防止冰冻危害等要求。渠中流速要小于不冲流速而大于不淤流速。渠道的渗漏要限制在一定的范围,过大的渗漏不但造成水量损失,而且影响渠道安全。渠中应加设护面,减小糙率,并防冲、防渗、防草,维护边坡稳定。

(4)渠道应能控制和维护检修,并设排泄洪水的工程措施,如设水闸、侧堰及边坡、马道等。

(5)渠道工程应满足经济要求。

2. 动力渠道的类型和适用条件

根据动力渠道的水力特征,可分为自动调节渠道与非自动调节渠道两类。

1)自动调节渠道

渠堤顶高度沿渠长不变,渠底以一定坡度沿渠延伸,渠末不设溢流堰,当渠内通过设计流量时,水流为恒定均匀流,水面线平行于底坡,水深为正常水深 h_0;当水电站出力减小,渠内流量小于设计流量时,渠中水流为恒定非均匀流,水面曲线为壅水曲线;当水电站停止工作,渠中流量为零时,渠中水位上游河流中水位齐平,渠道断面向下游逐渐扩大,这种渠道称为自动调节渠道,如图 1-7-9 所示。

2)非自动调节渠道

非自动调节渠道渠堤顶高程沿渠长降低,与渠底坡度一致,渠道末端压力前池中设有

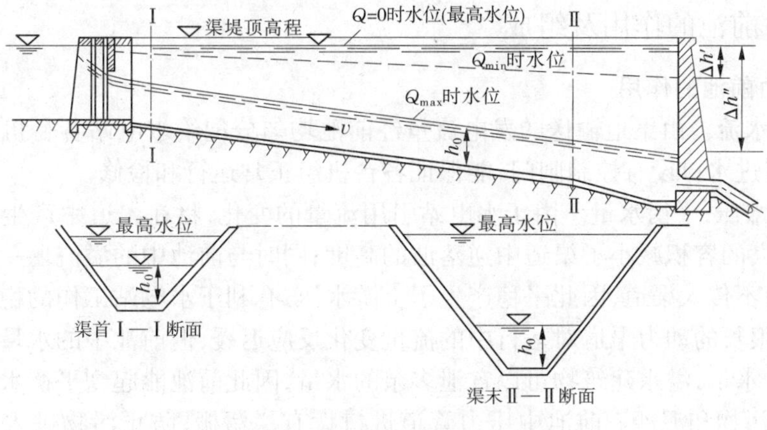

图 1-7-9 自动调节渠道纵断面

泄水建筑物,如溢流堰等。当渠道中通过最大流量时,渠中水流为恒定均匀流,渠末水位低于堰顶;当机组引用流量小于设计流量时,渠中水面形成壅水曲线,当引用流量进一步减小,渠道末水位超过堰顶时,则开始溢流;当水电站引用流量为零时,通过渠道的全部流量由溢流堰泄走,如图 1-7-10 所示。

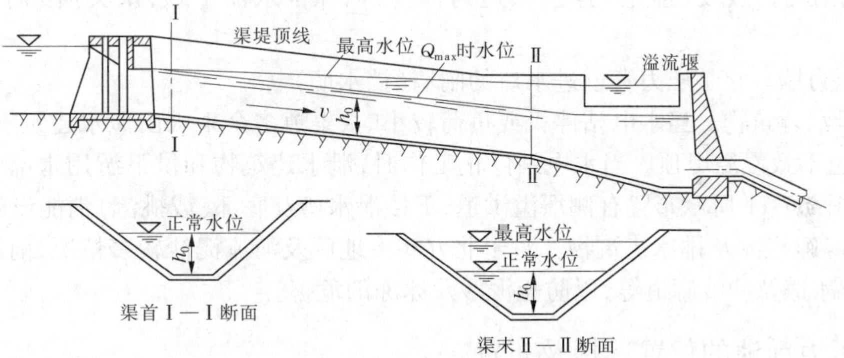

图 1-7-10 非自动调节渠道纵断面

这种渠道的堤顶只要高于最高水位线一定安全超高即可。为减少弃水,可根据水电站负荷变化,运用渠首闸门调节入渠流量。溢流堰可限制渠末水位,保证下游用水,这种渠道的工程量较小、当渠道较长、上游水位变化范围较大,或者水电站停止运行而渠道仍需向下游供水时,宜采用非自动调节渠道。

第三节 压力前池

压力前池又称压力池或前池,位于动力渠道的末端,是水电站引水建筑物与水轮机压力管道的连接建筑物。

一、压力前池的作用及组成

(一)压力前池的作用

(1)分配水流。由渠道输送的发电流量经前池均匀分配给水电站各台机组的压力管道。压力管道进水口设有控制闸门,能保证各台机组正常运行和检修。

(2)平稳水压,平衡水量。由于水电站引用流量的变化,将在渠道中产生逆波或逆落波,但前池较大的容积减小了渠道中逆落波的高度;同时与前池中的溢流堰一起使逆涨水波发生反射而不传入渠道,因此平稳产生了上游水压,有利于水电站工作的稳定。当电站流量改变时,很长的动力渠道对运行中的流量变化反应迟缓,但前池中的水量能及时补充或储存一部分水量,溢水建筑物可以宣泄多余的水量,因此前池能起到平衡水量的作用。

(3)挡阻污物和泥沙。前池中压力管道进口设有拦污栅,防止污物进入水轮机。前池容积较大,流速较低,宜于沉淀泥沙,沉积的泥沙通过冲沙设施排走。

(4)在水电站停机时可向下游供水,满足下游用水部门的需要。

(5)保护压力管道进水口在冬季不受冰凌的阻塞或损坏。

(二)压力前池的组成部分

(1)前室及进水室。进水室为压力管道进水口前扩大和加深部分,一般比渠道宽和深,需要用渐变扩散段(前室)连接渠道与池身,以保证水流平顺,水头损失小,无漩涡发生。

(2)压力墙。它是压力管道进水口的闸墙(挡水墙)。

(3)泄水建筑物。当水电站停机或负荷较小时,渠道多余来水由泄水建筑物泄走,保证前池水位不致漫溢堤顶。当水电站停止工作时,泄水建筑物和供下游用水部门的需要泄水。如图1-7-11所示布置有侧堰溢洪道,下接泄水槽及底部(或挑流)消能设施。

(4)冲沙、拦冰及排冰建筑物。对于北方寒冷地区及河流泥沙较多情况,前池应布置拦冰道、排冰道及冲沙廊道等,以防止泥沙及冰冻的危害。

二、压力前池的位置选择及布置

(一)压力前池的位置选择

压力前池的位置应根据地形、地质条件及运用要求,并结合渠道线路、压力管线、厂房(水电站)等建筑物及其本身泄水建筑物相互位置综合考虑确定,力求做到布置紧凑合理、水流顺畅、运行灵活可靠,结构安全经济。

压力前池一般布置在陡峭山坡的上部,应特别注意地基稳定及渗漏问题,在保证前池稳定的前提下,尽可能靠近厂房,以缩短压力管道长度。

(二)压力前池的布置形式

常见的布置形式如图1-7-12所示,表示了引水渠道与压力前池的连接方式。

图1-7-12中(a)布置方式的特点是渠道、压力前池、压力管道轴线相一致,水流平顺,水量分配均匀,水头损失小。但此种布置方式易受地形条件限制,可能有较大的挖方,并且泄水一般只能采用侧堰式,所以只能在地形条件许可或在渠道跌水式电站中采用。

图1-7-12中(b)布置方式在实际工程中应用较广,因为它适应地形、地质条件的能力

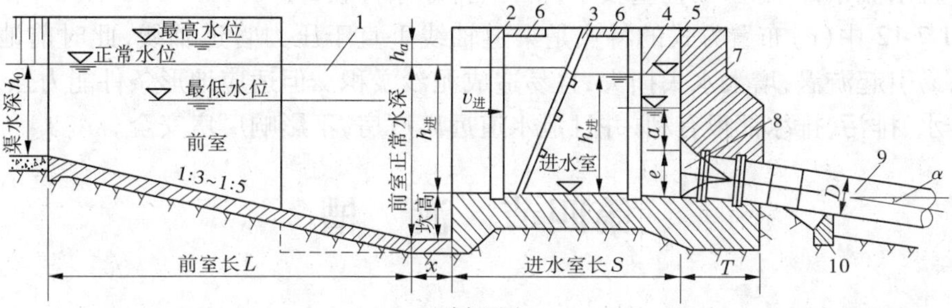

(a)A—A 剖面图

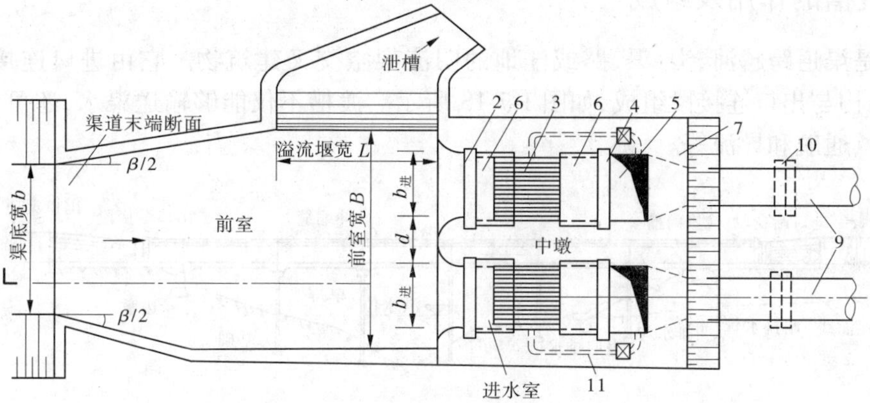

(b)压力前池平面图

1—溢流堰;2—检修闸门;3—拦污栅;4—工作闸门;5—通气孔;6—工作桥;
7—压力墙;8—压力管道进口;9—压力管道;10—支墩;11—旁通管

图 1-7-11　压力前池的构造及尺寸

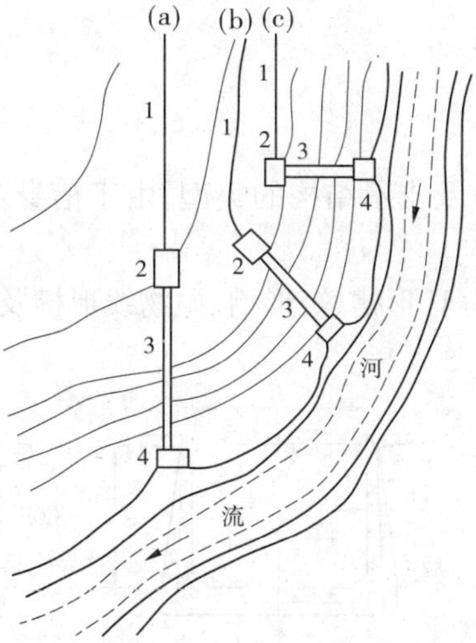

1—渠道;2—压力前池;3—压力管道;4—厂房

图 1-7-12　压力前池布置形式

较强,并且水流条件较好,工程量较小,排污、排冰条件较好。

图 1-7-12 中(c)布置方式的特点是渠道轴线垂直于压力管道轴线,此时前池水流偏向一侧,易引起漩涡,增大水头损失,且易造成泥沙淤积。但适应地形条件能力强,开挖量小,对排水、排污、排冰都很有利,并且泄水道远离厂房,不影响厂房安全。

第四节　渡　槽

一、渡槽的作用及组成

渡槽是渠道跨越河、沟、渠、路或洼地的明流架空交叉建筑物。它由进口连接段、槽身、支承结构与出口连接段组成,如图 1-7-13 所示。渡槽不仅能够输送渠水,还可以用于排洪、排沙、通航和导流等。

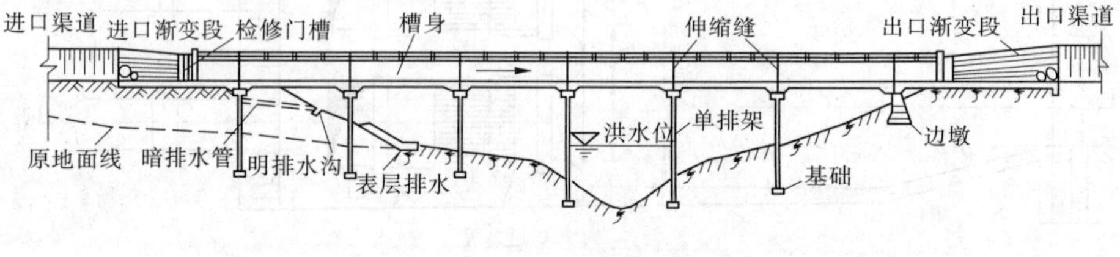

图 1-7-13　梁式渡槽纵剖面

渡槽由槽身、支承结构、基础及进出口建筑物等部分组成。渠道通过进出口建筑物与槽身相连接,槽身置于支承结构上,槽身重及槽中水重通过支承结构传给基础,再传至地基。

渡槽一般适用于河、渠相对高差较大,河道岸坡较陡,洪水流量较大的情况。它与倒虹吸管相比较,具有水头损失小、便于管理运用及可通航等优点,是渠系交叉建筑物中采用最多的一种形式。

二、渡槽的形式

渡槽的形式一般是指槽身及支承结构的类型,由于槽身及支承结构的类型很多,因此渡槽的分类方法也多。

按槽身断面形式,渡槽分为 U 形槽、矩形槽、抛物线形槽及圆管槽等,如图 1-7-14 所示。

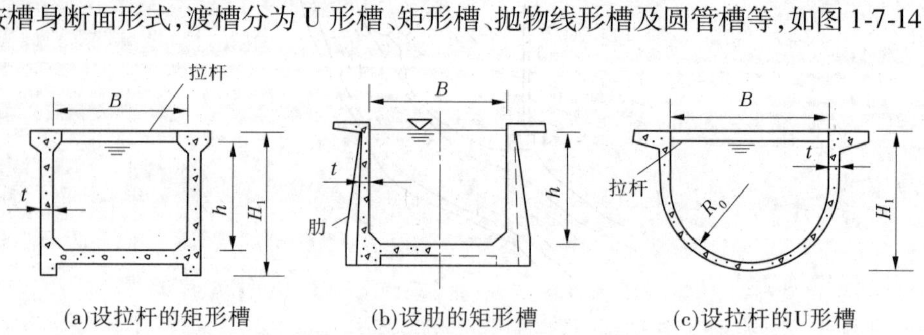

(a)设拉杆的矩形槽　(b)设肋的矩形槽　(c)设拉杆的U形槽

图 1-7-14　矩形及 U 形槽身断面形式

按支承结构,渡槽分为悬臂梁式渡槽(见图1-7-15)、拱式渡槽、桁架式渡槽、斜拉式渡槽等。

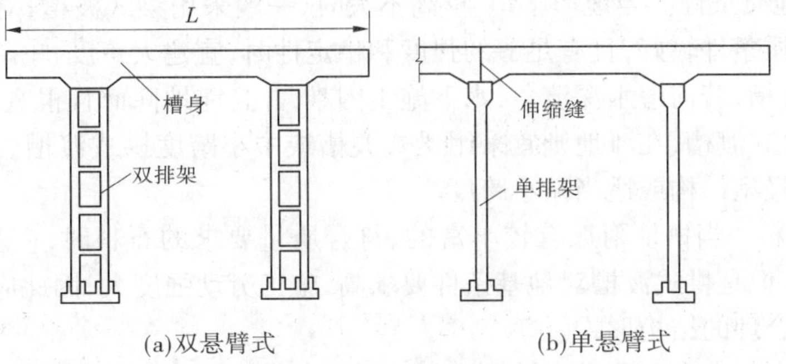

图1-7-15 悬臂梁式渡槽

三、渡槽的总体布置

渡槽总体布置的主要内容包括槽址选择、结构选型、进出口段的布置等。一般是根据规划确定的任务和要求,进行调查勘察,取得较为全面的地形、地质、水文、建材、交通、施工管理、社会经济等方面的基础资料,在进行技术经济分析比较的基础上,选出最优布置方案。

渡槽总体布置的基本要求是满足规划中所规定的设计任务,如水流、水位等;槽身长度短、基础及岸坡稳定;结构选型合理;进出口与渠道的连接直、顺、缓、畅;避免填方接头,少占农田;交通方便,就地取材。

(一)槽址选择

槽址选择包括轴线和起止点位置的确定,一般应注意以下几个方面:

(1)应选择在地形、地质条件有利的地方。结合渠道线路选择,尽量利用有利的地形、地质条件,以便缩短槽身长度,减少基础工程量,降低墩架高度。槽轴线力求短而直,进出口避免急转弯并力求布置在挖方渠道上。

(2)跨越河流的渡槽,槽址应稳定,水流顺直。槽轴线应与河流方向正交,槽址应位于河床及岸坡稳定的地段,避免选在河流转弯处。对于有通航要求的河道,应注意渡槽下部的净空满足通航要求。

(3)便于泄水闸等建筑物的布置。为了满足渡槽或上下游填方渠道发生事故时需要停水、检修或泄水等要求,常在渡槽进口适当位置,设置节制闸及退水闸等建筑物,通过联合应用,使渠水泄入出路通畅的溪谷或河道,保证建筑物安全运用。

(4)施工及管理应用方便。少占耕地、少拆迁民房;尽可能有较宽阔的施工场地,便于就地取材;交通、水、电供应条件好;有利于灌溉供水及管理应用。

(二)渡槽选型

渡槽的形式选择应根据地形、地质、水流条件、建筑材料、施工条件等因素综合研究确定。对于一般中小型渡槽,可采用一种类型的单跨或等跨渡槽;对于地形、地质条件复杂而长度又较大的大中型渡槽,可根据实际情况,选用一种或两种类型及跨度不同的布置方

式,但变化不宜过多,否则将增加施工难度,影响槽墩受力状况。具体选择时,应注意以下几方面:

(1)地形、地质条件。当地形平坦、槽高不大时,一般采用梁式渡槽;对于窄深的山谷地形,当两岸地质条件较好,且有足够的强度和稳定性时,宜建大跨度、单跨拱式渡槽。对于跨越河道的渡槽,若河道水深流急,水下施工困难,并且滩地高而且很宽,在河床部位可采用大跨度的拱式渡槽,在滩地则宜采用梁式渡槽或中小跨度拱式渡槽。当地基承载力较低时,可采用轻型结构或适当减小跨度。

(2)建筑材料。当槽址附近有较丰富的、符合质量要求的石料时,应就地取材,优先采用石拱渡槽。但是拱式渡槽对地基条件要求高,施工劳动强度大,因此应综合分析各种条件,采用经济合理的结构形式。

(3)施工条件。如具备吊装技术及相应设备,应尽可能采用预制构件装配的结构形式,以加快施工进度,降低劳动强度。当同一渠系布置有多个渡槽时,应尽量采用同一种结构形式,以便于设计和施工的定型化。

(三)进出口段的布置

为了减小渡槽过水断面,降低工程造价,一般槽身纵坡较渠底坡度陡。为使渠道水流平顺地进入渡槽,避免冲刷和减小水头损失,布置渡槽进出口段时应注意以下几个方面:

(1)与渠道直线连接。渡槽进出口前后的渠道上应有一定长度的直线段,与槽身平顺连接,在平面布置上要避免急转弯,防止水流条件恶化,影响正常输水,造成冲刷现象。对于流量较大、坡度较陡的渡槽,尤其要注意这一问题。

(2)设置渐变段。为了使水流平顺衔接,适应过水断面的变化,渡槽进出口均需设置渐变段。渐变段形式主要有扭曲面式、反翼墙式;八字墙式等,扭曲面式水流条件较好,应用较多;八字墙式施工简单,小型渡槽使用较多。

(3)设置护底与护坡。进出口段的流态较为复杂,为了防止冲刷造成危害,应设置可靠的护底与护坡。

第五节　桥　梁

桥梁是重要的交叉建筑物,在灌排渠系规划中应用极为广泛。渠道上的桥梁,其荷载标准一般低于公路桥梁,但随着农村经济建设的发展,在设计时应适当考虑提高其荷载标准。

由于各级渠道上的桥梁具有量大面广、形式相近等特点,因此定型设计和装配式结构较为适用。此外,桥梁与渡槽具有很多相似之处,如结构形式、受力特征等,主要特色在于桥梁结构及桥面活荷载。

一、桥梁的类型

桥梁的分类方法较多,通常按其用途、荷载、结构形式和受力特点进行分类。

(1)按照用途分类。桥梁可分为公路桥、农桥(渠道上的桥梁)等。

(2)按荷载的不同分类。桥梁主要有生产桥、拖拉机桥、低标准公路桥等。生产桥是用于行人、马车、手扶拖拉机等行驶的桥梁；拖拉机桥是用于农用拖拉机行驶的桥梁；低标准公路桥主要用于农村乡间公路桥，亦称简易公路桥。

(3)按结构形式和特点分类。桥梁可分为梁式桥、拱式桥等。梁式桥常见的形式主要有简支装配式钢筋混凝土板桥、装配式钢筋混凝土梁桥、预应力混凝土简支梁桥、简支钢筋混凝土T形梁桥和连续梁桥等；拱式桥的形式主要有板拱桥、肋拱桥、桁架拱桥及钢架拱桥等。

二、桥面构造

（一）桥面的组成

桥面是直接承受各种荷载的部分，它主要包括行车道板、桥面铺装、人行道、栏杆、变形缝、排水设施等，如图1-7-16所示。

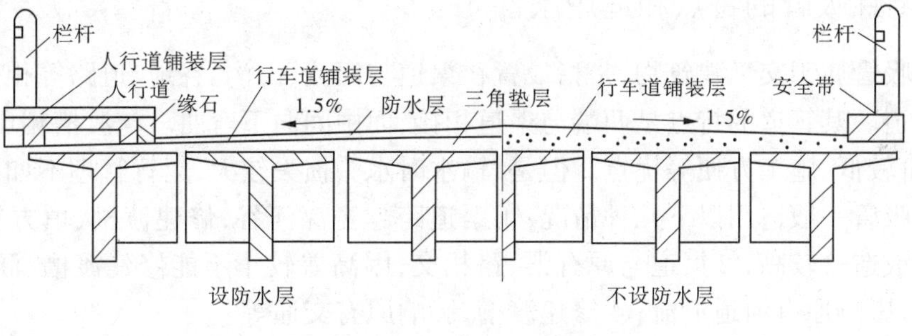

图1-7-16　桥面构造简图

（二）桥面净宽

渠道上的桥面净宽，根据车辆类型、荷载及运行要求确定。一般生产桥为2～2.5 m；拖拉机桥为3.5～4.0 m；低标准公路桥单车道的桥面净宽4.5 m，双车道的桥面净宽7.0 m。同时，还要考虑车辆装载货物宽度，以及行人或牲畜的避让等问题，每侧还应留出0.5 m的安全宽度。

（三）桥面铺装层

桥面铺装层是指铺设在行车道板上的面层，主要作用在于防止车辆轮胎或履带对行车道板的直接磨损，同时，对车辆产生的集中荷载还有扩散效果。桥面铺装层的铺筑材料一般为混凝土、沥青混凝土和碎石等。铺装层的厚度，对于混凝土、沥青混凝土为5～8 cm，碎石层为15～20 cm。桥面铺装层与所连道路路面应尽量一致，以便于管理养护和车辆行驶。

（四）桥面排水

为了快速排除桥面雨水，桥面应设置1.5%～3.0%的横坡，并在行车道两侧适宜的长度内设置直径为10～15 cm的排水管。排水管一般为钢筋混凝土管或铸铁管。当桥长小于50 cm、桥面纵坡大于2%时，可不设排水管，但在桥头引道两侧应设置引水槽。对于小跨径桥，也可直接在行车道的两侧安全带上设置横向孔道，用钢管或铸铁管将水排出。

（五）人行道或安全带

人行道的设置根据需要而定，人行道宽一般为0.75～1.0 m，为便于排水，人行道应设置向行车道倾斜1%的横坡。人行道的外侧必须设置栏杆,栏杆高0.8~1.2 m,栏杆柱间距1.5~2.5 m,柱的截面尺寸为0.15 m×0.15 m。

不设人行道时,桥面两侧应设安全带,安全带宽一般为0.25 m、高0.2~0.25 m。

(六)伸缩缝或变形缝

为减小温度变化、混凝土收缩、地基不均匀沉降等因素的影响,桥面应设置伸缩缝,缝距一般不超过20~30 m。为保证车辆平衡行驶,并防止雨水和泥土的渗入,缝内必须填塞具有弹性的、不透水的橡皮或沥青胶泥等塑性材料。

第六节　倒虹吸管

一、倒虹吸管的特点和适用条件

倒虹吸管属于交叉建筑物,是指设置在渠道与河流、山沟、谷地、道路等相交叉处的压力输水管道。其管道的特点是两端与渠道相接,而中间向下弯曲。与渡槽相比,具有结构简单、造价较低、施工方便等优点。但是,输水时水头损失较大,运行管理不如渡槽方便。

倒虹吸管一般适用以下几种情况:①渠道跨越宽深河谷,修建渡槽、填方渠道或绕线方案困难或造价较高;②渠道与原有渠、路相交,因高差较小不能修建渡槽、涵洞;③修建填方渠道,影响原有河道泄流;④修建渡槽,影响原有交通等。

二、倒虹吸管的组成和类型

倒虹吸管一般分为进口段、管身段和出口段三部分。

根据管路埋设情况及高差的大小,倒虹吸管通常可分为竖井式倒虹吸管、斜管式倒虹吸管、曲线式倒虹吸管和桥式倒虹吸管四种类型。

(一)竖井式倒虹吸管

这种类型的倒虹吸管,是由进出口竖井和中间平洞组成的,如图1-7-17所示。一般适用于流量不大、压力水头小于3~5 m的穿越道路倒虹吸管。竖井的砌筑,一般采用砖、石或混凝土。为了改善平洞的受力条件,管顶应埋设在路面以下1.0 m左右。

竖井的断面为矩形或圆形,其尺寸稍大于平洞,并在底部设置深约0.5 m的集沙坑,以便于清除泥沙及检修管路时排水。

平洞的断面一般为矩形、圆形或城门洞形。

这种形式的倒虹吸管,构造简单、管路较短、占地较少、施工较容易,但水力条件较差,通常用于工程规模较小的情况。

(二)斜管式倒虹吸管

这种倒虹吸管的管道,进出口为斜卧段,而中间为平直段,如图1-7-18所示。一般用于穿越渠道、河流而两者高差不大,且压力水头较小、两岸坡度较平缓的情况。

斜管式倒虹吸管与竖井式倒虹吸管相比,水流畅通,水头损失小,构造简单,实际工程中采用较多。但是,斜管式倒虹吸管的施工较为不便。

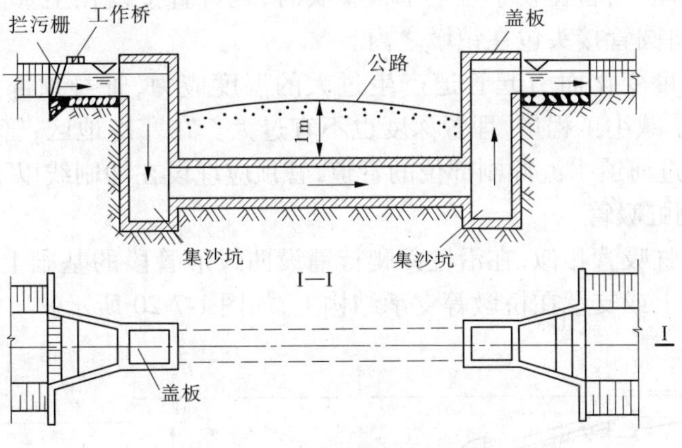

图 1-7-17　竖井式倒虹吸管

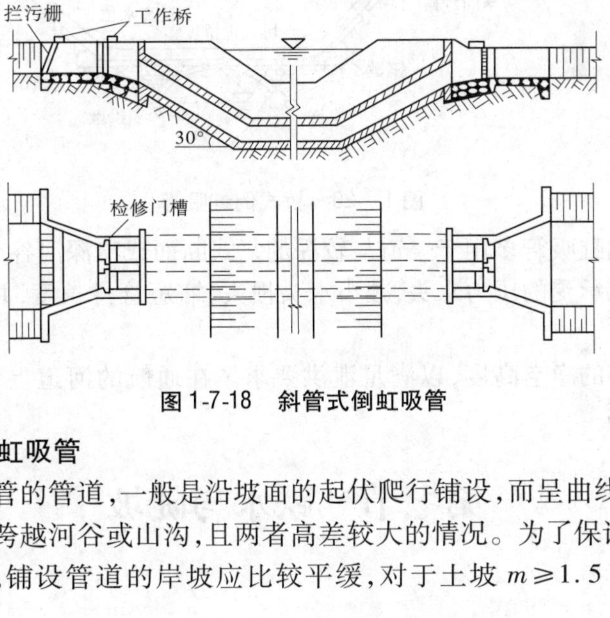

图 1-7-18　斜管式倒虹吸管

(三)曲线式倒虹吸管

曲线式倒虹吸管的管道,一般是沿坡面的起伏爬行铺设,而呈曲线形,如图 1-7-19 所示。它主要适用于跨越河谷或山沟,且两者高差较大的情况。为了保证管道的稳定性,并减少施工的开挖量,铺设管道的岸坡应比较平缓,对于土坡 $m \geqslant 1.5 \sim 2.0$,岩石坡 $m \geqslant 1.0$。

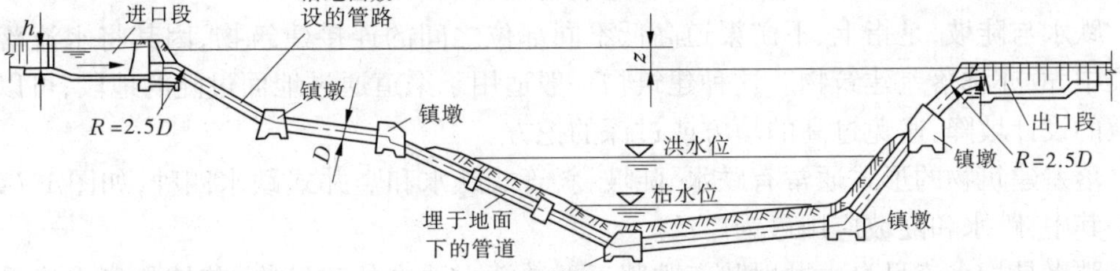

图 1-7-19　曲线式倒虹吸管

管身的断面一般为圆形。管身的材料为混凝土或钢筋混凝土,可现浇也可预制安装。

管身一般设置管座,当管径较小且土基很坚实时,也可直接设在土基上。在管道转弯处,应设置镇墩,并将圆管接头包在镇墩之内。

为了防止温度变化而引起管道产生过大的温度应力,管身顶部应埋置于地面以下0.5~0.8 m;为了减小工程量,埋置深度也不宜过大。在寒冷地区,管道应埋置于冻土层以下0.5 m。通过河道水流冲刷部位的管道,管顶应埋设在冲刷线以下0.5 m。

(四)桥式倒虹吸管

与曲线式倒虹吸管相似,在沿坡面爬行铺设曲线形管段的基础上,在深槽部位建桥,管道铺设在桥面上或支承在桥墩等支承结构上,如图1-7-20所示。

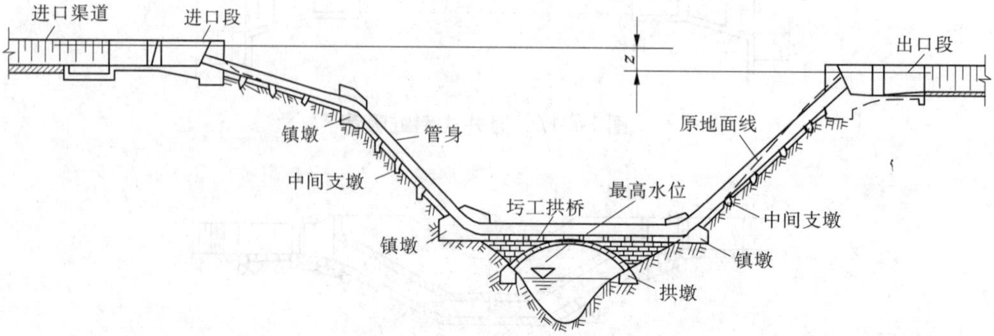

图1-7-20　桥式倒虹吸管

这种形式的倒虹吸管多用于渠道与较深的复式断面或窄深河谷交叉的情况。主要特点是可以降低管道承受的压力水头,减小水头损失,缩短管身长度,并可避免在深槽中进行管道施工的困难。

桥下应有足够的净空高度,以满足泄洪要求。在通航的河道上,还应该满足通航要求。

第七节　跌水与陡坡

一、概述

除前述渠系建筑物外,常见的渠系建筑物还有跌水、陡坡等。

跌水与陡坡,是指上、下游渠道高低不同部位之间的连接建筑物,因其将水流落差在此集中,故亦称落差建筑物。这种建筑物一般适用于渠道通过地面过陡的地段,可以保持渠道的设计坡降,避免过高的填方或过深的挖方。

落差建筑物的形式通常有跌水、陡坡、斜管式跌水和竖井式跌水四种,如图1-7-21所示。其中,跌水和陡坡应用最为广泛。

跌水是指水流呈自由抛射状态跌落于下游消力池中的建筑物,陡坡是指水流受倾斜陡槽约束而沿槽身下泄的建筑物。二者的根本区别在于水流特征不同。

落差建筑物的主要用途是:①调整渠道的纵坡,满足渠道不冲不淤的要求;②用于渠道上的排洪、泄水和退水建筑物中;③充分利用集中落差的水流势能修建小型水电站。

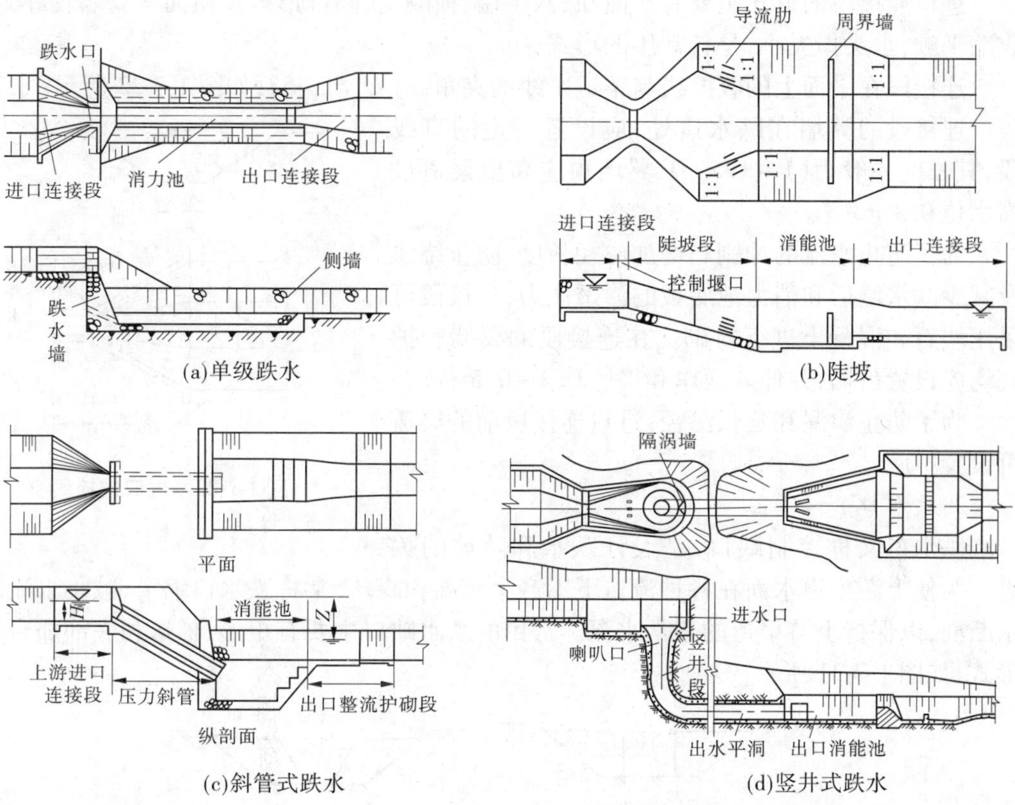

图1-7-21　落差建筑物的形式

落差建筑物的设计内容，主要是工程布置和水力计算。其护坡、护底及挡土墙等结构可参考一般工程经验进行设计。布置时应使进口前渠道水流不出现较大的水面降落和壅高，以免上游渠道产生冲刷或淤积，出口处必须设置消能防冲设施，避免下游渠道的冲刷。

落差建筑物的建筑材料，一般采用砖、石、混凝土和钢筋混凝土，目前多用砌石和混凝土。

二、跌水

根据上下游渠道间跌差（上下游水位差）的大小，跌水可分为两种形式，即单级跌水和多级跌水。一般单级跌水的跌差小于3～5 m，超过此值时，宜采用多级跌水。二者的构造基本相同。

（一）单级跌水

单级跌水是指渠道通过具有跌差地形条件时仅作一次跌落的跌水。其结构组成主要包括进口连接段、跌水口、跌水墙、消力池和出口连接段等五个部分，如图1-7-21（a）所示。

1. 进口连接段

进口连接段是指上游渠道与控制跌水缺口之间的连接过渡部分。这一段的主要作用是：引导渠道水流平顺地进入跌水口，使泄水有良好的水力条件；增加渗径长度，减少跌水墙及消力池底板的渗透压力；保护渠底与岸坡，防止水流冲刷破坏。

进口连接段的形式主要有扭曲面、八字墙、横隔墙、圆锥形等。扭曲面翼墙较好,水流收缩平顺,水头损失小,是较常用的形式。

连接段在平面上的收缩线与渠道中线的夹角 α 应小于 45°,如图 1-7-22 所示。

连接段的翼墙在跌水口处,应设置一定的直线段,其长度一般为(1 ~1.5)H,翼墙顶应高出渠道最高水位 0.3 m。

为了防止水流的冲刷和增加渗径长度,防止绕渗及减少跌水墙后和消力池底板的渗透压力,连接段可采用块石和混凝土进行衬砌。在连接段的翼墙和护底均应设置齿墙,并伸入两岸和渠底 0.3 ~0.5 m。

为了防止渗漏和延长渗径,进口连接段前的渠道可设置护底。

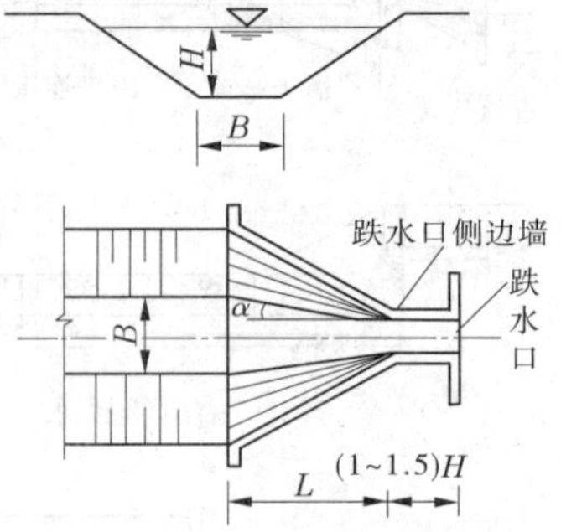

图 1-7-22　进口连接段

2. 跌水口

跌水口又称控制缺口,是设计跌水和陡坡的关键。为使上游渠道水面在各种流量下不产生壅高和降落,常将跌水口缩窄,减小水流的过水断面,以保持上游渠道的正常水深。常用的跌水缺口主要有矩形、梯形和底部加台堰等形式,如图 1-7-23 所示。

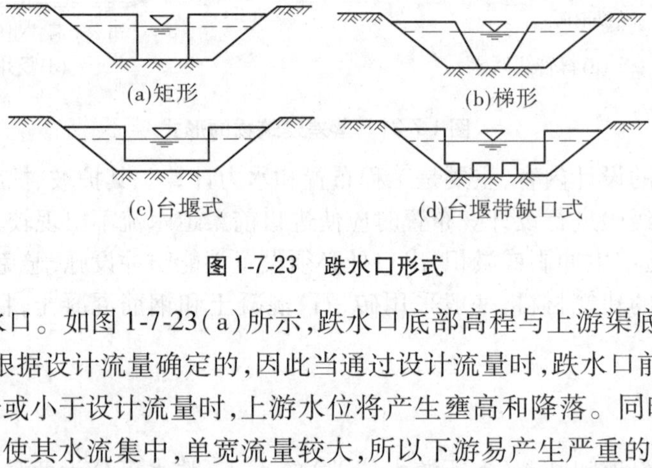

(a)矩形　(b)梯形　(c)台堰式　(d)台堰带缺口式

图 1-7-23　跌水口形式

(1)矩形跌水口。如图 1-7-23(a)所示,跌水口底部高程与上游渠底相同。由于跌水口的宽度往往是根据设计流量确定的,因此当通过设计流量时,跌水口前的水深与渠道相近,而当流量大于或小于设计流量时,上游水位将产生壅高和降落。同时,由于缺口处断面收缩得较厉害,使其水流集中,单宽流量较大,所以下游易产生严重的漩涡,消能防冲较为困难。这种跌水口,因结构简单、施工方便,故对于渠道流量变化不大的情况较为适用。

(2)梯形跌水口。如图 1-7-23(b)所示,跌水口底部高程与渠道相同,两侧呈斜坡状。因其跌水口断面狭窄,故又称狭缝堰,常用于流量变化较大或较频繁的情况。这种形式能适应渠道流量的变化,在通过各种流量时,上游渠道不致产生过大壅水和降落现象。水流条件较矩形跌水口有所改善。其单宽流量较矩形跌水口小,减小了对下游渠道的冲刷。但是,由于水流缩窄较快,故梯形跌水口的单宽流量仍较大,水流较集中,造成下游消能困难。因此,当渠道流量较大时,为减少对下游的冲刷,可采用隔墙将缺口分成几个梯形小缺口。

(3)台堰式跌水口。如图 1-7-23(c)所示,在跌水口底部做一台堰,其宽度与渠底相等。这种跌水口能保持通过设计流量时,跌水口前水深等于渠道正常水深。但当通过小流量时,渠道水位将产生壅高或降低,同时台堰前易造成淤积,对含沙量大的渠道不宜采用。为了解决淤积或排除上游渠道余水问题,有时在堰上做成矩形小缺口,如图 1-7-23(d)所示。

3. 跌水墙

跌水墙是指为了挡住跌坎上的填土,支撑上部结构和防止下游水流反冲刷等而设置的挡土墙结构。根据地形、地质条件和落差高低,跌水墙可采用重力式、悬臂式或扶臂式等结构,一般多采用重力式挡土墙,并且为直墙式和倾斜式两种,如图 1-7-24 所示。由于跌水墙插入两岸,其两侧有侧墙支撑,稳定性较好,设计时,可按照重力式挡土墙计算,但考虑到侧墙的支撑作用,也可按梁板结构计算。

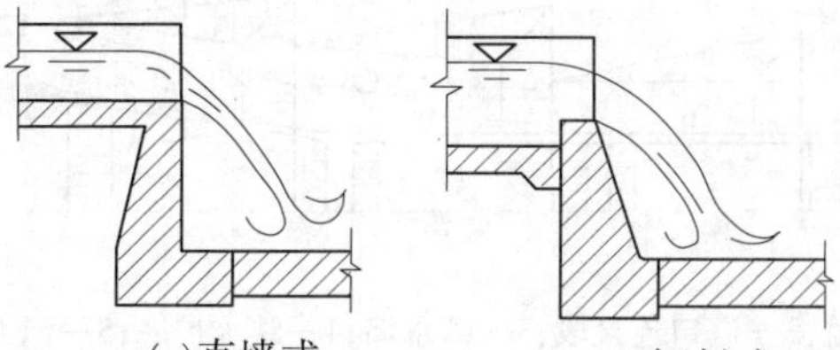

(a)直墙式 (b)倾斜式

图 1-7-24 跌水墙形式

对于可压缩性的地基,在跌水墙与侧墙之间常设置沉陷缝。对于沉陷量较小的地基,也可不设接缝,而将二者固接起来。

由于上游渠道的渗漏,引起跌水下游的地下水位抬高,将增加跌水墙、侧墙背面地下水压力以及对消力池底板等的渗透压力,因此应做好防渗排水设施。当设置排水管道时,应与下游渠道相连。

4. 消力池

为了削减抛射出的水流的多余能量,在跌水墙下应设置消力池,以使下泄水流形成淹没水跃,进而转变为缓流,再流向下游渠道。

消力池在平面上的布置形式一般有扩散和不扩散两种。其横断面形式主要为矩形、梯形和折线形三种。一般来说,矩形断面的消力池,消能效率较高,水流条件较好,但其侧墙断面较大,与下游渠道连接不便;梯形断面的消力池便于与下游渠道连接,侧墙较简单,但是池内易产生回流,造成流态不稳、水面波动、消能效率低、下游渠道冲刷较为严重;折线形断面是指渠底高程以下为矩形,渠底高程以上为梯形,消能效果较好,目前采用较多。

消力池的各部分尺寸应由水力计算确定。其底板的衬砌厚度与单宽流量和跌差大小有关,根据经验,可取 0.4 ~0.8 m。

5. 出口连接段

为改善流经消力池后的水力条件,调整流速在断面上的分布,防止水流对下游渠道的冲刷破坏,在消力池与下游渠道之间应设置出口连接段。

出口连接段的长度一般应略大于进口连接段的长度。

消力池末端常用 1:2 ~1:3的反坡与下游渠底相连。平面扩散角一般采用 30°~40°。

在出口连接段后的渠道仍应用干砌、浆砌石或混凝土衬砌,以调整水流,防止冲刷,其护砌长度一般不小于3倍下游水深。

(二)多级跌水

多级跌水是将消力池建造成几个阶梯形状,进行逐级消能的建筑物,如图1-7-25所示。一般适用于地形较陡、跌差较大(超过3~5 m)的情况。

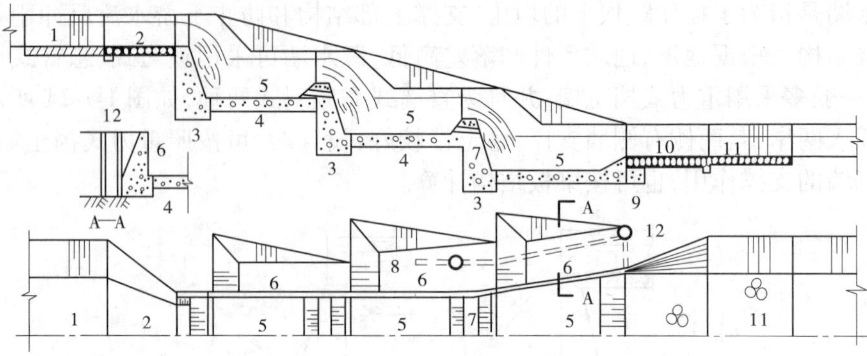

1—防渗铺盖;2—进口连接段;3—跌水墙;4—跌水护底;5—消力池;6—侧墙;
7—泄水孔;8—排水管;9—反滤体;10—出口连接段;11—出口整流段;12—集水井

图1-7-25 多级跌水

多级跌水的组成和构造,与单级跌水基本相同。为使各级消力池具有相同的工作条件,并且便于施工管理,各级落差(高度)和消力池长度应当相等。

消力池的长度一般不超过20 m,所以沉陷缝可以设置在消力池的底板前、后两端,在缝内一般设有沥青麻布等止水材料,以适应不均匀沉降和温度变化引起的变形。

多级跌水的形式有设消力槛和不设消力槛两种。在上一级消力池末端设置一定高度的尾槛,可以缩短消力池的长度,以用来形成淹没水跃,并可作为下一级的控制堰口,各级布置应相同。为便于放空消力池内的积水,在消力池的尾槛上通常留有10 cm×10 cm或20 cm×20 cm的泄水孔。

多级跌水的分级数目和各级落差大小,应根据地形、地质、工程量大小等经济技术指标综合比较确定。一般各级跌差可取3~5 m,对于小流量可取上限。最后一级跌水由于要和下游相连接,因此要进行单独设计。

三、陡坡

陡坡是建在地形过陡的地段,用于连接上下游渠道的倾斜渠槽,由该渠槽的坡度一般大于临界坡度而得名。陡坡的落差、比降,应根据地形、地质条件以及沿渠调节分水需要等进行确定。一般陡坡的落差比跌水大,陡坡的比降不陡于1:1.5。

根据地形条件和落差的大小,陡坡也可以布置成单级或多级。对于多级陡坡,往往建在落差较大且有变坡或有台阶地形的渠段上。

陡坡由五部分所组成,包括进口连接段、控制堰口、陡坡段、消力池和出口连接段。

陡坡的各部分构造与跌水基本相同,主要区别是陡坡段代替了跌水墙。下面就不同部分进行简单介绍。

在陡坡段水流速度较高，因此应做好进口和陡坡段的布置，以使下泄水流平稳、对称且均匀地扩散，以利于下游的消能和防冲。

（一）扩散形陡坡

陡坡段的横断面形式主要有矩形和梯形，梯形断面的边墙可以做成护坡式。

在平面布置上，陡坡可做成等宽度、扩散形（变宽度）和菱形三种。等宽度布置，形式较为简单，但水流集中，不利于下游的消能，所以对于小型渠道和跌差小的情况较为常用。

扩散形陡坡是指在陡坡段采用扩散形布置，如图1-7-26所示，这种形式可以使水流在陡坡上发生扩散，单宽流量逐渐减小，因此对下游消能防冲较为有利。

陡坡的比降应根据地形地质情况、跌差及流量的大小等条件进行确定。对于流量较小、跌差小且地质条件较好的情况，其比降可陡一些。在土基上，陡坡比降一般可取1∶2.5～1∶5。

对于土基上的陡坡，单宽流量不能太大，当落差不大时，多从进口后开始采用扩散形陡坡。

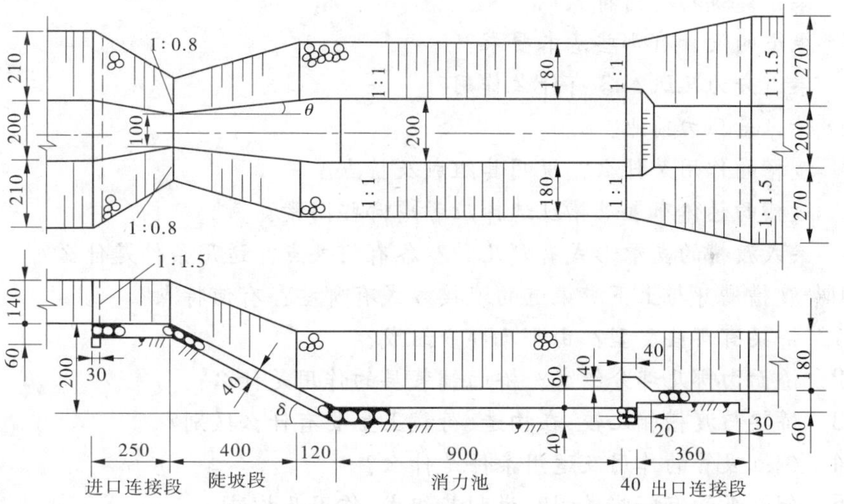

图1-7-26　扩散形陡坡　（单位：cm）

陡坡平面扩散角根据经验，一般在5°～7°。

（二）菱形陡坡

菱形陡坡是指在平面布置上呈菱形，即上部扩散而下部收缩。这种布置一般用于跌差为2.5～9.0 m的情况。

为了改变水流条件，一般在收缩段的边坡上设置导流肋，并使消力池的边墙边坡向陡槽段延伸，使其成为陡坡边坡的一部分，确保水跃前后的水面宽度相同，两侧不产生平面回流漩涡，使消力池平面上的单宽流量和流速分布均匀，从而减轻了对下游的冲刷。

（三）人工加糙陡坡

为了促使水流紊动扩散、降低流速、改善下游流态及利于防冲消能，可在陡坡段上进行人工加糙。常见的加糙形式有双人字形槛、交错式矩形加糙条、单人字形槛、棋盘形方墩等,如图 1-7-27 所示。

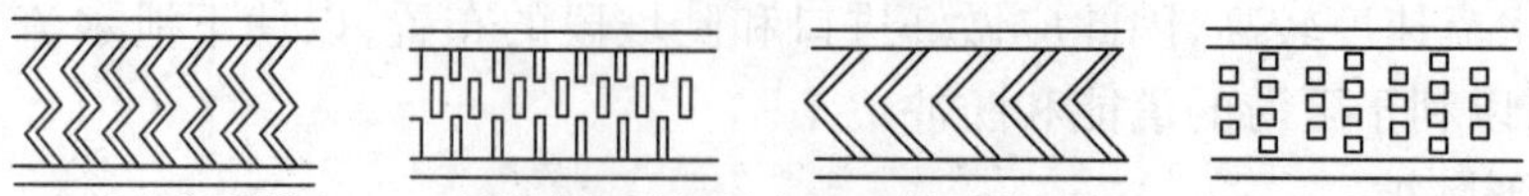

(a)双人字形槛　(b)交错式矩形加糙条　(c)单人字形槛　(d)棋盘形方墩

图 1-7-27　人工糙面的形式

人工加糙的糙条间距一般不宜过密,不然将会使急流脱离底板而产生低压,从而影响陡坡的安全和消能效果。对于重要工程,其布置形式、条槛尺寸等应通过模型试验确定。设计时可参考有关教材。

思考题

1-7-1　无压进水口有何特点?

1-7-2　在渠系建筑物的布置工作中,一般应遵循哪些原则?

1-7-3　渠系建筑物有何特点?

1-7-4　渠道的设计有哪些基本要求?

1-7-5　渠道分为几级? 各有什么作用?

1-7-6　什么是压力前池?

1-7-7　渡槽的作用是什么? 说明其组成及特点。

1-7-8　渡槽的总体布置及槽址选择应考虑哪些因素?

1-7-9　梁式渡槽的支承形式有哪几种? 各有何缺点? 适用条件是什么?

1-7-10　渡槽槽身与上下游渠道的连接方式有哪些? 有何特点?

1-7-11　桥梁有哪些类型? 由哪几部分组成?

1-7-12　桥面由哪几部分组成? 桥面铺装层的作用是什么?

1-7-13　桥梁与渡槽相比较,在构造、荷载上主要有什么区别?

1-7-14　倒虹吸管的作用及适用条件是什么?

1-7-15　倒虹吸管有哪些类型? 说明其组成、作用及构造。

1-7-16　倒虹吸管布置的一般要求有哪些?

1-7-17　倒虹吸管的管身布置和构造包括哪些内容? 主要影响因素有哪些?

1-7-18　什么是跌水和陡坡? 二者有哪些区别?

1-7-19　结合工程实例绘制压力前池设计布置图。

1-7-20　落差建筑物有哪几种形式? 说明其主要用途。

1-7-21　结合工程实例绘制渠道、渡槽断面布置图。

第八章 有压引水建筑物

【教学要求】

了解有压进水口的形式、特点和适用条件，掌握有压进水口各种设备的作用及进口高程、轮廓尺寸的确定；了解水工隧洞的选线与布置、组成及各部分的形式与构造，了解喷锚支护的应用；了解坝下涵管的布置方式及各部分构造；了解压力管道的布置方式，了解镇墩、支墩的作用、形式及适用条件和明管上的阀门与附件；熟悉埋管的布置方式；了解调压室的工作原理。

第一节 有压进水系统

图 1-8-1 为有压引水式水电站的示意图。该水电站的建筑物包括水库、拦河坝、泄洪道、水电站进水口、有压引水道（压力隧洞）、调压室、压力管道、厂房枢纽（含变电、配电建筑物）以及尾水渠。本章只介绍整个引水系统（包括进水口、有压隧洞、压力管道和调压室），其他建筑物则在相应章节讨论。

1—水库；2—闸门室；3—进水口；4—坝；5—溢洪道；
6—调压室；7—有压隧洞；8—压力管道；9—厂房；

图 1-8-1 有压引水式水电站的示意

第二节　有压进水口

流道均淹没于水中,并始终保持满流状态,具有一定的压力水头的进水口,称为有压进水口。有压进水口也称为深式进水口或潜没式进水口。有压引水式水电站和坝后式水电站的进口大都属于这种类型,其后常接有压隧洞或管道,适用于从水位变幅较大的水库中取水。

一、有压进水口的主要类型及适用条件

有压进水口的类型主要取决于水电站的开发和运行方式、引用流量、枢纽布置要求以及地形、地质条件等因素,可分为竖井式进水口、墙式进水口、塔式进水口、坝式进水口四种主要类型。

(一)竖井式进水口

竖井式进水口的闸门井布置于山体竖井中,竖井的顶部布置启闭设备和操作室,如图1-8-2所示。进口段开挖成喇叭形,以使水流平顺。闸门段经渐变段与引水隧洞衔接。

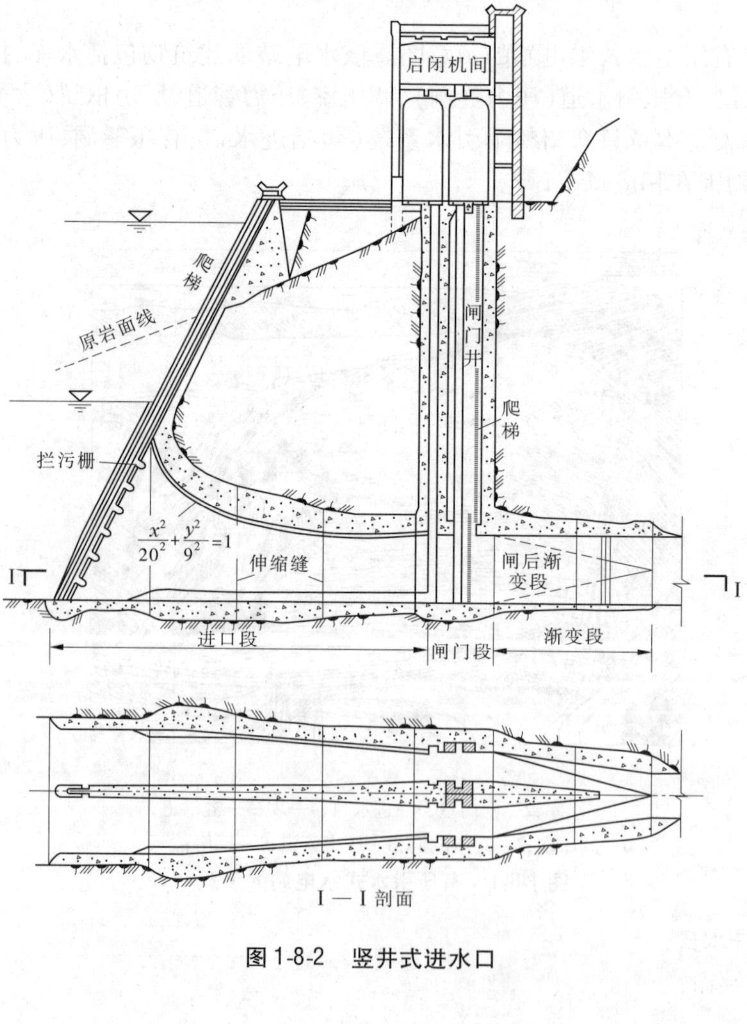

图1-8-2　竖井式进水口

这种进水口适用于隧洞进口地质条件较好、地形坡度适中的情况。当地质条件不好,扩大进口和开挖竖井会引起塌方,地形过于平缓,不易成洞,或过于陡峻,难以开凿竖井,都不宜采用。竖井式进水口充分利用了岩石的作用,钢筋混凝土工程量较少,是一种既经济又安全的结构形式,因而应用广泛。

（二）墙式进水口

墙式进水口的进口段和闸门段均布置在山体之外,形成一个紧靠在山岩上的墙式建筑物,如图 1-8-3 所示。这种进水口适用于洞口附近地质条件较差或地形陡峻因而不宜采用洞式进水口的引水工程。墙式进水口其建筑物承受水压力,有时也承受山岩压力,因而需要足够的强度和稳定性,有时可将墙式结构连同闸门槽依山做成倾斜的,以减小或免除山岩压力,同时使水压力部分或全部传给山岩承受,这时的墙式进水口称为斜卧式进水口。

（三）塔式进水口

塔式进水口的进口段和闸门段组成一个竖立于水库边的塔式结构,通过工作桥与岸边相连,如图 1-8-4 所示。这种进水口适用于洞口附近地质条件较差或地形平缓而不宜采用洞式进水口的引水工程。当地材料坝的坝下涵管也常采用塔式进水口。塔式结构要承受风浪压力及地震力,必须有足够的强度及稳定性。塔式进水口可由一侧进水,也可由四周进水,然后将水引入塔底岩基的竖井中(在我国应用实例较少)。

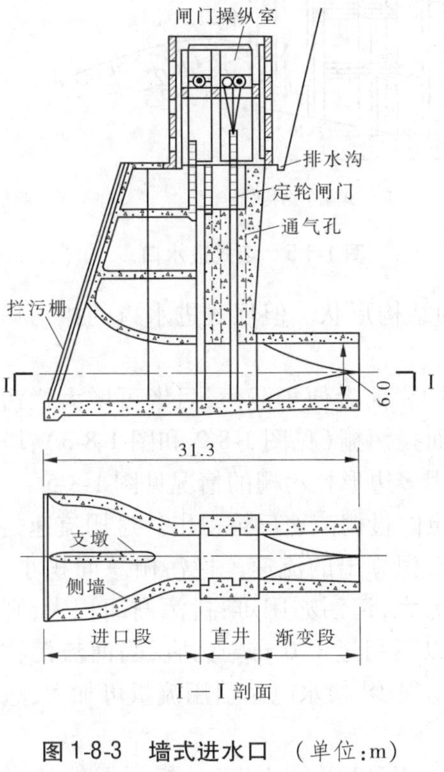

图 1-8-3　墙式进水口　(单位:m)

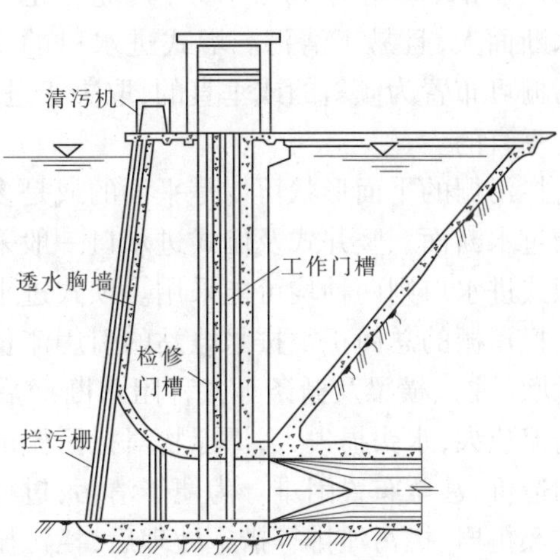

图 1-8-4　塔式进水口

（四）坝式进水口

坝式进水口指的是布置在挡水坝或挡水建筑物上的整体结构进水口,进口段和闸门段常合二为一,布置紧凑,如图1-8-5所示。当水电站压力管道埋设在坝体内时,只能采用这种进水口,坝式进水口的布置应与坝体协调一致,其形状也随坝型不同而异。

二、有压进水口的主要设备

有压进水口应根据运用条件设置拦污设备、闸门及启闭设备、通气孔、充水阀等主要设备。

(一)拦污设备

拦污设备的功用是防止漂浮物随水流带入进水口,同时不让这些漂浮物堵塞进水口,影响过水能力。主要的拦污设备是进口处的拦污栅。工程实践表明,进水口拦污栅极易被漂浮物堵塞,清理不及时,可能造成水电站被迫减小出力,甚至停机的后果,压坏拦污栅的事例也曾发生。工程上为减小进水口拦污栅的压力,常在离进水口几十米处设一道粗栅或拦污浮排,拦住粗大的漂浮物,并将其引向溢流坝,宣泄至下游。

1. 拦污栅的布置及支承结构

拦污栅可采用倾斜或垂直的布置方式。竖井式及墙式进水口的拦污栅常布置为倾斜的,倾角为60°~70°,其优点是过水断面大,且易于清污。塔式进水口的拦污栅可布置为倾斜的或垂直的,取决于进水口的结构形状。但坝式进水口的拦污栅一般为垂直的。

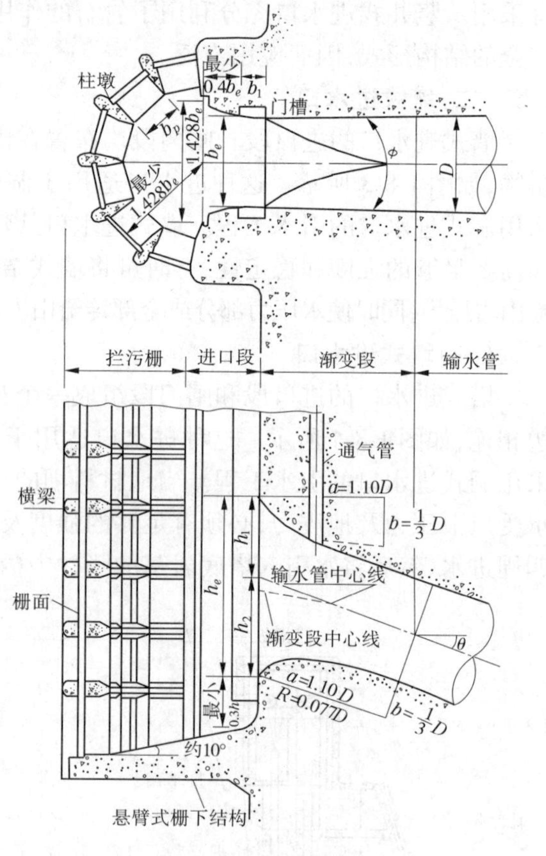

图1-8-5　坝式进水口

拦污栅的平面形状可以是平面的或是多边形的。前者便于清污,后者可增大拦污栅处的过水断面。竖井式及墙式进水口一般采用平面拦污栅(见图1-8-2和图1-8-3),塔式及坝式进水口则两种均可能采用。坝式进水口采用多边形拦污栅的情况见图1-8-5。

拦污栅的总面积常按水电站的引用流量及拟定的过栅流速反算得出。过栅流速是指扣除墩(柱)、横梁及栅条等各种阻水断面后按净面积算出的流速。拦污栅总面积小,则过栅流速大,水头损失大,漂浮物对拦污栅的撞击力大,清污亦困难;拦污栅面积大,则会增加造价,甚至布置困难。为便于清污,过栅流速以不超过1.0 m/s为宜,当河流污物很少或经粗栅、拦污浮排等措施处理后,拦污栅前污物很少时,水电站引用流量可加大,过栅流速可随之加大。

拦污栅通常由钢筋混凝土框架结构支承(见图1-8-2及图1-8-5),拦污栅框架由墩(柱)及横梁组成,墩(柱)侧面留槽,拦污栅片插在槽内,上、下两端分别支承在两根横梁上,当承受水压时相当于简支梁。横梁的间距一般不大于4 m,间距过大会加大栅片的横断面,但过小会减小净过水断面,增加水头损失。多边形拦污栅离压力管道进口不能太近,以保证入流平顺。拦污栅框架顶部应高出需要清污时的相应水库水位。

2. 拦污栅栅片

拦污栅由若干块栅片组成,每块栅片的宽度一般不超过2.5 m,高度不超过4 m,栅片像闸门一样插在支承结构的栅槽中,必要时可一片片提起检修。栅片的结构如图1-8-6所示。其矩形边框由角钢或槽钢焊成,纵向的栅条常用扁钢制成,上下两端焊在边框上。沿栅条的长度方向,等距设置几道带有槽口的横隔板,栅条背水侧嵌入该槽口并加焊,不仅固定了位置,也增加了侧向稳定性。栅片顶部设有吊环。

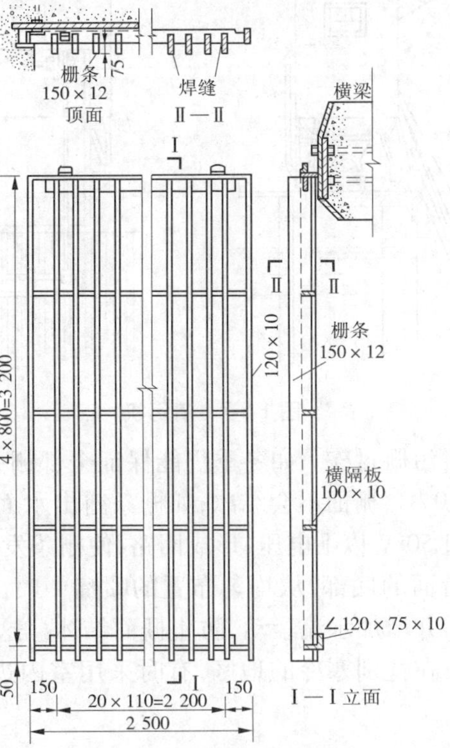

图1-8-6　栅片结构示例　（单位:mm）

栅条的厚度及宽度由强度计算决定,通常厚8～12 mm、宽100～200 mm。栅条的净距b取决于水轮机的型号及尺寸,以保证通过拦污栅的污物不会卡在水轮机过流部件中为原则。

3. 拦污栅的清污及防冻

拦污栅是否被污物堵塞及其堵塞程度可通过观察栅前栅后的压力差来判断,这是因为正常情况下水流通过拦污栅的水头损失很小,被污物堵塞后则明显增大。当发现拦污栅被堵时,要及时清污,以免造成额外的水头损失。堵塞不严重,清污方便,堵塞过多则过栅流速大,水头损失加大,污物被水压力紧压在栅条上,清污困难,处理不当时会造成停机或压坏拦污栅的事故。

拦污栅的清污方法随清污设施及污物种类不同而异。人工清污是用齿耙扒掉拦污栅上的污物,一般用于小型水电站的浅水、倾斜式拦污栅。大中型水电站常用清污机,如图1-8-7所示。若污物中的树枝较多,不易扒除,可利用倒冲的方法使其脱离拦污栅。如引水系统中有调压井或前池,则可先加大水电站出力,然后突然丢弃负荷,造成引水道内短时间反向水流,将污物自拦污栅上冲下,再将其扒走。拦污栅吊起的清污方法可用于污物不多的河流,结合拦污栅检修进行,也可用于污物(尤其是漂浮的树枝)较多、清污困难的情况。对于后一种情况,可设两道拦污栅,一道吊出清污,另一道可以拦污,以保证水电站正常运行,如四川映秀湾水电站。

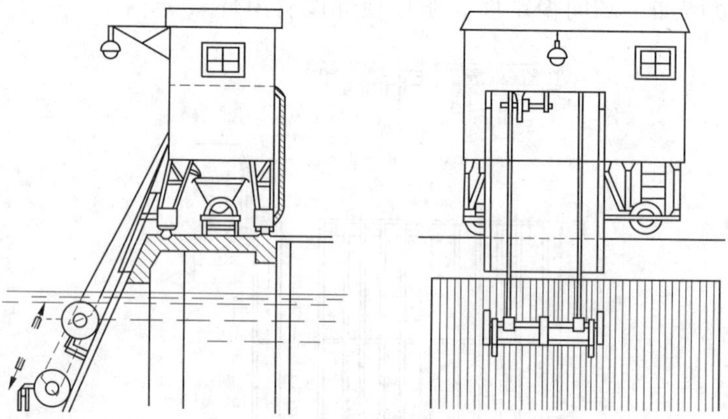

图1-8-7 清污机

在严寒地区要防止拦污栅封冻。如冬季仍能保证全部栅条完全埋在水下,则水面形成冰盖后,下层水温高于0 ℃,栅面不会结冰;如栅条露出水面,则要设法防止栅面结冰。一种方法是在栅面上通过50 V以下电压,形成回路,使栅条发热;另一种方法是将压缩空气用管道通到拦污栅上游面的底部,从均匀布置的喷嘴中喷出,形成自下而上的夹气水流,将下层温水带至栅面,并增加水流紊动,防止栅面结冰。这时要相应减小水电站引用流量以免吸入大量气泡。在特别寒冷的地区,有时采用室内进水口(包括拦污栅),以便保温。

(二)闸门及启闭设备

进水口通常设两道闸门,即事故闸门及检修闸门。当隧洞较短或调压室处另设有事故闸门时,可只设一道检修闸门。事故闸门仅在全开或全关的情况下工作,不用于流量调节,其主要功用是,当机组或引水道内发生事故时迅速切断水流,以防事故扩大。此外,引水道检修期间,也用以封堵水流。事故闸门常悬挂于孔口上方,以便事故时能在动水中快速(1~2 min)关闭。闸门开启为静水开启。事故闸门一般为平面门,每套闸门配备一套固定的卷扬式启闭机或油压启闭机,以便随时操作。闸门启闭机应有就地操作和远方操作两套系统,并配有可靠电源。闸门应能吊出进行检修。

检修闸门设在事故闸门上游侧,在检修事故闸门及其门槽时用以堵水。一般采用静水启闭的平板门,中小型电站也可采用叠梁。几个进水口可合用一扇检修门,并采用移动式的启闭机(如坝顶门机)或临时启闭设备进行启闭。

（三）通气孔及充水阀

通气孔设在事故闸门之后，其功用是：当引水道充水时用以排气，当事故闸门关闭放空引水道时，用以补气，以防出现有害的真空。当闸门为前止水时，常利用闸门井兼作通气孔，如图 1-8-2 所示；当闸门为后止水时，则必须设专用的通气孔，如图 1-8-5 所示。通气孔中常设爬梯，兼作进人孔。

通气孔的面积常按最大进气流量除以允许进气流速得出。最大进气流量出现在事故闸门紧急关闭时，可近似认为等于进水口的最大引用流量。允许进气流速与引水道形式有关，对于露天钢管可取 30 ~ 50 m/s，坝内钢管及隧洞可取 70 ~ 80 m/s 或更高。通气孔顶端应高出上游最高水位，以防水流溢出。要采取适当措施，防止通气孔因冰冻堵塞，防止大量进气时危害运行人员或吸入周围物件。

充水阀的作用是开启闸门前向引水道充水，平衡闸门前后水压，以便静水开启闸门。充水阀的尺寸应根据充水容积、下游漏水量及要求充满的时间等来确定。充水阀可安装在专门设置的连通闸门前后水道的旁通管上，但较常见的是直接在平板闸门上设“小门”，利用闸门拉杆启闭。当闸门关闭时，在拉杆及充水阀重量的共同作用下关闭充水阀，提升拉杆而闸门本体尚未提起时即可先行开启充水阀。

此外，进水口应设有可靠的测压设施，以便监视拦污栅前后的水位差，以及事故闸门、检修闸门在开启前的平压情况。

第三节　水工隧洞

一、概述

（一）水工隧洞的类型

为满足水利水电工程各项任务而设置的隧洞称为水工隧洞，其功用是：

（1）配合溢洪道宣泄洪水，有时也作为主要泄洪建筑物之用。

（2）引水发电，或为灌溉、供水和航运输水。

（3）排放水库泥沙，延长使用年限，有利于水电站等的正常运行。

（4）放空水库，用于人防或检修建筑物。

（5）在水利枢纽施工期用来导流。

按上述功用，水工隧洞可分为泄洪隧洞、引水发电和尾水隧洞、灌溉和供水隧洞、放空和排沙隧洞、施工导流隧洞等。按隧洞内的水流状态，又可分为有压隧洞和无压隧洞。从水库引水发电的隧洞一般是有压的；灌溉渠道上的输水隧洞常是无压的，有的干渠及干渠上的隧洞还可兼用于通航；其余各类隧洞根据需要可以是有压的，也可以是无压的。在同一条隧洞中可以设计成前段是有压的而后段是无压的。但在同一洞段内，除了流速较低的临时性导流隧洞，应避免出现时而有压时而无压的明满流交替流态，以防引起振动、空蚀和对泄流能力的不利影响。

在设计水工隧洞时，应该根据枢纽的规划任务，按照一洞多用的原则，尽量设计为多用途的隧洞，以降低工程造价。

有压隧洞和无压隧洞在工程布置、水力计算、受力情况及运行条件等方面差别较大，对于一个具体工程，究竟采用有压隧洞还是无压隧洞，应根据工程的任务、地质、地形及水头大小等条件提出不同的方案，通过技术经济比较后选定。

(二)水工隧洞的工作特点

(1)水力特点。枢纽中的泄水隧洞，除少数表孔进口外，大多数是深式进口。深式泄水隧洞的泄流能力与作用水头 H 的1/2次方成正比，当 H 增大时，泄流量增加较慢，不如表孔超泄能力强。但深式进口位置较低，能提前泄水，从而提高水库的利用率，减轻下游的防洪负担，故常用来配合溢洪道宣泄洪水。泄水隧洞所承受的水头较高、流速较大，如果体型设计不当或施工存在缺陷，可能引起空化水流而导致空蚀；水流脉动会引起闸门等建筑物的振动；出口单宽流量大、能量集中会造成下游冲刷。为此应采取适宜的防止空蚀和消能措施。

(2)结构特点。隧洞为地下结构，开挖后破坏了原来岩体内的应力平衡，引起应力重分布，导致围岩产生变形甚至崩塌，为此，常需设置临时支护和永久性衬砌，以承受围岩压力。但围岩本身也具有承载力，可与衬砌共同承受内水压力等荷载。承受较大内水压力的隧洞，要求围岩具有足够的厚度和进行必要的衬砌，否则一旦衬砌破坏，内水外渗，将危及岩坡稳定及附近建筑物的正常运行。

(3)施工特点。隧洞一般断面小、洞线长，从开挖、衬砌到灌浆，工序多，干扰大，施工条件较差，工期一般较长。施工导流隧洞或兼有导流任务的隧洞的施工进度往往控制整个工程的工期。

(三)水工隧洞的组成

水利枢纽中的泄水隧洞主要包括下列三个部分：

(1)进口段。位于隧洞进口部位，用以控制水流。包括拦污栅、进水喇叭口、闸门段及渐变段等。

(2)洞身段。用以输送水流，一般都需进行衬砌。

(3)出口段。用以连接消能设施。无压泄水隧洞的出口仅设有门框，有压泄水隧洞的出口一般设有渐变段及工作闸门室。而用于水电站引水的隧洞末端通常与平水建筑物相连，无专门的出口段。

二、水工隧洞的布置与选线

(一)总体布置及线路选择

1.总体布置

(1)水工隧洞在枢纽中的布置应根据枢纽的任务、隧洞用途、地形、地质、施工、运行等条件综合研究并经技术经济比较后方能确定。

(2)在合理选定洞线方案的基础上，根据地形、地质及水流条件，选定进口段的结构形式，确定闸门在隧洞中的布置。

(3)确定洞身纵坡及洞身断面形状和尺寸。

(4)根据地形、地质、尾水位等条件及建筑物之间的相互关系选定出口位置、高程及消能方式。

2. 线路选择

引水隧洞的线路选择是设计中的关键，它关系到隧洞的造价、施工难易、工程进度、运行可靠性等方面。因此，应该在勘测工作的基础上拟订不同方案，考虑各种因素，进行技术经济比较后选定。选择洞线的一般原则和要求为：

(1)隧洞的线路应尽量避开不利的地质构造、围岩可能不稳定及地下水位高、渗水量丰富的地段，以减小作用于衬砌上的围岩压力和外水压力。洞线要与岩层层面、构造破碎带和节理面有较大的交角，在整体块状结构的岩体中，其夹角不宜小于30°；在层状岩体中，特别是层间结合疏松的高倾角薄岩层，其夹角不宜小于45°。在高地应力地区，应使洞线与最大水平地应力方向尽量一致，以减小隧洞的侧向围岩压力。

(2)洞线在平面上应力求短直，这样既可减小工程费用，方便施工，又有良好的水流条件。若因地形、地质、枢纽布置等原因必须转弯，应以曲线相连。对于低流速的隧洞，其曲率半径不宜小于5倍洞径或洞宽，转角不宜大于60°，弯道两端的直线段长度也不宜小于5倍洞径或洞宽。

高流速的有压隧洞，或转弯半径大于5倍洞径，由弯道引起的压力分布不均，有的达到弯道末端10倍洞径以外，甚至影响到出口水流不对称，流速分布不均。因此，设置弯道时其转弯半径及转角最好通过试验确定。

(3)进出口位置合适。隧洞的进、出口在开挖过程中容易塌方且易受地震破坏，应选在覆盖层、风化层较浅，岩石比较坚固完整的地段，避开有严重的顺坡卸荷裂隙、滑坡或危岩地带。引水隧洞的进口应力求水流顺畅，避免在进口附近产生串通性或间歇性漩涡。出口位置应与调压室的布置相协调，有利于缩短压力管道的长度。

(4)隧洞应有一定的埋藏深度，包括洞顶覆盖厚度和傍山隧洞岸边一侧的岩体厚度，统称为围岩厚度。围岩厚度涉及开挖时的成洞条件、运行中在内外水压力作用下围岩的稳定性、结构计算的边界条件和工程造价等。对于有压隧洞，当考虑弹性抗力时，围岩厚度应不小于3倍洞径。根据以往的工程经验，对于较坚硬完整的岩体，有压隧洞的最小围岩厚度应不小于$0.4H$（H为洞顶压力水头），如不加衬砌，顶部和侧向的厚度应分别不小于$1.0H$和$1.5H$。一般洞身段围岩厚度较厚，但进出口则较薄，为增大围岩厚度而将进、出口位置向内移动会增加明挖工程量，延长施工时间。一般情况下，进出口顶部岩体厚度不宜小于1倍洞径或洞宽。

(5)隧洞的纵坡，应根据运用要求、上下游衔接、施工和检修等因素综合分析比较以后确定。无压隧洞的纵坡应大于临界坡度。有压隧洞的纵坡主要取决于进出口高程，要求全线洞顶在最不利的条件下保持不小于2 m的压力水头。有压隧洞不宜采用平坡或反坡，因其不利于检修排水。为了便于施工期的运输及检修时排除积水，有轨运输的底坡一般为3‰～5‰，但不应大于10‰；无轨运输的坡度为3‰～15‰，最大不宜超过20‰。

(6)对于长隧洞，选择洞线时还应注意利用地形、地质条件，布置一些施工支洞、斜井、竖井，以便增加工作面，有利于改善施工条件，加快施工进度。

(二)闸门在隧洞中的布置

引水隧洞中一般要设置两道闸门：一道是工作闸门，用来调节流量和封闭孔口，能在动水中启闭；一道是检修闸门，设置在进口，用来挡水，以便检修工作闸门或隧洞。当隧洞出口低于下游水位时,出口处还需设置叠梁检修门。大中型隧洞的深式进水口常要求检修闸门能在动水中关闭、静水中开启,以满足发生事故时的需要,所以也称事故检修门。

对于有压泄水隧洞,其工作闸门通常布置在出口,如图1-8-8所示。这种布置的优点是:泄流时洞内流态平稳;门后通气条件好,便于部分开启;工作闸门的控制结构也较简单,管理方便;隧洞线路布置适应性强。但洞内经常承受较大的内水压力,一旦衬砌漏水,对岩坡及土石坝等建筑物的稳定将产生不利影响。实际工程中,常在进口设事故检修门,平时也可用以挡水,以免洞内长时间承受较大的内水压力。

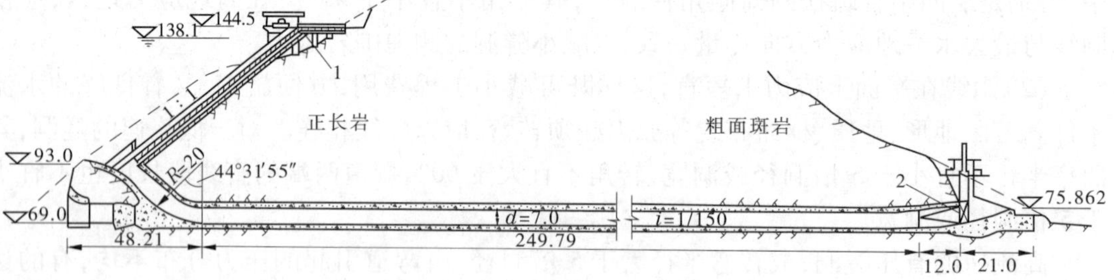

1—通气孔进口;2—3 m×7 m工作门

图1-8-8 响洪甸有压隧洞布置 (单位:m)

实际工程中,有时为了便于枢纽布置,减小工程量,降低造价,可能采用发电与泄洪、发电与灌溉相结合的隧洞布置方式。但必须妥善解决由于不同任务结合所带来的一些矛盾问题。

三、水工隧洞各组成部分的形式及构造

(一)进口段

有压隧洞进口段包括进口喇叭口、闸门室、通气孔、平压管和渐变段等几个部分,本章第三节已介绍了相关内容,不再赘述。

(二)洞身段

洞身断面形式取决于水流流态、地质条件、施工条件及运行要求等。

有压隧洞一般均采用圆形断面,如图1-8-9(a)、(b)、(c)、(g)所示,原因是圆形断面的水流条件和受力条件都较为有利。当围岩条件较好,内水压力不大时,为了施工方便,也可采用无压隧洞常用的断面形式。

(三)洞身衬砌

1. 衬砌的功用

为了保证水工隧洞安全有效地运行,通常需要对隧洞进行衬砌。衬砌的功用是:①限制围岩变形,保证围岩稳定;②承受围岩压力、内水压力等荷载;③防止渗漏;④保护岩石免受水流、空气、温度、干湿变化等的冲蚀破坏作用;⑤减小表面糙率。

2. 衬砌的类型

隧洞衬砌主要有以下几种类型:

(1)平整衬砌。平整衬砌亦称护面或抹平衬砌,它不承受作用力,只起减小隧洞表面

糙率、防止渗漏和保护岩石不受风化的作用。对于无压隧洞,如岩石不易风化,可只衬砌过水部分。平整衬砌适用于围岩条件较好,能自行稳定,且水头、流速较低的情况。根据隧洞的开挖情况,平整衬砌可采用混凝土、浆砌石或喷混凝土。

(2)单层衬砌。单层衬砌由混凝土(见图1-8-9(a))、钢筋混凝土(见图1-8-9(b)、(c)、(d))或浆砌石等做成。单层衬砌特别是钢筋混凝土、混凝土衬砌应用最广,适用于中等地质条件、断面较大、水头及流速较高的情况。根据工程经验,混凝土及钢筋混凝土的厚度,一般为洞径或洞宽的1/8~1/12,且不小于25 cm,由衬砌结构计算最终确定。

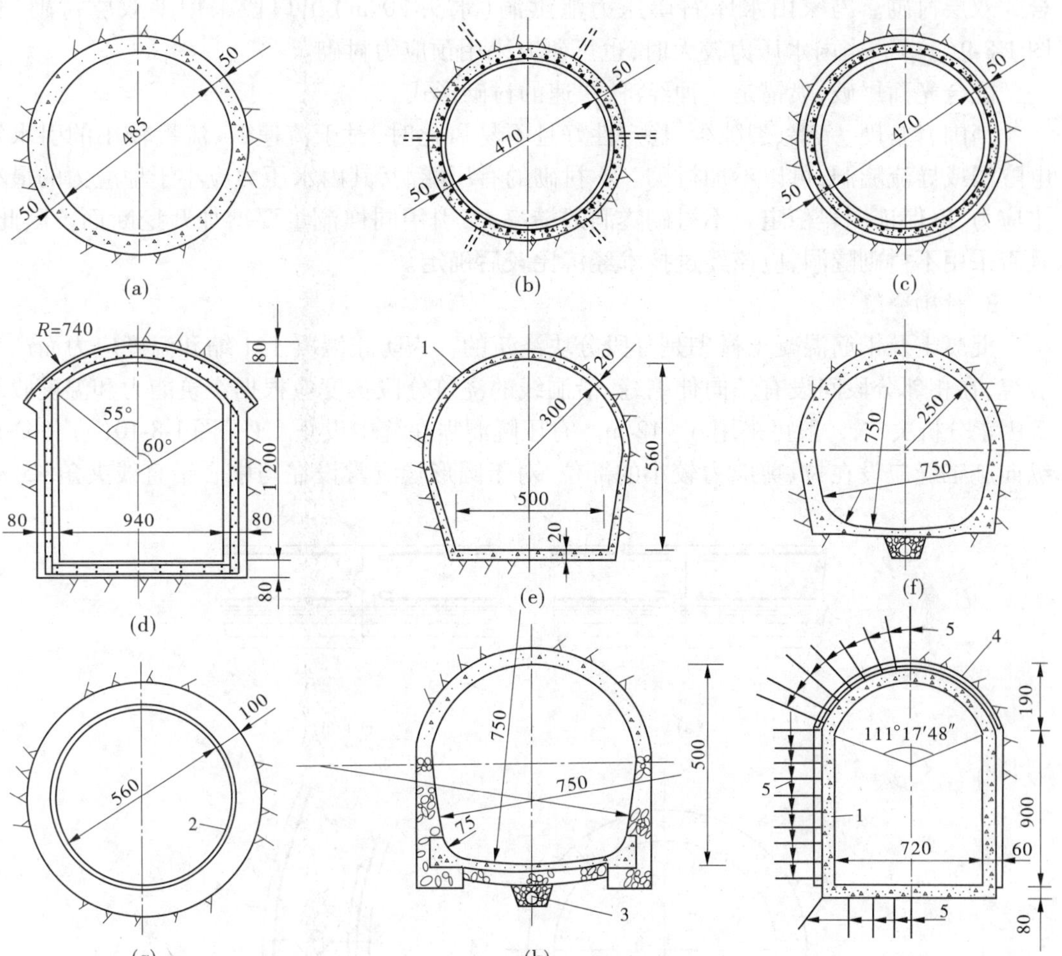

(a)~(f)单层衬砌;(g)~(i)组合式衬砌

1—喷混凝土;2—δ = 16 mm 钢板;3—Φ25 cm 排水管;4—20 cm 钢筋网喷混凝土;5—锚筋

图1-8-9　断面形式及衬砌类型　(单位:cm)

(3)组合式衬砌。组合式衬砌内层为钢板、钢筋网喷浆,外层为混凝土或钢筋混凝土(见图1-8-9(g));顶拱为混凝土,边墙和底板为浆砌石(见图1-8-9 (h));顶拱、边墙喷锚后再进行混凝土或钢筋混凝土衬砌(见图1-8-9(i))等形式。

在软弱破碎的岩体中开挖隧洞,因其自稳能力差,容易发生塌方,先用喷锚支护,再做混凝土或钢筋混凝土衬砌是一种很好的组合形式。引滦入津引水隧洞在1 700 m长度范围内采用了这种形式,收到了很好的效果。

选择洞身衬砌类型,应根据隧洞的任务、地质条件、断面尺寸、受力状态、施工条件等因素,通过综合分析比较后确定。

在有压圆形隧洞中,一般以采用混凝土、钢筋混凝土单层衬砌最为普遍。当内水压力较大,围岩条件较差,钢筋混凝土衬砌不能满足要求或不经济时,可采用内层为钢板的组合式双层衬砌。冯家山水库右岸压力泄洪洞(水头70 m)出口段采用了双层衬砌(见图1-8-9(g))。当内水压力较大时,也可研究采用预应力衬砌。

配合光面爆破,喷锚是一种经济、快速的衬砌形式。

当围岩坚硬、完整、裂隙少、稳定性好且不易风化时,对于流速低、流量较小的引水发电隧洞或导流隧洞,可以不加衬砌。不衬砌的有压隧洞,其内水压力应小于地应力的最小主应力,以保证围岩稳定。不衬砌隧洞的糙率大,引用同样流量要增加开挖断面。因此,是否采用不衬砌隧洞,应该经过技术经济比较后确定。

3. 衬砌分缝

混凝土及钢筋混凝土衬砌是分段分块浇筑的。为防止混凝土干缩和温度应力而产生裂缝,在相邻分段间设有环向伸缩缝,沿洞线的浇筑分段长度应根据浇筑能力和温度收缩等因素分析决定,一般可采用6~12 m。有压隧洞需在缝中设止水(见图1-8-10(a)、(b))。纵向施工缝应设在拉、剪应力较小的部位,对于圆形隧洞常设在与中心铅直线夹角45°处

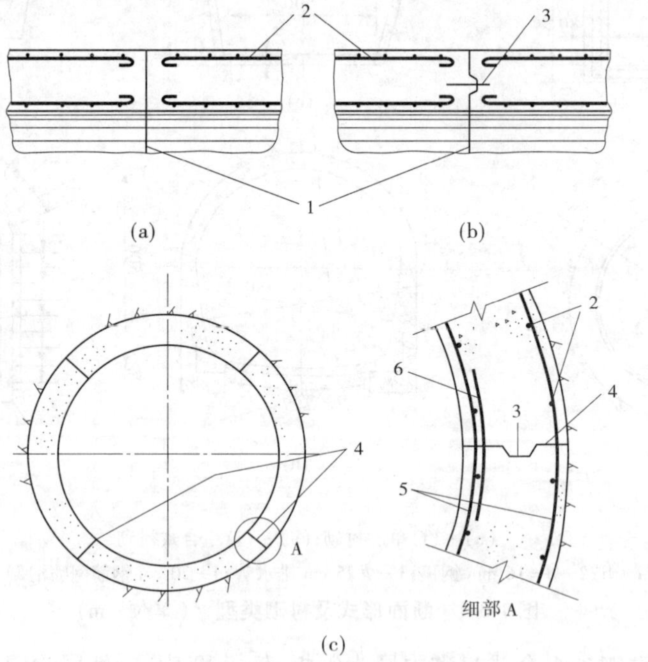

1—环向伸缩缝;2—分布钢筋;3—止水片;4—纵向施工缝;5—受力筋;6—插筋

图1-8-10　环向伸缩缝及纵向施工缝

(见图 1-8-10(c));纵向施工缝需要凿毛处理,有时增设插筋以加强整体性,缝内可设键槽,必要时设止水。

当隧洞穿过断层破碎带或软弱带,衬砌需要加厚。当破碎带较宽,为防止因不均匀沉降而开裂,在衬砌厚度突变处,应设沉降缝(见图 1-8-11)。此外,在进口闸门室与渐变段、渐变段与洞身交接处以及衬砌的形式、厚度改变,可能产生相对位移的部位,也需要设置环向沉降缝。沉降缝的缝面不凿毛,分布钢筋也不穿过,但缝内应填 1 ~2 cm 厚的沥青油毡或其他填料。有压隧洞还应在缝内设止水。

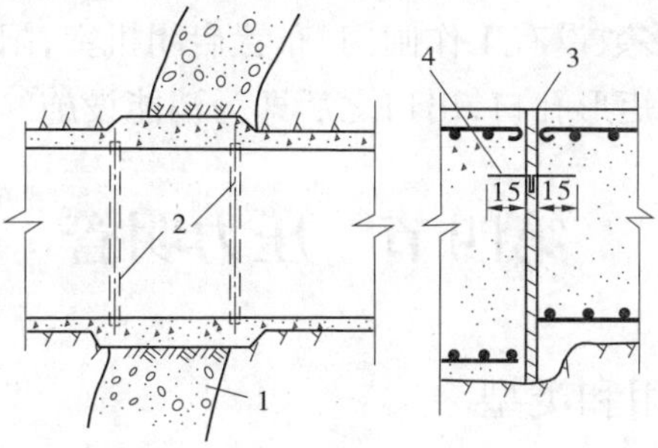

1—断层破碎带;2—沉降缝;3—沥青油毡,厚 1 ~2 cm;4—止水片或止水带

图 1-8-11 沉降缝 (单位:cm)

4. 灌浆

隧洞灌浆分为回填灌浆和固结灌浆两种。回填灌浆是为了充填衬砌与围岩之间的空隙,使之结合紧密,共同受力,以发挥围岩的弹性抗力作用,并减少渗漏。当砌筑顶拱时,可预留灌浆管,待衬砌完成后,通过预埋管进行灌浆(见图 1-8-12)。回填灌浆范围,一般在顶拱中心角 90° ~120°,孔距和排距为 2 ~6 m,灌浆孔应深入围岩 5 cm 以上,灌浆压力为 0.2 ~0.3 MPa。

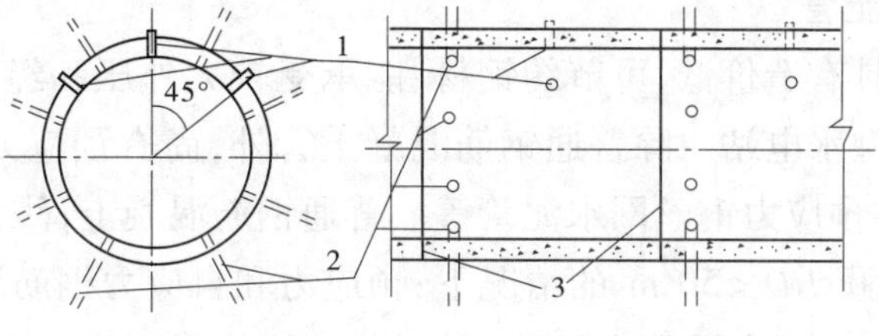

1—回填灌浆孔;2—固结灌浆孔;3—伸缩缝;

图 1-8-12 灌浆孔布置

固结灌浆的目的在于加固围岩,提高围岩的整体性,减小围岩压力,保证围岩的弹性抗力,减小渗漏。对围岩是否需要进行固结灌浆,应通过技术经济比较确定。固结灌浆孔一般深入岩石 2 ~5 m,有时可达 10 m,或为隧洞半径的 1 倍左右,根据对围岩的加固和防渗要求而定。固结灌浆孔排距 2 ~4 m,每排不少于 6 孔,对称布置,相邻断面错开排列,按逐步加密法灌浆。固结灌浆压力一般为 0.4 ~1.0 MPa 或更大,对于有压隧洞,可用 1.5 ~2.0 倍的内水压力。固结灌浆应在回填灌浆 7 ~14 d 之后进行。灌浆时应加强观测,以防洞壁发生变形破坏。

回填灌浆孔和固结灌浆孔常分排间隔排列,如图 1-8-12 所示。

5. 排水

设置排水可以降低作用在衬砌上的外水压力。对于有压圆形隧洞,外水压力一般不控制衬砌设计。当外水位很高,对衬砌设计起控制作用时,可在衬砌底部外侧设纵向排水管,通至下游。必要时,还可增设环向排水槽,每隔 6 ~ 8 m 设一道,收集的渗水汇集后由纵向排水暗管排向下游。

(四)出口段

有压隧洞出口,绝大多数设有工作闸门,布置启闭机室,闸门前设有渐变段,将洞身从圆形断面渐变为闸门处的矩形孔口,出口之后即为消能设施。

第四节　压力明管

一、压力管道的功用和类型

压力管道是指从水库、前池或调压室向水轮机输送水量的管道,其一般特点是坡度陡,内水压力大,承受水锤的动水压力,而且靠近厂房,因此它必须是安全可靠的。万一发生事故,也应有防止事故扩大的措施,以保证厂房设施和运行人员的安全。

压力管道按材料可分为以下几类。

(一)钢管

钢管具有强度高、防渗性能好等许多优点,常用于大中型水电站。

水电站压力钢管有三种主要形式:布置在地面以上者称明钢管,布置于坝体混凝土中者称坝内钢管,埋设于岩体中者则称地下埋管。

(二)钢筋混凝土管

钢筋混凝土管具有造价低、可节约钢材、能承受较大外压和经久耐用等优点,通常用于内压不高的中小型水电站。除普通钢筋混凝土管外,尚有预应力和自应力钢筋混凝土管、钢丝网水泥管和预应力钢丝网水泥管等。普通钢筋混凝土管因易于开裂,一般用在水头 H 和内径 D 的乘积 $HD < 50\ m^2$ 的情况下;预应力和自应力钢筋混凝土管的 HD 值可超过 $200\ m^2$;预应力钢丝网水泥管由于抗裂性能好,抗拉强度高,HD 值可超过 $300\ m^2$。位于岩体中的现浇钢筋混凝土管道,在内水压力作用下,钢筋混凝土与围岩联合受力,工作状态与隧洞相似,归于隧洞一类。

(三)钢衬钢筋混凝土管

钢衬钢筋混凝土管是在钢筋混凝土管内衬以钢板构成的。在内水压力作用下,钢衬与外包钢筋混凝土联合受力,从而可减小钢衬的厚度,适用于大 HD 值管道情况。由于钢衬可以防渗,外包钢筋混凝土可按允许开裂设计,以充分发挥钢筋的作用。

本节主要讲明钢管。

二、压力管道的布置和供水方式

(一)压力管道的布置

压力管道是引水系统的一个组成建筑物。压力管道的布置应根据其形式、当地的地形地质条件和工程的总体布置要求确定,其基本原则可归纳如下:

(1)尽可能选择短而直的路线。这样不但可以缩短管道的长度,降低造价,减小水头损失,而且可以降低水锤压力,改善机组的运行条件。因此,明钢管常敷设在陡峻的山坡上,以缩短平水建筑物(如果有的话)和厂房之间的距离。

(2)尽量选择良好的地质条件。明钢管应敷设在坚固而稳定的山坡上,以免因地基滑动引起管道破坏。

(3)尽量减少管道的起伏波折,避免出现反坡,以利管道排空;管道任何部位的顶部应在最低压力线以下,并有 2 m 的裕度。若因地形限制,当为了减少挖方而将明管布置成折线时,在转弯处应设镇墩,管轴线的曲率半径应不小于 3 倍管径。明钢管的底部至少应高出地表 0.6 m,以便安装检修;若直管段超过 150 m,中间宜加镇墩。地下埋管的坡度应便于开挖出渣和钢管的安装检修。

(4)避开可能发生山崩或滑坡的地区。明管应尽可能沿山脊布置,避免布置在山水集中的山谷之中,若明管之上有坠石或可能崩塌的峭壁,则应事先清除。

(5)明钢管的首部应设事故闸门,并应考虑设置事故排水和防冲设施,以免钢管发生事故时危及电站设备和运行人员的安全。

(二)压力管道的供水方式

水电站的机组往往不止一台,压力管道可能有一根或数根,按压力管道向机组的供水方式可归纳为三类。

1. 单元供水

每台机组由一根专用水管供水,如图 1-8-13(a)、(b)所示。这种供水方式结构简单,工作可靠,当管道检修或发生事故时,只影响一台机组工作,其余机组可照常运行。这种布置方式除水头较高和机组容量较大者外,一般只在进口设事故闸门,不设下阀门。单机供水所需的管道根数较多,需要较多的钢材,适用于单机流量大或者压力管道较短的水电站。坝内钢管一般较短,通常都采用单元供水。

2. 集中供水

全部机组集中由一根管道供水,如图 1-8-13(c)、(d)所示。用一根管道代替几根管道,管身材料较省,但需设置结构复杂的分岔管,并需在每台机组之前设置事故阀门,以保证在任意一台机组检修或发生事故时不致影响其他机组运行。这种供水方式的灵活性和可靠性不如单元供水,一旦主管发生事故或进行检修,需全厂停机,运行的灵活性和可靠性较单元供水差。它适用于水头较高、流量较小、管道较长的水电站。当地下埋管由于不宜平行开挖几根近距离的管井时,常采用这种供水方式。

3. 分组供水

采用数根管道,每根管道向几台机组供水,如图 1-8-13(e)、(f)所示。这种供水的特点介于单元供水和集中供水之间,适用于压力管道较长、机组台数较多和容量较大的情况。

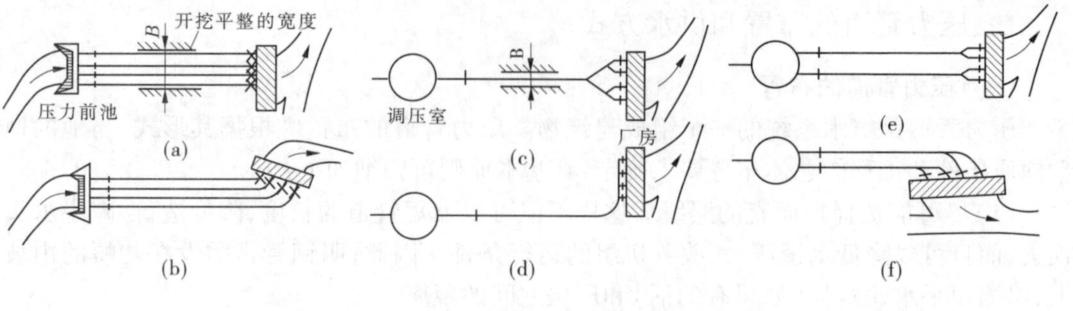

+—必须设的闸门或阀门;×—有时可以不设的阀门

图 1-8-13　压力管道供水方式示意

无论采用联合供水或者分组供水,与每根管道相连的机组台数一般不宜超过 4 台。

压力管道可以从正面进入厂房,如图 1-8-13(a)、(c)、(e)所示,也可以从侧面进入厂房,如图 1-8-13(b)、(d)、(f)所示。前者适用于水头不高、管道不长或地下有埋管情况。对于明钢管,若水头较高,宜从侧面进入厂房,在这种情况下,万一管道爆破,可使高速水流从厂外排走,以防危及厂房和运行人员的安全。在集中供水和分组供水情况下,管道从侧面进入厂房也易于分岔。地下埋管爆破的可能性较小,即使爆破,由于受围岩限制亦不易突然扩大,管道进入厂房的方式常取决于管道及厂房布置的需要。

三、明钢管的敷设方式、支墩、镇墩和附属设备

(一)明钢管的敷设方式

明钢管一般敷设在一系列的支墩上,底面高出地表不小于 0.6 m,这样使管道受力明确,管身离开地面也易于安装、维护和检修。在管道的转弯处设镇墩,将管道固定,使其不能自由伸缩,相当于梁的固定端。根据明钢管的管身在镇墩间是否连续,其敷设方式有连续式和分段式两种。

明钢管宜做成分段式,在两镇墩之间设伸缩节,如图 1-8-14 所示。由于伸缩节的存在,当温度变化时,管身在轴向可以自由伸缩,由温度变化引起的轴向力仅为管壁和支墩间的摩擦力和伸缩节的摩擦力。为了减小伸缩节的内水压力和便于安装钢管,伸缩节一般布置在管段的上端,靠近上镇墩处。这样布置也常常有利于镇墩的稳定。伸缩节的位置可以根据具体情况进行调整。若直管段的长度超过 150 m,可在其间加设镇墩;若其坡度较缓,也可不加镇墩,而将伸缩节置于该管段的中部。

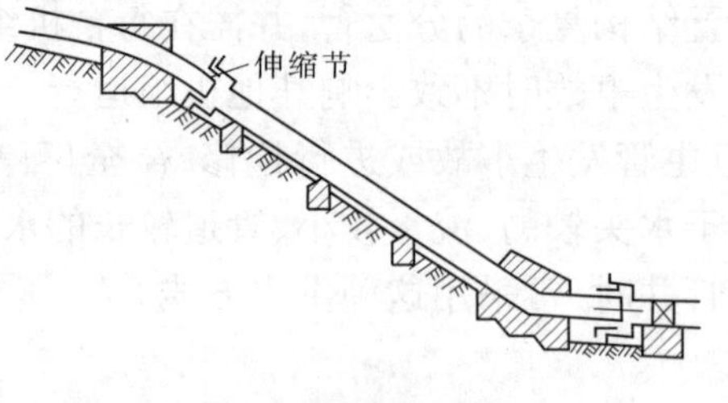

图 1-8-14　明钢管的敷设方式

（二）明钢管的支墩和镇墩

1. 支墩

支墩的作用是承受水重和管道自重在法向的分力，相当于梁的滚动支承，允许管道在轴向自由移动。减小支墩间距可以减小管道的弯矩和剪力，但支墩数增加，故支墩的间距应通过结构分析和经济比较确定，一般为 6～12 m。大直径的钢管可采用较小的支墩间距。

按管身与墩座间相对位移的特征，可将支墩分成滑动式支墩、滚动式支墩和摆动式支墩三种。

1）滑动式支墩

滑动式支墩的特征是管道伸缩时沿支墩顶部滑动，可分为鞍式滑动支墩和支承环式滑动支墩两种。

鞍式滑动支墩如图 1-8-15（a）所示。钢管直接安放在一个鞍形的混凝土支座上，鞍座的包角在 120°左右。为了减小管壁与鞍座间的摩擦力，在鞍座上常设有金属支承面，并敷以润滑剂。

支承环式滑动支墩是在支墩处的管身外围加刚性的支承环，用两点支承在支墩上，这样可改善支座处的管壁应力状态，减小滑动摩阻，并可防止滑动时磨损管壁，如图 1-8-15（b）所示。但与滚动式支座相比，摩阻系数仍然较大，适用于直径 200 cm 以下的管道。

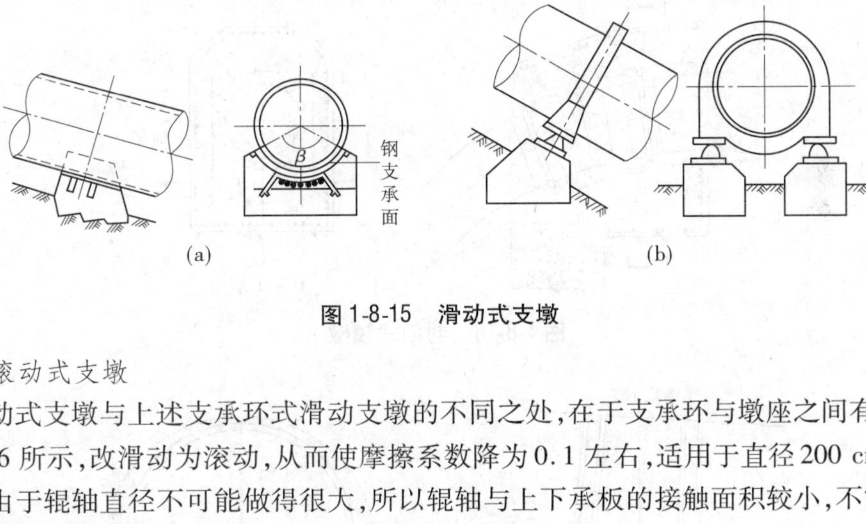

图 1-8-15　滑动式支墩

2）滚动式支墩

滚动式支墩与上述支承环式滑动支墩的不同之处，在于支承环与墩座之间有辊轴，如图 1-8-16 所示，改滑动为滚动，从而使摩擦系数降为 0.1 左右，适用于直径 200 cm 以上的管道。由于辊轴直径不可能做得很大，所以辊轴与上下承板的接触面积较小，不能承受较大的垂直荷载，使这种支墩的使用受到限制。

3）摆动式支墩

摆动式支墩的特征是在支承环与墩座之间设一摆动短柱，如图 1-8-17 所示。图中摆柱的下端与墩座铰接，上端以圆弧面与支承环的承板接触，当管道伸缩时，短柱以铰为中心前后摆动。这种支墩摩阻力很小，能承受较大的垂直荷载，适用于大直径管道。

2. 镇墩

镇墩一般布置在管道的转弯处，以承受因管道改变方向而产生的不平衡力，将管道固定在山坡上，不允许管道在镇墩处发生任何位移。在管道的直线段，若长度超过 150 m，

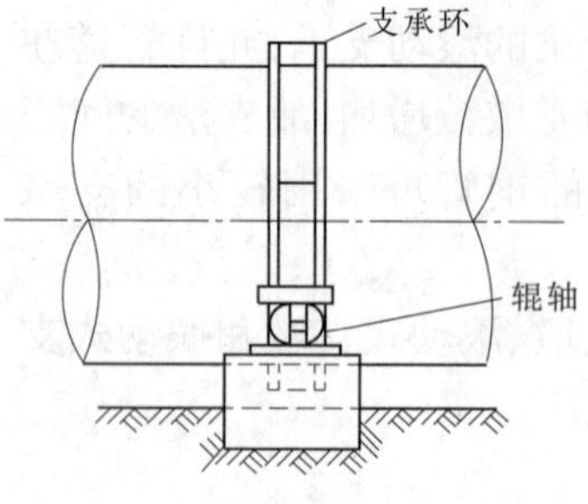

图 1-8-16　滚动式支墩

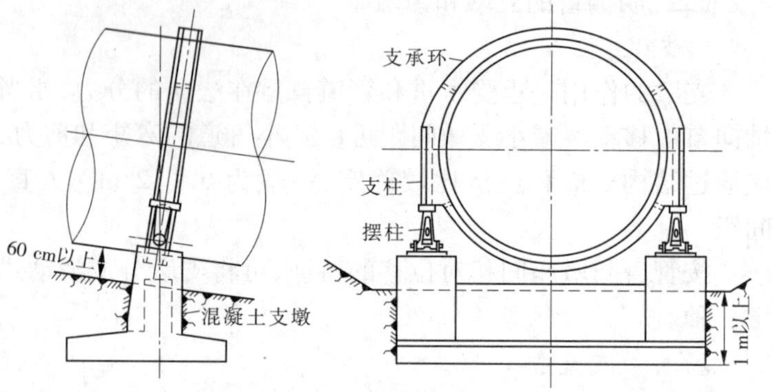

图 1-8-17　摆动式支墩

在直线段的中间也应设置镇墩,此时伸缩节可布置在中间镇墩两侧的等距离处,以减小镇墩所受的不平衡力。

镇墩靠自身重量保持稳定,一般用混凝土浇制。按管道在镇墩上的固定方式,镇墩可分为封闭式(见图 1-8-18)和开敞式(见图 1-8-19)两种。前者结构简单,节省钢材,对管道的固定好,应用较多;后者易检修,但镇墩处管壁受力不够均匀,用于作用力不太大的情况。

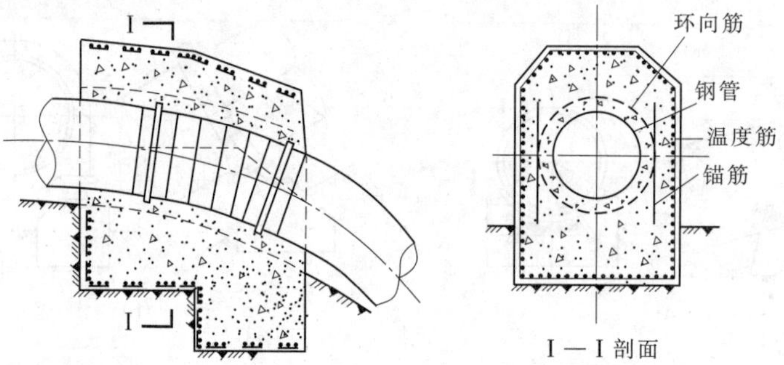

图 1-8-18　封闭式镇墩

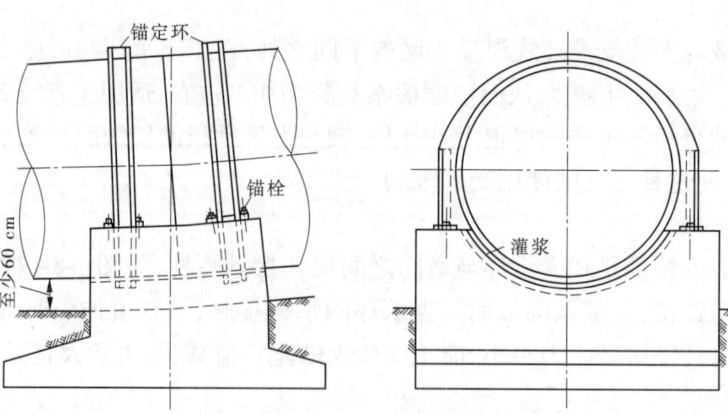

图 1-8-19　开敞式镇墩

(三)明钢管上的闸门、阀门和附件

1.闸门及阀门

压力管道的进口处常设置平面钢闸门,以便在压力管道发生事故或检修时用以切断水流。平面钢闸门价格便宜,便于制造,应用较广。平面钢闸门可用到80 m水头或更高。

在压力管道末端,即蜗壳进口处,是否需要设置阀门则视具体情况而定:如是单元供水,水头不高,或单机容量不大,而管道进口处又有闸门者,则管末可不设阀门,坝内埋管通常如此;如为集中供水或分组供水,或虽是单元供水而水头较高和机组容量较大,则需在管道末端设置阀门。

阀门的类型很多,有闸阀(平板阀)、蝴蝶阀、球阀、圆筒阀、针阀和锥阀等,但作为水电站压力管道上的阀门,最常用的是蝴蝶阀和球阀。

1)蝴蝶阀

蝴蝶阀由阀壳和阀体构成。阀壳为一短圆筒,阀体形似圆饼,在阀壳内绕水平或垂直轴旋转。当阀体平面与水流方向一致时,阀门处于开启状态;当阀体平面与水流方向垂直时,阀门处于关闭状态,如图1-8-20所示。蝴蝶阀的操作有电动和液压两种,前者用于小启闭力的情况,后者用于大启闭力的情况。蝴蝶阀的优点是启闭力小,操作方便迅速,体积小,重量轻,造价较低;缺点是在开启状态,由于阀体对水流的扰动,水头损失较大;在关闭状态,止水不够严密。它适用于直径较大和水头不很高的情况。

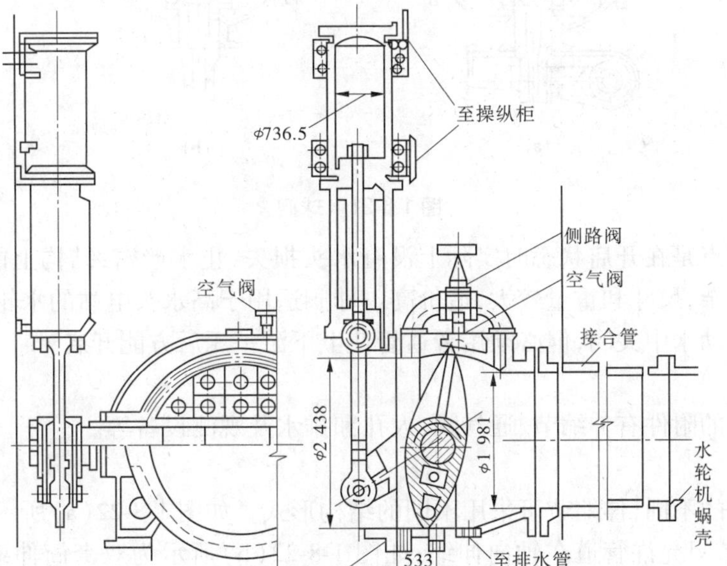

图1-8-20 蝴蝶阀 (单位:mm)

蝴蝶阀有横轴和竖轴两种。前者结构简单,水压力的合力偏于阀体的中心轴以下,一旦阀体离开中间位置,即有自闭倾向,特别适用于做事故阀门,但因控制阀门启闭的接力器在阀门旁侧,需要较大的位置。后者接力器在阀顶,结构紧凑,但需设推力轴承支撑阀体,较复杂。

蝴蝶阀是目前国内外应用最广的一种阀门。国外最大直径用到 800 cm 以上,最大水头用到 200 m。蝴蝶阀可在动水中关闭,但必须用旁通管使上下游平压后开启,蝴蝶阀因止水不够严密,不适用于高水头情况。

2)球阀

球阀由球形外壳、可转动的圆筒形阀体及其他附件构成。当阀体圆筒的轴线与管道轴线一致时,阀门处于开启状态,如图 1-8-21(b)所示;若将阀体旋转 90°,使圆筒一侧的球面封板挡住水流通路,则阀门处于关闭状态,如图 1-8-21(a)所示。关闭时,将小阀 *B* 关闭,在空腔 *A* 内注入高压水(可使之与上游管道相通),使球阀封板紧紧压在下游管口的阀座上,故止水严密。开启时,先将小阀 *B* 打开,将空腔 *A* 中的压力水排至下游,并用旁通管向下游管道充水,形成反向压力,使球面封板离开阀座,以减小旋转阀体时的阻力和防止磨损止水。

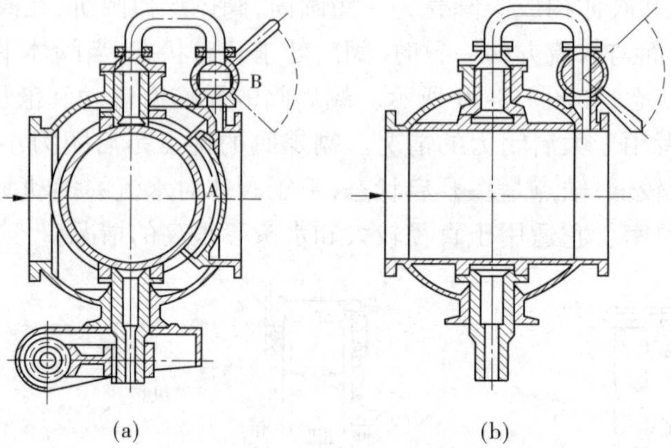

图 1-8-21　球阀

球阀的优点是在开启状态时实际上没有水头损失,止水严密,结构上能承受高压;缺点是结构较复杂,尺寸和重量较大,造价高。球阀适用于高水头电站的水轮机前阀门。

球阀可在动水中关闭,但必须用旁通管使上下游平压后方能开启。

2. 附件

明钢管上的附件有伸缩节、通气阀、人孔和排水及观测设备等。

1)伸缩节

根据功用的不同,伸缩节可采用不同的结构形式。如图 1-8-22(a)所示为单套筒伸缩节,这种伸缩节只允许管道在轴向伸缩;如图 1-8-22(b)所示为双套筒伸缩节,具有这种伸缩节的管道除可作轴向伸缩外,还允许有微小的角位移。这两种均属温度伸缩节。如地基可能出现较大的变形,则应采用温度沉陷伸缩节,这种伸缩节除允许管道沿轴向自由变形外,还允许两侧管道发生较大的相对转角。温度沉陷伸缩节与图 1-8-22(b)相似,只在管壁与填料的接触部位沿轴向做成弧形,以适应管轴转动。细部结构参阅有关资料。

2)通气阀

通气阀常布置在阀门之后,其功用与通气孔相似。当阀门紧急关闭时,管道中的负压使通气孔打开进气;当管道充水时,管道中的空气从通气阀排出,然后利用水压将通气阀

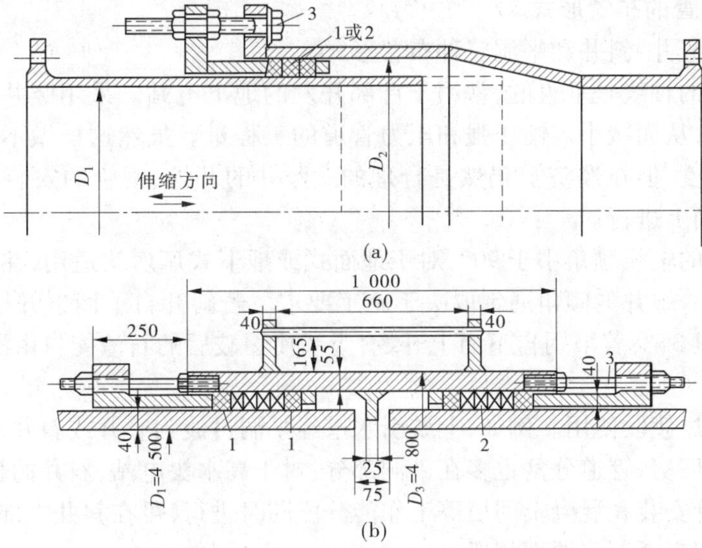

1—橡皮填料;2—大麻或石棉填料;3—拉紧螺栓

图 1-8-22 伸缩节 (单位:mm)

关闭。在可能产生负压的供水管路上,有时也需设通气阀。

3)人孔

人孔是工作人员进入管内进行观察和检修的通道。明钢管的人孔宜设在镇墩附近,以便固定钢丝绳、吊篮和布置卷扬机等。人孔在管道横断面上的位置以便于进人为原则,其形状一般做成直径450~500 mm的圆孔。人孔间距视具体情况而定,一般可取150 m。

4)排水及观测设备

管道的最低点应设排水管,以便在检修管道时排除其中积水和闸阀漏水。

大中型压力管道应有进行应力、沉陷和振动(明管)、腐蚀与磨损等原型观测设备。

第五节 埋 管

一、地下埋管

地下埋管是指埋设于岩体中并在管道和岩壁间充填混凝土的钢管,断面形式如图1-8-23所示。地下埋管虽然增加了岩石开挖和混凝土衬砌的费用,但与明钢管相比,往往可以缩短压力管道的长度,省去支承结构,在坚固的岩体中,可利用围岩承担部分内水压力,从而减小钢衬的厚度,节约钢材。此外,地下埋管位于地下,受气候等外界影响较小,运行安全可靠,在我国大中型水电站中应用较广。

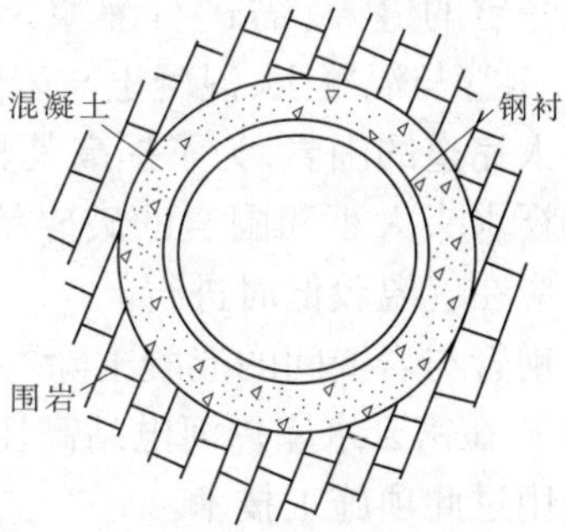

图 1-8-23 地下埋管的断面形式

（一）地下埋管的布置形式

地下埋管有竖井、斜井和平洞三种布置形式。

竖井式管道的轴线是垂直的，常用于首部开发的地下电站。采用竖井式管道可使压力管道缩至最短，从而减小水锤压强和压力管道的工程量。虽然这样做不可避免地会增加尾水隧洞的长度，但在经济上仍然是合理的。竖井的开挖、钢管的安装和混凝土的回填，一般都自下而上进行。

斜井式管道的轴线倾角小于90°，对于地面式或地下式厂房均适用，在地下埋管中是采用最多的一种。斜井的倾角通常取决于施工要求。若斜井自上而下开挖，为了便于出渣，倾角不宜超过35°；若采用自下而上开挖，为了使爆破后的石渣能自由滑落，倾角不宜小于45°。

平洞一般作过渡段使用。例如，上游引水道经平洞过渡为竖井或斜井；竖井或斜井先转为平洞再进入厂房，管道分岔也多在平洞部分；对于高水头电站，斜井的长度很大，为了使斜井开挖、钢管安装和混凝土回填等工作能分段同时进行，可在斜井中部的适当部位设置一个平洞，并用交通洞与地面相通。

地下埋管应尽量布置在坚固完整的岩体之中，以便充分利用围岩的弹性抗力承担内水压力。完整岩体的透水性小，当水管放空时，钢衬因外压失稳的可能性也小。管道的埋置深度以大些为宜，对于斜井和平洞，只有当垂直管轴方向的新鲜岩石覆盖厚度达到3倍开挖直径时，才能考虑岩石的弹性抗力。对于竖井，这一数值还应取得大些。

（二）地下埋管的结构和构造

地下埋管的工作特点相当于一个多层衬砌的隧洞。钢衬的功用是承担部分内水压力和防止渗透；回填混凝土的功用是将部分内水压力传给围岩，因此回填混凝土与钢衬和围岩必须紧密结合。回填混凝土的质量是地下埋管施工中的一个关键。钢管与岩壁的间距在满足钢管安装和混凝土浇筑要求的前提下应尽量减小，一般在50 cm左右。一般说来，竖井的回填混凝土质量易于保证，斜井次之，平洞最难。在斜井和平洞中，钢管两侧混凝土的质量较易保证，在顶拱、底拱处，平仓振捣困难，稀浆集中，易于形成空洞。我国几个水电站的地下埋管曾因外压和内压造成破坏，破坏部位多位于平洞部位，这不是偶然的。

由于混凝土凝固收缩和温降的影响，在钢管和混凝土之间、混凝土与围岩之间均可能存在一定的缝隙，需进行灌浆。斜井和平洞的顶部应进行回填灌浆，压力不小于0.2 MPa，钢管与混凝土、混凝土与岩壁之间有时也进行压力不小于0.2 MPa的接缝灌浆。对于不太完整的围岩，为了提高其整体性，增加弹性抗力，有时还进行固结灌浆，灌浆压力与孔深视水头大小和围岩的破碎情况而定，压力可达0.5~1.0 MPa，孔深一般为2~4 m。灌浆应在气温较低时进行。

钢管与岩壁间的混凝土除一般常用的浇筑方法外，尚有预压骨料灌浆法，后者最早于1960年在密云水库白河电站高压管道钢管外壁混凝土回填和调压井井壁接头混凝土填筑采用过此项施工技术。

在岩体破碎、地下水位较高的地区，管道放空后，钢衬可能因外压而失去稳定，国内外地下埋管均有因此而破坏的例子。解决的办法有二：一是离管道一定距离打排水洞，以降低地下水位，这是一种很有效的措施，有的工程在回填混凝土中设排水管，但排水管在施工中易被堵塞,可靠性差;二是在钢衬外设加劲环,或用锚件将钢衬锚固在混凝土上。在衬砌的周围进行压力灌浆,可减小钢衬、混凝土与岩壁间的初始缝隙,减小围岩的透水性,这些都有利于钢衬的抗外压稳定。

(三)不用钢衬的地下管道

为了节约投资和加快施工进度,取消钢衬是近代埋藏式压力管道设计的一个发展方向。充分利用围岩承担内水压力是其设计的指导思想。

地下管道的衬砌形式除钢板衬砌外,尚有混凝土及钢筋混凝土衬砌、预应力混凝土衬砌和具有防渗薄膜的混凝土衬砌等。此衬砌与有压引水隧洞中的衬砌相似,只是其承受的内水压力更大。

二、坝身管道

坝后式厂房的压力管道需穿过坝身,其布置形式主要有两种:①管道埋于混凝土坝体之中,称坝内埋管;②管道上段穿过混凝土坝体后,沿坝下游面布置在坝体之外,称为下游坝面管道,习惯上又常称“坝后背管”或“背管”。此外,尚有布置在拱坝上游面的管道。

限于篇幅,此处只简单介绍坝身管道的布置。

(一)坝内埋管

坝内埋管的布置主要取决于进水口的高程、坝型及坝体尺寸、水轮机的安装高程和厂房的位置。

坝内埋管的直径由上而下可采用同一管径,也可分段采用不同的管径。坝内埋管的经济流速一般为5~7 m/s。由于管道布置在坝内,回旋余地较小,故坝内埋管弯管段的曲率半径可以小些,一般为直径的2~3倍。

钢管在坝体内有两种埋设方式。第一种是钢管在坝体内用软垫层与坝体混凝土分开,钢管基本上承受全部内水压力,周围混凝土的应力则根据坝体荷载按坝内孔口求出。这种埋设方式的优点是受力较明确,坝身孔口应力较小,不致引起混凝土开裂,钢筋用量也较小,但钢管按明管设计,需要较多钢材,在高水头、大直径情况下,可能因钢板太厚,在加工制造时需作消除应力处理。第二种方式是将钢管直接埋置在坝体混凝土中,二者结为整体,共同承担内水压力,其工作情况与地下埋管相似。对于第二种情况,为了保证外围混凝土与钢管联合受力,在二者之间应进行接触灌浆。

坝内埋管的施工方法有两种:第一种方法是安装一段钢管浇筑一层坝体混凝土,二者相互配合,这样做虽可省去二期混凝土的工作,但钢管安装与坝体混凝土的浇筑干扰较大,影响施工进度。第二种方法是在浇筑坝体时预留钢管槽,待钢管在槽中安装就绪后用混凝土回填,槽壁与钢管间的最小距离以能满足钢管的安装要求为限,一般采用1 m。

(二)坝后背管

为了解决钢管安装与坝体混凝土浇筑的矛盾,苏联从20世纪60年代起,在一些大型坝后式水电站中将钢管布置在混凝土坝的下游面上,形成坝后背管。与坝内埋管相比,坝后背管虽然长度较大,耗材较多,但由于可以加快施工进度,缩短工期,在世界各国逐步得到了推广。

坝后背管可采用明钢管,如图1-8-24所示。其优点是管道结构简单、受力明确、施工简便。但管道位于厂房上游,若爆裂对厂房的安全威胁较大,在高水头、大直径情况下,可能因管壁太厚,在加工制造时需作消除应力处理,在气候寒冷地区,需有防冻设施。

坝后背管目前采用较多的是钢衬钢筋混凝土管道,即在钢管之外再包一层钢筋混凝土,形成组合式多层管道,如图1-8-25所示。钢筋混凝土层的厚度视水头高低和管道直径大小而定,通常用1~2 m,不宜用得太厚。

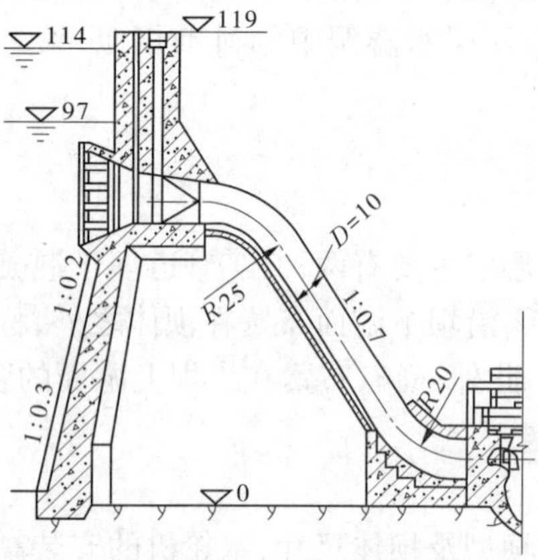

图1-8-24　明钢管　(单位:m)

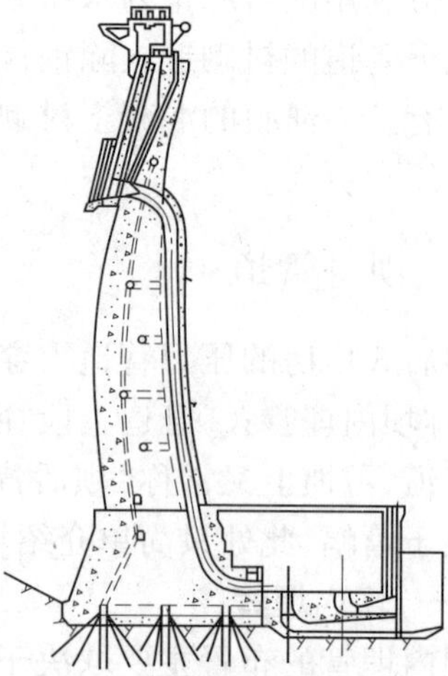

图1-8-25　钢衬钢筋混凝土背管

早期的钢衬钢筋混凝土背管多按钢衬单独承担内压设计,外层钢筋混凝土只是一种附加的安全措施。近期的钢衬钢筋混凝土背管则按钢衬和钢筋混凝土联合受力设计,并允许混凝土裂穿。原型观测也证明了混凝土要分担部分内水压力。但由于钢衬和钢筋混凝土之间有一定的初始缝隙,钢衬和钢筋的材料强度不能同时得到充分利用,故二者总的钢材用量将超过明钢管的钢材用量。钢衬和钢筋的用量在一定情况下是可以互相代替的,既可以采用厚一些的钢衬和少一些钢筋,也可以相反。由于钢筋的单价较低,故钢衬钢筋混凝土管道宜采用较薄的钢衬和较多的钢筋,这样不但有助于降低造价,而且可以降低钢衬对焊接的要求,但钢衬的最小厚度受管壁最小结构厚度限制。钢衬钢筋混凝土管道具有较高的安全度,但与明管相比,增加了扎筋、立模和浇混凝土等工序。

第六节　调压室

一、调压室的功用、要求及设置调压室的条件

(一)调压室的功用

调压室是指在较长的压力引水(尾水)道与压力管道之间修建的,用以降低压力管道的水锤压力和改善机组运行条件的水电站建筑物。调压室利用扩大的断面和自由水面反射水锤波,将有压引水系统分成两段:上游段为有压引水隧洞,下游段为压力管道。

调压室的功用可归纳为以下三点:

(1)反射水锤波,基本上避免(或减小)压力管道中的水锤波进入有压引水道。

(2)缩短压力管道的长度,从而减小压力管道及厂房过流部分中的水锤压力。

(3)改善机组在负荷变化时的运行条件及系统供电质量。

按照人们的习惯,调压室的大部分或全部设置在地面以上的称为调压塔,如黑龙江省的镜泊湖水电站的调压塔;调压室大部分埋在地面之下者,则称为调压井,如官厅、乌溪江等水电站的调压井。

(二)对调压室的基本要求

根据调压室的功用,调压室应满足以下基本要求:

(1)调压室的位置应尽量靠近厂房,以缩短压力管道的长度。

(2)能较充分地反射压力管道传来的水锤波。调压室对水锤波的反射愈充分,愈能减小压力管道和引水道中的水锤压力。

(3)调压室的工作必须是稳定的。当负荷变化时,引水道及调压室水位的波动应该迅速衰减,达到新的恒定状态。

(4)当正常运行时,水头损失要小。为此调压室底部和压力管道连接处应具有较小的断面面积,以减小水流通过调压室底部的水头损失。

(5)工程安全可靠,施工简单方便,造价经济合理。

上述各项要求之间会存在一定程度的矛盾,所以必须根据具体情况统筹考虑各项要求,进行全面的分析比较,审慎地选择调压室的位置、形式及轮廓尺寸。

二、调压室的基本类型

(一)调压室的基本布置方式

根据水电站不同的条件和要求,调压室可以布置在厂房的上游或下游,在有些情况下,在厂房的上下游都需要设置调压室而成双调压室系统。调压室在引水系统中的布置有以下四种基本方式。

1.上游调压室(引水调压室)

调压室在厂房上游的有压引水道上,如图1-8-26所示,它适用于厂房上游有压引水道比较长的情况,这种布置方式应用最广泛。

2.下游调压室(尾水调压室)

当厂房下游具有较长的有压尾水隧洞时,需要设置下游调压室,以减小水锤压力,如图1-8-26(a)所示,特别是防止丢弃负荷时产生过大的负水锤,因此尾水调压室应尽可能地靠近水轮机。

尾水调压室是随着地下水电站的发展而发展起来的,均在岩石中开挖而成,其结构形式除满足运行要求外,常取决于施工条件。

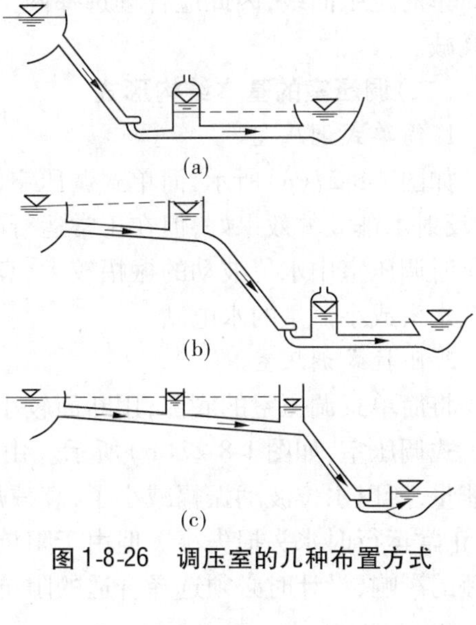

图1-8-26　调压室的几种布置方式

尾水调压室的水位变化过程,正好与引水调压室相反。当丢弃负荷时,水轮机流量减小,调压室需要向尾水隧洞补充水量,因此水位首先下降,达到最低点后再开始回升;当增加负荷时,尾水调压室水位首先开始上升,达最高点后再开始下降。当电站正常运行时,调压室的稳定水位高于下游水位,其差值等于尾水隧洞中的水头损失。

3. 上下游双调压室系统

在有些地下式水电站中,厂房的上下游都有比较长的有压输水道,为了减小水锤压力,改善电站的运行条件,在厂房的上下游均设置调压室而成双调压室系统,如图1-8-26(b)所示。当负荷变化,水轮机的流量随之发生变化时,两个调压室的水位都将发生变化,而任一个调压室的水位变化,将引起水轮机流量新的改变,从而影响到另一个调压室的水位变化,因此两个调压室的水位变化是相互制约的,使整个引水系统的水力现象大为复杂,当引水隧洞的特性和尾水隧洞接近时,可能发生共振。因此,当设计上下游双调压室时,不能只限于推求波动的第一振幅,而应该求出波动的全过程,研究波动的衰退情况,但在全弃负荷时,上下游调压室互不影响,可分别求其最高和最低水位。

4. 上游双调压室系统

在上游较长的有压引水道中,有时设置两个调压室,如图1-8-26(c)所示。靠近厂房的调压室对于反射水锤波起主要作用,称为主调压室;靠近上游的调压室用以反射越过主调压室的水锤波,改善引水道的工作条件,帮助主调压室衰减引水系统的波动,因此称为辅助调压室。辅助调压室愈接近主调压室,所起的作用愈大;反之,愈向上游,其作用愈小。引水系统波动衰减由两个调压室共同担当,增加一个调压室的断面,可以减小另一个调压室的断面,但两个调压室所需要的断面之和大于只设置一个调压室时所需的断面。当引水道中有施工竖井可以利用时,采用双调压室方案可能是经济的;有时因电站扩建,原调压室容积不够而增设辅助调压室;有时因结构、地质等原因,设置辅助调压室以减小主调压室的尺寸。

上游双调压室系统的波动是非常复杂的,相互制约和诱发的作用很大,整个波动并不呈简单的正弦曲线,因此应合理选择两个调压室的位置和断面,使引水系统的波动能较快地衰减。

(二)调压室的基本结构形式

1. 简单式调压室

如图1-8-27(a)所示,简单式调压室的特点是自上而下具有相同的断面,结构形式简单,反射水锤波的效果好,但在正常运行时隧洞与调压室的连接处水头损失较大,当流量变化时调压室中水位波动的振幅较大,衰减较慢,所需调压室的容积较大,因此一般多用于低水头或小流量的水电站。

2. 阻抗式调压室

将简单式调压室的底部,用断面较小的短管或孔口与隧洞和压力管道连接起来,即为阻抗式调压室,如图1-8-27(b)所示。由于进出调压室的水流在阻抗孔口处消耗了一部分能量,所以水位波动振幅减小了,衰减加快了,因而所需调压室的体积小于简单式调压室,正常运行时水头损失小。但由于阻抗的存在,水锤波不能完全反射,隧洞中可能受到水锤的影响,设计时必须选择合适的阻抗。

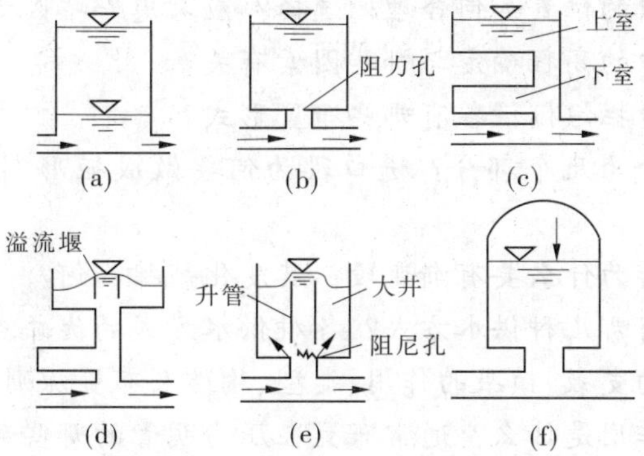

图 1-8-27 调压室的基本结构形式

3. 双室式调压室

双室式调压室是由一个断面较小的竖井和上下两个断面扩大的储水室组成的,如图 1-8-27(c)所示。当丢弃负荷时,竖井中水位迅速上升,一旦进入断面较大的上室,水位上升的速度便立即缓慢下来;当增加负荷时,水位迅速下降至下室,并由下室补充不足的水量,因而限制了水位的下降,由于丢弃负荷时涌入上室中水体的重心较高,而增加负荷时由下室流出的水体重心较低,故同样的能量,可存储于较小的容积之中,所以这种调压室的容积比较小,适用于水头较高和水库工作深度较大的水电站。

4. 溢流式调压室

溢流式调压室的顶部有溢流堰,如图 1-8-27(d)所示。当丢弃负荷时,水位开始迅速上升,达到溢流堰顶后开始溢流,限制了水位的进一步升高,有利于机组的稳定运行,溢出的水量,可以设上室加以储存,也可排至下游。

5. 差动式调压室

如图 1-8-27(e)所示,差动式调压室由两个直径不同的圆筒组成,中间的圆筒直径较小,上有溢流口,通常称为升管,其底部以阻力孔口与外面的大井相通,它综合了阻抗式调压室和溢流式调压室的优点,但结构较复杂。

在某些情况下,还可采用气垫调压室,如图 1-8-27(f)所示。气垫调压室自由水面之上的密闭空间中充满高压空气,利用调压室中空气的压缩和膨胀来减小调压室水位的涨落幅度。此种调压室可靠近厂房布置,但需要较大的稳定断面,还需配置空气压缩机,定期向气室补气,增加了运行费用。在表层地质地形条件不适于做常规调压室或通气竖井较长、造价较高的情况下,气垫调压室是一种可供考虑选择的形式,多用于高水头、地质条件好、深埋于地下的水道。

有时,还可根据水电站的具体条件和要求,将不同形式调压室的特点组合在一个调压室中,形成组合式调压室。

思考题

1-8-1 有压进水口有哪几种形式?其优缺点和适用条件如何?

1-8-2　有压进水口的位置如何合理地选择？应考虑哪些因素？

1-8-3　有压进水口的高程确定与哪些因素有关？

1-8-4　坝式进水口拦污栅设备有哪些布置形式？

1-8-5　进水口划分为几个部分？进口段为何要做成矩形喇叭形状？闸门段应有哪些设备？

1-8-6　闸门段下游为什么要有渐变段？其变化规律如何？

1-8-7　压力明管有哪几种供水方式？各种供水方式的优缺点及适用条件是什么？

1-8-8　压力明管的支墩、镇墩的作用、类型、构造及布置原则是什么？

1-8-9　伸缩节的作用是什么？通常布置在压力明管的哪些部位上？

1-8-10　压力明管进口、出口阀门的作用是什么？什么情况下应设置出口阀门？

1-8-11　调压室有哪些作用？调压室应满足哪些基本要求？哪些情况下需设置？

1-8-12　调压室有哪些基本结构形式？优缺点和适用条件是什么？

1-8-13　结合工程实例绘制有压进水口和压力管道布置图。

第九章 水电站水力过渡过程

【教学要求】

了解水电站水力过渡过程的水力现象。

第一节 水 锤

引水系统是水电站大系统中的子系统,水锤是发生在引水系统中的非恒定流现象。当水轮发电机组正常运行时,如果负荷突然变化,或开机、停机,引水系统的压力管道的水流会产生非恒定流现象,一般称为水锤。水锤的实质是水体受到扰动,在管壁的限制下,产生压能与动能相互转换的过程,由于管壁和水体具有弹性,因此这一转换过程不是瞬间完成的,而是以波的形式在水管中来回传播的。

为了便于说明水锤现象,我们首先研究水管材料、管壁厚度、管径沿管长不变,并且无分叉的水管(一般称为简单管),阀门突然关闭时的水锤现象(见图1-9-1),管中水流的初

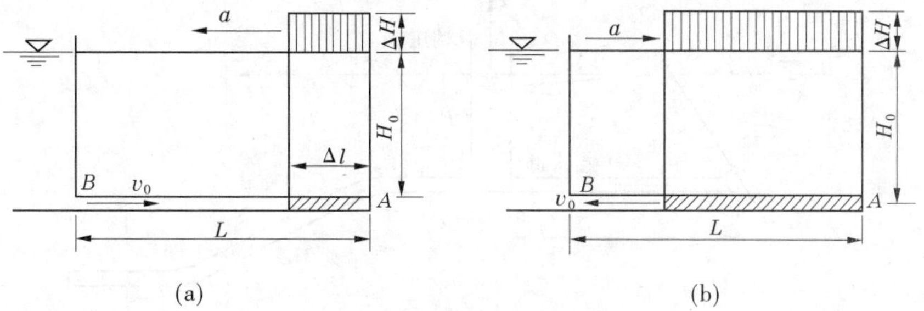

图1-9-1 水锤压力传播过程

始状态是水压力为 H_0 ,流速为 v_0 。当阀门突然关闭时,首先在阀门附近长度为 Δl 的管段发生水锤现象——水体被挤压,水压力上升为 $H_0+\Delta H$,流速变为0,这时管中水体的动能转变为压能。由于管壁膨胀,水体被压缩,在管段 Δl 中会产生剩余空间,待后面的水体填满剩余空间后,邻近管段水体又会发生水体挤压,引起水压力上升,流速变为0,也产生剩余空间。这样在水管中,从阀门开始逐段产生水锤现象,水锤波以一定的速度 a 从阀门传向进口(水库)。当水锤到达引水管进口时,这时进口外的水压力为 H_0 ,管内水压力为 $H_0+\Delta H$,在水管进口处造成压力差 ΔH 。在 ΔH 的作用下,水体流向水库,使得水管中的水体压能转变为动能,管中水体的压力从 $H_0+\Delta H$ 降为 H_0 ,流速变为 $-v_0$,这相当于产生一个反射波,反射波以 a 的速度从水管进口向阀门处传播。当反射波到达阀门处时,水流离开阀门,在阀门处造成真空,产生负压,使水体压力从 H_0 变为 $H_0-\Delta H$,流速从 $-v_0$ 变为0,水管中水体的动能转变为压能,即在阀门处产生负压波,负压波以 a 的速度从阀

门传向进口。当负压波到达水管进口时，进口外的水压力仍为 H_0，管内水压力为 $H_0 - \Delta H$，在水管进口处形成压力差 $-\Delta H$。在 $-\Delta H$ 的作用下，水体流向水管，使水管的压力从 $H_0 - \Delta H$ 升为 H_0，流速变为 v_0，水体压能转变为动能，又产生反射波，反射波以 a 的速度从进口向阀门处传播。当反射波到达阀门处时，水管全长水流恢复到初始状态，即水管的压力为 H_0，流速为 v_0。由于阀门仍然关闭，在阀门处又产生水锤波，水锤波将重复以上的传播过程。

水锤波在水管中的传播经历了四个状态、两个来回，才完成一个周期。我们把水锤在管中传播一个来回的时间称为一相（phase），二相为一个周期（period）。设管长为 L，则一相的时间为 $T_{相} = \dfrac{2L}{a}$，一个周期的时间为 $T_{周} = \dfrac{4L}{a}$。

第二节　调压室水位波动

混合式水电站的压力引水道一般比较长，为了减小此类水电站压力引水道的水锤压力，通常在压力引水道靠近厂房的适当位置设置调压室。调压室是一种具有自由水面和一定体积的井式结构物，底部与压力引水道连接，以破坏压力引水道的封闭性，如同水库一样能反射水锤波，从而减小水锤压强。调压室将压力引水道分为两部分，调压室上游部分称为引水道，下游部分称为压力管道（见图 1-9-2）。

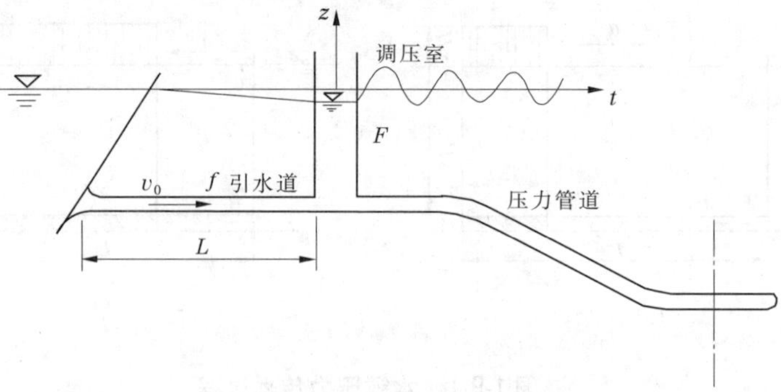

图 1-9-2　调压室的水位波动现象

当水电站发生过渡过程时，引水系统中的压力管道发生水锤现象，而引水道 - 调压室系统则会发生水位波动现象。我们分几种情况来讨论引水道 - 调压室系统的水位波动情况：

（1）当水电站以满负荷运行时，假设水库水位为 z，水轮机引用流量为 Q_0，引水道水头损失为 h_{w0}，引水道流速为 v_0，则调压室水位为 $z - h_{w0} - \dfrac{\beta v_0^2}{2g}$。如果水电站突然丢弃全部负荷，水轮机引用流量变为 0，此时压力管道发生水锤现象，并在短时间内停止，压力管道的流量变为 0。由于惯性作用，引水道的流量此时仍为 Q_0，大量的水涌进调压室，使调压室的水位不断上升，水库与调压室的水位差在不断减小，致使引水道的流速逐渐减缓。由于惯性作用，调压室水位最终将超过水库水位，从而产生反向水压差，进一步减小引水道流速，直至引水道的流速为 0，这时调压室到达最高水位。引水道的水体在反向水压的作用下，开始流向水库。由于调压室内的水体流出，造成调压室水位不断下降，逐渐减小反向水压差，当调压室水位低于水库水位时，又出现正向水压差，阻止水流向水库流动，减缓流速，最后引水道流速变为 0，这时调压室水位最低。在正向水压差的作用下，管中水体又流向调压室，迫使调压室水位上升，调压室水位波动又回到初始波动的状态，完成一个波动周期，波动过程将周期性地进行下去。

(2)当水电站以某一负荷运行时，突然增加负荷，使水轮机引用流量加大，由于惯性作用，引水道不能及时补足水轮机所需的水量，这时由调压室补给不足的水量，引起调压室的水位下降，加大水库与调压室之间的水位差，从而迫使引水道的水流加速流向调压室。当引水道水流能满足发电需要时，调压室水位到达最低点。这时由于水流惯性的影响，引水道的水流还将继续加速，流量超过发电所需的流量，因此多余的水量将涌进调压室，调压室的水位开始回升，逐步减小水库与调压室之间的水位差，减缓引水道的流速。当调压室的水位超过水库水位时，在水库与调压室之间产生反向的水位差，阻止水流流向调压室。当引水道流速变为 0 时，调压室水位到达最高水位。在反向压力的作用下，调压室水流开始流向水库，水位也开始回落，直到低于水库水位，水库与调压室之间的水位差迫使引水道减速，直至停止流向水库，这时调压室处在最低水位。在水库与调压室之间的水位差的作用下，引水道水流开始流向调压室，这样调压室的水位回到开始时的状态，也是周期性的波动。

理论上引水道 - 调压室系统水位波动是周期性的波动过程，但是由于引水道摩阻力的存在，引水道 - 调压室系统水位波动过程会慢慢停止下来。

调压室水位波动过程与压力管道的水锤现象、机组调速系统的工作是相互联系的。压力管道的水锤过程变化快，持续时间短，一般仅为几秒。而调压室水位波动过程相对来说变化慢、周期长、幅度小，整个过程要经历几十秒到几百秒的时间。因此，调压室水位波动过程与压力管道的水锤现象相互干扰少，一般可分别研究。

第三节　机组转速变化

在恒定工作状态下，水轮发电机组匀速运行，这时水轮机出力与发电机负荷之间相互平衡。当负荷变化时，水轮机的出力与发电机负荷出现不平衡状态，导致机组转速的变化。尽管机组通过调速系统的调节，逐渐使水轮机的出力与发电机负荷重新回到平衡状态，但是机组短时间内出现的转速变化，将影响供电质量和机组正常运行。特别是当机组丢弃全部负荷时，机组转速升至最大，这时应防止机组的强度破坏、振动和由此引起的过电压对电气设备的损坏。

此外，机组调速系统在调节工作过程中也存在稳定问题。机组调速系统的稳定问题与压力管道的水锤、调压室的水位波动都有关，也是水电站动力系统中的过渡问题之一。这个问题可参考有关的教材和专著，本教材将不涉及此问题。

第四节　研究有压引水系统水力过渡过程的目的

水电站动力系统包括水、机、电各方面,系统的过渡过程在前面已作简单的介绍。在水利工程中主要涉及的是引水系统部分的水力过渡过程:水锤、调压室的水位波动和机组转速变化等问题,其中水锤和机组转速变化的问题是相互关联的。它们都与调速器动作的快慢有关,换句话说,与导水机构总关闭时间 T_s 有关。一方面要求选用较大的 T_s ,以便控制水锤压强,减小引水管道的基建投资;另一方面要求选用较小的 T_s ,防止机组过速,影响供电质量和机组正常运行。实际工程中是通过调节保证计算来协调 T_s 的取值的。因此,研究有压引水系统水力过渡过程的目的有两个:一是通过调节保证计算,其中包含水锤计算和机组转速变化计算,选择合理的 T_s ,并提供压力水管设计所需的水锤动水压强值;二是通过计算调压室水位波动的幅度,为调压室结构设计提供依据。同时,通过稳定分析,掌握调压室水位波动稳定性机制,提出波动稳定的判据,据此来制定相应的工程措施。

思考题

1-9-1　水锤传播过程有哪些变化特征?

1-9-2　查阅有关资料,了解水锤的分类依据。

1-9-3　查阅有关资料,了解水锤传播速度。

1-9-4　查阅有关资料,了解机组转速变化对机组运行的影响。

1-9-5　查阅有关资料,了解调压室的其他类型。

1-9-6　查阅有关资料,了解水电站机组运行稳定性的有关知识。

第十章 水电站厂房

【教学要求】

了解水电站主要机电设备系统,熟悉水电站厂房的结构轮廓、分层、分段和结构布局,掌握水轮机、发电机及其附属设备的安装布置方法,掌握水电站厂房结构的布置方法。

第一节 水电站的组成

一、水电站机电设备系统

水电站是以水力发电为主的水利枢纽工程,水电站厂房是水电站的主要建筑物,是实现水能向电能转换的综合工程设施。厂房的主要任务是合理地布置水电站主要机电设备和辅助设备,使之能满足主辅机电设备的安装、运行和维修需要,并为运行管理人员提供良好的工作条件。

水电站厂房设计的任务是根据各种机电设备的安装、运行和维修要求,对厂房的建筑物进行空间布置设计和结构设计。水电站厂房的布置设计比较复杂,它要求水、机、电等各专业相互配合,特别要求水工设计人员必须熟悉水电站各种机电设备安装、运行和维修的要求,合理地进行结构物的设计。

(一)水流系统

水电站厂房的水流系统包括压力水管、主阀、水轮机(蜗壳、导水机构、转轮、尾水管)、尾水闸门和尾水渠等。主要功能是将水引入水轮机,经过水轮机的转轮把水能变为机械能。水流系统的布置应尽量平顺,注重与引水系统、尾水河道的连接关系,减少水头损失。

(二)电流系统

水电站的电流系统(一次回路输变电设备系统)包括发电机、户内配电装置(开关柜)、主变压器、户外配电装置(开关站)四大部分。发电过程是水轮机带动发电机,发电机将机械能转化为电能,电流由发电机定子引出,通过母线引至户内配电装置,再输送到变压器,升压后,经过开关站,最后输送到电网。电流系统的四大部分之间用昂贵的母线相连接,因此它们的连接必须平顺,路程尽量短。

(三)水轮发电机组的附属设备、辅助设备和电气二次回路控制设备

1. 水轮发电机组附属设备

水轮机的附属设备是指水轮机的调速系统,它包括调速器的操作柜及其油压装置、自动化装置和接力器(作用筒)等。发电机的附属设备是励磁系统,它包括励磁机、励磁调节装置(励磁盘)等,也有些小型水轮发电机组利用励磁变压器来提供励磁电流。

2. 辅助设备

水电站厂房的辅助设备主要有油、气、水系统,起重设备,各种试验和维修设备等。

3. 电气二次回路控制设备

电气二次回路控制设备主要包括以中央控制室为中心的控制、保护、检测、监视、自动及远动装置、通信及调度设备、直流系统设备和机旁控制盘等部分。中央控制室是厂房运行人员值班的主要场所,中央控制室的主要设备包括控制盘、继电保护屏、电厂自动化元件、厂用电动力屏、直流电源及其控制设备等;机旁控制盘一般布置在发电机附近,机旁控制盘包括机组自动操作盘、继电保护盘、测量盘和动力盘等。

水电站厂房的设备组成系统,如图 1-10-1 所示。

厂房枢纽的建筑物按其类型可划分为主厂房、副厂房、主变压器场和开关站。

(1)主厂房由布置主要机电设备(水轮发电机组及其附属设备)、辅助设备(油、气、水系统和起重设备等)的主机间和安装检修间组成,是厂房的主要组成部分。

(2)副厂房主要包括中央控制室、开关室等。中央控制室主要布置控制盘、继电保护屏、电厂自动化元件、厂用电动力屏、直流电源及其控制设备等,开关室主要布置户内配电装置。副厂房还包括通信、试验、维修、管理和仓库等部分。

(3)主变压器场主要布置主变压器。

(4)开关站是布置户外配电装置的场所,通过高压输电线由此将电能输往电网(用户)。

厂区四大建筑物与电流系统四大部分相对应:发电机—主厂房,户内配电装置(开关柜)—副厂房的开关室,主变压器—主变压器场,户外配电装置—开关站。这是厂区布置时应考虑的重要因素。

二、立式机组厂房的结构

这里主要介绍立式机组厂房的结构轮廓。

立式水电站厂房的结构特点是分层布置,水轮机与发电机布置在不同层,一般分为水轮机层、发电机层。习惯上把发电机层地面高程(见图 1-10-2 中的 585.00 m 高程)以上的部分称为上部结构,以下为下部结构。发电机层地面至厂房屋顶的高度为上部结构高度,尾水管底板底部至发电机层地面为下部结构高度,两者之和为厂房高度。

在平面上,机组主轴连线简称为纵轴线,与之垂直的机组中心线称为横轴线。厂房纵轴线将厂房分为上游部分和下游部分,将厂房宽度分为上游部分宽度和下游部分宽度。上游部分宽度是指机组纵轴线到上游外墙的距离,机组纵轴线到下游外墙的距离为下游部分宽度,两部分之和为厂房上部结构宽度,一般简称为厂房宽度。每台机组所占据的纵向范围为一机组段,机组段长度是横轴线的间距,厂房纵向包括中间机组段、边机组段和安装间,它们长度之和为厂房长度。

上部结构包括围墙、排架柱、牛腿、吊车梁和厂房屋面结构,这些构件与一般工业厂房相同,主要是钢筋混凝土结构。厂房上部结构布置桥式吊车及其轨道,地面属于发电机层。

发电机层(见图 1-10-3)布置发电机上机架、励磁机、机旁盘、调速器操作柜、油压装

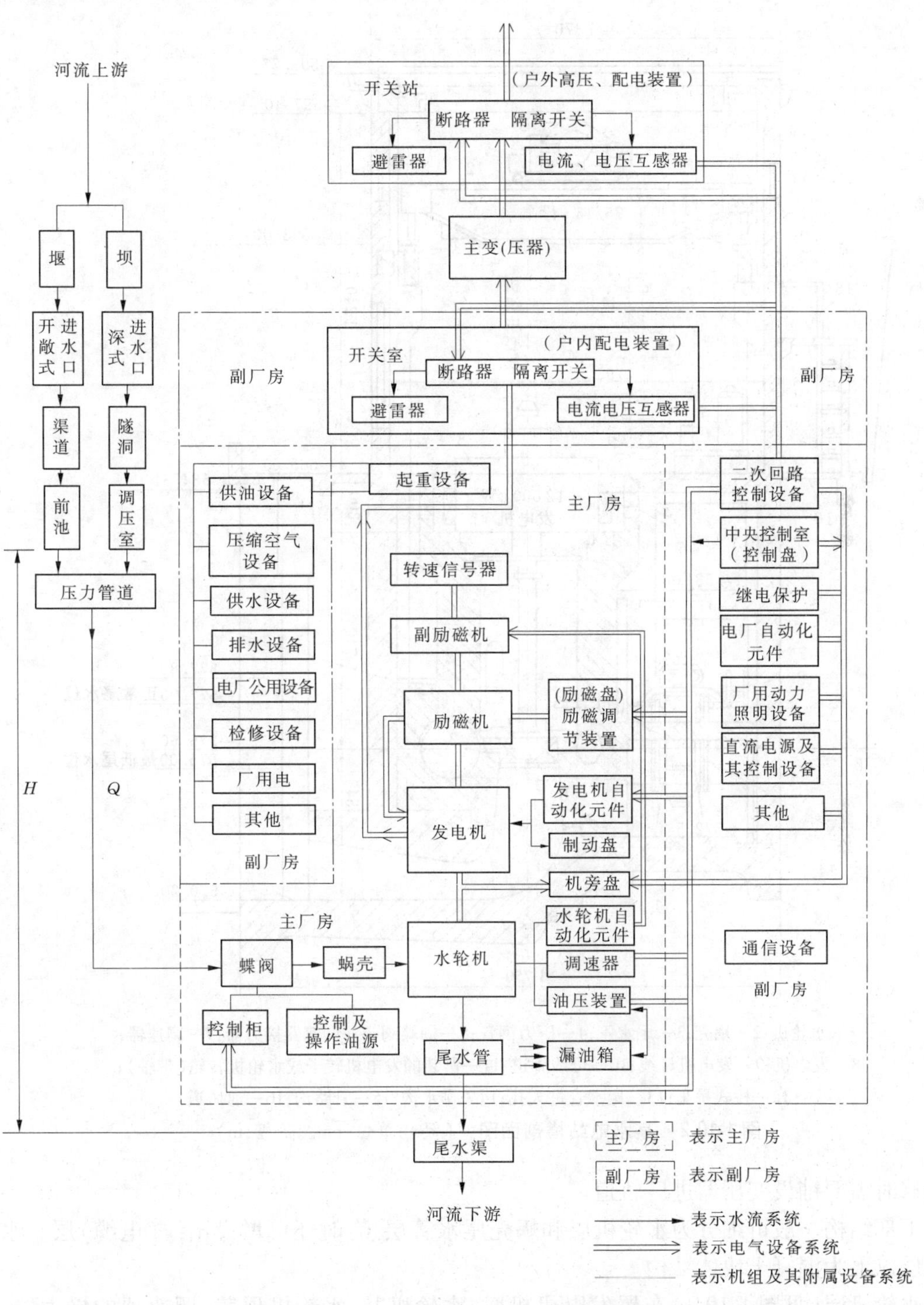

图 1-10-1　水电站厂房的设备组成系统

置等机电设备以及通道、上下楼梯、吊物孔等场内交通设施。同层的安装间为水轮发电机检修场所，设有吊物孔、检修墩（座）等，进厂大门开设在安装间，并与进厂公路连接，变压

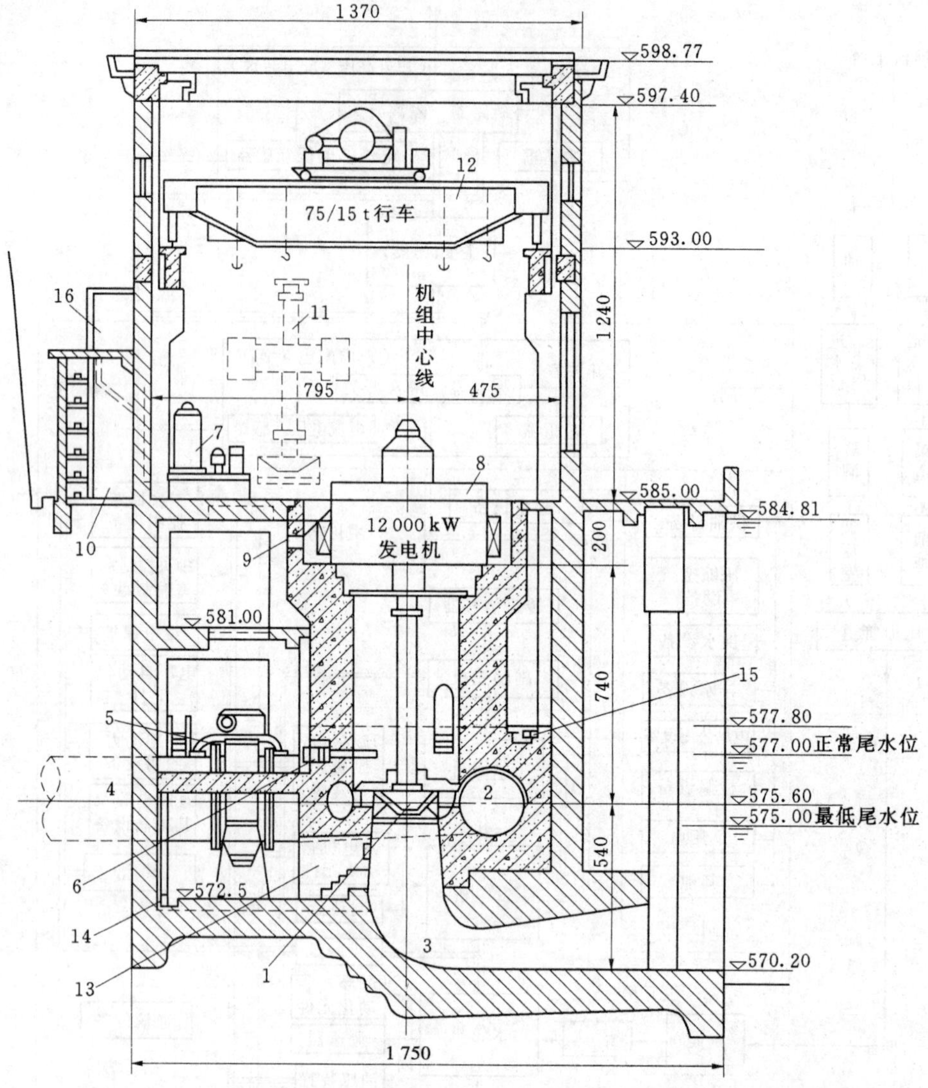

1—水轮机;2—蜗壳;3—尾水管;4—压力钢管;5—蝴蝶阀;6—调速器接力器;7—调速器;
8—发电机;9—发电机母线;10—母线廊道;11—吊装的发电机转子或水轮机转轮(带轴);
12—桥式吊车;13—尾水管进人孔;14—排水沟;15—管路沟;16—通风道

图1-10-2　某水电站横剖面图　(尺寸单位,cm;高程,m)

器检修时需要铺设变压器进厂轨道。

下部结构一般可细分为水轮机层和蜗壳尾水管层,有时还可增设出线(电缆)层。水轮机层以下为混凝土块体结构。

水轮机层(见图1-10-4)布置发电机机墩、水轮机井、水轮机顶盖、调速器的接力器、各种进人孔和管线等,一般在水轮机层还布置油、气、水系统,包括油库、油处理室、压气机室、泵房和主阀室(廊道)等,发电机引出线和各种电缆布置在水轮机层的上部或电缆层。

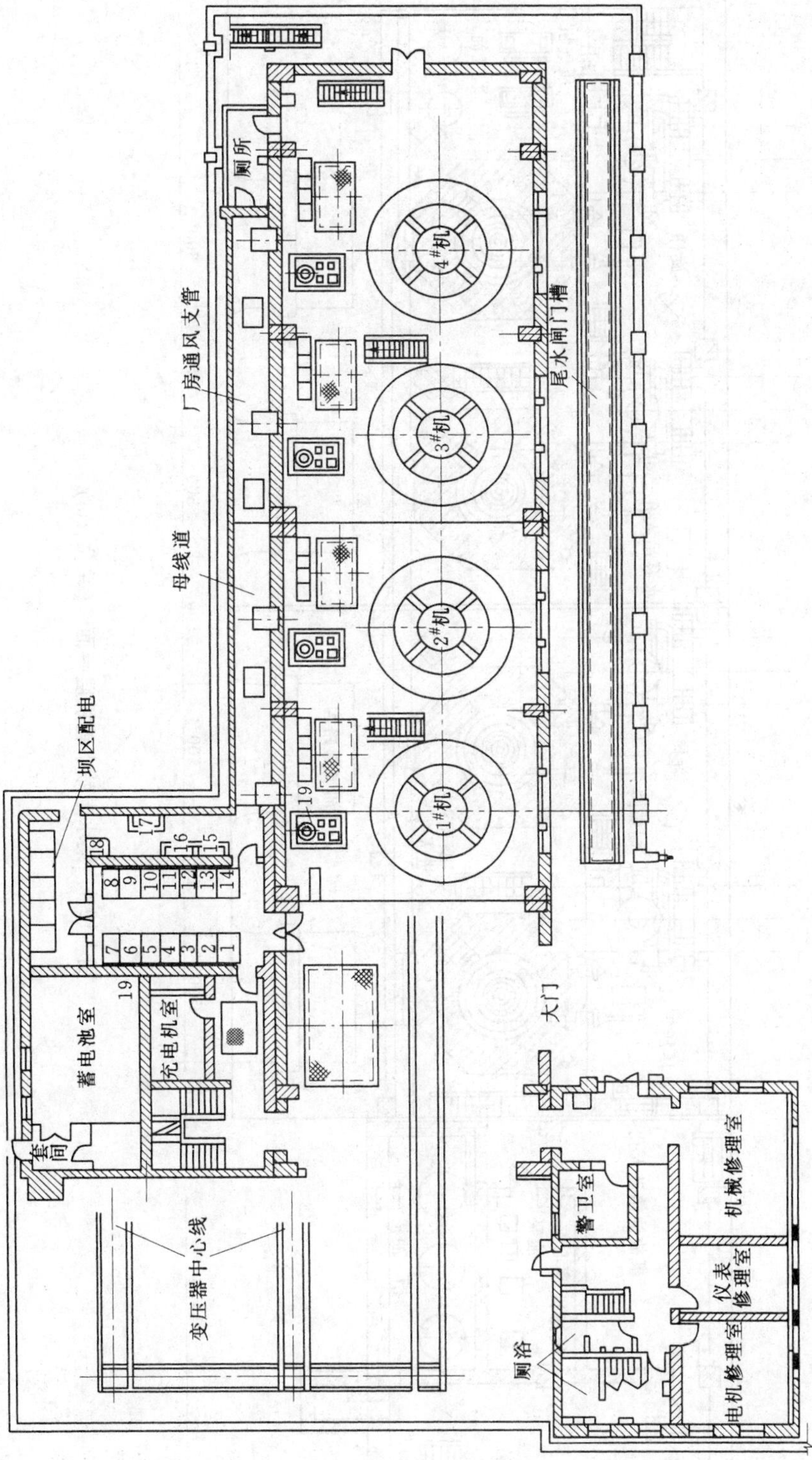

1～14—各种开关;15、16、17—母线井;18—爬梯;19—调速器

图1-10-3　某水电站发电机层平面

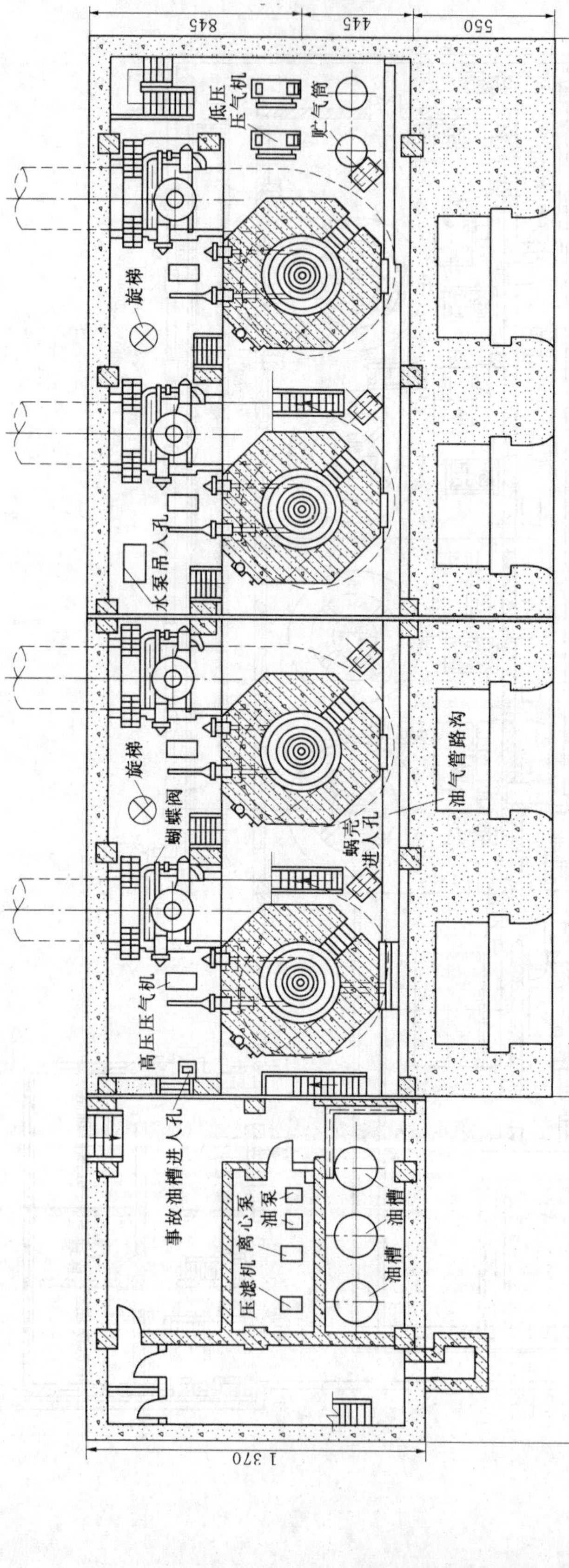

图1-10-4 某水电站水轮机层平面 (单位:cm)

蜗壳尾水管层(见图 1-10-5)是指水轮机安装高程对应的结构层。水轮机层地面以下基本上是混凝土块体结构,蜗壳尾水管埋设在这些混凝土之中。蜗壳的上游侧设有主阀室(廊道),尾水管进人孔有时也布置在这里,如果这部分空间比较大就形成蜗壳尾水管层。

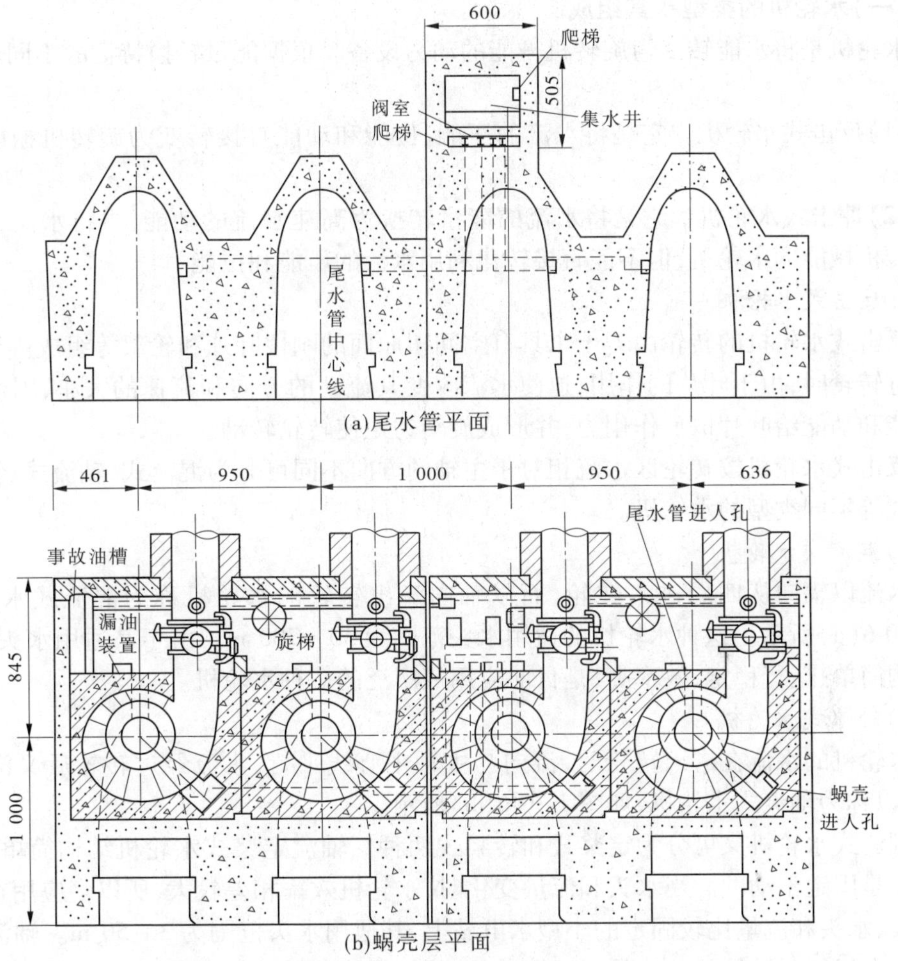

图 1-10-5　某水电站蜗壳尾水管层平面　(单位:cm)

整个厂房的基础是由水轮机层以下部分的块体结构形成的,上游部分基础是由主阀室的底板构成的,下游部分基础是由尾水管底板构成的。厂房最低部分是集水井底板。

厂房上游排架柱的下部与上游防渗墙连成整体,以防渗墙底部结构与主阀室底板作为基础;厂房下游排架柱的下部落在尾水管边墩,其荷载直接传给尾水管的边墩。

第二节　主要机电设备

一、水轮机

(一)水轮机的类型及其组成

水轮机是将水能转变为旋转机械能的动力设备。根据能量转换特征的不同可分为两大类:

(1)反击式水轮机。它是将水流的压能、位能和动能直接转变为旋转机械能的水轮机。

(2)冲击式水轮机。它是将水流的能量转换为高速水流的动能,再将水流动能转换为旋转机械能的水轮机,但不能直接转化利用水流的压能和位能。

1. 反击式水轮机

反击式水轮机的转轮由若干个具有空间扭曲面的刚性叶片和轮毂等组成。当压力水流通过转轮时,由于叶片的作用,迫使水流改变其流动的方向和流速的大小,因而水流以其势能和动能给叶片以反作用力,并形成旋转力矩使转轮转动。

反击式水轮机按转轮区水流相对于主轴的方向不同可分为混流式、轴流式、斜流式和贯流式等不同类型的水轮机。

1)混流式水轮机

水流以辐向从四周进入转轮,而以轴向流出转轮的水轮机称为混流式水轮机,如图1-10-6(a)所示。这种水轮机的适用水头范围为30~700 m。由于其适用水头范围广,且结构简单、运行稳定、效率高,是目前应用最广泛的一种水轮机。

2)轴流式水轮机

水轮机的水流在进入转轮时,流向与主轴中心线平行,水流经过转轮后又沿轴向流出,所以称为轴流式水轮机,如图1-10-6(b)所示。

轴流式水轮机又可分为定桨式和转桨式两种。轴流定桨式水轮机结构简单,运行时其叶片是固定不动的。当水头和流量变化时,水轮机效率相差较大,所以多应用在负荷变化不大、水头和流量比较固定的小型水电站上,其适用水头范围为3~50 m。轴流转桨式水轮机在运行时转轮的叶片是可以转动的,并和导叶的转动保持一定的协联关系,以适应水头和流量的变化,使水轮机在不同工况下都能保持较高的效率,因此轴流转桨式水轮机多应用在大中型水电站上,其适用水头范围为3~80 m。

轴流式水轮机适用于低水头、大流量的水电站,单机容量可由几十千瓦到几十万千瓦。

3)斜流式水轮机

水流流经转轮时与机组主轴斜交的水轮机称为斜流式水轮机,如图1-10-6(c)所示。这种水轮机转轮的叶片也是可以转动的,叶片的轴线与主轴轴线斜交,其性能介于混流式与轴流式之间,适用水头范围为40~200 m,可作为水泵-水轮机(可逆式机组)使用,广泛应用于抽水蓄能电站。

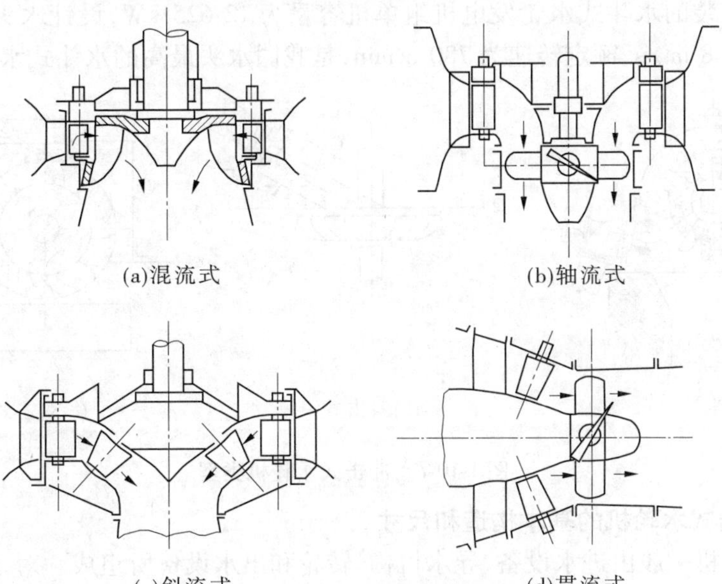

(a)混流式 (b)轴流式

(c)斜流式 (d)贯流式

图 1-10-6 反击式水轮机类型

4)贯流式水轮机

当水轮机的主轴成水平或倾斜布置,装置在流道中,使水流直贯转轮,这种水轮机称为贯流式水轮机,如图 1-10-6(d)所示。

贯流式水轮机过流能力较好,多用于河床式水电站和潮汐式水电站,适用水头范围为 2~30 m,单机容量由几千瓦到几万千瓦。

2. 冲击式水轮机

冲击式水轮机主要由喷管和转轮组成。来自钢管的高压水流通过喷管端部的喷嘴变为高速的自由射流,射流冲击转轮(斗)叶片,产生转动力矩,推动转轮转动。冲击式水轮机按射流冲击转轮的方式不同,可分为水斗式(切击式)水轮机、斜击式水轮机和双击式水轮机三种。

1)水斗式水轮机

水斗式水轮机的转轮上装有水斗,水流在转轮的转动平面内沿圆周切线方向冲击转轮上的水斗而做功,如图 1-10-7(a)所示。水斗式水轮机的适用水头范围为 100~2 000 m。

2)斜击式水轮机

斜击式水轮机的射流沿着与转轮平面成某一角度(约为 22.5°)的方向,冲击转轮叶片,如图 1-10-7(b)所示。斜击式水轮机的适用水头范围为 25~300 m。

3)双击式水轮机

双击式水轮机如图 1-10-7(c)所示,由喷嘴出来的射流首先从转轮上部冲击叶片,接着水流又在转轮下部内缘再一次冲击叶片。双击式水轮机的适用水头范围为 5~80 m。

斜击式水轮机和双击式水轮机构造简单,但效率较低,因而多用于小型水电站。水斗式水轮机效率高,工作稳定,适用水头范围广,是最常用的一种冲击式水轮机,我国磨房沟水电站安装运行的水斗式水轮发电机组单机容量为 12 500 kW,设计水头为 458 m。广西天湖水电站安装的水斗式水轮发电机组单机容量为 12 625 kW,设计水头为 1 022.4 m,设计流量为 1.8 m^3/s,额定转速为 780 r/min,是我国水头最高的水斗式水轮机。

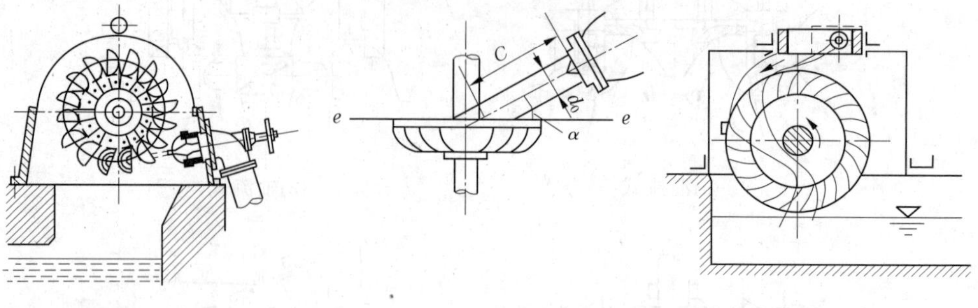

(a)水斗式　　(b)斜击式　　(c)双击式

图 1-10-7　冲击式水轮机类型

(二)反击式水轮机的基本构造和尺寸

现代水轮机一般由进水设备、导水机构、转轮和出水设备所组成。对于不同类型的水轮机,上述四个组成部分在形式上各具特点,其中转轮是直接将水能转换为旋转机械能的过流部件,是水轮机的核心部分,对水轮机的性能、结构、尺寸等起着决定性的作用。进水设备和出水设备决定厂房下部结构的尺寸。

1. 水轮机的进水设备

反击式水轮机进水设备有开敞式与封闭式两大类。

1)开敞式(明槽式)进水设备

开敞式引水室的水轮机导水机构外围为矩形或蜗形的明槽,槽中水流具有自由水面。开敞式引水室只适用于水头在 10 m 以下的小型水电站。

2)封闭式进水设备

封闭式进水设备可分为压力槽式、罐式和蜗壳式三种,主要是蜗壳式。

水流由压力管道进入蜗壳后,一方面沿圆周作环流,另一方面又经座环外圈均匀地、轴对称地流入导水机构。由于流量逐渐减小,所以蜗壳断面亦逐渐收缩,蜗壳外形很像蜗牛壳。

根据蜗壳材料不同,可分为金属蜗壳与混凝土蜗壳两种。

(1)金属蜗壳,如图 1-10-8 所示。水轮机的工作水头在 40 m 以上或者小型卧式机

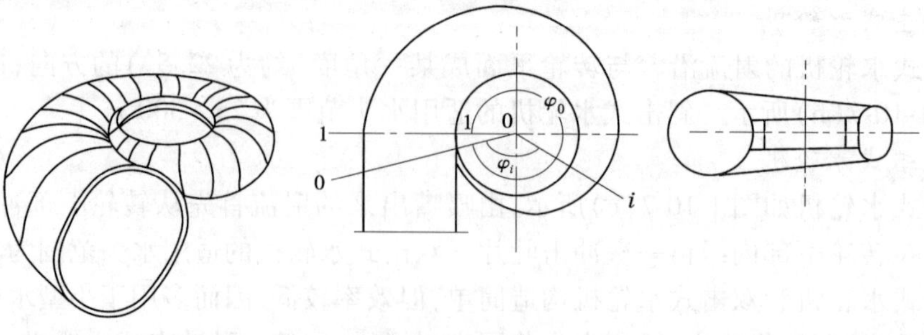

图 1-10-8　金属蜗壳

组，蜗壳通常由钢板焊接或由钢铸造而成，统称为金属蜗壳。图中垂直于压力管道轴线的1—1断面为进口断面，进口断面的形状为圆形。蜗壳的末端为0—0断面，通常和座环的一个固定导叶连接在一起。

（2）混凝土蜗壳，如图1-10-9所示。当水轮机的最大工作水头在40 m以下时，为了节约钢材，大多采用钢筋混凝土浇制的蜗壳，简称为混凝土蜗壳。

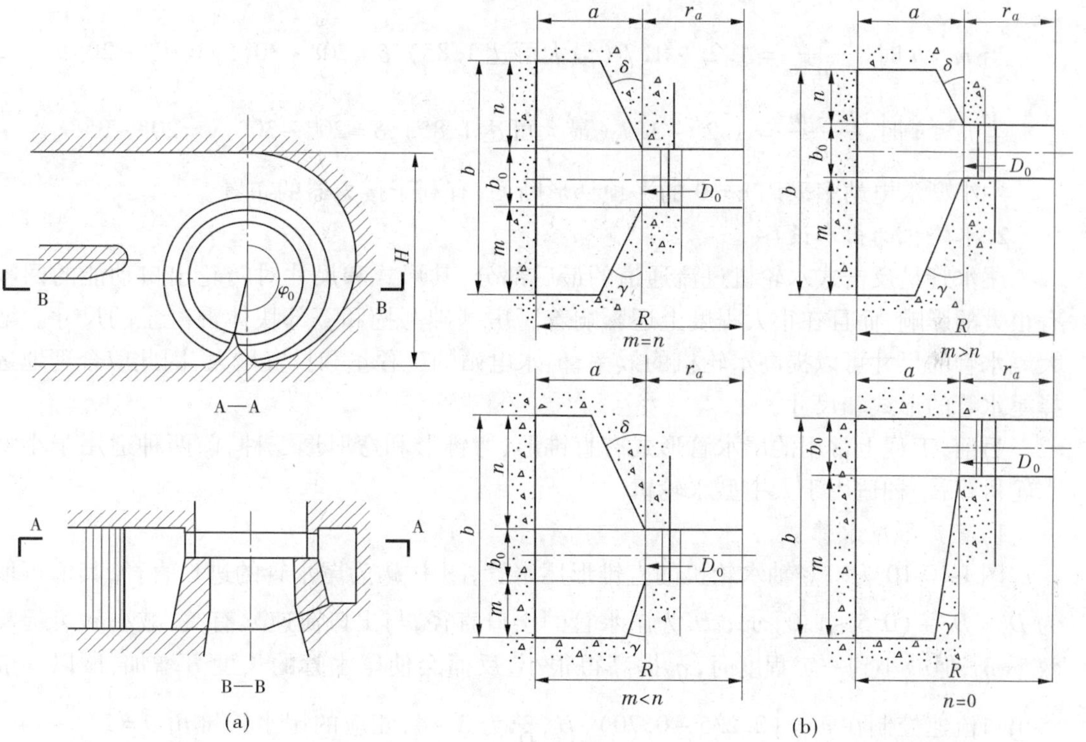

图1-10-9　混凝土蜗壳

3）蜗壳主要参数选择

蜗壳的主要参数有蜗壳的包角、蜗壳的断面形状和蜗壳进口断面平均流速。

（1）蜗壳的包角。从进口断面到末端间的圆心夹角称蜗壳的包角，用φ_0表示。蜗壳包角大小直接影响蜗壳的平面尺寸：当包角大（接近360°）时，水轮机流量全部经蜗壳进口断面进入水轮机，因此进口断面较大；当包角较小时，部分流量直接进入导水机构，经进口断面进入水轮机的流量减少，进口断面尺寸相应减小。

金属蜗壳的包角为340°～350°，多用345°。混凝土蜗壳的包角一般采用180°～270°，常选用的包角为180°。

（2）蜗壳的断面形状。金属蜗壳断面形状为圆形，断面的半径从进口至末端随着流量的减小而减小，蜗壳尾部断面的半径较小，为了便于与座环连接，断面形状由圆形逐步过渡到椭圆形。

混凝土蜗壳的断面形状常为梯形。由于断面可以沿轴向向上或向下延伸，在断面面积相等的情况下梯形比圆形径向尺寸要小，有利于减小厂房尺寸和基建投资，所以混凝土蜗壳特别适用于低水头、大流量的轴流式水轮机。混凝土蜗壳也有用在水头大于40 m的情况(目前最高可用到80 m),此时需在蜗壳内壁做钢板衬砌,钢板的厚度为10~16 mm,仅作为防渗与摩损的保护层。混凝土蜗壳断面形状见图1-10-9(b)。为减小蜗壳平面尺寸,通常选择$b>a$。

当$m=0$或$n=0$时,$\frac{b}{a}=1.50\sim1.75$(最大可达2.0),$\delta=30°$,$\gamma=10°\sim15°$;

当$m>n$时,$\frac{b-n}{a}=1.2\sim1.7$(最大可达1.85),$\delta=20°\sim30°$,$\gamma=10°\sim20°$;

当$m\leqslant n$时,$\frac{b-m}{a}=1.2\sim1.7$(最大可达1.85),$\delta=20°\sim30°$,$\gamma=20°\sim35°$。

中小型水电站多采用$n=0$的平顶梯形断面,有利于接力器的布置。

2. 水轮机的出水设备

尾水管是反击式水轮机过流通道的最后部分,其形式和尺寸对转轮出口动能的回收有很大的影响,而且在很大程度上还影响着厂房基础开挖和下部块体混凝土的尺寸。增大尾水管的尺寸可以提高水轮机的效率,但水电站的工程量和投资增大,因此应合理地选择尾水管的形式和尺寸。

目前,工程上常用的尾水管形式有直锥形、弯锥形和弯肘形三种,前两种适用于小型水轮机,后一种适用于大中型水轮机。

1)直锥形尾水管

图1-10-10为一竖轴水轮机的直锥形尾水管,图中D_3为尾水管的进口直径,其值可取为$D_3=D_1+(0.5\sim1.0)$cm;D_5为尾水管的出口直径,与出口流速v_5有关,减小v_5可提高效率η_d,但减小到一定程度时,η_d提高得很小,反而会使尾水管的长度L增加,所以一般将出口流速控制在$v_5=(0.235\sim0.70)\sqrt{H}$,$\frac{L}{D_3}$为3~4,相应的尾水管锥角$\theta=12°\sim14°$,在$L$与$\theta$值选定之后,则$D_5=2L\tan\frac{\theta}{2}+D_3$。

为了保证尾水管排出的水流能够在尾水渠中顺畅流动,尾水渠的尺寸应不小于下列数值,如图1-10-10所示,$h=(1.1\sim1.5)D_3$,$B=(1.2\sim1.0)D_3$,$C=0.85B$。为了保证尾水管的工作,出口应淹没在下游水位以下,淹没深度b_2应不小于0.3~0.5 m。

直锥形尾水管一般用钢板制成,当其结构简单、性能良好,各部尺寸合宜时,效率η_d可达0.8~0.85。直锥形尾水管仅适用于小型水轮机,大中型水轮机如果采用$\frac{L}{D_3}=3\sim4$,会形成很深的开挖,很不经济。

2)弯锥形尾水管

对于小型卧轴混流式水轮机,为了布置上的方便,多采用弯锥形尾水管,由一等直径的90°弯管和一直锥管组成,如图1-10-11所示。由于弯管中流速较大,同时转弯后流速分布也不均匀,所以水力损失较大。直锥管的尺寸选择和上述情况一样,这种尾水管的效率η_d一般为0.4~0.6。

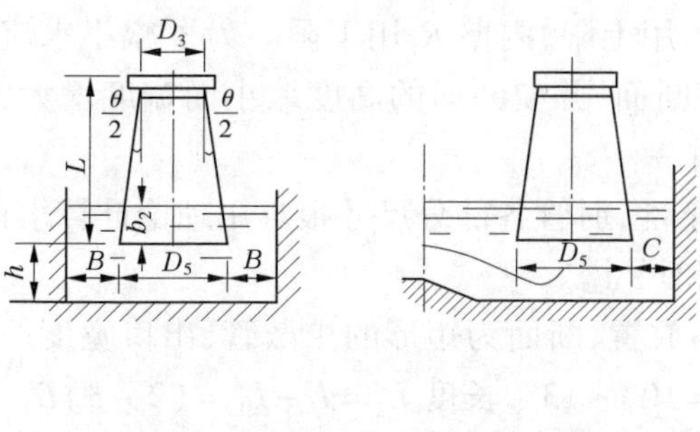

图 1-10-10　直锥形尾水管和尾水渠

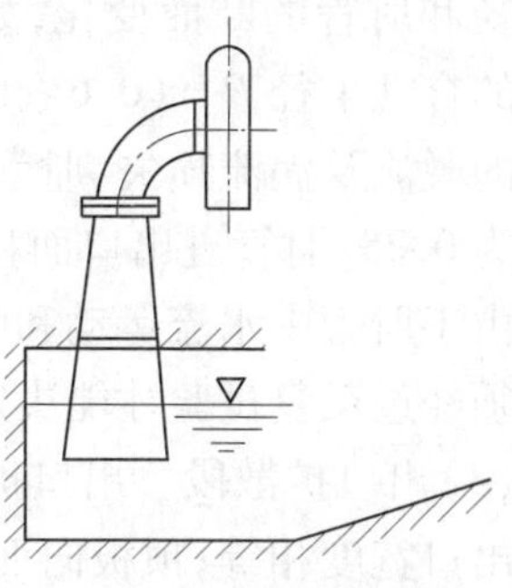

图 1-10-11　弯锥形尾水管

3)弯肘形尾水管

对于大中型水轮机,为了减小尾水管的开挖深度,都采用弯肘形尾水管。图 1-10-12 为一轴流转桨式水轮机的弯肘形尾水管。图 1-10-13 为一混流式水轮机的弯肘形尾水管。弯肘形尾水管是由进口直锥段、肘管和出口扩散段三部分组成,现分述如下。

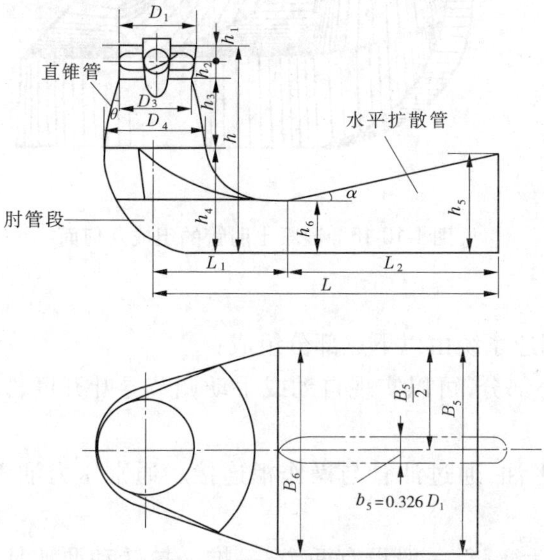

图 1-10-12　轴流转桨式水轮机的弯肘形尾水管

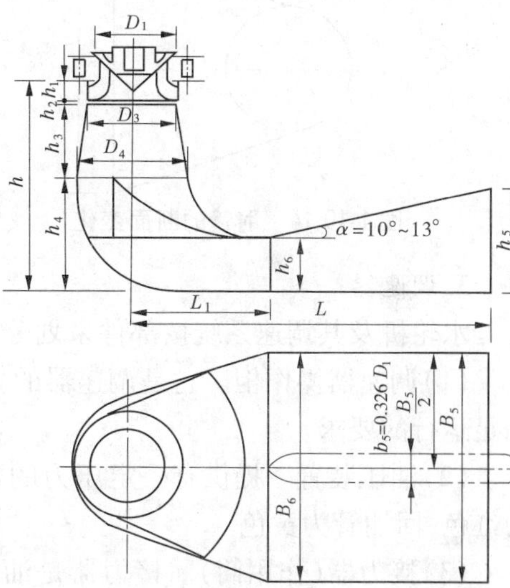

图 1-10-13　混流式水轮机的弯肘形尾水管

(1)进口直锥管。进口直锥管是一垂直的圆锥形扩散管,D_3为直锥管的进口直径,由于混流式水轮机的直锥管与基础环相连接,D_3等于转轮出口直径 D_2;轴流转桨式水轮机直锥管与转轮室里衬相连接,可取 $D_3=0.973D_1$。直锥管的扩散角 θ 的取值为:混流式水轮机 $\theta=14°\sim18°$,轴流转桨式水轮机 $\theta=16°\sim20°$。h_3为直圆锥管的高度,增大 h_3 可以减小肘管的入口流速,减小水头损失。为了防止旋转水流和涡带脉动压力对管壁的破坏,一般在混凝土内壁做钢板里衬,里衬亦可作为施工时的内模板。

(2)肘管。肘管是一 90°变断面的弯管,进口为圆断面,出口为矩形断面(见图 1-10-14)。水流在肘管转弯时受到离心力的作用,压力和流速的分布很不均匀,转弯后流向水平段时又形成了扩散,因而在肘管中产生了较大的水力损失。影响水头损失的最主要因素是转弯半径和肘管的断面变化,如图1-10-15所示。曲率半径越小,则离心力越大,一般推荐使用的合理半径 $R=(0.6\sim1.0)D_4$,外壁 R_6 用上限,内壁 R_7 用下限。为了减小水流在转弯处的脱流及涡流损失,肘管出口做成收缩断面,并使断面的高度缩小而宽度增大,高宽比约为0.25,肘管进出口面积比在1.3左右。

由于肘管中水流运动和断面变化的复杂性,肘管各部分尺寸很难用理论计算求得,因而必须经过反复试验才能决定较好的形式和尺寸。

(3)出口扩散段。出口扩散段是一水平放置、断面为矩形的扩散管,出口宽度一般与肘管出口宽度相等;顶板向上倾斜,仰角 $\alpha=10°\sim13°$,长度 $L_2=L-L_1=(2\sim3)D_1$;底板呈水平。当出口宽度过大时,可按结构要求加设中间支墩,如图1-10-14、图1-10-15所示。

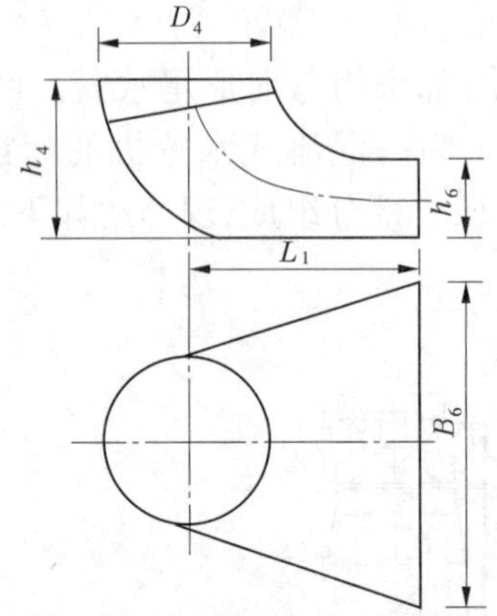

图1-10-14　肘管的断面变化

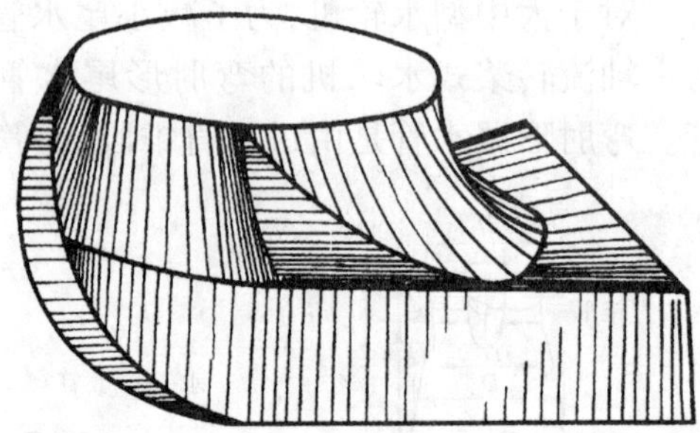
图1-10-15　混凝土肘管的组成几何面

3. 调速器

水轮机及其调速系统按部件来划分,调速系统由以下三部分组成:

(1)调速器操作柜。它是调速器的核心部分,可以实现自动或手动调节导叶开度,以满足运行的要求。

(2)油压装置。提供有一定压力的透平油,通过油管与操作柜连接。通常压力油管为红色,回油管为黄色。

(3)接力器(作用筒)。接力器是油压活塞筒,一般设有两个,一推一拉转动调速环。操作柜中的配压阀根据自动调节机构的指令,控制通向接力器压力油的流向,推动调速环,改变导叶开度,调节机组出力。

调速系统的布置,就是要分别确定三部分部件的位置。

二、发电机

(一)发电机的形式和布置方式

1. 发电机的形式

发电机的形式有悬挂式、伞式两种,其外形和主要尺寸如图1-10-16所示。

发电机的转子是由推力轴承和导轴承固定在上下机架上的,其中转动部分的荷载主要是传给推力轴承,导轴承起稳定作用,防止机组摆动。

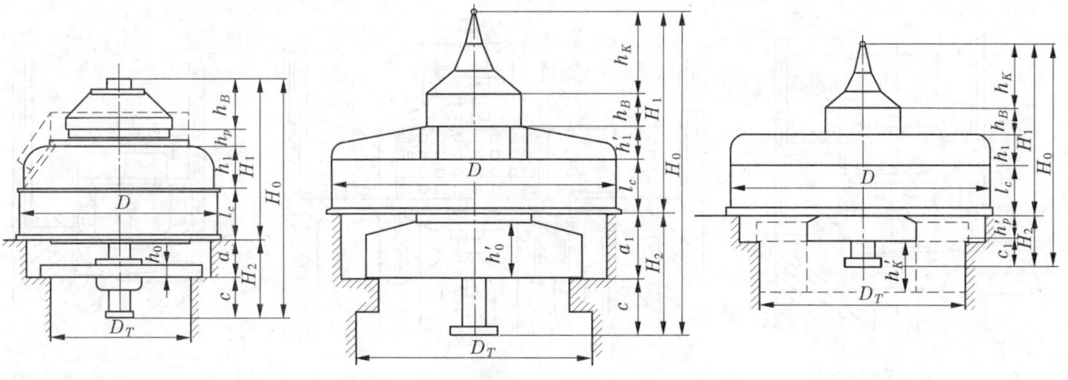

图 1-10-16　发电机外形及主要尺寸

悬挂式发电机的推力轴承设在上机架，荷载由推力轴承传给上机架，再由定子传给发电机墩。悬挂式发电机转动部分的重心低于悬挂点——推力轴承，因此发电机的转动比较稳定，适用于高转速的发电机。一般转速大于 150 r/min 的机组多采用悬挂式发电机。悬挂式发电机的上机架一般有 4 ~ 12 个支臂，视发电机尺寸和重量而定。下机架可由两根平行梁或十字梁、井字梁等制成，用于支承导轴承和制动闸。

伞式发电机的推力轴承设在下机架，荷载由推力轴承传给下机架，再传给发电机墩。伞式发电机的总高度比较低，可以降低厂房的高度，但由于转动部分的重心在推力轴承之上，发电机的转动稳定性比较差，因此低转速的发电机多采用伞式结构。伞式发电机根据轴承的设置可细分为：普通伞式——有上下导轴承；半伞式——有上导轴承，无下导轴承；全伞式——无上导轴承，有下导轴承。

发电机的主要尺寸与参数包括上机架直径与高度、定子内外径与高度、通风道外径、下机架直径与高度、转子带轴的高度、水轮机井内径以及转子带轴的重量等。

2. 发电机的布置方式

发电机一般布置在发电机层或发电机层地面以下，主要形式有埋没式、敞开式、半岛式三种，如图 1-10-17 所示。

埋没式是最常用的形式，发电机布置在发电机层楼板以下，即发电机层楼板位于定子顶部、地面以上，只露出发电机上机架和励磁机。这种布置形式的发电机层比较宽敞，便于其他设备的布置，又不受发电机排出热风的影响，所以工作条件比较好。同时，也便于厂房内设备的吊运、安装、检修和发电机出线布置。它适用于机组容量比较大的水电站（见图 1-10-18）。

敞开式的发电机布置在发电机层楼板以上，即发电机层楼板位于定子底部，发电机的大部分都露出在地面以上。这种布置形式的发电机层比较窄，不便于厂房内设备的吊运、安装、检修，其他辅助设备和发电机出线布置。由于受发电机排出的热风影响，所以其工作条件比较差，适用于机组容量比较小的水电站。

（二）发电机支承结构

发电机上部支承结构取决于发电机尺寸，主要是通风道外径及高度、定子内（外）径

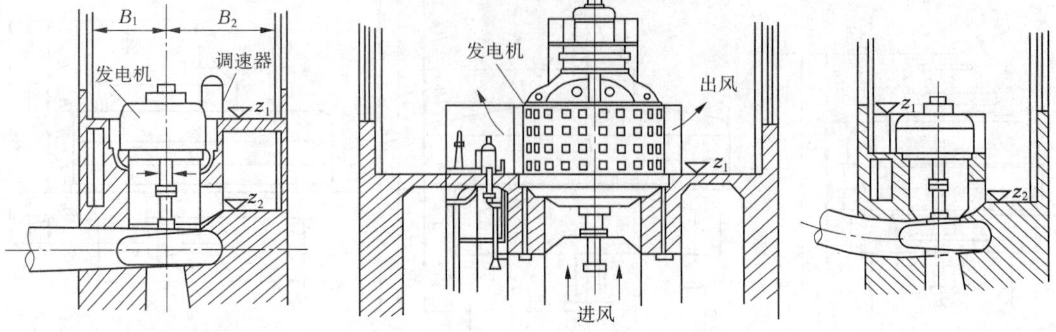

(a)埋没式　(b)敞开式　(c)半岛式

图 1-10-17　发电机布置方式示意

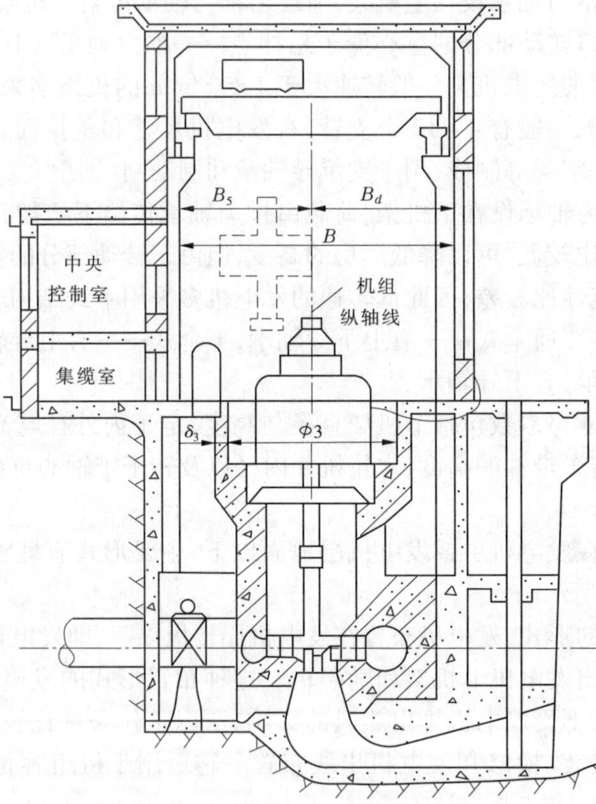

图 1-10-18　埋没式厂房布置剖面

及高度、下机架直径及高度和水轮机井直径,它们决定了发电机墩上部的内部尺寸。

发电机墩的下部结构是指定子圈梁以下部分的支承结构,常有以下几种形式:

(1)圆筒式机墩,如图 1-10-19(a)所示。它是上下直径相同、等厚度的钢筋混凝土圆筒结构。圆筒式机墩适用于容量比较大的机组,其特点是结构简单,刚度大,抗扭、抗震性能好。缺点是工程量比较大,水轮机井空间小,水轮机安装、检修不够方便。

(2)平行墙式机墩,如图1-10-19(b)所示。平行墙式机墩是由两道钢筋混凝土平行墙组成的,顶部连接发电机圈梁(或横梁),其特点是水轮机井比较宽敞,工作方便,水轮机检修时,不需要拆除发电机,水轮机转轮和导水机构可直接从平行墙之间吊出。但其刚度和抗扭性不如圆筒式机墩。

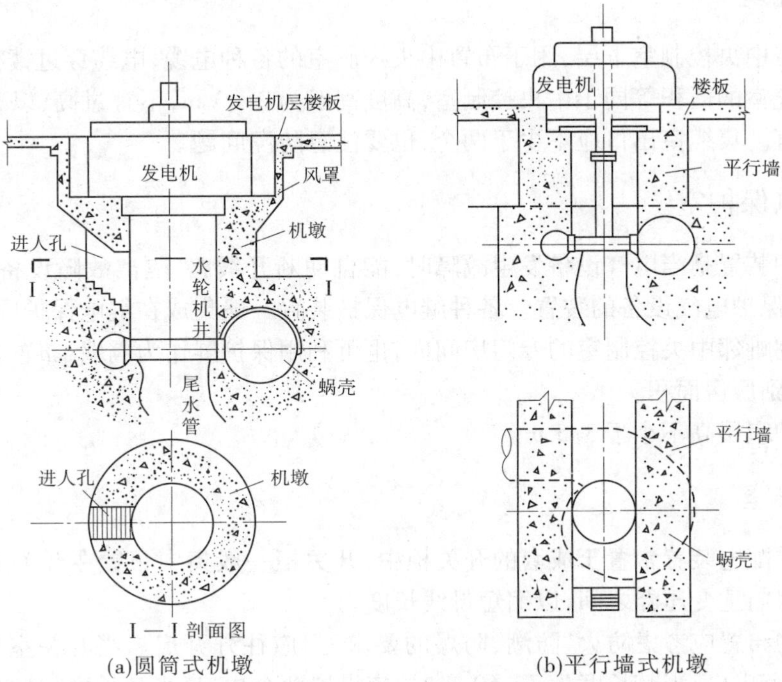

图1-10-19 圆筒式机墩和平行墙式机墩

(3)环形梁式机墩。中小型机组,由于机组产生的扭矩比较小,对机墩的抗扭性能要求比较低,为简化结构、减少投资,将圆筒式机墩的圆筒结构简化为四根(或六根)环形布置的立柱,即成为环形梁式机墩。其顶部仍与环形圈梁连接,这种机墩结构简单、经济,更加方便于水轮机的检修、安装和维护,便于接力器的布置。但其刚度和抗扭性比较差。

(4)框架式机墩。它是由两个平行的混凝土框架和两根横梁组成的,发电机直接安装在横梁上,其特点与环形梁式机墩类似,适用于小型机组。

第三节 副厂房

副厂房是设置机电设备运行、控制、试验、管理设施和运行管理人员工作和生活的厂房建筑。副厂房布置包括中央控制室、集缆室、继电保护室、开关室、通信室、母线廊道、厂用电设备室、电气试验室、值班调度室、办公室和生活用房等。

一、中央控制室

中央控制室负责水电站的运行、调度、控制、保护和监视等方面的任务,是整个水电站的中枢。布置的设备主要包括控制盘、继电保护盘、信号盘、直流盘、厂用电盘、照明盘等。

中央控制室应尽量靠近主厂房,以便巡视和及时处理事故。在主厂房与副厂房之间应设置玻璃窗,以便监视主厂房的运行情况。同时要保证中央控制室有良好的工作条件,特别要保证在防止噪声、防潮、通风、采光等方面的工作条件。

二、集缆室

集缆室在中央控制室下层,用于布置中央控制室的各种电缆,电缆穿过楼板与各种设备连接。集缆室的面积等同于中央控制室,高度一般为2~3 m,不宜过高,以工作人员能直立工作为宜。集缆室出口应不少于两个,也要注意防潮问题。

三、继电保护室

继电保护装置是当电气设备发生故障时,能自动断开线路,隔离故障设备,防止事故进一步扩大,保护电气设备的装置。各种继电保护装置一般集成在继电保护屏内,继电保护屏应布置在毗邻中央控制室的专门房间内,也可利用保护屏作为隔墙,布置在中央控制室内,以减小副厂房面积。

继电保护室层高不小于3.5 m。

四、开关室

发电机的配电装置常置于成套的开关柜中,开关柜一般集中布置在开关室。开关室应位于主厂房与主变压器之间,以缩短母线长度。

开关室的布置应考虑防火、防潮、防爆的要求,门应往外开启。当开关室长度小于7 m时,可设一个出口;当其长度为7~60 m时,应设置两个出口;当其长度超过60 m时,应设置三个出口。

五、通信室及远动装置室

当输电电压在110 kV以上时,为了便于与调度中心联系,由系统调度中心指挥水电站运行,应专设载波电话通信室、自动交换机室、微波通信室和远动装置室等。这些房间应靠近中央控制室布置,并同一高程,室内最小高度为3.5 m。

第四节 卧式机组厂房

一、卧式机组地面厂房的特点分析

卧式机组地面厂房分为上部结构和下部结构。上部为单层结构,布置的设备有水轮机、发电机、调速器、机旁盘、桥式吊车等,平面上划分为主机室和安装间。下部结构主要有尾水室、尾水渠、主阀坑、管沟和基础等。与立式机组厂房相比,卧式机组厂房高度低,平面尺寸大,结构简单,造价低,设备布置、安装、检修和维护方便,适用于小型水电站。卧式机组一般分为混流式、冲击式、贯流式。

二、厂房的主机设备布置

(一)机组排列方式

卧式机组的水轮机和发电机呈一条直线布置在厂房内,机组的排列方式有以下三种,如图 1-10-20所示。

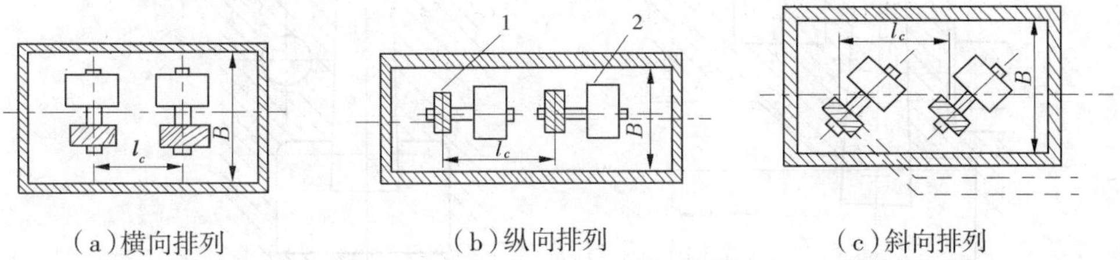

1—水轮机;2—发电机

图 1-10-20 卧式机组平面排列方式

1. 横向排列

各机组平行布置,即机组轴线与厂房纵轴线垂直,如图 1-10-20(a)所示。这种布置,水轮机的进出水方向与厂房横轴线垂直,而进水管与厂房横轴线平行,所以水流不平顺。厂房长度较小,宽度相对大,厂房的跨度大,增加了厂房的结构投资。但当机组台数多时,可以减小厂房长度,因此适用于机组较多的水电站。

2. 纵向排列

各机组成一线排列,即机组轴线与厂房纵轴线平行,如图 1-10-20(b)所示。这种布置,水轮机的进出水方向与厂房横轴线平行,水流平顺,有利于运行管理。厂房较长,宽度小,适用于机组较少的水电站。

3. 斜向排列

各机组平行布置,但机组轴线与厂房纵轴线成斜角,如图 1-10-20(c)所示。这种布置,水轮机的进出水方向与厂房横轴线成一夹角,而进水管与厂房横轴线平行,所以水头损失介于以上两种之间。厂房长度、宽度也介于以上两种之间。这种布置适用于机组较多,而又要减小厂房尺寸的水电站。

(二)混流式、冲击式水轮机组厂房的设备布置

混流式、冲击式水轮机组的进水管、主阀坑和各种管沟均布置在厂房的上游侧,调速器一般固定在水轮机旁,机旁盘、励磁盘等布置在下游侧。吊物通道可设在上游侧,但要跨过主阀,如布置在下游侧,应在机旁盘与机组之间留有足够的距离。

1. 混流式水轮机组厂房下部结构的布置

混流式水轮机的蜗壳布置有两种方式:进口水平和进口朝下,如图 1-10-21 所示。

进口水平布置可以减小蜗壳高度,水流亦比较平顺,但引水管露在厂房地面以上,影响厂房设备布置和交通。进水管管轴的方向必须与机组主轴垂直。

进口朝下布置蜗壳高度较大,进水管必须通过 90°的弯头,才能与蜗壳进口连接,水头损失较大,但这种方式,由于进水管埋在地面以下,所以不影响厂房内的交通与设备布

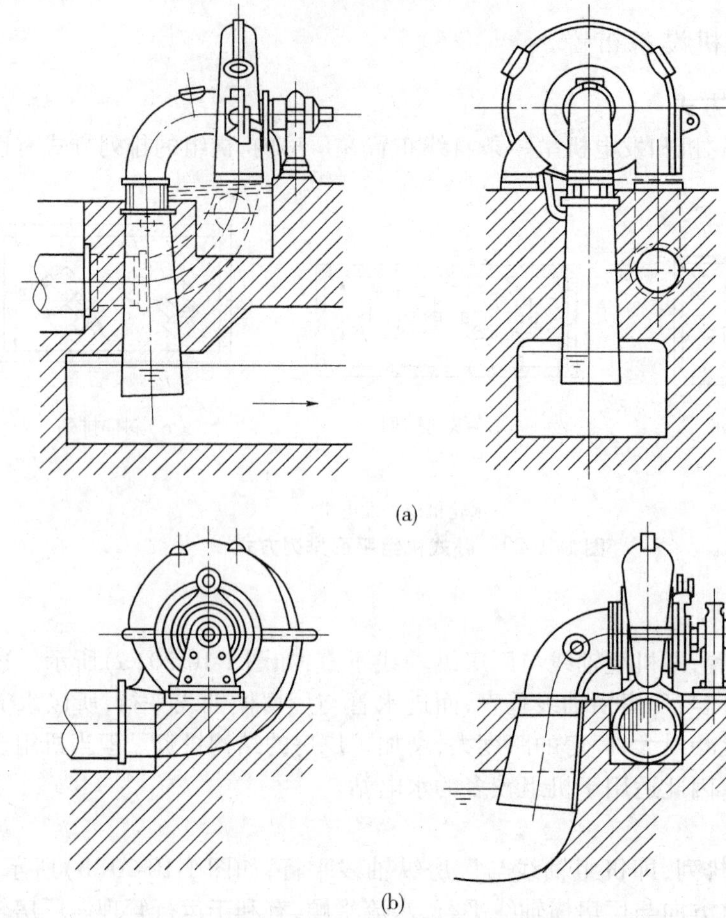

图 1-10-21　卧轴金属蜗壳水轮机的布置

置;进水管的布置也比较灵活,进水管管轴的方向可以与机组主轴从垂直到平行的任何角度布置,如图 1-10-22 所示。

卧式机组常采用直锥形管,通过 90°的弯头与蜗壳出口连接,尾水管伸入尾水室,尾水管出口必须淹没在水面以下 0.3 ~ 0.5 m。

卧轴混流式水轮发电机组的整个转动部分是由 2 ~3 个轴承支承的,其中一个为推力轴承。轴承通过轴承座将力传给地基,并将轴承固定在基础上。水轮机蜗壳、发电机定子外壳由地脚螺丝直接固定在地基上。发电机地面以下中间位置开设电缆坑和通风道。采用横向布置时的卧式机组厂房结构如图 1-10-23 所示。

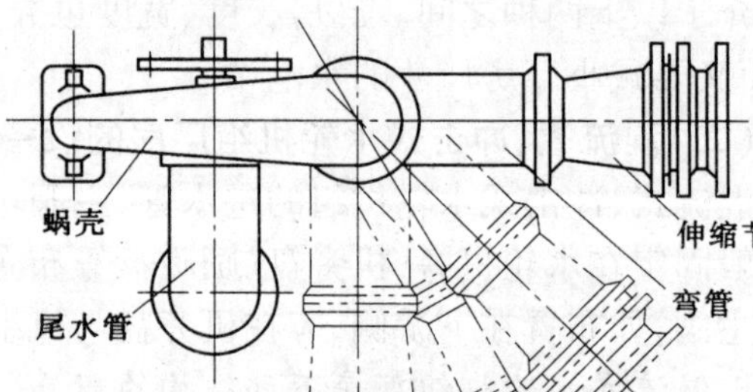

图 1-10-22　进水管的可能布置方式

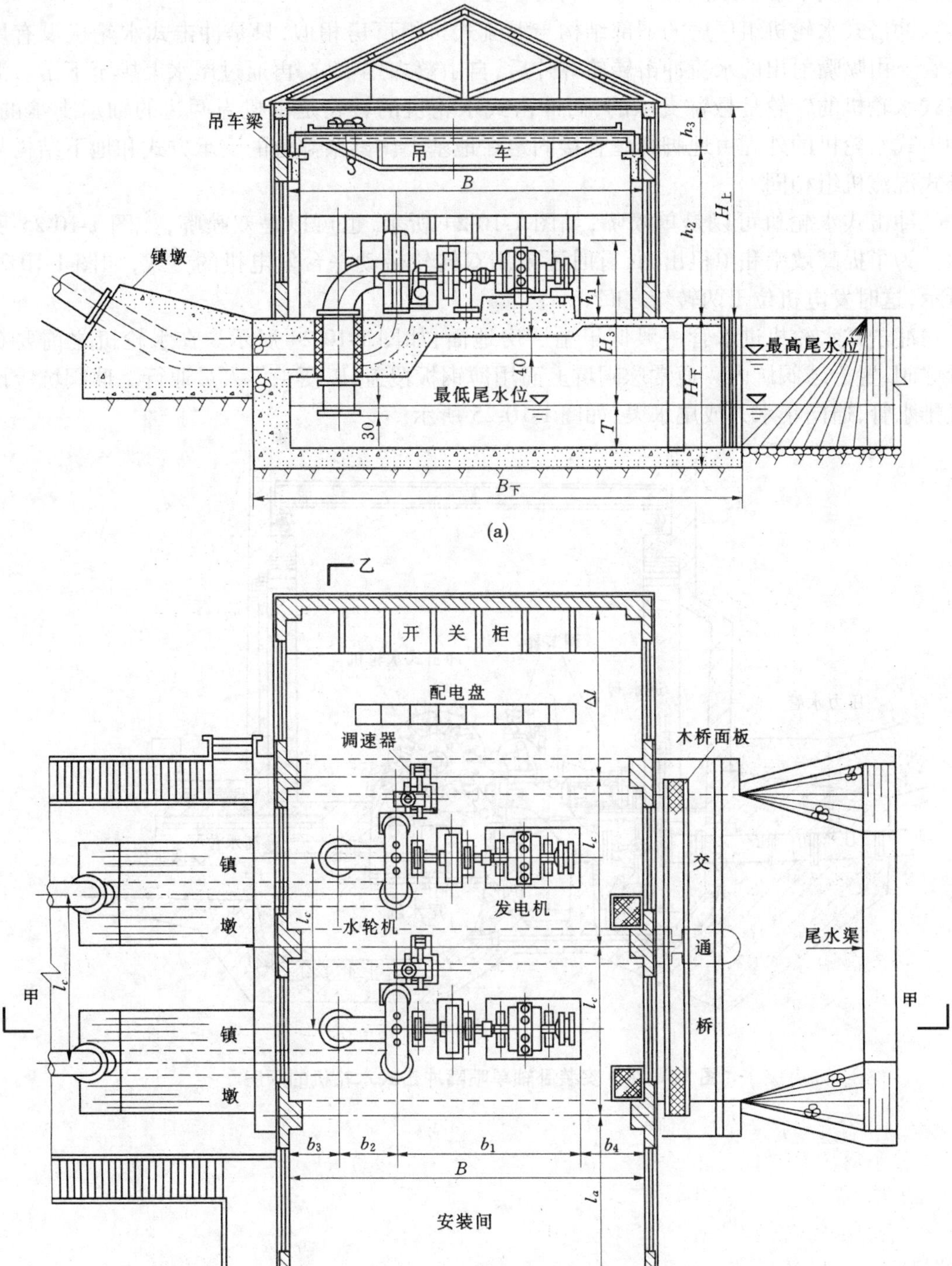

图 1-10-23 安装卧式反击式水轮机厂房 （单位:cm）

2. 冲击式水轮机组厂房下部结构的布置

冲击式水轮机组厂房的下部结构与混流式机组厂房相似，只是冲击式水轮机没有尾水管。由喷嘴射出的水流冲击转轮叶片后，自由落入尾水坑，再通过尾水渠排至下游。混流式水轮机的转轮是悬臂支承的，而冲击式水轮机的转轮是由机壳两边的轴承支承的。冲击式水轮机的外壳由地脚螺丝直接固定在地基上。其余部分的支承方式和地下结构与卧式混流机组相同。

冲击式水轮机可以是单喷嘴，如图 1-10-24 所示，也可以是双喷嘴，如图 1-10-25 所示。为了提高效率和单机出力，有时还采用双转轮带动一台发电机的方式，如图 1-10-25 所示，这时发电机位于两转轮之间。

冲击式水轮机进水管一般低于主厂房地面，如图 1-10-24 所示。在水轮机之前要布置球阀，置于球阀坑内。通常球阀坑上面用薄钢板覆盖，以便工作人员通行。球阀坑应设置排水管，通向集水井或尾水渠，如图 1-10-25 所示。

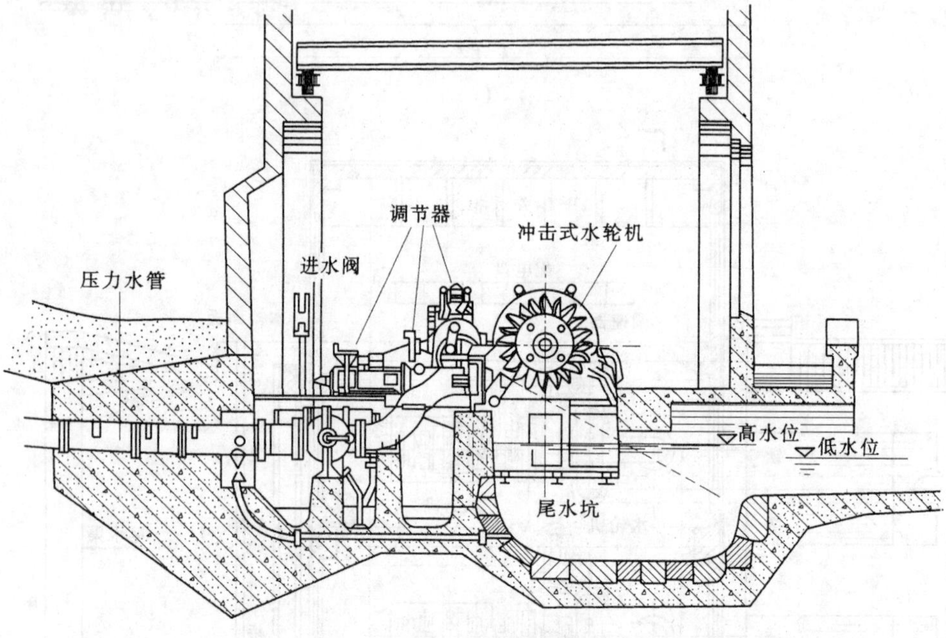

图 1-10-24　安装卧轴单喷嘴冲击式水轮机的厂房

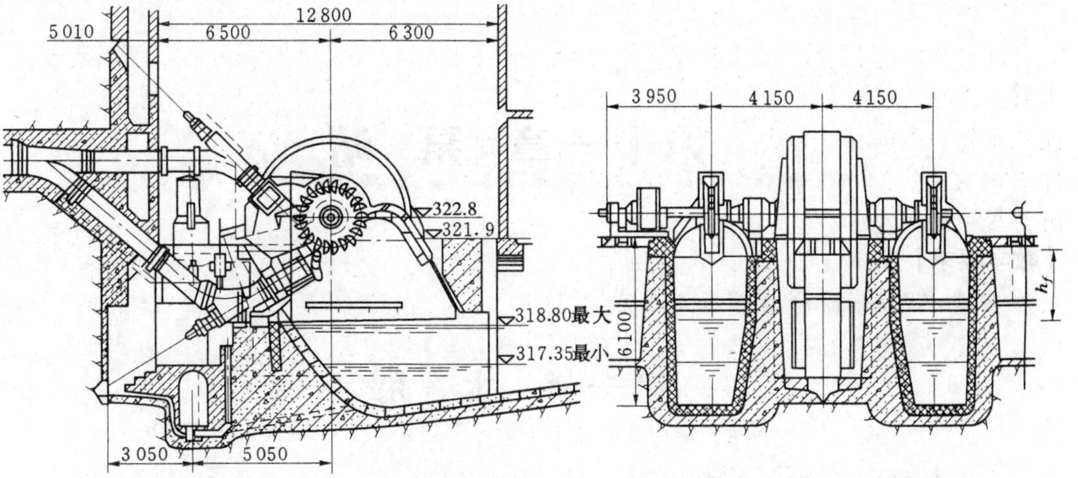

（单机数据为：$H=482$ m，$Q=2\times2\times2.65$ m^3/s，$N=44\ 050$ kW(58 850 HP)；
$n=375$ r/min，$D=2.2$ m，$d=0.195$ m，$n_p=21$ r/min）

图 1-10-25　安装双喷嘴双转轮冲击式水轮机的厂房　（单位：mm）

思考题

1-10-1　查阅有关资料，了解水轮机的构造和特性。

1-10-2　查阅有关资料，了解水轮机汽蚀现象与汽蚀系数的确定。

1-10-3　查阅有关资料，了解水轮机调速设备特性及其安装要求。

1-10-4　查阅有关资料，了解发电机的基本构造和安装要求。

1-10-5　查阅有关资料，了解水电站起重设备的特性和安装要求。

1-10-6　查阅有关资料，了解单层工业厂房的建筑构造。

1-10-7　水轮机布置的基本要点是什么？

1-10-8　发电机布置的基本要点是什么？

1-10-9　副厂房的组成有哪些？

1-10-10　什么是厂房内的水平交通和垂直交通？

1-10-11　结合工程实例绘制水电站立式机组厂房横断面、发电机层平面和水轮机层平面布置图。

1-10-12　结合工程实例绘制水电站卧式机组厂房横断面和平面布置图。

第十一章 泵站

【教学要求】

熟悉水泵站的抽水装置及其组成。

第一节 水泵

一、水泵类型及其应用范围

水泵是将机械能转变为水能的水力机械,其作用是提升水体,是泵站主要的机电设备。水泵的类型繁多,主要有叶片泵、容积泵(往复泵、回转泵)和其他泵三大类。叶片泵又可分为离心泵、轴流泵、混流泵。水利工程中采用最多的是叶片泵。

(一)离心泵

如图1-11-1所示为单级单吸离心泵工作示意图,其组成部件包括进水管、叶轮、泵体、泵轴和出水管。其中,叶轮是主要工作部件,其结构见简图1-11-2。

(1)离心泵工作原理。当启泵时,水泵的吸水管和叶轮均充满水;当电机转动时,带动叶轮并推动叶轮中的水体旋转,叶轮中的水体在离心力的作用下,由叶轮中心流向叶轮外缘,并被挤压在泵体内,使泵体的水压上升,受压水体沿连接在泵体上的出水管导出来,压能转换为势能,使水体提升到出水池。与此同时,由于水体被推向叶轮圆周边缘,致使叶轮中心形成真空,因而进水池的水体通过吸水管被吸入。这样,水体从进水池被源源不断地吸入,在叶轮作用下,又不断地推向出水池,从而完成连续的抽水过程。

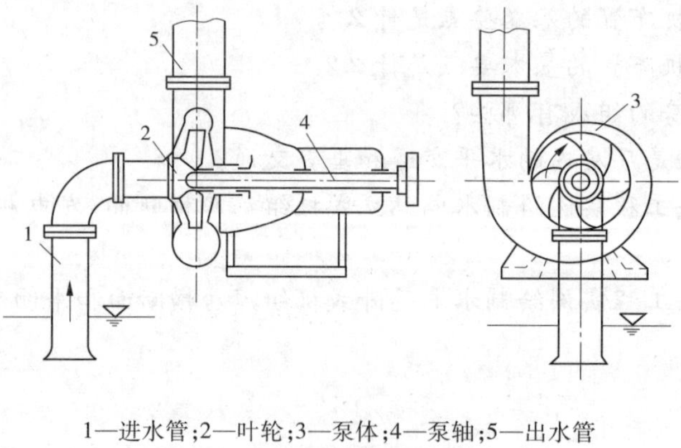

1—进水管;2—叶轮;3—泵体;4—泵轴;5—出水管

图1-11-1 单级单吸离心泵工作示意

(2)离心泵的类型。离心泵按其结构可分为单级单吸离心泵(见图1-11-2)、单级双吸离心泵(见图1-11-3)和节段多级离心泵(见图1-11-4)。

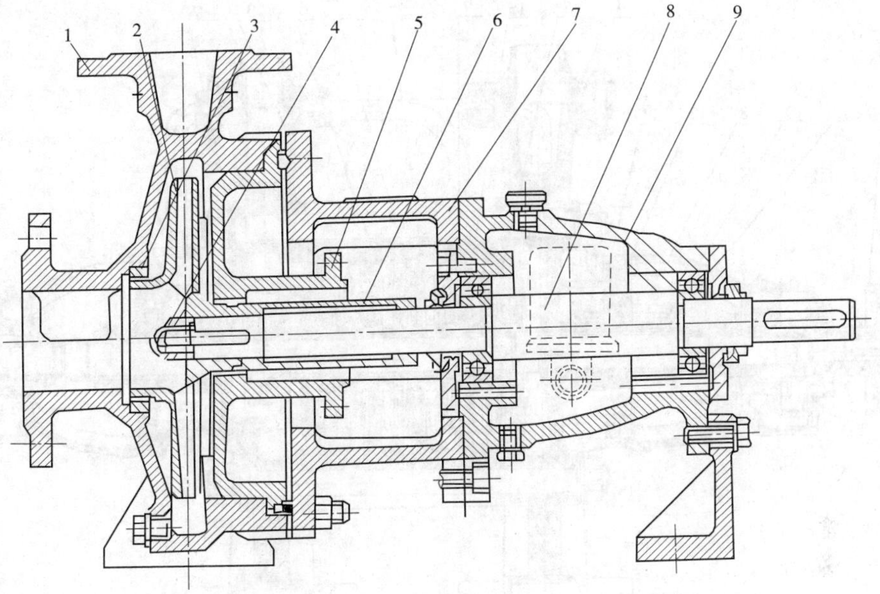

1—泵体;2—叶轮;3—密封环;4—叶轮螺母;5—泵盖;
6—密封部件;7—中间支架;8—轴;9—悬架部件

图 1-11-2　单级单吸离心泵

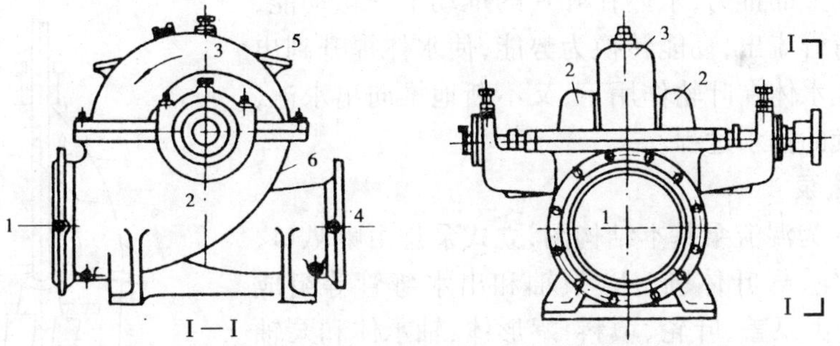

1—吸水口;2—半螺旋形吸入室;3—蜗形压出室;4—出水口;5—泵盖;6—泵体

图 1-11-3　单级双吸离心泵

单级单吸离心泵的缺点是叶轮两侧所受水压力不均衡,会产生较大的轴向推力,使支承部件受力较大。为克服这一缺点,较大型的离心泵多采用双吸泵,双吸泵对称布置,可避免叶轮受力不均衡。

节段多级离心泵是由若干个叶轮串联起来工作的,以获得更大的扬程。

(二)轴流泵

图 1-11-5 为立式轴流泵基本构造图,它是由叶轮、导叶、泵轴、喇叭管和出水弯管组成的。

轴流泵工作原理:轴流泵叶轮置于水下,当电机转动时,带动叶轮旋转,叶轮叶片直接

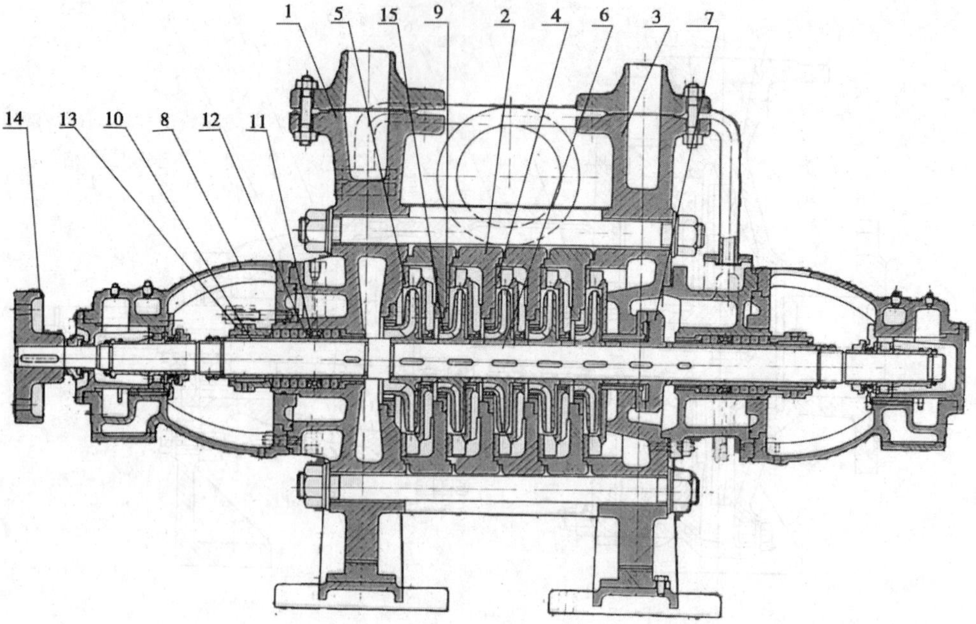

1—吸入段;2—中段;3—压出段;4—导叶;5—叶轮;6—轴;7—平衡盘;8—轴承结合部;9—泵体密封环;10—轴套;11—填料环;12—填料;13—中开填料压盖;14—联轴器;15—叶轮密封环

图1-11-4　节段多级离心泵

对水体产生向上的推力,水体在叶片的推动下获得动能,并沿着出水弯管流出,动能转换为势能,使水体提升到出水池。进水池水体在叶轮作用下,又不断地推向出水池,从而完成连续的抽水过程。

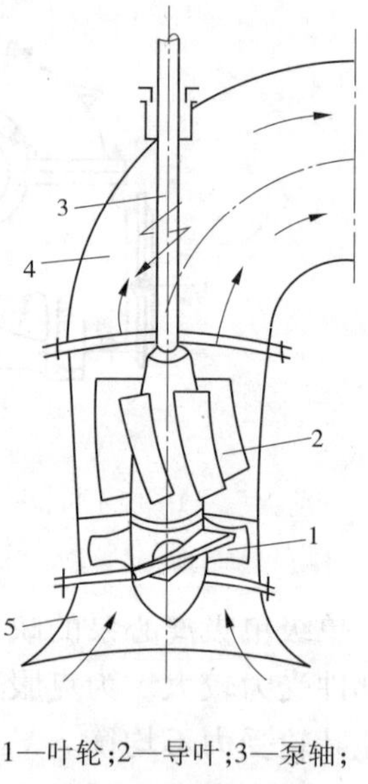

1—叶轮;2—导叶;3—泵轴;4—出水弯管;5—喇叭管

图1-11-5　立式轴流泵基本构造

(三)混流泵

图1-11-6为混流泵基本结构图,立式泵是由喇叭口、动叶外圈、叶轮、导叶体、底座、泵轴和出水弯管等组成的。卧式泵是由泵盖、叶轮、填料、蜗形体、轴承体和泵轴等组成的。

混流泵工作原理:介于离心泵和轴流泵之间,水体同时受到离心力和叶片推力的作用。

混流泵按结构可分为导叶式和蜗壳式两种,见图1-11-6。

(四)水泵的应用范围

常用水泵的应用范围见图1-11-7。

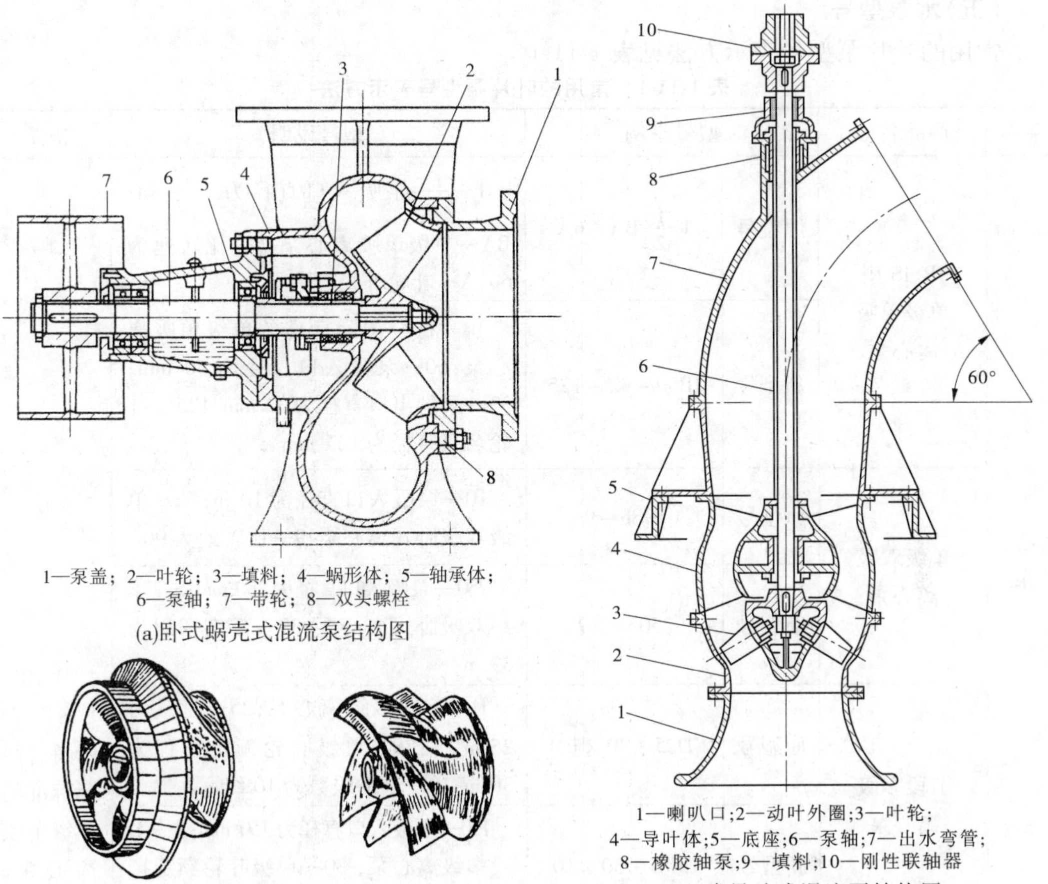

1—泵盖；2—叶轮；3—填料；4—蜗形体；5—轴承体；6—泵轴；7—带轮；8—双头螺栓

(a)卧式蜗壳式混流泵结构图

(b)混流泵叶轮

1—喇叭口;2—动叶外圈;3—叶轮;4—导叶体;5—底座;6—泵轴;7—出水弯管;8—橡胶轴泵;9—填料;10—刚性联轴器

(c)立式导叶式混流泵结构图

图 1-11-6　混流泵基本结构

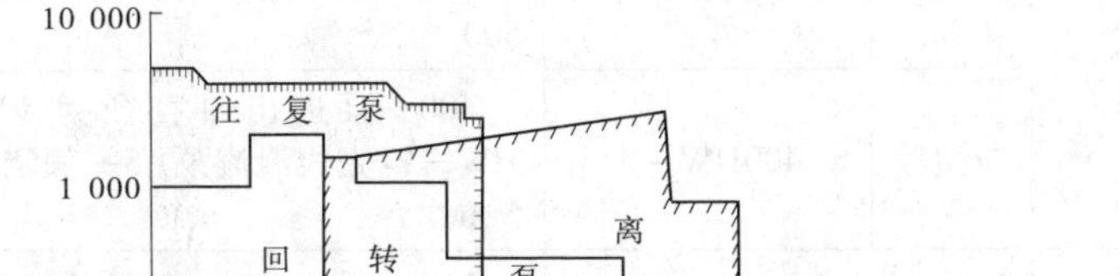

图 1-11-7　常用水泵的应用范围

(五)水泵型号

常用的叶片泵型号表示方法见表1-11-1。

表1-11-1 常用的叶片泵型号表示方法

<table>
<tr><th>泵类</th><th>产品名称</th><th colspan="2">型号举例</th><th>型号说明</th><th>备注</th></tr>
<tr><td rowspan="6">离心泵</td><td rowspan="2">IB、IS型单级单吸离心泵</td><td>原型号</td><td>$1\frac{1}{2}$BA－6A</td><td>$1\frac{1}{2}$—泵吸入口直径为$1\frac{1}{2}$ in;BA—单级单吸离心泵;6—比转速为60;A—叶轮外径已车削</td><td rowspan="11">“IB”“IS”表示符合国际标准的单级单吸离心泵;“新型号”指更新换代产品</td></tr>
<tr><td>新型号</td><td>IB50－32－125</td><td>IB—符合国际标准的单级单吸离心泵;50—泵吸入口直径为50 mm;32—泵的出口直径为32 mm;125—叶轮名义直径为125 mm</td></tr>
<tr><td rowspan="2">单级双吸离心泵</td><td>原型号</td><td>10Sh－9</td><td>10—泵吸入口直径为10 in;Sh—单级双吸卧式离心泵;9—比转速为90</td></tr>
<tr><td>新型号</td><td>250S－39</td><td>250—泵吸入口直径为250 mm;S—单级双吸卧式离心泵;39—额定扬程为39 m</td></tr>
<tr><td rowspan="2">节段多级离心泵</td><td>原型号</td><td>D25－30×10</td><td>D—节段多级离心泵;25—流量为25 m^3/h;30—单级叶轮额定扬程为30 m;10—泵的级数为10级</td></tr>
<tr><td>新型号</td><td>150D－30×10</td><td>150—泵吸入口直径为150 mm;D—节段多级离心泵;30—单级叶轮额定扬程为30 m;10—泵的级数为10级</td></tr>
<tr><td rowspan="3">混流泵</td><td rowspan="2">蜗壳式混流泵</td><td>原型号</td><td>16HB－50</td><td>16—泵吸入口、出口直径为16 in;HB—蜗壳式混流泵;50—比转速为500</td></tr>
<tr><td>新型号</td><td>400HW－5</td><td>400—泵进出口直径为400 mm;HW—蜗壳式混流泵;5—额定扬程为5 m</td></tr>
<tr><td>导叶式混流泵</td><td colspan="2">250HD－16</td><td>250—泵进出口直径为250 mm;HD—导叶式混流泵;16—额定扬程为16 m</td></tr>
<tr><td rowspan="2">轴流泵</td><td rowspan="2">中小型轴流泵</td><td>原型号</td><td>14ZLD－70
14ZLB－70
14ZXB－70</td><td>14—泵出口直径为14 in;ZLD—立式固定导叶轴流泵;ZLB—立式半调节叶片轴流泵;ZXB—斜式半调节叶片轴流泵;70—比转速为700</td></tr>
<tr><td>新型号</td><td>350ZLB－4
350ZWB－4</td><td>350—泵出口直径为350 mm;ZLB—立式半调节叶片轴流泵;ZWB—卧式半调节叶片轴流泵;4—设计扬程为4 m</td></tr>
</table>

续表 1-11-1

泵类	产品名称	型号举例	型号说明	备注
轴流泵	中小型轴流泵	700ZLQ－6	700—泵出口直径为 700 mm；ZLQ—立式全调节叶片轴流泵；6—设计扬程为 6 m	“IB”“IS”表示符合国际标准的单级单吸离心泵；“型号”指更新换代产品
	特大型轴流泵	1.6CJ－8	1.6—叶轮直径为 1.6 m；CJ—长江牌；8—额定扬程为 8 m	
		ZL30－7	ZL—立式轴流泵；30—额定流量为 30 m^3/s；7—额定扬程为 7 m	
	贯流泵	23ZGQ－42	23—叶轮直径为 2.3 m；ZGQ—贯流全调节叶片轴流泵；42—设计扬程为 42 m	

二、机组选择与装机容量

（一）选型原则

（1）泵站的排水能力应满足排灌设计要求。一般情况，在设计扬程下，泵站的工作流量不应小于排灌设计流量。

（2）经济性原则。选择的泵型、主要参数、台数等应符合经济的原则，主要确保水泵大部分运行工况处于高效率区，管理方便，运行费低。

（3）土建工程投资小。泵房土建工程与泵的规模、机组台数和泵房形式均有关系，要合理地处理规模、台数和泵房形式的关系，确保泵房土建投资最小。

（4）其他。要选用系列化、标准化产品，以及更新换代产品。

（二）依据

（1）水泵站规划成果。排灌泵站的规划成果主要有设计流量、特征水位和特征扬程等。

（2）产品系列。一般厂家会提供产品的相关技术数据和资料，也可从出版的水泵产品样本和有关手册上取得有关资料。表 1-11-2 和表 1-11-3 为某厂家提供的产品技术资料——轴流泵和混流泵产品特性表。

表 1-11-2　轴流泵产品特性

型号	叶片安装角（°）	流量		扬程（m）	转速（r/min）	电机功率（kW）	效率（%）	叶轮直径（mm）
		（m^3/h）	（m^3/s）					
900DFZLB－125－90	－6	4 095	1.14	4.1	490	90	75.6	850
		4 565	1.27	3.6			78.9	
		5 504	1.53	2.5			82.1	
		5 645	1.57	2.3			80.5	

续表 1-11-2

型号	叶片安装角(°)	流量 (m³/h)	流量 (m³/s)	扬程 (m)	转速 (r/min)	电机功率 (kW)	效率 (%)	叶轮直径 (mm)
900DFZLB-125-90	-4	5 616	1.56	4.1	490	90	80.5	850
		6 170	1.71	3.5			82.9	
		6 998	1.94	2.5			83.8	
		7 333	2.04	2.1			82.1	
900DFZLB-125-130	-2	6 974	1.94	4.6	490	130	80.5	850
		7 553	2.10	4.0			82.9	
		8 687	2.41	2.6			83.8	
		9 022	2.51	2.1			82.1	
	0	8 935	2.48	4.1	490	130	82.9	850
		10 330	2.87	3.2			85.0	
		10 292	2.86	2.7			83.8	
		10 652	2.96	2.3			82.1	
900DFZLB-125-155	+2	10 264	2.85	4.2	490	155	82.9	850
		10 570	2.94	3.9			83.8	
		11 428	3.17	3.0			83.8	
		11 786	3.27	2.6			82.1	
900DFZLB-125-180	+4	12 064	3.35	4.1	490	180	82.1	850
		12 672	3.52	3.5			82.9	
		13 198	3.67	3.1			80.5	
		13 808	3.84	2.4			75.6	
900DFZLB-160-110	-2	9 234	2.57	1.6	485	110	83.0	850
		8 492	2.36	2.2			85.7	
		7 315	2.03	3.2			82.3	
	0	10 476	2.91	1.6	485	110	83.0	850
		9 849	2.74	2.2			86.5	
		8 568	2.38	3.1			82.3	
	+2	11 462	3.18	2.0	485	110	83.0	850
		10 656	2.96	2.6			84.6	
		9 968	2.77	3.0			82.3	

续表 1-11-2

型号	叶片安装角(°)	流量 (m^3/h)	流量 (m^3/s)	扬程(m)	转速(r/min)	电机功率(kW)	效率(%)	叶轮直径(mm)
1200DFZLB-125-180	+4	10 045	2.79	5.0	490	180	83.2	1 000
		11 195	3.11	3.8			84.2	
		12 165	3.38	2.6			80.2	
1200DFZLB-125-250	-2	11 880	3.30	5.9	490	250	82.2	1 000
		13 860	3.85	4.0			84.2	
		14 975	4.16	2.6			80.2	
1200DFZLB-125-280	0	15 010	4.17	5.3	490	280	84.2	1 000
		16 305	4.53	4.2			84.2	
		17 675	4.91	2.9			80.2	
1200DFZLB-125-330	+2	17 025	4.73	5.5	490	330	83.2	1 000
		18 105	5.03	4.5			84.2	
		19 870	5.52	3.1			78.2	
	+4	19 655	5.46	5.7	490	330	82.2	1 000
		20 590	5.72	5.0			83.2	
		21 850	6.07	3.9			78.2	
1300DFZLB-125-280	-2	15 786	4.39	3.0	370	280	84.0	1 150
		15 012	4.17	3.5			83.5	
		14 328	3.98	4.0			82.5	
	0	19 008	5.28	3.0	370	280	83.5	1 150
		18 108	5.03	3.5			84.5	
		17 244	4.79	4.0			83.0	
	+2	21 564	5.99	3.0	370	280	82.5	1 150
		20 700	5.75	3.5			84.0	
		19 836	5.51	4.0			83.2	

表 1-11-3 混流泵产品特性

型号	叶片安装角(°)	流量(m^3/s)	扬程(m)	转速(r/min)	电机功率(kW)	效率(%)	叶轮直径(mm)
1000DFHLB-112-440	-4	2.91	10.0	490	440	82.0	930
		2.62	13.2			86.2	
		2.44	14.6			86.0	
1000DFHLB-112-560	-2	3.17	11.6	490	560	84.0	930
		2.90	14.4			87.5	
		2.79	15.2			87.0	
1000DFHLB-112-630	0	3.47	12.5	490	630	84.0	930
		3.15	15.4			87.5	
		2.95	16.6			87.0	
1000DFHLB-112-710	+2	3.77	13.5	490	710	84.0	930
		3.39	16.8			88.0	
		3.23	17.7			87.0	
1000DFHLB-112-800	+4	4.05	14.5	490	800	84.0	930
		3.63	17.5			87.5	
		3.51	18.3			87.0	
1200DFHLB-112-560	-4	3.16	12.0	490	560	85.0	965
		2.93	14.2			86.0	
		2.42	17.6			83.0	
1200DFHLB-112-630	-2	3.54	12.5	490	630	85.0	965
		3.24	15.5			88.0	
		2.63	19.2			83.0	
1200DFHLB-112-710	0	3.87	13.5	490	710	85.0	965
		3.30	17.9			88.0	
		2.80	20.2			83.0	
1200DFHLB-112-800	+2	4.22	14.5	490	800	85.0	965
		3.78	18.0			88.0	
		3.28	20.6			85.0	
1200DFHLB-112-1000	+4	4.53	15.7	490	1 000	85.0	965
		4.06	18.8			88.0	
		3.39	21.9			83.0	

(3)其他因素。如当地交通运输情况是否限制大型水泵的运输;当地供电线路是否限制电压,大型泵需要较高的电压。

(三)泵型选择和装机容量确定

泵型选择主要在机组台数、单机性能方面进行权衡。通常情况下,中小型泵站机组台数在2~8台。一般要初拟3~5个方案,进行反复比选来确定。

(1)确定机组台数,根据泵站设计流量,计算单机流量。

(2)根据特征水位,通过合理组合估算设计扬程。

(3)根据单机流量和设计扬程,在产品特性表中查找适合的泵型。

(4)比较各方案对应的扬程、流量、效率、功率和汽蚀指标,综合分析选择比较合理的泵型。

(5)确定装机容量,单机容量之和即为泵站装机容量。

单级单吸离心泵产品特性如表1-11-4所示,单级双吸离心泵产品特性如表1-11-5所示。

表1-11-4 单级单吸离心泵产品特性

型号	转速(r/min)	流量(m^3/h)	扬程(m)	效率(%)	电机功率(kW)	必需汽蚀余量(m)	质量(kg)
IS125-100-200A	2 900	111	要50	65	37	4.5	
		186	43	79		4.5	
		223	38	78		5.0	
IS125-100-250	2 900	120	87	66	75	3.8	
		200	80	78		4.2	
		240	72	75		5.0	
	1 450	60	21.5	63	11	2.5	
		100	20.0	76		2.5	
		120	18.5	77		3.0	
IS125-100-315	2 900	120	132.5	60	110	4.0	
		200	125	75		4.5	
		240	120	77		5.0	
	1 450	60	33.5	58	15	2.5	
		100	32	73		2.5	
		120	30.5	74		3.0	
IS150-100-250	1 450	120	22.5	71	18.5	3.0	
		200	20.0	81		3.0	
		240	17.5	78		3.5	

续表 1-11-4

型号	转速 (r/min)	流量 (m^3/h)	扬程 (m)	效率 (%)	电机功率 (kW)	必需汽蚀余量 (m)	质量 (kg)
IS150-100-400	1 450	120	53	62	45	2.0	60
		200	50	75		2.8	
		240	46	74		3.5	
IS200-100-250	1 450	240	23	76	37	3.0	160
		400	20	82		3.7	
		460	15.5	79		4.2	
IS200-100-400	1 450	240	55	74	90	3.5	215
		400	50	81		4.0	
		460	45	76		4.5	

表 1-11-5　单级双吸离心泵产品特性

型号	转速 (r/min)	流量 (m^3/s)	扬程 (m)	效率 (%)	电机功率 (kW)	必需汽蚀余量 (m)	质量 (kg)
12Sh-13	1 450	0.17	38	83	100	5.5	709
		0.22	32.5	86.5			
		0.25	25.5	80			
12Sh-19	1 450	0.17	23	80	55	5.5	660
		0.22	19.4	82			
		0.26	14	75			
12Sh-28	1 450	0.17	14.5	80	40	5.5	660
		0.22	12	81			
		0.25	10	74			
14Sh-6	1 470	0.236	140	70	680	5.0	1 580
		0.347	125	78			
		0.461	100	72.5			
14Sh-9	1 470	0.27	80	78	410	6.5	1 200
		0.35	75	82			
		0.4	65	80			

续表 1-11-5

型号	转速 (r/min)	流量 (m^3/s)	扬程 (m)	效率 (%)	电机功率 (kW)	必需汽蚀余量 (m)	质量 (kg)
14Sh-13	1 470	0.27	50	81	230	6.5	1 105
		0.35	43.8	84			
		0.41	37	79			
14Sh-28	1 450	0.27	20	80	75	6.5	760
		0.35	16.2	81			
		0.4	13.4	74			
20Sh-6	970	0.403	107.5	72.5	850	6.0	2 513
		0.56	98.4	79.5			
		0.64	89	76			
20Sh-9	970	0.43	66	82	520	6.0	2 747
		0.56	59	83			
		0.68	50	77			

第二节 抽水装置

抽水装置与管道布置设计的主要内容是水泵及其进出水管的布置，它影响泵站的实际工作状况，关系到是否满足排灌能力和高效率的要求，也关系到泵房的结构布置，因此泵站设计首先要完成水泵及其管道布置设计。

一、离心泵抽水装置

离心泵抽水装置见图 1-11-8。离心泵抽水装置包括进水池、滤网与底阀、进水管、水泵、逆止阀、出水管闸阀、出水管、出水池等。

由离心泵的工作原理可知，离心泵可以利用吸水管或进水管从进水池吸水，单独开机时必须保证进水管和泵体充满水，才能发挥吸水作用。为此，需要在进水管进口设置底阀，防止进水管水体流失，确保泵体能够充满水；而滤网可防止垃圾进入水泵。

为防止停泵时在出水池水体倒流，需要在出水管上装设逆止阀或在出口装置拍门。

由于离心泵在启动时，水泵功率会随流量的增加而逐渐增大，容易烧坏电机，因此必须在出水管上装设闸阀。当离心泵开机时，应关闭出水管闸阀，待机组运转稳定后，才打开闸阀。

二、轴流泵抽水装置

轴流泵抽水装置见图 1-11-9。轴流泵抽水装置包括进水池、喇叭管、叶轮、出水管、拍门、出水池等。

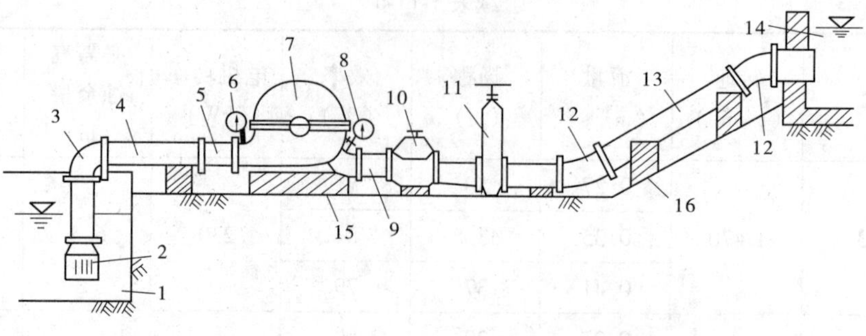

1—进水池;2—滤网与底阀;3—90°弯头;4—进水管;5—偏心渐缩接管;
6—真空表;7—水泵;8—压力表;9—正心渐扩接管;10—缓闭逆止阀;
11—闸阀;12—弯头;13—出水管;14—出水池;15—水泵基础;16—支墩

图 1-11-8 离心泵抽水装置

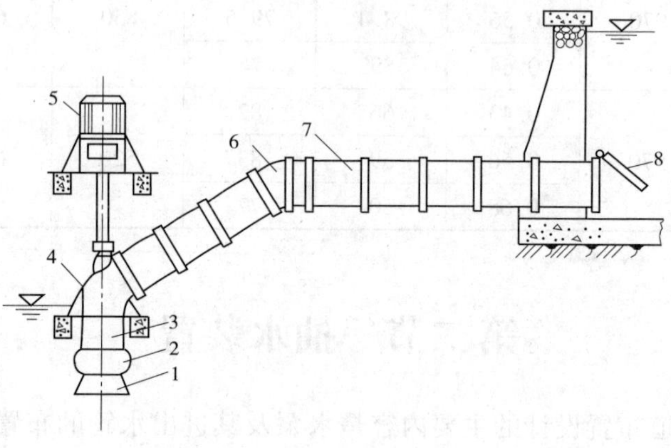

1—喇叭管;2—叶轮;3—导叶体;4—出水弯管;5—电动机;6—45°弯头;7—出水管;8—拍门

图 1-11-9 轴流泵抽水装置

由轴流泵的工作原理可知,轴流泵必须置于水下,因此不需要进水管。

为防止停泵时,出水池水体倒流,需要在出口装置拍门。

由于轴流泵在启动时,水泵功率不会随流量的增加而增大,因此无须在出水管上装设闸阀。

三、水泵扬程特性曲线

水泵特性是通过大量的试验测得的,工程上把试验成果整理成特性曲线,如图 1-11-10 ~ 图 1-11-14 所示的特性曲线。水泵特性曲线图的横坐标为流量 Q,纵坐标分别为扬程 H、效率 η、功率 P 和 $(NPSH)_r$,主要曲线有:

(1)扬程特性曲线:$Q \sim H$ 关系曲线。

(2)效率特性曲线:$Q \sim \eta$ 关系曲线。

(3)功率特性曲线:$Q \sim P$ 关系曲线。

(4)汽蚀特性曲线:$Q \sim (NPSH)_r$ 关系曲线。

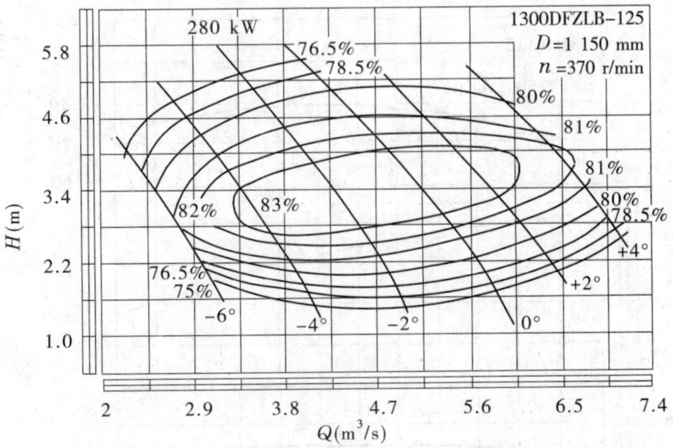

图 1-11-10　1300DFZLB－125－280 型泵特性曲线

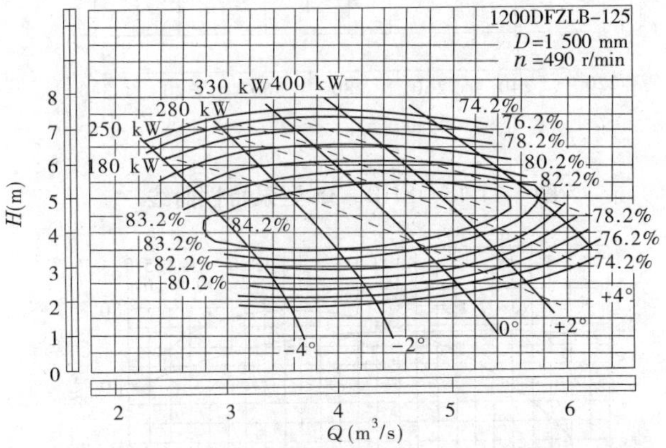

图 1-11-11　1200DFZLB－125－330 型泵特性曲线

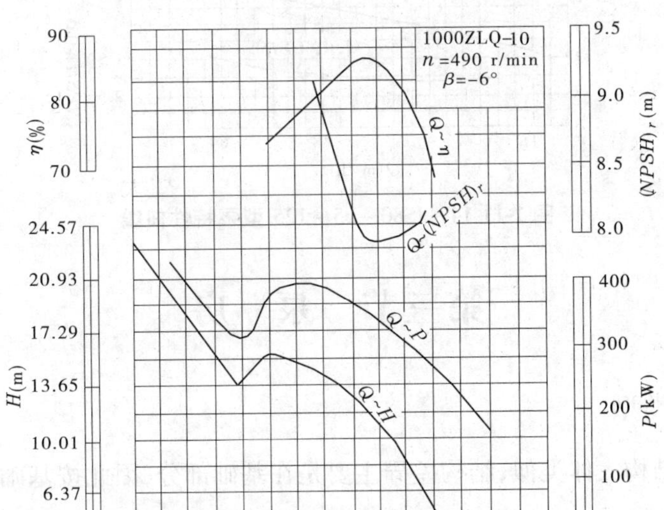

图 1-11-12　1000ZLQ－10 型泵特性曲线

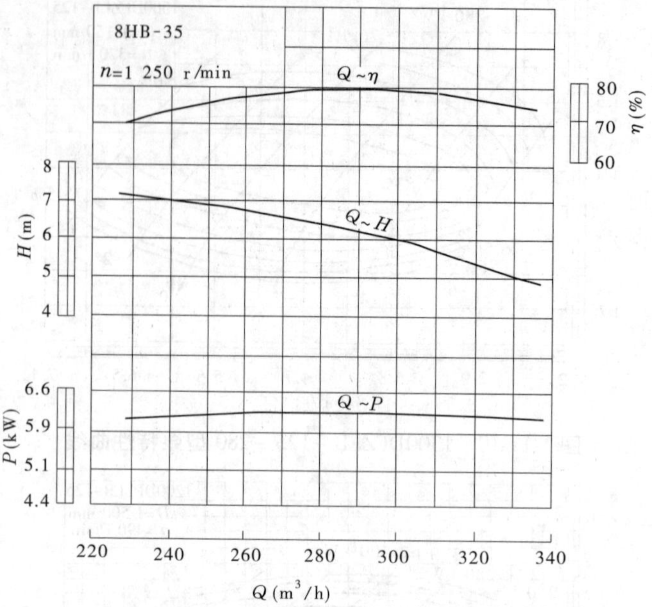

图 1-11-13　8HB－35 型泵特性曲线

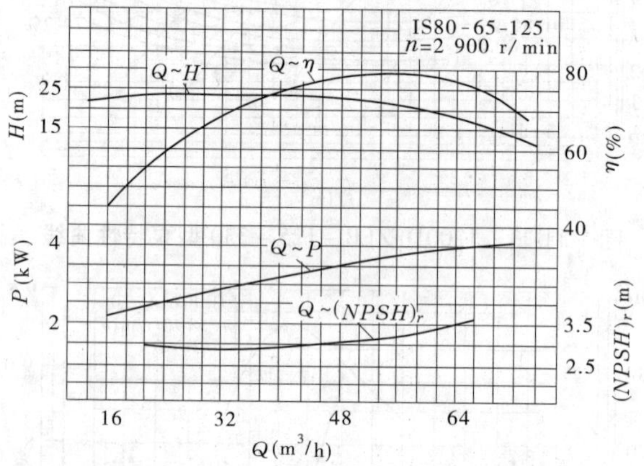

图 1-11-14　IS80－65－125 型泵特性曲线

第三节　泵　房

一、泵房的类型

泵房的上部结构大体类似,结构差异主要是在基础部分,因此按基础结构的特点来划分泵房类型。

(一)固定泵房

固定泵房是指其安装位置不变的泵站泵房,与其相对应的是移动泵房,是指安装在移动平台上的泵房。

1. 卧式机组泵房

卧式机组的特点是有较长的进水管，泵体不需要置于水下，可以安装在岸上或封闭的泵室内，基础结构相对简单。

1) 分基型泵房

分基型泵房的特点是水泵机组的基础与泵房的基础分开设置，见图 1-11-15。

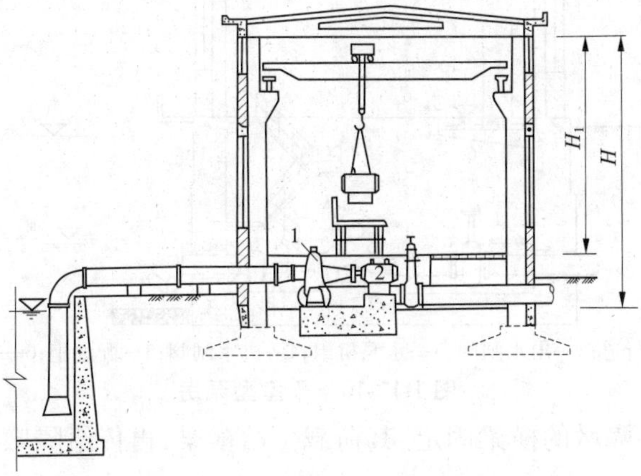

1—水泵；2—电动机

图 1-11-15　分基型泵房

这种泵房常用于小型卧式机组。当水泵安装高程较高时，泵房地面高于进水池洪水位，泵房内不需作防渗布置，机组所需的基础相对较小，可以独立设置，不需要与泵房柱基连片布置，这时可以采用分基型泵房。

分基型泵房的优点是结构简单，泵房按一般的单层工业厂房设计，可以采用独立基础，基础工程量比较小，对地基的要求比较低，施工便利。

2) 干室型泵房

干室型泵房的特点是水泵机组的基础与泵房的基础连成整体布置，在地面以下形成一个四周封闭的泵室，以满足防渗要求，进出水管均要穿越防渗墙，并做好接缝的防渗处理，见图 1-11-16。

这种泵房常用于大中型卧式机组。当水泵安装高程比较低时，泵房地面低于进水池水位，泵房内需作防渗布置，机组所需的基础相对较大，不宜独立设置，需要泵房柱基连成整体布置，这时可以采用干室型泵房。

干室型泵房的优点是上部结构简单，可以按一般的单层工业厂房设计，但下部结构比较复杂，基础工程量比较大，对地基的要求比较高，施工要考虑防洪、防渗问题。

2. 立式机组泵房

1) 湿室型泵房

湿室型泵房的特点是水泵安装在水下，泵室与进水池连通，泵室的隔墩或边墩与底板构成泵房的水下基础，电机位于水泵正上方，高于进水池洪水位，用泵轴连接，形成两层结构，见图 1-11-17。

电机布置在地面以上的电机层，水泵布置在水下泵室。地面以上为单层工业厂房，荷载由立柱传给隔墩，再传给底板和地基。电机荷载由电机层楼板传给隔墩，再传至底板和

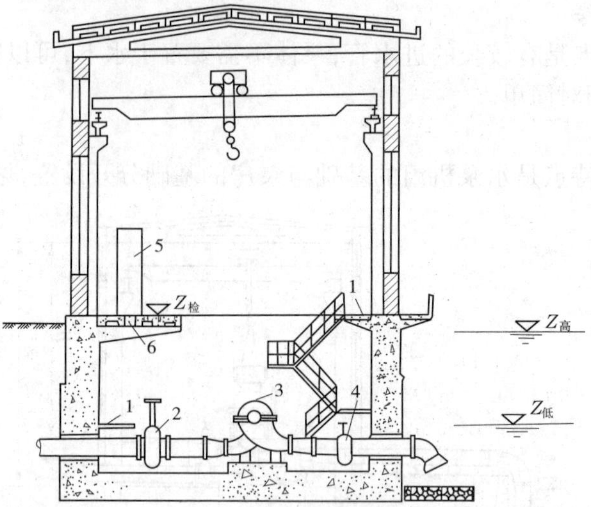

1—人行道;2—出水闸阀;3—水泵机组;4—进水闸阀;5—配电柜;6—电缆槽

图 1-11-16　干室型泵房

地基。水泵由与连接隔墩的横梁固定,其荷载传给横梁,再传给隔墩、底板和地基。

1—水泵;2—水泵梁;3—电机梁;4—电机层楼板;5—电缆沟;6—检修门槽;7—电动机;8—底板

图 1-11-17　湿室型泵房　(单位:尺寸,cm;高程,m)

泵室结构形式可分为墩墙式、排架式和箱式。墩墙式就是前面介绍的隔墩与底板构成的泵室,见图 1-11-17;排架式是将排架代替隔墩;箱式是在排架式的基础上,加上三面挡土板。

2)块基型泵房

大型水泵的流量大,对流态的控制要求高,为改善流态,使水流平顺、稳定,不能采用湿室型泵室，水泵进口要与有压进水流道连接，见图 1-11-18。

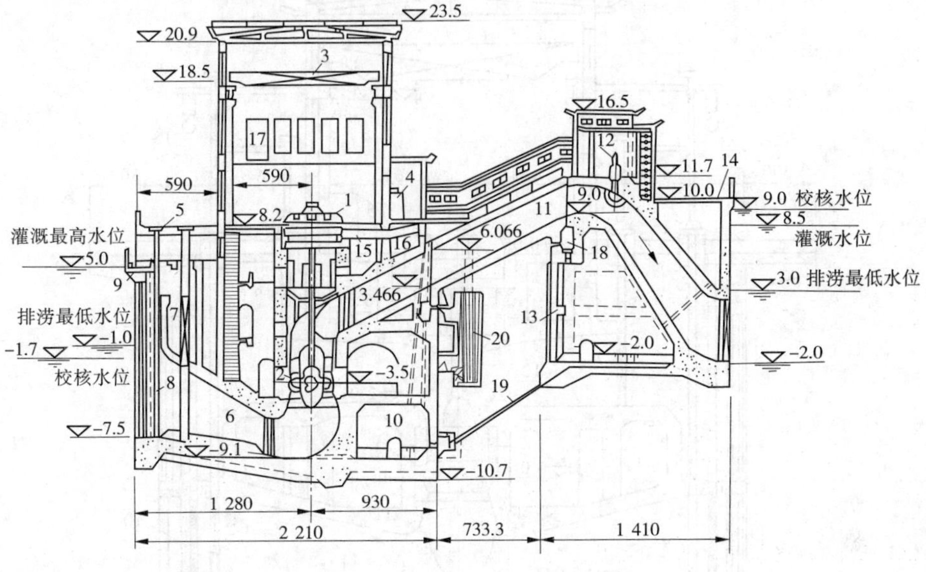

1—3 000 kW 主电动机；2—3 100 mm 主水泵；3—桥式吊车；4—高压开关柜；5—工作桥；6—进水流道；7—检修闸门；8—拦污栅；9—清污便桥；10—排水廊道；11—出水流道；12—真空破坏阀；13—出口挡土墙；14—公路桥；15—排风管道；16—电缆道；17—主控制室；18—检修廊道；19—排水管；20—反滤层

图 1-11-18 块基型泵房 （单位：高程，m；尺寸，cm）

有压进水流道与隔墩、顶板、出水道、基础等块体连成整体，形成块基型泵房。块基型泵房主要适用于立式机组，也适用于卧式或斜式布置的贯流式机组，块基型泵房的布置形式见图 1-11-19～图 1-11-22。

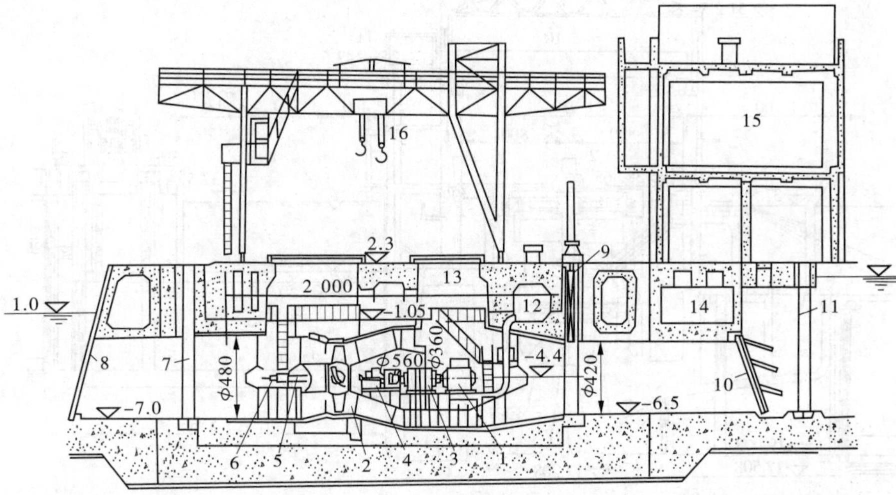

1—1 300 kW 电动机；2—4 200 mm 水泵；3—星形齿轮减速箱；4、5—轴承；6—叶片调节器；7—叠梁门槽；8—拦污栅；9—油压闸门；10—多瓣拍门；11—出水叠梁闸门；12—通风道；13—支柱兼通道；14—电缆道；15—控制室；16—门式起重机

图 1-11-19 贯流式块基型泵房 （单位：高程，m；尺寸，cm）

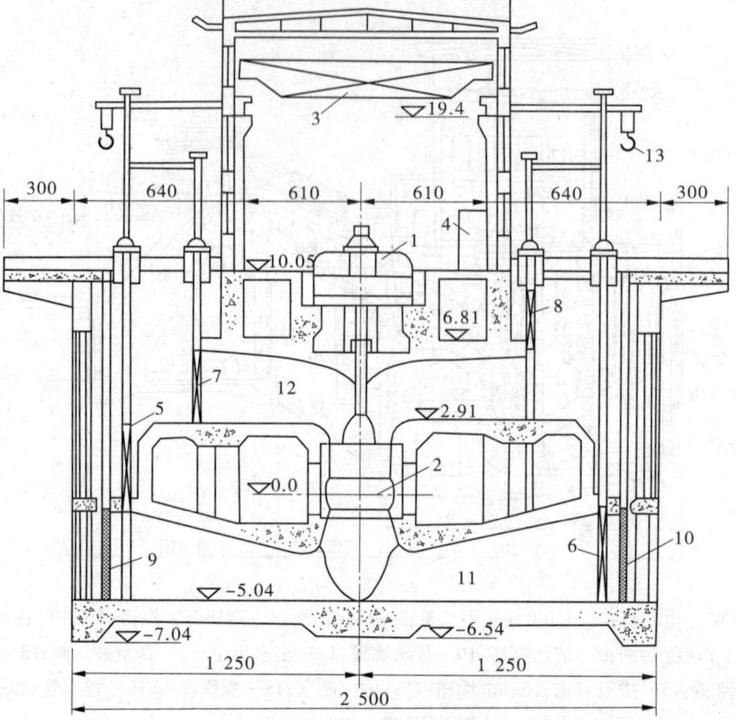

1—1 600 kW 电动机;2—2 800 mm 水泵;3—桥式吊车;4—开关柜;5、6—进水油压闸门;
7、8—出水油压闸门;9、10—拦污栅;11—进水流道;12—出水流道;13—电葫芦

图 1-11-20　双向流道式块基型泵房　(单位:高程,m;尺寸,cm)

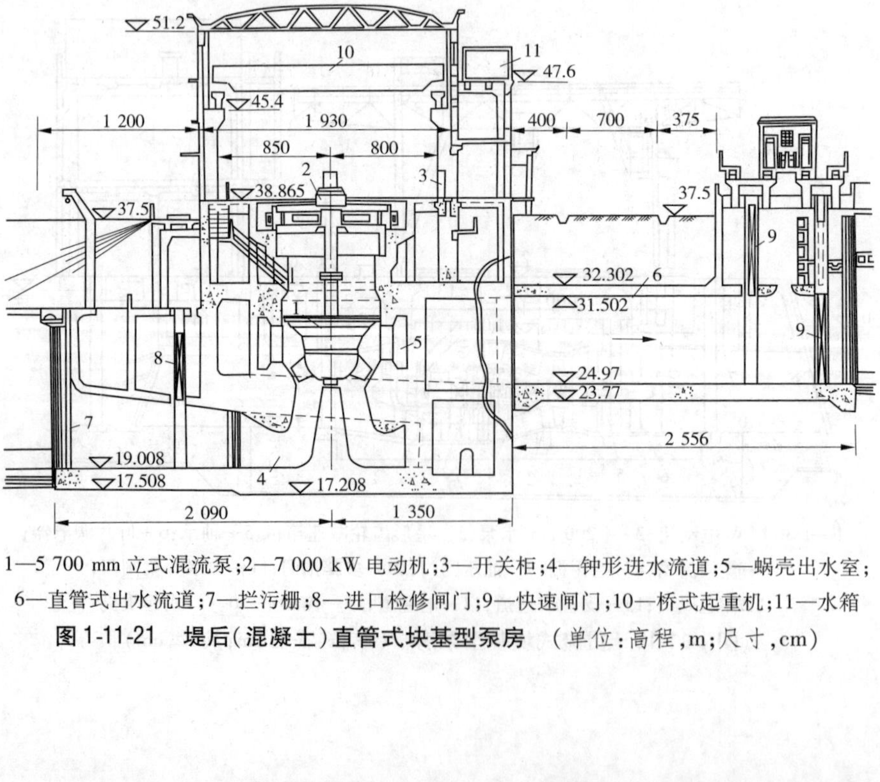

1—5 700 mm 立式混流泵;2—7 000 kW 电动机;3—开关柜;4—钟形进水流道;5—蜗壳出水室;
6—直管式出水流道;7—拦污栅;8—进口检修闸门;9—快速闸门;10—桥式起重机;11—水箱

图 1-11-21　堤后(混凝土)直管式块基型泵房　(单位:高程,m;尺寸,cm)

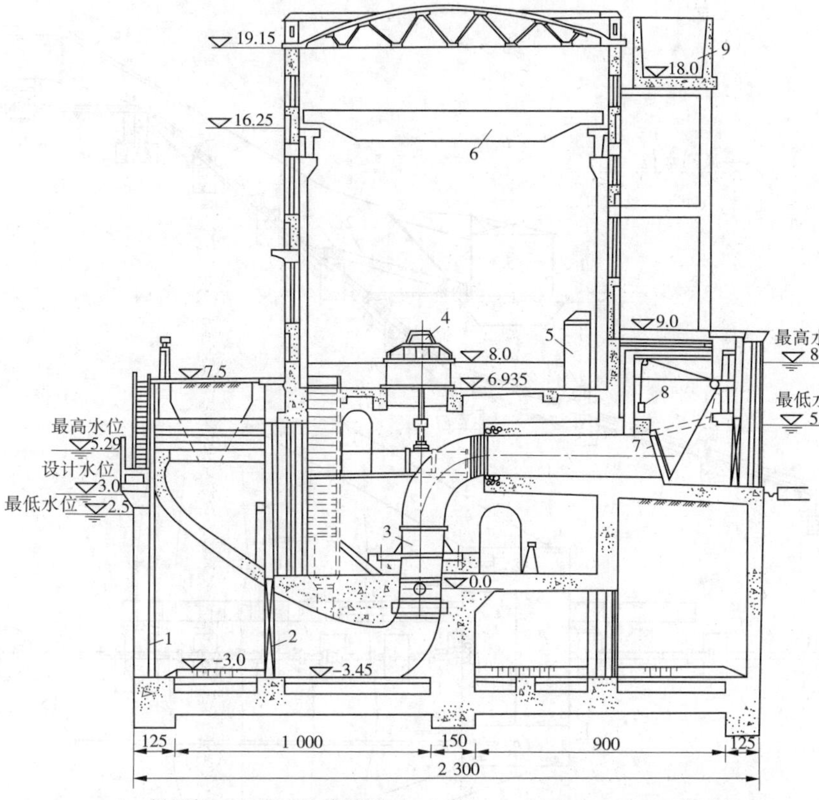

1—拦污栅;2—进口检修闸门;3—1 540 mm 水泵;4—800 kW 电动机;
5—开关柜;6—桥式吊车;7—拍门;8—平衡锤;9—水箱

图 1-11-22 堤后(钢)直管式块基型泵房 (单位:高程,m;尺寸,cm)

块基型泵房的特点是水流条件好,但基础结构复杂,施工难度大。

(二)移动泵房

移动泵房是指安装在移动平台上的泵房,主要有浮船式泵站和缆车式泵站两种,主要适用于水源水位变化大的泵站。为了适应水位的变化,水泵安装在移动的平台上,泵站随水位涨落,只是出水管需要不断调整接口位置,以适应在不同水位下的工况。

浮船式泵站和缆车式泵站的组成\布置方式见图 1-11-23 和图 1-11-24。

二、卧式泵房

(一)主机组布置

离心泵多为卧式机组,其中单级单吸离心泵和单级双吸离心泵在布置上有所不同,单级单吸离心泵的进出水管方向相互垂直,且进水方向与泵轴一致;单级双吸离心泵的进出水管方向一致,且与泵轴垂直,如图 1-11-25 所示。

主机布置方式主要有直线式、平行式、双列式和斜向式,见图 1-11-25。

直线布置如图 1-11-25(a)所示,适用于双吸离心泵,进出水流比较平顺,便于管线布置,但是泵房相对较长,机组较多时可采用双列布置,如图 1-11-25(c)所示,或斜向布置,如图 1-11-25(d)所示,可以缩短厂房长度。

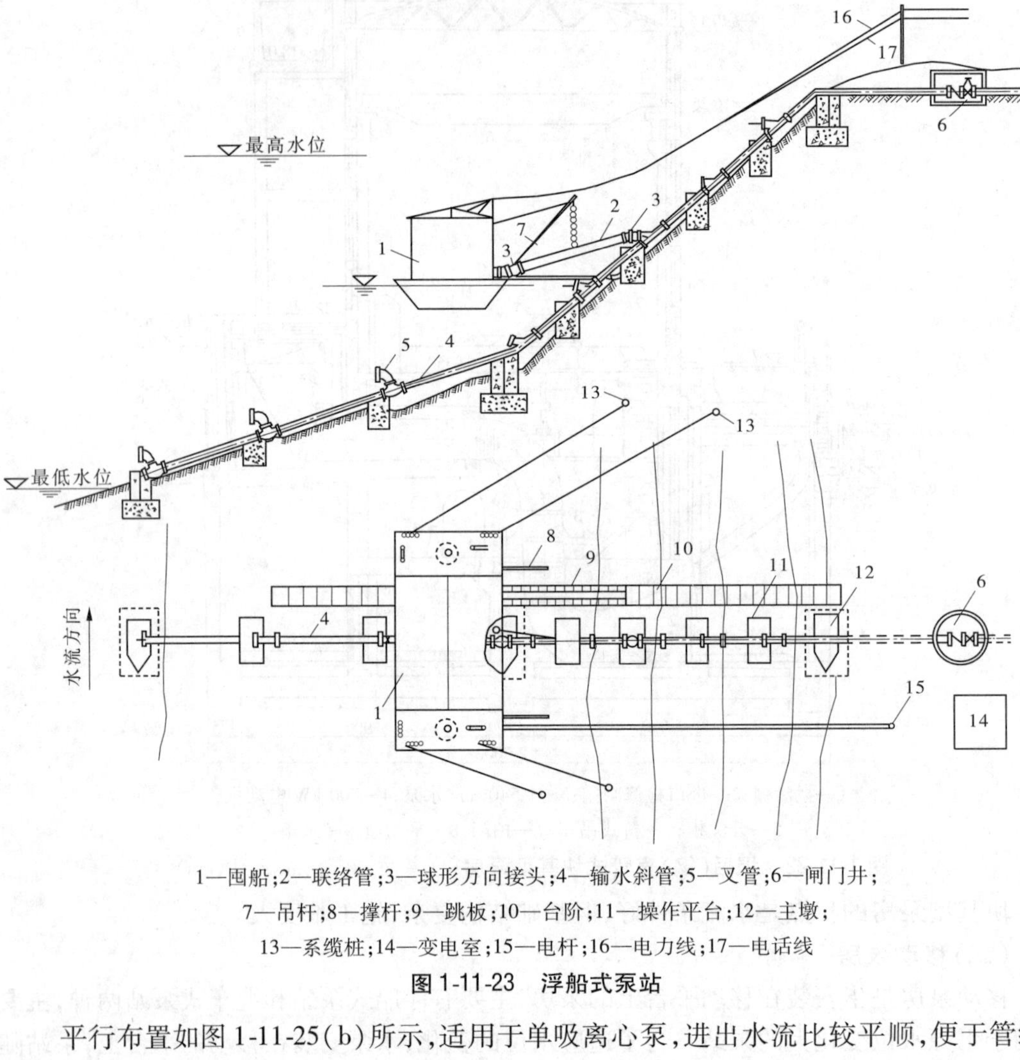

1—囤船;2—联络管;3—球形万向接头;4—输水斜管;5—叉管;6—闸门井;
7—吊杆;8—撑杆;9—跳板;10—台阶;11—操作平台;12—主墩;
13—系缆桩;14—变电室;15—电杆;16—电力线;17—电话线

图 1-11-23　浮船式泵站

平行布置如图 1-11-25(b)所示,适用于单吸离心泵,进出水流比较平顺,便于管线布置,但是泵房相对较宽,泵房跨度比较大。

(二)电气设备布置

水泵的电气设备主要是开关柜或配电屏,它是将开关设备、继电设备、测量设备、控制设备集成布置在封闭的金属柜中,通常每台机组配置一个开关柜。低压开关柜的尺寸为高×宽×厚=2 140 mm×900 mm×600 mm,高压开关柜的尺寸为高×宽×厚=3 100 mm×1 200 mm×1 200 mm。开关柜一般可以双面维护,不宜靠墙布置,且距离墙面不小于0.8 m。若是单面维护,则可以靠墙布置。低压开关柜前面应保证留有不小于1.5 m的工作通道,而高压开关柜前面应保证留有不小于2.0 m的工作通道。

(1)分散布置。开关柜分散布置在各机组靠墙一侧的空地上,开关柜靠近电机,便于就近管理。分散布置适用于小型机组。

(2)集中布置。为了便于集中管理,大中型泵站一般将所有开关柜集中在一起布置。布置位置可以是泵房的一端或一侧。布置在一端,可以减小泵房宽度,泵房两侧均可开

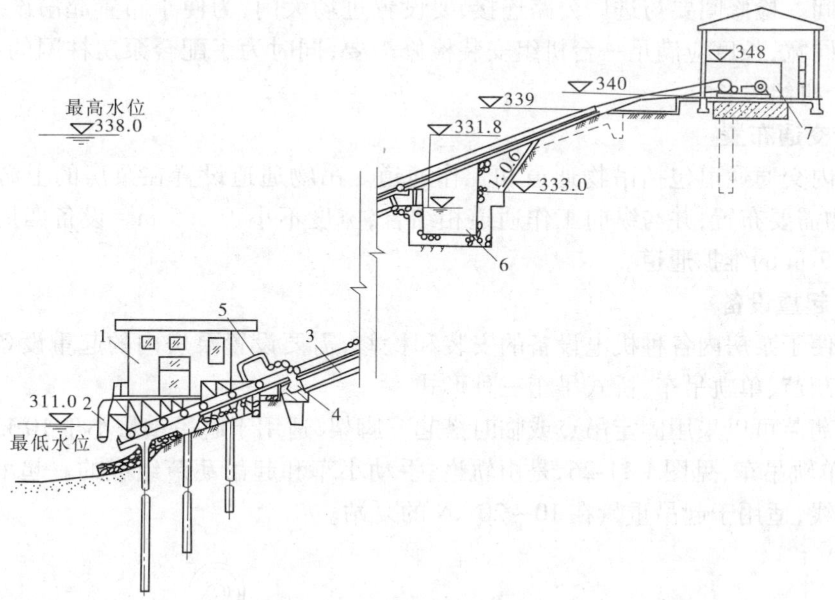

1—泵车；2—吸水管；3—输水斜管；4—接头叉管；5—曲臂式联络管；6—出水池；7—绞车房

图 1-11-24 缆车式泵站

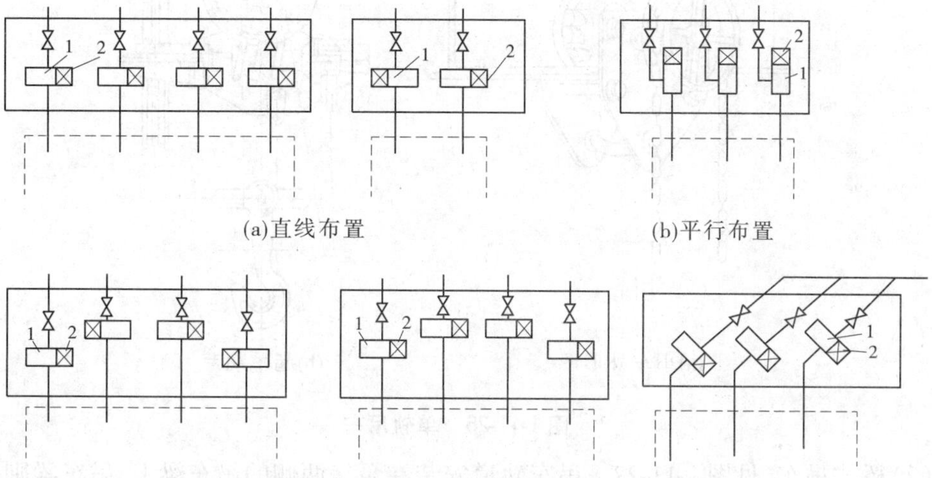

1—水泵；2—电动机

图 1-11-25 主机布置方式

窗，有利于泵房的通风和采光，但配电室远离泵房，线路较长，工作人员对机组监视不便，适用于机组台数较少的泵站；布置在一侧，则需要加宽泵房，影响泵房通风和采光，但便于管理，适用于机组台数多的泵站。

（三）检修间

专门用于机组安装、检修的场所，为了便于吊运部件和对外交通，一般在泵房的一端设置检修间。检修间要与进厂公路连接,要设置进场大门,为便于布置起吊设备,检修间应与泵房同宽,长度应满足一台机组安装检修需要,同时为了配合泵房柱网的布置,一般取1~2个机组段长。

(四)交通布置

泵房内交通通道包括吊物通道和工作通道。吊物通道设置在泵房的上游侧或下游侧,按吊物需要布置,并与纵向工作通道相结合,宽度不小于1.5 m。设备四周还要留有不小于0.7 m的维护通道。

(五)起重设备

为了便于泵房内各种机电设备的安装和检修,需要设置泵房内的起重设备。起重设备有手动葫芦、单轨吊车、桥式吊车三种形式。

手动葫芦可以采用固定吊点或临时搭起三脚架,适用于起吊重量小于10 kN的泵站。

(1)单轨吊车,见图1-11-26,是由轨道、手动小车和起吊葫芦组成的。起吊范围限制在轨道沿线,适用于起吊重量在10~20 kN的泵站。

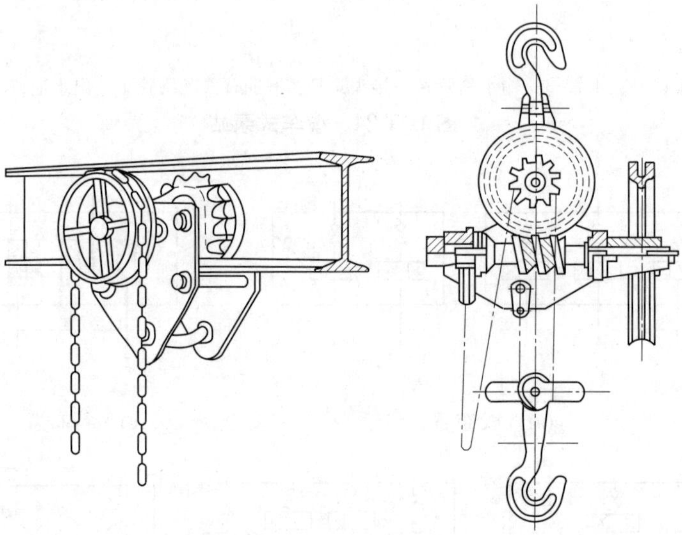

(a)小车外形图　　(b)起吊葫芦

图1-11-26　单轨吊车

(2)桥式吊车,见图1-11-27。吊车轨道安装在泵房两侧的吊车梁上,吊车梁则支承在立柱的牛腿上。大车沿轨道来回行驶,小车在大车上左右移动。桥式吊车的起吊范围可以到达泵房的各个位置,适用于起吊重量大于20 kN的泵站。

(六)其他

离心泵需要充水才能启动,当离心泵的叶轮直径大于300 mm时,需要用真空泵来抽气充水。充水设备按机电设备设计有关要求来布置。泵房内机组的漏水和废水排除需要设置一定的排水沟和集水井。此外,厂房内的通风采光设施按一般工业厂房的要求布置。

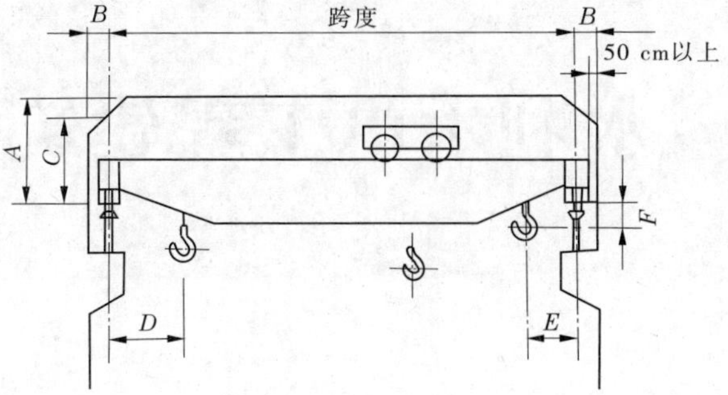

图 1-11-27　桥式吊车

思考题

1-11-1　查阅有关资料，了解水泵站其他的装置和管道布置方式。

1-11-2　查阅有关资料，了解供水和水处理泵站工艺的有关知识。

1-11-3　查阅有关资料，了解管道及管网的有关水力计算知识。

1-11-4　查阅有关资料，了解厂房建筑的有关构造知识。

1-11-5　查阅有关资料，了解泵站设计图纸组成及其表达方式。

1-11-6　结合工程实例绘制轴流泵厂房横断面和平面布置图。

1-11-7　结合工程实例绘制离心泵厂房横断面和平面布置图。

第二篇　水利水电工程建筑物设计

项目一　设计标准与设计文件编制

【设计任务】

水利水电工程枢纽建设标准确定、设计(技术)文件编制。

任务一　水利水电工程枢纽建设标准确定

一、水利水电工程枢纽

为满足防洪、灌溉、发电、供水和航运等目的,需要组合兴建多种不同类型的建筑物,形成一个相互联系的整体,共同控制和分配水流,由此构成的综合体称为水利枢纽,其组成建筑物称为水工建筑物。例如,三峡水利枢纽工程,见图 2-1-1。

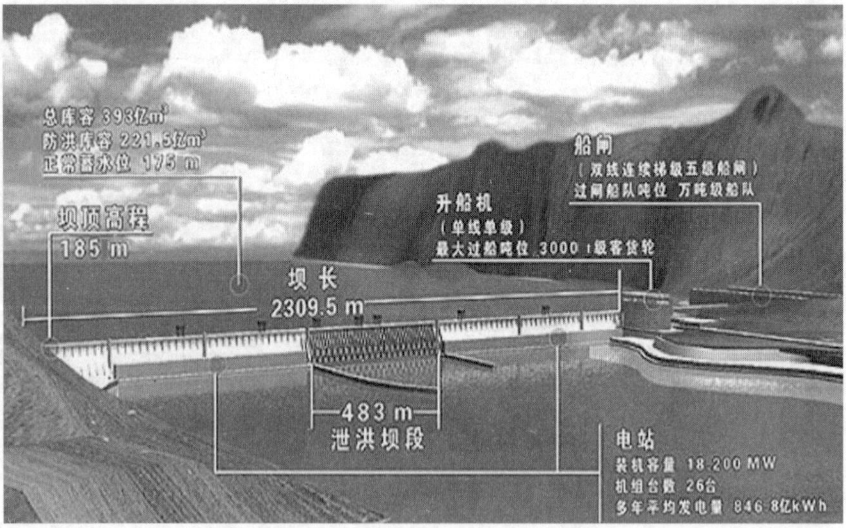

图 2-1-1　三峡水利枢纽工程示意图

二、水利水电工程分等和水工建筑物的分级

为了科学合理地把握水利工程建设的标准，应根据水利工程的类型、规模、重要性、效益和国民经济发展水平等因素，制定水利工程枢纽和建筑物的建设标准。水利工程建设标准包括水利工程的等级、水工建筑物的级别和其他技术指标的分级。

根据《水利水电工程等级划分及洪水标准》(SL 252—2017)，水利水电工程等级见表 2-1-1。工程等级按工程规模、水库总库容、防洪、治涝、灌溉等方面来确定。

表 2-1-1　水利水电工程等别

工程等别	工程规模	水库总库容(亿 m^3)	防洪			治涝	灌溉	供水		发电
			保护人口(万人)	保护农田面积(万亩)	保护区当量经济规模(万人)	治涝面积(万亩)	灌溉面积(万亩)	供水对象重要性	年引水量(亿 m^2)	发电装机容量(MW)
Ⅰ	大(1)型	≥10	≥150	≥500	≥300	≥200	≥150	特别重要	≥10	≥1 200
Ⅱ	大(2)型	<10，≥1	<150，≥50	<500，≥100	<300，≥100	<200，≥60	<150，≥50	重要	<10，≥3	<1 200，≥300
Ⅲ	中型	<1，≥0.1	<50，≥20	<100，≥30	<100，≥40	<60，≥15	<50，≥5	比较重要	<3，≥1	<300，≥50
Ⅳ	小(1)型	<0.1，≥0.01	<20，≥5	<30，≥5	<40，≥10	<15，≥3	<5，≥0.5	一般	<1，≥0.3	<50，≥10
Ⅴ	小(2)型	<0.01，≥0.001	<5	<5	<10	<3	<0.5		<0.3	<10

注：当量经济规模是指保护区人均 GDP 与全国人均 GDP 的比值与保护区人口数量的乘积。

水利水电工程永久性水工建筑物的级别，要根据其所在工程的等别及其重要性来确定，见表 2-1-2。

表 2-1-2　水利水电工程永久性建筑物级别

工程等别	主要建筑物	次要建筑物	工程等别	主要建筑物	次要建筑物
Ⅰ	1	3	Ⅳ	4	5
Ⅱ	2	3	Ⅴ	5	5
Ⅲ	3	4			

部分水工建筑物，由于失事后造成的损失较大，有必要提高其设计级别，凡符合表 2-1-3提级指标的水工建筑物，经论证并报主管部门批准，可以提高一级设计。

表 2-1-3　水利水电枢纽工程挡水建筑物提级指标

坝的原级别	坝型	坝高(m)
2	土石坝	90
	混凝土坝、浆砌石坝	130
3	土石坝	70
	混凝土坝、浆砌石坝	100

三、水利水电工程永久性水工建筑物的洪水标准

永久性水工建筑物所采用的洪水标准分为正常运用(设计情况)和非常运用(校核情况)两种洪水标准。洪水标准根据建筑物类型、级别来选定,具体见表 2-1-4 和表 2-1-5。

表 2-1-4　山区、丘陵区水利水电枢纽工程永久性水工建筑物洪水标准

项目		永久性水工建筑物级别				
		1	2	3	4	5
设计/[重现期(年)]		1 000~500	500~100	100~50	50~30	30~20
校核洪水标准[重现期(年)]	土石坝	可能最大洪水(PMF)或 10 000~5 000	5 000~2 000	2 000~1 000	1 000~300	300~200
	混凝土坝、浆砌石坝	5 000~2 000	2 000~1 000	1 000~500	500~200	200~100

表 2-1-5　平原滨海区水利水电枢纽工程永久性水工建筑物洪水标准

项目	永久性水工建筑物级别				
	1	2	3	4	5
设计[重现期(年)]	300~100	100~50	50~20	20~10	10
校核洪水标准[重现期(年)]	2 000~1 000	1 000~300	300~100	100~50	50~20

在山区、丘陵区,土石坝失事将会造成特别重大灾害时,1 级建筑物的校核洪水标准应取可能最大洪水或万年一遇洪水。2~4 级建筑物可提高一级设计。

对于混凝土和浆砌石坝,如果洪水漫顶将造成严重损失的 1 级建筑物,校核洪水标准需经专门论证并报主管部门批准,应取可能最大的洪水或万年一遇洪水。

任务二 设计(技术)文件编制

一、水利水电工程技术文件的类型

技术文件的范畴极广,没有专门的定义和界定,一般而言,技术文件是指有关技术方面的说明书。狭义来说,工程技术文件主要包括设计报告、计算书、研究报告、规划报告、专题论证报告等;广义来说,还会包含理论研究论文等。

与水利工程相关的技术文件主要有水利水电工程预可行性研究报告、水利水电工程可行性研究报告、水利水电工程初步报告、专题研究报告(水资源评价、防洪评价、防洪规划、河流梯级开发规划、排涝工程规划、灌溉工程规划、水利工程安全复核等),还有一些技术说明书,如水利水电工程概预算编制说明、技术图纸的结构说明、建筑结构说明等。

我国对一些技术文件的编制制定了严格的技术规程,例如《水利水电工程可行性研究报告编制规程》《水利水电工程初步设计报告编制规程》《防洪评价报告编制导则》《河道管理范围内建设项目防洪评价报告编制导则》《河流水电规划编制规范》等,通过技术规范严格规定技术文件编制的内容和程序。

二、设计文件编制及其规范

(一)设计文件编制规范的目的

设计文件编制规范的目的是规定设计的范围、内容及其深度,并制定设计工作的程序和设计内容编排,采用严格的、统一的模式和大纲,便于对设计文件开展必要的技术审查和审核等审批工作,有利于建设方面政策的落实和监督,规范水利水电建设工作。

(二)设计文件编制大纲

1.水利水电工程可行性研究报告

水利水电工程可行性研究报告编制大纲包括以下内容:

(1)综合说明。

(2)工程任务和建设的必要性。

(3)水文、泥沙情况。

(4)工程地质情况。

(5)工程规模。

(6)工程布置及建筑物。

(7)机电及金属结构。

(8)消防设计。

(9)施工组织设计。

(10)建设征地和移民安置。

(11)环境保护设计和水土保持设计。

(12)劳动安全与工业卫生情况。

(13)节能降耗分析。

(14)设计概算。

(15)经济评价。

2.水利水电工程初步设计报告

水利水电工程初步设计报告编制大纲包括以下内容：

(1)综合说明。

(2)水文情况。

(3)工程地质情况。

(4)工程任务与规模。

(5)工程布置及主要建筑物。

(6)水力机械、电工金属结构及采暖通风情况。

(7)消防情况。

(8)施工情况。

(9)水库淹没及工程永久占地情况。

(10)环境保护情况。

(11)工程管理情况。

(12)设计概算。

(13)经济评价。

三、技术文件的编写要求和格式

(一)基本要求

(1)要严格执行技术文件编制规程,根据编制规程所要求的范围、内容和深度,开展设计工作,并详细编写有关设计说明。对于没有相应规范、规程规定的技术文件,可以参照类似规范和规程的要求编写。

(2)满足技术存档要求。技术文件是长期保存的,为将来各种技术审查、复核提供依据,也是一种备忘录。应尽量做到详尽说明,可以适当重复,不建议简略编写,以避免将来误读、误解,为审核带来障碍。

(3)技术文件必须在逻辑上是有条理的、清晰的,避免因叙述混乱带来错误;文件必须是系统和完善的,不能出现断裂、缺失现象。

(4)技术文件应详尽说明论证过程和关键环节,不能只有结果,而缺失过程。

(5)理据应充足,技术方法、理论、参数和已有成果的引用均应有详尽的理据说明。

(二)一般格式

一般报告、论文格式要求如下。

1.标题层次

正文标题层次应简短明确,各层次序号依次为“1”“1.1”“1.1.1”等,一律左顶格,后空一格写标题。若“1.1.1”后还有小层次,则分别另起行(空两格)用“(1)”“(2)”“(3)”…表示。再小的层次用“①”“②”“③”… 表示。样式如下：

1.1.1 三级标题

(1) 四级标题

① 五级标题

2.数学公式

在叙述中须引用的数学公式及重要数学结果应编号(公式号右顶格),且另行居中。未编号的简短公式一般随文写,但较长且较复杂的未编号公式可另行居中。全文公式统一连续编号;定理、引理、定义、推论等也分别全文统一连续编号。向量、矢量、矩阵用黑斜体显示。

公式示例如下:

当采用开敞式溢流时,可利用式(0-1)计算下泄流量

$$Q = Cm\varepsilon\sigma_s L\sqrt{2g}H_0^{3/2} \tag{0-1}$$

式中 Q——下泄流量,m^3/s;

C——上游面坝坡影响修正系数,当上游坝面铅直时,C 值取 1.0;

m——流量系数,与堰型有关;

ε——侧收缩系数,根据闸墩厚度和墩头形状确定,一般取 $\varepsilon=0.90\sim0.95$;

σ_s——淹没系数,视淹没程度而定,自由出流时 $\sigma=1.0$;

L——溢流段净长度,m;

g——重力加速度,9.81 m/s^2;

H_0——堰顶作用水头,m。

3.图、表

图、表要精选,可有可无的一律舍弃,切忌图、表的内容重复或与文字重复。图、表均应有序号(全文统一连续编号)和图名表名,并翻译成英文。图、表中字符和数据应准确无误,且与文字叙述一致。图应精心设计与绘制,要求布局合理、大小适中,结构紧凑美观,线条粗细均匀。定量坐标图的横纵坐标必须有刻度和刻度值,横纵坐标必须有量和单位,并分别居中置于纵、横坐标轴外侧。照片图采用黑白照片,要求图像清晰、层次分明、反差适中。图随文走,一般宽度控制在 7 cm 内。表中各栏数据的有效数字位数应一致,字符和数据应与文字一致;采用三线表形式。表内"空白"表示未测试或无此项,"—"表示未发现,"0"表示实测结果为零。表中所需说明的事项,可用简练的文字注于表的底线下方。

1)图形

线条粗细:轮廓线、曲线等图中的主要部分用 0.75 磅,尺寸线、指引线等辅助部分用 0.5 磅。

字体:汉字用宋体;数字(英文)用"Time New Roman",罗马字用"Symbol"。字号:小 5 号或 6 号。如下图所示·

用单栏排时图形宽度必须小于7 cm,用通栏排时宽度必须小于14 cm,高度可适当调整。

图①

2)表格

表格采用三线表,表头中使用量符号(单位),量符号用斜体,单位用正体。如下表所示:

表1　实验结果

x(cm)	I(mA)	v(m/s)	h(m)	p(MPa)
10	30	2.5	4	110
20	25	4.3	3	120

4.量和单位

量和单位必须采用最新国家标准和规定。非法定计量单位必须换算,如:1 bar = 10^5 Pa, 1 mmHg = 133.322 Pa, 1 atm = 101 325 Pa, 1 dyn = 10^{-5} N, 1 kgf = 9.806 65 N, 1 ppm = 10^{-6}等。文中变量一律采用单字符表示。

5.参考文献

参考文献限于作者亲自阅读、本文明确引用、公开发表或有案可查者。参考文献全部列于文后,按正文中首次引用的先后次序编号,并在正文引用处右上角注明参考文献序号。文尾参考文献应按文献类型给出所有的信息,切勿缺项,如万一不能写全各项,请将该参考文献删去。中文文献应列出或翻译出对应各项。具体各类文献说明如下:对于所有的文献,作者、编者、译者3人以上的列出前3者,并加“等”或“et al”,3人或以下的列出所有作者。

参考文献具体著录格式参见有关标准。

项目二 水利水电枢纽总体布置设计

【设计任务】

拦河坝枢纽布置设计、取水口枢纽布置设计、堤防工程布置设计、水电站厂区总体布置设计、排涝(灌溉)站总体布置设计。

任务一 拦河坝水利枢纽布置设计

拦河坝水利枢纽是为解决来水与用水在时间和水量分配上存在的矛盾,修建的以挡水建筑物为主体的建筑物综合运用体,又称水库枢纽,一般由挡水建筑物、泄水建筑物、放水建筑物及某些专门性建筑物组成。将这些作用不同的建筑物相对集中布置,并保证它们在运行中良好配合的工作,就是拦河水利枢纽布置。

拦河水利枢纽布置应根据国家水利建设的方针,依据流(区)域规划,从长远着眼,结合近期的发展需要,对各种可能的枢纽布置方案进行综合分析、比较,选定最优方案,然后严格按照水利枢纽的基建程序,分阶段有计划地进行规划设计。

拦河水利枢纽布置的主要工作内容有坝址、坝型选择和枢纽的工程布置等。

一、坝址及坝型选择

坝轴线及坝型选择是拦河坝水利枢纽设计中的一项很重要的工作,具有重大的技术经济意义,两者是相互关联的,影响因素也是多方面的,不仅要研究坝址及其周围的自然条件,还需考虑枢纽的施工、运用条件、发展远景和投资指标等。需进行全面论证和综合比较后,才能做出正确的判断和选择合理的方案。

(一)坝址选择

选择坝址时,应综合考虑下述条件。

1.地质条件

地质条件是建库建坝的基本条件,是衡量坝址优劣的重要条件之一,在某种程度上决定着兴建枢纽工程的难易。工程地质和水文地质条件是影响坝址、坝型选择的重要因素,且往往起决定性作用。

选择坝址,首先要清楚有关区域的地质情况。坚硬完整、无构造缺陷的岩基是最理想的坝基,但如此理想的地质条件很少见,天然地基总会存在这样或那样的地质缺陷,要看能否通过合适的地基处理措施使其达到筑坝的要求。在该方面必须注意的是:不能疏漏重大地质问题,对重大地质问题要有正确的定性判断,以便决定坝址的取舍或定出防护处理的措施,或在坝址选择和枢纽布置上设法适应坝址的地质条件。对存在破碎带、断层、裂隙、喀斯特溶洞、软弱夹层等坝基条件较差的,还有地震地区,应作充分的论证和可靠的技术措施。坝址选择还必须对区域地质稳定性和地质构造复杂性以及水库区的渗漏、库岸塌滑、岸坡及山体稳定等地质条件做出评价和论证。各种坝型及坝高对地质条件有不同的要求。如拱坝对两岸坝基的要求很高,支墩坝对地基要求也较高,次之为重力坝,土石坝要求最低。一般较高的混凝土坝多要求建在岩基上。

2.地形条件

坝址地形条件必须满足开发任务对枢纽组成建筑物的布置要求。通常,当河谷两岸有适宜的高度和必需的挡水前缘宽度时,则对枢纽布置有利。一般来说,坝址河谷狭窄,坝轴线较短,坝体工程量较小,但河谷太窄则不利于泄水建筑物、发电建筑物、施工导流及施工场地的布置,有时反不如河谷稍宽处有利。除考虑坝轴线较短外,对坝址选择还应结合泄水建筑物、施工场地的布置和施工导流方案等综合考虑。枢纽上游最好有开阔的河谷,使在淹没损失尽量小的情况下,能获得较大的库容。

坝址地形条件还必须与坝型相互适应,拱坝要求河谷狭窄;土石坝适应河谷宽阔、岸坡平缓,坝址附近或库区内有高程合适的天然垭口,并且方便归河,以便布置河岸式溢洪道,岸坡过陡,会使坝体与岸坡接合处削坡量过大。对于通航河道,还应注意通航建筑物的布置、上河及下河的条件是否有利。对有暗礁、浅滩或陡坡、急流的通航河流,坝轴线宜选在浅滩稍下游或急流终点处,以改善通航条件。有瀑布的不通航河流,坝轴线宜选在瀑布稍上游处,以节省大坝工程量。对于多泥沙河流及有漂木要求的河道,应注意坝址位段对取水防沙及漂木是否有利。

3.建筑材料

在选择坝址、坝型时,当地材料的种类、数量及分布往往起决定性作用。对土石坝,坝址附近应有数量足够、质量能符合要求的土石料场;如为混凝土坝,则要求坝址附近有良好级配的砂石骨料。料场应便于开采、运输,且施工期间料场不会因淹没而影响施工。所以,对建筑材料的开采条件、经济成本等,应进行认真的调查和分析。

4.施工条件

从施工角度来看,坝址下游应有较开阔的滩地,以便布置施工场地、场内交通和进行导流。应对外交通方便,附近有廉价的电力供应,以满足照明及动力的需要。从长远利益来看,施工的安排应考虑今后运用、管理的方便。

5.综合效益

坝址选择要综合考虑防洪、灌溉、发电、通航、过木、城市和工业用水、渔业以及旅游等各部门的经济效益,还应考虑上游淹没损失以及蓄水枢纽对上下游生态环境等各方面的影响。兴建蓄水枢纽将形成水库,使大片原来的陆相地表和河流型水域变为湖泊型水域,改变了地区自然景观,对自然生态和社会经济产生多方面的环境影响。其有利影响是发展了水电、灌溉、供水、养殖、旅游等水利事业和解除洪水灾害、改善气候条件等,但是,也会给人类带来诸如淹没损失、浸没损失、土壤盐碱化或沼泽化、水库淤积、库区塌岸或滑坡,诱发地震,使水温、水质及卫生条件恶化,生态平衡受到破坏以及造成下游冲刷、河床演变等不利影响。虽然水库对环境的不利影响与水库带给人类的社会经济效益相比,一般说来居次要地位,但处理不当也会造成严重的危害,故当进行水利规划和坝址选择时,必须对生态环境影响问题进行认真研究,并作为方案比较的因素之一加以考虑。不同的坝址、坝型对防洪、灌溉、发电、给水、航运等要求也不相同。至于是否经济,要根据枢纽总造价来衡量。

归纳上述条件,优良的坝址应是:地质条件好、地形有利、位置适宜、方便施工、造价低、效益好。所以应全面考虑、综合分析,进行多种方案比较,合理解决矛盾,选取最优成果。

(二)坝型选择

常见的坝型有土石坝、重力坝及拱坝等。坝型选择仍取决于地质、地形、建材及施工、运用等条件。

1.土石坝

在筑坝地区,若交通不便或缺乏"三材",而当地又有充足实用的土石料,地质方面无大的缺陷,又有合适的布置河岸式溢洪道的有利地形时,则可就地取材,优先选用土石坝。随着设计理论、施工技术和施工机械等方面的发展,近年来土石坝修建的数量已有明显的增长,而且其施工期较短,造价远低于混凝土坝。我国在中小型工程中,土石坝占有很大的比重。土石坝是世界坝工建设中应用最为广泛和发展最快的一种坝型。目前混凝土面板堆石坝74座,其中坝高在100 m以上的有12座;最高的广西天生桥一级坝178 m;水布垭坝高232 m,为该坝型世界最高;完成设计待建的坝高100 m以上的有19座;南水北调西线的通天河引水与大渡河引水方案,需建面板堆石坝,坝高方案为296~348 m,且还位于地震区。

2.重力坝

当有较好的地质条件,当地有大量的砂石骨料可以利用,交通又比较方便时,一般多考虑修筑混凝土重力坝。可直接由坝顶溢洪,而不需另建河岸溢洪道,抗震性能也较好。我国的三峡大坝建成时是当时世界上最大的混凝土浇筑实体重力坝。近年来,碾压混凝土筑坝技术发展很快,自1986年我国建成第一座碾压混凝土坝到现在,已建、在建的有43座,设计待建的21座,其中超过100 m的8座;我国是世界上建设碾压混凝土坝最多的国家,红水河龙滩坝坝高192 m,为该坝型世界最高。

3.拱坝

当坝址地形为V形或U形狭窄河谷,且两岸坝肩岩基良好时,则可考虑选用拱坝。它工程量小,比重力坝节省混凝土量1/2~2/3,造价较低,工期短,也可从坝顶或坝体内开孔泄洪,因而也是近年来发展较快的一种坝型。已建成的二滩混凝土拱坝高240 m,小湾混凝土拱坝高292 m,溪洛渡混凝土拱坝高278 m。另外,我国西南地区还修建了大量的浆砌石拱坝。

二、枢纽的工程布置

拦河筑坝以形成水库是拦河蓄水枢纽的主要特征。其组成建筑物除拦河坝和泄水建筑物外,根据枢纽任务还可能包括输水建筑物、水电站建筑物和过坝建筑物等。枢纽布置主要是研究和确定枢纽中各个水工建筑物的相互位置。该项工作涉及泄洪、发电、通航、导流等各项任务,并与坝址、坝型密切相关,需统筹兼顾,全面安排,认真分析,全面论证,最后通过综合比较,从若干个比较方案中选出最优的枢纽布置方案。

(一)枢纽布置的原则

进行枢纽布置时,一般可遵循下述原则:

(1)为使枢纽发挥最大的经济效益,进行枢纽布置时,应综合考虑防洪、灌溉、发电、航运、渔业、林业、交通、生态及环境等各方面的要求。应确保枢纽中各主要建筑物,在任何工作条件下都能协调地、无干扰地进行正常工作。

(2)为方便施工、缩短工期和能使工程提前发挥效益,枢纽布置应同时考虑选择施工导流的方式、程序和标准,便是选择主要建筑物的施工方法,与施工进度计划等进行综合分析研究。工程实践证明,统筹安排不仅能方便施工,还能使部分建筑物提前发挥效益。

枢纽布置应做到在满足安全和运用管理要求的前提下,尽量降低枢纽总造价和年运行费用;如有可能,应考虑使一个建筑物发挥多种作用。例如,使一条隧洞做到灌溉和发电相结合,施工导流与泄洪、排沙、放空水库相结合等。

(3)在不过多增加工程投资的前提下,枢纽布置应与周围自然环境相协调,应注意建筑艺术,力求造型美观,加强绿化环保,因地制宜地将人工环境和自然环境有机地结合起来,创造出一个完美的、多功能的宜人环境。

(二)枢纽布置方案的选定

水利枢纽设计需通过论证比较,从若干个枢纽布置方案中选出一个最优方案。最优方案应该是技术上先进和可能、经济上合理、施工期短、运行可靠以及管理维修方便的方案。需论证比较的内容如下:

(1)主要工程量,如土石方、混凝土和钢筋混凝土、砌石、金属结构、机电安装、帷幕和固结灌浆等工程量。

(2)主要建筑材料数量,如木材、水泥、钢筋、钢材、砂石和炸药等用量。

(3)施工条件,如施工工期、发电日期、施工难易程度、所需劳动力和施工机械化水平等。

(4)运行管理条件,如泄洪、发电、通航是否相互干扰,建筑物及设备的运用操作和检修是否方便,对外交通是否便利等。

(5)经济指标。它指总投资、总造价、年运行费用、电站单位千瓦投资、发电成本、单位灌溉面积投资、通航能力、防洪以及供水等综合利用效益。

(6)其他。根据枢纽具体情况,需专门进行比较的项目。当在多泥沙河流上兴建水利枢纽时,应注重泄水和取水建筑物的布置对水库淤积、水电站引水防沙和对不淤河床冲刷的影响等。

上述项目有些可定量计算,有些则难以定量计算,这就给枢纽布置方案的选定增加了复杂性,因而,必须以国家研究制定的技术政策为指导,在充分掌握基本资料的基础上,以科学的态度,实事求是地全面论证,通过综合分析和技术经济比较选出最优方案。

(三)枢纽建筑物的布置

1.挡水建筑物的布置

为了减少拦河坝的体积,除拱坝外,其他坝型的坝轴线最好短而直,但根据实际情况,有时为了利用高程较高的地形以减少工程量,或为避开不利的地质条件,或为便于施工,也可采用较长的直线或折线或部分曲线。

当挡水建筑物兼有连通两岸交通干线的任务时,坝轴线与两岸的连接在转弯半径与坡度方面应满足交通上的要求。

对于用来封闭挡水高程不足的山垭口的副坝,不应片面追求工程量小,而将坝轴线布置在垭口的山脊上。这样的坝坡可能产生局部滑动,容易使坝体产生裂缝。在这种情况下,一般将副坝的轴线布置在山脊略靠上游处,避免下游出现贴坡式填土坝坡;如下游山坡过陡,还应适当削坡,以满足稳定要求。

2.泄水及取水建筑物的布置

泄水及取水建筑物的类型和布置,常取决于挡水建筑物所采用的坝型和坝址附近的地质条件。

1)土坝枢纽

土坝枢纽一般采用河岸溢洪道作为主要的泄水建筑物,而取水建筑物及辅助的泄水建筑物,则采用开凿于两岸山体中的隧洞或埋于坝下的涵管。若两岸地势陡峭,但有高程合适的马鞍形垭口,或两岸地势平缓且有马鞍形山脊,以及需要修建副坝挡水的地方,其后又有便于洪水归河的通道,则是布置河岸式溢洪道的良好位置。如果在这些位置上布置溢洪道进口,而其后的泄洪线路是通向另一河道的,只要经济合理且对另一河道的防洪问题能做妥善处理的,也是比较好的方案。对于上述利用有利条件布置溢洪道的土坝枢纽,枢纽中其他建筑物的布置一般容易满足各自的要求,干扰性也较小。当坝址附近或其上游较远的地方均无上述有利条件时,则常采用坝肩溢洪道的布置形式。

2)重力坝枢纽

对于混凝土或浆砌石重力坝枢纽,通常采用河床式溢洪道(溢流坝段)作为主要泄水建筑物,而取水建筑物及辅助的泄水建筑物采用设置于坝体内的孔道或开凿于两岸山体中的隧洞。泄水建筑物的布置应使下泄水流方向尽量与原河流轴线方向一致,以利于下游河床的稳定。当沿坝轴线上地质情况不同时,溢流坝应布置在比较坚实的基础上。

当在含沙量大的河流上修建水利枢纽时,泄水及取水建筑物的布置应考虑水库淤积和对下游河床冲刷的影响,一般在多泥沙河流上的枢纽中,常设置大孔径的底孔或隧洞,汛期用来泄洪并排沙,以延长水库寿命;如汛期洪水中带有大量悬移质的细微颗粒,应研究采用分层取水结构并利用泄水排沙孔来解决浊水长期化问题,减轻对环境的不利影响。

3.水电站、航运及过木等专门建筑物的布置

对于水电站、船闸、过木等专门建筑物的布置,最重要的是要保证它们具有良好的运用条件,并便于管理。关键是保证进、出口的水流条件。布置时,须选择好这些建筑物本身及其进、出口的位置,并处理好它们与泄水建筑物及其进、出口之间的关系。

水电站建筑物的布置应使其通向上、下游的水道尽量短,水流平顺,水头损失小,进水口应不致被淤积或受到冰块等的冲击;尾水渠应有足够的深度和宽度,平面弯曲度不大,且深度逐渐变化,并与自然河道或渠道平顺连接;泄水建筑物的出口水流或消能设施,应尽量避免抬高电站尾水位。此外,电站厂房应布置在好的地基上,以简化地基处理,同时还应考虑尾水管的高程,避免石方开挖过大;厂房位置还应争取布置在可以先施工的地方,以便早日投入运转。电站最好靠近交通线的河岸,密切与公路或铁路的联系,便于设备的运输;变电站应有合理的位置,应尽量靠近电站。航运设施的上游进口及下游出口处

应有必要的水深，方向顺直并与原河道平顺连接，而且没有或仅有较小的横向水流，以保证船只、木筏不被冲入溢流孔口，船闸和码头或筏道及其停泊处通常布置在同一侧，不宜横穿溢流坝前缘，并使船闸和码头或筏道及其停泊处之间的航道尽量地短，以便在库区内风浪较大时仍能顺利通航。

船闸和电站最好分别布置于两岸，以免受施工和运用期间的干扰。如必须布置在同一岸，则水电站厂房最好布置在靠河一侧，船闸则靠河岸或切入河岸中布置，这样易于布置引航道。筏道最好布置在电站的另一岸。筏道上游常需设停泊处，以便重新绑扎木筏或竹筏。

在水利枢纽中，通航、过木以及过鱼等建筑物的布置均应与其形式和特点相适应，以满足正常的运用要求。

任务二　取水枢纽布置设计

一、取水枢纽的作用和类型及其选择

通常所称的取水枢纽(引水枢纽)是指从河流或水库取水的水利枢纽，其作用是获取符合水量及水质要求的河水，以满足灌溉、发电、工业及生活用水的要求；并防止粗颗粒泥沙进入渠道，以免引起渠道的淤积和对水轮机或水泵叶片的磨损，保证渠道及水电站正常运行。因取水枢纽位于渠道首部，所以又称为渠首枢纽。

取水枢纽根据是否具有拦河建筑物可分为无坝取水枢纽和有坝取水枢纽两大类。

(一)无坝取水枢纽

当河道枯水时期的水位和流量能满足取水要求时，不必在河床上修建拦河建筑物，只需在河流的适当地点开渠，并修建必要的建筑物自流取水，这种取水枢纽称为无坝取水枢纽。其优点是工程简单、投资少、施工比较容易、工期短、收效快，并且对河床演变的影响较小。缺点是不能控制河道水位和流量，枯水期取水保证率低。当在多泥沙河流上取水时，如果布置不合理还可能引入大量泥沙，造成渠道淤积，不能正常工作。

(二)有坝取水枢纽

当河道枯水时期的水位和流量能满足引水要求，但河道水位较低不能自流引水时，需修建壅水坝(或拦河闸)以抬高水位，满足自流引水的要求，这种具有壅水坝的引水枢纽，称为有坝取水枢纽。不过在有些情况下，虽然水位和流量均可满足引水要求，但为了达到某种目的，也要采用有坝取水的方式。比如，当采用无坝取水方式需开挖很长的水渠，工程量大，造价高时；当在通航河道上引水量大而影响正常航运时；当河道含沙量大，要求有一定的水头冲洗取水口前淤积的泥沙时。有坝取水枢纽的优点是工作可靠，引水保证率高，便于引水防沙和综合利用，故应用较广。但相对无坝取水枢纽来说，工程复杂，投资较多，拦河建筑物破坏了天然河道的自然状态，改变了水流、泥沙的运动规律，尤其是在多泥沙河流上，如果布置不合理，会引起渠首附近上下游河道的变形，影响渠首的正常运行。

二、取水枢纽的工作特点

(一)无坝取水枢纽的工作特点

1.受河道水位涨落的影响较大

无坝取水枢纽因没有拦河建筑物,不能控制河道水位和流量。在枯水期,由于天然河道中水位低,可能引不进所需的流量,引水保证率较低。而在汛期,由于河道中水位高,含沙量也大。因此,渠首的布置不仅要能适应河水涨落的变化,而且必须采取有效的防沙措施。

2.受河床变迁的影响较大

若取水口处河床不稳定,就会引起主流摆动。一旦主流脱离引水口,就会导致水流不畅;加之常受河水涨落、泥沙淤积等影响,可能还会使引水口被淤塞而失效。如黄河人民胜利渠渠首,由于河床变迁,进水闸前出现大片沙滩,引水十分困难。郑州市东风渠的渠首工程,因受黄河河床变迁的影响,迫使引水口被淤而不能取水。所以,当在不稳定河流上引水时,引水口应选在靠近河道主流的地方,并随时观察河势变化,必要时,加以整治,防止河床变迁。

3.受水流转弯的影响

如在河道直段侧面引水,由于岸边引水口前水流转弯,从而形成侧面引水环流,使表层水流和底层水流分离。而且,进入渠道的底层水流宽度远大于表层水流,从而使大量推移质随着底流进入渠道。当引水比(引水流量与河道流量的比值)达50%时,河道的底沙几乎全部进入渠道。为此,应采取必要的防沙措施,改变流态,减小底流宽度或将底流导离引水口,以减少推移质入渠。

4.受渠首运行管理的影响

渠首运行管理的好坏,对防止泥沙入渠也有很大的关系。河流的泥沙高峰在洪水期,如果这时能关闸不引水,或少引水,避开泥沙高峰,就能有效地防止泥沙进入渠道造成淤积。

(二)有坝取水枢纽的工作特点

1.对上游河床的影响

当渠首投入运用后,上游水位被壅水坝抬高,坝前流速较低。因此,大量泥沙沉积在坝前,沉积的速度也很快,在1~2年,甚至一次洪水即可将坝前淤满,山区河流中,由于水中挟带砾石及大块石,因此坝前淤积往往高出坝顶,如陕西石头河的梅惠渠,坝前淤积高出坝顶2.0 m,壅水坝淤平后,即失去控制水流的作用,进水闸处于无坝取水状态。另外,当河道主流摆动后,上游河床常形成一些岔道,使得引水口附近不能保持稳定的深槽,从而影响渠首的正常工作。

2.对下游河床的影响

在渠首运行初期,壅水坝下泄的水流较清,具有很大的冲刷力,促使下游河床被冲刷;当坝前淤平后,下泄水流的含沙量增大,又使下游河床逐渐淤积,严重时可将壅水坝埋于泥沙之中。如陕西省织女渠首的壅水坝,其坝体大部分已被埋在沙内。

根据上述情况,不但要使建筑物布置合理,尺寸和高程选择恰当,而且还要考虑渠道上、下游河床的再造情况,进行必要的河道整治。

三、取水枢纽布置的一般要求

取水枢纽是整个渠系的咽喉,它的布置是否合理,对发挥工程效益影响极大。除枢纽的各个建筑物应满足一般水工建筑物的要求外,取水枢纽的布置还应满足以下的要求:

(1)在任何时期,都应根据引水要求不间断地供水。

(2)在多泥沙河流上,应采取有效的防沙措施,防止泥沙入渠。

(3)对于综合利用的渠首,应保证各建筑物正常工作,互相不干扰。

(4)应采取措施防止冰凌等漂浮物进入渠道。

(5)枢纽附近的河道应进行必要的整治,使主流靠近取水口,以保证引取所需水量。

(6)枢纽布置应便于管理,易于采用现代化管理设施。

四、无坝取水枢纽的布置

(一)无坝取水枢纽位置选择

无坝取水枢纽因没有拦河建筑物,不能控制河道水位和流量。所以渠首位置的选择,对于提高引水保证率,减少泥沙入渠,起着决定性作用。当选择位置时,除满足渠首位置选择的一般原则外,还必须详细了解河岸的地形、地质情况、河道洪水特性、含沙量及河床演变规律等,并根据以下原则,确定合理的位置:

(1)根据河流弯道的水流特性,无坝渠首应设在河岸坚固、河流弯道的凹岸,以引取表层较清水流,防止泥沙入渠。因此,取水口不应设在弯道的上半部,该处的横向环流还没有充分形成,河流中的泥沙还来不及被带到凸岸。取水口应设在弯道顶点以下水深最深、单宽流量最大、环流作用最强的地方。

(2)在有分汊的河段上,一般不宜将取水口布置在汊道上。由于分汊河段上主流不稳定,常发生交替变化,导致汊道淤塞而引水较困难。若由于具体位置的限制,只能在汊道上设取水口,则应选择比较稳定的汊道,并对河道进行整治,将主汊控制在该汊道上。

(3)无坝渠首也不宜设在河流的直段上。因从河道直段的侧面引水,河道主流在取水口处流向下游,只有岸边的水流进入取水口,所以进水量相对较小且不均匀。此外,由于水流转弯,引起横向环流,使河道的推移质大量进入渠道。

(二)无坝取水枢纽的布置形式

无坝取水枢纽的水工建筑物有进水闸、冲沙闸、沉沙池及上下游整治建筑物等。当有航运、漂木和渔业等要求时,还应考虑设置船闸、筏道和鱼道等。无坝取水枢纽的布置形式,按取水口的数目可分为一首制和多首制两种,每种渠首的布置形式,根据河床和河岸的稳定情况、河流的水沙特性以及引水流量的多少而有所不同。

根据情况不同有三种布置形式,即位于弯道凹岸的渠首、引水渠式渠首和导流堤式渠首。

1.位于弯道凹岸的渠首

当河床稳定、河岸土质坚硬时,可将渠首进水闸建在河流弯道的凹岸,利用弯道环流原理,引取表层较清水流,排走底沙。这种渠首由拦沙坎、进水闸及沉沙设施等部分组成。

进水闸的作用主要是控制入渠流量，拦沙坎和沉沙池的作用都是防沙，但拦沙坎是用来加强天然河道环流，阻挡河道底部泥沙入渠并使河道底沙顺利排走的。沉沙池是用来沉淀进入渠道的推移质及悬移质中颗粒较粗的泥沙的。

进水闸一般布置在取水口处，在保证工程安全的前提下，应尽量减少引水渠的长度，这样既可减少水头损失，又可减轻引水渠的清淤工作。取水口两侧的土堤，一般用平缓的弧线与河堤相连，使取水口成为喇叭口形状。尤其是取水口的上唇应做成平缓的曲线，以使入渠水流平顺，减少水头损失；并减轻对取水口附近水流的扰动，对防止推移质泥沙随水流进入取水口很有益处。

2.引水渠式渠首

当河岸土质较差易受水流冲刷而变形时，可将进水闸设在距河岸有一定距离的地方，使其不受河岸变形的影响。

取水口处设简易的拦沙设施，以防止泥沙入渠。在取水口和进水闸之间用引渠相连。引渠兼作沉沙渠，并在沉沙渠的末端，按正面引水、侧面排沙的原则布置进水闸和冲沙闸。冲沙闸用来冲洗沉沙渠内的泥沙，使泥沙重归河道。一般冲沙闸与引水渠水流方向的夹角为30°~60°。冲沙闸底板高程比进水闸低0.5~1.0 m。在进水闸前也要设一道拦沙坎，以利导沙。为了冲洗引渠出口处的长度，以利用水力冲洗淤积在引水渠中的泥沙。必要时，也可辅以人力或机械清淤。

这种渠首的主要缺点是引水渠沉积泥沙后，冲沙效率不高。为保证引水，常需要用人工或机械辅助清淤。为了减轻引水渠的淤积，一般应在引水渠的入口处修建简单的拦沙设施。

3.导流堤式渠首

在山区河流坡降较陡、引水量较大及不稳定的河道上，为控制河道流量，保证引水防沙，一般采用导流堤式渠首。该渠首由导流堤、进水闸及泄水冲沙闸等所组成。导流堤的作用是束缩水流、抬高水位，以保证水流平顺入渠。进水闸的作用是控制入渠流量。泄水冲沙闸除了宣泄部分洪水，平时也可用来排沙。

进水闸与泄水冲沙闸的位置，一般按正面引水、侧面排沙的原则进行布置。进水闸与河道主流方向一致，泄水冲沙闸与水流方向一般做成接近90°夹角，以加强环流，有利于排沙。当河水流量大，渠首引水量较小时，也可采用正面排沙、侧面引水的布置形式。这时泄水冲沙闸的方向和主流方向一致，进水闸的中心线与主流方向成锐角，一般以30°~40°为宜。这样布置可减轻洪水对进水闸的冲击，而冲沙闸又能有效地排除取水口前的泥沙。

为拦截泥沙，进水闸底板高程应高出引水段河床高程0.5~1.0 m。泄水冲沙闸底板与该处河底齐平或略低，但比河道主槽要高，有利于泄水排沙。

导流堤的布置一般是从泄水闸向河流上游方向延伸，使其接近河道主流。导流堤的轴线与河道水流方向的夹角不宜过大，一般取10°~20°的夹角，以免被洪水冲毁。但也不能太小，否则将使导流堤长度增加而增大工程量。导流堤的长度取决于引水量，堤愈长，引水量愈多。有时在枯水期，为了引取河道全部流量，甚至可使导流堤拦断全部河床，但在洪水来临前，必须拆除一部分，让出河床，以利泄洪。

如图2-2-1所示，是我国古代著名的水利工程都江堰取水枢纽图片。它建于约2 300

年前,也属于导流堤式渠首。整个渠首位置选择在岷江天然弯道上。它由百丈堤、导流堤、飞沙堰、泄水槽及进水口等建筑物组成。金刚堤(导流堤)位于进水口——宝瓶口前,建在江中卵石沉积的天然滩脊上,根据当时的施工条件和材料,堤身是用当地材料竹笼内装卵石及木桩加固而成的,类似于现代的铅丝笼装卵石导流堤。金刚堤的最前端是分水鱼嘴。金刚堤的作用主要是分水和导流,它把岷江分为内江和外江。

在洪水时期,内江和外江水量的分配比例大约为4∶6,大部分洪水从外江流走,以保证灌区的安全;在枯水时期,内外江的分水比例恰好相反,大部分江水进入内江,保证了灌区用水。进水口——宝瓶口,系由人工凿开玉垒山而成。由于岩石坚硬,能抵抗水流的冲击,并可以控制引取所需的水量。飞沙堰及泄水槽建在进水口前的导流堤上,用以宣泄进入内江的多余水量,排走泥沙,并保持取水口所需要的水位。百丈堤位于导流堤上游,除引导江水外,还保护河岸免受冲刷。因整个工程布置合理,各建筑物能互相紧密配合,相互调节,起到了分水、泄洪、引水和防沙的作用,使成都平原农田可以自流灌溉,成为旱涝保收的富饶地区。这座工程的建造,充分体现了我国古代劳动人民具有无穷的智慧。

图2-2-1 都江堰取水枢纽

五、有坝取水枢纽的布置

当河道枯水时期的流量能满足引水要求,但河道水位较低,不能自流引水时,需修建拦河建筑物以抬高水位,满足自流引水的要求。这种取水枢纽称为有坝取水枢纽。有坝取水枢纽一般由拦河壅水建筑物(壅水坝或拦河闸)、进水闸、冲沙闸、防排沙设施及上下游河道整治措施等建筑物组成。拦河壅水建筑物的作用是抬高水位和宣泄河道多余的水量及汛期洪水;进水闸的作用是控制入渠流量;防排沙设施的作用是防止河流泥沙进入渠道。常用的防排沙设施有沉沙槽、冲沙闸、冲沙廊道、冲沙底孔及沉沙池等。

由于河道的水流特性、地形、地质条件千差万别,各建筑物对枢纽工程的形式选择和布置起着决定性作用。一般情况下是先根据基础资料拟订几个不同的布置方案,进行技术经济比较后确定。下面将介绍常用的几种有坝取水枢纽的布置。

(一)沉沙槽式渠首

这种渠首按侧面引水、正面排沙的原则进行布置,由壅水坝、冲沙闸、冲沙槽、导水墙及进水闸等组成。因其最先建于印度,又称印度式渠首。

由于沉沙槽式渠首的布置和结构简单，施工容易，造价较低，故在我国西北、华北等地区得到广泛应用。但在实践运用中，这种渠首布置存在下述主要问题：

(1)由于进水闸与河流垂直，水流需转90°急弯进入进水闸，这样便在进水口处产生横向环流，把部分推移质泥沙带入渠道。

(2)当冲沙闸冲沙时，槽内推移质发生跃移运动，为防止泥沙入渠，必须关闭进水闸，停止取水。

(3)当壅水坝前淤平后，该坝便失去控制水流作用，此时，进水闸处于无坝引水状态。引水得不到保证。

针对这些缺点，改进措施有：

(1)加大沉沙槽及冲沙闸的尺寸，采用弧形沉沙槽，槽内增设潜没分水墙、导沙坎等改变水流内部结构，使表层水进入进水闸。

(2)合理选择进水闸与拦河建筑物之间的夹角，一般采用进水闸水流与河道水流成30°~60°角，以减弱环流强度。

(3)将壅水坝全部或大部分改为拦河闸，以稳定主流。

(二)人工弯道式渠首

这种渠首是将弯曲河段整治为规则的人工弯道，利用弯道环流原理，在弯道末端按正面引水、侧面排沙的原则布置进水闸和冲沙闸，以引取表层清水，排走底层泥沙，以达到引水排沙的目的。该渠首由人工弯道、进水闸、冲沙闸、泄洪闸以及下游排沙道等组成。

(三)底栏栅式渠首

在山溪河道上，河床坡度较陡，水流中带有大量的卵石、砾石及粗沙，为防止大量泥沙入渠，常采用底栏栅式渠首。

这种渠首的主要建筑物由底栏栅坝、溢流堰、泄洪冲沙闸、导沙坎及上下游导流堤等组成。

(四)底部冲沙廊道式渠首

鉴于河道中水流泥沙沿深度分层的特点，将水流垂直地划分为表层及底层两个部分，进水闸引取表层较清水流，而含沙量较高的底层水流则经过冲沙廊道或泄洪排沙闸排到下游。分层取水的渠首布置常采用底部冲沙廊道式渠首。由于廊道冲沙所需水量较少，常用于缺少冲沙流量的河流。当冲沙廊道用于宣泄部分洪水时，则需水量较多。这种枢纽要求坝前水位能形成较大的水头，使水流在廊道内产生4~6 m/s的冲沙流速。

(五)两岸引水式渠首

当河道两岸都需要引水时，常在拦河(溢流)坝两端分别建造沉沙槽式取水口，以满足两岸引水要求。实践证明，这种渠首常有一岸取水口被泥沙堵塞。为此，通常采用在一岸集中引水，然后用坝内输水管道向对岸输水，或用跨河渡槽或在河床内埋设涵洞向对岸输水。

这种从一岸取水并向对岸输水的方式，虽然结构复杂，但运用情况良好，不仅有利于水量调配，且便于管理。

(六)少泥沙河流上综合利用的有坝渠首布置

在我国南方山区及平原地区河道上，多修建综合利用的取水枢纽工程，以满足灌溉、航运、筏运、发电和渔业的要求。因此,这类枢纽建筑物的组成,除进水闸和溢流坝外,根据用途的不同,还要修建一种或几种专门建筑物。

任务三　堤防工程布置设计

堤防是沿河岸,顺水流方向修建的治河工程,其目的是束范洪水、平顺水流,减轻洪水对下游的灾害,保护沿河两岸人民生命财产安全。堤防工程虽不是防洪治河工程的唯一措施,但如今仍是重要的防洪工程措施。下面就堤防工程的设计作以介绍。

一、堤防的种类与作用及其选择

堤防按其所在位置不同,可分为河堤、湖堤、海堤、围堤和水库堤防五种。因彼此工作条件各不相同,所以其断面设计时的要求也略有差异。

(1)河堤位于河道两岸,用于保护两岸田园和城镇不受洪水侵犯。因河水涨落较快,高水位持续时间较短,其承受高水位压力的时间不长,堤内浸润线一般难以发展到最高洪水位的位置,故断面尺寸相对较小。

(2)湖堤位于湖泊四周,由于湖水位涨落缓慢,高水位持续时间较长,且水域辽阔,风浪较大,故其断面尺寸应较河堤大。此外,还要求临水面有较好的防浪护面,背水面须有一定的排渗措施。

(3)海堤又称海塘、海堰或海堆,位于河口或沿海海岸,用以保护沿海地区坦荡平衍的田野及城镇乡村免遭潮水海浪袭击。海堤主要在起潮时或风暴激起海浪袭击时着水,高水作用时间虽不长,但潮浪的破坏力较大,特别是强潮河口或台风登陆地区,因受海流、风浪和增水影响,故其断面要比河堤大。海堤临水面一般设有较好的防浪消浪设施,或采取生物与工程相结合的保滩护堤措施。

(4)围堤修建在蓄滞洪区的周边,在蓄滞洪区运用时起临时挡水的作用,其使用频率虽小,但修建标准一般应与河流干堤相同。

(5)水库堤防位于水库回水末端及库区局部地段,用于限制库区的淹没范围和减少淹没损失。库尾堤防常需根据水库淤积引起翘尾巴的范围和防洪要求适当向上游延伸。水库堤防的断面尺寸应略大于一般河堤。

河堤按其所在位置和重要性,又分为干堤、支堤和民堤。干堤修建在大江大河的两岸,标准较高,保护重要城镇、大型企业和大范围地区,由国家或地方专设机构管理。支堤沿支流两岸修建,防洪标准一般低于同流域的干堤。重要支流堤防一般由流域部门负责修建,一般支堤则由地方修建、管理。民堤又称民埝,民修民守,保护范围小,抗洪能力低,如黄河滩的生产堤,长江中下游洲滩民垸的围堤等。

二、堤防工程防洪标准及级别

堤防工程的防洪标准,又称堤防工程设计洪水标准,它是衡量堤防工程承受洪水的能力的。在堤防工程规划设计时,可按《防洪标准》(GB 50201—2014),取其防护区内要求较高的防护对象的防范标准。

一般在堤防工程设计阶段,设计洪水标准主要有两种方法确定。一是以洪水的频率或重现期为设计标准,也就是通过代表站的洪水频率计算,定出所选不定期频率的洪峰流量,据以推出水面线,得出沿程的设计洪水位。二是采用实际出现的某年洪水为设计标准。如目前黄河下游堤防的设计洪水标准是防御 1985 年型洪水,长江中下游堤防的防御标准是 1954 年型洪水。

采用频率计算成果作为设计标准较为抽象,且当发生一次大的洪水后,频率统计样本会发生变化,因而标准难以稳定;采取实际洪水作为设计标准洪水,简单直观、效益明确,但它受历史资料的局限性大,不可能选取比已现洪水更高的标准。因此,实际工程中,多根据实际发生的大洪水、历史调配洪水和频率计算成果,经综合分析比较后,定出堤防设计的洪水标准。

堤防工程的级别划分,与其防洪标准有关,应符合我国《堤防工程设计规范》(GB 50286—2013)的规定(见表 2-2-1)。

表 2-2-1　堤防工程的级别

重现期(年)	$P\geqslant100$	$50\leqslant P<100$	$30\leqslant P<50$	$20\leqslant P<30$	$10\leqslant P<20$
堤防工程的级别	1	2	3	4	5

根据当地洪水和洪灾情况,如果需要提高或降低堤防级别,应报行业主管部门批准。对于穿堤建筑物的设计防洪标准,不应低于堤防工程的防洪标准,并应留有适当的安全值。

三、堤防工程规划

(一)堤防规划

堤防规划的一般原则如下:

(1)堤防规划应考虑流域水资源综合利用,并与其他工程防洪措施如水库、分蓄洪工程等协同配合,以达到最有效、最经济地控制洪水的目的。

(2)堤防的上下游、左右岸、各地区、各部门必须统筹兼顾,根据河流、河段及其防护对象的不同,选定不同的防洪标准和不同的堤型、堤身断面。当所选的防洪标准和堤型、堤身断面短期内难以达到标准或要求时,可分期分段实现。

(3)保证主要江河的堤防不发生改道性决口,并确保对国民经济关系重大的堤段不发生决口。

(4)规划中应统筹考虑当堤防遭遇超标准洪水袭击时的对策、措施。

(二)堤防选线

堤线的选择是规划设计的前提,堤线选择合理与否,对河道泄洪、当地经济、防汛抢险影响很大,故在选线时要考虑以下几点:

(1)堤线尽量与河流流向保持一致,两岸堤线基本平行,避免出现局部突然变窄或变宽的现象,以利洪水宣泄。

(2)堤线与主河槽保持一定距离,在河弯处,不宜离凹岸河槽太近,以防洪水主流顶冲,造成坍塌,危及堤防的安全。

(3)堤线应选在地质情况良好的地带,并尽量沿等高线修建,避免通过流沙、淤泥地带,降低工程造价。

(4)堤线不宜随河道局部较小弯曲而弯曲,应沿河槽弯曲外沿布设。对于河道较大的弯曲,堤线布设时应有较大的转弯半径,并在堤防临水一面采取贴护措施,避免局部过分突出,影响洪水宣泄。

任务四　水电站厂区总体布置设计

一、水电站厂房的功用和基本类型

水电站厂房是将水能转为电能的综合工程设施,包括厂房建筑、水轮机、发电机、变压器、开关站等,也是运行人员进行生产和活动的场所。

(一)水电站厂房的主要功用

(1)将水电站的主要机电设备集中布置在一起,使其具有良好的运行、管理、安装、检修等条件。

(2)布置各种辅助设备,保证机组安全经济运行,保证发电质量。

(3)布置必要的值班场所,为运行操作人员提供良好的工作环境。

(二)水电站厂房的类型

由于水电站的开发方式、枢纽布置方案、装机容量、机组形式等条件的不同,厂房的形式也是多种多样的,通常按厂房的结构及布置的特点,可分为地面式(包括河床式、坝后式、岸边式)、地下式、坝内式、厂顶溢流式及厂前挑流式等。而其中最常见的是坝后式厂房和岸边式厂房。现首先借助于它们的情况来阐述厂房的布置与结构,然后对其他形式的厂房就其特点作简单介绍。

1.按厂房结构分类

1)河岸式厂房

厂房与坝不直接相接,发电用水由引水建筑物引入厂房。当厂房设在河岸处时称为河岸式地面厂房;当河谷狭窄、岸坡陡峻,或有人防要求,布置地面厂房有困难时,把水电站厂房等主要建筑物布置在山岩洞室之中就是地下式厂房。由于开挖机械的不断改进和施工技术的不断提高,地下开挖的进度越来越快,造价越来越低,因此近年来国内外地下式水电站厂房建设速度加快,如图2-2-2所示。

2)坝后式厂房

厂房布置在非溢流坝后,与坝体衔接,厂房间用永久缝分开,厂房不起挡水作用,不承受上游水压力,发电用水由穿过坝体的高压管道接入厂房,称为坝后式厂房,如图2-2-3所示。这种厂房独立承受荷载和保持稳定,厂坝连接处允许产生相对变位,因而结构受力明确,压力管道穿过永久缝处设伸缩节。当坝址河谷较宽,河谷中布置溢流坝外还需布置非溢流坝时,通常采用这种厂房。

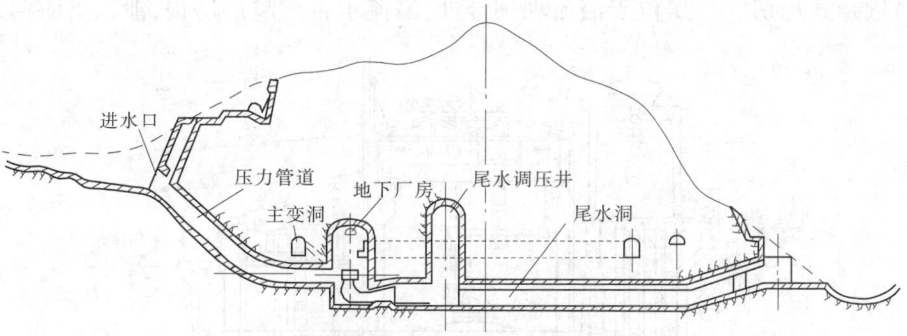

图 2-2-2 地下式厂房剖面

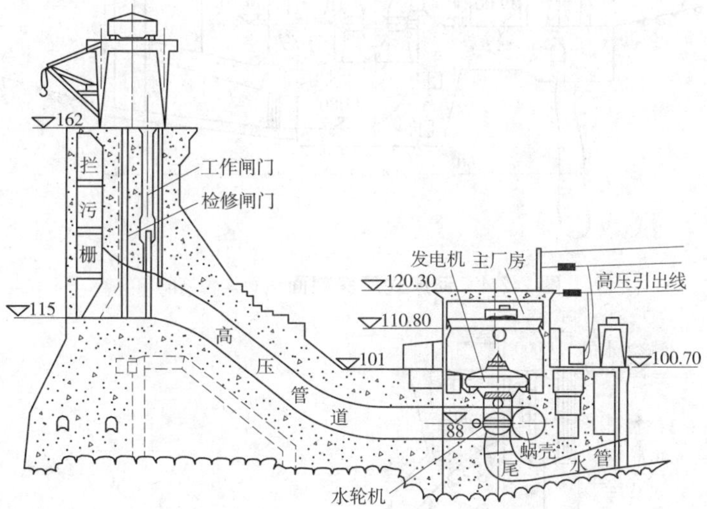

图 2-2-3 坝后式厂房剖面 （单位:m）

3)河床式厂房

厂房位于河床中,本身也起挡水作用,其中普遍采用的是装置竖轴轴流式机组的河床式厂房,如图 2-2-4 所示。

有时,当河谷狭窄、泄洪量大,又需采用河床泄洪时,为了解决河床内不能同时布置厂房建筑物和泄水建筑物的矛盾,可将厂房布置成以下形式:

(1)溢流式厂房。将厂房布置在溢流坝段下游,厂房顶作为溢洪道,称为溢流式厂房,如图 2-2-5 所示。溢流式厂房适用于中、高水头的水电站。若坝址河谷狭窄,洪水流量大,河谷支沟布置溢流坝,采用坝后式厂房会引起大量的土石方开挖,这时可以采用溢流式厂房,其缺点是厂房结构计算复杂,对施工质量要求高。浙江新安江水电站厂房是我国第一座溢流式厂房。

(2)坝内式厂房。将厂房布置在坝体内空腹,坝顶设溢洪道,称为坝内式厂房。当河谷狭窄不足以布置坝后式厂房,而坝高足够,允许在坝内留出一定大小的空腔布置厂房时,可采用坝内式厂房。江西上犹江水电站厂房是我国第一座坝内式厂房。

(3)挑越式厂房。厂房位于溢流坝坝址处,溢流水舌挑越厂房顶,泄入下游河道。

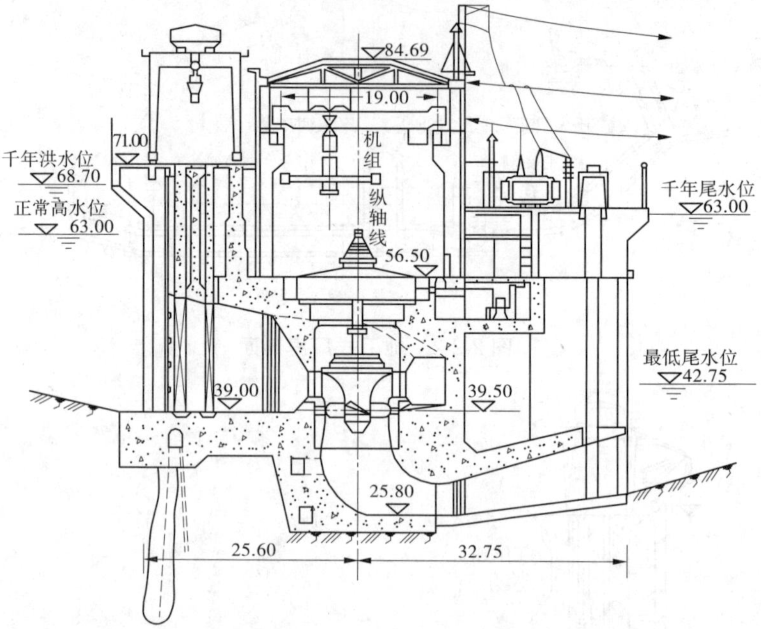

图 2-2-4　河床式厂房剖面　（单位:m）

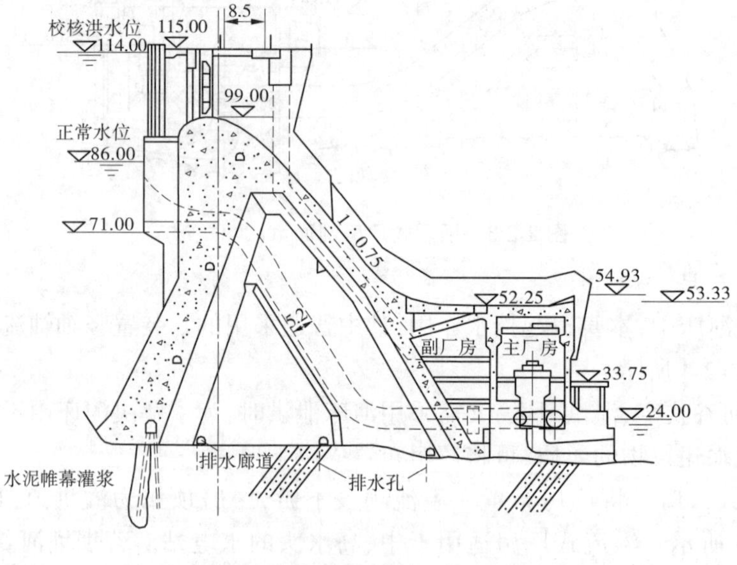

图 2-2-5　溢流式厂房剖面　（单位:m）

2.按机组主轴布置方式分类

(1)立式机组厂房。水轮发电机主轴呈垂直向布置的厂房称为立式机组厂房。立式机组厂房的高度较大,设备在高度方向可分层布置,厂房较宽敞整齐,平面面积较小,厂房下部结构为大体积混凝土,整体性强,运行、管理方便,振动、噪声较小,通风、采光条件好,但厂房结构复杂,造价高,适用于下游水位变幅较大或下游水位较高的情况。目前,装设流量较大的反击式水轮机(贯流式除外)的水电站,几乎都采用立式机组厂房。机组尺寸较大的冲击式水轮机,当喷嘴多于2~6时,水电站也采用立式机组厂房。

(2)卧式机组厂房。水轮发电机主轴呈水平向布置且安装在同一高程地板上的厂房称为卧式机组厂房。卧式机组厂房的高度较小,设备布置紧凑,结构简单,造价低,厂房内大部分机电设备集中布置在发电机层,平面占用面积较大,但设备布置较拥挤,安装、检修、运行不便,噪声、振动较大,散热条件差。中高水头的中小型混流式水轮发电机组、高水头小型冲击式水轮发电机组及低水头贯流式机组均采用卧式机组厂房,如图2-2-6所示。

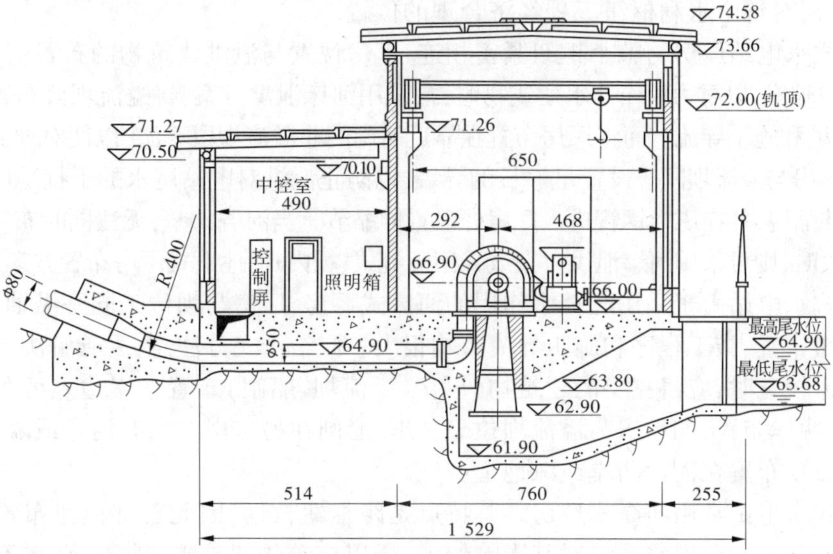

图2-2-6　卧式机组厂房横剖面　(单位:尺寸,cm;高程,m)

二、厂区布置

厂区也称厂房枢纽。厂区布置的任务是以水电站主厂房为核心,合理安排主厂房、副厂房、变压器场、高压开关站、引水道(可能还有调压室或前池)、尾水道及交通线等的相互位置。它是水利枢纽总体布置的重要组成部分。

由于自然条件、水电站类型和厂房形式不同,厂区布置是多种多样的,但应遵循以下主要原则:

(1)综合考虑自然条件、枢纽布置、厂房形式、对外交通、厂房进水方式等因素,使厂区各部分与枢纽其他建筑物相互协调,避免或减少干扰。

(2)既要照顾厂区各组成部分的不同作用和要求,也要考虑它们的联系与配合,要统筹兼顾,共同发挥作用。主厂房、副厂房、变压器场等建筑物应距离短、高差小,满足电站出线方便、电能损失小,便于设备的运输、安装、运行和检修。

(3)应充分考虑施工条件、施工程序、施工导流方式的影响,并尽量为施工期间利用已有铁路、公路、水运及建筑物等创造条件。还应考虑电站需分期施工和提前发电,宜尽量将本期工程的建筑物适当集中布置,以利分期建设、分期安装,为后期工程或边发电、边施工创造有利的施工和运行条件。

(4)应保证厂区所有设备和建筑物都是安全可靠的。必须避免在危岩、滑坡及构造破碎地带布置建筑物。对于陡坡则应采取必要的加固措施,并做好排水,以确保施工期和投产后都能安全可靠。

(5)应尽量减少破坏天然绿化。在满足运行管理的前提下,积极利用、改造荒坡地,尽量少占农田。

(一)主厂房布置

主厂房应布置在地质条件较好、岸坡稳定、开挖量小、对外交通方便、施工条件好且导流容易解决,对整个水利枢纽工程经济合理的位置。

坝后式水电站厂房与整个枢纽紧密相连,厂房位置与泄洪建筑物的布置密切相关。

当河谷较宽,以重力坝作挡水建筑物时,常采用河床泄洪方案,将溢流坝段布置在主河槽中,以利泄洪和施工导流。而将厂房布置在靠近河岸的非溢流坝段下游,以便对外交通和布置变电站。厂房与溢流坝间应设置足够长的导墙,以防止泄洪对电站尾水的干扰。厂坝间一般设有沉陷伸缩缝,并在压力钢管进入厂房处设置伸缩节。当河谷狭窄,无法同时布置溢流坝段和厂房坝段时,则可采用河岸泄洪方案或采用溢流式、坝内式、地下式厂房布置方案。

河床式水电站由于采用起挡水作用的河床式厂房,厂房与坝位于同一纵轴上,故厂房位置对枢纽布置、施工程序和施工导流影响很大。应给予充分注意,妥善解决。

当河床较宽时,应将主要的建筑物(厂房、溢流坝、船闸)布置在岸边。可布置在同一岸;也可分两岸布置,如厂房与溢流坝位于一岸,船闸在另一岸。当有河弯或滩地时,可将厂房和溢流坝布置在河弯凸岸或滩地上。

引水式水电站常用河岸式厂房。其特点是距枢纽较远,因此首部枢纽布置和施工条件对其影响甚小。而引水系统对其影响较大,所以应首先以地形、地质、水文等自然条件选择引水方式后,再确定厂房位置和布置。布置时应尽可能使厂房进出水平顺,最好采用正向进水,尾水渠要逐渐斜向下游,或加筑导墙以改善水流条件,免受河道洪水顶托而产生壅水、漩涡和淤积。

(二)副厂房布置

大中型水电站都设有副厂房,小型水电站有时可以不设专门的副厂房。按副厂房的作用可分为三类:

(1)直接生产副厂房,是布置与电能生产直接有关的辅助设备的房间,如中央控制室、低压开关室等。直接生产副厂房应尽量靠近主厂房,以便运行管理和缩短电缆。

(2)检修试验副厂房,是布置机电修理和试验设备的房间,如电工修理间、机械修理间、高压试验室等。此类副厂房可结合直接生产副厂房布置。

(3)生产管理副厂房,是运行管理人员办公和生活用房,如办公室、警卫室等。办公用房宜布置在对外联系方便的地方。

副厂房的位置可以在主厂房的上游侧、下游侧或一端。副厂房布置在主厂房上游侧(见图2-2-7(a)、(c)、(f))运行管理比较方便,电缆也较短,在结构上与主厂房连成一体,造价较经济。当主厂房上游侧比较开阔,通风采光条件好时可以采用。副厂房布置在下游会影响主厂房通风采光;尾水管加长会增大工程量,且尾水平台一般是有振动的,中控室不宜布置在该处。当副厂房布置在主厂房一端时(见图2-2-7(b)、(d)),宜布置在对外交通方便的一端,当机组台数较多时,会使电缆及母线加长。

坝后式水电站应尽量利用厂坝间的空间并结合端部布置副厂房。河床式水电站可利用尾水平台以下空间及端部布置副厂房。引水式水电站的副厂房宜布置在副厂房的一端,或利用主厂房与后山坡之间的空间布置在主厂房的上游侧(见图 2-2-7(e))。对明管引水的中高水头引水式水电站,副厂房的布置宜偏离压力水管管槽的正下方。

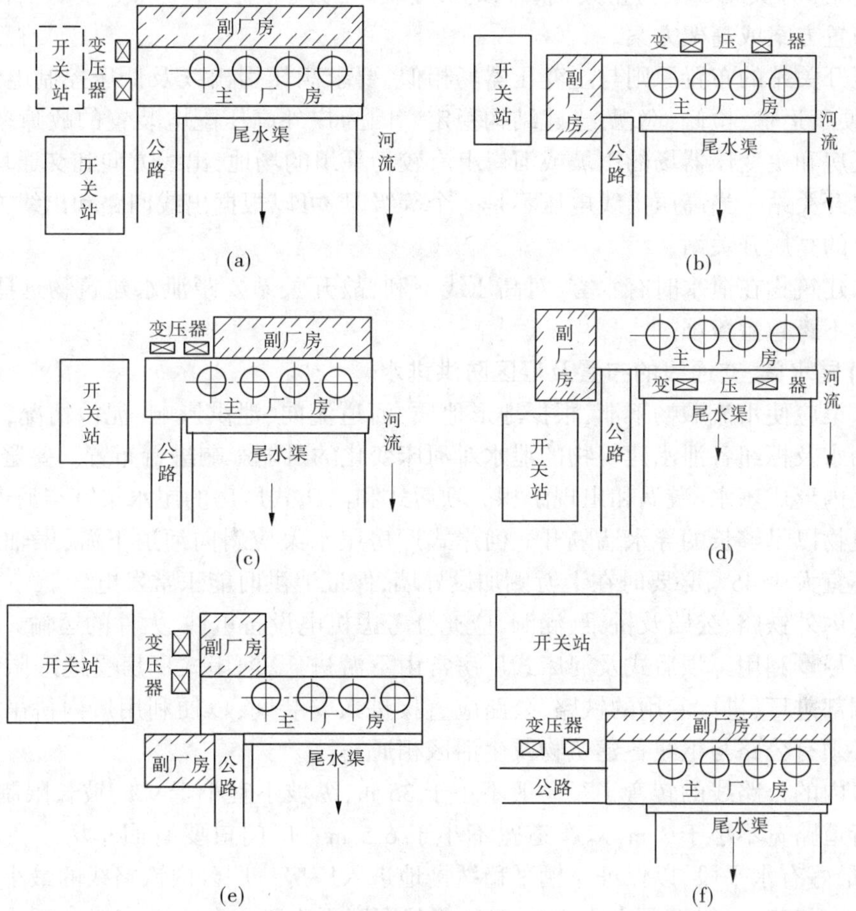

图 2-2-7 水电站厂区布置方案示意图

(三)变压器场和开关站的布置

布置变压器场应考虑下列原则:

(1)主变压器尽可能靠近主厂房,以缩短昂贵的发电机电压母线和减少电能损失。

(2)要便于交通、安装和检修。

(3)便于维护、巡视及排除故障。为此在主变压器四周要留有 0.8~1.0 m 以上空间。

(4)土建结构经济合理。主变压器基础安全可靠且高于最高洪水位;四周应有排水设施,以防雨水汇集为害。

(5)便于主变压器场通风、冷却和散热,并符合保安和防火要求。

主变压器场具体位置应视电站不同情况选定。

(1)坝后式水电站,往往可利用厂坝之间布置主变压器场。

(2)河床式水电站上游侧由进水口及其设备占用,因此只好把主变压器场布置在尾水平台上。

(3)引水式水电站厂房多数是顺河流、沿山坡等高线布置,厂房与背后山坡间地方不大。为减少开挖量,可将主变压器场布置在厂房一端的公路旁。

(4)高压开关站一般为露天式。当地形陡峻时,为了减少开挖和平整的工程量,可采用阶梯布置方案或高架方案。

高压开关站的布置原则与主变压器场相似,要求高压引出线及低压控制电缆安装方便而短;便于运输、检修、巡视;土建结构稳定。因为户外高压配电装置的故障率很低,所以靠近厂房和主变压器场的山坡或河岸上有较为平坦的场地,出线方向和交通均较方便,即可布置开关站。当高压出线电压不是一个等级时,可以根据出线回路和出线方向,分设两个以上的高压开关站。

泄水建筑物在泄水时有水雾,对高压线不利,故开关站要距泄水建筑物远些,高压架空线尽量不跨越溢流坝。

(四)尾水渠、交通线的布置及厂区防洪排水

尾水渠应使水流顺畅下泄,根据地形地质、河道流向、泄洪影响、泥沙情况,并考虑下游梯级回水及枢纽各泄水建筑物的泄水对河床变化的可能影响进行布置。要避免泄洪时在尾水渠内形成壅水、漩涡和出现淤积。坝后式和河床式厂房的尾水渠宜与河道平行,与泄洪建筑物以足够长的导水墙隔开。河岸式厂房尾水渠应斜向河道下游,渠轴线与河道轴线角不宜大于45°,必要时在上游侧加设导墙,保证泄洪时能正常发电。

厂区内外铁路、公路及桥梁、涵洞,应充分考虑机电设备重件、大件的运输。当有水运条件时应尽量利用。坝后式及河床式厂房常由下游进厂,河岸式厂房受地形限制可沿等高线自端部进厂,进厂专用的铁路、公路应直接进入安装间,以便利用厂内桥吊卸货。厂区内还必须有公路与枢纽各建筑物及生活区相通。

厂区内的公路线的转弯半径一般不小于35 m,纵坡不宜小于9%,坡长限制在200 m内。单行道路宽不小于3 m,双车道宽不小于6.5 m。厂门口要有回车场。在靠近厂房处,公路最好有水平段,以保证车辆平稳缓慢地进入厂房。厂区内铁路线的最小曲率半径一般为200~300 m,纵坡不大于2%~3%,路基宽度不小于4.6 m,并应符合新建铁路设计技术规范的规定。铁路进厂前也要有一段较长的平直段,以保证车辆能安全、缓慢地进入厂房,并停在指定的位置。铁路一般从下游侧垂直厂房纵轴进厂。

厂区防洪排水应给予足够重视,应保证厂房在各设计水位条件下不受淹没。当下游洪水位较高时,为防止厂房受洪水倒灌,可采用尾水挡墙、防洪堤、防洪门、全封闭厂房、抬高进厂公路及安装间高程,或综合采用以上几种措施加以解决。在可能条件下尽量采用尾水挡墙或防洪堤,以保证进厂交通线及厂房不受洪水威胁;对汛期洪水峰高量大、下游水位陡涨陡落的电站,进厂交通线的高程可以低于最高尾水位,但进厂大门在汛期必须采用密封闸门关闭,同时另设一条高于最高尾水位的人行通道作为临时出入口。全封闭厂房不设进厂大门,交通线在最高尾水位以上,通过竖井、电梯等运送设备和人员进厂,但运行不方便,中小型电站较少采用。

主副厂房周围应采取有效的排水和保护措施，以防可能产生的山洪、暴雨的侵袭。邻近山坡的厂房，应沿山坡等高线设一道或数道有铺设的截水沟。整个厂区可利用路边沟、雨水明暗沟等构成排水系统，以迅速排除地面雨水。位于洪水位以下的厂区，为防止洪水期的倒灌和内涝，应设置机械排水装置。

任务五　排涝(灌溉)站总体布置设计

排涝站或灌溉泵站的运用原则是"自流排灌为主、提排提灌为辅"，为此，排涝站或灌溉站同时设置泵站和水闸，泵站担任提排提灌任务，水闸担任自流排灌任务。排涝站由排水泵站和排水闸组成，当外江水位降低时，内河可以自流排水，这时开闸自排；当外江水位升高时，为防止外江水倒灌内河，这时关闸挡洪，同时启动水泵进行提排。排涝站的总体布置任务是合理安排水泵站和水闸的位置。排涝站总体布置有两种方式：泵闸分建式和合建式，见图2-2-8，在排水渠的末端(与外江汇合处)分别建泵站和水闸，利用引水渠将泵站与排水渠或水闸与排水渠连接起来。如图2-2-8(a)上图所示为沿堤防并排布置泵站和水闸，排水渠直接通到水闸，再利用引水渠与泵站连接。自排时，水闸开启，排水渠的洪水通过水闸直接排到外江；提排时，水闸关闭挡洪，同时启动水泵，排水渠的洪水通过引水渠通向泵站，再由水泵抽排到外江。

如图2-2-8(a)所示也是类似安排，所不同的是泵站沿排水渠侧边布置，这样不需要引水渠，但需要在水泵出口设置压力水箱，再与外江连接。

如图2-2-8(b)所示为合建式，泵站与水闸并排布置在一起，并与排水渠直接连接。

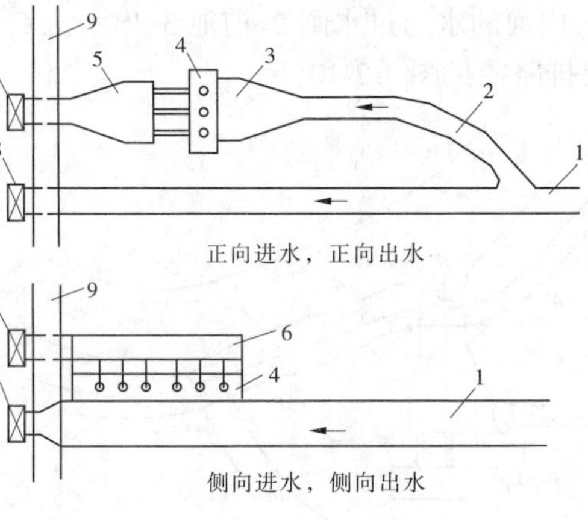

1—排水干沟；2—引渠；3—前池；4—泵房；
5—出水池；6—压力水箱；7—防洪闸；
8—自流排水闸；9—河堤

(a)排水泵站分建式布置形式

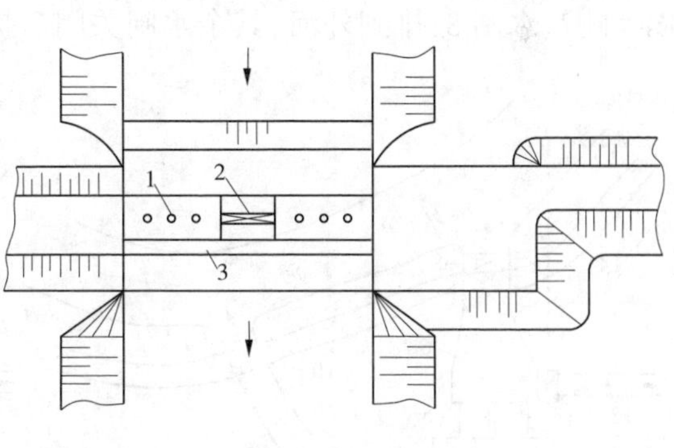

1—泵房；2—排水闸；3—交通桥

(b)排水泵站合建式布置

图2-2-8　泵闸分建式和合建式

灌溉泵站一般有双重任务：灌溉与排水，即旱季时灌溉，雨季时排水。无论是水泵站，还是水闸都是双向工作，灌溉时，将外江水引入内河；排水时，将内河的雨水排出到外江。

为了适应双重任务、双向工作,需要设多个水闸,见图2-2-9的泵闸分建的排灌结合布置方式。图中设置一个泵房4,设置4个水闸2、8、9、12以及它们之间的渠道3、6、11。运用方式如下:

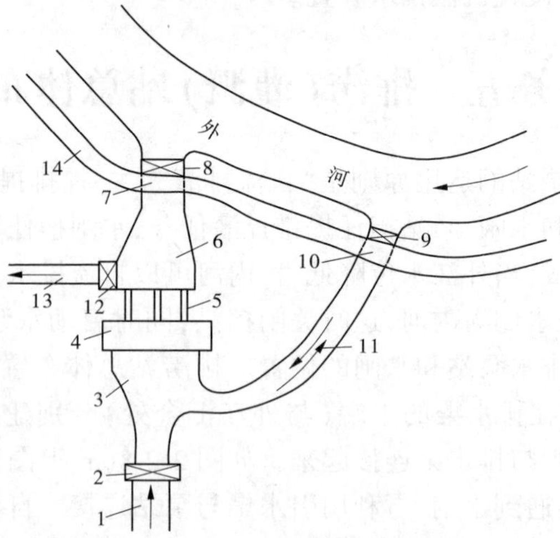

1—排水干渠;2—排水闸;3—前池;4—泵房;5—压力水管;6—出水池;7—排水涵洞;8—防洪闸;9—进水闸;10—引水涵洞;11—引水渠;12—灌溉闸;13—灌溉干渠;14—防洪堤

图2-2-9　泵闸分建的排灌结合布置方式

(1)排水。自排时,打开水闸2、9,排水干渠1的雨水通过水闸2、引水渠11、引水涵洞10、水闸9,排到外河,其余水闸关闭。自排路径见图2-2-10(a)。

提排时,打开水闸2、8,启动泵房4中水泵,内河的水通过水闸2、前池3、出水池6、排水涵洞7、水闸8,排到外河,其余水闸关闭。提排路径见图2-2-10(b)。

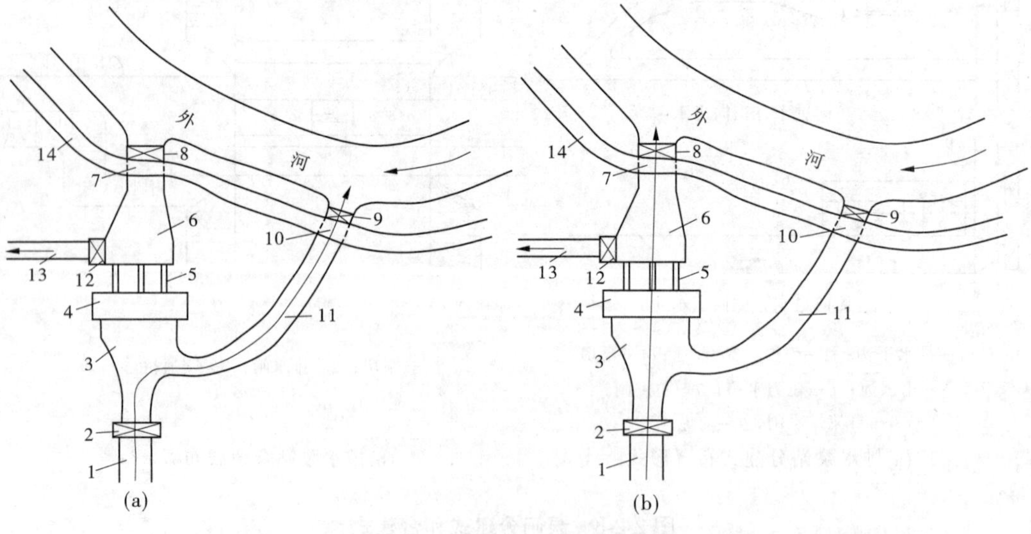

图2-2-10　泵闸分建的排灌结合布置方式的排水路径示意

(2)灌溉。自灌时,打开水闸8、12,外河的水通过水闸8、出水池6、水闸12,引到灌溉干渠 13,其余水闸关闭。自灌路径见图 2-2-11(a)。

提灌时,打开水闸 9、12,启动泵房 4 中水泵,外河的水通过水闸 9、前池 3、出水池 6、水闸 12,引到灌溉干渠 13,其余水闸关闭。提灌路径,见图 2-2-11(b)。

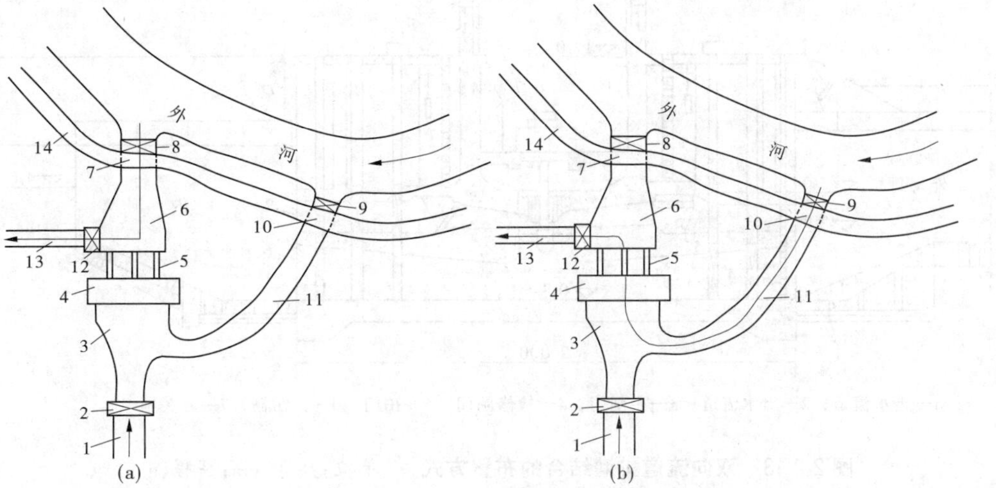

图 2-2-11 泵闸分建的排灌结合布置方式的灌溉路径示意

类似布置方式有二洞合一的排灌结合布置方式(见图 2-2-12)和双向流道排灌结合的布置方式(见图 2-2-13),其运用方式与泵闸分建的排灌结合布置方式相似。

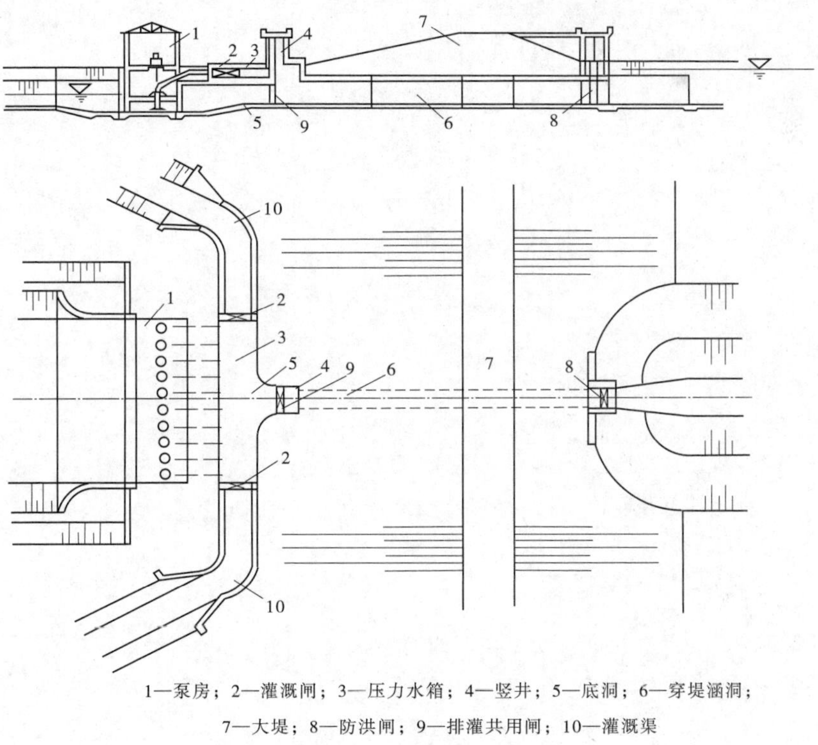

1—泵房；2—灌溉闸；3—压力水箱；4—竖井；5—底洞；6—穿堤涵洞；

7—大堤；8—防洪闸；9—排灌共用闸；10—灌溉渠

图 2-2-12 二洞合一的排灌结合布置方式

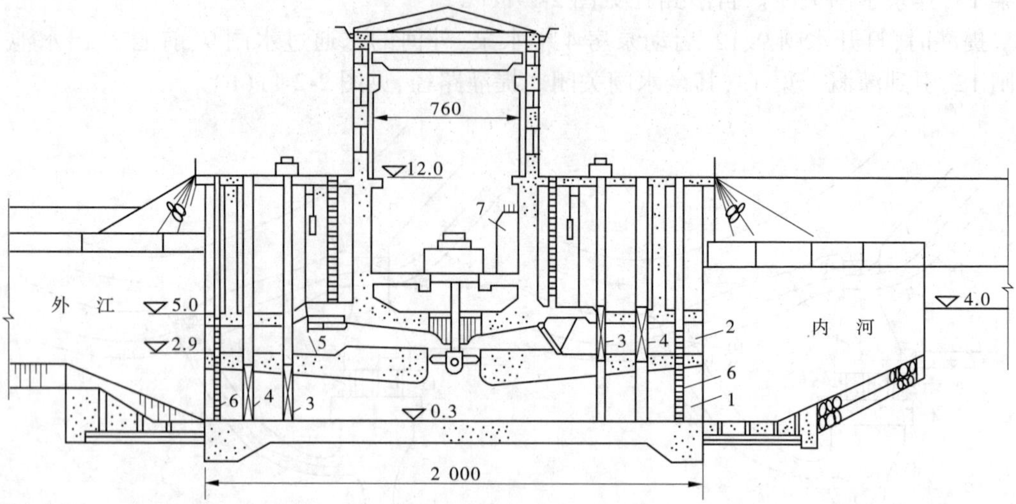

1—进水流道；2—出水流道；3—主闸门；4—检修闸门；5—拍门；6—拦污栅；7—开关柜

图 2-2-13　双向流道排灌结合的布置方式　(单位:尺寸,cm;高程,m)

项目三 重力坝的设计

【设计任务】

重力坝水力设计、荷载计算、稳定分析、应力分析。

任务一 重力坝水力设计

一、水文设计成果

拦河坝形成的水库可以调蓄河流径流,实现防洪和各种兴利调节。防洪是水库的主要任务之一,其计算成果是决定拦河坝主要尺寸的依据。水库防洪有两个任务:一是通过调节洪水,保护下游河道两岸的安全;二是确保拦河坝自身的安全。因此,拦河坝的防洪标准也有两方面,即下游河道的防洪标准和水库大坝的防洪标准。水库大坝的防洪标准是确定大坝高度的关键,根据水文计算确定正常水位、设计洪水位、校核洪水位及其对应的流量,确定拦河坝的坝顶高程和溢流坝的设计。

二、坝顶高程确定

(一)坝顶高程

坝顶应高于校核洪水位,坝顶上游防浪墙顶的高程应高于波浪顶高程。坝顶高于水库静水位的高度按下式计算:

$$\Delta h = h_{1\%} + h_z + h_c \tag{2-3-1}$$

式中 Δh——坝顶高于水库静水位的高度,m;

$h_{1\%}$——累积频率为1%时的波浪高度,m;

h_z——波浪中心线至静水面的高度,m;

h_c——安全超高,m,按表2-3-1选用。

表2-3-1 安全超高 h_c

运用情况	坝的安全级别		
	1	2	3
正常蓄水位	0.7	0.5	0.4
校核洪水位	0.5	0.4	0.3

必须注意,在计算 $h_{1\%}$ 和 h_z 时,正常蓄水位和校核洪水位采用不同的计算风速值。正常蓄水位时,采用重现期为50年的最大风速;校核洪水位时,采用多年平均最大风速。故坝顶高程或坝顶上游防浪墙顶高程应按下列两式计算,并取大值:

$$Z_{坝顶}(坝顶高程)=Z_{正}(正常蓄水位)+\Delta h_{正} \tag{2-3-2}$$

$$Z_{坝顶}(坝顶高程)=Z_{校}(校核洪水位)+\Delta h_{校} \tag{2-3-3}$$

式中 $\Delta h_{正}$——计算的坝顶(或防浪墙顶)距正常蓄水位的高度,m;

$\Delta h_{校}$——计算的坝顶(或防浪墙顶)距校核洪水位的高度,m。

(二)波浪要素

水库水面在风的作用下产生波浪,波浪对坝面的冲击力称为浪压力。计算浪压力时,首先要计算波浪高度 h、波浪长度 L_m 和波浪中心线超出静水面的高度 h_z 等波浪要素。由于影响波浪的因素很多,因此目前仍用已建水库长期观测资料所建立的经验公式进行计算。

(1)对于山区峡谷水库,推荐采用官厅水库公式计算 h 和 L_m:

$$\frac{gh}{v_0^2}=0.007\ 6v_0^{-1/12}\left(\frac{gD}{v_0^2}\right)^{1/3} \tag{2-3-4}$$

$$\frac{gL_m}{v_0^2}=0.331v_0^{-1/2.15}\left(\frac{gD}{v_0^2}\right)^{1/3.75} \tag{2-3-5}$$

式中 h——波浪高度,m,当 $gD/v_0^2=20\sim250$ 时,为累积频率 5%的波高,当 $gD/v_0^2=250\sim1\ 000$时,为累积频率 10%的波高,计算浪压力时,《混凝土重力坝设计规范》(SL 319—2005)规定应采用累积频率为 1%的波高,对应于 5%的波高,应乘以 1.24,对应于 10%的波高,应乘以 1.41;

v_0——计算风速,m/s,设计情况取 50 年一遇风速,校核情况取多年平均最大风速;

D——吹程,m,可取坝前沿水面到水库对岸水面的最大直线距离,当水库水面特别狭长时,以 5 倍平均水面宽计算,如图 2-3-1 所示。

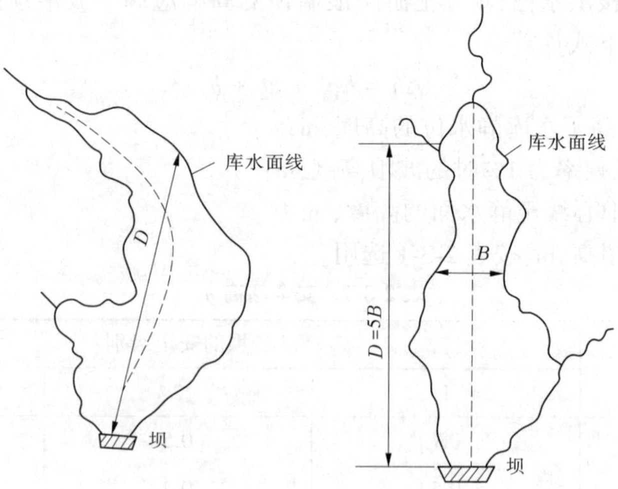

(a)一般情况　　(b)库面特别狭长

图 2-3-1 吹程

式(2-3-4)、式(2-3-5)的适用范围是：吹程 $D<20$ km，风速 $v_0<20$ m/s，且库水较深的情况。当吹程 $D<7.5$ km、风速 $v_0<26.5$ m/s 时，宜采用鹤地水库公式进行计算。

由于波浪在空气和水两种介质中行进所受的阻力不同，波浪并不对称于静水面，而是波浪中心线高出静水位，其数值 h_z 按式(2-3-6)计算：

$$h_z = \frac{\pi h_{1\%}^2}{L_m}\text{cth}\,\frac{2\pi H_1}{L_m} \tag{2-3-6}$$

式中　H_1——坝前水库水深，m。

$h_{1\%}$——累积频率 $p=1\%$ 对应的波高；

L_m——平均波长。

(2)对于平原、滨海地区水库，宜采用福建莆田试验站公式计算 h 和 L_m。

①平均波高 h_m 和平均波周期 T_m 计算公式如下：

$$\frac{gh_m}{v_0^2} = 0.13\text{th}\left[0.7\left(\frac{gH_m}{v_0^2}\right)^{0.7}\right]\text{th}\left\{\frac{0.001\,8\,(gD/v_0^2)^{0.45}}{0.13\text{th}\,[0.7\,(gH_m/v_0^2)^{0.7}]}\right\} \tag{2-3-7}$$

$$\frac{gT_m}{v_0} = 13.9\left(\frac{gh_m}{v_0^2}\right)^{0.5} \tag{2-3-8}$$

式中　h_m——平均波高，m；

H_m——风区内的平均水深，m；

T_m——平均波周期，s。

②计算波高 h_p。根据水闸级别，由表 2-3-2 查得波列的累积频率 $p(\%)$值，再根据 $p(\%)$及 h_m/H_m 值，查表 2-3-3 得 h_p/h_m 值，从而计算出波高 h_p。

表 2-3-2　p 值表

水闸级别	1	2	3	4	5
$p(\%)$	1	2	5	10	20

表 2-3-3　h_p/h_m 值表

h_m/H_m	$p(\%)$						
	0.1	1	2	5	10	20	50
0	2.97	2.42	2.23	1.95	1.71	1.43	0.94
0.1	2.70	2.26	2.09	1.87	1.65	1.41	0.96
0.2	2.46	2.09	1.96	1.76	1.59	1.37	0.98
0.3	2.23	1.93	1.82	1.66	1.52	1.34	1.00
0.4	2.01	1.78	1.68	1.56	1.44	1.30	1.01
0.5	1.80	1.63	1.56	1.46	1.37	1.25	1.01

③计算平均波长 L_m：

$$L_m = \frac{gT_m^2}{2\pi}\text{th}\,\frac{2\pi H_1}{L_m} \tag{2-3-9}$$

④计算临界水深 H_{cr}：

$$H_{cr} = \frac{L_m}{4\pi}\ln\frac{L_m + 2\pi h_{1\%}}{L_m - 2\pi h_{1\%}} \tag{2-3-10}$$

⑤波浪中心线高出静水位 h_z 仍按式(2-3-6)计算。

三、溢流坝水力设计

(一)溢流重力坝的工作特点

溢流坝既是挡水建筑物又是泄水建筑物,除应满足稳定和强度要求外,还需要满足泄流能力的要求。溢流坝在枢纽中的作用是将规划确定的库内所不能容纳的洪水由坝顶泄向下游,以确保大坝的安全。溢流坝满足泄水要求包括以下几个方面:

(1)有足够的孔口尺寸和较大的流量系数,以满足泄洪能力要求。

(2)体形和流态良好,使水流平顺地流过坝体,控制不利的负压和振动,避免产生空蚀现象。

(3)满足消能防冲要求,保证下游河床不产生危及坝体安全的局部冲刷。

(4)溢流坝段在枢纽中的布置,应使下游流态平顺,不产生折冲水流,不影响枢纽中其他建筑物的正常运行。

(5)有灵活控制水流下泄的机械设备,如闸门、启闭机等。

(二)孔口设计

溢流坝孔口尺寸的拟定包括孔口形式、溢流前缘总长度、堰顶高程、每孔尺寸和孔数。设计时一般先选定泄水方式,再根据泄流量和允许单宽流量,以及闸门形式和运用要求等因素,通过水库的调洪计算、水力计算,求出各泄水布置方案的防洪库容、设计和校核洪水位及相应的下泄流量等,进行技术经济比较,选出最优方案。

1.孔口形式的选择

溢流坝常用的孔口形式有坝顶溢流式和大孔口溢流式。

1)坝顶溢流式

坝顶溢流式(见图2-3-2)也称开敞式,这种形式的溢流孔除宣泄洪水外,还能用于排除冰凌和其他漂浮物。通常在大中型工程溢流坝的堰顶装有闸门,对于洪水流量较小、淹没损失不大的小型工程堰顶可不设闸门。

坝顶溢流式闸门承受的水头较小,所以孔口尺寸可以较大。当闸门全开时,下泄流量与堰上水头 H_0 的3/2次方成正比。随着库水位的升高,下泄流量可以迅速增大,当遭遇意外洪水时可有较大的超泄能力。闸门在顶部,操作方便,易于检修,工作安全可靠,因此坝顶溢流式得到广泛采用。

2)大孔口溢流式

大孔口溢流式(见图2-3-3)泄水孔的上部设置胸墙,堰顶高程较低。这种形式的溢流孔可根据洪水预报提前放水,以便腾出较多库容储蓄洪水,从而提高调洪能力。当库水位低于胸墙时,泄流和坝顶溢流式相同;当库水位高出孔口一定高度时为大孔口泄流,下泄流量与作用水头 H_0 的1/2次方成正比,超泄能力不如坝顶溢流式。胸墙为钢筋混凝土结构,一般与闸墩固接,也有做成活动的,遇特大洪水时可将胸墙吊起以提高泄水能力。

2.溢流坝孔口尺寸的确定

溢流坝的孔口设计涉及很多因素,如洪水设计标准,下游防洪要求,库水位壅高有无限制,是否利用洪水预报,泄水方式,枢纽布置,坝址的地形、地质条件等。若已知溢流坝的下泄流量 Q,可通过下列步骤求得孔口尺寸。

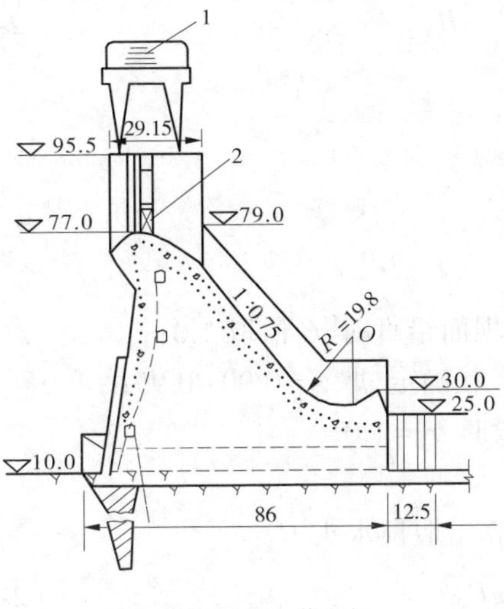

1—门机;2—工作闸门

图 2-3-2　坝顶溢流式　(单位:m)

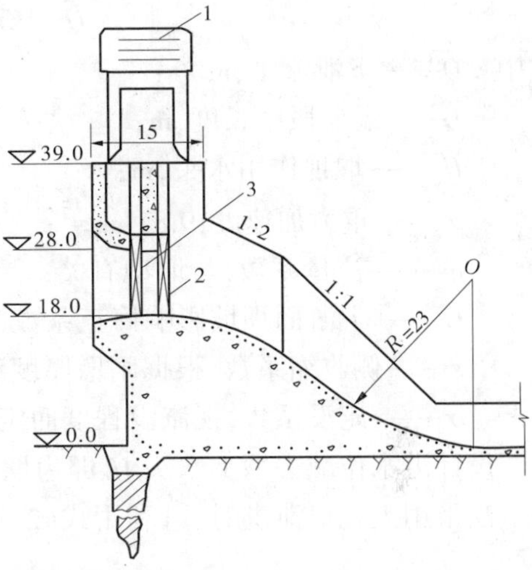

1—门机;2—工作闸门;3—检修闸门

图 2-3-3　大孔口溢流式　(单位:m)

1)单宽流量的确定

设 L 为溢流段净长度(不包括闸墩的厚度),则通过溢流孔口的单宽流量 q 为:

$$q = \frac{Q}{L} \tag{2-3-11}$$

单宽流量是决定孔口尺寸的重要指标。单宽流量愈大,孔口净长愈小,从而减小溢流坝长度和交通桥、工作桥等造价。但是,单宽流量愈大,单位宽度下泄水流所含的能量也愈大,消能愈困难,下游局部冲刷可能愈严重。若选择过小的单宽流量 q,则会增加溢流坝的造价和枢纽布置上的困难。因此,单宽流量的选定,一般首先考虑下游河床的地质条件,在冲坑不危及坝体安全的前提下选择合理的单宽流量。根据国内外工程实践得知:软弱基岩常取 $q=20\sim50\ \mathrm{m^2/s}$,较好的基岩取 $q=50\sim70\ \mathrm{m^2/s}$,特别坚硬完整的基岩取 $q=100\sim150\ \mathrm{m^2/s}$。随着消能工的研究和科技水平的提高,单宽流量取值有不断增大的趋势。我国乌江渡拱形重力坝,设计单宽流量为 $165\ \mathrm{m^2/s}$,校核情况为 $201\ \mathrm{m^2/s}$。国外有些工程的单宽流量高达 $300\ \mathrm{m^2/s}$ 以上。

2)孔口尺寸的确定

(1)溢流前缘总长度 L_0。对于堰顶设闸门的溢流坝,用闸墩将溢流段分隔为若干个等宽的溢流孔口。设孔口数为 n,则孔口净宽 $b=L/n$。令闸墩厚度为 d,则溢流前缘总长度 L_0为:

$$L_0 = nb + (n-1)d \tag{2-3-12}$$

选择 n、b 时,要综合考虑闸门的形式和制造能力、闸门跨度与高度的合理比例,以及运用要求和坝段分缝等因素。目前,我国大、中型混凝土坝的孔口宽度一般取 8~16 m,当有排泄漂浮物要求时,可以加大到 18~20 m。闸门的宽高比,一般采用 $b/H=1.5\sim2.0$。为了方便闸门的设计和制造,应尽量采用规范推荐的标准尺寸。

(2)溢流坝的堰顶高程。由调洪演算得出设计洪水位和相应的下泄流量 Q。当采用开敞式溢流时,可利用式(2-3-13)计算出堰顶水头 H_0:

$$Q = Cm\varepsilon\sigma_s L\sqrt{2g}H_0^{3/2} \tag{2-3-13}$$

式中 Q——下泄流量,m^3/s;

L——溢流段净长度,m;

H_0——堰顶作用水头,m;

g——重力加速度,9.81 m/s^2;

m——流量系数,与堰型有关;

C——上游面坝坡影响修正系数,当上游坝面铅直时,C 值取 1.0;

ε——侧收缩系数,根据闸墩厚度和墩头形状确定,取 $\varepsilon=0.90\sim0.95$;

σ_s——淹没系数,视淹没程度而定,不淹没时 $\sigma_s=1.0$。

设计洪水位减去堰上水头 H_0 即为堰顶高程。

当采用大孔口泄洪时,可利用式(2-3-14)计算出堰顶水头 H_0:

$$Q = \mu A_k\sqrt{2gH_0} \tag{2-3-14}$$

式中 A_k——出口处孔口面积,m^2;

H_0——自由出流时为孔口中心处的作用水头,淹没泄流时为上下游水位差,m;

μ——孔口或管道的流量系数,对设有胸墙的堰顶高孔,当 $H_0/D=2.0\sim2.4$(D 为孔口高度)时,取 $\mu=0.83\sim0.93$,μ 的具体取值应通过计算沿程及局部水头损失后确定,具体公式详见水力学教材。

(三)消能工的形式与设计

1.概述

(1)消能工的设计原则:①尽量使下泄水流的大部分动能消耗于水流内部紊动及水流与空气的摩擦中;②不产生危及坝体安全的河床冲刷或岸坡局部冲刷;③下泄水流平稳,不影响枢纽中其他建筑物的正常运行;④结构简单,工作可靠;⑤工程量小,经济。

(2)消能工形式:常用的消能工形式有底流式消能、挑流式消能、面流式消能、消力戽消能及联合式消能(宽尾墩-挑流、宽尾墩-消力戽、宽尾墩-消力池等)。设计时应根据地形、地质、枢纽布置、水头、泄量、运行条件、消能防冲要求、下游水深及其变幅等条件进行技术经济比较,选择消能工的形式。

(3)设计洪水标准:消能防冲建筑物设计的洪水标准,可低于大坝的泄洪标准。一等工程消能防冲建筑物宜按 100 年一遇洪水设计,二等工程消能防冲建筑物宜按 50 年一遇洪水设计,三等工程消能防冲建筑物宜按 30 年一遇洪水设计;并需考虑在小于设计洪水时可能出现的不利情况,保证安全运行。

2.挑流消能

挑流消能是通过挑流鼻坎将高速水流自由抛射远离坝体,并利用水舌在空中扩散、掺气以及水舌跌入下游水垫内的紊动扩散消耗能量,如图 2-3-4 所示。这种消能方式具有结构简单、工程造价省、施工检修方便等优点；但下泄水流会形成雾化，尾水波动较大，且下游冲刷较严重，冲刷坑后形成堆丘等。它适用于水头较高，下游有一定的水垫深度，基岩条件良好的中高坝，低坝经过严格论证也可采用。

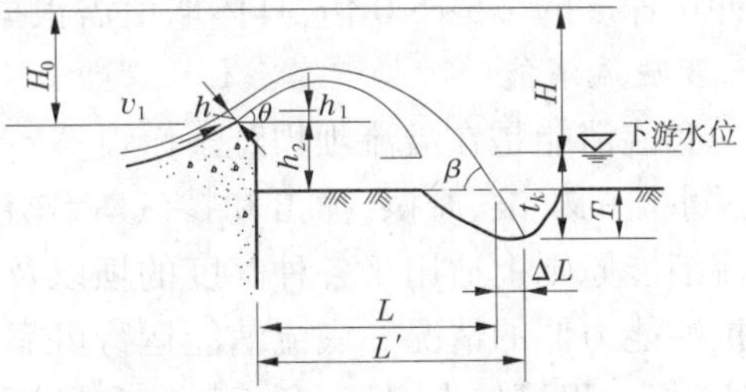

图 2-3-4 挑射距离和冲坑深计算

挑流消能设计的任务是：选择鼻坎形式、反弧半径、鼻坎高程和挑射角，计算水舌挑射距离和冲刷坑深度等。

挑流鼻坎的常用形式有连续式和差动式两种。连续式鼻坎在工程中应用较为广泛。其优点是构造简单，水流平顺，防空蚀效果较好，但扩散掺气作用较差。连续式鼻坎的挑角可采用15°~35°，反弧半径 R 应在(4~10)h 范围内选取。鼻坎高程一般应高出下游最高水位1~2 m，以利于挑流水舌下缘的掺气。水舌挑射距离可用式(2-3-15)估算：

$$L' = L + \Delta L \tag{2-3-15}$$

$$L = \frac{1}{g}\left[v_1^2\sin\theta\cos\theta + v_1\cos\theta\sqrt{v_1^2\sin^2\theta + 2g(h_1 + h_2)}\right] \tag{2-3-16}$$

$$\Delta L = T\cot\beta \tag{2-3-17}$$

式中 L'——冲坑最深点到坝下游垂直面的水平距离，m；

L——坝下游垂直面到挑流水舌外缘与原河床面交点的水平距离，m；

ΔL——水舌外缘与原河床面交点到冲坑最深点的水平距离，m；

v_1——坎顶水面流速，m/s，按鼻坎处平均流速 v 的1.1倍计，即 $v_1 = 1.1v = 1.1\varphi\sqrt{2gH_0}$（$H_0$为水库水位至坎顶的落差，m，$\varphi$ 为堰面流速系数，可取0.9~1.0）m/s；

θ——鼻坎的挑角；

h_1——坎顶垂直方向水深，m，$h_1 = h\cos\theta$（h 为坎顶平均水深）；

h_2——坎顶至河床面高差，m，如冲坑已经形成，计算冲坑进一步发展时，可算至坑底；

T——最大冲坑深度（由河床面至坑底），m；

β——水舌外缘与下游水面的交角。

最大冲坑深度可按式(2-3-18)估算：

$$T = t_k - t \tag{2-3-18}$$

式中 t_k——最大冲坑水垫层厚度（自下游水位算至坑底），m，$t_k = kq^{0.5}H^{0.25}$；

q——单宽流量，m^2/s；

H——上下游水位差，m；

t——下游水深，m；

k——冲刷系数，坚硬完整的基岩取0.6~0.9，坚硬但完整性较差的基岩取0.9~1.2，较坚硬但呈块状、碎石状的基岩取1.2~1.6，软弱、完全碎石状的基岩取1.6~2.0。

为确保冲坑不致危及大坝和其他建筑物的安全，根据经验，安全挑距一般大于最大可能冲坑深度的 2.5~5.0 倍,具体取值需根据河床基岩节理裂隙的产状发育情况确定。

3.底流消能

底流消能是在溢流坝坝趾下游设置一定长度的护坦,使过坝水流在护坦上发生水跃,通过水流的旋滚、摩擦、撞击和掺气等作用消耗能量,以减轻对下游河床和岸坡的冲刷。底流消能原则上适用于各种高度的坝以及各种河床地质情况,尤其适用于地质条件差、河床抗冲能力低的情况。底流消能运行可靠,下游流态比较平稳。对通航和发电尾水影响较小;但工程量较大,且不利于排冰和过漂浮物。

设计底流消能时,首先要进行水力计算,以判断水流衔接状态。若为远驱水跃,则应采取工程措施,如设置消力池、消力坎或综合消力池等,促使水流在池内发生水跃以消能。为提高消能效果,还可以布置一些辅助消能工,如趾坎、消力墩、尾槛等,以强化消能,减小消力池的深度和长度。底流消能的水力计算(消力池的深度和长度、导水墙高度)具体见水闸一章的相关内容。图 2-3-5 为湖北陆水水电站溢流坝的消能布置。

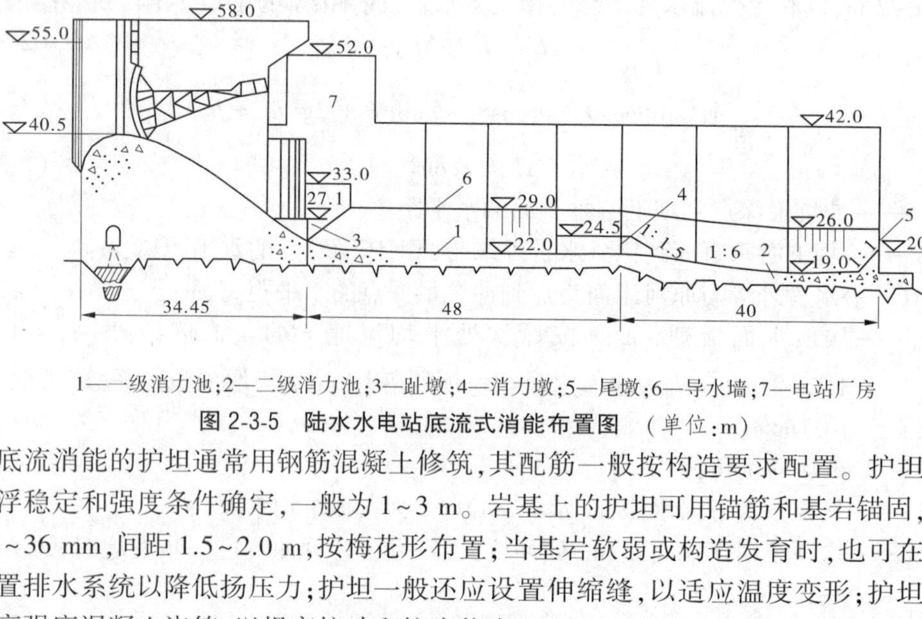

1——一级消力池;2—二级消力池;3—趾墩;4—消力墩;5—尾墩;6—导水墙;7—电站厂房

图 2-3-5　陆水水电站底流式消能布置图　(单位:m)

底流消能的护坦通常用钢筋混凝土修筑,其配筋一般按构造要求配置。护坦厚度可由抗浮稳定和强度条件确定,一般为 1~3 m。岩基上的护坦可用锚筋和基岩锚固,锚筋直径 25~36 mm,间距 1.5~2.0 m,按梅花形布置;当基岩软弱或构造发育时,也可在护坦底部设置排水系统以降低扬压力;护坦一般还应设置伸缩缝,以适应温度变形;护坦表层常采用高强度混凝土浇筑,以提高抗冲和抗磨能力。

4.面流消能

面流消能是在溢流坝下游面设置低于下游水位、挑角不大(挑角小于 10°~15°)的鼻坎,使下泄的高速水流既不挑离水面也不潜入底层,而是沿下游水流的上层流动。水舌下有一水滚,主流在下游一定范围内逐渐扩散,使水流流速分布逐渐接近正常水流情况,故此称为面流消能(见图 2-3-6)。这种消能形式适用于水头较小的中低坝,且下游水深较大,水位变幅小,河床和两岸有较高的抗冲能力,或有排冰和过木要求的情况;虽然水舌下的水滚是流向坝趾的,但流速较低,河床一般不需加固。由于表面高速水流会产生很大的波动,有的绵延数千米还难以平稳,所以对电站运行和下游航运不利,且易冲刷两岸。

5.消力戽消能

这种消能形式是在坝后设一大挑角(约 45°)的低鼻坎(戽唇,其高度 a 一般约为下游

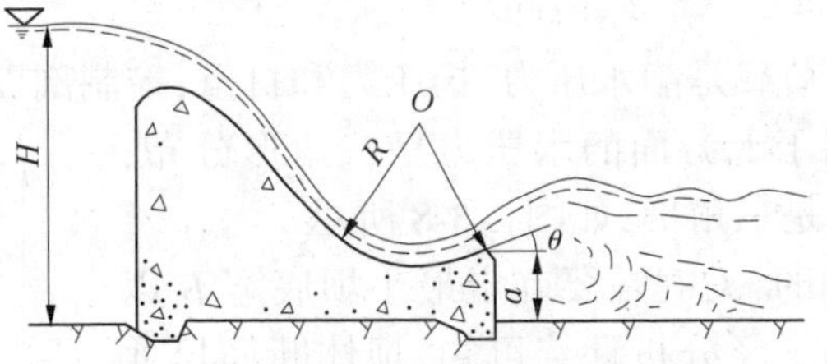

图 2-3-6　面流消能

水深的 1/6)，其水流形态的特征表现为三滚一浪(见图 2-3-7)。戽内产生逆时针方向(如果水流方向向右)的表面旋滚，戽外产生顺时针方向的底部旋滚和逆时针方向的表面旋滚，下泄水流穿过旋滚产生涌浪，并不断掺气进行消能。

消力戽消能的优点是：工程量比底流消能的小，冲刷坑比挑流消能的浅，不存在雾化问题。其主要缺点与面流消能相似，并且底部旋滚可能将砂石带入戽内造成磨损。如将戽唇做成差动式可以避免上述缺点，但其结构复杂，齿坎易空蚀，采用时应慎重研究。消力戽消能的适用情况与面流消能基本相同，但不能过木排冰，且对尾水的要求是须大于跃后水深。

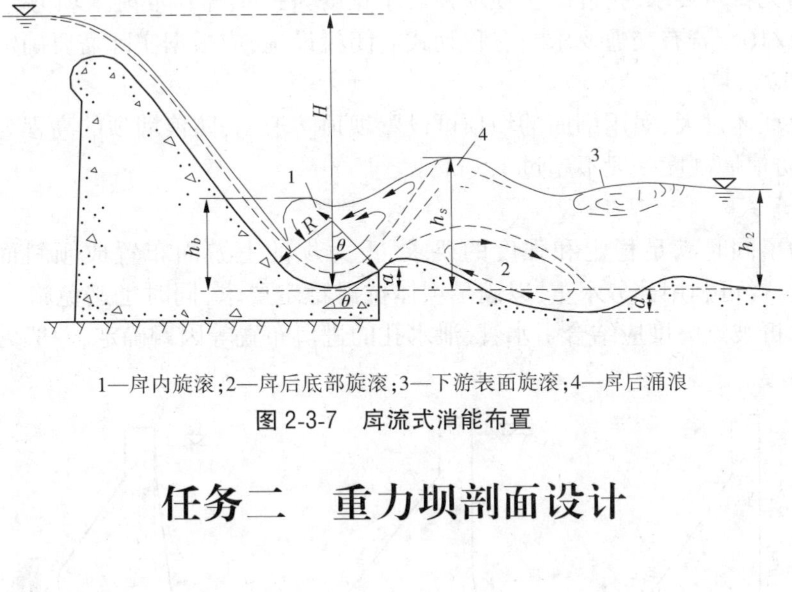

1—戽内旋滚；2—戽后底部旋滚；3—下游表面旋滚；4—戽后涌浪

图 2-3-7　戽流式消能布置

任务二　重力坝剖面设计

一、非溢流坝段

重力坝剖面设计的任务是在满足稳定和强度要求的条件下，求得一个施工简单、运用方便、体积最小的剖面。影响剖面设计的因素很多，主要有作用荷载、地形地质条件、运用要求、筑坝材料、施工条件等。其设计步骤一般是：首先，简化荷载条件并结合工程经验，拟定出基本剖面；其次，根据坝的运用和安全要求，将基本剖面修改为实用剖面，并进行稳定计算和应力分析；再次，优化剖面设计，得出满足设计原则条件下的经济剖面；最后，进行构造设计和地基处理。

(一)基本剖面

重力坝承受的主要荷载是静水压力、扬压力和自重,控制剖面尺寸的主要指标是稳定和强度要求。因为作用于上游面的水压力呈三角形分布,所以重力坝的基本剖面是三角形,如图2-3-8所示。

图中坝高 H 是已知的,关键是要确定最小坝底宽 B 以及上下游边坡系数 n、m。经分析计算可知,坝体断面尺寸与坝基的好坏有着密切关系,当坝体与坝基的摩擦系数较大时,坝体断面由应力条件控制;当摩擦系数较小时,坝体断面由稳定条件控制。根据工程经验,重力坝基本剖面的上游边坡系数常采用0~0.2,下游边坡系数常采用0.6~0.8,坝底宽为坝高的0.7~0.9。

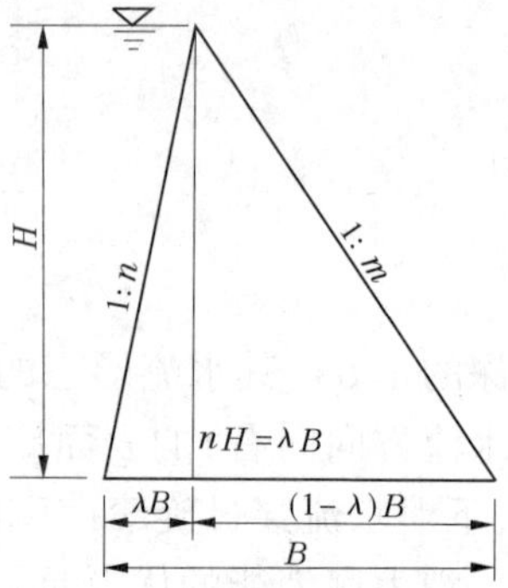

图2-3-8 重力坝的基本剖面

(二)实用剖面

1.坝顶宽度

由于运用和交通的需要,坝顶应有足够的宽度。坝顶宽度应根据设备布置、运行、检修、施工和交通等需要确定,并满足抗震、特大洪水时抢护等要求。当无特殊要求时,混凝土坝坝顶最小宽度为3 m,碾压混凝土坝为5 m,一般取坝高的1/8~1/10。若有交通要求或有移动式启闭机设施,应根据实际需要确定。

2.坝顶防浪墙

为避免坝体过大,实用剖面的坝顶可设置坝顶防浪墙,防浪墙顶的高程为前面计算的坝顶高程,防浪墙高度一般不超过1.5 m。

3.剖面形式

有时为了同时满足稳定和强度的要求,重力坝的上游面布置成倾斜面或折面(见图2-3-9),这样可利用部分水重,以满足坝体抗滑稳定要求,同时也避免施工期下游面产生拉应力。折坡点高度应结合引水管、泄水孔的进口布置等因素确定,一般为坝前最大水头的1/2~1/3。

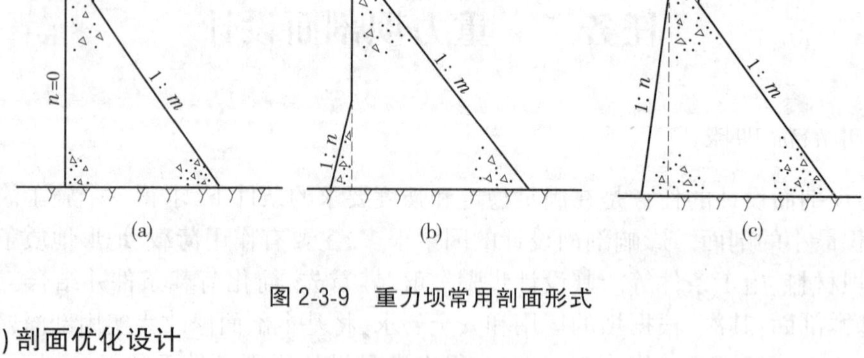

图2-3-9 重力坝常用剖面形式

(三)剖面优化设计

前面介绍的由三角形基本剖面经反复验算修改成为实用剖面的方法,是工程设计中常用的坝体经济剖面选择方法,但此方法试算工作繁重,故较难真正求得最优剖面。近些年来,大中型工程设计一般都要进行优化设计。重力坝结构优化设计要点如下。

1.设计变量

一个结构的设计方案是由若干个变量来描述的,首先规定描述坝体体形的设计参数,对于实体重力坝,一般是上下游坝面的坡率、坝体高度、坝顶宽度、坝顶距上下游起坡点的高度等。这些参数中的一部分是按照某些具体要求事先给定的,它们在优化设计过程中始终保持不变,称为预定参数,如坝体高度、坝顶宽度等。另一部分参数在优化过程中是可以变化的,称为设计变量,如上下游坝面的坡率、起坡点等。

2.建立目标函数

一般取结构重量或造价作为目标函数。由于重力坝的造价主要取决于坝体混凝土的工程量,所以常取坝体体积作为目标函数,记为 $V(x)$。

3.确定约束条件

根据重力坝设计规范的规定,对坝段的稳定和应力施加限制,同时考虑布置和施工要求,规定设计参数的上、下限,如上游坡度不为倒坡,也不宜太缓等。在给定预定参数情况下,求一组设计变量 $\{x\}=[A]^T$,使目标函数 $V(x)$ 趋于最小。

4.选择求解方法

目标函数和约束条件都是设计参数的非线性函数,因此重力坝的优化设计是一个非线性规划问题,具体计算方法可参考有关书籍。

二、溢流坝段

(一)溢流面曲线

溢流面曲线由顶部曲线段、中间直线段和下部反弧段三部分组成,如图 2-3-10 所示。设计要求是:①有较高的流量系数;②水流平顺,不产生空蚀。

顶部曲线段的形状对泄流能力和流态有很大的影响。《混凝土重力坝设计规范》(SL 319—2005)推荐,当采用开敞式溢流孔时可采用 WES 幂曲线。堰面曲线方程如下:

$$x^n = KH_d^{n-1}y \tag{2-3-19}$$

式中　H_d——定型设计水头,取堰顶最大作用水头 H_{max} 的 75%~95%;

K,n——与上游面倾斜坡度有关的参数,当上游面垂直时 $K=2.0$,$n=1.85$;

x,y——以溢流坝顶点为坐标原点的坐标,x 以指向下游为正,y 以垂直向下为正。

坐标原点的上游段采用复合圆弧或椭圆曲线与上游坝面连接,曲线方程及相关参数确定详见《混凝土重力坝设计规范》(SL 319—2005)。

设有胸墙的溢流面曲线如图 2-3-11 所示,当校核洪水情况下最大作用水头与孔口高度比值 $\frac{H_{max}}{D}>1.5$ 时或闸门全开仍属孔口出流时,可按孔口射流曲线设计:

$$y = \frac{x^2}{4\varphi^2 H_d} \tag{2-3-20}$$

式中　H_d——定型设计水头,取孔口中心至校核洪水位的 75%~95%;

φ——孔口收缩断面上的流速系数,一般取 $\varphi=0.96$,若有检修门槽 $\varphi=0.95$。

若 $1.2<\frac{H_{max}}{D}\leqslant 1.5$,则堰面曲线应通过试验确定。

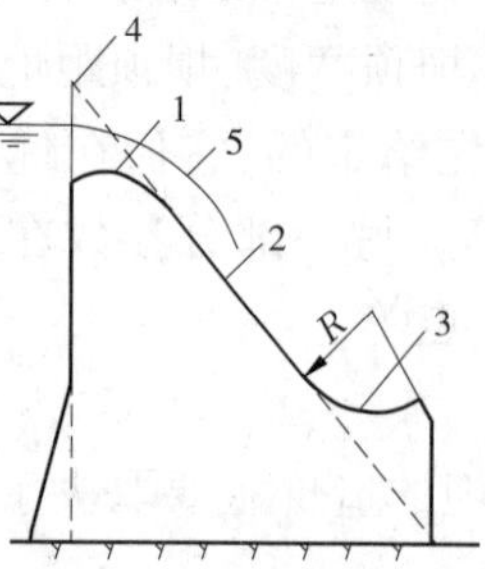

1—顶部曲线段;2—中间直线段;3—下部反弧段;

4—基本剖面;5—溢流水舌

图 2-3-10 溢流面曲线组成

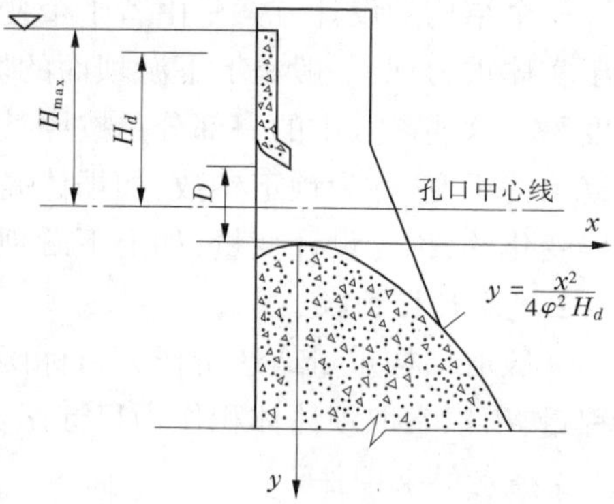

图 2-3-11 大孔口溢流面曲线

按定型设计水头确定的溢流面曲线,当通过校核洪水闸门全部打开时,堰面将出现负压,其最大负压值不得超过 6×9.81 kPa。定型设计水头 H_d 的取值不同,堰面出现的最大负压值也不同,具体可参考表 2-3-4 估算。

表 2-3-4 堰面最大负压值参考取值

H_d/H_{max}	0.75	0.775	0.80	0.825	0.85	0.875	0.90	0.95	1.0
最大负压值	$0.5H_d$	$0.45H_d$	$0.4H_d$	$0.35H_d$	$0.3H_d$	$0.25H_d$	$0.2H_d$	$0.1H_d$	0

(二)反弧段

溢流坝下游反弧段的作用是使溢流坝面下泄的水流平顺地与下游消能设施相衔接。对不同的消能设施可采用不同的公式:

(1)对于挑流消能,通常取反弧半径 $R=(4\sim10)h$。其中,h 为校核洪水位闸门全开时反弧段最低点处的水深。当 R 太小时,水流转向不够平顺,过大时又使反弧段向下游延伸太长,增加工程量。当反弧段流速 $v<16$ m/s 时,可取下限;当流速较大时,反弧半径也宜选用较大值。

(2)对于底流消能,反弧半径可近似按式(2-3-21)求得:

$$R=\frac{10}{3.28}x \tag{2-3-21}$$

其中

$$x=\frac{3.28v+21H+16}{11.8H+64}$$

式中 H——不计行近流速的堰上水头,m;

v——坝趾处流速,m/s;

(三)直线段

中间的直线段与坝顶曲线和下部反弧段相切,坡度一般与非溢流坝段的下游坡相同。具体应由稳定和强度分析及剖面设计确定。

(四)溢流重力坝剖面设计

溢流坝的实用剖面,既要满足稳定和强度的要求,也要符合水流条件的需要,还要与非溢流重力坝的剖面相适应，上游坝面尽量与非溢流坝相一致。设计时先按稳定和强度要求及水流条件定出基本剖面和溢流面曲线，然后使基本剖面的下游边与溢流面曲线相切。当溢流坝剖面超出基本剖面时，为节约坝体工程量并满足泄流条件，可以将堰顶做成悬臂式的，如图 2-3-12(a)所示（悬臂高度 h_1 应大于 $H/2$，H 为堰顶最大水头）。若溢流坝剖面小于基本剖面，则将上游坝面做成折线形，使坝底宽等于基本剖面的底宽，如图 2-3-12(b)所示。有挑流鼻坎的溢流坝，当鼻坎超出基本三角形以外时（见图 2-3-12(b)），若 $l/h>0.5$，应核算 B—B′截面的应力，如果拉应力较大，可设缝将鼻坎与坝体分开。

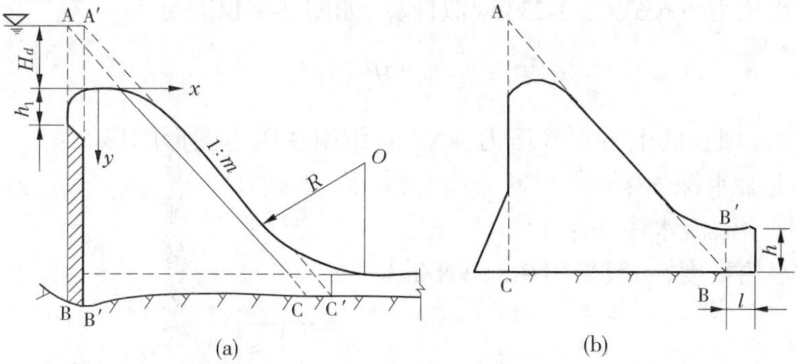

图 2-3-12 溢流坝剖面设计图

任务三 重力坝的荷载及其组合

作用在重力坝上的主要荷载有坝体自重、上下游坝面上的水压力、扬压力、浪压力或冰压力、泥沙压力以及地震荷载等。

一、荷载计算

荷载计算包括确定荷载的大小、方向、作用点。一般按单位坝长进行分析，对溢流坝段则通常取一个坝段进行计算。

（一）自重（包括永久设备重）

坝体自重是维持大坝稳定的主要荷载，其大小可根据坝的体积和材料重度计算确定。

$$G = \gamma_c V \tag{2-3-22}$$

式中 G——坝体自重，kN；

V——坝的体积，m^3；

γ_c——筑坝材料的重度，kN/m^3。

筑坝材料重度选用的是否合适，直接影响坝的安全和经济，对此必须慎重。在初步设计阶段可根据材料种类按表 2-3-5 选取，在施工图设计阶段应通过现场试验确定。

表 2-3-5 筑坝材料的重度

筑坝材料	混凝土	浆砌石	浆砌条石	细骨料混凝土砌石
重度（kN/m^3）	23.5～24	21～23	23～25	23～24

(二)水压力

1.挡水坝段的静水压力

静水压力可按水力学的原理计算。坝面上任意一点的静水压强为 $p=\gamma_0 y$，其中 γ_0 为水的重度，y 为该点距水面深度。当坝面倾斜或为折面时，为了计算方便，常将作用在坝面上的水压力分为水平水压力和垂直水压力分别计算(见图 2-3-13)。

2.溢流坝的静水压力

溢流坝段坝顶闸门关闭挡水时，静水压力计算与挡水坝段完全相同。在泄水时，作用在上游坝面的水压力可按式(2-3-23)近似计算，如图 2-3-14 所示。

$$P = \frac{1}{2}\gamma_0(H_1^2 - h^2) \tag{2-3-23}$$

式中　P——单位坝长的上游水平压力，kN/m，作用在压力图形的形心；

H_1——上游水深，m；

h——坝顶溢流水深，m；

γ_0——水的重度，一般采用 9.81 kN/m^3。

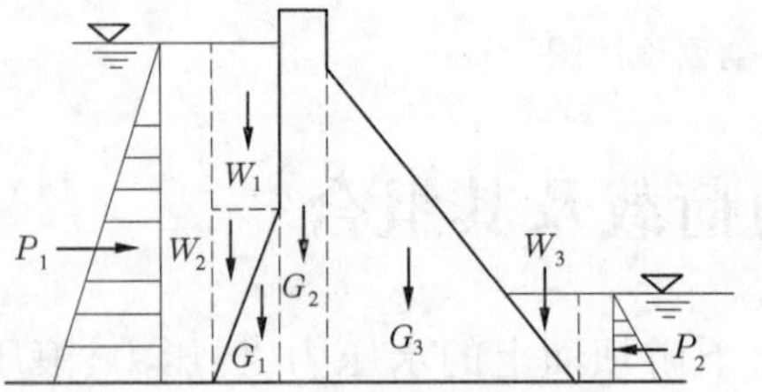

图 2-3-13　挡水坝的静水压力

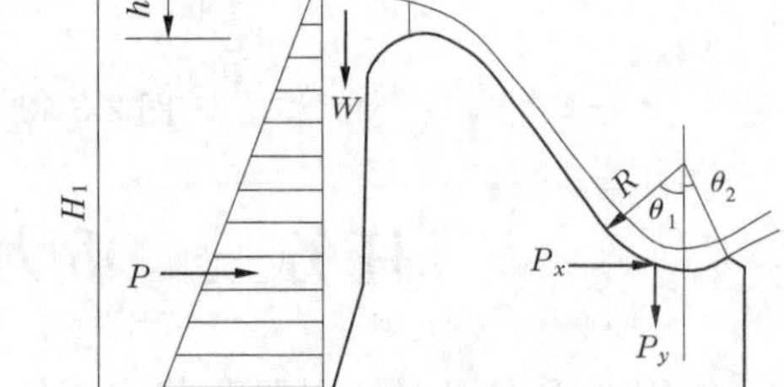

图 2-3-14　溢流坝的静水压力

3.溢流坝下游反弧段的动水压力

溢流坝下游反弧段的动水压力可根据流体动量方程求得。若假设反弧段始、末两断面的流速相等，则单位坝长在该反弧段上动水压力的总水平分力 P_x 与总垂直分力 P_y 的计算公式如下：

$$P_x = \frac{\gamma_0 q v}{g}(\cos\theta_2 - \cos\theta_1) \quad (\text{kN}) \tag{2-3-24}$$

$$P_y = \frac{\gamma_0 q v}{g}(\sin\theta_2 + \sin\theta_1) \quad (\text{kN}) \tag{2-3-25}$$

式中　q——鼻坎处单宽流量，m^2/s；

v——反弧段上的平均流速，m/s；

g——重力速度，$g=9.81\ m/s^2$；

θ_1、θ_2——反弧段圆心竖线左、右的中心角。

P_x、P_y 的作用点，可近似地认为作用在反弧段中央，其方向以图 2-3-14 所示为正。溢流面上的脉动水压力和负压对坝体稳定和坝内应力影响很小，可以忽略不计。

(三)扬压力

1.坝基面上的扬压力

扬压力是由上下游水位差产生的渗透水压力和下游水深产生的浮托力两部分组成的,其大小可按扬压力分布图形进行计算。影响扬压力分布及数值的因素很多,设计时根据坝基地质条件、防渗及排水措施、坝体的结构形式等综合考虑选用扬压力计算图形。

1)坝基设有防渗帷幕和排水幕的实体重力坝

防渗帷幕和排水幕是重力坝减小渗透压力的常用措施。防渗帷幕是通过在岩基中钻孔灌浆而成的,其渗透系数远小于周围岩石的渗透系数,渗透水流绕过或渗过帷幕时要消耗很大的能量,从而使帷幕后的渗透压力大为降低。排水幕是一排由钻机钻成的排水孔组成的,能使部分渗透水流自由排出,使渗透压力进一步降低。这种情况的扬压力分布图形如图 2-3-15 所示。图中矩形部分是由下游水深 H_2 产生的浮托力,在水平坝基上任一点的压强为 γH_2;折线部分是由上下游水位差 H 产生的渗透压力,上游压强为 γH,下游为零,排水幕处为 $\alpha\gamma H$。α 为剩余水头系数,河床坝段采用 $\alpha=0.25$,岸坡坝段采用 $\alpha=0.35$,对于水文和工程地质条件较复杂的地基,应进行研究论证,以确定合适的数值。

在特殊情况下,也可只设灌浆帷幕或排水幕,相应的扬压力图形与图 2-3-16 类似,其剩余水头系数 α 可以结合专门论证确定。

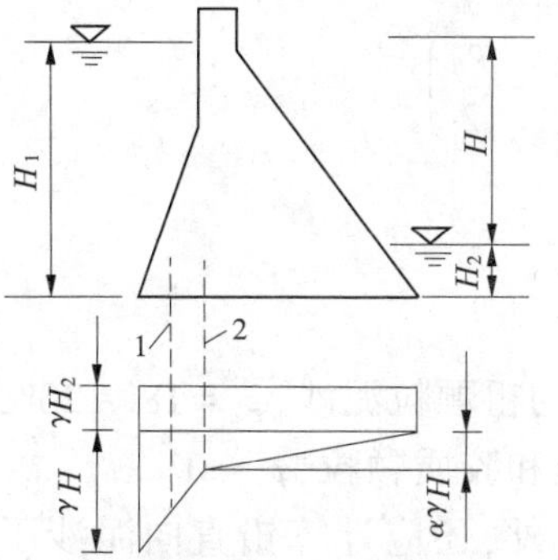

1—防渗帷幕;2—主排水幕

图 2-3-15　设有防渗帷幕和排水幕的实体重力坝坝基面扬压力

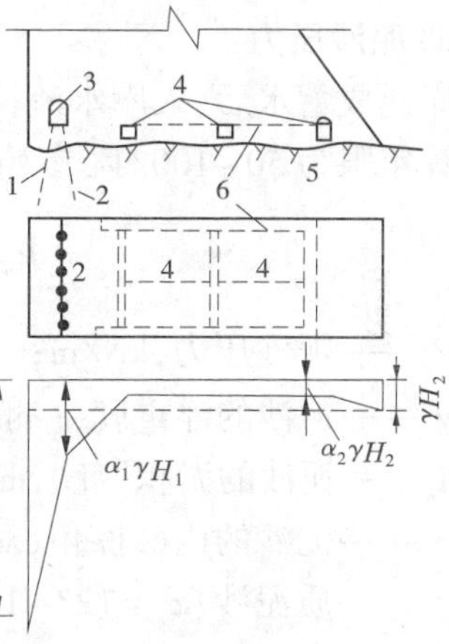

1—防渗帷幕;2—主排水幕;3—灌浆廊道;4—纵向排水廊道;5—基岩面;6—横向排水

图 2-3-16　采用抽排降压措施的实体重力坝坝基面扬压力

2)采用抽排降压措施的实体重力坝

防渗帷幕和排水幕不能降低浮托力,当下游水深较大时,浮托力对扬压力的影响显著。为了更有效地降低扬压力,可以采用抽排降压措施,即在坝体廊道内设置抽水设备及排水系统,定时抽排,使扬压力进一步降低。此时坝基面上的扬压力分布图形如图 2-3-17 所示。图中 α_1 为主排水幕处扬压力剩余系数,一般取 $\alpha_1=0.2$;α_2 为坝基面上残余扬压力系数,可采用 $\alpha_2=0.5$。当有专门论证时,系数 α_1、α_2 可采用论证后的值。

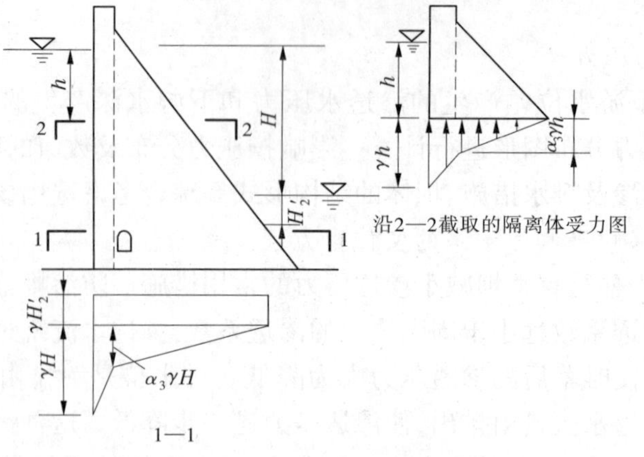

图 2-3-17　坝体内部的扬压力

2.坝体内部的扬压力

渗透水流除在坝基面产生渗透压力外,渗入坝体内部的水流也会产生渗透压力。为减小坝体内的渗透压力,常在坝体上游面附近的 3~5 m 范围内提高混凝土的防渗性能,形成防渗层,并在防渗层后设坝身排水管。坝体内部的扬压力按图 2-3-17 所示的分布图形进行计算,图中 α_3 常取 0.2。当坝内无排水管时,则渗透压力为三角形分布。

(四)泥沙压力

水库建成蓄水后,入库水流挟带的泥沙将逐年淤积在坝前,对坝体产生泥沙压力。取淤积计算年限为 50~100 年,参照经验数据,按主动土压力公式计算泥沙压力:

$$P_n = \frac{1}{2}\gamma_n h_n^2 \tan^2\left(45° - \frac{\varphi_n}{2}\right) \tag{2-3-26}$$

式中　P_n——泥沙压力,kN/m;

γ_n——泥沙的浮重度,一般为 6.5~9.0 kN/m^3;

h_n——泥沙的淤积厚度,m;

φ_n——泥沙的内摩擦角,对于淤积时间较长的粗颗粒泥沙,$\varphi_n = 18°\sim20°$,对于黏土质泥沙,$\varphi_n = 12°\sim14°$,对于淤泥、黏土和胶质颗粒,$\varphi_n = 0°$。

当上游坝面倾斜时,除计算水平向泥沙压力 P_n 外,还应计算铅直向泥沙压力。铅直向泥沙压力可按作用在坝面上的土重计算。

(五)浪压力

当重力坝的迎水面为铅直或接近铅直时,波浪推进到坝前,受到坝的阻挡,而使波浪壅高形成驻波。计算浪压力和坝顶超高时,坝前波浪在静水位以上的高度为 $h_{1\%}+h_z$。此外,随着建筑物迎水面前水深的不同,可能产生三种波态:深水波、浅水波和破碎波(见图 2-3-18),浪压力计算时需根据不同波态选择相应的计算公式。

(1)当 $H_1 \geq H_{cr}$ 和 $H_1 \geq L_m/2$ 时(见图 2-3-18(a)),单位长度上的浪压力计算公式为:

$$p_{wk} = \frac{1}{4}\gamma L_m (h_{1\%} + h_z) \tag{2-3-27}$$

(2)当 $H_{cr} < H_1 < L_m/2$ 时(见图 2-3-18(b)),单位长度上的浪压力计算公式为:

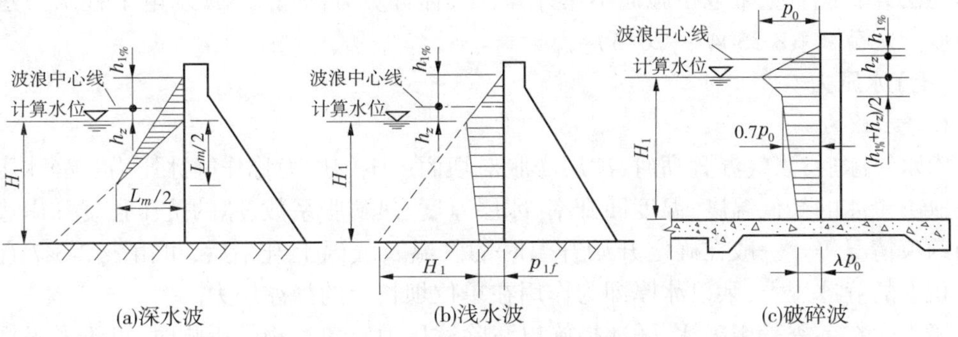

图 2-3-18　直墙式挡水面浪压力分布图

$$p_{wk}=\frac{1}{2}\left[(h_{1\%}+h_z)(\gamma H_1+p_{1f})+H_1p_{1f}\right] \tag{2-3-28}$$

$$p_{1f}=\gamma h_{1\%}\operatorname{sech}\frac{2\pi H_1}{L_m} \tag{2-3-29}$$

式中　p_{1f}——坝基底面处剩余浪压力强度,kPa。

(3)当 $H_1<H_{cr}$ 时(见图 2-3-18(c)),单位长度上的浪压力计算公式为:

$$p_{wk}=\frac{1}{2}p_0\left[(1.5-0.5\lambda)h_{1\%}+(0.7+\lambda)H_1\right] \tag{2-3-30}$$

$$p_0=K_i\gamma h_{1\%} \tag{2-3-31}$$

式中　λ——浪压力强度折减系数,当 $H_1\leqslant1.7h_{1\%}$ 时,λ 为 0.6,当 $H_1>1.7h_{1\%}$ 时,λ 为 0.5;

p_0——计算水位处的浪压力强度,kPa;

K_i——底坡影响系数,查表 2-3-6 可得(i 为坝前一定距离库底纵坡平均值)。

表 2-3-6　底坡影响系数 K_i 取值

底坡 i	1/10	1/20	1/30	1/40	1/50	1/60	1/80	1/100
K_i	1.89	1.61	1.48	1.41	1.36	1.33	1.29	1.25

(六)地震力

在地震区筑坝,必须考虑地震的影响。地震对建筑物的影响程度常用地震烈度表示。地震烈度划分为 12 度,烈度越大,对建筑物的影响越大。在抗震设计中常用到基本烈度和设计烈度两个概念。基本烈度是指该地区今后 50 年期限内,可能遭遇超越概率 p_{50} 为 0.10 的地震烈度。设计烈度是指设计时采用的地震烈度。一般情况下,采用基本烈度作为设计烈度;但对 1 级建筑物,可根据工程重要性和遭受震害的危险性,在基本烈度的基础上提高 1 度作为设计烈度。设计烈度为 7 度及以上的地震区应考虑地震力;当设计烈度超过 9 度时,应进行专门研究;当设计烈度为 6 度及以下时,一般不考虑地震力。

地震力包括由建筑物重量引起的地震惯性力、地震动水压力和动土压力。地震对扬压力、坝前泥沙压力和浪压力的影响可不考虑。

对于工程抗震设防类别为甲级(基本烈度≥6 度的 1 级坝),其地震作用效应计算应采用动力分析方法;对于设防类别为乙、丙级,设计烈度低于 8 度,且坝高小于或等于 70 m 的重力坝可采用拟静力法计算;对于丁级(基本烈度≥7 度的 4、5 级坝)建筑物,可以用拟静力法计算或着重采取措施而不用计算。具体计算方法可参阅《水电工程水工建筑物抗震设计规范》(NB 35047—2015)。

(七)冰压力

1.静冰压力

库水结冰后,当气温升高时,冰层膨胀对坝面产生的压力称作静冰压力。静冰压力的大小取决于冰的最低温度、温度回升率、冰层厚度、热膨胀系数、冰的抗压强度和岸边对冰层的约束情况等。一般在确定开始升温时的气温及气温上升率后,可由表2-3-7查得单位面积上的静冰压力,乘以冰厚即为作用在单位坝长上的静冰压力。

当水库在冬季采用破冰、融冰措施以清除冰压力对建筑物的影响时,可不考虑坝体上的冰压力。

表2-3-7　静冰压力标准值

冰层厚度(m)	0.4	0.6	0.8	1.0	1.2
静冰压力标准值(kN/m)	85	180	215	245	280

注:1.冰层厚度取多年平均年最大值。

2.对于小型水库,应将表中静冰压力标准值乘以0.87后采用;对于库面开阔的大型平原水库,应将表中静冰压力标准值乘以1.25后采用。

3.表中静冰压力标准值适用于结冰期内水库水位基本不变的情况,结冰期内水库水位变动情况下的静冰压力应做专门研究。

4.静冰压力数值可按表列冰厚内插。

2.动冰压力

当冰盖破碎后发生冰块流动,流冰撞击坝面而产生的冲击力称为动冰压力。动冰压力的大小与冰的运动速度、冰块尺寸、建筑物表面积的大小和形状、风向和风速、流冰的抗碎强度等因素有关。

(1)冰块撞击在铅直坝面时的动冰压力可按式(2-3-32)计算:

$$P_{bd} = 0.07 v_b d_b \sqrt{A_b f_{ic}} \tag{2-3-32}$$

式中　P_{bd}——冰块撞击在铅直坝面时的动冰压力,kN;

f_{ic}——冰的抗压强度,对于水库可取0.3 MPa,对于河流,流冰初期取0.45 MPa,后期可取0.3 MPa;

v_b——冰块流速,m/s,对于大水库应通过研究确定,一般不大于0.6 m/s;

A_b——冰块的面积,m^2;

d_b——冰块的厚度,m。

(2)冰块撞击在铅直闸墩上的动冰压力按式(2-3-33)计算

$$P'_{bd} = mR_b B d_b \tag{2-3-33}$$

式中　P'_{bd}——冰块撞击在铅直闸墩上的动冰压力,kN;

R_b——冰的抗压强度,当无资料时,在结冰初期取750 kPa,末期可取450 kPa;

B——闸墩在冰层处的前沿宽度,m;

m——闸墩的平面形状系数,按表2-3-8采用;

其他符号意义同前。

表 2-3-8　闸墩的平面形状系数

闸墩的平面形状	半圆形或多边形	矩形	三角形(顶端角度 α)					
			45°	60°	75°	90°	120°	150°
形状系数 m	0.9	1.0	0.54	0.59	0.64	0.69	0.77	1.00

二、荷载组合

作用在重力坝上的各种荷载，除坝体自重外，都有一定的变化范围。例如，在正常运行、放空水库、设计或校核洪水等情况，其上下游水位各不相同。当水位发生变化时，相应的水压力、扬压力亦随之变化。又如在短期宣泄最大洪水时，就不一定会同时发生强烈地震。再如当水库水面封冻、坝面受静冰压力作用时，波浪压力就不存在。因此，在进行坝的设计时，应该根据"可能性和最不利"的原则，把各种荷载合理地组合成不同的设计情况，然后进行安全核算，以妥善解决安全和经济的矛盾。

作用于重力坝上的荷载，按其出现的概率和性质，可分为基本荷载和特殊荷载。

(一)基本荷载

基本荷载包括：①坝体及其上永久设备自重；②正常蓄水位或设计洪水位时大坝上、下游面的静水压力(选取一种控制情况)；③相应于正常蓄水位或设计洪水位时的扬压力；④大坝上游淤沙压力；⑤相应于正常蓄水位或设计洪水位时的浪压力；⑥冰压力；⑦土压力；⑧设计洪水位时的动水压力；⑨其他出现机会较多的荷载。

(二)特殊荷载

特殊荷载包括：①校核洪水位时的大坝上、下游面的静水压力；②相应于校核洪水位时的扬压力；③相应于校核洪水位时的浪压力；④相应于校核洪水位时的动水压力；⑤地震荷载；⑥其他出现机会很少的荷载。

重力坝抗滑稳定及坝体应力计算的荷载组合分为基本组合和特殊组合两种情况。荷载组合按表 2-3-9 的规定进行(表中数字即荷载的序号)，必要时还可考虑其他的不利组合。

表 2-3-9　荷载组合

作用组合	主要考虑情况	作用类别										备注
		自重	静水压力	扬压力	淤沙压力	浪压力	冰压力	动水压力	土压力	地震荷载	其他荷载	
基本组合	1.正常蓄水位情况	(一)①	(一)②	(一)③	(一)④	(一)⑤	—	—	(一)⑦	—	(一)⑨	土压力根据坝体外是否有填土而定
	2.设计洪水位情况	(一)①	(一)②	(一)③	(一)④	(一)⑤	—	(一)⑧	(一)⑦	—	(一)⑨	
	3.冰冻情况	(一)①	(一)②	(一)③	(一)④	—	(一)⑥	—	(一)⑦	—	(一)⑨	静水压力及扬压力按相应冬季库水位计算

续表 2-3-9

作用组合	主要考虑情况	作用类别										备注
		自重	静水压力	扬压力	淤沙压力	浪压力	冰压力	动水压力	土压力	地震荷载	其他荷载	
特殊组合	1.校核洪水位情况	(一)①	(二)①	(二)②	(一)④	(二)③	—	(二)④	(一)⑦	—	(二)⑥	
	2.地震情况	(一)①	(一)②	(一)③	(一)④	(一)⑤	—	—	(一)⑦	(二)⑤	(二)⑥	静水压力、扬压力和浪压力按正常蓄水位计算,有论证时可另行规定

注:1.应根据各种荷载同时作用的实际可能性,选择计算其中最不利的组合。
2.分期施工的坝应按相应的荷载组合分期进行计算。
3.施工期的情况应进行必要的核算,作为特殊组合。
4.根据地质和其他条件,如考虑运用时排水设备易于堵塞,需经常维修,应考虑排水失效的情况,作为特殊组合。
5.地震情况,如按冬季计及冰压力,则不计浪压力。
6.对于以防洪为主的水库,正常蓄水位较低时,采用设计洪水位情况进行组合。

任务四　重力坝的稳定分析

抗滑稳定分析是重力坝设计中的一项重要内容,其目的是核算坝体沿坝基面或沿地基深层软弱结构面抗滑稳定的安全性能。因为重力坝沿坝轴线方向用横缝分隔成若干个独立的坝段,假设横缝不传力,则稳定分析可以按平面问题进行,取一个坝段或单位宽度作为计算单元。

岩基上的重力坝常见的失稳形式有两种:一种是沿坝体抗剪能力不足的薄弱面滑动,这种薄弱面包括坝体与坝基的接触面和坝基岩体内有连续的断层破碎带;另一种是在各种荷载作用下,上游坝踵出现拉应力导致裂缝,或下游坝趾压应力过大,超过坝基岩体或坝体混凝土的允许强度而被压碎,从而产生倾覆破坏。当重力坝满足抗滑稳定和应力要求时,通常不必校核抗倾覆的安全性。

当核算坝体沿坝基面的抗滑稳定性时,应按抗剪强度公式或抗剪断强度公式进行计算。

一、抗剪强度公式(摩擦公式)

抗剪强度分析法把坝体与基岩间看成是一个接触面,而不是胶结面,其抗滑稳定安全系数 K_s 为:

$$K_s = \frac{f\sum W}{\sum P} \tag{2-3-34}$$

式中　K_s——按抗剪强度公式计算的抗滑稳定安全系数;

$\sum W$——作用在坝体上全部荷载(包括扬压力,下同)对滑动平面法向分力的代数和,kN;

$\sum P$——作用在坝体上全部荷载对滑动平面切向分力的代数和，kN；

f——坝体混凝土与坝基的接触面间的抗剪摩擦系数，当缺乏试验资料时，可按表 2-3-10、表 2-3-11 选用。

表 2-3-10　坝基岩体力学参数

岩体分类	混凝土与坝基接触面			岩体		变形模量 E_0(GPa)
	f'	c'(MPa)	f	f'	c'(MPa)	
Ⅰ	1.50～1.30	1.50～1.30	0.85～0.75	1.60～1.40	2.50～2.00	40.0～20.0
Ⅱ	1.30～1.10	1.30～1.10	0.75～0.65	1.40～1.20	2.00～1.50	20.0～10.0
Ⅲ	1.10～0.90	1.10～0.70	0.65～0.55	1.20～0.80	1.50～0.70	10.0～5.0
Ⅳ	0.90～0.70	0.70～0.30	0.55～0.40	0.80～0.55	0.70～0.30	5.0～2.0
Ⅴ	0.70～0.40	0.30～0.05	—	0.55～0.40	0.30～0.05	2.0～0.2

注：1. f'、c'为抗剪断参数，f为抗剪参数。

2. 表中参数限于硬质岩，软质岩应根据软化系数进行折减。

表 2-3-11　结构面、软弱层和断层力学参数

类型	f'	c'(MPa)	f
胶结的结构面	0.80～0.60	0.250～0.100	0.70～0.55
无充填的结构面	0.70～0.45	0.150～0.050	0.65～0.40
岩块岩屑型岩	0.55～0.45	0.250～0.100	0.50～0.40
岩屑夹泥型	0.45～0.35	0.100～0.050	0.40～0.30
泥夹岩屑型	0.35～0.25	0.050～0.020	0.30～0.23
泥	0.25～0.18	0.005～0.002	0.23～0.18

注：1. f'、c'为抗剪断参数，f为抗剪参数。

2. 表中参数限于硬质岩中的结构面。

3. 软质岩中的结构面应进行折减。

4. 胶结或无充填的结构面抗剪断强度，应根据结构面的粗糙程度选取大值或小值。

由于抗剪强度公式未考虑坝体混凝土与基岩间的胶结作用，因此该公式不能完全反映坝的实际工作状态，只是一个抗滑稳定的安全指标，《混凝土重力坝设计规范》(NB/T 35026—2014)给出的控制值也较小，具体见表 2-3-12。

表 2-3-12 抗滑稳定安全系数 K_s、K'_s

安全系数	荷载组合	坝的级别		
		1	2	3
K_s	基本组合	1.10	1.05	1.05
	特殊组合 1	1.05	1.00	1.00
	特殊组合 2	1.00	1.00	1.00
K'_s	基本组合	3.0		
	特殊组合 1	2.5		
	特殊组合 2	2.3		

二、抗剪断强度公式

抗剪断强度公式计算坝基面的抗滑稳定安全系数,认为坝体与基岩胶结良好,滑动面上的阻滑力包括抗剪断摩擦力和抗剪断凝聚力,其抗滑稳定安全系数由式(2-3-35)计算:

$$K'_s = \frac{f'\sum W + c'A}{\sum P} \tag{2-3-35}$$

式中 K'_s——按抗剪断强度公式计算的抗滑稳定安全系数;

f'——坝体混凝土与坝基接触面间的抗剪断摩擦系数;

c'——坝体混凝土与坝基接触面间的抗剪断凝聚力;

A——坝体与坝基接触面的面积,m^2;

其他符号意义同前。

该公式考虑了坝体的胶结作用,计入了摩擦力和凝聚力,是比较符合坝的实际工作状态的,物理概念也比较明确。当无试验资料时,f'、c'值可参考表 2-3-10、表 2-3-11 选用。

三、提高坝体抗滑稳定性的措施

当坝体的抗滑稳定安全系数不能满足要求时,除改变坝体的剖面尺寸外,还可以采取以下工程措施提高坝体的稳定性:

(1)利用水重。将坝体的上游面做成倾向上游的斜面或折坡面,利用坝面上的水重增加坝的抗滑力,以达到提高坝体稳定的目的。

(2)减小扬压力。通过结构措施或工程措施加强防渗排水,以达到减小扬压力的目的。

(3)提高坝基面的抗剪断参数 f'、c'值。措施有:将坝基开挖成“大平小不平”等形式、对整体性较差的地基进行固结灌浆、设置齿墙或抗剪键槽等。

(4)预应力锚固措施。一般是在靠近坝体上游面采用深孔锚固预应力钢索,既增加了坝体稳定性,又可消除坝踵处的拉应力。

(5)增大筑坝材料的重度(在坝体混凝土中埋置重度大的块石),或将坝基面开挖成倾向上游的斜面,借以增加抗滑力,提高稳定性。

任务五 重力坝的应力分析

一、重力坝应力分析的目的与方法

(1)应力分析的目的:①验算拟定的坝体断面是否经济合理;②根据应力分布情况进行坝体混凝土强度分区;③为研究坝体某些部位的应力集中和配筋等提供依据。

(2)应力分析的过程:首先进行荷载计算和荷载组合,然后选择适宜的方法进行应力计算,最后检验坝体各部位的应力是否满足强度要求。

(3)应力分析方法:可归结为理论计算和模型试验两大类。对于中、小型工程,一般可只进行理论计算。理论计算法又包括材料力学法和弹性理论的解析法、有限元法,其中材料力学法应用最广、最简便,也是《混凝土重力坝设计规范》(SL 319—2005)中规定采用的计算方法之一。

二、材料力学法

(一)材料力学法的基本假定

(1)坝体混凝土为均质、连续、各向同性的弹性材料。

(2)视坝段为固接于地基上的悬臂梁,不考虑地基变形对坝体应力的影响,并认为各坝段独立工作,横缝不传力。

(3)假定坝体水平截面上的垂直正应力按直线分布,其数值可按偏心受压公式计算,其他应力分量可根据静力平衡条件确定,并且不考虑廊道等对坝体应力的影响。

(二)边缘应力计算

材料力学法通常沿坝轴线取单位长度(1 m)的坝体作为计算对象。坝体的最大和最小应力一般发生在上、下游坝面,且计算坝体内部应力也需要以边缘应力作为边界条件,同时对于较低重力坝的强度,只需用边缘应力控制即可,所以应首先计算坝体边缘应力。计算简图及荷载、应力的正方向,如图 2-3-19 所示。

(1)上、下游坝面垂直正应力

$$\begin{matrix}\sigma_y^u\\ \sigma_y^d\end{matrix} = \frac{\sum W}{T} \pm \frac{6\sum M}{T^2} \tag{2-3-36}$$

式中 σ_y^u——上游面垂直正应力,kPa;

σ_y^d——下游面垂直正应力,kPa;

T——坝体计算截面沿上下游方向的水平宽度,m;

$\sum W$——计算截面以上所有垂直分力的代数和(包括扬压力,下同),以向下为正,kN;

$\sum M$——计算截面以上所有作用力对计算截面形心的力矩代数和,以逆时针方向为正,kN·m。

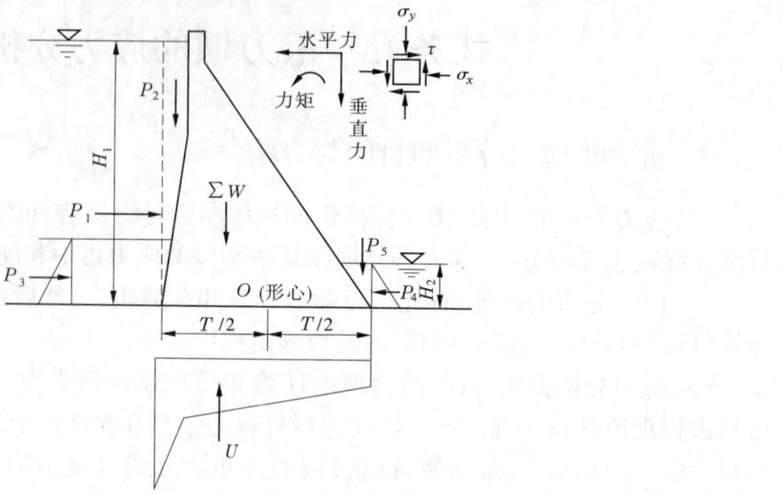

图 2-3-19 坝体应力计算图

(2)上、下游面剪应力

$$\tau^u = (P - P_u^u - \sigma_y^u)\, m_1 \tag{2-3-37}$$

$$\tau^d = (\sigma_y^d - P' + P_u^d)\, m_2 \tag{2-3-38}$$

式中 τ^u——上游面剪应力,kPa;

τ^d——下游面剪应力,kPa;

P——计算截面在上游坝面所承受的水压力强度(如有泥沙压力和地震动水压力时,应计入在内),kPa;

P'——计算截面在下游坝面所承受的水压力强度(如有泥沙压力和地震动水压力时,应计入在内),kPa;

P_u^u——计算截面在上游坝面处的扬压力强度,kPa;

P_u^d——计算截面在下游坝面处的扬压力强度,kPa;

m_1——上游坝坡坡率;

m_2——下游坝坡坡率;

其他符号意义同前。

(3)上、下游面水平正应力

$$\sigma_x^u = (P - P_u^u) - (P - P_u^u - \sigma_y^u)\, m_1^2 \tag{2-3-39}$$

$$\sigma_x^d = (P' - P_u^d) + (\sigma_y^d - P' + P_u^d)\, m_2^2 \tag{2-3-40}$$

式中 σ_x^u——上游面水平正应力,kPa;

σ_x^d——下游面水平正应力,kPa;

其他符号意义同前。

(4)上、下游面主应力

$$\sigma_1^u = (1 + m_1^2)\, \sigma_y^u - m_1^2(P - P_u^u) \tag{2-3-41}$$

$$\sigma_2^u = P - P_u^u \tag{2-3-42}$$

$$\sigma_1^d = (1 + m_2^2)\sigma_y^d - m_2^2(P' - P_u^d) \tag{2-3-43}$$

$$\sigma_2^d = P' - P_u^d \tag{2-3-44}$$

式中　σ_1^u、σ_2^u——上游面主应力,kPa;

σ_1^d、σ_2^d——下游面主应力,kPa;

其他符号意义同前。

以上各式适用于计及扬压力的情况。如果不计截面上扬压力的作用,则上游面和下游面的各种应力计算公式中将 P_u^u 和 P_u^d 取值为零。

三、强度校核

(一)重力坝坝基面坝踵、坝趾的垂直应力

重力坝坝基面坝踵、坝趾的垂直应力应符合下列要求:

(1)运用期。在各种荷载组合下(地震荷载除外),坝踵垂直正应力不应出现拉应力,坝趾垂直正应力应小于坝基容许压应力;在地震荷载作用下,坝踵、坝趾的垂直应力应符合《水工建筑物抗震设计规范》(SL 203—1997)的要求。

(2)施工期:坝趾垂直正应力允许有小于 0.1 MPa 的拉应力。

(二)重力坝坝体应力

重力坝坝体应力应符合下列要求:

(1)运用期。①坝体上游面的垂直正应力不出现拉应力(计扬压力)。②坝体最大主压应力不应大于混凝土的允许压应力值。③在地震荷载作用下,坝体上游面的应力控制标准应符合《水工建筑物抗震设计规范》(SL 203—1997)的要求。

(2)施工期。①坝体任何截面上的主压应力不应大于混凝土的允许压应力。②在坝体的下游面,允许有不大于 0.2 MPa 的主拉应力。

混凝土的允许应力按混凝土的极限强度除以相应的安全系数确定。坝体混凝土抗压安全系数,基本组合不应小于 4.0,特殊组合(不含地震情况)不应小于 3.5。当局部混凝土有抗拉要求时,抗拉安全系数不应小于 4.0。混凝土极限抗压强度是指 90 d 龄期的 15 cm 立方体强度,强度保证率应达 80%以上。

地震荷载是一种机遇较少的荷载,在动荷载的作用下混凝土材料的允许应力可适当提高,并允许产生一定的瞬时拉应力。

【例 2-3-1】 某混凝土重力坝为 3 级建筑物,剖面尺寸如图 2-3-20 所示。设计洪水位 177.2 m,相应下游水位 154.3 m;校核洪水位 177.8 m,相应下游水位 154.7 m;正常高水位 176.0 m,相应下游水位 154.0 m;死水位 160.4 m,淤沙高程 160.4 m;水的重度取 10.0 kN/m³,淤沙的浮重度为 8.0 kN/m³,内摩擦角 $\varphi=18°$;混凝土强度等级为 C10,混凝土的允许压应力为 2.5 MPa,混凝土重度取 24 kN/m³;坝基为较完整的微风化花岗片麻岩,允许压应力为 20 MPa,摩擦系数 $f=0.6$;帷幕及排水孔的中心线距上游坝脚分别为 5.3 m和 6.8 m,排水处扬压力折减系数 $\alpha=0.3$。地震设计烈度为 6 度,50 年一遇风速 22.5 m/s,水库吹程 $D=3$ km。试核算基本组合的设计洪水位情况下:①坝体与坝基接触面的抗滑稳定性;②坝趾和坝踵垂直正应力是否满足要求。

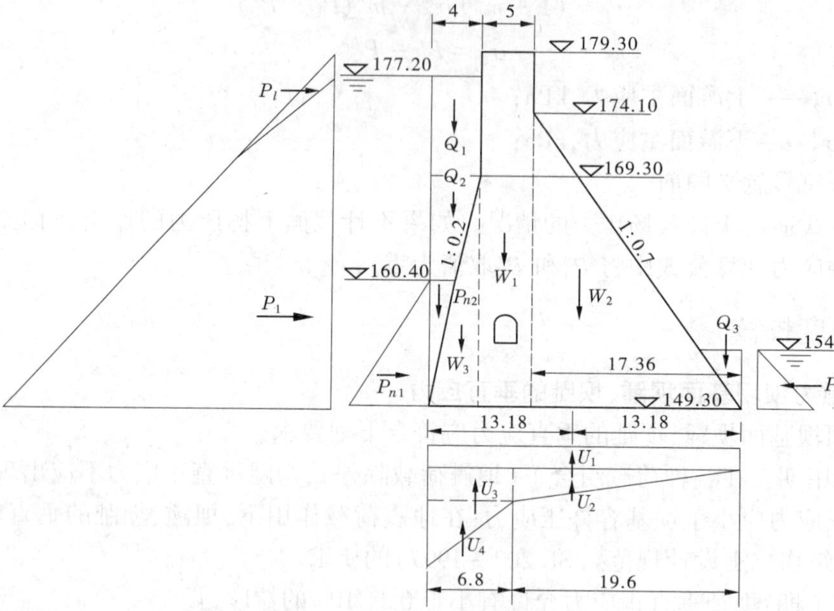

图 2-3-20　坝体剖面及荷载计算简图　(单位:m)

解:1.荷载及组合计算

(1)波浪要素计算。已知设计洪水位 50 年一遇风速 $v_0=22.5$ m/s,吹程 $D=3$ km,则

$$h = 0.007\,6v_0^{-1/12}\left(\frac{gD}{v_0^2}\right)^{1/3}\frac{v_0^2}{g}$$

$$= 0.007\,6 \times 22.5^{-1/12}\left(\frac{9.81\times 3\,000}{22.5^2}\right)^{1/3}\times\frac{22.5^2}{9.81} = 1.17(\text{m})$$

$$L_m = 0.331v_0^{-1/2.15}\left(\frac{gD}{v_0^2}\right)^{1/3.75}\frac{v_0^2}{g}$$

$$= 0.331\times 22.5^{-1/2.15}\left(\frac{9.81\times 3\,000}{22.5^2}\right)^{1/3.75}\times\frac{22.5^2}{9.81} = 11.86(\text{m})$$

$$h_z = \frac{\pi h^2}{L_m} = \frac{3.14\times 1.17^2}{11.86} = 0.36$$

因为 $gD/v_0^2=58.13$,在 20~250,为累积频率 5%的波高。转化为 1%的波高得

$$h_{1\%} = 1.17\times 1.24 = 1.45(\text{m})$$

又因为 $H_1<L_m/2=11.86/2=5.93$(m)(坝前水深 $H_1=27.9$ m),所以浪压力可按深水波计算。

(2)荷载计算。作用在重力坝上的荷载包括坝体自重、水平水压力、水重、扬压力、浪压力、水平泥沙压力和垂直泥沙压力,荷载及其对坝基截面形心力矩的值见计算简图 2-3-20和表 2-3-13。

2.坝基面抗滑稳定性核算

已知 $\sum W=7\,624.97$(kN),$\sum P=4\,080.87$(kN),则 $K=\dfrac{f\sum W}{\sum P}=\dfrac{0.6\times 7\,624.97}{4\,080.87}=1.12>1.05$。

故在设计洪水位情况下,坝基面的抗滑稳定性满足要求。

3.坝趾和坝踵应力核算

已知计及扬压力时坝基面上的$\sum W=7\ 624.97$ kN,$\sum M=-14\ 526.17$ kN·m;不计扬压力时坝基面上的$\sum W=10\ 628.41$ kN,$\sum M=-4\ 105.44$ kN·m。

(1)坝踵垂直正应力(计扬压力)

$$\sigma_y^u=\frac{\sum W}{T}+\frac{6\sum M}{T^2}=\frac{7\ 624.97}{26.4}+\frac{6\times(-14\ 526.17)}{26.4^2}=163.77\ (\text{kPa})>0$$

(2)坝趾垂直正应力(计或不计扬压力)

当不计扬压力时 $\sigma_y^d=\frac{\sum W}{T}-\frac{6\sum M}{T^2}=\frac{10\ 628.41}{26.4}-\frac{6\times(-4\ 105.44)}{26.4^2}=437.93(\text{kPa})$

当计入扬压力时 $\sigma_y^d=\frac{\sum W}{T}-\frac{6\sum M}{T^2}=\frac{7\ 624.97}{26.4}-\frac{6\times(-14\ 526.17)}{26.4^2}=413.88(\text{kPa})$

远小于坝基和坝体允许压应力。

故在设计洪水位情况下,坝趾和坝踵应力满足要求。

表 2-3-13 荷载计算

荷载	符号	计算式	垂直力(kN)		水平力(kN)		对坝底面中点的偏心距(m)	力矩(kN·m)	
			↓	↑	←	→		↙+	-↘
自重	W_1	5×30×24	3 600				13.18−4−5/2=6.68	24 048	
	W_2	17.36×24.8×24/2	5 166.34				13.18−9−17.36/3=−1.61		8 317.80
	W_3	4×20×24/2	960				13.18−4×2/3=10.51	10 089.6	
上游水平水压力	P_1	$10\times27.9^2/2$				3 892.05	−27.9/3=−9.3		36 196.07
下游水平水压力	P_2	$10\times5^2/2$			125		5/3=1.67	208.75	
上游水重	Q_1	4×7.9×10	316				13.18−4/2=11.18	3 532.88	
	Q_2	4×20×10/2	400				13.18−4/3=11.85	4 740	
下游水重	Q_3	0.7×5×5×10/2	87.5				13.18−5×0.7/3=12.01		1 050.88
浮托力	U_1	26.36×5×10		1 318			0		0
渗透压力	U_2	19.6×6.87×10/2		673.26			13.18−6.8−19.6/3=−0.14	94.26	
	U_3	6.8×6.87×10		467.16			13.18−6.8/2=9.78		4 568.82
	U_4	6.8×(22.9−6.87)×10/2		545.02			13.18−6.8/3=10.91		5 946.17
浪压力	P_{l1}	(5.93+1.45+0.36)×5.93×10/2				229.49	27.9−5.93+(5.93+1.45+0.36)/3=24.55		5 633.98
	P_{l2}	$5.93^2\times10/2$			175.82		27.9−5.93×2/3=23.95	4 210.41	
水平泥沙压力	P_{n1}	$8.0\times11.1^2\tan^2(45°-18°/2)/2$				260.15	11.1/3=3.7		962.56
垂直泥沙压力	P_{n2}	$8.0\times0.2\times11.1^2/2$	98.57				13.18−11.1×0.2/3=12.44	1 226.21	
合计			10 628.41	3 003.44	300.82	4 381.69		48 150.11	62 676.28
总计			7 624.97		−4 080.87			−14 526.17	

项目四 土石坝与堤防的设计

【设计任务】

剖面设计、渗流分析、稳定计算。

任务一 土石坝剖面设计

土石坝剖面设计是土石坝设计的主要内容,包括坝顶高程、坝顶宽度、上下游坝坡、防渗结构、排水结构及其细部构造。设计步骤:计算坝顶高程,根据具体要求和经验拟定剖面,进行渗流计算,最后进行坝坡稳定分析,根据稳定分析的结果判断坝剖面的合理性。一般需要多次重复以上步骤,直至得到合理的剖面。本任务主要介绍土石坝剖面尺寸拟定,渗流和稳定分析在后面介绍。

一、水文计算成果

土石坝一般与相应的溢洪道分开布置。土石坝的任务是挡洪,防止洪水漫顶;溢洪道的任务是泄洪,控制水库的洪水水位。土石坝主要考虑水库的防洪,水库大坝的防洪标准是确定大坝高度的关键,根据水文计算确定正常蓄水位、设计洪水位、校核洪水位,来确定拦河坝的坝顶高程。

因此,与土石坝设计关联的水库调洪演算成果是设计洪水位、校核洪水位。

二、坝顶高程

坝顶高程要保证挡水需要,同时要防止波浪超越坝顶,有些海堤允许波浪越顶,但也需要控制。坝顶高程按水库静水位加上防浪超高来确定,《碾压式土石坝设计规范》(SL 274—2001)规定,按下列运用条件计算,取其大者:

(1)设计洪水位加正常运用条件的坝顶超高;

(2)正常蓄水位加正常运用条件的坝顶超高;

(3)校核洪水位加非常运用条件的坝顶超高;

(4)正常蓄水位加非常运用条件的坝顶超高,再加地震安全超高。

当上游设防浪墙时,以上确定的坝顶高程改为防浪墙顶高程。此时,在正常运用情况下,坝顶高程应高于静水位0.5 m;在非常运用情况下,坝顶高程应高于静水位。

堤防堤顶高程按设计洪水位或设计高潮位加超高,且1、2级堤防的超高不应小于2.0 m。

超高的计算公式如下:

$$Y = R + e + A \tag{2-4-1}$$

式中　Y——堤高,m;

R——波浪在坝坡上的爬高,m;

e——最大风壅水面高度,m;

A——安全加高,m。

(一)波浪爬高 $R(R_p)$

波浪爬高与累积频率有关,一般用 R_p 表示,p 为累积频率(%)。对于1、2、3级土石坝取累积频率 $p=1\%$ 的波浪爬高值 $R_{1\%}$,对于4、6级土石坝取累积频率 $p=5\%$ 的波浪爬高值 $R_{5\%}$。对于不允许越浪的堤防取累积频率 $p=2\%$ 的波浪爬高值 $R_{2\%}$;对于允许越浪的堤防取累积频率 $p=13\%$ 的波浪爬高值 $R_{13\%}$。

当坝坡 $m=1.5\sim5.0$ 时,R_p 的计算公式为

$$R_p=\frac{K_\Delta K_w K_p}{\sqrt{1+m^2}}\sqrt{h_m L_m} \tag{2-4-2}$$

式中　K_Δ——斜坡的糙率及渗透系数,见表2-4-1;

K_w——经验系数,与 $\frac{v_0}{\sqrt{gH_m}}$ 有关,见表2-4-2;

v_0——计算风速;

H_m——坝前水域平均水深,m;

K_p——爬高累积频率换算系数,见表2-4-3;

h_m、L_m——平均波高和波长,由式(2-4-3)~式(2-4-6)计算。

表2-4-1　斜坡的糙率及渗透系数 K_Δ

护面类型	K_Δ	护面类型	K_Δ
光滑不透水护面(沥青混凝土)	1.0	砌石护面	0.75~0.85
混凝土板护面	0.9	抛填两层块石(不透水地基)	0.6~0.85
草皮护面	0.85~0.90	抛填两层块石(透水地基)	0.5~0.55

表2-4-2　经验系数 K_w

$\frac{v_0}{\sqrt{gH_m}}$	≤1	1.5	2.0	2.5	3.0	3.5	4.0	>5.0
K_w	1.0	1.02	1.08	1.16	1.22	1.25	1.28	1.30

表2-4-3　爬高累积频率换算系数 K_p

h_m/H_m	p(%)			
	1	2	5	14
<0.1	2.23	2.07	1.84	1.53
0.1~0.3	2.08	1.94	1.75	1.48
>0.3	1.86	1.76	1.61	1.39

平均波高和波长采用莆田试验站的计算公式。

(1)平均波高 h_m 用式(2-4-3)计算

$$\frac{gh_m}{v_0^2}=0.13\text{th}\left[0.7\left(\frac{gH_m}{v_0^2}\right)^{0.7}\right]\text{th}\left\{\frac{0.0018\left(\frac{gD}{v_0^2}\right)^{0.45}}{0.13\text{th}\left[0.7\left(\frac{gH_m}{v_0^2}\right)^{0.7}\right]}\right\} \qquad (2\text{-}4\text{-}3)$$

式中 D——风区长度;

其余符号意义同前。

(2)平均波长 L_m 采用式(2-4-4)~式(2-4-6)计算:

当 $\frac{H_m}{L_m}\geqslant 0.5$ 时,为深水波,其波长计算公式为

$$L_m=\frac{gT_m^2}{2\pi}\approx 1.56T_m^2 \qquad (2\text{-}4\text{-}4)$$

其中

$$T_m=4.438h_m^{0.5} \qquad (2\text{-}4\text{-}5)$$

当 $\frac{H_m}{L_m}<0.5$ 时,为浅水波,其波长计算公式为

$$L_m=\frac{gT_m^2}{2\pi}\text{th}\frac{2\pi H_m}{L_m} \qquad (2\text{-}4\text{-}6)$$

(二)最大风壅水面高度 e

最大风壅水面高度用式(2-4-7)计算

$$e=\frac{Kv_0^2D}{2gH_m}\cos\beta \qquad (2\text{-}4\text{-}7)$$

式中 K——综合摩阻系数,其值为 $(1.5\sim5.0)\times10^{-6}$,计算时可取 3.6×10^{-6};

β——风向与坝轴法线的夹角;

其余符号意义同前。

(三)安全加高 A

(1)土石坝安全加高,根据坝的等级和运行情况确定,见表 2-4-4。

表 2-4-4 土石坝安全加高 (单位:m)

坝的级别		1	2	3	4、5
设计		1.50	1.00	0.70	0.50
校核	山区、丘陵区	0.70	0.50	0.40	0.30
	平原、滨海区	1.00	0.70	0.50	0.30

(2)堤防工程安全加高,根据堤防工程等级(见表 2-4-5)和是否允许越浪来确定,见表 2-4-6。

表 2-4-5　堤防工程等级

防洪标准(重限期,年)	≥100	<100,≥50	<50,≥30	<30,≥20	<20,≥10
堤防工程级别	1	2	3	4	5

表 2-4-6　堤防工程安全加高　(单位:m)

堤防工程级别	1	2	3	4	5
不允许越浪堤防工程的安全加高	1.0	0.8	0.7	0.6	0.5
允许越浪堤防工程的安全加高	0.5	0.4	0.4	0.3	0.3

三、坝顶宽度

坝顶宽度主要满足运行、施工、交通和人防等要求。当无特殊要求时,高坝的最小坝顶宽度一般为 10~15 m,中低坝为 5~10 m;当有交通要求时,应按交通规定确定。

堤防工程最小堤顶宽度见表 2-4-7。

表 2-4-7　堤防工程最小堤顶宽度　(单位:m)

堤防工程级别	1	2	3~5
堤防工程的最小堤顶宽度	>8.0	>6.0	>3.0

四、坝坡

坝坡应根据坝型、坝高、坝体材料和坝基情况,还要考虑坝体承受的荷载、施工和运用条件等因素,通过技术经济分析比较确定。一般方法是:根据经验初步拟定坝坡,再进行渗流和稳定分析,根据分析计算结果修改坝坡,直至获得合理的坝坡。

较高的土石坝采用变坡方式,一般每隔 10~30 m 高变坡,变坡处设马道,马道宽 1.5~2.0 m。

一般坝坡为 1:2.0~1:4.0,初拟坝坡时,可参照表 2-4-8 和表 2-4-9。

表 2-4-8　均质坝坝坡经验值

坝高(m)	马道		坝坡	
	宽度(m)	级数	上游坡	下游坡
<15	1.5	1	1:2.50(上) 1:2.75(下)	1:2.25(上) 1:2.50(下)
15~25	2.0	2	1:2.75(上) 1:3.00(下)	1:2.50(上) 1:2.75(下)
25~35	2.0	3	1:2.75(上) 1:3.00(中) 1:3.50(下)	1:2.50(上) 1:2.75(中) 1:3.00(下)

表 2-4-9　心墙坝坝坡经验值

坝高(m)	坝壳部分				心墙部分	
	马道		坝坡		顶宽(m)	边坡
	宽度(m)	级数	上游坡	下游坡		
<15	1.5	1	1:2.25(上) 1:2.50(下)	1:2.0(上) 1:2.25(下)	1.5	1:0.2
15~25	2.0	1~2	1:2.50(上) 1:2.75(下)	1:2.25(上) 1:2.50(下)	2.0	1:0.15~1:0.25
25~35	2.0	3	1:2.75(上) 1:3.00(中) 1:3.50(下)	1:2.50(上) 1:2.75(中) 1:3.00(下)	2.5	1:0.15~1:0.25

此外,对于面板堆石坝,上游坝坡采用 1:1.4~1:1.7,下游坝坡采用 1:1.3~1:1.6。

任务二　渗流分析

一、渗流分析概述

(一)渗流分析的目的

土石坝基本剖面确定后,需要通过渗流分析检验坝体及坝基的安全性,并为坝坡稳定分析提供依据。计算内容包括坝体浸润线、渗流出逸点的位置、渗透流量和各点的渗透压力或渗透坡降,并绘制坝体及坝基内的等势线分布图或流网图等。

(二)计算工况

根据土石坝的运行情况,渗流计算的工况应能涵盖各种不利运行条件及其组合,一般需要计算的工况有:①上游正常蓄水位与下游相应的最低水位;②上游设计洪水位与下游相应的水位;③上游校核洪水位与下游相应的水位;④库水位降落时上游坝坡稳定最不利的情况。

(三)计算方法

渗流分析的依据是达西定律和连续方程。各向同性的三维渗流分析基本方程为:

$$\frac{\partial^2 h}{\partial x^2}+\frac{\partial^2 h}{\partial y^2}+\frac{\partial^2 h}{\partial z^2}=\frac{S_s}{k}\frac{\partial h}{\partial t} \tag{2-4-8}$$

稳定流基本方程为:

$$\frac{\partial^2 h}{\partial x^2}+\frac{\partial^2 h}{\partial y^2}+\frac{\partial^2 h}{\partial z^2}=0 \tag{2-4-9}$$

方程(2-4-8)或方程(2-4-9)在简单渗流区域内,可以解析求解,但绝大部分情况是难以解析求解的。比较成熟的计算方法是数值计算法,但需要专用程序计算。近似计算方法主要有水力学法,计算公式简单,便于应用,但精度较差。一般对于1、2级坝和高坝应采用数值法计算确定渗流场各因素,其他可采用水力学公式法计算。

二、渗流分析的水力学法

假设铅直线上各点的渗流坡降均相等,并可用浸润线导数来表示,即$\frac{dy}{dx}$。那么,渗流的达西定律可以写成微分方程表达式:

$$v=-k\frac{dy}{dx} \tag{2-4-10}$$

式中 x——渗流沿程坐标;

y——浸润线高度坐标;

k——渗透系数;

v——渗透流速。

设渗流单宽流量为q,则由式(2-4-10)可得:

$$q=-ky\frac{dy}{dx} \tag{2-4-11}$$

式(2-4-11)为浸润线微分方程,其解为

$$y=\sqrt{H_1^2-\frac{2q_1}{k}x} \tag{2-4-12}$$

式中 H_1——上游水深;

q_1——坝体单宽渗流流量。

对于心墙坝和斜墙坝,式(2-4-12)变为:

$$y=\sqrt{h^2-\frac{2q_1}{k}x} \tag{2-4-13}$$

式中 h——防渗体后水深。

土坝浸润线基本公式为式(2-4-12)或式(2-4-13),其中q_1、h为待定常数,其求解方程见表2-4-10。

单宽渗流量$q=q_1+q_2$,q_2为坝基渗流量,见表2-4-10。

水力学公式计算法是对边界条件进行近似处理后得到的,各种教科书提供的公式都有一定的差异,引用时需要仔细分析选用。对于特殊情况,可以按照以上基本原理和边界条件进行推求。

表 2-4-10　渗流计算基本方程

坝型	计算简图	基本方程	备注
均质坝,无排水设施	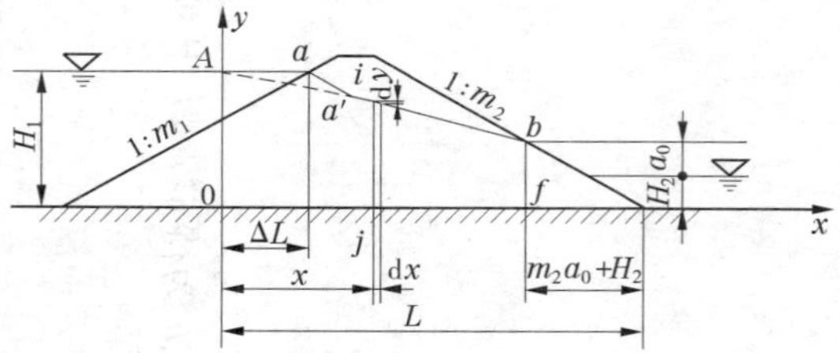	$\frac{H_1^2-(H_2+a_0)^2}{2L'}=\frac{a_0}{m_2+0.5}\left(1+\frac{H_2}{a_0+a_m H_2}\right)$ $a_m=\frac{m_2}{2(m_2+0.5)^2}, L'=L-m_2(a_0+H_2)$ $q_1=k\frac{H_1^2-(H_2+a_0)^2}{2L'}, q_2=k_T\frac{H_1-H_2}{nL_0}T$	先求解 a_0 L_0 为坝底宽度
均质坝,棱体排水	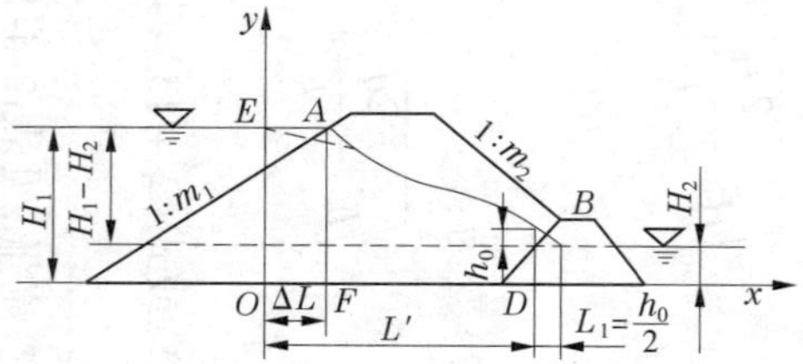	$h_0=\begin{cases}\sqrt{L'^2+(H_1-H_2)^2}-L', T=0\text{时}\\0, T>0\text{时}\end{cases}$ $q_1=k\frac{H_1^2-(H_2+h_0)^2}{2L'}, q_2=k_T\frac{H_1-H_2-h_0}{nL_0}T$	L_0 为上游坝脚至棱体上游点 D 的宽度
均质坝,褥垫排水	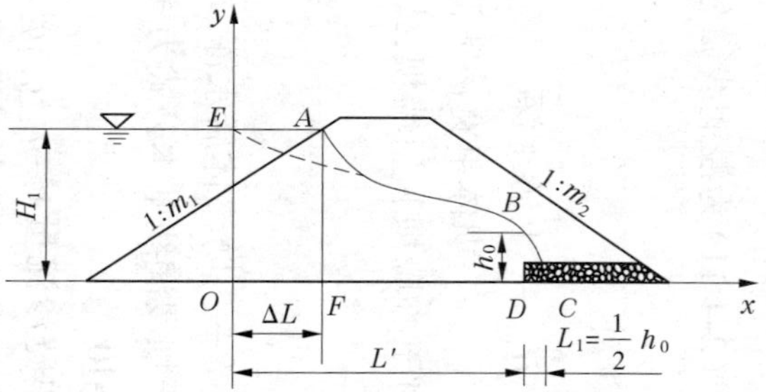	$h_0=\begin{cases}\sqrt{L'^2+H_1^2}-L', T=0\text{时}\\0, T>0\text{时}\end{cases}$ $q_1=k\frac{H_1^2-h_0^2}{2L'}, q_2=k_T\frac{H_1}{L'+0.44T}T$	

续表 2-4-10

坝型	计算简图	基本方程	备注
心墙坝	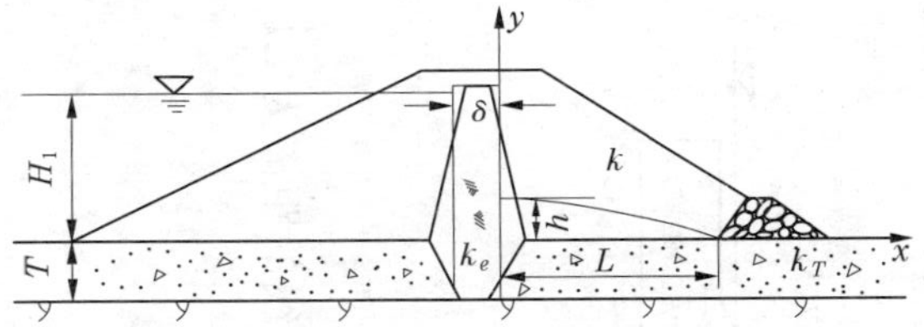	$k_e\dfrac{(H_1^2+T)-(h+T)^2}{2\delta}=k\dfrac{h^2-H_2^2}{2L'}+k_T\dfrac{h-H_2}{n'L'}T$ $L'=L+m_3H_2$ $q_1=k\dfrac{h^2-H_2^2}{2L'},q_2=k_T\dfrac{h-H_2}{n'L'}T$	先求解 h
带截水墙的斜墙坝	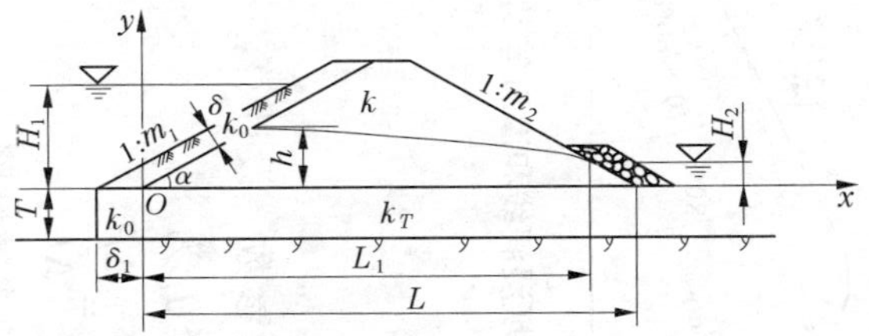	$k_e\dfrac{H_1^2-h^2}{2\delta\sin\alpha}+k_e\dfrac{H_1-h}{\delta}T=k\dfrac{h^2-H_2^2}{2(L-m_1h)}+k_T\dfrac{h-H_2}{n'(L-m_1h)}T$ $q_1=k\dfrac{h^2-H_2^2}{2(L-m_1h)},q_2=k_T\dfrac{h-H_2}{n'(L-m_1h)}T$	先求解 h
带水平铺盖的斜墙坝	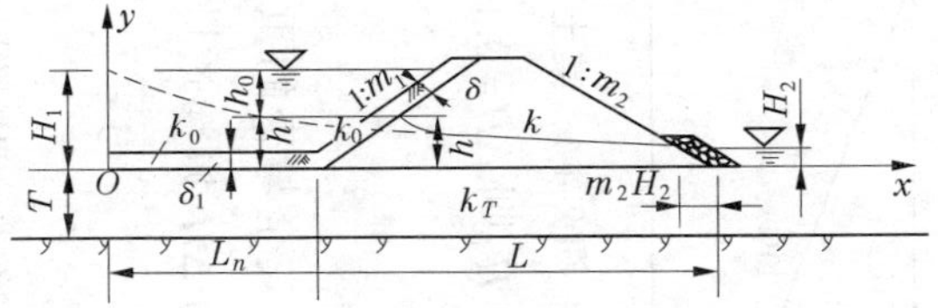	$k_T\dfrac{H_1-h}{n'(L_n+m_1h)}T=k\dfrac{h^2-H_2^2}{2(L-m_1h)}+k_T\dfrac{h-H_2}{n'(L-m_1h)}T$ $q_1=k\dfrac{h^2-H_2^2}{2(L-m_1h)},q_2=k_T\dfrac{h-H_2}{n'(L-m_1h)}T$	先求解 h

注：表中 k、k_e、k_T 分别为坝体、防渗体和坝基的渗透系数；T 为透水地基深度；L_0 为排水体上游起点前的坝底宽度或坝底总宽度；n 为坝基渗径修正系数，见表 2-4-11；$n'=\dfrac{n+1}{2}$；m_1、m_2、m_3 分别是上游坝坡、下游坝坡和排水棱体上游边坡坡比；$\Delta L=\dfrac{m_1}{1+2m_1}H_1$；$q_1$ 为坝身渗流量，q_2 为坝基渗流量。

表 2-4-11　坝基渗径修正系数

L_0/T	20	5	4	3	2	1
n	1.15	1.18	1.23	1.30	1.44	1.87

三、渗流分析的数值计算法

（一）边界条件

渗流的数值计算法，就是用数值方法求解方程（2-4-8）或方程（2-4-9），待求函数为渗流水头：

$$h = z + \frac{p}{\gamma} \tag{2-4-14}$$

式中　h——渗流水头；

z——计算点位置高程；

p——渗透水压力；

γ——水容重。

求解边界条件为：上下游水面以下的坝面是等水头面，渗流水头为常数，即

$$h = H_1 \text{ 或 } H_2 \tag{2-4-15}$$

不透水地基是流面，渗透水流的法向导数为0，即

$$\frac{\partial h}{\partial n} = 0 \tag{2-4-16}$$

浸润线满足式（2-4-16）和 $h=z$；自由渗出段也满足 $h=z$。

利用专用程序计算，直接输出浸润线计算结果和等势线图。例如，某土石坝计算输出的浸润线和渗流等势线图，见图2-4-1。

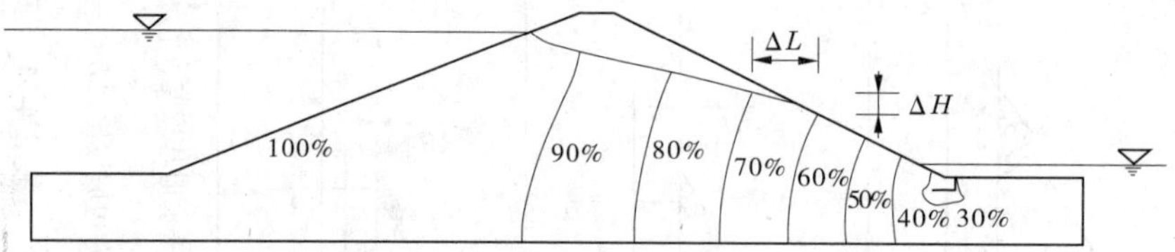

图2-4-1　某土石坝浸润线和渗流等势线

图中上下游水头差为 H，则 $\Delta H=0.1H$。

（二）流网的应用

1.渗透坡降

渗透坡降是判别渗流安全与否的重要参数。设计算点等势线的距离为 ΔL_i，相应两等势线的水头（势能）差为 ΔH，则渗透坡降 J_i 为

$$J_i = \frac{\Delta H}{\Delta L_i} \tag{2-4-17}$$

一般需要计算渗流出逸点、坝脚附近的渗透坡降。

2.渗流量

渗流量是衡量土石坝防渗的重要指标。计算时，取一等势线量取流线的距离 Δm_i 和相应相交点等势线的 ΔL_i，那么单宽流量为

$$q = \sum_i \frac{k\Delta H\Delta m_i}{\Delta L_i} \tag{2-4-18}$$

四、土石坝的渗流变形及其防治措施

土石坝及地基中的渗流，由于其机械或化学作用，可能使土体产生局部破坏，称为渗透破坏。严重的渗透破坏可能导致工程失事，因此必须加以控制。

（一）渗透变形的形式（分类）

渗透变形的形式及其发生、发展、变化过程，与土料性质、土粒级配、水流条件以及防渗、排渗措施等因素有关，一般可归纳为管涌、流土、接触冲刷、接触管涌、接触流土等类型。最主要的是管涌和流土两种类型。

1.管涌

坝体或坝基中的细土壤颗粒被渗流带走，逐渐形成渗流通道的现象称为管涌或机械管涌。

管涌一般发生在坝的下游坡或闸坝的下游地基面渗流逸出处。没有黏聚力的无黏性砂土、砾石砂土中容易发生管涌；黏性土的颗粒之间存在黏聚力（或称黏结力），渗流难以将其中的颗粒带走，一般不易发生管涌。

管涌开始时，细小的土壤颗粒被渗流带走；随着细小颗粒的大量流失，土壤中的孔隙加大，较大的土壤颗粒也会被带走；如此逐渐向内部发展，形成集中的渗流通道。使个别小颗粒土在孔隙内开始移动的水力坡降，称为管涌的临界坡降；使更大的土粒开始移动，从而产生渗流通道和较大范围破坏的水力坡降，称为管涌的破坏坡降。

单个渗流通道的不断扩大或多个渗流通道的相互连通，最终将导致大面积的塌陷、滑坡等破坏现象。

2.流土

在渗流作用下，成块的土体被掀起浮动的现象称为流土。

流土主要发生在黏性土及均匀非黏性土体的渗流出口处。发生流土时的水力坡降，称为流土的破坏坡降。

3.接触冲刷

当渗流沿两种不同土壤的接触面或建筑物与地基的接触面流动时，把其中细颗粒带走的现象称为接触冲刷。

4.接触管涌

当渗流垂直作用于两种不同土壤的接触面时，渗流可能将其中一层的细颗粒带到另一层的粗颗粒中去的现象称为接触管涌。

接触管涌一般发生在黏土心（斜）墙与坝壳砂砾料之间、坝体或坝基与排水设施之间、坝基内不同土层之间的渗流中。

5.接触流土

当渗流垂直作用的两种不同土壤中的一层为黏性土时，渗流可能将黏性土成块地移动，从而导致隆起、断裂或剥蚀等现象，成为接触流土。

（二）渗透变形的判别

渗流类型与土体的颗粒分布及其含量有关，是由内在因素决定的；至于会不会发生渗透变形，还要根据外部因素——渗透坡降来判别。因此，渗透变形的判别包括两个方面：

渗透类型与发生条件。

1.渗透变形形式的判断

判断土体可能产生何种形式的渗透变形是比较困难的,目前尚无严格意义上的理论计算方法,主要是根据试验资料和工程经验得出的一些经验性的判断方法。

由水利部和交通运输部共同管辖的南京水利科学研究院提出的也是以土体中的细粒(粒径小于 2 mm)含量 P_z 作为判断依据的方法,并提出了 P_z 界限值的计算公式:

$$P_z = \alpha \frac{\sqrt{n}}{1 + \sqrt{n}} \tag{2-4-19}$$

式中 n——土体孔隙率;

α——修正系数,一般取为 0.95~1.00。

判据:当土体中的细粒含量 P_z 大于式(2-4-19)计算出的 P_z 时,可能产生流土;当土体中的细粒含量 P_z 小于式(2-4-19)计算出的 P_z 时,可能产生管涌。

本方法在实用上比较简便,相对较准确。

2.渗透变形的临界坡降

1)管涌的临界坡降

对于大中型工程,应通过管涌试验来确定管涌的临界坡降。对于中小型工程及初步设计,且当渗流方向由下向上时,可用南京水利科学研究院的经验公式计算:

$$J_C = \frac{42d_3}{\sqrt{\dfrac{k}{n^3}}} \tag{2-4-20}$$

式中 d_3——相应于粒径曲线上含量为 3%的粒径,cm;

其余符号意义同前。

容许渗透坡降[J]可由渗透变形的临界坡降除以安全系数来确定。安全系数应根据建设物的级别和土壤的类别选定,一般为 2~3。

容许渗透坡降[J]也可参照不均匀系数选用:$10<\eta=\dfrac{d_{60}}{d_{10}}<20$ 的非黏性土,[J]=0.2;$\eta=\dfrac{d_{60}}{d_{10}}>20$ 的非黏性土,[J]=0.1。其中,d_{60}为土体的粒径,表示土体中小于该粒径的土体占总土重的 60%;d_{10}为土体的粒径,表示土体中小于该粒径的土体占总土重的 10%。

2)流土的临界坡降

当渗流方向由下向上时,常采用太沙基公式:

$$J_B = (G - 1)(1 - n) \tag{2-4-21}$$

式中 G——土粒比重;

其余符号意义同前。

南京水利科学研究院建议式(2-4-21)再乘上 1.17。容许渗透坡降也要采用一定的安全系数,一般来说,对于黏性土,取 1.5;对于非黏性土,取 2.0~2.5。

任务三 土石坝稳定分析

一、概述

土石坝由散颗粒体堆筑而成,依靠土体颗粒之间的摩擦力来维持其整体性,为此必须采用比较平缓的边坡,因而形成肥大的断面,以致有足够的强度抵挡上游水压力。所以,土石坝的稳定性主要是指边坡稳定问题,如果土石坝的边坡稳定性能得到保证,则其整体稳定性也就能得到保证。

摩尔认为,土体的破坏主要是剪切破坏,即一旦土体内任一平面上的剪应力达到或超过了土体的抗剪强度,土体就发生破坏。土石坝边坡稳定性就是边坡的抗剪强度问题。土石坝结构、土料和地基的性质以及工况条件等因素决定边坡的失稳形式。通常主要有滑坡、塑性流动和液化形式。其中,滑坡主要有以下几种形式:

(1)曲线滑动面,如图 2-4-2 所示。曲线滑动的滑动面是一个顶部稍陡而底部渐缓的曲面,多发生在黏性土坝坡中。在计算分析时,通常简化为一个圆弧面。

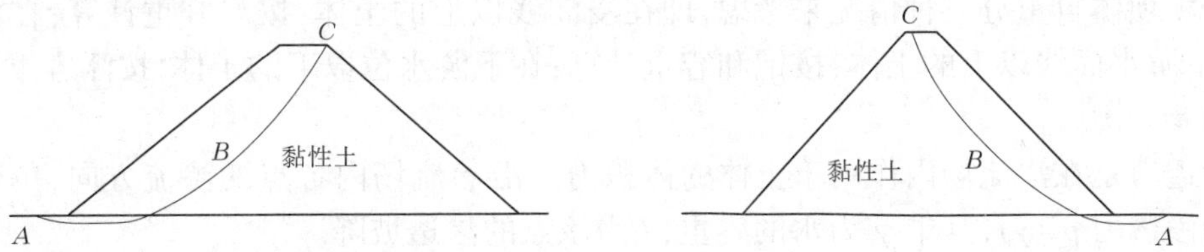

图 2-4-2 曲线滑动面示意

(2)直线和折线滑动面,如图 2-4-3 所示。在均质的非黏性土边坡中,滑动面一般为直线;当坝体的一部分淹没在水中时,滑动面可能为折线。在不同土料的分界面,也可能发生直线或折线滑动。

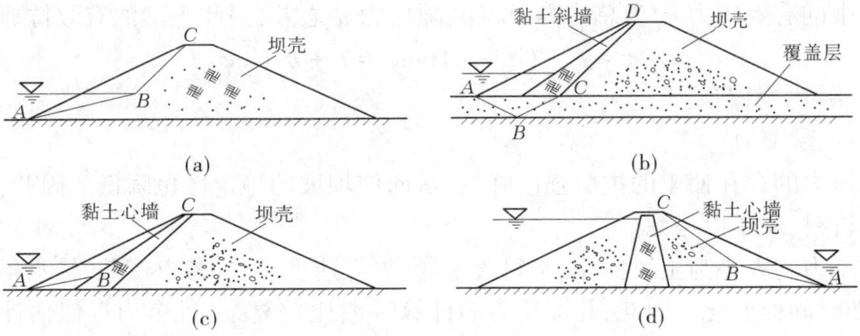

图 2-4-3 直线和折线滑动面示意

(3)复式滑动面,如图 2-4-4 所示。复式滑动面是同时具有黏性土和非黏性土的土坝中常出现的滑动面形式。复式滑动面比较复杂,穿过黏性土的局部地段可能为曲线面,穿过非黏性土的局部地段则可能为平面或折线面。在计算分析时,通常根据实际情况对滑动面的形状和位置进行适当的简化。

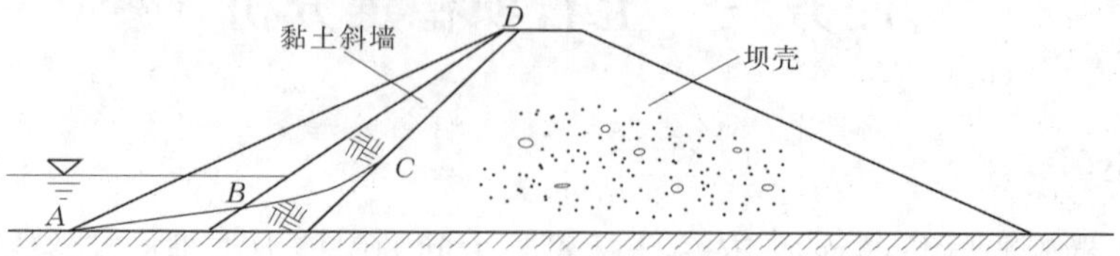

图 2-4-4 复式滑动面示意

二、荷载及其组合和稳定安全系数的标准

(一)荷载及其组合

1.基本荷载

土石坝的荷载主要包括自重、水压力、渗透力、孔隙压力、浪压力、地震惯性力等,大多数荷载的计算与重力坝相似。其中,土石坝主要考虑的荷载有自重、渗透力、孔隙压力等,分述如下。

1)自重

土坝坝体自重分三种情况来考虑,即在浸润线以上的土体,按湿容重计算;在浸润线以下、下游水面线以上的土体,按饱和容重计算;在下游水位以下的土体,按浮容重计算。

2)渗透力

渗透力是在渗流场内作用于土体的体积力。沿渗流场内各点的渗流方向,单位土体所受的渗透力 $p=\gamma J$,其中 γ 为水的容重,J 为该点的渗透坡降。

3)孔隙压力

黏性土在外荷载的作用下产生压缩,由于土体内的空气和水一时来不及排出,外荷载便由土粒和空隙中的空气与水来共同承担。其中,由土粒骨架承担的应力称为有效应力 σ',它在土体产生滑动时能产生摩擦力;由空隙中的水和空气承担的应力称为孔隙压力 u,它不能产生摩擦力。因此,孔隙压力是黏性土中经常存在的一种力。

土壤中的有效应力 σ'为总应力 σ 与孔隙压力 u 之差,因此土壤的有效抗剪强度为:

$$\tau = c + (\sigma - u)\tan\varphi = c + \sigma'\tan\varphi \tag{2-4-22}$$

式中 φ——内摩擦角;

c——黏聚力。

孔隙压力的存在使土的抗剪强度降低,从而使坝坡的稳定性也降低。因此,在土坝坝坡稳定分析时,应予以考虑。

孔隙压力的大小与土料性质、土料含水量、填筑速度、坝内各点荷载、排水条件等因素有关,且随时间而变化。因此,孔隙压力的计算一般比较复杂,且多为近似估计。具体计算可参考有关文献。

2.荷载组合

根据《碾压式土石坝设计规范》(SL 274—2001),土石坝施工、建设、蓄水和水库水位降落的各个时期在不同荷载作用下,应分别计算其稳定性。土石坝稳定分析的荷载组合主要有以下几种:

(1)正常工作条件。①水库上游水位处于正常蓄水位和设计洪水位与死水位之间的各种水位的稳定渗流期;②水库水位在上述范围内经常性的正常降落情况;③抽水蓄能电站的水库水位的经常性变化和降落。

(2)非常运用情况。①施工期;②校核洪水位有可能形成稳定渗流的情况;③水库水位的非常降落,如自校核洪水位降落、降落至死水位以下、大流量快速泄空等。

(二)土石坝坝坡稳定安全系数标准

《碾压式土石坝设计规范》(SL 274—2001)规定:对于均质坝、厚斜墙坝和厚心墙坝,宜采用计及条间作用的简化毕肖普法;对于有软弱夹层、薄斜墙坝的坝坡稳定分析及其他任何坝型,可采用满足力和力矩平衡的摩根斯顿-普赖斯法。

表 2-4-12　按简化毕肖普法计算时的容许最小抗滑稳定安全系数

运用条件	工程等级			
	1	2	3	4、5
正常运用	1.50	1.35	1.30	1.25
非常运用	1.30	1.25	1.20	1.15
正常运用+地震	1.20	1.15	1.15	1.10

《碾压式土石坝设计规范》(SL 274—2001)规定:采用不计条间作用力的瑞典圆弧法计算坝坡抗滑稳定安全系数时,对 1 级坝正常运用情况最小安全系数应不小于 1.30,对其他情况应比表 2-4-12 规定值减小 8%。

《碾压式土石坝设计规范》(SL 274—2001)还规定:采用滑楔法进行稳定计算时,如假设滑楔之间作用力平行于坡面和滑底斜面的平均坡度,安全系数应满足表 2-4-13 中的规定;如假设滑楔之间作用力为水平方向,安全系数应满足上述规定。

三、土的抗剪强度指标

土的抗剪强度指标主要指总抗剪强度指标(黏聚力 c 和内摩擦角 φ)和有效抗剪强度指标(黏聚力 c' 和内摩擦角 φ')。通常可以采用室外原位测试方法测定,或室内剪切试验方法确定。

《碾压式土石坝设计规范》(SL 274—2001)规定了不同时期(施工期、稳定渗流期和水库水位降落期)、不同土类的抗剪强度指标的测定方法和计算方法,见表 2-4-13。

表 2-4-13　抗剪强度指标的测定和应用

控制稳定的时期	强度计算方法	土类		使用仪器	试验方法与代号	强度指标	试样起始状态
施工期	有效应力法	无黏性土		直剪仪	慢剪(S)	c' φ'	填土用填筑含水量和填筑密度的土,地基用原状土
				三轴仪	固结排水剪(CD)		
		黏性土	饱和度小于80%	直剪仪	慢剪(S)		
				三轴仪	不排水剪测孔隙压力(UU)		
			饱和度大于80%	直剪仪	慢剪(S)		
				三轴仪	固结不排水剪测孔隙压力(CU)		
	总应力法	黏性土	渗透系数<10^{-7} cm/s	直剪仪	快剪(Q)	c_u φ_u	
			任何渗透系数	三轴仪	不排水剪(UU)		
稳定渗流期和水库水位降落期	有效应力法	无黏性土		直剪仪	慢剪(S)	c' φ'	同上,但要预先饱和,而浸润线以上的土不需饱和
				三轴仪	固结排水剪(CD)		
		黏性土		直剪仪	慢剪(S)		
水库水位降落期	总应力法	黏性土		三轴仪	固结不排水剪(CU)	c_{cu} φ_{cu}	

四、土石坝边坡稳定计算

目前,所采用的土石坝坝坡稳定分析方法的理论基础是极限平衡理论,即将土看作是理想的塑性材料,当土体超过极限平衡状态时,土体将沿着某一破裂面产生剪切破坏,出现滑动失稳现象。

所谓极限平衡状态,是指土体某一面上导致土体滑动的滑动力,刚好等于抵抗土体滑动的抗滑力。计算的关键是滑动面形式的选定,一般有圆弧、直线、折线和复合滑动面等。对黏性土填筑的均质坝或非均质坝多为圆弧;对非黏性土填筑的坝,或以心墙、斜墙为防渗体的砂砾石坝体,一般采用直线法或折线滑动面;对黏性土与非黏性土填筑的坝,则为复合滑动面。

(一)圆弧法

1.瑞典圆弧法

瑞典圆弧法是目前土石坝设计中坝坡稳定分析的主要方法之一。该方法简单、实用,基本能满足工程精度要求,特别在中小型土石坝设计中应用更为广泛。

假设滑动面为一个圆柱面,在剖面上表现为圆弧面。将可能的滑动面以上的土体划分成若干铅直土条,不考虑土条之间作用力的影响,作用在土条上的力主要包括土条自重、土条底面的黏聚力和摩擦力。

瑞典圆弧法安全系数定义为:土条在滑动面上所提供的抗滑力矩与滑动力矩之比。圆弧滑动法条分示意图如图 2-4-5 所示。

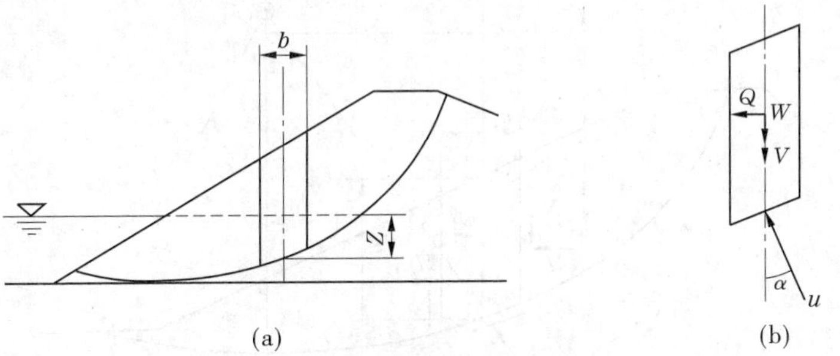

图 2-4-5　圆弧滑动法条分示意

当按有效应力法计算时，瑞典圆弧法安全系数 K_c 为

$$K_c=\frac{\sum\left\{\left[(W_i\pm V)\cos\alpha_i\tan\varphi_i-ub_i\sec\alpha_i-Q\sin\alpha_i\right]\tan\varphi_i'+c_i'b_i\sec\alpha_i\right\}}{\sum\left[(W_i\pm V)\sin\alpha_i+\frac{M_c}{R}\right]}\tag{2-4-23}$$

式中　W_i——第 i 土条的自重；

Q、V——水平和垂直地震惯性力；

u——作用于土条上的孔隙水压力；

φ_i'、c_i'——按总应力法计算时采用的抗剪强度指标摩擦系数和黏聚力；

α_i——第 i 土条沿滑动面的坡角；

b_i——土条宽度；

M_c——水平地震惯性力对圆心的力矩；

R——圆弧半径。

按总应力法计算时，式(2-4-23)中 φ'_i、C_i应改为 φ_i、C_i，同时令 u_i为 0。《碾压式土石坝设计规范》(SL 274—2001)规定：土石坝各种工况，土体的抗剪强度均应采用有效应力法；黏性土施工期和黏性土库水位降落期，应同时采用总应力法。

2.简化的毕肖普法

瑞典圆弧法的主要缺点是没有考虑土条间的作用力，因而不满足力和力矩的平衡条件，所计算出的安全系数一般偏低。

毕肖普法是对瑞典圆弧法的改进。其基本原理是：考虑了土条水平方向的作用力($H_i+\Delta H_i$ 与 H_i，即 $H_i+\Delta H_i\neq H_i$)，忽略了竖直方向的作用力(切向力，$X_i+\Delta X_i$ 与 X_i，即令 $X_i+\Delta X_i=X_i=0$)。考虑条间作用力的毕肖普法土坝坝坡稳定计算示意图如图 2-4-6 所示。由于忽略了竖直方向的作用力，因此称为简化的毕肖普法。

毕肖普法是目前土坝坝坡稳定分析中使用较多的一种方法。毕肖普法的安全系数计算公式为：

$$K_c=\frac{\sum\dfrac{\left\{\left[(W_i\pm V)\sec\alpha_i-ub_i\sec\alpha_i\right]\tan\varphi_i'+c_i'b_i\sec\alpha_i\right\}}{\dfrac{1+\tan\alpha_i\tan\varphi'}{K_c}}}{\sum\left[(W_i\pm V)\sin\alpha_i+\dfrac{M_c}{R}\right]}\tag{2-4-24}$$

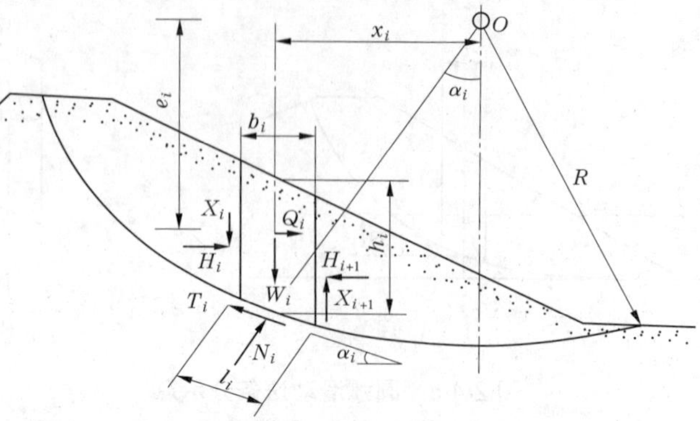

图 2-4-6　考虑条间作用力的毕肖普法土坝坝坡稳定计算示意

式中符号意义同前。

式(2-4-24)中,两端均含有 K_c,必须用试算法或迭代法求解。

3.最危险圆弧位置确定

圆弧法计算需要选定圆弧位置——圆心位置和圆弧半径,但很难确定最危险圆弧位置(对应最小安全系数),一般是在一定范围内搜索,经过多次计算才能找到最小安全系数。确定搜索范围有两种方法:

(1)B.B.方捷耶夫法。最小安全系数范围见图 2-4-7 中的 $bcdf$,a 点为边坡中点,ca 为垂直线;$R_{内}$、$R_{外}$ 值见表 2-4-14。

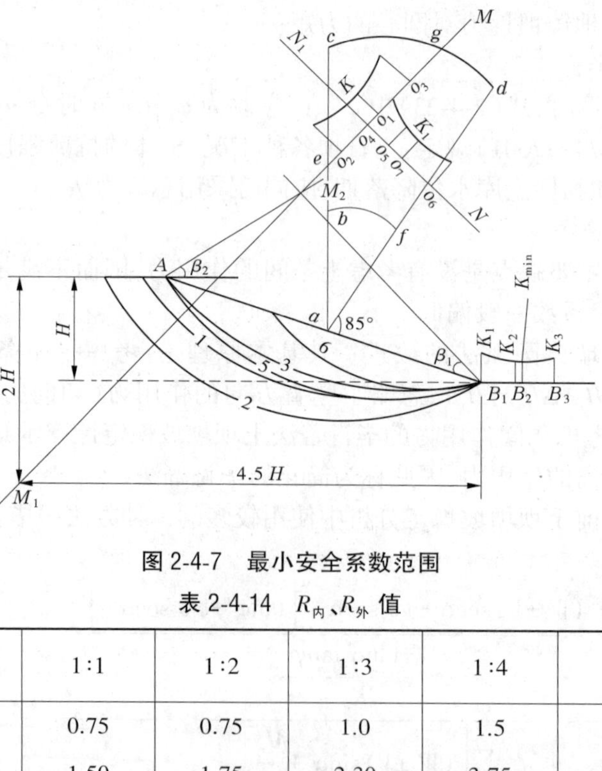

图 2-4-7　最小安全系数范围

表 2-4-14　$R_{内}$、$R_{外}$ 值

坝坡		1:1	1:2	1:3	1:4	1:5	1:6
$\frac{R}{H}$	$R_{内}$	0.75	0.75	1.0	1.5	2.2	3.0
	$R_{外}$	1.50	1.75	2.30	3.75	4.80	5.50

(2)费兰钮斯法。最小安全系数范围在 M_1M_2 连线上，参数 β_1、β_2 见表 2-4-15。

表 2-4-15　β_1、β_2 值

坝坡	1∶1.5	1∶2.0	1∶3.0	1∶4.0
β_1(°)	26	25	25	25
β_2(°)	35	35	35	36

(二)折线滑动面的稳定分析

1.折线滑动部位

可能发生直线、折线或复合滑动面的部位包括：

(1)发生在非黏性土的坝坡中。例如，心墙坝的上、下游坝坡，斜墙坝的下游坝坡等。

(2)发生在两种不同材料的接触面。例如，斜墙坝的上游保护层滑动，斜墙坝的上游保护层连同斜墙一起滑动等。

2.稳定计算方法

采用滑楔法分析计算。

如图 2-4-8 所示，*ADC* 为滑动面(对上游坝坡，折点一般在上游水位对应处)，从折点铅直向上 *DE* 将滑动土体分为两部分：*BCDE* 楔形体和 *ADE* 楔形体。

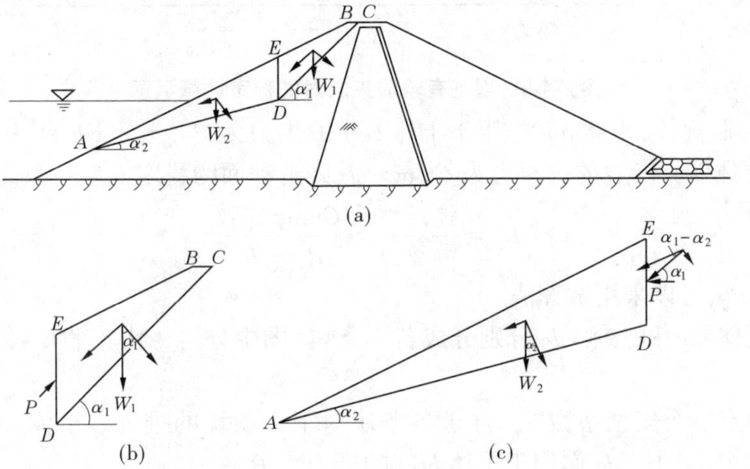

图 2-4-8　滑楔法计算示意

1)对 *BCDE* 楔形体

其作用力主要有楔形体自重 W_1、平行于 *DC* 的两土块之间的作用力 *P*(*ADE* 楔形体对 *BCDE* 楔形体的抗滑力)、土体自重在滑动面 *DC* 上产生的摩擦力。

BCDE 楔形体沿 *DC* 滑动方向的极限平衡方程为

$$P - W_1\sin\alpha_1 + \frac{1}{K_c}W_1\cos\alpha_1\tan\varphi_1 = 0 \tag{2-4-25}$$

2）对 ADE 楔形体

其作用力主要有楔形体自重 W_2、平行于 DC 的两土块之间的作用力 P（$BCDE$ 楔形体作用在 ADE 楔形体上的滑动力）、土体自重在滑动面 AD 上产生的摩擦力。

则 ADE 楔形体沿 AD 滑动方向的极限平衡方程为

$$\frac{1}{K_c}W_2\cos\alpha_2\tan\varphi_2 + \frac{1}{K_c}P\sin(\alpha_1 - \alpha_2)\tan\varphi_2 - W_2\sin\alpha_2 - P\cos(\alpha_1 - \alpha_2) = 0 \tag{2-4-26}$$

联立式（2-4-25）和式（2-4-26），可求得滑动体的安全系数 K_c 和土块间的作用力 P。

（三）复合滑动面的稳定分析

当滑动面通过不同土料时，常有直线与圆弧组合的形式。例如，厚心墙坝的滑动面，通过砂性土的部分为直线，通过黏性土的部分为圆弧；当坝基下不深处存在软弱夹层时，滑动面可能通过软弱夹层而形成复合滑动面。如图 2-4-9 所示，将滑动土体划分为 abf、$bcef$、cde 三个区。

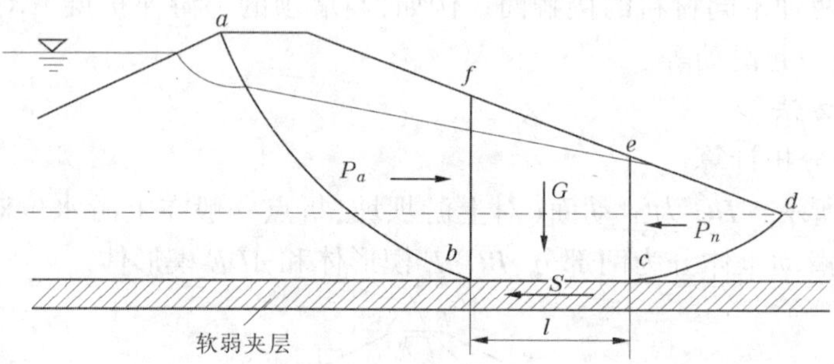

图 2-4-9　坝基有软弱夹层时的稳定计算示意

取 $bcef$ 为脱离体，土体 abf 作用于土体 $bcef$ 的推力为 P_a，土体 cde 作用于土体 $bcef$ 的推力为 P_n，土体 $bcef$ 产生的抗滑力为 $G\tan\varphi+cl$，则滑动面的稳定安全系数为

$$K_c = \frac{抗滑力}{滑动力} = \frac{G\tan\varphi + cl}{P_a - P_n} \tag{2-4-27}$$

求 P_a 和 P_n，可以采用试算法。

（1）将土体 abf 和土体 cde 分别分成若干条块（图中分为 3 块），假设各条块间的推力近似为水平。

（2）先拟定一个安全系数 K_c，推求各条块对下一条块的推力。土体 abf 作用于土体 $bcef$ 的推力为 P_a；土体 cde 作用于土体 $bcef$ 的推力为 P_n。

对于 P_a，从左边开始推求，因为最左边的条块 $P_a=0$；对于 P_n，从右边开始推求，因为最右边的条块 $P_n=0$。

（3）将 P_a 和 P_n 代入式（2-4-27）中，求出滑动面的安全系数 K_c。如果求得的安全系数 K_c 与假设的安全系数 K_c 不同，则重新假设 K_c，重复计算，直至两者相等。

（4）为了得出最危险滑动面上的最小安全系数，一般要多假设几个 ab 弧和 cd 弧的位置，进行多次试算。

项目五 水闸设计

【设计任务】

水闸孔口水力设计、消能工设计、防渗设计、结构设计。

任务一 水闸的孔口水力设计

水闸的孔口尺寸可根据已知的设计流量、上下游水位、初步选定的闸孔及底板形式和底板高程,参考单宽流量数值,利用水力学公式计算闸孔总宽,拟定孔数及单孔尺寸。

一、水文计算成果与水闸孔口设计工况

水闸分为排涝闸、引水闸、拦河闸坝等,其功能是关闸挡洪或蓄水,开闸引水、排水或泄洪,按其功能组合可分为两类:一是引(排)水闸,当外江(河)水位低时,开闸从外江(河)引水或向外江(河)排水,当外江(河)水位高时,关闸挡洪;二是蓄水闸坝,非洪水期关闸蓄水,洪水期开闸泄洪。

对于前一类引(排)水闸的水文计算成果主要是外江各种水位(设计洪水位、校核洪水位及其他工作水位)、内河引水流量或排水流量、内河的限制水位。

对于后一类蓄水闸(坝)的水文计算成果主要是设计洪水位及其流量、校核洪水位及其流量、正常蓄水位。

(一)引(排)水闸的设计工况

1. 挡洪设计工况

根据外江设计洪水位和校核洪水位,计算水闸墩顶高程,有关设计方法见重力坝的相关内容。

2. 过流设计工况

首先要确定外江过流设计水位,引水时外江为正常水位,排水时按内外江(河)的遭遇水位确定,即内河发生设计洪水时,与之遭遇的外江同期洪水位。

其次确定内河水位,引水时内河水位按过闸水头损失考虑(一般为0.05~0.30 m),排水时内河水位不高于圩内防雨水淹浸的限制水位。

根据闸前、后水位和设计流量,计算孔口尺寸。

(二)蓄水闸(坝)的设计工况

(1)蓄水设计工况。以正常蓄水位确定闸门顶高度或挡水高度。

(2)泄洪工况。以设计(校核)洪水位为闸前水位,以设计(校核)洪水流量计算闸后水位。

根据闸前、后水位和设计流量,计算孔口尺寸。

二、闸孔和底板形式选择

闸孔形式有开敞式和涵洞式两大类,其选用条件已在水闸类型中说明。

闸底板形式有宽顶堰和低实用堰两种。

(1)平底板宽顶堰具有结构简单、施工方便、有利于排沙冲淤、泄流能力比较稳定等优点;其缺点是自由泄流时流量系数较小,闸后比较容易产生波状水跃。

(2)低实用堰有梯形堰、驼峰堰和WES低堰等形式,见图2-5-1。其优点是自由泄流时流量系数较大,可缩短闸孔宽度和减小闸门高度,并能拦截泥沙入渠;缺点是泄流能力受下游水位变化的影响显著,当淹没度增加时($h_s > 0.6H$),泄流能力急剧下降。当上游水位较高而又需限制过闸单宽流量,或由于地基表层松软需降低闸底高程,又要避免闸门高度过大,以及在多泥沙河道上有拦沙要求时,常选用这种形式。

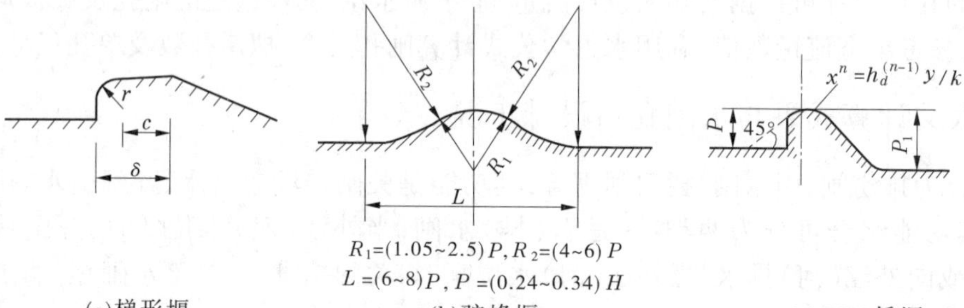

(a)梯形堰　　(b)驼峰堰　　(c)WES低堰

图2-5-1　低实用堰

三、设计流量和上下游水位确定

水闸的设计流量和上下游水位,应根据其所担负的任务不同,分别进行确定。

(1)拦河闸。拦河闸的设计流量可采用设计洪水标准或校核洪水标准所对应的洪峰流量。下游水位可由通过设计流量时,河道的水位—流量关系曲线中查得;上游水位按下游水位加0.1~0.3 m落差求得,同时还应综合考虑上下游用水要求及上游回水淹没损失情况,经方案比较后确定。

(2)进水闸。进水闸的设计流量为渠道的设计取用流量。下游水位一般由供水区域高程控制要求和渠道通过设计流量时的水位—流量关系曲线求得。上游水位可按下游水位加0.1~0.3 m落差确定。

(3)排水闸。排水闸的排水设计流量可由设计暴雨、汇水面积及排水时间来确定,当有其他来水汇入时,应增加相应的排水量。上游水位为渍水区内或排水渠末端相应于排水设计流量的水位,下游设计水位通常选择低于上游水位0.05~0.1 m。

四、闸底板高程的选定

闸底板高程的选定关系到闸孔形式和尺寸的确定,直接影响整个水闸的工程量和造价。一般情况下,节制闸、泄洪闸、进水闸或冲沙闸的闸底板高程宜与河(渠)底齐平,以便多泄(引)水,多冲沙;多泥沙河流上的进水闸、分水闸及分洪闸,在满足引水、分水或泄水的条件下,闸底板高程可比河(渠)底略高一些;排水闸(排涝闸)、泄水闸或挡潮闸(常兼有排涝闸的作用)的闸底板高程应尽量定得低些,以保证将涝水或渠系集水面积内的洪水迅速排走,一般略低于或齐平闸前排水渠的渠底。

五、过闸单宽流量的确定

过闸单宽流量的选用主要取决于河床或渠道的地质条件、水闸上下游水位差、下游尾水深度等因素,并兼顾泄洪能力和下游消能防冲两个方面。根据我国的经验,对黏土地基可取 15 ~ 25 m^2/s,壤土地基可取 15 ~ 20 m^2/s,砂壤土地基可取 10 ~ 15 m^2/s,粉砂、细砂、粉土和淤泥地基可取 5 ~ 10 m^2/s。

六、闸孔宽度的确定

根据已确定的过闸流量、上下游水位、底板高程、闸孔形式和堰型,即可用水力学公式计算水闸的闸孔尺寸。

(一)闸孔总净宽度的确定

水闸最常用的闸槛形式是平底板宽顶堰,因此本书只列出该堰型闸孔总净宽的计算公式。对于设有低堰或其他堰型的水闸闸孔总净宽计算,可参考有关水力学计算手册。

(1)当为堰流时,闸孔总净宽 B_0 可按式(2-5-1)进行计算,计算示意图见图 2-5-2(a)。

$$B_0 = \frac{Q}{\sigma \varepsilon m \sqrt{2gH_0^3}} \tag{2-5-1}$$

单孔闸

$$\varepsilon = 1 - 0.171\left(1 - \frac{b_0}{b_s}\right)\sqrt[4]{\frac{b_0}{b_s}} \tag{2-5-2}$$

多孔闸,闸墩墩头为圆弧形时

$$\varepsilon = \frac{\varepsilon_z(n-1) + \varepsilon_b}{n} \tag{2-5-3}$$

$$\varepsilon_z = 1 - 0.171\left(1 - \frac{b_s}{b_s + d_z}\right)\sqrt[4]{\frac{b_s}{b_s + d_z}} \tag{2-5-4}$$

$$\varepsilon_b = 1 - 0.171\left(1 - \frac{b_0}{b_0 + \frac{d_z}{2} + b_b}\right)\sqrt[4]{\frac{b_0}{b_0 + \frac{d_z}{2} + b_b}} \tag{2-5-5}$$

$$\sigma = 2.31\frac{h_s}{H_0}\left(1 - \frac{h_s}{H_0}\right)^{0.4} \tag{2-5-6}$$

式中　B_0——闸孔总净宽,m;

Q——过闸流量,m^3/s;

H_0——计入行近流速水头的堰上水深,m;

ε——堰流侧收缩系数,单孔闸按式(2-5-2)计算,多孔闸可按式(2-5-3)计算;

m——堰流流量系数,可采用 0.385;

b_0——每孔净宽,m;

b_s——上游河道一半水深处的宽度,m;

ε_z——中闸孔侧收缩系数,可按式(2-5-4)计算;

ε_b——边闸孔侧收缩系数,可按式(2-5-5)计算;

σ——堰流淹没系数,可按式(2-5-6)计算;

g——重力加速度,可采用 9.81 m/s^2;

n——闸孔数;

d_z——中闸墩厚度,m;

b_b——边闸墩顺水流向边缘至上游河道水边线之间的距离,m;

h_s——由堰顶算起的下游水深,m。

当堰顶处于高淹没度($h_s/H_0 \geqslant 0.9$)时,B_0 也可按式(2-5-7)计算:

$$B_0 = \frac{Q}{\mu_0 h_s \sqrt{2g(H_0 - h_s)}} \tag{2-5-7}$$

式中　μ_0——淹没堰流的综合流量系数,可按式(2-5-8)计算。

$$\mu_0 = 0.887 + \left(\frac{h_s}{H_0} - 0.65\right)^2 \tag{2-5-8}$$

(2)当为孔流时(闸门开启度或胸墙下孔口高度 h_e 与堰上水头 H 的比值 $h_e/H \leqslant 0.65$),闸孔总净宽 B_0 可按式(2-5-9)计算,计算示意图见图 2-5-2(b)。

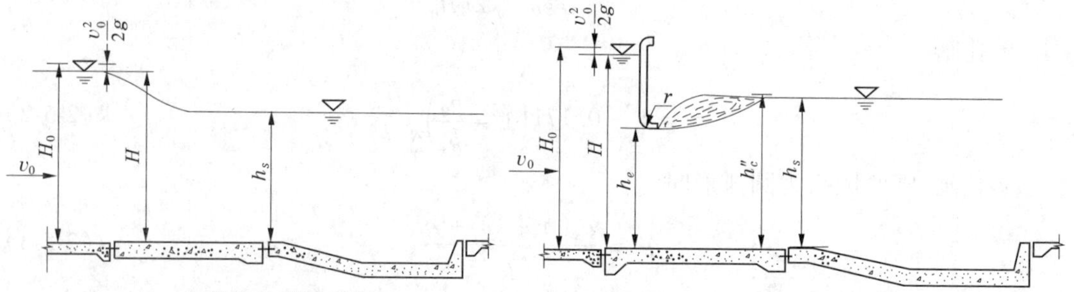

(a)堰流计算示意图　　(b)孔流计算示意图

图 2-5-2　闸孔尺寸计算示意

$$B_0 = \frac{Q}{\sigma' \mu h_e \sqrt{2gH_0}} \tag{2-5-9}$$

$$\mu = \varphi \varepsilon' \sqrt{1 - \frac{\varepsilon' h_e}{H}} \tag{2-5-10}$$

$$\varepsilon' = \frac{1}{1 + \sqrt{\lambda\left[1 - \left(\frac{h_e}{H}\right)^2\right]}} \tag{2-5-11}$$

$$\lambda = \frac{0.4}{2.718^{16\frac{r}{h_e}}} \tag{2-5-12}$$

式中 h_e——孔口高度,m;

μ——孔流流量系数,可按式(2-5-10)计算;

φ——孔流流速系数,可采用0.95~1.0;

ε'——孔流垂直收缩系数,可由式(2-5-11)计算求得;

λ——计算系数,可由式(2-5-12)计算求得,该公式适用于$0<r/h_e<0.25$;

r——胸墙底圆弧半径,m;

σ'——孔流淹没系数,可由表2-5-1查得,表中h_c''为跃后水深,m。

表2-5-1 σ'值

$\frac{h_s-h_c''}{H-h_c''}$	≤0	0.1	0.2	0.3	0.4	0.5	0.6	0.7	0.8	0.9	0.92	0.94	0.96	0.98	0.99	0.995
σ'	1.00	0.86	0.78	0.71	0.66	0.59	0.52	0.45	0.36	0.23	0.19	0.16	0.12	0.07	0.04	0.02

(二)闸室总宽度的确定

闸孔总净宽求出后,即可根据水闸的使用要求、闸门形式、启闭机容量等因素,参照闸门系列尺寸,选定闸孔单孔宽度。大中型水闸的单孔宽度一般采用8~12 m,小型水闸的单孔宽度一般为3~5 m。孔宽b确定后,孔数$n=B_0/b$,设计中n值应取略大于计算值的整数。当孔数少于6孔时,宜采用单数。

闸室总宽度$B=nb+\sum d_z$,其中d_z为闸墩厚度。闸室总宽度拟定后,考虑闸墩形状等因素影响,应进一步验算水闸在设计和校核水位下的过水能力,计算的过水能力与设计过水流量的差值不得超过±5%。

从过水能力和消能防冲两方面考虑,闸室总宽度B值还应与上下游河道或渠道的宽度相适应。一般闸室总宽度应等于或大于0.6~0.85倍的河(渠)道宽度。

任务二 水闸的消能工设计

一、过闸水流对下游发生的冲刷与设计工况

(1)水闸初始泄流时,闸下游水深较浅,随着闸门开度的增加,水深逐渐加深,出闸水流从孔流到堰流,从自由出流到淹没出流都会发生。当闸下不能形成淹没水跃或水跃淹没度过大时,以致垂直扩散不良,急流沿底部推进,形成严重的脉动现象。

(2)当水闸的上下游水位差较小,相应的弗劳德数Fr较低($1.0<Fr<1.7$)时,会出现波状水跃,消能效果较差,对下游河床或渠道产生较大的冲刷。

(3)出闸水流是由窄流向宽,如果水闸下游翼墙布置不当、水流扩散不良或在运用时开启孔数过少及闸孔开启不对称,都易产生左冲右撞、淘刷河床及河岸的折冲水流。

(4)引水闸消能设计工况。当外江为最高引水位时,水闸为孔口出流,内河水位为设计流量对应的水位。

(5)排水闸消能设计工况。当外江为最低排水位时,内河为最高洪水位,水闸全开。

(6)蓄水闸(坝)消能设计工况。当下游为最低水位时,上游为最高洪水位,水闸全

开,此为最不利的消能工况。

二、消能防冲设计的水力条件

(一)闸下水流的消能方式

水闸的消能方式一般采用底流消能,平原地区水闸尤其如此。当水闸承受较高水头,且闸下河床及岸坡为坚硬岩体时,可采用挑流消能。当水闸闸下尾水深度较大,且变化较小,河床及岸坡抗冲能力较强时,可采用面流消能。在挟有较大砾石的多泥沙河流上,不宜设消力池,可采用抗冲耐磨的斜坡护坦与下游河道连接,末端应设防冲墙。

(二)消能防冲设计的水力条件选择

水闸在泄流(或引水)过程中,随着闸门开启度不同,闸下水深、流态和过闸流量也随之变化,设计条件较难确定。一般是以上游最高水位、下游始流水位为可能出现的最低水位,以闸门部分开启、单宽流量大作为控制条件。设计时应以闸门的开启程序、开启孔数和开启高度进行多种组合计算,通过分析比较确定。

三、底流式消能设计

底流式消能的作用是增加下游水深,以保证产生淹没式水跃,防止土基冲刷破坏,保证闸室安全。底流式消能防冲设施由消力池、海漫、防冲槽等部分组成。

(一)消力池

1. 消力池形式的选用

底流式消能有下挖式消力池、突槛式消力池和综合式消力池等形式。当闸下尾水深度小于跃后水深时,可采用下挖式消力池消能;当闸下尾水深度略小于跃后水深时,可采用突槛式消力池消能;当闸下尾水深度远小于跃后水深,且计算消力池深度又较深时,可采用下挖式消力池与突槛式消力池相结合的综合式消力池消能。

2. 消力池的尺寸确定

消力池的深度可按式(2-5-13)计算,计算示意图见图2-5-3。

$$d = \sigma_0 h''_c - h'_s - \Delta Z \tag{2-5-13}$$

$$h''_c = \frac{h_c}{2}\left(\sqrt{1 + \frac{8\alpha q^2}{g h_c^3}} - 1\right)\left(\frac{b_1}{b_2}\right)^{0.25} \tag{2-5-14}$$

$$h_c^3 - T_0 h_c^2 + \frac{\alpha q^2}{2g\varphi^2} = 0 \tag{2-5-15}$$

$$\Delta Z = \frac{\alpha q^2}{2g\varphi^2 h_s'^2} - \frac{\alpha q^2}{2g h''^2_c} \tag{2-5-16}$$

式中 d——消力池深度,m;

σ_0——水跃淹没系数,可采用1.05~1.10;

h''_c——跃后水深,m;

h_c——收缩水深,m;

α——水流动能校正系数,可采用1.0~1.05;

q——过闸单宽流量,m^2/s;

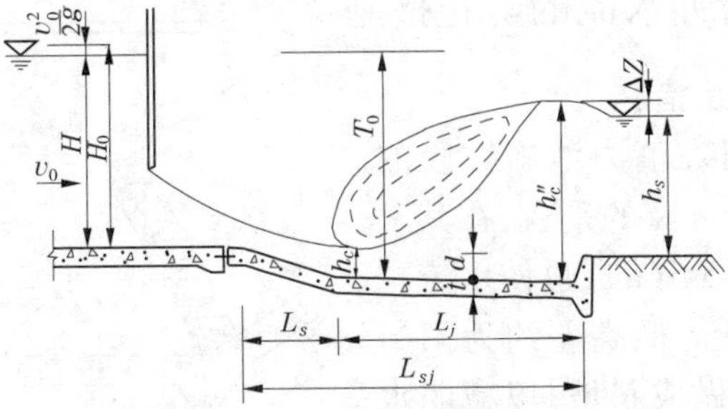

图 2-5-3 消力池池长、池深计算示意

b_1——消力池首端宽度,m;

b_2——消力池末端宽度,m;

h_s'——出池河床水深,m;

T_0——由消力池底板顶面算起的总势能,m;

ΔZ——出池落差,m。

消力池的长度可按式(2-5-17)、式(2-5-18)计算,计算示意见图 2-5-3。

$$L_{sj} = L_s + \beta L_j \tag{2-5-17}$$

$$L_j = 6.9(h_c'' - h_c) \tag{2-5-18}$$

式中 L_{sj}——消力池长度,m;

L_s——消力池斜坡段水平投影长度,m;

β——水跃长度校正系数,可采用 0.7~0.8;

L_j——水跃长度,m。

消力池底板厚度可根据抗冲和抗浮要求确定,一般大中型水闸为 0.5~1.0 m,长消力池可自上而下逐渐减薄,末端厚度可采用 $t/2$(t 为始端厚度),但不宜小于 0.5 m。小型水闸底板厚度不宜小于 0.3 m。

3. 消力池的构造

消力池的材料一般选用 C15 或 C20 的混凝土浇筑而成,并配置Φ 10~12 的温度钢筋,间距 20~30 cm。大型水闸消力池底板的顶、底面均需配筋,中、小型水闸可只在顶面配筋。为了减小渗透压力的影响,按防渗设计要求,在底板上布设排水孔,孔径一般为 50~250 mm,间距为 1.0~3.0 m,呈梅花形布置在消力池的中后部,并在排水孔下设反滤层。为适应地基的不均匀沉陷,消力池与闸底板、翼墙、海漫之间以及消力池本身顺水方向均应分缝,缝距为 10~20 m,地基差时为 8~12 m。垂直水流方向通常不设缝,以保证其整体性。缝的位置如在闸基防渗范围以内,缝中应设止水;否则,不用设止水,但一般都铺设沥青油毛毡。

(二)辅助消能工

消力池内除设置尾槛外,也常设置消力墩、消力齿等辅助消能工,见图 2-5-4。其目的是使水流受阻,促使水流撞击,形成涡流,加强紊动扩散,稳定水跃,减小消力池尺寸,提高消能效果,节省工程量。

四、波状水跃及折冲水流的防止措施

(一)波状水跃的防止措施

对于平底板水闸,可在消力池斜坡段的顶部预留一段0.5～1.0 m宽的平台,在其末端设置一道小槛,见图2-5-5(a),迫使水流越槛入池,促成底流式水跃。槛高h约为第一共轭水深的1/4,迎水面做成斜坡,以减弱水流的冲击作用,槛底设排水孔。若将上述小槛做成分流墩、分流齿形,见图2-5-5(b),则消除波状水跃的效果更好。如水闸底板为低实用堰型,有助于消除波状水跃的产生。

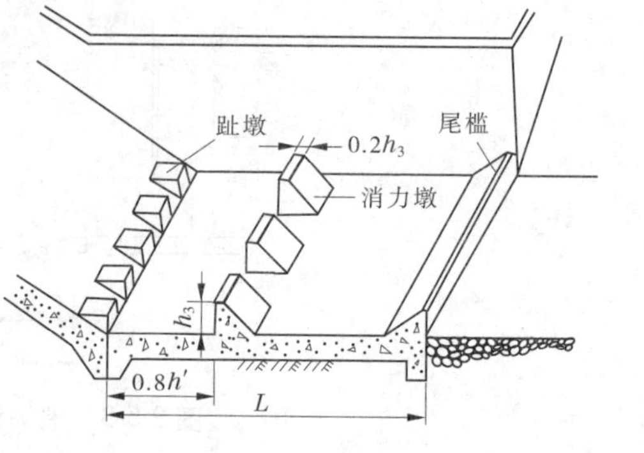

图2-5-4　USBR－Ⅲ型消力池布置

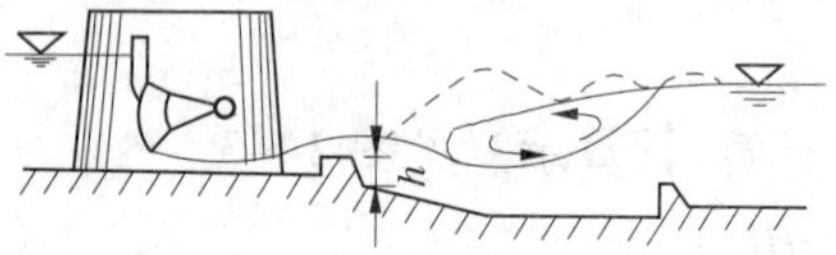

(a)在出流平台上设置小槛

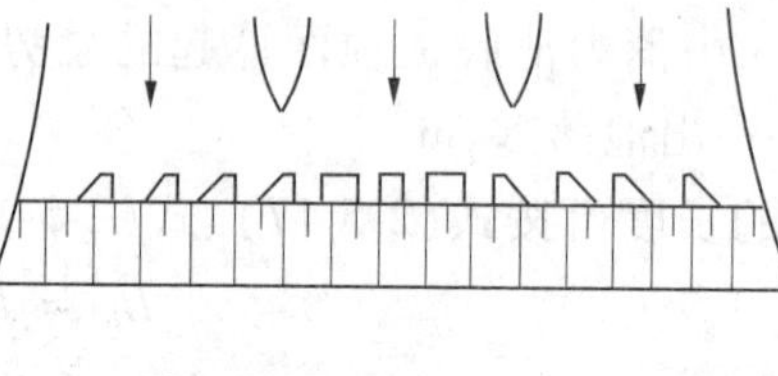

(b)将小槛做成分流墩、分流齿形

图2-5-5　波状水跃的防止措施

(二)折冲水流的防止措施

折冲水流的防止措施主要有:①在平面布置上,尽量使上游引河具有较长的直线段,能在上游两岸对称布置翼墙,出闸水流与原河床主流的位置和方向一致,并控制下游翼墙的扩散角度,一般采用1:8～1:15,池中设有辅助消能工时可用偏大值;②在消力池前端设置散流墩,对防止折冲水流有明显效果;③应制定合理的闸门开启程序,如在低流量时可隔孔交替开启,使水流均匀出闸,或开闸时先开中间孔,再开两侧邻孔至同一高度,直到全部开至所需高度,闭门与启门相反,由两侧孔向中间孔依次对称地操作。

五、海漫及防冲槽

过闸水流经过消力池已消除绝大部分能量,但仍有剩余能量,对河床和岸坡仍具有一定的冲刷能力,故紧接护坦后还要采取海漫等防冲加固措施,见图2-5-6。

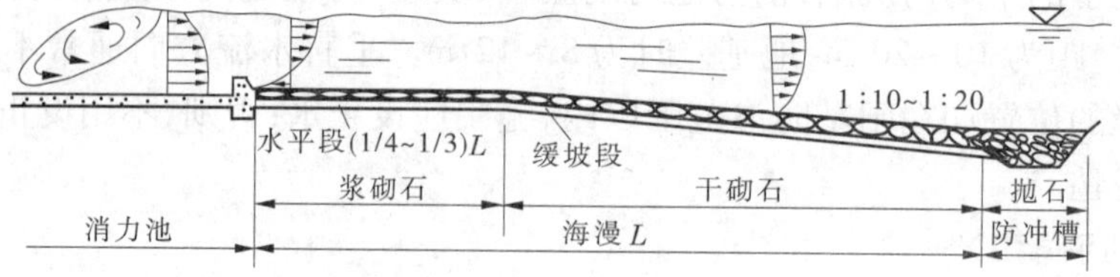

图2-5-6　防冲加固措施

(一)海漫长度计算

海漫的长度取决于消力池末端的单宽流量、上下游水位差、下游水深、河床土质抗冲能力、闸孔与河道宽度的比值以及海漫结构形式等。《水闸设计规范》(SL 265—2016)建议采用式(2-5-19)计算：

$$L_p = k_s \sqrt{q_s \sqrt{\Delta H'}} \tag{2-5-19}$$

式中 L_p——海漫长度,m；

$\Delta H'$——闸孔泄水时的上下游水位差,m；

k_s——计算系数,当河床为粉砂、细砂时,取14~13,当为中砂、粗砂、砂质壤土时,取12~11,当为粉质黏土时,取10~9,当为坚硬黏土时,取8~7；

q_s——消力池末端单宽流量,m^2/s。

式(2-5-19)的适用范围是$\sqrt{q_s \sqrt{\Delta H'}}=1\sim9$,且消能扩散良好的情况。

(二)海漫的布置及构造

海漫应具有一定的柔性、透水性、粗糙性和抗冲能力,以适应下游河床可能的冲刷变形,排出渗水,降低扬压力,达到进一步消除余能和保护河床的目的。

海漫一般采用整体向下游倾斜的形式或将前5~10 m做成水平段,其顶面高程可与护坦齐平或在消力池尾槛顶以下0.5 m,水平段后宜做成等于或缓于1∶10的斜坡,同时沿水流方向在平面上向两侧逐渐扩散,以便使水流均匀扩散,调整流速分布,保护河床不受冲刷。

(三)海漫结构形式

常用的有以下几种：

(1)干砌石海漫。常用在海漫的中后段,一般由粒径大于30 cm的块石砌成,厚度为0.3~0.6 m,下面铺设碎石、粗砂垫层,每层厚度为10~15 cm 。其抗冲流速为3~4 m/s。

(2)浆砌石海漫。一般用于海漫前部5~10 m范围内,常以粒径大于30 cm的块石,用强度等级M5或M8的水泥砂浆砌筑而成,厚度为0.4~0.6 m,砌石设排水孔,下面铺设反滤层或垫层。其抗冲流速可达3~6 m/s,但柔性和透水性较差。

(3)混凝土和钢筋混凝土海漫。整个海漫由边长为2~5 m、厚度为0.1~0.2 m的板块拼铺而成,板中有排水孔,下面铺设反滤层或垫层。其抗冲流速可达6~10 m/s。通常采用斜面式或垛式拼铺而成,以增加表面糙率。铺设时应注意顺水流流向不宜有通缝。

(四)防冲槽

水流经过海漫后,多余能量得到进一步消除,但海漫末端处仍有冲刷现象。为保护海漫,常在海漫末端设置防冲槽或其他加固措施。工程上多采用宽浅式梯形断面防冲槽,槽深为1.5~2.0 m,槽底宽一般为槽深的2~3倍,上游坡率$m=2\sim3$,下游坡率$m=3$。

任务三　水闸的防渗排水设计

一、闸基防渗长度及地下轮廓线布置

防渗排水设计的任务是经济合理地确定水闸地下轮廓线的形式与尺寸,并采取必要、可靠的防渗排水措施,以减小或消除渗流的不利影响,保证水闸安全。

水闸防渗排水设计的一般步骤是:①初拟地下轮廓线和防渗排水设施的布置;②验算地基土的抗渗稳定性,确定闸底渗透压力;③若满足稳定和抗渗要求,则初拟的地下轮廓线即可采用,反之,需修改设计,直至满足要求。

(一)闸基防渗长度的确定

在上下游水位差的作用下,上游水从河床入渗,绕过上游铺盖、板桩、闸底板经过反滤层由排水孔排至下游。其中,铺盖、板桩和闸底板等不透水部分与地基的接触线,即图2-5-7中0－1－2－3…－16的折线是闸基渗流的第一根流线,称为地下轮廓线。其长度即为闸基防渗长度(又称渗径长度)。该长度可按式(2-5-20)初步拟定:

$$L = CH \tag{2-5-20}$$

式中 L——闸基防渗长度,即闸基轮廓线防渗部分水平段和垂直段长度的总和,m;

C——允许渗径系数值,见表2-5-2,当闸基设板桩时,可采用表中规定值的小值;

H——上下游水位差,m。

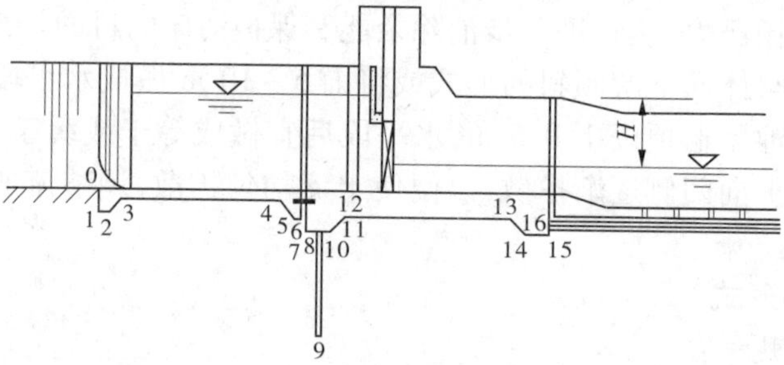

图2-5-7 水闸地下轮廓线

表2-5-2中对壤土和黏土以外的地基,只列出了有反滤层时的渗径系数,因为在这些地基上建闸,不允许不设反滤层。

表2-5-2 渗径系数 C 值

排水条件	地基类别									
	粉砂	细砂	中砂	粗砂	中砾、细砾	粗砾夹砾石	轻粉质砂壤土	轻砂壤土	壤土	黏土
有反滤层	13～9	9～7	7～5	5～4	4～3	3～2.5	11～7	9～5	5～3	3～2
无反滤层	—	—	—	—	—	—	—	—	7～4	4～3

(二)闸基防渗排水布置

闸基防渗排水布置总的原则是"高防低排"。"高防"就是在闸底板上游一侧布置铺盖、板桩、齿墙、混凝土防渗墙及灌浆帷幕等防渗设施,以延长渗径,减小作用在底板上的渗透压力,降低闸基渗流的平均坡降。"低排"就是在闸底板下游一侧布置面层排水、排水孔(或排水井)、反滤层等设施,使地基渗水尽快排出。不同地基对地下轮廓线的要求不同,现分述如下:

(1)黏性土地基。黏性土地基不易发生管涌,但摩擦力较小。故防渗布置应以降低闸基渗透压力、提高闸室的抗滑稳定性为主要目的。黏性土地基不打入板桩,以免破坏黏土的天然结构,造成集中渗流,因此防渗设施多采用不设板桩的平铺式布置。排水设施一般紧邻闸底板布置,必要时可前移到闸底板下,以降低底板上的渗透压力,加速地基土固结,见图2-5-8(a)。

(2)砂性土地基。砂性土的摩擦系数较大而抗渗能力差,故防渗布置应以减少渗漏和防止渗透变形为主要目的。当砂层较厚时,一般采用铺盖和在闸底板上游端设置悬挂式垂直防渗体的布置方式,垂直防渗体深度一般为作用水头的0.7~1.2倍,见图2-5-8(b)。当砂层较薄(4~5 m以下),其下有相对不透水层时,则可用垂直防渗体切断砂层渗透途径,其嵌入不透水层的深度不得小于1.0 m,见图2-5-8(c)。对于地震区的均匀粉砂、细砂地基,为防止液化,常在闸底板下将垂直防渗体布置成四周封闭的形式。如水闸受双向水头作用,则上下游均应设垂直防渗体和排水,见图2-5-8(d)。

(3)多层土地基。当闸基为薄层黏性土和砂性土互层,且含有承压水时,还应验算黏性土覆盖层的抗渗、抗浮稳定性。必要时,可在铺盖前端加设一道垂直防渗体,闸室下游设置深入透水层的排水井,见图2-5-8(e)。

(4)岩石地基。当闸基为岩石地基时,可根据防渗需要在闸底板上游端设水泥灌浆帷幕,其后设排水孔。

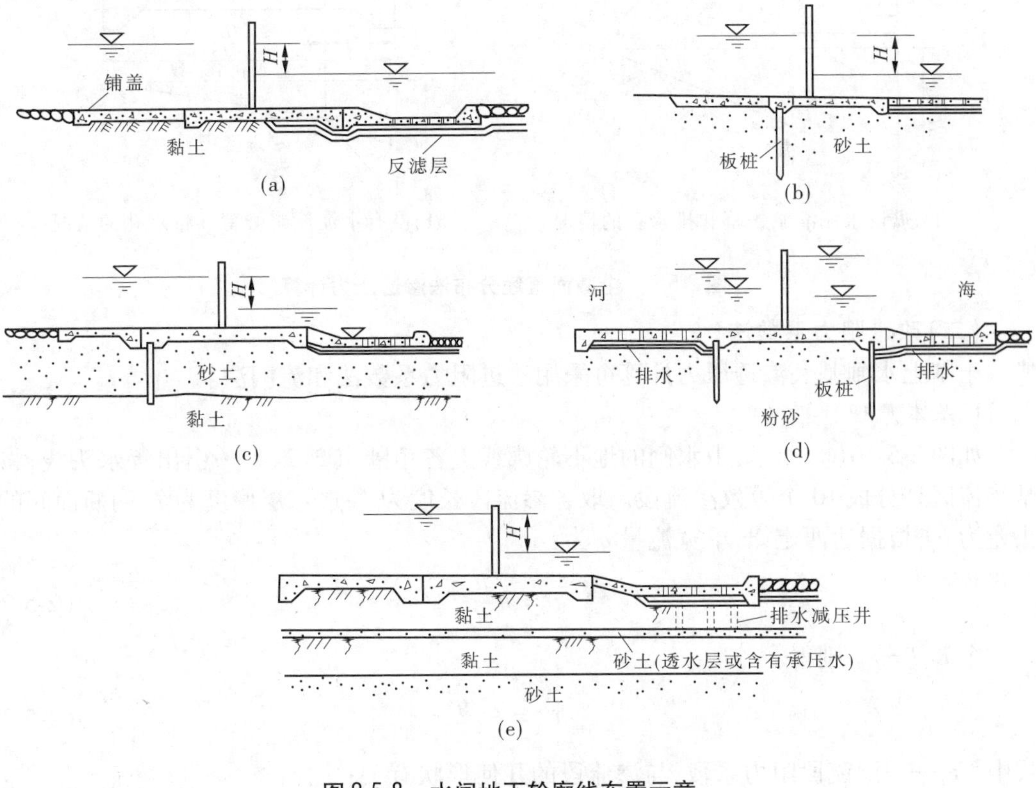

图2-5-8　水闸地下轮廓线布置示意

二、闸基渗流计算

闸基渗流计算的任务是计算闸底板所受的渗透压力和验算地基土的抗渗稳定性。计算方法有全截面直线分布法和改进阻力系数法。

(一)全截面直线分布法

岩基上水闸基底渗透压力计算采用全截面直线分布法,计算时分两种情况考虑。

(1)当岩基上水闸闸基未设水泥灌浆帷幕和排水孔时,闸底板底面上渗透压力的分布图形为三角形,见图 2-5-9(a)。

(2)当岩基上水闸闸基设有水泥灌浆帷幕和排水孔时,闸底板底面上游端的渗透压力作用水头为$(H-h_s)$,排水孔中心线处为$\alpha(H-h_s)$,α为渗透压力强度系数,可取用 0.25,下游端为零。分布图形见图 2-5-9(b)。

依据渗透压强分布图形,可计算出作用在闸底板底面上的渗透压力值。

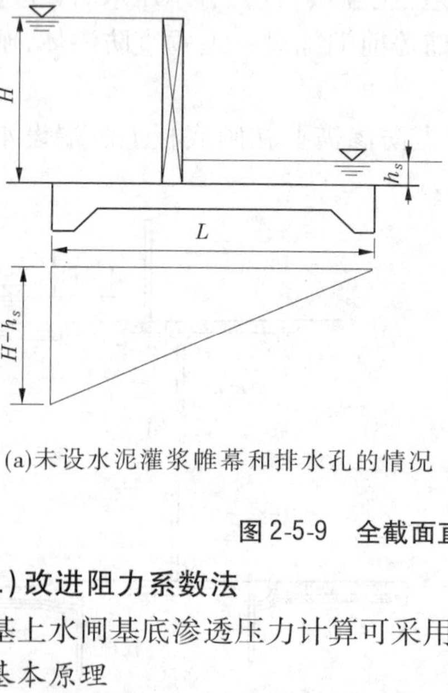

(a)未设水泥灌浆帷幕和排水孔的情况

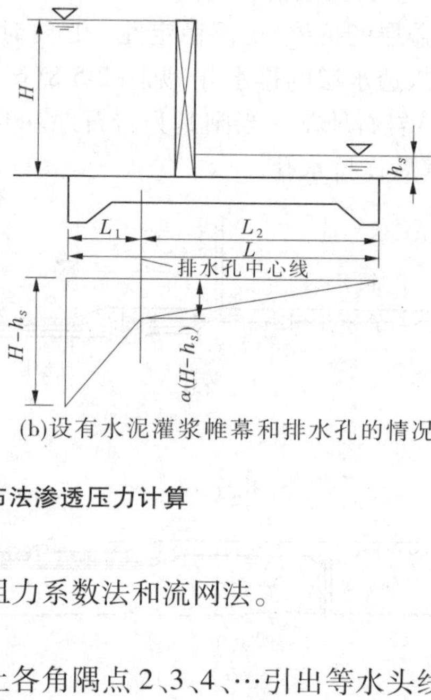

(b)设有水泥灌浆帷幕和排水孔的情况

图 2-5-9　全截面直线分布法渗透压力计算

(二)改进阻力系数法

土基上水闸基底渗透压力计算可采用改进阻力系数法和流网法。

1. 基本原理

如图 2-5-10(a)所示,由水闸的地下轮廓线上各角隅点 2、3、4、…引出等水头线,将地基渗流区划分成 10 个等效渗流段。取各渗流段长度为 L,透水层厚度为 T,两断面间的水头差为 h_i,根据达西定律,单宽流量 q 为:

$$q = k\frac{h_i}{L}T \tag{2-5-21}$$

令 $L/T=\xi_i$,则得

$$h_i = \xi_i\frac{q}{k} \tag{2-5-22}$$

式中　ξ_i——渗流段阻力系数,与渗流段的几何形状有关;

k——地基土的渗透系数,m/s。

总水头 H 应为各段水头损失的总和,即

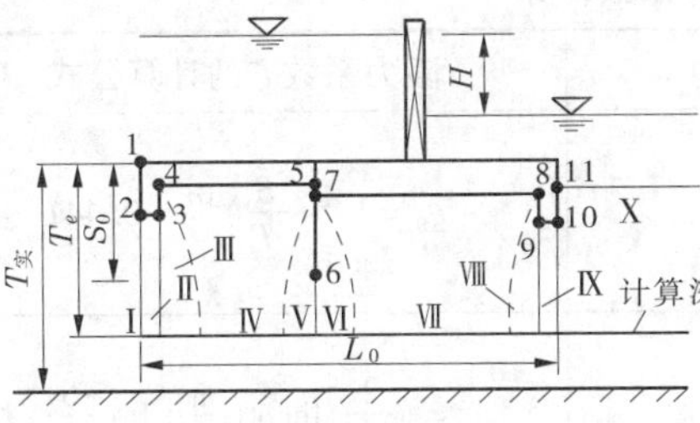

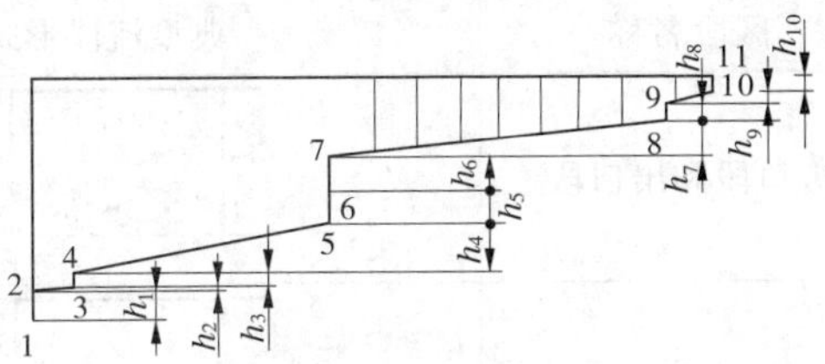

图 2-5-10 改进阻力系数法渗透压力计算

$$H = \sum_{i=1}^{n} h_i = \sum_{i=1}^{n} \xi_i \frac{q}{k} = \frac{q}{k} \sum_{i=1}^{n} \xi_i$$

$$q = \frac{kH}{\sum_{i=1}^{n} \xi_i} \tag{2-5-23}$$

将式(2-5-23)代入式(2-5-22)得各段的水头损失为：

$$h_i = \frac{\xi_i H}{\sum_{i=1}^{n} \xi_i} \tag{2-5-24}$$

将各段的水头损失由出口向上游方向依次叠加，即得各段分界点的渗压水头及其他渗流要素。以直线连接各分段计算点的水头值，即得渗透压力分布图，见图 2-5-10(b)。

2. 计算步骤

(1)确定地基有效深度 T_e(从各等效渗流段地下轮廓最高点垂直向下算起的地基透水层有效深度)。T_e 可按下列公式计算：

当 $L_0/S_0 \geqslant 5$ 时

$$T_e = 0.5L_0 \tag{2-5-25}$$

当 $L_0/S_0 < 5$ 时

$$T_e = \frac{5L_0}{1.6\frac{L_0}{S_0} + 2} \tag{2-5-26}$$

式中 L_0、S_0——地下轮廓的水平投影及垂直投影长度，m。

当计算的 T_e 大于地基实际深度时，T_e 值应按地基实际深度采用。

(2)典型流段阻力系数的计算。一般水闸地基渗流段可归纳为三种典型流段，即进出口段，图 2-5-10 中的Ⅰ、Ⅹ段；内部垂直段，图 2-5-10 中的Ⅲ、Ⅴ、Ⅵ、Ⅷ段；内部水平段，图 2-5-10 中的Ⅱ、Ⅳ、Ⅶ、Ⅸ段。每段的阻力系数 ξ_i 可按表 2-5-3 中的公式确定。

(3)对进、出口段水头损失值和渗透压力分布图进行局部修正，进、出口段修正后的水头损失值可按下列公式计算(见图 2-5-11(a))：

$$h_0' = \beta' h_0 \tag{2-5-27}$$

其中，$h_0 = \sum_{i=1}^{n} h_i$。

表 2-5-3　典型流段阻力系数计算

区段名称	典型流段形式	阻力系数 ξ 的计算公式
进口段和出口段	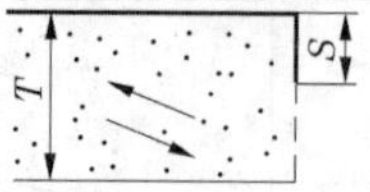	$\xi_0 = 1.5\left(\frac{S}{T}\right)^{3/2} + 0.441$
内部垂直段	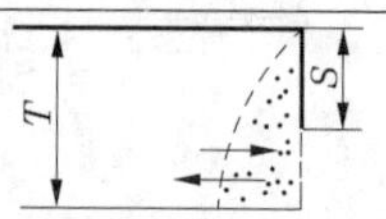	$\xi_y = \left(\frac{2}{\pi}\right)\ln\cot\left[\frac{\pi}{4}\left(1 - \frac{S}{T}\right)\right]$
内部水平段	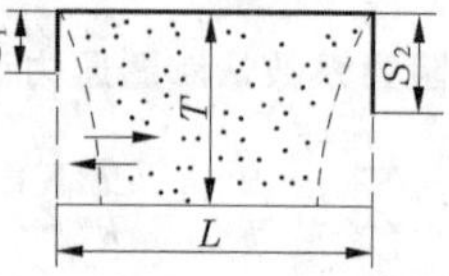	$\xi_x = \frac{L - 0.7(S_1 + S_2)}{T}$

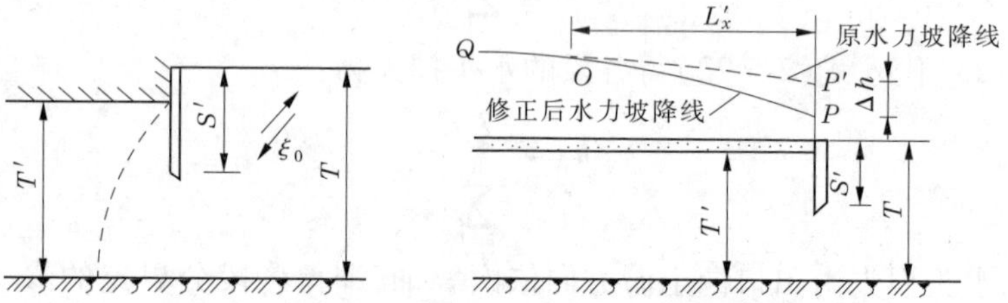

图 2-5-11　进、出口段渗压修正示意

$$\beta' = 1.21 - \frac{1}{\left[12\left(\frac{T'}{T}\right)^2 + 2\right]\left(\frac{S'}{T} + 0.059\right)} \tag{2-5-28}$$

式中　h'_0——进、出口段修正后的水头损失值，m；

h_0——进、出口段水头损失值，m；

β'——阻力修正系数，当计算的 $\beta' \geqslant 1.0$ 时，采用 $\beta' = 1.0$；

S'——底板埋深与板桩入土深度之和，m；

T'——板桩另一侧地基透水层深度，m。

修正后的水头损失的减小值 Δh 可按式(2-5-29)计算：

$$\Delta h = (1 - \beta')h_0 \tag{2-5-29}$$

水力坡降呈急变形式的长度 L'_x 可按式(2-5-30)计算：

$$L'_x = \frac{\Delta h T \sum_{i=1}^{n} \xi_i}{\Delta H} \tag{2-5-30}$$

出口段渗透压力分布图可按图 2-5-11(b)所示方法进行修正。QP' 为原有水力坡降，由计算的 Δh 和 L'_x 值，分别定出 P 点和 O 点，连接 QOP，即为修正后的水力坡降线。

进、出口段齿墙不规则部位可按下列方法进行修正(见图2-5-12)。

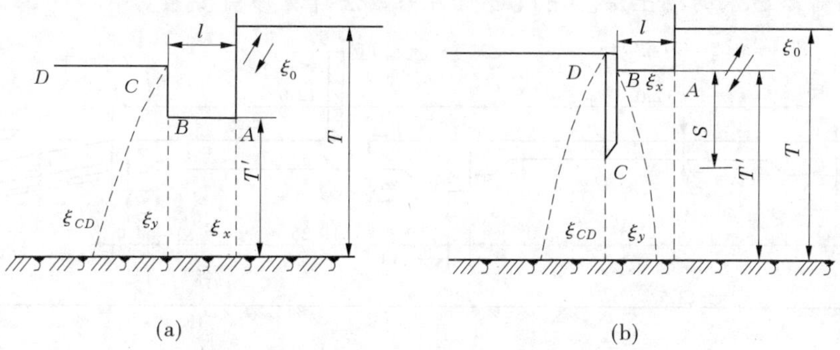

图2-5-12 进、出口段齿墙不规则部位修正示意

当 $h_x \geqslant \Delta h$ 时,按式(2-5-31)修正:

$$h'_x = h_x + \Delta h \tag{2-5-31}$$

式中 h_x、h'_x——水平段和修正后水平段的水头损失,m。

当 $h_x < \Delta h$ 时,可按下列两种情况分别进行修正:

①若 $h_x + h_y \geqslant \Delta h$,可按下列公式进行修正:

$$h'_x = 2h_x \tag{2-5-32}$$

$$h'_y = h_y + \Delta h - h_x \tag{2-5-33}$$

式中 h_y、h'_y——内部垂直段和修正后内部垂直段的水头损失,m。

②若 $h_x + h_y < \Delta h$,可按下列公式进行修正:

$$h'_x = 2h_x \qquad h'_y = 2h_y \tag{2-5-34}$$

$$h'_{CD} = h_{CD} + \Delta h - (h_x + h_y) \tag{2-5-35}$$

式中 h_{CD}、h'_{CD}——图2-5-12中 CD 段的水头损失和修正后 CD 段的水头损失,m。

以直线连接修正后的各分段计算点的水头值,即得修正后的渗透压力分布图形。

(4)出口段渗流坡降值。可按式(2-5-36)计算:

$$J = \frac{h'_0}{S'} \tag{2-5-36}$$

出口段和水平段的渗流坡降都应满足表2-5-4的允许渗流坡降的要求。

表2-5-4 出口段和水平段的允许渗流坡降[J]值

分段	地基类别										
	粉砂	细砂	中砂	粗砂	中砾细砾	粗砾夹卵石	砂壤土	壤土	软黏土	坚硬黏土	极坚硬黏土
水平段	0.05~0.07	0.07~0.10	0.10~0.13	0.13~0.17	0.17~0.22	0.22~0.28	0.15~0.25	0.25~0.35	0.30~0.40	0.40~0.50	0.50~0.60
出口段	0.25~0.30	0.30~0.35	0.35~0.40	0.40~0.45	0.45~0.50	0.50~0.55	0.40~0.50	0.50~0.60	0.60~0.70	0.70~0.80	0.80~0.90

注:当渗流出口处设反滤层时,表中数值可加大30%。

【例 2-5-1】 某水闸地下轮廓线如图 2-5-13(a)所示。根据钻探资料知地面以下 12 m 深处为相对不透水的黏土层。用改进阻力系数法计算渗流要素。

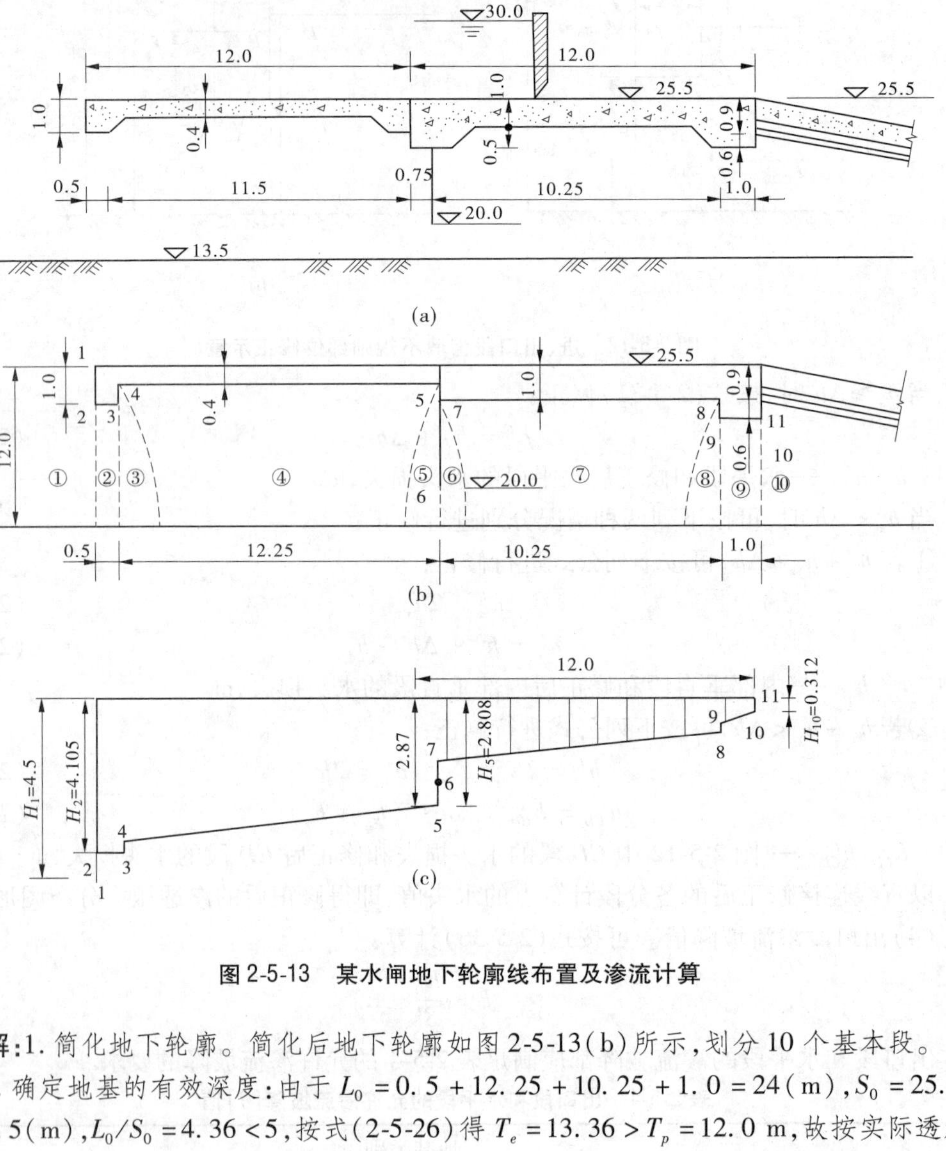

图 2-5-13 某水闸地下轮廓线布置及渗流计算

解:1. 简化地下轮廓。简化后地下轮廓如图 2-5-13(b)所示,划分 10 个基本段。

2. 确定地基的有效深度:由于 $L_0=0.5+12.25+10.25+1.0=24(\text{m})$,$S_0=25.5-20=5.5(\text{m})$,$L_0/S_0=4.36<5$,按式(2-5-26)得 $T_e=13.36>T_p=12.0$ m,故按实际透水层深度 $T=T_p=12.0$ m,进行渗流计算。

3. 计算各典型段阻力系数。按各典型段阻力系数计算公式计算,见表 2-5-5。

4. 计算各段水头损失。按式(2-5-24)计算各段水头损失,列于表 2-5-6。

5. 进、出口段水头损失修正。

(1)进口段水头损失修正:已知 $T'=12-1=11(\text{m})$,$T=12$ m,$S'=1.0$ m,按式(2-5-28)计算得 $\beta'=0.629<1.0$,则进口段修正为 $h'_{01}=0.628\times0.629=0.395(\text{m})$。水头损失减小值 $\Delta h=0.628-0.395=0.233(\text{m})$,因 $h_{x2}+h_{y3}=0.059+0.068=0.127(\text{m})<\Delta h$,故第②、③、④段分别按式(2-5-34)、式(2-5-35)修正:$h'_{x2}=2h_{x2}=2\times0.059=0.118$

(m), $h'_{y3}=2h_{y3}=2\times0.068=0.136$(m), $h'_{x4}=h_{x4}+\Delta h-(h_{x2}+h_{y3})=0.937+0.233-(0.059+0.068)=1.043$(m)。

表 2-5-5 典型段阻力系数

分段编号	分段名称	S(m)	S_1(m)	S_2(m)	T(m)	L(m)	ξ_i
①	进口段	1.0			12		0.477
②	水平段		0	0	11	0.5	0.045
③	内部铅直段	0.6			11.6		0.052
④	水平段		0.6	5.1	11.6	12.25	0.712
⑤	内部铅直段	5.1			11.6		0.479
⑥	内部铅直段	4.5			11.0		0.441
⑦	水平段		4.5	0.5	11.0	10.25	0.614
⑧	内部铅直段	0.5			11.0		0.045
⑨	水平段		0	0	10.5	1.0	0.095
⑩	出口段	0.6			11.1		0.460
Σ	总和						3.420

表 2-5-6 各段水头损失 (单位:m)

分段编号	①	②	③	④	⑤	⑥	⑦	⑧	⑨	⑩
h_i	0.628	0.059	0.068	0.937	0.630	0.581	0.808	0.059	0.125	0.605

注:总水头 $H=30-25.5=4.5$(m)。

(2)出口段水头损失修正:已知 $T'=10.5$ m, $T=11.1$ m, $S'=0.6$ m,按式(2-5-28)计算得 $\beta'=0.516<1.0$,则出口段修正为 $h'_{010}=0.605\times0.516=0.312$(m)。水头损失减小值 $\Delta h=0.605-0.312=0.293$(m),因 $h_{x9}+h_{y8}=0.125+0.059=0.184$(m) $<\Delta h$,故第⑦、⑧、⑨段分别按式(2-5-34)、式(2-5-35)修正: $h'_{x9}=2h_{x9}=2\times0.125=0.250$(m), $h'_{y8}=2h_{y8}=2\times0.059=0.118$(m), $h'_{x7}=h_{x7}+\Delta h-(h_{x9}+h_{y8})=0.808+0.293-(0.125+0.059)=0.917$(m)。

验算: $H=0.395+0.118+0.136+1.043+0.630+0.581+0.917+0.118+0.250+0.312=4.5$(m),计算无误。

6. 计算各角点或尖端渗压水头:由上游进口段开始,逐次向下游从总水头 $H=4.5$ m,减去各分段水头损失值,即可求得各角点或尖端渗压水头值: $H_1=4.5$ m, $H_2=4.5-0.395=4.105$ m, $H_3=4.105-0.118=3.987$ m, $H_4=3.851$ m, $H_5=2.808$ m, $H_6=2.178$ m, $H_7=1.597$ m, $H_8=0.680$ m, $H_9=0.562$ m, $H_{10}=0.312$ m, $H_{11}=0.312-0.312=0$。

7. 绘制。渗压水头分布图如图 2-5-13(c)所示。

8. 渗流出口平均坡降:按式(2-5-36)得 $J=h_0'/S'=0.312/0.6=0.52$。

任务四 稳定、应力计算及地基处理

一、荷载计算及其组合

(一)荷载计算

作用在水闸上的荷载主要有自重、水重、水平水压力、淤沙压力、扬压力、浪压力、土压力等。其中,自重、水重、淤沙压力等荷载的计算方法与重力坝类似;扬压力中渗透压力的分布规律和计算方法见任务三,闸底板某一点的浮托力强度值等于该点与下游水位间的高差乘以水的重度。以下对水平水压力、浪压力、土压力等的计算进行说明。

(1)水平水压力。作用在铺盖与底板连接处的水平水压力因铺盖所用材料不同而略有差异。对于黏土铺盖,如图 2-5-14(a)所示,a 点处按静水压强计算,b 点处则取该点的扬压力强度值,两点之间以直线相连进行计算。当为混凝土或钢筋混凝土铺盖时,如图 2-5-14(b)所示,止水片以上的水平水压力仍按静水压力分布计算,止水片以下按梯形分布计算,c 点的水平水压力强度等于该点的浮托力强度值加上 e 点的渗透压力强度值,d 点则取该点的扬压力强度值,c、d 点之间按直线连接计算。

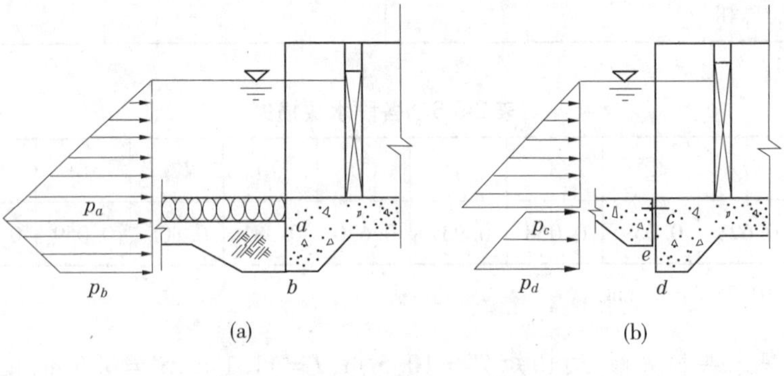

图 2-5-14 水平水压力计算

(2)浪压力。波长、波高和波浪中心线高出静水位高度等波浪要素的计算按莆田试验站法进行;根据风区范围内平均水深、波浪破碎的临界水深及半波长之间的关系,判别属深水波、浅水波或破碎波,分别用相应公式进行浪压力计算。

(3)土压力。应根据填土性质、挡土高度、填土内的地下水位、填土顶面坡角及超载等计算确定。对于向外侧移动或转动的挡土结构,可按主动土压力计算;对于保持静止不动的挡土结构,可按静止土压力计算。

作用在水闸上的地震荷载、冰压力、土的冻胀力及其他荷载的计算具体可见《水闸设计规范》(SL 265—2001)。施工中各个阶段的临时荷载应根据工程实际情况确定。

(二)荷载组合

设计水闸时,应将可能同时作用的各种荷载进行组合。荷载组合分为基本组合与特殊组合两类。基本组合由基本荷载组成；特殊组合由基本荷载和一种或几种特殊荷载组成。但地震荷载只允许与正常蓄水位情况下的相应荷载组合。每种组合中所包含的计算情况及每种情况中所涉及的荷载见表2-5-7。

表2-5-7　水闸荷载组合

荷载组合	计算情况	荷载												说明
		自重	水重	静水压力	扬压力	土压力	淤沙压力	风压力	浪压力	冰压力	土的冻胀力	地震荷载	其他	
基本组合	完建情况	√	—	—	—	√	—	—	—	—	—	—	√	必要时，可考虑地下水产生的扬压力
	正常蓄水位情况	√	√	√	√	√	√	√	√	—	—	—	√	按正常蓄水位组合计算水重、静水压力、扬压力及浪压力
	设计洪水位情况	√	√	√	√	√	√	√	√	—	—	—	—	按设计洪水位组合计算水重、静水压力、扬压力及浪压力
	冰冻情况	√	√	√	√	√	√	√	—	√	√	—	√	按正常蓄水位组合计算水重、静水压力、扬压力及浪压力
特殊组合	校核洪水位情况	√	√	√	√	√	√	√	√	—	—	—	—	按校核洪水位组合计算水重、静水压力、扬压力及浪压力
	施工情况	√	—	—	—	√	—	—	—	—	—	—	√	应考虑施工过程中各个阶段的临时荷载
	检修情况	√	—	√	√	√	√	√	√	—	—	—	√	按正常蓄水位组合（必要时可按设计洪水位组合或冬季低水位条件）计算水重、静水压力、扬压力及浪压力
	地震情况	√	√	√	√	√	√	√	√	—	—	√	—	按正常蓄水位组合计算水重、静水压力、扬压力及浪压力

注：表中“√”号为需要考虑的荷载，“—”号为不需要考虑的荷载。

二、闸室抗滑稳定计算

闸室抗滑稳定计算应满足：土基上沿闸室基底面的抗滑稳定安全系数不小于表 2-5-8 的 $[K_{土}]$ 值；岩基上沿闸室基底面的抗滑稳定安全系数不小于表 2-5-9 的 $[K_{岩}]$ 值。计算时取两相邻顺水流向永久缝之间的闸段作为计算单元。

表 2-5-8　$[K_{土}]$ 值

荷载组合		水闸级别			
		1	2	3	4、5
基本组合		1.35	1.30	1.25	1.20
特殊组合	Ⅰ	1.20	1.15	1.10	1.05
	Ⅱ	1.10	1.05	1.05	1.00

注：1. 特殊组合Ⅰ适用于校核洪水位情况、施工情况及检修情况；
2. 特殊组合Ⅱ适用于地震情况。

表 2-5-9　$[K_{岩}]$ 值

荷载组合		按抗滑稳定公式计算时			按抗剪断强度公式计算时
		水闸级别			
		1	2、3	4、5	
基本组合		1.10	1.08	1.05	3.00
特殊组合	Ⅰ	1.05	1.03	1.00	2.50
	Ⅱ	1.00			2.30

（一）计算公式

（1）土基上的水闸闸室沿地基面的抗滑稳定计算公式为：

$$K_c = \frac{f\sum G}{\sum H} \tag{2-5-37}$$

$$K_c = \frac{\tan\varphi_0 \sum G + c_0 A}{\sum H} \tag{2-5-38}$$

式中　K_c——沿闸室基底面的抗滑稳定安全系数；

f——闸室基底面与地基之间的摩擦系数，查表 2-5-10；

$\sum H$——作用在闸室上的全部水平向荷载，kN；

φ_0——闸室基础底面与土质地基之间的摩擦角，（°），查表 2-5-11；

c_0——闸室基础底面与土质地基之间的黏结力，kPa，查表 2-5-11。

由于式（2-5-37）计算简便，故在水闸设计中，特别是在水闸的初步设计阶段采用较多。对于黏性土地基上的大型水闸，宜按式（2-5-38）进行计算。而对于土基上采用钻孔灌注桩基础的水闸，若采用式(2-5-38)验算沿闸室底板底面的抗滑稳定性，还应计入桩体材料的抗剪断能力。

(2)岩基上沿闸室基底面的抗滑稳定计算同重力坝，f'、c'取值查表2-5-12。

当闸室承受双向水平向荷载作用时，应验算其合力方向的抗滑稳定性，其抗滑稳定安全系数应按土基或岩基分别不小于$[K_{土}]$值和$[K_{岩}]$值。

表2-5-10 f值

地基类别		f
黏土	软弱	0.20~0.25
	中等坚硬	0.25~0.35
	坚硬	0.35~0.45
壤土、粉质壤土		0.25~0.40
砂壤土、粉砂土		0.35~0.40
细砂、极细砂		0.40~0.45
中砂、粗砂		0.45~0.50
砂砾石		0.40~0.50
砾石、卵石		0.50~0.55
碎石土		0.40~0.50
软质岩石	极软	0.40~0.45
	软	0.45~0.55
	较软	0.55~0.60
硬质岩石	较坚硬	0.60~0.65
	坚硬	0.65~0.70

注：地基分类见《水闸设计规范》(SL 265—2001)。

表2-5-11 φ_0、c_0值(土质地基)

土质地基类别	φ_0	c_0
黏性土	0.9φ	$(0.2\sim0.3)c$
砂性土	$(0.85\sim0.90)\varphi$	0

注：φ为室内饱和固结快剪(黏性土)或饱和快剪试验测得的内摩擦角；c为室内饱和固结快剪试验测得的黏结力。

表2-5-12 f'、c'值(岩石地基)

岩石地基类别		f'	c'(MPa)
硬质岩石	坚硬	1.5~1.3	1.5~1.3
	较坚硬	1.3~1.1	1.3~1.1
软质岩石	较软	1.1~0.9	1.1~0.7
	软	0.9~0.7	0.7~0.3
	极软	0.7~0.4	0.3~0.05

注：如岩石地基内存在结构面、软弱层(带)或断层的情况，f'、c'值应按《水利水电工程地质勘察规范》(GB 50487—2008)选用。

(二)提高闸室抗滑稳定性的措施

当沿闸室基底面抗滑稳定安全系数计算值小于允许值时，可采用下列一种或几种抗滑措施：①将闸门位置移向低水位一侧，或将水闸底板向高水位一侧加长，以增加水重；②适当增大闸室结构尺寸；③增加闸室底板的齿墙深度；④增加铺盖长度或帷幕灌浆深度，或在不影响防渗安全的条件下将排水设施向水闸底板靠近；⑤利用钢筋混凝土铺盖作为阻滑板，但闸室自身的抗滑稳定安全系数不应小于1.0(计算由阻滑板增加的抗滑力时，阻滑板效果的折减系数可采用0.80)，阻滑板应满足抗裂要求；⑥增设钢筋混凝土抗滑桩或预应力锚固结构。

三、闸室基底应力计算

闸室基底应力应满足：在各种计算情况下，土基上闸室的平均基底应力不大于地基容许承载力，最大基底应力不大于地基容许承载力的1.2倍；闸室基底应力的最大值与最小值之比η不大于容许值，见表2-5-13。岩基上，闸室最大基底应

表2-5-13 土基上的$[\eta]$值

地基土质	荷载组合	
	基本组合	特殊组合
松软	1.50	2.00
中等坚实	2.00	2.50
坚实	2.50	3.00

力不大于地基容许承载力;在非地震情况下,闸室基底不出现拉应力;在地震情况下,闸室基底拉应力不大于100 kPa。

(1)对于结构布置及受力情况对称的闸孔,如多孔水闸的中间孔或左右对称的单闸孔,其闸室基底应力按式(2-5-39)计算:

$$\sigma_{\min}^{\max} = \frac{\sum G}{A} \pm \frac{\sum M}{W} \tag{2-5-39}$$

式中　$\sigma_{\min}^{\max}$——闸室基底应力的最大值和最小值,kPa;

$\sum G$——作用在闸室上所有竖向荷载(包括扬压力)的代数和,kN;

A——闸室基底面的面积,m^2;

$\sum M$——作用在闸室上所有竖向和水平向荷载对基础底面垂直水流方向的形心轴的力矩和,kN·m;

W——闸室基底面对该底面垂直水流方向的形心轴的截面矩,m^3。

(2)对于结构布置及受力情况不对称的闸孔,如多孔闸的边闸孔或左右不对称的单闸孔,按双向偏心受压公式(2-5-40)计算:

$$\sigma_{\min}^{\max} = \frac{\sum G}{A} \pm \frac{\sum M_x}{W_x} \pm \frac{\sum M_y}{W_y} \tag{2-5-40}$$

式中　$\sum M_x$、$\sum M_y$——作用在闸室上的所有竖向和水平向荷载对于基础底面形心轴 x、y 轴的力矩和,kN·m;

W_x、W_y——闸室基底面对该底面形心轴 x、y 轴的截面矩,m^3。

四、地基沉降校核

由于土基压缩变形大,容易引起较大的地基沉降。较大的均匀沉降可能会使闸顶部高程不足;过大的不均匀沉降,将导致闸室倾斜、产生裂缝、止水破坏,甚至断裂等。因此,在研究地基稳定时,应进行地基的沉降校核,以保证水闸的安全和正常运用。

目前,我国水利系统多数是根据土工试验提供的压缩曲线(如 $e \sim p$ 压缩曲线或 $e \sim p$ 回弹压缩曲线)采用分层总和法计算地基沉降。

根据工程实践,天然土质地基上水闸地基的允许最大沉降量为15 cm,相邻部位的允许最大沉降差为5 cm。当软土地基上的水闸地基沉降计算不满足上述要求时,可以考虑采用以下一种或几种措施:①采用沉降缝隔开;②改变基础形式或刚度;③调整基础尺寸与埋置深度;④必要时对地基进行人工加固;⑤安排合适的施工程序,严格控制施工进度;⑥变更结构形式(采用轻型结构或静定结构等)或加强结构刚度。

五、地基处理

水闸地基处理的目的是:提高地基的承载能力和稳定性;减小或消除地基的有害沉陷,防止地基渗透变形。当天然地基承载能力、稳定和变形任何一方面不能满足要求时,就应根据工程具体情况进行地基处理。对于软弱地基,常用的地基处理方法有强力夯实法、换土垫层法、桩基础法、高速旋喷法。

任务五　闸室结构计算

闸室是一空间结构,受力比较复杂,可用三维弹性力学有限元法对一段闸室进行整体分析。但为简化计算,一般都将其分解成底板、闸墩、胸墙、工作桥、交通桥等若干构件分别计算,并在单独计算时,考虑它们之间的相互作用。

一、底板

闸底板一般采用"截板成梁"的方法进行计算,即沿垂直水流方向截取单位宽度的板条作为梁来进行计算。

(一)倒置梁法

该法假定闸室地基反力沿顺水流方向呈直线分布,垂直水流方向为均匀分布,并把地基反力当作荷载,底板当作梁,闸墩当作支座,按倒置的连续梁计算底板内力。作用在梁上的荷载有底板自重 q_1、水重 q_2、扬压力 q_3 及地基反力 σ。把上述铅直荷载进行叠加,便得到倒置梁上的均布荷载 $q = q_3 + \sigma - q_1 - q_2$。最后按图 2-5-15(b)所示的计算图,用结构力学法计算连续梁的内力,进而进行配筋。该法计算简便,但没有考虑底板与地基变形的协调作用,故计算成果的误差较大,只在小型水闸设计中使用。

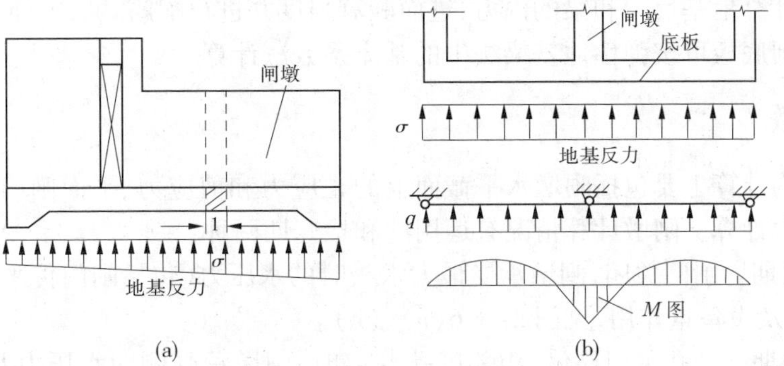

图 2-5-15　倒置梁法底板结构计算简图　(单位:m)

(二)弹性地基梁法

该法认为在顺水流方向的地基反力仍是呈直线变化的,但在垂直水流方向不再假定地基反力呈均匀分布,认为底板和地基都是弹性体,由于两者紧密接触,故变形是相同的,即地基反力在垂直水流方向按曲线形(或弹性)分布。同时,梁在荷载及地基反力作用下,仍保持平衡。根据变形协调一致和静力平衡条件,求解地基反力和梁的内力,并且还计及底板范围以外的边荷载对梁的影响。

当采用弹性地基梁法分析闸底板的应力时,还应考虑可压缩土层厚度 T 与弹性地基梁半长 $L/2$ 之比值的影响。当 $2T/L < 0.25$ 时,可按基床系数法(文克尔假定)计算;当 $2T/L > 2.0$ 时,可按半无限深的弹性地基梁法计算;当 $2T/L = 0.25 \sim 2.0$ 时,可按有限深的弹性地基梁法计算。其具体计算方法和步骤如下:

(1)用偏心受压公式计算闸底在顺水流向的地基反力。

(2)计算单宽板条上的不平衡剪力。由于顺水流向闸室所受的荷载是不均匀的,特别是闸门前后水重相差悬殊,而地基反力是连续变化的。所以,计算时应以闸门门槛作为上下游的分界,将闸室分为上下游两段脱离体,脱离体截面上必然产生剪力 Q 来维持平衡,该剪力称为不平衡剪力。其值由脱离体平衡条件求得,即 $Q_上 = -Q_下$,而 $Q_下 = -\sum W_下$($\sum W_下$为下游段脱离体上全部竖向荷载)。

(3)不平衡剪力 Q 的分配。不平衡剪力的分配可采用作图法或数值法求得。一般情况下,闸底板分担不平衡剪力的10% ~15%,闸墩分担不平衡剪力的85% ~90%。

(4)计算作用在弹性地基梁(单宽板条)上的荷载。

集中荷载:将闸墩上的不平衡剪力与闸墩及其上部结构的重量作为梁的集中力。

均布荷载:将分配给底板上的不平衡剪力化为均布荷载,并与底板自重、水重及扬压力等代数和相加,作为梁的均布荷载。

(5)考虑边荷载对地基梁的影响。边荷载指计算闸段底板两侧的闸室或边闸墩后回填土及岸墙作用于地基上的荷载。《水闸设计规范》(SL 265—2001)规定:①当地基为砂性土,且边荷载使计算闸段底板内力减小时,计算百分数为50%;边荷载使计算闸段底板内力增加时,计算百分数为100%。②当地基为黏性土,且边荷载使计算闸段底板内力减小时,计算百分数为0;边荷载使计算闸段底板内力增加时,计算百分数为100%。

(6)计算地基反力及梁的内力。根据 $2T/L$ 判别所需采用的计算方法,然后利用已编制好的数表计算地基反力和梁的内力,进而验算强度并进行配筋。

岩基上闸底板可按弹性地基梁法中的基床系数法计算。

二、闸墩

闸墩结构计算主要包括闸墩水平截面上的正应力和剪应力、平面闸门门槽或弧形闸门支座的应力计算。闸墩计算情况有运用期和检修期两种:

(1)运用期。闸门关闭,闸墩承受最大水头时的水压力(包括闸门传来的水压力)、自重、上部结构及设备重作用,见图 2-5-16(a)、(b)。

(2)检修期。一孔关门检修,相邻闸孔开启时,闸墩承受侧向水压力及自重、上部结构及设备重作用、交通桥上车辆刹车制动力等荷载,见图 2-5-16(c)。

(一)闸墩水平截面上的正应力和剪应力

闸墩水平截面上的正应力和剪应力,主要包括纵向(顺水流方向)和横向(垂直水流方向)两个方向。闸墩主要以墩底截面为控制应力截面,将闸墩视为固结于闸底板上的悬臂结构,近似按材料力学中的偏心受压公式进行应力分析。

(1)闸墩水平截面上的正应力计算:

运用期
$$\sigma_{\min}^{\max} = \frac{\sum G}{A} \pm \frac{\sum M_{\mathrm{I}}}{I_{\mathrm{I}}} \frac{L}{2} \tag{2-5-41}$$

检修期
$$\sigma_{\min}^{\max} = \frac{\sum G}{A} \pm \frac{\sum M_{\mathrm{II}}}{I_{\mathrm{II}}} \frac{d}{2} \tag{2-5-42}$$

式中 $\sum G$——计算截面以上全部竖向力的总和,kN;

A——计算截面的面积,m^2;

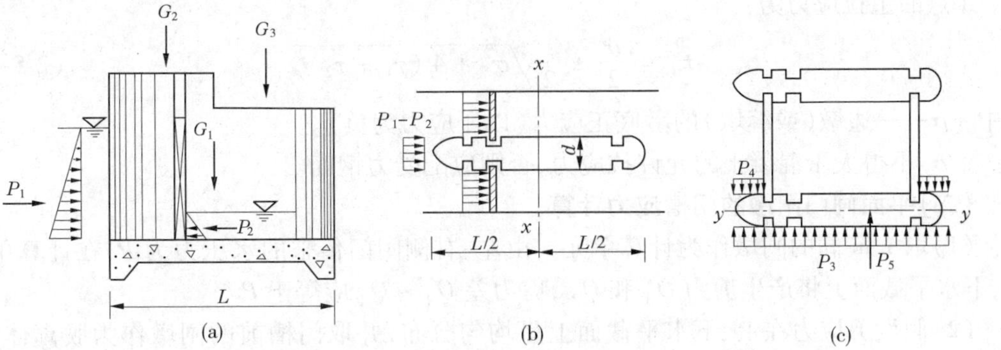

P_1、P_2—上下游水平水压力；P_3、P_4—闸墩两侧横向水压力；P_5—交通桥上车辆刹车制动力；

G_1—闸墩自重；G_2—工作桥及闸门重；G_3—交通桥重

图 2-5-16 闸墩结构计算示意

$\sum M_{\text{I}}$、$\sum M_{\text{II}}$——计算截面以上各力对截面垂直水流方向和顺水流方向形心轴 x、y 轴的力矩总和，kN·m；

I_{I}、I_{II}——计算截面对其形心轴 x、y 轴的惯性矩，m^4；

d——墩厚，m；

L——闸墩长度，m。

（2）闸墩水平截面上的剪应力计算：

$$\tau = \frac{QS}{Ib} \tag{2-5-43}$$

式中 Q——作用在墩底计算截面上顺水流方向和垂直水流方向的剪力，kN；

S——计算截面以外的面积对形心轴 x、y 轴的面积矩（方向与 Q 垂直），m^3；

b——计算截面处的墩厚，m。

（3）边墩（包括缝墩）墩底主拉应力计算。闸门关闭时，由于受力不对称（见图 2-5-17），墩底受纵向剪力和扭矩的共同作用，产生较大的主拉应力。由于扭矩 M_n 作用，在 A 点产生的剪应力近似为：

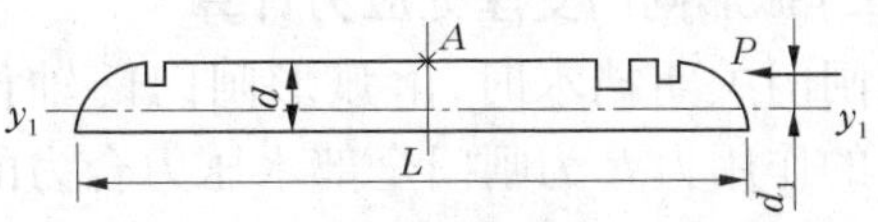

图 2-5-17 边墩墩底主拉应力计算

$$\tau_1 = \frac{M_n}{0.4d^2L} \tag{2-5-44}$$

$$M_n = Pd_1 \tag{2-5-45}$$

式中 P——半扇闸门传来的水压力，kN；

d_1——P 至形心轴的距离，m；

d、L——墩宽与墩长，m。

纵向剪应力的近似值为：

$$\tau_2 = \frac{3P}{2dL} \tag{2-5-46}$$

A 点的主拉应力为：

$$\sigma_{zl}=\frac{\sigma}{2}\pm\frac{1}{2}\sqrt{\sigma^2+4\left(\tau_1+\tau_2\right)^2} \tag{2-5-47}$$

式中 σ——边墩(或缝墩)的墩底正应力(以压应力为负)。

σ_{zl}不得大于混凝土的允许拉应力,否则应配受力钢筋。

(二)平面闸门闸墩的门槽应力计算

(1)取1 m高的闸墩作为计算单元。由左、右侧闸门传来的水压力为 P,在计算单元上、下水平截面上将产生剪力 $Q_上$ 和 $Q_下$,剪力差 $Q_下-Q_上$ 应等于 P。

(2)假设剪应力在上、下水平截面上呈均匀分布,并取门槽前的闸墩作为脱离体,由力的平衡条件可求得此1 m高门槽颈部所受的拉力 P_1 为：

$$P_1=P\frac{A_1}{A} \tag{2-5-48}$$

式中 A_1——门槽颈部以前闸墩的水平截面面积,m^2；

A——闸墩的水平截面面积,m^2。

(3)计算1 m高闸墩在门槽颈部所产生的拉应力：

$$\sigma=\frac{P_1}{b} \tag{2-5-49}$$

式中 b——门槽颈部厚度,m。

(4)闸墩配筋。当拉应力小于混凝土的容许拉应力时,可按构造要求进行配筋,否则,应按实际受力情况配筋。一般情况下,实体闸墩的应力不会超过墩体材料的容许应力,只需在闸墩底部及门槽配置构造钢筋。闸墩底部一般配Φ 10 ~ 14 mm,间距25 ~ 30 cm的垂直钢筋,下端深入底板25 ~ 30倍的钢筋直径,上端伸至墩顶或底板以上2 ~ 3 m处截断。水平分布钢筋一般采用Φ 8 ~ 12 mm,每米3 ~ 4根。门槽配筋见图2-5-18。

(三)弧形闸门支座处应力计算

当闸门关闭挡水时,由弧形闸门门轴传给牛腿的作用力 R 为闸门全部水压力合力的一半,该力可分为法向力 N 和切向力 T(见图2-5-19)。分析时可将牛腿视为短悬臂梁,计算它在 N 与 T 二力作用下的受力钢筋,并验算牛腿与闸墩相连处的面积是否满足要求。有关牛腿配筋计算可参阅《水工钢筋混凝土结构学》等有关书籍。

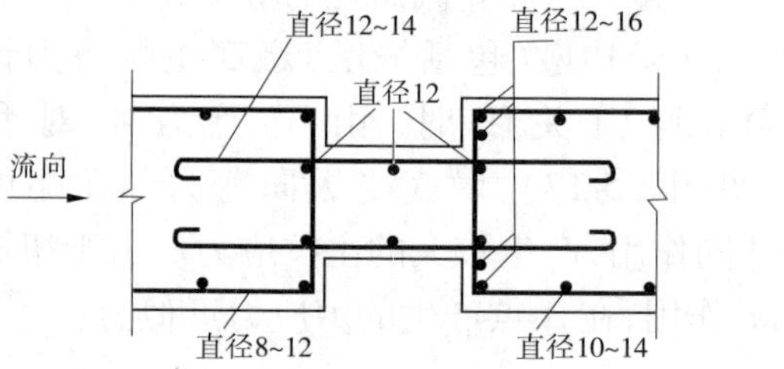

图2-5-18 门槽配筋图 (单位:mm)

远离牛腿部位的闸墩应力仍可用前述方法进行计算,但牛腿附近的应力集中现象则需采用弹性理论进行分析。三向偏光弹性试验结果表明:仅在牛腿前(靠闸门一边)的约2倍牛腿宽、1.5 ~ 2.5倍牛腿高范围内(见图2-5-20虚线范围)的主拉应力大于混凝土的容许应力,需要配置受力钢筋,其余部位可按构造配筋或不配筋。在牛腿附近闸墩需配置的受力钢筋面积 A_s 可近似地按式(2-5-50)计算：

$$A_s = \frac{\gamma_d N'}{f_y} \tag{2-5-50}$$

式中　N'——大于混凝土容许拉应力范围内的拉应力总和（见图2-5-20虚线范围内的总拉力），该值为（70%～80%）N，kN；

γ_d——结构系数，取1.2；

f_y——钢筋受拉强度设计值，MPa。

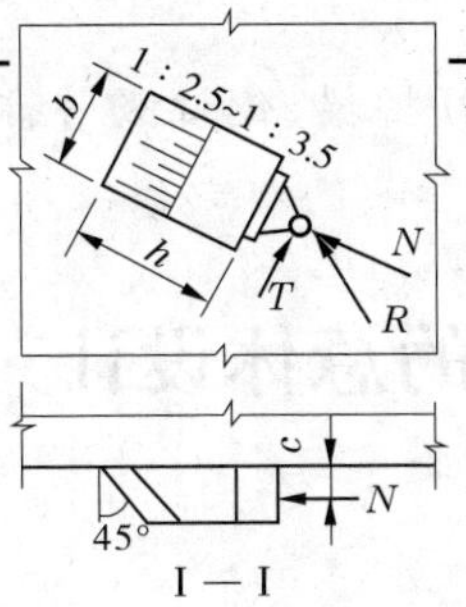

图2-5-19　牛腿计算

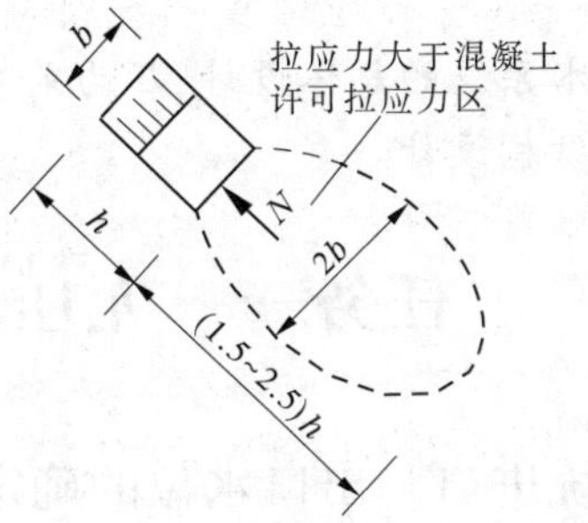

图2-5-20　牛腿附近的闸墩拉应力

项目六　无压引水建筑物设计

【设计任务】

无压输水系统的总体设计;压力前池、渠道及渡槽、桥梁、倒虹吸管、跌水与陡坡等渠系建筑物的结构设计。

任务一　无压输水系统的总体设计

一、系统进口和出口水位的确定

无压输水系统是指取水口到输水系统出口之间由渠系建筑物组成的系统。无压输水系统的总体设计分层次展开,首先要确定取水水位和出口(渠末)水位。一般起决定作用的是出口水位,要根据用户的要求来确定,例如发电站是以获得最大发电水头来确定的,灌溉系统是由灌区地形所决定的,供水是由用户要求决定的。正常取水水位受到水源自然条件的限制,即受到地形、地质、水文、征地拆迁等因素制约,需要全面均衡考虑各种因素,才能合理地选定取水水位和出口水位。据此,来确定取水点和供水点(出口),无压输水系统输水线路就是这两点的连线。

二、输水线路

取水点和供水点(出口)之间的连线有众多选择方案,决定因素有线路的长度、投资大小、征地移民的难度、工程技术的限制等,具体到实际工程,主要针对最突出的矛盾来开展,兼顾其他次要矛盾,尽可能地优化布置。

拟定输水线路后,可以先估算输水线路的长度、比降,然后开展实地勘测,根据实地的地形、地质、交叉建筑物等情况,在现场具体布置线路和渠系建筑物。测定各建筑物的里程桩号和高程,以此作为系统水力设计的依据。

【实例2-6-1】　某灌区改造工程原渠道的实测数据见表2-6-1。

三、无压输水系统的水力设计

(一)拦河坝水力设计

溢流坝顶高程应高于正常水位0.05 m,按设计洪水峰值流量计算溢流坝的长度或根据河道断面地形确定坝长,溢流坝尽量布置长一些,以降低洪水位。堰流计算公式:

$$Q = Bm\varepsilon\sigma_s\sqrt{2g}H_0^{\frac{3}{2}} \tag{2-6-1}$$

表 2-6-1 某灌区输水渠道实地勘测数据

上游断面桩号	下游断面桩号	长度(m)	纵坡	上游断面渠底高程(m)	下游断面渠底高程(m)	建筑物类型
0 +000	2 +010.94	2 010.94	0.000 6	141.58	140.37	明渠
2 +010.94	2 +076.44	65.5	0.002 14	140.15	140.01	渡槽
2 +076.44	3 +023.02	946.58	0.000 6	139.93	139.36	明渠
3 +023.02	3 +036.96	13.94	0.002 87	139.33	139.29	渡槽
3 +036.96	3 +144.01	107.05	0.000 8	139.25	139.16	明渠
3 +144.01	3 +165.62	21.61	0.002 31	139.12	139.07	渡槽
3 +165.62	3 +485.26	319.64	0.000 40	139.05	138.92	明渠
3 +485.26	3 +505.47	20.21	0.002 47	139.43	139.38	渡槽
3 +505.47	8 +318.61	4813.14	0.000 435	138.9	136.81	明渠
8 +318.61	8 +334.61	16	0.002	136.81	136.78	渡槽
8 +334.61	8 +529.42	194.81	0.000 800	136.76	136.60	明渠
8 +529.42	8 +544.02	14.6	0.002 054 8	136.55	136.52	渡槽
8 +544.02	13 +986.97	5 442.95	0.000 287	136.52	134.96	明渠
13 +986.97	14 +011.26	24.29	0.001 65	134.67	134.63	渡槽
14 +011.26	16 +439.42	2 428.16	0.000 45	134.63	133.54	明渠
16 +439.42	16 +451.62	12.2	0.004 918	133.91	133.85	涵洞
16 +451.62	17 +917.94	1 466.32	0.000 9	133.85	132.53	明渠
17 +917.94	18 +191.71	273.77	0.002 41	132.56	131.90	渡槽
18 +191.71	19 +886.43	1 694.72	0.000 47	131.9	131.10	明渠

式中　Q——流量,m^3/s;

B——溢流堰长度,m;

m——流量系数;

ε——侧收缩系数;

σ_s——淹没系数;

H_0——堰上水头,m。

(二)引水闸

有关水文计算成果和设计条件与水闸一致。开敞式进水口与水闸设计方法相同,不同的是底板高程的确定。

取水口要同时布置冲沙闸,冲沙闸底板高程一般与河床齐平,进水闸底槛高程应高出冲沙闸底板高程不小于 1.05 ~ 1.5 m,以防止泥沙进入引水道。在洪水期,引水比例较小、河道推移质较大时,可设拦沙坎防止泥沙入渠。拦沙坎高度为冲沙槽设计水深的 1/4 ~ 1/3,不宜小于 1 ~ 1.5 m,拦沙坎与进水闸前水流方向宜成 30° ~ 40°交角。

(三)渠道及渠系建筑物

渠道及无压过水建筑物的基本断面尺寸均可按照均匀流计算,渠系建筑物的连接以均匀水面线为依据,结合连接段局部水头损失。渡槽和隧洞等进出口水面线连接,计算内容为进出口水位降落和回升、连接段壅水高度、回水距离和回落距离等。

1. 渠道

各分段断面平均流速可按明渠均匀流计算:

$$V = \frac{1}{n}R^{\frac{2}{3}}i^{\frac{1}{2}} \tag{2-6-2}$$

或

$$Q = AC\sqrt{Ri} \tag{2-6-3}$$

式中　V——渠道平均流速,m/s;

Q——渠道流量,m^3/s;

R——水力半径,m;

C——谢才系数,$m^{1/2}/s$;

A——过水断面面积,m^2;

n——糙率;

i——渠道纵坡。

渠道断面大多为梯形,若渠道断面边坡为 m,水深为 h,底宽为 b,则

$$A = (b + mh)h \tag{2-6-4}$$

$$\chi = b + 2\sqrt{1 + m^2}h \tag{2-6-5}$$

无压引水隧洞的水力设计与明渠一致。

2. 渡槽

渡槽断面过流基本尺寸按均匀流计算,进出口水面连接需要考虑局部水头损失,进口段局部水头损失系数见表 2-6-2。

表 2-6-2　进口段局部水头损失系数

进口渐变段形式	扭曲面	八字斜墙	圆弧直墙	急变形式
ξ_1	0.10	0.20	0.20	0.40

渡槽进口上游渠道的水位为 Z_0，流速为 V_0，渡槽内的平均流速为 V_1，渡槽进口截面的水位为 Z_1，则有

$$Z_1 = Z_0 - (1 + \xi_1)(V_1^2 - V_0^2)/(2g) \tag{2-6-6}$$

槽身出口断面的水位 Z_2 为：

$$Z_2 = Z_0 - (1 + \xi_1)(V_1^2 - V_0^2)/(2g - iL) \tag{2-6-7}$$

式中　i——渡槽纵比降；

L——渡槽长度，m。

设渡槽设计水深为 h，渡槽进口槽底高程等于 $Z_1 - h$，出口槽底高程等于 $Z_2 - h$。

短渡槽的水力计算参考水力学教材。

3. 倒虹吸

设倒虹吸截面面积为 A，长度为 L，谢才系数为 C，局部水头损失系数之和为 $\sum\xi_i$，倒虹吸进出口水位差为 Z，则倒虹吸流量为

$$Q = \frac{1}{\sqrt{\sum \xi_i + \frac{2gL}{C^2R}}} A\sqrt{2gZ} \tag{2-6-8}$$

根据实际布置尺寸，对明渠渡槽、隧洞与渠道水面连接计算各段建筑物的设计水位和底板高程。

4. 水面线

渠道大部分为均匀流态，与渠系建筑物连接会出现非均匀流。因此，必须按照非均匀流复核设计水面线，并以此确定渠道堤顶高程。非均匀流按能量方程计算：

$$Z_1 + \frac{p_1}{\gamma} + \frac{\alpha_1 v_1^2}{2g} = Z_2 + \frac{p_2}{\gamma} + \frac{\alpha_2 v_2^2}{2g} + \Delta h_{1-2} \tag{2-6-9}$$

式中　Z、p、v——计算断面的水位、压强和流速；

γ、g、α——水的比重、重力加速度、流速系数；

Δh_{1-2}——断面 1 至 2 的水头损失；

脚标 1、2——断面 1、2 的参数。

【实例 2-6-2】　根据前面实测数据，采用均匀流计算并考虑连接水面线，确定各建筑物设计尺寸和布置高程，起算断面为渠末断面，起算水位是 133.139 m，设计计算成果见表 2-6-3。

表 2-6-3 某灌区输水渠道均匀流设计成果

上游断面桩号	下游断面桩号	糙率	底宽/直径(m)	设计边坡	上游断面渠底高程(m)	下游断面渠底高程(m)	上游断面设计水位(m)	下游断面设计水位(m)	建筑物类型	流量(m^3/s)	设计水深(m)
0+000	2+010.94	0.017	2.8	0.4	141.58	140.37	142.609	141.403	明渠	3.606	1.029
2+010.94	2+076.44	0.017	2.1	0	140.15	140.01	141.140	140.999	渡槽	3.606	0.990
2+076.44	3+023.02	0.017	2.7	0.4	139.93	139.36	140.985	140.417	明渠	3.606	1.055
3+023.02	3+036.96	0.017	1.87	0	139.33	139.29	140.325	140.285	渡槽	3.606	0.995
3+036.96	3+144.01	0.017	2.7	0.4	139.25	139.16	140.214	140.128	明渠	3.606	0.964
3+144.01	3+165.62	0.017	2.2	0	139.12	139.07	140.039	139.989	渡槽	3.606	0.919
3+165.62	3+485.26	0.017	2.7	0.4	139.05	138.92	140.249	140.121	明渠	3.606	1.199
3+485.26	3+505.47	0.017	2.2	0	139.43	139.38	140.327	140.277	渡槽	3.606	0.897
3+505.47	8+318.61	0.017	2.7	0.4	138.9	136.81	140.067	137.974	明渠	3.606	1.167
8+318.61	8+334.61	0.017	2	0	136.81	136.78	137.876	137.844	渡槽	3.606	1.066
8+334.61	8+529.42	0.017	2.7	0.4	136.76	136.60	137.718	137.562	明渠	3.572	0.958
8+529.42	8+544.02	0.017	4	0	136.55	136.52	137.124	137.094	渡槽	3.572	0.574
8+544.02	13+986.97	0.017	2.6	0.5	136.52	134.96	137.830	136.270	明渠	3.572	1.310
13+986.97	14+011.26	0.017	1.7	0	134.67	134.63	135.960	135.920	渡槽	3.355	1.290
14+011.26	16+439.42	0.017	2.6	0.5	134.63	133.54	135.729	134.637	明渠	3.355	1.099
16+439.42	16+451.62	0.017	3.7	0	133.91	133.85	134.335	134.275	涵洞	3.19	0.425
16+451.62	17+917.94	0.017	2.4	0.5	133.85	132.53	134.743	133.423	明渠	3.113	0.893
17+917.94	18+191.71	0.017	1.75	0	132.56	131.90	133.578	132.918	渡槽	3.113	1.018
18+191.71	19+886.43	0.017	2	0.5	131.9	131.10	133.119	132.322	明渠	3.113	1.219

任务二　进水口设计

【实例 2-6-3】

1. 水文计算成果

某灌区取水口拦河坝址的水文分析成果如下：

(1)设计洪水。

设计洪水计算结果见表2-6-4。

表2-6-4　设计洪水计算结果

频率(%)	洪峰流量(m^3/s)	
	综合单位线法	推理公式法
$P=5$	132.99	133
$P=2$	155.12	161

(2)灌溉设计水位和流量。

改造后渠首设计流量为3.61 m^3/s,沿途有灌溉分流,各段渠的设计流量均有变化。

根据渠道水面线计算成果,取水口正常水位为142.75 m,渠道断面0+000处的设计水位为142.61 m,过闸设计流量为3.61 m^3/s,河床高程140.30 m。

上游引水渠宽度为3.50 m。

2. 闸孔总净宽度的确定

水闸最常用的闸槛形式是平底板宽顶堰,因此本书只列出该堰型闸孔总净宽的计算公式。对于设有低堰或其他堰型的水闸闸孔总净宽计算,可参考有关水力学计算手册。

(1)当为堰流时,闸孔总净宽 B_0 可按式(2-6-10)进行计算:

$$B_0 = \frac{Q}{\sigma\varepsilon m\sqrt{2gH_0^3}} \tag{2-6-10}$$

单孔闸:

$$\varepsilon = 1 - 0.171\left(1 - \frac{b_0}{b_s}\right)\sqrt[4]{\frac{b_0}{b_s}} \tag{2-6-11}$$

$$\sigma = 2.31\frac{h_s}{H_0}\left(1 - \frac{h_s}{H_0}\right)^{0.4} \tag{2-6-12}$$

式中　B_0——闸孔总净宽,m;

Q——过闸流量,m^3/s;

H_0——计入行近流速水头的堰上水深,m;

ε——堰流侧收缩系数;

m——堰流流量系数,可采用0.385;

b_0——每孔净宽,m;

b_s——上游河道一半水深处的宽度,m;

σ——堰流淹没系数;

g——重力加速度,可采用9.81 m/s^2;

h_s——由堰顶算起的下游水深,m。

当堰顶处于高淹没度($h_s/H_0 \geq 0.9$)时,有

$$B_0 = \frac{Q}{\mu_0 h_s\sqrt{2g(H_0 - h_s)}} \tag{2-6-13}$$

$$\mu_0 = 0.887 + (\frac{h_s}{H_0} - 0.65)^2 \qquad (2\text{-}6\text{-}14)$$

式中 μ_0——淹没堰流的综合流量系数。

(2)当为孔流时(闸门开启度或胸墙下孔口高度 h_e 与堰上水头 H 的比值 $h_e/H \leq 0.65$),闸孔总净宽 B_0:

$$B_0 = \frac{Q}{\sigma'\mu h_e\sqrt{2gH_0}} \qquad (2\text{-}6\text{-}15)$$

$$\mu = \varphi\varepsilon'\sqrt{1 - \frac{\varepsilon' h_e}{H}} \qquad (2\text{-}6\text{-}16)$$

$$\varepsilon' = \frac{1}{1 + \sqrt{\lambda[1 - (\frac{h_e}{H})^2]}} \qquad (2\text{-}6\text{-}17)$$

$$\lambda = \frac{0.4}{2.718^{16\frac{r}{h_e}}} \qquad (2\text{-}6\text{-}18)$$

式中 h_e——孔口高度,m;

μ——孔流流量系数;

φ——孔流流速系数,可采用0.95~1.0;

ε'——孔流垂直收缩系数;

λ——计算系数,该公式适用于 $0 < r/h_e < 0.25$;

r——胸墙底圆弧半径,m;

σ'——孔流淹没系数,可由表2-6-5查得,表中 h_c'' 为跃后水深,m。

表2-6-5 σ'值

$\frac{h_s - h_c''}{H - h_c''}$	≤0	0.1	0.2	0.3	0.4	0.5	0.6	0.7	0.8	0.9	0.92	0.94	0.96	0.98	0.99	0.995
σ'	1.00	0.86	0.78	0.71	0.66	0.59	0.52	0.45	0.36	0.23	0.19	0.16	0.12	0.07	0.04	0.02

(3)进水闸宽度计算。

冲沙闸底板高程略高于河床高程140.30 m,定为140.50 m;进水闸底板高程高于冲沙闸底板高程1.0 m,定为141.50 m。

按堰流计算进水闸底板高程。设计条件:闸前正常水位为142.75 m,闸后水位为142.61 m,设计流量为3.61 m^3/s,则有

$$H_0 = 142.75 - 141.50 = 1.25(m)$$

$$h_s = 142.61 - 141.50 = 1.11(m)$$

水闸宽度未定,初步选定

$$\varepsilon = 0.9$$

$$\sigma = 2.31 \times \frac{1.11}{1.25} \times (1 - \frac{1.11}{1.25})^{0.4} = 0.8545$$

$$B_0 = \frac{3.61}{0.8545 \times 0.9 \times 0.385 \times \sqrt{2 \times 9.8 \times 1.25^3}} = 1.97(m)$$

由此,确定水闸宽度为2.0 m。

复核:水闸净宽 $b_0=2.0$ m,上游引水渠道宽度 $b_s=3.5$ m,则

$$\varepsilon = 1 - 0.171 \times \left(1 - \frac{2.0}{3.5}\right) \times \sqrt[4]{\frac{2.0}{3.5}} = 0.936$$

$$Q = 2.0 \times 0.8545 \times 0.936 \times 0.385 \times \sqrt{2.0 \times 9.8 \times 1.25^3} = 3.81(\mathrm{m^3/s}) > 3.61\ \mathrm{m^3/s}$$

满足过流要求。

3. 闸墩高程

计算拦河坝溢流堰上洪水位,根据堰流计算公式:

$$Q = Bm\varepsilon\sigma_s\sqrt{2g}H_0^{\frac{3}{2}} \tag{2-6-19}$$

式中 Q——流量,$\mathrm{m^3/s}$;

B——溢流堰长度,m;

m——流量系数,一般为0.4;

ε——侧收缩系数,无资料时,可近似取0.9;

σ_s——淹没系数,拦河坝多为自由出流;

H_0——堰上水头,m。

根据河道断面地形和地址情况拟定溢流堰长度为65.0 m,工程设计洪水标准为 $P=2\%$,采用综合单位线法计算的设计洪峰流量为155.12 $\mathrm{m^3/s}$,推理公式法设计洪峰流量为161 $\mathrm{m^3/s}$,两者相差较小,安全起见按设计洪峰流量为161 $\mathrm{m^3/s}$ 计算。

根据式(2-6-19)得:

$$161 = 65.0 \times 0.4 \times 0.9 \times 1 \times \sqrt{2 \times 9.8} \times H_0^{\frac{3}{2}}$$

$$H_0^{\frac{3}{2}} = 1.5541$$

$$H_0 = 1.34\ \mathrm{m}$$

河道断面平均宽度为78.00 m,设计洪水位下的坝前河道深度:

$$142.75 + 0.05 + 1.34 - 140.30 = 3.84(\mathrm{m})$$

则设计洪水位:

$$142.75 + 0.05 + 1.34 - \frac{1}{2 \times 9.8} \times \left(\frac{161}{78 \times 3.84}\right)^2 = 144.13(\mathrm{m})$$

取水闸墩顶超过为0.6 m,则水闸墩顶高程为144.73 m。

4. 消能计算

(1)孔口出流计算。

孔口出流上游水位为144.13 m,渠道水位为142.61 m,设计流量为3.61 $\mathrm{m^3/s}$,闸门底圆弧半径为0.05 m,根据式(2-6-15)~式(2-6-18),采用试算法,假设孔口开度为0.357 m,计算如下:

$$142.75 + 0.05 + 1.34 = 144.14(\mathrm{m})$$

$$\lambda = \frac{0.4}{2.718^{16\frac{r}{h_e}}} = \frac{0.4}{2.718^{16\times\frac{0.05}{0.357}}} = 0.042555$$

$$\varepsilon' = \frac{1}{1+\sqrt{\lambda\left[1-\left(\frac{h_e}{H}\right)^2\right]}} = \frac{1}{1+\sqrt{0.042\,555\times\left[1-\left(\frac{0.357}{144.14-141.50}\right)^2\right]}} = 0.830\,29$$

$$\mu = \varphi\varepsilon'\sqrt{1-\frac{\varepsilon' h_e}{H}} = 0.9\times0.830\,29\times\sqrt{1-\frac{0.830\,29\times0.357}{2.64}} = 0.704\,06$$

暂定 $\sigma'=1.0$,则

$$Q = B_0\sigma'\mu h_e\sqrt{2gH_0} = 2.0\times1\times0.704\,06\times0.357\times\sqrt{2\times9.8\times2.64} = 3.616(\mathrm{m^3/s})$$

因此,在设计洪水位 144.13 m 下,通过设计流量的闸门开度为 0.357 m。

(2)消能计算。

消力池的深度计算公式:

$$d = \sigma_0 h''_c - h'_s - \Delta Z \tag{2-6-20}$$

$$h''_c = \frac{h_c}{2}\left(\sqrt{1+\frac{8\alpha q^2}{gh_c^3}}-1\right)\left(\frac{b_1}{b_2}\right)^{0.25} \tag{2-6-21}$$

$$h_c^3 - T_0h_c^2 + \frac{\alpha q^2}{2g\varphi^2} = 0 \tag{2-6-22}$$

$$\Delta Z = \frac{\alpha q^2}{2g\varphi^2 h'^2_s} - \frac{\alpha q^2}{2gh''^2_c} \tag{2-6-23}$$

式中 d——消力池深度,m;

σ_0——水跃淹没系数,可采用 1.05~1.10;

h''_c——跃后水深,m;

h_c——收缩水深,m;

α——水流动能校正系数,可采用 1.0~1.05;

q——过闸单宽流量,$\mathrm{m^2/s}$;

b_1——消力池首端宽度,m;

b_2——消力池末端宽度,m;

h'_s——出池河床水深,m;

T_0——由消力池底板顶面算起的总势能,m;

ΔZ——出池落差,m。

消力池的长度可按式(2-6-24)和式(2-6-25)计算:

$$L_{sj} = L_s + \beta L_j \tag{2-6-24}$$

$$L_j = 6.9(h''_c - h_c) \tag{2-6-25}$$

式中 L_{sj}——消力池长度,m;

L_s——消力池斜坡段水平投影长度,m;

β——水跃长度校正系数,可采用 0.7~0.8;

L_j——水跃长度,m。

$\alpha=1.05$、$\varphi=0.95$，由式(2-6-22)得：

$$h_c^3 - T_0 h_c^2 + \frac{0.581\ 72q^2}{g} = 0 \tag{2-6-26}$$

$b_1=b_2$，则由式(2-6-21)和式(2-6-23)得：

$$h_c'' = \frac{h_c}{2}\left[\sqrt{1+\frac{8.4q^2}{gh_c^3}}-1\right] \tag{2-6-27}$$

$$\Delta Z = \frac{0.581\ 72q^2}{gh_s'^2} - \frac{1.05q^2}{2gh_c''^2} \tag{2-6-28}$$

$$d = 1.05h_c'' - h_s' - \Delta Z \tag{2-6-29}$$

设 $d=0.383$ m，渠底高程为 141.50 m，则

$$T_0 = 144.14 - 141.50 + 0.383 = 3.023(\text{m})$$

$$h_s' = 142.61 - 141.50 = 1.11(\text{m})$$

$$q = \frac{3.616}{2} = 1.808(\text{m}^3/\text{s})$$

$$h_c^3 - 3.023h_c^2 + \frac{0.581\ 72\times1.808^2}{9.8} = 0$$

解得 $h_c=0.265\ 3$ m，代入式(2-6-27)

$$h_c'' = \frac{0.265\ 3}{2}\times\left(\sqrt{1+\frac{8.4\times1.808^2}{9.8\times0.265\ 3^3}}-1\right) = 1.497\ 7\ (\text{m})$$

$$\Delta Z = \frac{0.581\ 72\times1.808^2}{2\times9.8\times1.11^2} - \frac{1.05\times1.808^2}{2\times9.8\times1.497\ 7^2} = 0.079(\text{m})$$

$$d = \sigma_0 h_c'' - h_s' - \Delta Z = 1.05\times1.497\ 7 - 1.11 - 0.079 = 0.384(\text{m})$$

d 的计算值与假设值一致，计算结果合理，消力池深度为 0.38 m，消力池底板高程为 141.50－0.38＝141.12 m。

消力池的长度由公式(2-6-24)和式(2-6-25)计算。

消力池底板高程为 141.12 m，水闸底板高程为 141.5 m，高差 0.38 m，按 1∶3～1∶5 的坡比计，则消力池斜坡段水平投影长度为

$$L_x = 5\times0.38 = 1.9(\text{m})$$

水跃长度为

$$L_c = 6.9(h_c''-h_c) = 6.9\times(1.497\ 7-0.265\ 3) = 8.5(\text{m})$$

选择 $\beta=0.8$，则消力池长度为：

$$L_{x1} = L_x + \beta L_d = 1.9 + 0.8\times8.5 = 8.7(\text{m})$$

取消力池长度为 8.80 m。

另外

$$\frac{h_x - h_c''}{H - h_c''} = \frac{1.11 - 1.497\ 7}{2.64 - 1.497\ 7} \leqslant 0$$

查表 2-6-5 得 $\sigma'=1$，与暂定数据基本吻合，以上计算过程合理。

任务三 压力前池设计

一、前室

如图 2-6-1 所示,前室的作用是把动力渠道断面尺寸扩大并过渡到进水室的宽度和深度,减缓流速,便于沉积泥沙和清污,形成一定容积,以调节水量和平稳水位。为使水流顺畅,不产生漩涡,渠道连接前室的平面扩散角 β 一般不大于 10° ~ 15°,纵向比降不陡于 1:3 ~ 1:5;为便于沉沙、排沙和防止有害泥沙进入进水室,前室末端地板高程应比进水室底板高程低 0.5 ~ 1.0 m,以形成拦沙坎。坎高及前室末端水平段长度,应根据冲沙廊道或冲沙孔的布置要求确定。

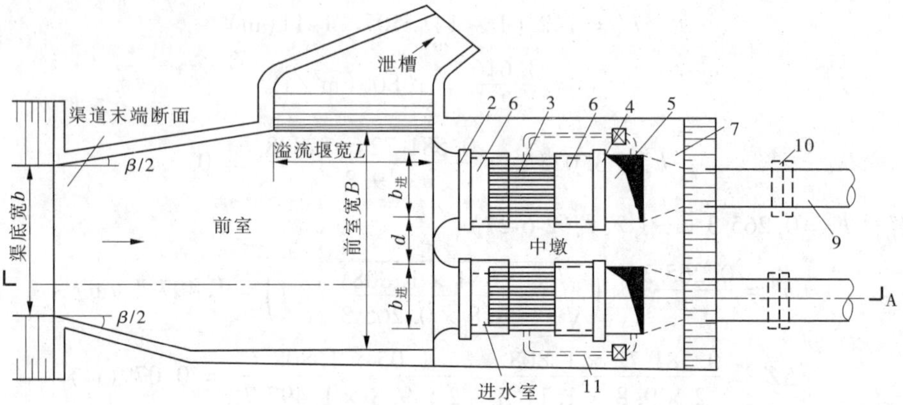

(a)压力前池平面图

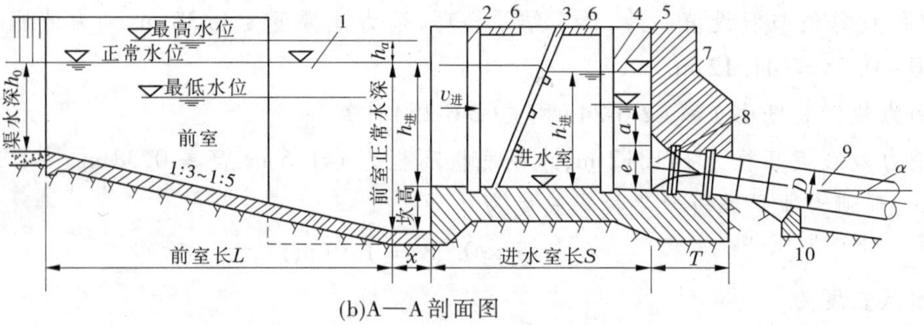

(b)A—A 剖面图

1—溢流堰;2—检修闸门;3—拦污栅;4—工作闸门;5—通气孔;6—工作桥;7—压力墙;8—压力管道进口;9—压力管道;10—支墩;11—旁通管

图 2-6-1 压力前池尺寸拟定示意

前室宽为进水室宽度的 1.0 ~ 1.5 倍,长度为宽度的 2.5 ~ 3.0 倍。

二、进水室

进水室是压力前池的重要组成部分,上游与前室相接,下游为埋设压力管道进口的压力墙。当压力管道为两根以上时,应用隔墩分成各自独立的进水室,每个进水室都设有拦污栅、检修闸门、工作闸门、启闭设备、旁通管、通气孔和工作桥等，如图 2-6-1 所示。这种布置方式，当一根管道或一台机组检修时，不影响其他机组正常运行。

三、压力前池轮廓尺寸的拟定

压力前池轮廓尺寸的拟定见图 2-6-1。

（一）压力前池特征水位的确定

1. 前池正常水位

前池正常水位可近似按渠道通过最大流量的渠道末端的正常水位 Z_e 来确定，通过明渠均匀流计算得出。

2. 前池最高水位

对于自动调节渠道，前池最高水位发生在丢弃全负荷时，经非恒定流计算所得出渠末的最高涌波水位；对于非自动调节渠道，则是出现溢流堰下泄最大流量时的相应水位。设堰上最大水深为 h_y，堰顶高程通常高于前池正常水位(Z_0)3 ~5 cm，故

$$Z_{max} = Z_0 + h_y + (0.03 \sim 0.05) \tag{2-6-30}$$

溢流堰下泄最大流量常取电站最大引用流量。

3. 前池最低水位

应取以下两种情况中的较低水位。

(1)渠道流量为电站最小引用流量时的前池水位 Z_{min1}，按式(2-6-31)确定：

$$Z_{min1} = Z_e + h_e \tag{2-6-31}$$

式中　Z_e——渠道底高程；

　　h_e——最小引用流量时的渠末水深。

(2)水轮机突然增加负荷使前池中水位突然下降时的低水位。此时应根据运行中可能出现的最不利情况计算水位最大下降值确定。若增加负荷前，前池中水位为 Z_{e0}，则前池中的最低水位为

$$Z_{min2} = Z_{e0} - \Delta h_{max} \tag{2-6-32}$$

式中　Δh_{max}——增荷时渠末水位最大下降值。

所以，前池最低水位为

$$Z_{min} = \min\{Z_{min1}, Z_{min2}\} = \min\{Z_e + h_e, Z_{e0} - \Delta h_{max}\} \tag{2-6-33}$$

（二）压力前池尺寸拟定

1. 边墙顶高程 Z_T

对非自动调节渠道，池身边墙顶高程 Z_T 应保证水流不漫顶，并留有适当的安全超高 δ，按下式确定：

$$Z_T = Z_{max} + \delta \tag{2-6-34}$$

其中 δ 按建筑物等级确定，一般为 0.3 ~0.5 m。

2. 管顶高程 Z_P

压力管进口顶高程按淹没深度确定：

$$Z_P = Z_{\min} + 3\frac{v_0^2}{2g} \tag{2-6-35}$$

其中 v_0 为压力管最大流速。

3. 进水室底板高程 Z_B

$$Z_B = Z_P - \frac{D}{\cos\alpha} \tag{2-6-36}$$

式中 α——压力管道轴线和水平线夹角；

D——压力管道直径，m。

4. 前池末端底板高程 Z_L

$$Z_L = Z_B - (1.0 \sim 1.5) \tag{2-6-37}$$

5. 进水室宽度

单机进水室的宽度为压力管道直径 D 的 1.5～1.8 倍。因此，进水口前沿总宽度为

$$B = nb + (n-1)d \tag{2-6-38}$$

式中 n——单机进水室数目，与压力管道根数相同；

b——单室宽度，$b = (1.5 \sim 1.8)D$；

d——单机进水室间隔墩厚度，一般砌石墩为 0.8～1.0 m，混凝土墩为 0.5～0.6 m。

6. 过栅流速复核

进水室过流断面尺寸应使进口流速不超过拦污栅允许流速 V_Z，则

$$h_k \geqslant \frac{Q_{\max}}{b_k V_Z} \tag{2-6-39}$$

式中 $Q_{\max}$——单机最大引用流量，m^3/s；

V_Z——允许过栅流速，m^3/s；

h_k——进水室水深，m；

b_k——进水室宽度，m。

7. 进水室长度

进水室长度主要取决于拦污栅、检修闸门、工作闸门、工作桥和启闭设备的布置。压力墙的厚度应根据进水口及压力钢管布置的稳定要求来确定。

(三)前池尺寸

前池是进水室与渠道的过渡建筑物，需要根据渠道断面尺寸和进水室断面尺寸进行过渡连接，应同时满足平面宽度和高度变化的过渡要求。

任务四　梁式渡槽设计

一、槽身断面形式选择

一般大流量渡槽多采用矩形断面，中小流量渡槽可采用矩形断面，也可采用 U 形断面。为了增加侧墙稳定性，也可沿槽长方向每隔一定距离加一道肋，构成肋板式槽身，如

图 2-6-2 所示。肋的布置,应保证侧墙底部和底板为双向受力的四边支承或三边支承结构。肋的间距应适当,初拟时可取侧墙高的(0.7~1.0)倍,肋的宽度 b 一般不小于侧墙厚度 t,肋的厚度一般为(2~2.5)t,对于大流量(40~50 m^3/s 以上)的渡槽,或者因通航需要较大槽宽时,为了减小底板厚度,可在底板下设置边纵梁或中纵梁,而建成多纵梁式矩形槽,如图 2-6-3 所示。

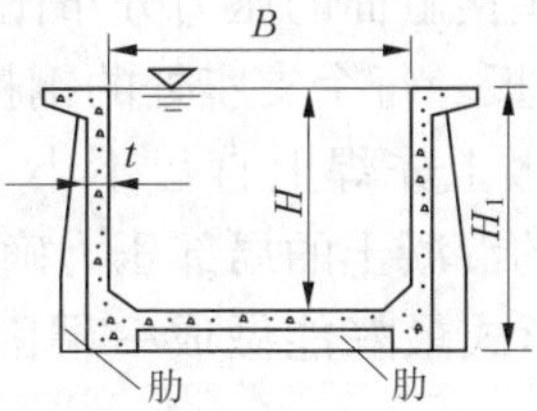

图 2-6-2　肋板式矩形槽

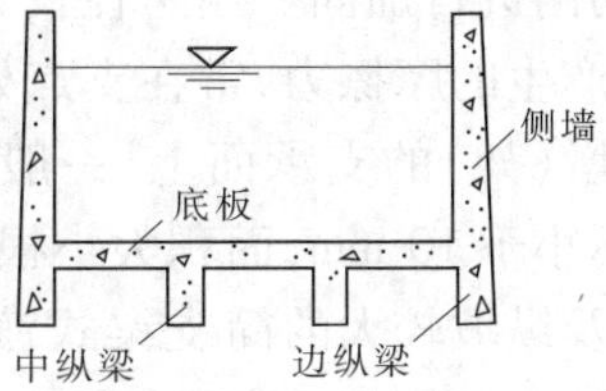

图 2-6-3　多纵梁式矩形槽

槽身侧墙通常都按纵梁考虑,由于侧墙薄而高,故在设计中除考虑强度外,还应考虑侧向稳定,一般以侧墙厚度 t 与侧墙高度 H_1 的比值 t/H_1 作为衡量指标,其经验数值可参考表 2-6-6。

表 2-6-6　槽身侧墙经验尺寸数据参考值

项目名称	t/H_1	厚度 t(cm)
有拉杆矩形槽	1/12~1/16	10~20
有拉杆 U 形槽	1/10~1/15	5~10
肋板式矩形槽	1/18~1/20	12~15

钢筋混凝土 U 形槽,一般采用半圆形上加直段的断面形式。为了便于布置纵向受力钢筋,并增加槽壳的纵向刚度以满足底部抗裂要求,常将槽底弧形段加厚。s_0 是从 d_0 两端分别向槽壳外缘作切线的水平投影长度,可由作图求出,初步拟定断面尺寸时,可参考表 2-6-7 所列经验数据。

表 2-6-7　U 形槽经验参数

参数	h_0	a	b	c	d_0	t_0
经验数据	$(0.4\sim0.6)R_0$	$(1.5\sim2.5)t$	$(1\sim2)t$	$(1\sim2)t$	$(0.5\sim0.6)t$	$(1\sim1.5)t$

二、梁式渡槽一般构造

槽身设计中,除了选择断面形式、确定断面尺寸,还应注重槽身的分缝、止水及与墩台的连接等一般构造。

(1)分缝。为了适应渡槽槽身因温度变化引起的伸缩变形和允许的沉降位移,应在渡槽进出口建筑物之间以及各节槽身之间设置变形缝,缝宽一般为 2~5 cm。变形缝的封堵材料,应既能适应变形又能防止漏水,特别是槽身与进出口建筑物之间的接缝止水必须严密可靠，以避免产生大量的漏水，造成岸坡坍塌，影响渡槽安全。

（2）止水。槽身接缝止水材料和构造形式较多，常见的有橡皮压板式止水、塑料止水带压板式止水、沥青填料式止水、黏合式止水、套环填料式止水等。

（3）支座。梁式渡槽槽身搁置在墩架上，当跨径在 10 m 以内时，一般不设专门的支座，直接支承在油毡或水泥砂浆垫层上，垫层厚度不小于 10 mm。为防止支承处混凝土拉裂，可设置钢筋网进行加固。当跨径较大时，为使支座接触面的压力分布比较均匀并减小槽身摩擦时所产生的摩擦力，常在支点处设置支座钢板。每个支座处的钢板有两块，分别固定于槽身及墩（架）的支承面上，一般要求每块钢板上先焊上直径不小于 10 mm 的钢筋，钢板厚度不小于 10 mm，面积大小根据接触面处的混凝土的局部压力确定。

对于跨度及纵坡较大的简支梁式渡槽，其支座形式最好能做成一端固定（不能水平移动但可以转动）、一端活动（能水平移动和转动）。

三、槽身结构计算

渡槽的槽身为空间结构，其受力比较复杂。结构计算时，一般近似从纵、横两个方向按平面结构进行分析。

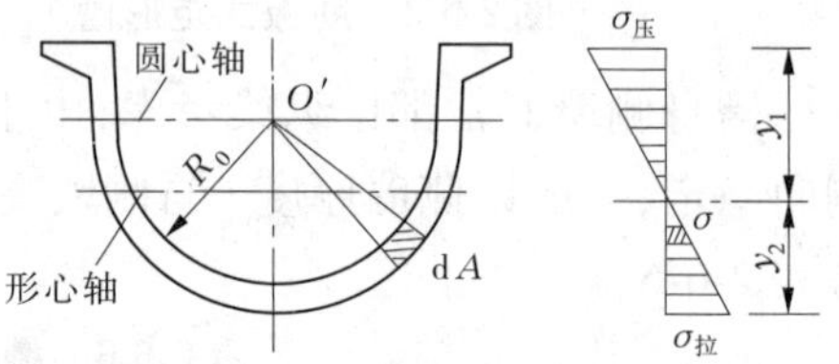

图 2-6-4　U 形槽身纵向计算简图

（一）槽身纵向结构计算

一般按满槽水情况设计。对矩形槽，可将侧墙视为纵向梁，梁截面为矩形或 T 形，按受弯构件计算纵向正应力和剪应力，并进行配筋计算和抗裂验算。

U 形槽身纵向应力计算时，应先求出截面形心轴位置及形心轴至受压和受拉边沿的距离 y_1 和 y_2，由材料力学计算得出，如图 2-6-4 所示，再按式（2-6-40）计算：

$$\left.\begin{aligned}\sigma_{压} &= \frac{M}{I_0}y_1 \\ \sigma_{拉} &= \frac{M}{I_0}y_2\end{aligned}\right\} \tag{2-6-40}$$

式中　$\sigma_{压}$、$\sigma_{拉}$——边沿压应力和边沿拉应力；

y_1、y_2——形心轴至受压、受拉边沿的距离；

M——截面承受的弯矩；

I_0——U 形槽身横截面对形心轴的惯性矩。

U 形槽的纵向配筋计算，一般按总应力法，即考虑受拉区混凝土已开裂不能承受拉力，形心轴以下总拉力由钢筋承担，可由下列公式计算：

$$A_S \geqslant \frac{\gamma_0 F_{总}}{f_y}$$

$$F_{总} = \int_A \sigma \mathrm{d}A = \frac{M}{I_0}S_{\max} \tag{2-6-41}$$

式中　A_S——钢筋总面积；

$F_{总}$——形心轴以下总拉力；

γ_0——结构重要性系数；

σ——截面某一点的正应力；

f_y——钢筋抗拉强度设计值；

S_{max}——形心轴以下的面积矩；

其他符号含义同前。

（二）槽身横向结构计算

由于荷载沿槽长方向的连续性和均匀性，在槽身横向计算时，通常可沿槽长方向取 1 m 长为脱离体，按平面结构分析，如图 2-6-5 所示。在脱离体上的荷载除有竖向力 q（水重加自重）外，两侧还有剪力 Q_1 和 Q_2，两剪力的差值 ΔQ 与荷载 q 维持平衡，即 $\Delta Q = Q_1 - Q_2 = q$。

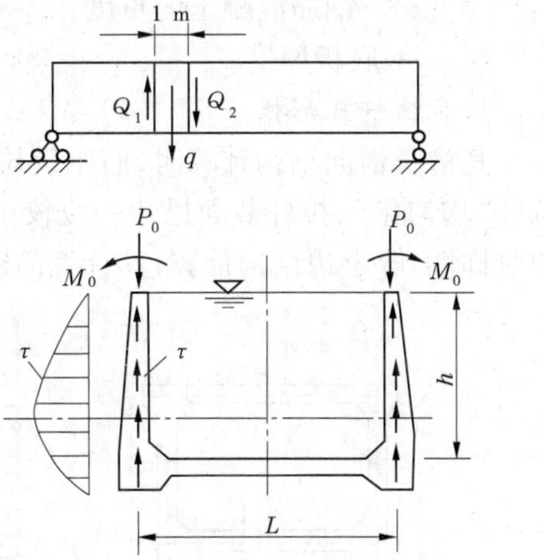

图 2-6-5　槽身横向结构计算简图

1. 无拉杆矩形槽

对于无拉杆矩形槽身，侧墙可视为固结于底板上的悬臂梁，侧墙和底板仍按刚性连接处理，其计算简图如图 2-6-6 所示。由于剪力在截面上的分布沿高度呈抛物线分布，且方向向上。因此，在工程设计中，一般不考虑底板截面上剪力的影响。

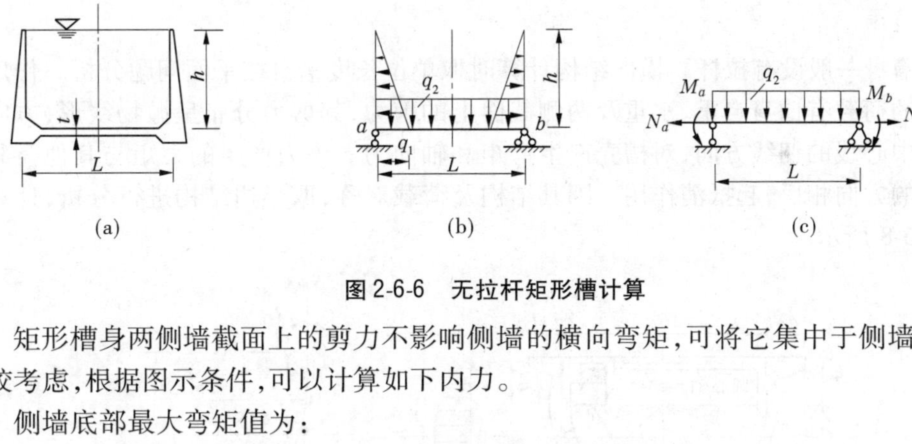

图 2-6-6　无拉杆矩形槽计算

矩形槽身两侧墙截面上的剪力不影响侧墙的横向弯矩，可将它集中于侧墙底面按支承铰考虑，根据图示条件，可以计算如下内力。

侧墙底部最大弯矩值为：

$$M_a = M_b = \frac{q_1 h^2}{6} = \frac{\gamma h^3}{6} \tag{2-6-42}$$

底板拉力值为：

$$N_a = N_b = \frac{\gamma h^2}{2} \tag{2-6-43}$$

底板跨中最大弯矩值为：

$$M_c = \frac{q_2 L^2}{8} - M_a \tag{2-6-44}$$

式中　q_1——作用于侧墙底部的水平水压力，$q_1 = \gamma h$；

q_2——作用于底板上的均布荷载，一般为水重加自重，$q_2 = \gamma h + \gamma_h t$；

γ——水的重度；

γ_h——钢筋混凝土的重度；

t——底板厚度。

2. 有拉杆矩形槽

其槽身横向结构计算时，假定设拉杆处的横向内力与不设拉杆处的横向内力相同，将拉杆“均匀化”，拉杆截面尺寸一般较小，不计其弯矩作用及轴力对变位的影响，利用结构的对称性，取半边结构计算，其计算简图如图 2-6-7 所示。

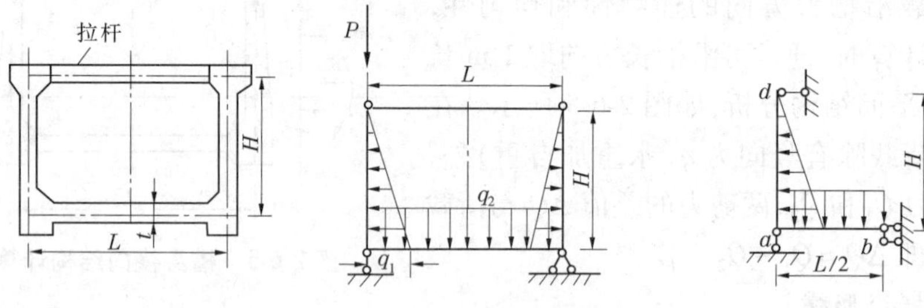

图 2-6-7　有拉杆矩形槽计算

槽身设置拉杆后，可显著减小侧墙和底板的弯矩。计算表明，侧墙底部和跨中的最大弯矩值均发生在满槽水深的情况。有拉杆的矩形槽身属一次超静定结构，可按力矩分配法进行计算，但必须注意，求出拉杆拉力以后，应再乘以拉杆间距，才是拉杆的实际拉力。

3. U 形槽

U 形槽身一般设有拉杆。横向结构计算时取单位长度槽身按平面问题分析。作用于单位槽身的荷载有槽身自重、水重及两侧截面上的剪力，其剪力分布呈抛物线形，方向沿槽壳厚度中心线的切线方向，对槽壳产生弯矩和轴向力。该力产生的力矩与其他荷载产生的力矩的方向相反，起抵消作用。因其结构及荷载对称，取半边结构进行分析，计算简图如图 2-6-8 所示。

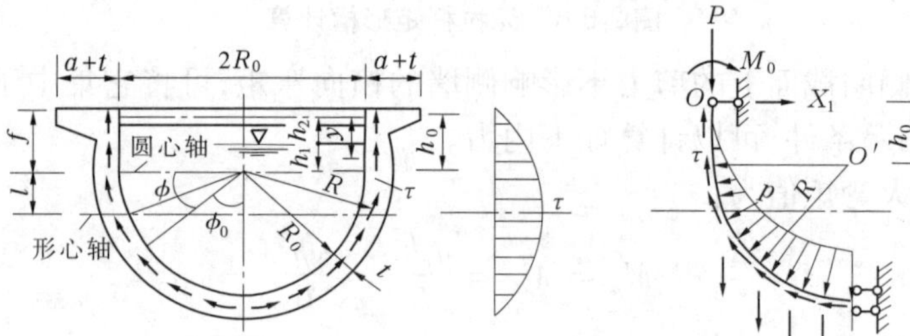

图 2-6-8　U 形渡槽计算简图

四、梁式渡槽支承结构设计

梁式渡槽的支承结构设计主要包括形式选择、尺寸确定、排架与基础的连接方式以及结构计算等。

梁式渡槽的支承结构，一般有槽墩式和排架式两种形式。

(一)槽墩式

槽墩式一般为重力式,包括实体墩与空心墩两种形式。

(1)实体墩。实体墩的墩头形式多为半圆形或尖角形。墩顶长度应略大于槽身长度,每边外伸约 20 cm。墩顶宽度应大于槽身支承面所需的宽度,常不小于 0.8 ~ 1.0 m。墩顶设置混凝土墩帽,一般厚度 0.3 ~ 0.4 m,四周外挑 5 ~ 10 cm,并布置一定的构造钢筋。为满足墩体强度要求和地基承载力要求,墩身两侧可做成 20∶1 ~ 30∶1的斜坡。在墩帽上应设置油毡垫座或钢板支座,以便将上部荷载均匀地传到墩体上,并减小槽身因温度变化而产生的水平力。实体墩一般采用混凝土或浆砌石结构,构造简单,施工方便,但使用材料多,自身重力大,故高度不宜太大。当槽墩较高、承受荷载又较大时,要求地基应有较大的承载力,因此这种墩高度一般不大于 8 ~ 15 m。

(2)空心墩。其体形及各部分尺寸基本与实体墩相同。截面形式有圆形、矩形、双工字形、圆矩形等。其壁厚一般为 15 ~ 30 cm,为了加强墩身的整体性并便于分层吊装施工,竖向每隔 2.5 ~ 4.0 m 设置一道横梁,并在墩顶和墩底设置进人孔。空心墩墩身可采用混凝土预制块砌筑,也可将墩身分段预制、现场安装。在数量多、墩身较高时,可采用滑升钢模现浇混凝土施工。与实体墩相比较可节省材料,与槽架相比较可节省钢材。其自身重力小,但刚度大,适用于修建较高的槽墩。

(3)槽台。渡槽与两岸连接时,常采用重力式边槽墩,也简称槽台。槽台起着支承槽身和挡土的双重作用,其高度一般不超过 5 ~ 6 m。槽台背坡,一般 $m = 0.25 \sim 0.5$。为减小槽台背水压力,常在其体内设置排水孔,孔径为 5 ~ 8 cm,并做反滤层予以保护。槽台顶应设混凝土台帽,其构造同槽墩。

(二)排架式

排架式一般为钢筋混凝土结构,主要有单排架、双排架、A 字形排架及组合式排架等形式,如图 2-6-9 所示。

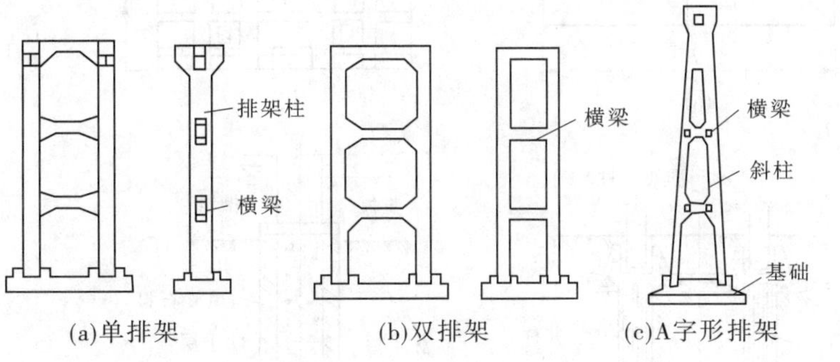

图 2-6-9　排架形式

(1)单排架。这种排架是由两根立柱和横梁所组成的多层刚架结构,其构造如图 2-6-9 所示。具有体积小、重量轻、可现浇或预制吊装等优点,在工程中被广泛应用。单排架高度一般为 10 ~ 20 m。

单排架两根立柱的中心距,取决于渡槽宽度,一般应使槽身传来的荷载 P 的作用线与立柱中心线相重合,以使立柱成为中心受压构件。两立柱间设置横梁,自上而下等间距布置,横梁与立柱的连接处应设置补角。为改善槽身支撑条件,排架顶部常伸出悬臂短梁。

(2)双排架。它由两个单排架及横梁组成,属于空间框架结构。在较大的竖向及水平荷载作用下,其强度、稳定性及地基应力均较单排架容易满足要求。其可适应较大高度要求,通常为 15 ~25 m。

(3)A 字形排架。通常由两片 A 字形单排架组成,其稳定性好、适应高度大,但施工较复杂,造价也较高。双排架和 A 字形排架均由单排架组成,其构造、基本尺寸可参考单排架确定。

(4)组合式排架。其适用于跨越河道主河槽部分,在最高洪水位以下为重力式墩,其上为槽架。槽架可为单排架,也可为双排架。

五、渡槽基础设计

(一)基础类型选择

渡槽基础是将渡槽的全部重量传给地基的底部结构。渡槽基础的类型较多,根据埋置位置深度可分为浅基础和深基础,埋置深度小于 5 m 时为浅基础,大于 5 m 时为深基础;按照结构形式可分为刚性基础、整体板式基础(亦称柔性基础)、钻孔桩基础和沉井基础等。

渡槽的浅基础一般采用刚性基础及整体板式基础,深基础多为桩基础和沉井基础,如图 2-6-10 所示。

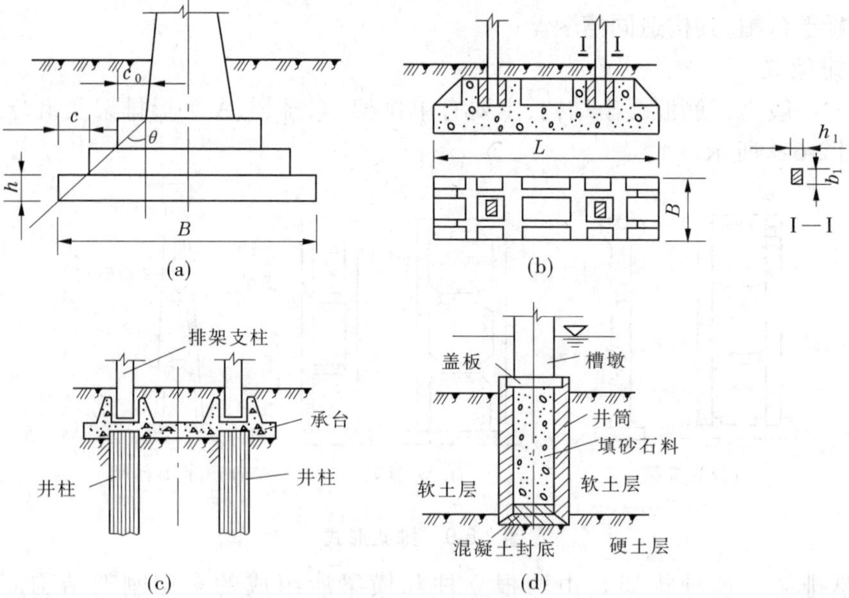

图 2-6-10　渡槽基础

对于浅基础,基底面高程(或埋置深度)一般应根据地形、地质、水文、气象条件和使用要求等选定。软土地基上基础埋置深度一般为 1.5 ~2.0 m。当上层地基土的承载能力大于下层时，宜利用上层作持力层，但基底面以下的持力层厚度应不小于1.0 m。坡地上的基础，基底面应全部置于稳定坡线以下，并去除不稳定的坡土和岩石，以保证工程的安全。对于冰冻地区，基底面埋入冰冻层以下不小于0.3～0.5 m，以免因冰冻而降低地基承载能力。耕作地区的基础，基础顶面应设在地面以下0.5～0.8 m。河槽中受到水流冲刷的基础，基底面应埋入最大冲刷线之下，以免基底受到淘刷而危及工程的安全。

（二）基础设计

不同类型的基础设计计算方法不一样，在此仅对整体板基础设计进行简要介绍，其他基础可参考有关资料。

（1）底板尺寸的确定。基础底板面积与排架传递的荷载以及地基的承载能力有关，尺寸的确定可以参考已建工程进行，也可以按照下列公式拟定。

$$B \geqslant 3b_1 \tag{2-6-45}$$

$$L \geqslant S + 5h_1 \tag{2-6-46}$$

式中　B——底板宽度；

L——底板长度；

S——两支柱间的净距；

b_1、h_1——排架支柱横截面的长边和短边的长度。

（2）地基应力验算。基础底板的尺寸确定以后，应根据支柱传给基础顶面的轴力 N_1、N_2，水平剪力 V 及弯矩 M 的大小，按照下式进行地基应力验算：

$$p_{\min}^{\max} = \frac{\sum N}{A} \pm \frac{\sum M}{W} + q \tag{2-6-47}$$

式中　$p_{\min}^{\max}$——底板中基底应力的最大值或最小值；

$\sum N$——作用在基础底板上的全部竖向荷载（包括 N_1、N_2）；

$\sum M$——作用在基础底板上的全部竖向和水平向荷载对基础底面垂直水流方向的形心轴的力矩；

q——单位面积上基础自重及回填土重；

A——基础底板的面积，$A = BL$；

W——基础底面对于垂直长边方向的形心轴的截面抵抗矩，$W = BL^2/6$。

一般要求基底的最大和最小应力平均值 p 不超过地基的允许承载力。

（3）底板内力与配筋计算。地基应力求出以后，应作为底板的荷载之一，直接作用于底板的底部。底板的配筋按以下方法确定：在长边方向，可以按倒置梁计算基础底板的弯矩，并可绘制出弯矩图。底层受力钢筋按支柱下的最大弯矩计算，顶层钢筋按跨中最大负弯矩计算；在短边方向，可将基础伸出的部分作为悬臂梁，在地基应力较大的一侧取单位宽度计算弯矩，并配置钢筋。

（4）冲剪强度校核。为了验算基础底板的厚度是否满足设计要求，按照《建筑地基基础设计规范》（GB 50007—2011）等相关内容进行冲剪强度校核计算。

任务五　倒虹吸管设计

倒虹吸管水力计算的任务，主要是根据上游渠底高程、水位、流量和允许的水头损失，确定倒虹吸管的断面尺寸、水头损失、下游渠底高程及进出口的水面衔接形式。

在实际工程中,倒虹吸管的水力计算主要包括下列几种情况:①根据需要通过的流量和允许的水头损失,确定管道的断面形式和尺寸;②由需要通过的流量及拟定的管内流速,校核水头损失是否超过允许值。

倒虹吸管的断面尺寸和上下游渠道底部高程确定后,应当核算通过小流量时是否满足不淤要求。若计算出的管身断面尺寸较大或通过小流量时管内流速过小,可考虑布设双管或多管。

过流能力计算公式:

$$Q = mA\sqrt{2gZ} \tag{2-6-48}$$

$$m = \frac{1}{\sqrt{\sum \xi + \lambda \frac{L}{D}}} \tag{2-6-49}$$

$$\lambda = \frac{8g}{C^2} \tag{2-6-50}$$

式中　Q——设计流量,m^3/s;

m——流量系数;

A——过水断面面积,m^2;

g——重力加速度,m/s^2;

Z——上下游水位差,m;

$\sum\xi$——局部水头损失系数之和;

λ——能量损失系数;

L——总长度,m;

D——断面直径,m;

C——谢才系数,$m^{1/2}/s$。

倒虹吸总水头损失计算公式

$$h_w = \left(\sum \xi + \frac{\lambda L}{D}\right)\frac{v^2}{2g} \tag{2-6-51}$$

式中　h_w——倒虹吸总水头损失,m;

v——断面平均流速,m/s。

总水头损失等于上下游水位差,即有

$$Z = \left(\frac{\sum \xi}{2g} + \frac{L}{C^2 R}\right)\frac{Q^2}{A^2} \tag{2-6-52}$$

$$Q = A\frac{1}{\sqrt{\frac{\sum \xi}{2g} + \frac{L}{C^2 R}}}\sqrt{Z} \tag{2-6-53}$$

【实例2-6-4】　【实例2-6-1】灌渠 2 +010. 94—2 +076. 44,长度 65. 5 m 的渡槽,改造为倒虹吸,上游断面设计水位 141. 14 m,下游断面设计水位 141. 00 m,在规定的设计水位下,采用倒虹吸的设计。根据地形布置倒虹吸长度为 86. 3 m,初步估算 $\sum\xi = 1.2$,设计流

量为 $Q = 3.61\ m^3/s$。

由式(2-6-53)得:

$$\frac{A}{\sqrt{\frac{1.2}{2g}+\frac{86.3}{C^2R}}}=\frac{Q}{\sqrt{Z}}=\frac{3.61}{\sqrt{0.14}}=9.648$$

解得 $D=2.06848$ m,确定倒虹吸直径为 2 100 mm。

管壁厚度最大为 20 mm(不小于 $D/120$),需要钢材 11.39 t。需要进一步分析,从经济角度分析渡槽和倒虹吸方案的优劣(此处略)。

任务六　跌水设计

【实例 2-6-5】

1. 泄洪计算

跌水堰口顶高程为 20.00 m,下游水位为 17.67 m,河床高程 14.65 m,跌水堰口宽度为 97.70 m,设计流量为 371.03 m^3/s。

跌水口的泄流能力可按堰流公式计算:

$$Q = mb\varepsilon\sqrt{2g}H_0^{3/2} \tag{2-6-54}$$

式中　m——流量系数,采用 $m=0.42\sim0.45$,选取 $m=0.43$;

ε——侧收缩系数,采用 $\varepsilon=0.85\sim0.95$,选取 $\varepsilon=0.90$;

H_0——上游总水头,m,$H_0=H+\frac{v_0^2}{2g}$,H 为上游渠道水深,m,v_0 值可以忽略不计,故取 $H_0=H$。

各水位的过流能力计算结果见表 2-6-8。

表 2-6-8　跌水泄流流量数据

上游水位(m)	堰口顶高程(m)	下游水位(m)	河床高程(m)	堰口宽度(m)	流量系数	侧收缩系数	流量(m^3/s)
21.7	20	17.67	14.65	97.7	0.43	0.9	371.03

2. 消能设计

(1)消力池深度。

消力池深度计算采用下列计算公式:

$$d = \sigma_0 h_c'' - h_s' - \Delta Z \tag{2-6-55}$$

$$h_c''=\frac{h_c}{2}\left(\sqrt{1+\frac{8\alpha q^2}{gh_c^3}}-1\right)\left(\frac{b_1}{b_2}\right)^{0.25} \tag{2-6-56}$$

$$h_c^3 - T_0h_c^2+\frac{\alpha q^2}{2g\varphi^2}=0 \tag{2-6-57}$$

$$\Delta Z=\frac{\alpha q^2}{2g\varphi^2 h_s'^2}-\frac{\alpha q^2}{2gh_c''^2} \tag{2-6-58}$$

式中 d——消力池深度,m;

σ_0——水跃淹没系数,采用1.05;

h_c''——跃后水深,m;

h_c——收缩水深,m;

α——水流动能校正系数,采用1.0;

q——过闸单宽流量,m^2/s;

b_1——消力池首端宽度,m;

b_2——消力池末端宽度,m;

T_0——由消力池底板顶算起的总势能,m;

ΔZ——出池落差,m;

h_s'——出池河床水深,m。

整理式(2-6-55)~式(2-6-58),可得关于未知数 h_c 的方程式。

消能设计流量为371.03 m^3/s,上游水位为21.70 m,跌水宽度97.70 m,第二级堰口高程为17.05 m,设第一级消力池底板高程为16.11 m,相应的消力池深度为0.94 m。将以上数据代入消力池深度计算公式,得 $T_0=5.845$ m、$q=3.80$ m^2/s、$h_c=0.3667$ m、$h_c''=2.675$ m、$h_s'=1.70$ m、$\Delta Z=0.1506$ m、$d=0.93903$ m。

计算得消力池深度为0.94 m,与假设相同。所以,消力池深度为0.94 m。

(2)消力池长度。

消力池长度 L 可按下式计算:

$$L = L_1 + L_2 C \tag{2-6-59}$$

式中 L_1——射流距离,m;

L_2——池内水跃长度,m,可按闸后消力池一样计算。

式中各尺寸详见图2-6-11。

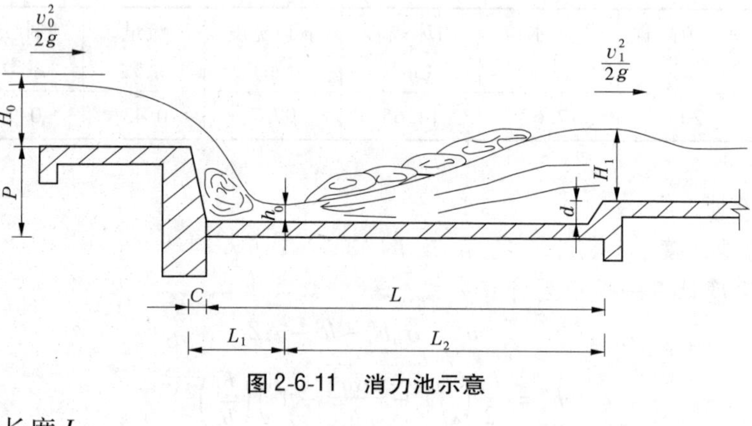

图2-6-11 消力池示意

①求水跃长度 L_2:

$$L_j = 6.9(h_c'' - h_c) \tag{2-6-60}$$

$$L_2 = (0.7 \sim 0.8) L_j \tag{2-6-61}$$

可得

$$L_j = 15.803 \text{ m}$$

$$L_2 = 12.6424 \text{ m}$$

②求挑流距离 L_1：

当跌水口为平底时，按下式计算挑流距离：

$$L_1 = \sqrt{H_0(2P + h_{上})} \tag{2-6-62}$$

式中　P——跌差，m；

H_0——跌水坎上总水头，m。

据上述公式，可计算得：L_1 = 4.36 m，则消能池长度为 17 m。

项目七　有压引水建筑物设计

【设计任务】

有压进水口、水工隧洞、压力钢管的设计。

任务一　有压进水口设计

流道均淹没于水中,并始终保持满流状态,具有一定的压力水头的进水口,称为有压进水口。有压进水口也称为深式进水口或潜没式进水口。有压引水式水电站和坝后式水电站的进口大都属于这种类型,其后常接有压隧洞或管道,适用于从水位变幅较大的水库中取水。

有压进水口的布置及轮廓尺寸包括有压进水口的位置、有压进水口的高程、有压进水口的轮廓尺寸。

一、有压进水口的位置

水电站有压进水口在枢纽中的位置应根据地形条件、地质条件、水位变幅、隧洞线路、进水口形式等综合考虑确定。在各级运行水位下,应进流匀称、水流平顺,不发生回流和漩涡,不出现淤积,不聚集污物,不受其他建筑物运行的影响。进水口后连接引水隧洞时,应与隧洞平顺过渡,选择地形、地质及水流条件相宜的位置。

二、有压进水口的高程

有压进水口在上游最低运行水位时仍应有足够的淹没深度,防止产生贯通式漏斗漩涡。最小淹没深度可按式(2-7-1)计算:

$$S = Cv\sqrt{d} \tag{2-7-1}$$

式中　S——最小淹没深度(进口顶部高程与水位之间的差值);

d——闸孔高度,m;

v——闸孔断面平均流速,m/s;

C——系数,对称水流取 0.55,边界复杂和侧向水流取 0.73。

引水工程进水口难以达到最小淹没深度要求时,应在水面以下设置防涡梁(板)和防涡栅等。

在满足进水口前不产生漏斗状吸气漩涡及引水道内不产生负压的前提下,进水口高程应尽可能抬高,以改善结构受力条件,降低闸门、启闭设备及引水道的造价,也便于进水口运行维护。

有压进水口的底部高程应高于设计淤积高程。若无法满足,则应在进水口附近设排沙孔,以保证进水口不被淤塞,并防止有害的石块进入引水道。

三、有压进水口的轮廓尺寸

竖井式、墙式及塔式进水口的进口段、闸门段和渐变段划分比较明确,进水口的轮廓尺寸主要取决于三个控制断面的尺寸,即拦污栅断面、闸门孔口断面和隧洞断面。拦污栅断面尺寸通常按过栅流速不超过某个极限值的要求来确定。闸门孔口通常为矩形,事故闸门处净过水断面一般为隧洞断面的1.1倍左右,检修闸门孔口常与此相等或稍大,孔口宽度略小于隧洞直径,而高度等于或稍大于隧洞直径。

进口段为连接拦污栅与闸门段的部分,其断面常为矩形,顺水流方向逐渐缩小。进口段一般为平底,两侧稍有收缩,顶板的纵断面为曲线,目前广泛采用1/4椭圆曲线。椭圆曲线的方程为

$$\frac{x^2}{a^2}+\frac{y^2}{b^2}=1 \tag{2-7-2}$$

其中,$a=(1.0\sim1.5)D$(D为引水道直径);$b=(1/3\sim1/2)D$,一般情况下,$a/b=3\sim4$。

当引水流量及流速不大时,顶板曲线也可用圆弧曲线,圆弧半径$R\geqslant D/2$。对重要工程应根据模型试验确定进口曲线。坝式进水口通常采用矩形喇叭口形状,两侧边墙的轮廓可采用椭圆或圆弧等曲线,顶板常采用斜面,以便于施工。

进口流速不宜太大,一般控制在1.5 m/s左右。进口段的长度应满足工程结构布置需要及进水要求控制。

闸门段的体形主要取决于所采用的闸门、门槽形式及结构的受力条件,其长度应满足闸门及启闭设备布置需要,并考虑引水道检修通道的要求。

渐变段是由矩形闸门段到圆形隧洞的过渡段。通常采用圆角过渡,如图2-7-1所示,其中1—1断面为闸门段,2—2断面为过渡段,3—3断面为隧洞。圆角半径r可按直线规律变为隧洞半径R。渐变段的长度一般为隧洞直径的1.5~2.0倍,侧面扩散角以6°~8°为宜。

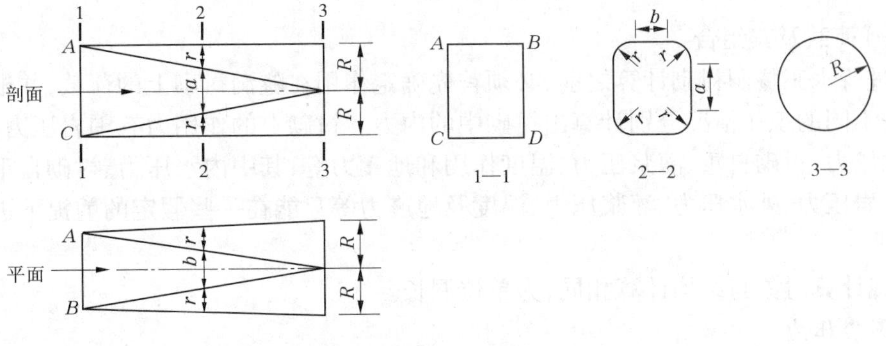

图2-7-1　渐变段

上述拟定方法对坝式进水口同样适用,但为了适应坝体的结构要求,进水口长度要缩短,进口段与闸门段常合二为一。坝式进水口一般都做成矩形喇叭口状。进水口的中心线可以是水平的,也可以是倾斜的,视与压力管道的连接条件而定。开口较小时工作闸门

可设于喇叭口的中部,而将检修闸门置于喇叭口上游。

上述各点均是就水电站进水口而言的。抽水蓄能电站的进水口在抽水工况时成为出水口,其体形还要利于反向水流的均匀扩散,以防脱流和漩涡。

任务二 水工隧洞设计

一、水工隧洞水力设计

洞身断面尺寸应根据运用要求、泄流量、作用水头及纵剖面布置,通过水力计算确定,有时还要进行水工模型试验验证。有压隧洞水力计算的主要任务是核算泄流能力及沿程压坡线。对于无压隧洞,主要是计算其泄流能力及洞内水面线,当洞内的水流流速大于15 ~20 m/s时,还应研究由于高速水流引起的掺气、冲击波及空蚀等问题。

有压隧洞泄流能力按管流计算

$$Q = \mu\omega\sqrt{2gH} \tag{2-7-3}$$

式中 μ——考虑隧洞沿程阻力和局部阻力的流量系数;

ω——隧洞出口的断面面积,m^2;

H——作用水头,m。

洞内的压坡线可根据能量方程分段推求。为了保证洞内水流处于有压状态,如前所述,洞顶应有2 m以上的压力余幅。

在确定隧洞断面尺寸时,还应考虑到洞内施工和检查维修等方面的需要,圆形洞的断面内径不小于1.8 m,非圆形洞的断面尺寸不小于1.5 m×1.8 m。

二、水工隧洞的衬砌计算

衬砌结构计算的目的在于核算在设计规定的荷载组合下衬砌强度能否满足设计要求。计算之前可先按(1/8 ~1/12)的洞径或用工程类比法初拟衬砌厚度,经过计算再行修正。

(一)荷载及其组合

在进行水工隧洞衬砌计算之前,必须首先确定作用在隧洞衬砌上的荷载,并根据荷载特性,按不同的工作情况分别计算出衬砌中的内力。衬砌上的作用力有围岩压力、内水压力、外水压力、衬砌自重、灌浆压力、温度作用和地震力等,其中内水压力、衬砌自重容易确定,而围岩压力、外水压力、灌浆压力、温度及地震力等只能在一些假定的前提下进行近似计算。

荷载计算对象与结构计算相同,为单位洞长。

1.围岩压力

围岩压力也称山岩压力。隧洞开挖后由于围岩变形(隧洞开挖破坏了岩体原来的平衡,从而引起围岩应力重分布,产生变形)或塌落而作用在衬砌上的压力,称为围岩压力。按作用的方向,山岩压力主要有两种:作用于衬砌顶部的垂直山岩压力,作用于衬砌两侧的侧向山岩压力。一般岩体中,作用在衬砌上的主要是垂直向下的围岩压力,对Ⅳ、Ⅴ类破碎岩层,还需考虑侧向山岩压力。

计算山岩压力的方法很多,但目前工程中常用的方法主要有自然平衡拱法和经验法。这里仅介绍较为实用的经验法。

《水工隧洞设计规范》(SL 279—2016)规定,围岩作用在衬砌上的荷载,应根据围岩条件、横断面形状和尺寸、施工方法以及支护效果来确定,围岩压力的计取应符合下列规定:

(1)自稳条件好,开挖后变形很快稳定的围岩,可不计围岩压力。

(2)薄层状及碎裂散体结构的围岩,作用在衬砌上的围岩压力计算如下:

垂直方向 $$q_v = (0.2 \sim 0.3)\gamma_1 B \tag{2-7-4}$$

水平方向 $$q_h = (0.05 \sim 0.1)\gamma_1 H \tag{2-7-5}$$

式中 q_v——垂直均布围岩压力,kN/m^2;

q_h——水平均布围岩压力,kN/m^2;

γ_1——岩石的重度,kN/m^3;

B——隧洞开挖宽度,m;

H——隧洞开挖高度,m。

(3)不能形成稳定拱的浅埋隧洞,宜先按洞室顶拱的上覆盖层岩体重力作用计算围岩压力,再根据施工所采取的支护措施予以修正。

(4)块状、中厚层至厚层状结构的围岩,可根据围岩中不稳定块体的作用力来确定围岩压力。

(5)采取了支护或加固措施的围岩,根据其稳定状况,可不计或少计围岩压力。

(6)采用掘进机开挖的围岩,可适当少计围岩压力。

(7)具有流变或膨胀等特殊性质的围岩,可能对衬砌结构产生变形压力时,应对这种作用进行专门研究,并宜采取措施减小其对衬砌的不利作用。

2.弹性抗力

在荷载作用下,衬砌向外变形时受到围岩的抵抗,这种因围岩抵抗衬砌向外变形而作用在衬砌外壁的作用力,称为弹性抗力。弹性抗力是一种被动力。它与地基反力不同,后者是由力的平衡决定的,其数值与围岩的性质无关;而前者的产生是有条件的。围岩考虑弹性抗力的重要条件是岩石本身的承载能力,而充分发挥弹性抗力作用的主要条件是围岩与衬砌的接触程度。当岩石比较坚硬,且有一定的厚度(一般要求大于3倍的洞径),无不利的滑动面,围岩与衬砌紧密接触时,才可考虑弹性抗力的作用;否则,不考虑围岩的弹性抗力,只考虑衬砌底部的地基反力。

岩石的弹性抗力可以近似地认为与衬砌变形造成的围岩的法向位移 δ 成正比,即

$$P_0 = k\delta \quad (10\ kPa) \tag{2-7-6}$$

式中 P_0——岩石弹性抗力,kN/cm^2;

δ——衬砌表面法线方向位移,cm;

k——与岩石情况及隧洞开挖尺寸有关的弹性抗力系数,N/cm^3。

弹性抗力系数是与围岩性质和隧洞直径有关的比例常数。实质上,它表示能阻止 $10^{-4}\ m^2$ 衬砌面积变位 0.01 m 所需要的力。实践中,常以隧洞半径为 1 m 时的单位弹性抗力系数 k_0 表示围岩的抗力特性,对开挖半径为 r 时的弹性抗力系数为:

$$k = 100k_0/r \tag{2-7-7}$$

式中　r——隧洞开挖半径，cm，对于非圆形隧洞，$r = B/2$（B 为开挖洞宽）。

弹性抗力系数常用类比法和现场试验方法来确定。弹性抗力估计过高，会使衬砌结构不安全，估计过低则不经济。因此，必须对其进行认真分析和估算。

3. 内、外水压力

内水压力是有压隧洞衬砌上的主要荷载。当围岩坚硬完整、洞径小于 6 m 时，可只按内水压力进行衬砌的结构设计。内水压力可根据隧洞压力线或洞内水面线确定。在有压隧洞的衬砌计算中，常将内水压力分为均匀内水压力和非均匀内水压力两部分。均匀内水压力是洞顶内壁以上水头 h 产生的，其值为 γh；非均匀内水压力是指洞内充满水，洞壁各点的压强值为 $\gamma d(1-\cos\theta)/2$（θ 为计算点半径与洞顶半径的夹角，d 为隧洞内直径）时的压力。非均匀内水压力的合力方向向下，数值等于单位洞长内的水重。

对有压发电引水隧洞，还应考虑机组甩负荷时引起的水击压力。

外水压力的大小取决于水库蓄水后形成的地下水位线，由于地质条件的复杂性，很难准确计算，一般来说，常假设隧洞进口处的地下水位线与水库正常挡水位相同，在隧洞出口处与下游水位或洞顶齐平，中间按直线变化。考虑到地下水渗流过程的水头损失，工程中实际取用外水压力的数值应等于地下水的水头乘以折减系数 β_e（见表 2-7-1）。设计中，当与内水压力组合时，外水压力常用偏小值；当隧洞放空时，外水压力常用偏大值。

表 2-7-1　外水荷载折减系数 β_e 值选用

级别	地下水活动状况	地下水对围岩稳定的影响	β_e 值
1	洞壁干燥或潮湿	无影响	0 ~ 0.20
2	沿结构面有渗水或滴水	风化结构面充填物质，地下水降低结构面的抗剪强度，对软弱岩体有软化作用	0.10 ~ 0.40
3	沿裂隙或软弱结构面有大量滴水、线状流水或喷水	泥化软弱结构面充填物质，地下水降低结构面的抗剪强度，对中硬岩体有软化作用	0.25 ~ 0.60
4	严重滴水，沿软弱结构面有小量涌水	地下水冲刷结构面中充填物质，加速岩体风化，对断层等软弱带软化泥化，并使其膨胀崩解，以及产生机械管涌；有渗透压力，能鼓开较薄的软弱层	0.40 ~ 0.80
5	严重股状流水，断层等软弱带有大量涌水	地下水冲刷挟带结构面中充填物质，分离岩体，有渗透压力，能鼓开一定厚度的断层等软弱带，能导致围岩塌方	0.65 ~ 1.00

4. 衬砌自重

沿隧洞轴线 1 m 长的衬砌重量。一般根据衬砌厚度的不同，沿洞线分段进行计算，认为自重是均匀作用在衬砌厚度的平均线上，衬砌单位面积上的自重强度 g 为：

$$g = \gamma_c h \tag{2-7-8}$$

式中　γ_c——衬砌材料重度，kN/m^3；

h——衬砌厚度,m。

应考虑平均超挖回填的部分。

除上述主要荷载外,隧洞衬砌上还作用有灌浆压力、温度荷载和地震荷载等。由于对衬砌影响较小,荷载组合时均不予考虑。

5. 荷载组合

衬砌计算时,应根据荷载特点及同时作用的可能性,按不同情况进行组合。设计中常用的组合有以下几种:

(1)正常运用情况。山岩压力+衬砌自重+宣泄设计洪水时的内水压力+外水压力。

(2)施工、检修情况。山岩压力+衬砌自重+可能出现的最大外水压力。

(3)非常运用情况。山岩压力+衬砌自重+宣泄校核洪水时的内水压力+外水压力。

正常运用情况属于基本组合,用以设计衬砌的厚度、配筋量和强度校核,其他情况用做校核。工程中视隧洞的具体运用情况还应考虑其他荷载组合。

(二)衬砌结构计算

衬砌结构计算步骤主要包括:选择衬砌形式并初步拟定其厚度;分别计算单位洞长上各种荷载产生的内力,并按不同的荷载组合叠加;进行强度校核、确定配筋量,判定初拟衬砌厚度是否合理并进行修改。

下面介绍以内水压力为主要荷载,围岩为Ⅰ、Ⅱ类,直径不大于6 m的圆形有压隧洞的衬砌结构计算。

混凝土和钢筋混凝土衬砌结构不作为有严格防渗要求的结构。衬砌厚度的计算方法如下。

1. 混凝土衬砌

求混凝土衬砌厚度 h 时,以均匀内水压力 P 作用下内边缘切向拉应力不超过混凝土的允许轴心抗拉强度$[\sigma_{hl}]$为限,计算公式如下:

$$h = r_i\left(\sqrt{A\frac{[\sigma_{h1}]+P}{[\sigma_{hl}]-P}}-1\right) \tag{2-7-9}$$

$$[\sigma_{hl}] = \frac{R_l}{K_l} \tag{2-7-10}$$

式中　R_l——混凝土的设计抗拉强度;

K_l——混凝土的抗拉安全系数,按表2-7-2选用。

A——弹性特征因素;

h——衬砌厚度;

r_i——隧洞内径。

表2-7-2　混凝土的抗拉安全系数

荷载级别	1		2、3		4、5	
荷载组合	正常运用	非常运用	正常运用	非常运用	正常运用	非常运用
安全系数 K_l	2.1	1.8	1.8	1.6	1.7	1.5

2. 钢筋混凝土衬砌

同样,求钢筋混凝土衬砌厚度 h 时,以均匀内水压力 P 作用下内边缘切向拉应力不超过钢筋混凝土的允许轴心抗拉强度$[\sigma_{gh}]$为限,计算公式如下:

$$h = r_i\left(\sqrt{A\frac{[\sigma_{gh}] + P}{[\sigma_{gh}] - P}} - 1\right) \tag{2-7-11}$$

衬砌的内边缘应力,可按下式校核:

$$\sigma_i = \frac{F}{F_n}p\frac{t^2 + A}{t^2 - A} \leqslant [\sigma_{gh}] \tag{2-7-12}$$

$$[\sigma_{gh}] = \frac{R_f}{K_f} \tag{2-7-13}$$

式中 R_f——混凝土的设计抗裂强度;

K_f——钢筋混凝土结构的抗裂安全系数;

F——沿洞线1 m长衬砌混凝土的纵断面面积;

F_n——F中包括钢筋在内的折算面积。

如果由式(2-7-9)求出的 h 为负值或小于结构的最小厚度,则应采用结构的最小厚度,钢筋可按结构的最小配筋率对称配置。

当围岩条件较差,或圆洞直径大于6 m时,不能只按内水压力设计衬砌。此时,应该计算出均匀内水压力作用下的内力,然后与其他荷载引起的内力进行组合,再行设计。

任务三　压力明管设计

一、压力管道的水力计算和经济直径的确定

(一)水力计算

压力管道的水力计算包括恒定流计算和非恒定流计算两种。

1. 恒定流计算

恒定流计算主要是为了确定管道的水头损失。管道的水头损失对于水电站装机容量的选择、电能的计算、经济管径的确定以及调压室稳定断面计算等都是不可缺少的。水头损失包括摩阻损失和局部损失两种。

1)摩阻损失

管道中的水头损失与水流形态有关。水电站压力管道中水流的雷诺数 Re 一般都超过3 400,因而水流处于紊流状态,摩阻水头损失可用曼宁公式或斯柯别公式计算。

曼宁公式应用方便,在我国应用较广。该公式中,水头损失与流速平方成正比,这对于钢筋混凝土管和隧洞类糙率较大的水道是适用的。对于钢管,由于糙率较小,水流未能完全进入阻力平方区,但随着时间的推移,管壁因锈蚀糙率逐渐增大,按流速平方关系计算摩阻损失仍然是可行的。曼宁公式见水力学教材,此处从略。

斯柯别推荐用以下公式计算每米长钢管的摩阻损失:

$$i = \alpha m\frac{v^{1.9}}{D^{1.1}} \tag{2-7-14}$$

式中　α——水头损失系数，焊接管用0.000 83；

m——考虑水头损失随使用年数 t 的增加而增大的系数，清水取0.01，腐蚀性水可取0.015。

2）局部损失

在流道断面急剧变化处，由于受边界的扰动，水流与边界之间及水流的内部形成漩涡，在水流强烈的混掺和大量的动量交换过程中，在不长的距离内造成较大的能量损失，这种损失通常称为局部损失。压力管道的局部损失发生在进口、门槽、渐变段、弯段、分岔等处。压力管道的局部损失往往不可忽视，尤其是分岔的损失有时可能达到相当大的数值。局部损失的计算公式通常表示为

$$\Delta h = \xi \frac{v^2}{2g} \tag{2-7-15}$$

系数 ξ 可查有关手册。

2. 非恒定流计算

管道中的非恒定流现象通常称为水锤。进行非恒定流计算的目的是推求管道各点的动水压强及其变化过程，为管道的布置、结构设计和机组的运行提供依据。

（二）管径的确定

压力管道的直径应通过动能经济计算确定。在可行性研究和初步设计阶段，可用以下彭德舒公式来初步确定大中型压力钢管的经济直径：

$$D = \sqrt[7]{\frac{5.2Q_{max}^3}{H}} \tag{2-7-16}$$

式中　Q_{max}——钢管的最大设计流量，m^3/s；

H——设计水头，m。

二、钢管的管壁厚度

压力钢管按其构造又分为无缝钢管、焊接管和箍管，其中焊接管应用最普遍。

焊接管是用钢板按要求的曲率辊卷成弧形，在工厂用纵向焊缝连接成管节，运到现场后再用横向焊缝将管节连成整体。对于明管，纵缝不应布置在横断面的水平轴线和垂直轴线上，与轴线的夹角应大于10°，相应的弧线距离应大于300 mm。

管壁厚度一般经结构分析确定。管壁的结构厚度取为计算厚度加2 mm的锈蚀裕度。考虑制造工艺、安装、运输等要求，管壁的最小结构厚度不宜小于式（2-7-17）确定的数值，也不宜小于6 mm。

$$\delta \geqslant \frac{D}{800} + 4 \quad (\text{mm}) \tag{2-7-17}$$

式中　D——钢管直径，mm。

按内水压力计算管壁厚度为

$$t \geqslant \frac{P}{\varphi[\sigma]} + 2 \quad (\text{mm}) \tag{2-7-18}$$

其中，φ 为焊缝系数，双面对接焊时，取0.95，单面对接焊、有垫板时，取0.90，P 为所受内水压强。

管壁的计算厚度还需进行抗外压稳定校核(不计2 mm 裕度)。光面明钢管管壁能保持稳定的管壁厚,满足:

$$t \geqslant \frac{1}{130}D_0 \tag{2-7-19}$$

式中 D_0——管径。

若无法满足抗外压稳定要求,用设置加劲环的方法提高其抗外压能力,一般较为经济。刚性环式钢管抗外压稳定分析包括刚性环间管壁和刚性环两个部分的稳定分析。

(一)刚性环间管壁的稳定分析

地下埋管刚性环间的管壁失稳时,因刚性环的存在,管壁屈曲波数一般较多,波幅较小。目前,设计规范规定临界外压仍采用明管的相应公式计算。

刚性环的间距为 l,则对于刚性环中间管壁,可用米赛斯公式计算临界外压力 P_{cr}:

$$P_{cr} = \frac{E_s t}{(n^2-1)\left(1+\frac{n^2 l^2}{\pi^2 r^2}\right)^2 r} + \frac{E_s}{12(1-\mu_s^2)}\left(n^2 - 1 + \frac{2n^2-1-\mu_s}{1+\frac{n^2 l^2}{\pi^2 r^2}}\right)\left(\frac{t}{r}\right)^3 \tag{2-7-20}$$

$$n = 2.74\left(\frac{r}{l}\right)^{0.5}\left(\frac{r}{t}\right)^{0.25} \tag{2-7-21}$$

式中 μ_s——钢材泊松比,取0.3;

E_s——钢材弹性模量;

r——钢管内半径;

n——相应于最小临界压力的波数,取与计算值相近的整数。

(二)刚性环的稳定分析

加劲环抗外压稳定临界压力 P_{cr} 按下列两式中的小值取用:

$$P_{cr1} = \frac{3E_s J_R}{R^3 l} \tag{2-7-22}$$

$$P_{cr2} = \frac{\sigma_s F}{rl} \tag{2-7-23}$$

式中 R——加劲环有效断面重心轴线半径,mm;

F——刚性环的有效截面面积,mm^2,$F = ha + t(a + 1.56\sqrt{r_1 t})$;

h——刚性环高度,mm;

a——刚性环厚度,mm;

l——刚性环间距,mm。

地下埋管的抗外压稳定安全系数 K_c,对光面管管壁取2.0,对刚性环和刚性环间管壁取1.8。

项目八　水电站水力过渡过程计算

【设计任务】

理论方程的基本解、水锤及调节保证计算、调压室水位波动计算。

任务一　理论方程的基本解

前面已讨论了水电站有压引水系统中的水锤和调压室水位波动现象，这是两种水力过渡现象，同属于非恒定流。本节主要建立水锤过程和调压室水位波动的基本方程式。

一、水锤基本微分方程及其基本解

压力管道水锤的基本方程包括动力方程和连续方程。在一维流的条件下，取出管道的一微小段进行分析，如图 2-8-1 所示。作用于微小段的水锤压力为 $\gamma\left[\left(H+\frac{\partial H}{\partial x}\mathrm{d}x\right)-H\right]A$，水流的摩阻力为 $\lambda\chi\frac{v|v|}{2g}\mathrm{d}x$，$H$ 为作用于管段上的水头，A 为水管截面面积，χ 为湿周，γ 为水容重。根据牛顿第二定律，有：

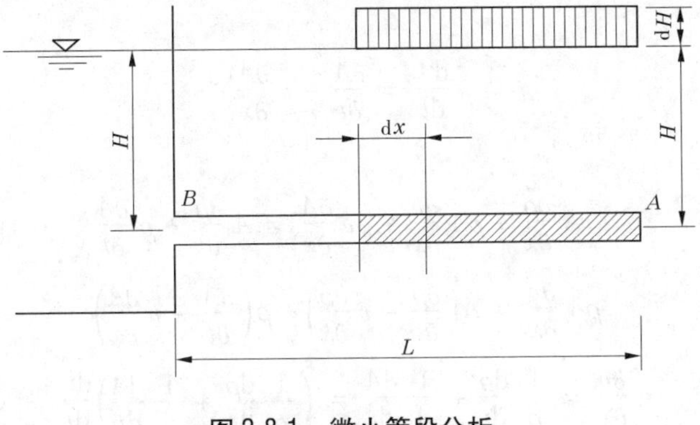

图 2-8-1　微小管段分析

$$\gamma\left[\left(H+\frac{\partial H}{\partial x}\mathrm{d}x\right)-H\right]A-\lambda\chi\frac{v|v|}{2g}\mathrm{d}x=\frac{\gamma}{g}A\mathrm{d}x\frac{\mathrm{d}v}{\mathrm{d}t} \tag{2-8-1}$$

即

$$\frac{\partial H}{\partial x}-\left(\frac{4\lambda}{\gamma}\right)\frac{1}{D}\frac{v|v|}{2g}=\frac{1}{g}\frac{\mathrm{d}v}{\mathrm{d}t} \tag{2-8-2}$$

由于 $\frac{\mathrm{d}v}{\mathrm{d}t}=\frac{\partial v}{\partial t}+\frac{\partial v}{\partial x}\frac{\partial x}{\partial t}=\frac{\partial v}{\partial t}-v\frac{\partial v}{\partial x}$，并令 $f=\frac{4\lambda}{\gamma}$，代入式(2-8-2)得管道水锤的动力方程

$$g\frac{\partial H}{\partial x}+v\frac{\partial v}{\partial x}-\frac{\partial v}{\partial t}+\frac{f}{2D}v\mid v\mid=0 \tag{2-8-3}$$

式中 v——管中流速,向下游为正;

H——压力水头;

x——距离,指向上游为正;

D——管道直径;

t——时间;

g——重力加速度;

f——达西摩擦系数。

设管中水体密度为ρ,在$\mathrm{d}t$时段内,进入微小段$\mathrm{d}x$的水体质量为$\rho vA\mathrm{d}t+\frac{\partial(\rho vA)}{\partial x}\mathrm{d}x\mathrm{d}t$,流出微小段的水体质量为$\rho vA\mathrm{d}t$。在该时段内微小段的水体质量增加了$\frac{\partial\rho A}{\partial t}\mathrm{d}t\mathrm{d}x$,根据质量守恒原理,有

$$\rho vA\mathrm{d}t+\frac{\partial(\rho vA)}{\partial x}\mathrm{d}x\mathrm{d}t-\rho vA\mathrm{d}t=\frac{\partial\rho A}{\partial t}\mathrm{d}t\mathrm{d}x \tag{2-8-4}$$

即

$$\frac{\partial(\rho vA)}{\partial x}=\frac{\partial(\rho A)}{\partial t} \tag{2-8-5}$$

将式(2-8-5)展开,并考虑到

$$\frac{\mathrm{d}\rho}{\mathrm{d}t}=\frac{\partial\rho}{\partial t}+\frac{\partial\rho}{\partial x}\frac{\partial x}{\partial t}=\frac{\partial\rho}{\partial t}-v\frac{\partial\rho}{\partial x}$$

和

$$\frac{\mathrm{d}A}{\mathrm{d}t}=\frac{\partial A}{\partial t}-v\frac{\partial A}{\partial x}$$

可得

$$vA\frac{\partial\rho}{\partial x}+\rho A\frac{\partial v}{\partial x}+\rho v\frac{\partial A}{\partial x}=A\frac{\partial\rho}{\partial t}+\rho\frac{\partial A}{\partial t}$$

$$\rho A\frac{\partial v}{\partial x}=A\left(\frac{\partial\rho}{\partial t}-v\frac{\partial\rho}{\partial x}\right)+\rho\left(\frac{\partial A}{\partial t}-v\frac{\partial A}{\partial x}\right)$$

$$\frac{\partial v}{\partial x}=\frac{1}{\rho}\frac{\mathrm{d}\rho}{\mathrm{d}t}+\frac{1}{A}\frac{\mathrm{d}A}{\mathrm{d}t}=\left(\frac{1}{\rho}\frac{\mathrm{d}\rho}{\mathrm{d}p}+\frac{1}{A}\frac{\mathrm{d}A}{\mathrm{d}p}\right)\frac{\mathrm{d}p}{\mathrm{d}t}$$

由水力学可知$\frac{1}{\rho}\frac{\mathrm{d}\rho}{\mathrm{d}p}+\frac{1}{A}\frac{\mathrm{d}A}{\mathrm{d}p}=\frac{1}{\rho a^2}$,代入上式,并且考虑到$\frac{\mathrm{d}p}{\mathrm{d}t}=\gamma\frac{\mathrm{d}H}{\mathrm{d}t}$,可得

$$\frac{\partial v}{\partial x}=\frac{g}{a^2}\frac{\mathrm{d}H}{\mathrm{d}t}=\frac{g}{a^2}\left(\frac{\partial H}{\partial t}+\frac{\partial H}{\partial x}\frac{\partial x}{\partial t}\right)=\frac{g}{a^2}\left(\frac{\partial H}{\partial t}-v\frac{\partial H}{\partial x}\right)$$

即

$$\frac{\partial v}{\partial x}=\frac{g}{a^2}\left(\frac{\partial H}{\partial t}-v\frac{\partial H}{\partial x}\right) \tag{2-8-6}$$

式(2-8-7)为连续方程。其中,a为水锤波速,p为水压强。

式(2-8-3)、式(2-8-6)是一组非线性双曲型偏微分方程,目前无精确的解析解。为简化计算,常作线性化处理。式(2-8-3)、式(2-8-6)弃掉非线性项后变为

$$g\frac{\partial H}{\partial x}=\frac{\partial v}{\partial t} \tag{2-8-7}$$

$$\frac{\partial H}{\partial t}=\frac{a^2}{g}\frac{\partial v}{\partial x} \tag{2-8-8}$$

式(2-8-7)、式(2-8-8)是一组线性双曲型偏微分方程,其通解为

$$H-H_0=F\left(t-\frac{x}{a}\right)+f\left(t+\frac{x}{a}\right) \tag{2-8-9}$$

$$v-v_0=-\frac{g}{a}\left[F\left(t-\frac{x}{a}\right)-f\left(t+\frac{x}{a}\right)\right] \tag{2-8-10}$$

式中　H_0、v_0——初始恒定时的水头和流速;

F、f——任意波函数。

由式(2-8-9)、式(2-8-10)可以推出简单压力水管关于阀门处(出口)断面$A(x=0)$和进口断面$B(x=L)$的水锤计算连锁方程:假设压力水管长度为L,在t_1时刻,断面A的水头和流速为$H_{t_1}^A$和$v_{t_1}^A$,水锤波从断面A以波速a向断面B传播,$t_2=t_1+\frac{L}{a}$时刻到达B断面,断面B的水头和流速为$H_{t_2}^B$和$v_{t_2}^B$,由式(2-8-9)、式(2-8-10)可得:

$$(H_{t_1}^A-H_0)-\frac{a}{g}(v_{t_1}^A-v_0)=2F(t_1)$$

$$(H_{t_2}^B-H_0)-\frac{a}{g}(v_{t_2}^B-v_0)=2F\left(t_2-\frac{L}{a}\right)=2F(t_1)$$

两式相减:

$$H_{t_1}^A-H_{t_2}^B=\frac{a}{g}(v_{t_1}^A-v_{t_2}^B) \tag{2-8-11}$$

从t_3时刻开始,水锤波从断面B以波速a向断面A传播,t_4时刻到达断面A,同样可推得:

$$H_{t_4}^A-H_{t_3}^B=-\frac{a}{g}(v_{t_4}^A-v_{t_3}^B) \tag{2-8-12}$$

式(2-8-11)、式(2-8-12)为水锤连锁方程。它的求解必须根据初始条件和边界条件,采用递推的方式来求得。

二、调压室的基本方程及基本解

在有调压室的有压引水系统中,压力水管被分为两部分,调压室上游部分一般称为引水道,下游部分仍为压力水管。调压室水位波动分析是以引水道－调压室系统为对象的。和水锤现象一样,调压室水位波动也属非恒定流。它的基本方程也包括动力方程和连续方程,但是调压室水位波动产生的水压力较小,因此ρA可以看成常量,由式(2-8-5)可得

$$\frac{\partial v}{\partial x}=0 \tag{2-8-13}$$

代入式(2-8-3),得

$$g\frac{\partial H}{\partial x}-\frac{\partial v}{\partial t}+\frac{f}{2D}v|v|=0$$

对 x 积分得

$$g(H_2-H_1)-\frac{\partial v}{\partial t}L+\frac{f}{2D}v|v|L=0$$

其中 $z=H_2-H_1$,为调压室与水库的水位差,以水库为基准,向上为正;$h_w=\frac{f}{2gD}v|v|L$,为引水道水头损失。以上参数代入上式后,可得

$$\frac{L}{g}\frac{\mathrm{d}v}{\mathrm{d}t}=z+h_w \tag{2-8-14}$$

这是调压室水位波动的动力方程。

通过压力水管的发电引用流量 Q 等于调压室的流出流量 $-F\frac{\mathrm{d}z}{\mathrm{d}t}$ 与引水道的流量 fv 之和,即

$$fv=F\frac{\mathrm{d}z}{\mathrm{d}t}+Q \tag{2-8-15}$$

这是调压室水位波动的连续方程。

发电引用流量 Q 由发电出力不变的条件确定,即

$$N=9.81\eta Q_0H_0=9.81\eta QH \tag{2-8-16}$$

式中　Q_0、H_0——初始发电流量和水头。

式(2-8-14)~式(2-8-16)为调压室水位波动的三个基本方程。

任务二　水锤及调节保证计算

一、调节保证计算的标准和条件

调节保证计算就是通过水锤计算和机组转速变化计算来确定调速器总关闭时间 T_s,使得引水建筑物和机组设备在技术经济上最为合理。工程上,衡量引水建筑物和机组设备在技术经济上的合理性,是通过《小型水力发电站设计规范》(GB 50071—2014)规定压力管道水锤相对值和机组转速变化相对值的允许范围——允许值来判断的。这是在一定的时期、一定的技术条件和经济条件下制定的,随着技术经济的发展将不断加以修订。

(一)水锤压力的计算标准

1. 压力升高

《小型水力发电站设计规范》(GB 50071—2014)采用相对压力升高值作为限制值指标,即 $\xi=(H-H_0)/H_0$,其中 H、H_0 分别为水锤作用水头和静水头。根据规范规定,最大相对压力升高值 ξ_{max} 应不超过下列数值:

当 $H_0>100$ m 时,$\xi_{max}=0.15\sim0.3$;

当 $H_0=40\sim100$ m 时,$\xi_{max}=0.3\sim0.5$;

当 $H_0<40$ m 时,$\xi_{max}=0.5\sim0.7$。

2. 压力降低

压力降低的限制主要要求在压力引水系统的任何位置均不允许出现负压，且应有2～3 m水柱高的余压，保证管道特别是钢管的稳定和防止水柱分离。同时，尾水管进口的允许最大真空度为8 m水柱高。

(二)机组转速变化的计算标准

机组转速变化会影响水电站机组正常运行和供电质量。特别是由于水电站丢弃全部负荷时，引起的机组转速过大，会造成机组振动和破坏，也会由于过速引起过电压造成发电机电气绝缘的破坏。所以，工程上主要限制机组相对转速变化的最大值。

相对转速变化的最大值$\beta_{max} = \dfrac{n_{max} - n_0}{n_0}$，其中$n_{max}$、$n_0$分别为机组暂态过程的最大转速和正常转速。目前，对$\beta_{max}$的限制尚无统一规定，可按以下情况来考虑：

(1)当机组容量占电力系统总容量的比重较大，且担任调频任务时，宜小于0.45。

(2)当机组容量占电力系统总容量的比重不大或担负基荷时，宜小于0.55。

(3)对于冲击式水轮机，宜小于0.3。

(4)当大于上述值时，应进行论证。

(三)调节保证的计算条件

调节保证计算需要计算水锤的最大、最小值和机组转速变化的最大值，其计算条件主要考虑上下游水位与增加全部(部分)负荷、丢弃全部(部分)负荷的组合：

(1)水锤最大值和机组转速变化的最大值，采用最大水头差与丢弃全部(部分)负荷的组合情况，例如，上游为正常水位，丢弃全部负荷时的情况。

(2)水锤最小值，采用最小水头差与丢弃或增加全部(部分)负荷的组合情况，例如，上游为最低水位，丢弃全部负荷或增加全部负荷时的情况。

二、水锤计算

(一)直接水锤与间接水锤

水锤基本方程的基本解为

$$H - H_0 = F\left(t - \frac{x}{a}\right) + f\left(t + \frac{x}{a}\right)$$

$$v - v_0 = -\frac{g}{a}\left[F\left(t - \frac{x}{a}\right) - f\left(t + \frac{x}{a}\right)\right]$$

其中，$F\left(t - \frac{x}{a}\right)$为逆行波函数，水锤波从阀门处传向进口；$f\left(t + \frac{x}{a}\right)$为顺行波函数，水锤波从进口传向阀门处。因此，水锤波是由顺行波与逆行波的叠加形成的。如果水锤在阀门处产生，形成水锤波从阀门向进口传播——逆行波，这时没有顺行波与之叠加，即$f\left(t + \frac{x}{a}\right) = 0$，则由水锤基本方程的基本解公式，可得：

$$H - H_0 = F\left(t - \frac{x}{a}\right)$$

$$v - v_0 = -\frac{g}{a}F\left(t - \frac{x}{a}\right)$$

以上两式，消去 $F\left(t - \dfrac{x}{a}\right)$，得：

$$H - H_0 = -\frac{a}{g}(v - v_0) \tag{2-8-17}$$

或

$$\Delta H = -\frac{a}{g}(v - v_0) \tag{2-8-18}$$

式中　ΔH——水锤产生的水头增量，$\Delta H = H - H_0$；

H、v——水锤作用后的水头和流速；

H_0、v_0——初始恒定时的水头和流速。

式(2-8-17)或式(2-8-18)是比较特殊的情况：不存在波与波的叠加，工程上把这种水锤称为直接水锤。在实际工程中，水锤是由于阀门一系列（或连续）的关闭或开启动作所产生的，先出发的水锤波经过进口的反射，形成降压波从进口传向阀门，并与迎面赶来的逆行波相叠加。在有叠加的情况下，不能采用式(2-8-17)或式(2-8-18)进行计算。工程上直接水锤的判断条件，是指阀门断面产生的水锤不受反射波影响的情况。假设阀门全开到全关的时间为 T_s，水管长度为 L，水锤波速为 a，则直接水锤的判断条件为

$$T_s \leqslant \frac{2L}{a} \tag{2-8-19}$$

即阀门必须在反射波到来之前，完成开启或关闭动作。

$$T_s > \frac{2L}{a} \tag{2-8-20}$$

阀门完成开启或关闭动作之前，反射波到达了阀门，这是间接水锤的判断公式。

直接水锤产生的压力升值是巨大的。例如，当水管中的初始流速 $v_0 = 5.0$ m/s，水锤波速 $a = 1\,000$ m/s，终了流速 $v = 0$ 时，如果发生直接水锤，那么水锤产生的压力升值由式(2-8-18)计算得：

$$\Delta H = -\frac{a}{g}(v - v_0) = -\frac{1\,000}{9.8} \times (0 - 5) = 510.2(\text{m})$$

由此可见，在工程设计中，避免产生直接水锤是非常必要的。

实际工程中，水电站引水管道发生的水锤基本上是间接水锤。间接水锤的计算比较复杂，因为阀门启闭动作是连续的，产生的无数水锤波在管中传播过程相互叠加，它的基本方程还不能用解析法求解，一般多采用数值方法计算。在工程设计中，主要计算阀门断面的水锤压力，因此可以利用前面推导的连锁方程来进行解析求解。

（二）简单管的水锤计算

1. 计算水锤压力的一般公式

工程设计中，主要计算引水管道中的最大、最小水锤压力值。由于水锤在阀门处产生，而阀门处断面受反射波影响最小，所以引水管道中的最大、最小水锤压力值均出现在阀门处。阀门处水锤的计算可以采用连锁方程，用递推的方式来求解。为此，要引进相对

水锤值的概念——水锤压力升值与静水头的比值。工程上用 $\xi = \dfrac{\Delta H}{H_0}$ 和 $\eta = -\dfrac{\Delta H}{H_0}$ 分别表示正水锤和负水锤相对值。管中流速也采用相对值表示，即表示为与最大流速的比值 $v = \dfrac{V}{V_0}$，其中 V、V_0 分别为水管中瞬间流速和最大流速。连锁方程式(2-8-11)、式(2-8-12)改写为：

$$\xi_{t_1}^A - \xi_{t_2}^B = 2\frac{aV_0}{2gH_0}(v_{t_1}^A - v_{t_2}^B)$$

$$\xi_{t_4}^A - \xi_{t_3}^B = -2\frac{aV_0}{2gH_0}(v_{t_4}^A - v_{t_3}^B)$$

令 $\rho = \dfrac{aV_0}{2gH_0}$，称为水管特性系数。则以上两式简化为：

$$\xi_{t_1}^A - \xi_{t_2}^B = 2\rho(v_{t_1}^A - v_{t_2}^B) \tag{2-8-21}$$

$$\xi_{t_4}^A - \xi_{t_3}^B = -2\rho(v_{t_4}^A - v_{t_3}^B) \tag{2-8-22}$$

式(2-8-21)、式(2-8-22)是简单管(管壁厚度、材料、直径不随管长而变化，同时无分叉)的连锁方程，可利用边界条件和初始条件来求解。初始条件由初始状态决定：

$$\xi_0^A = 0 \tag{2-8-23}$$

边界条件首先是引水管的进口(断面 B)，即水库(或调压室、压力前池)具有很大的容积，在水锤发生时，其水位基本保持不变，进口断面作用水头保持不变，水锤压力升值为0，即

$$\xi_t^B = 0 \tag{2-8-24}$$

阀门处断面 A 的边界条件取决于阀门的水力学特性。水力学孔口出流计算公式：

$$Q = m\omega\sqrt{2gH}$$

式中　m——流量系数；

ω——孔口面积，最大孔口面积为 ω_0；

H——作用水头，$H = H_0 + \Delta H$。

在恒定状态下

$$Q_0 = m\omega_0\sqrt{2gH_0}$$

采用相对值表示孔口出流计算公式：

$$\frac{Q}{Q_0} = \frac{\omega}{\omega_0}\sqrt{\frac{H_0 + \Delta H}{H_0}}$$

由于 $Q = \omega V$，所以 $\dfrac{Q}{Q_0} = \dfrac{V}{V_0} = v_t^A$，并令 $\tau_t = \dfrac{\omega}{\omega_0}$ 为阀门相对开度，$\tau = 0 \sim 1$。则上式改写为：

$$v_t^A = \tau_t\sqrt{1 + \xi_t^A} \tag{2-8-25}$$

式(2-8-25)为阀门处边界条件。式(2-8-21)～式(2-8-25)为简单管水锤计算基本公式。由于反射水锤波是在各相相末到达阀门，所以阀门处断面在各相的相末出现极大(小)值，水锤压力最大(小)值则出现在某一相末。因此，只需要计算各相相末的水锤值。

下面利用连锁方程推求阀门断面各相相末的水锤计算公式。

2. 第一相相末的水锤计算

当 $t=0$ 相时,水锤在阀门处产生,以波速 a 向进口处传播,在 $t=0.5$ 相到达进口。把初始条件 $\xi_0^A=0$,边界条件 $\xi_{0.5}^B=0$,$v_0^A=\tau_0\sqrt{1+\xi_0^A}=\tau_0$,代入连锁方程式(2-8-21),得:

$$0-0=2\rho(\tau_0-v_{0.5}^B)$$

化简得:

$$v_{0.5}^B=\tau_0$$

水锤经过进口的反射,从 $t=0.5$ 相开始,反射波以波速 a 传向阀门,在 $t=1$ 相到达阀门。由边界条件 $\xi_t^B=0$,$v_{0.5}^B=\tau_0$,$v_1^A=\tau_1\sqrt{1+\xi_1^A}$,代入式(2-8-22)得

$$\xi_1^A-0=-2\rho(\tau_1\sqrt{1+\xi_1^A}-\tau_0)$$

移项,得

$$\tau_1\sqrt{1+\xi_1^A}=\tau_0-\frac{\xi_1^A}{2\rho} \tag{2-8-26}$$

这是阀门处第一相相末的水锤计算公式。

3. 第二相相末的水锤计算

当 $t=1.0$ 相时,由于阀门的作用,水锤从阀门处以波速 a 向进口处传播,在 $t=1.5$ 相到达进口。由边界条件 $\xi_{1.5}^B=0$,$v_1^A=\tau_1\sqrt{1+\xi_1^A}$,代入连锁方程式(2-8-21),得:

$$\xi_1^A-0=2\rho(\tau_1\sqrt{1+\xi_1^A}-v_{1.5}^B)$$

化简得:

$$v_{1.5}^B=\tau_1\sqrt{1+\xi_1^A}-\frac{\xi_1^A}{2\rho}=\tau_0-\frac{\xi_1^A}{\rho}$$

水锤经过进口的反射,从 $t=1.5$ 相开始,反射波以波速 a 传向阀门,在 $t=2$ 相到达阀门。由边界条件 $\xi_{1.5}^B=0$,$v_{1.5}^B=\tau_0-\dfrac{\xi_1^A}{\rho}$,$v_2^A=\tau_2\sqrt{1+\xi_{21}^A}$,代入式(2-8-22),得:

$$\xi_2^A-0=-2\rho\left(\tau_2\sqrt{1+\xi_2^A}-\tau_0+\frac{\xi_1^A}{\rho}\right)$$

移项,得

$$\tau_2\sqrt{1+\xi_2^A}=\tau_0-\frac{\xi_2^A}{2\rho}-\frac{\xi_1^A}{\rho} \tag{2-8-27}$$

这是阀门处第二相相末的水锤计算公式。

如此类推,阀门处第 n 相相末的水锤计算公式为:

$$\tau_n\sqrt{1+\xi_n^A}=\tau_0-\frac{\xi_n^A}{2\rho}-\frac{1}{\rho}\sum_{i=1}^{n-1}\xi_i^A \tag{2-8-28}$$

如此推导出阀门断面各相相末的水锤计算递推公式,阀门的启闭动作在 T_s 内就结束。按照递推公式,水锤过程将无限地进行下去,这是因为波动方程忽略了摩阻的影响

(非线性项),这对工程计算精度影响不大。

4. 间接水锤的类型

水锤波按一定的周期在水管中传播,由于各水锤波之间相互叠加,水锤值也按一定的周期变化,阀门断面在各相的相末达到极大(小)值,水锤值的振幅在 T_s 内是变化的,之后振幅不变。水锤值的振幅在 T_s 内的变化趋势无非有两种情况:一是逐渐变小,如图 2-8-2 所示,称为第一相水锤;二是逐渐变大,如图 2-8-3 所示,称为末相水锤(或极限水锤)。在水锤的计算中,阀门开度是一个重要参数,它的变化规律对水锤有很大的影响。理想的阀门启闭规律为直线,如图 2-8-4 所示,通常阀门(导叶)的实际启闭规律如图 2-8-5 所示,从全开到全关历时为 T_s。启闭曲线开始的一段接近水平,关闭速度极慢,这是调速机构的惯性所致。在这一段过程中,发生的水锤压力很小。之后阀门匀速开启,开度呈直线变化。在接近终了时,阀门的关闭速度又放慢,这种现象对关闭接近终结时的水锤有影响。为了简化计算,将阀门启闭过程线性化,假设按直线规律变化,即阀门开度与时间的关系为:

$$\tau_t = \tau_0 \pm \frac{t}{T_s} \tag{2-8-29}$$

式中,开启阀门取正号,关闭阀门取负号。

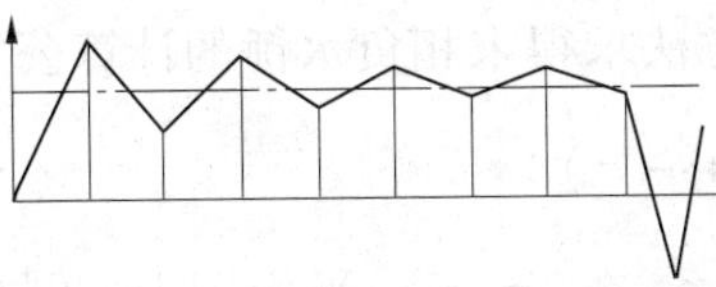

图 2-8-2 第一相水锤

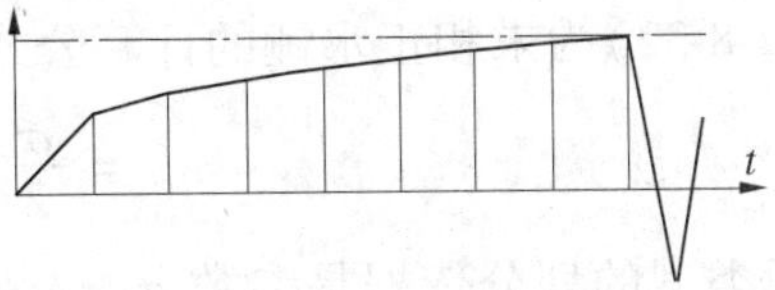

图 2-8-3 末相水锤

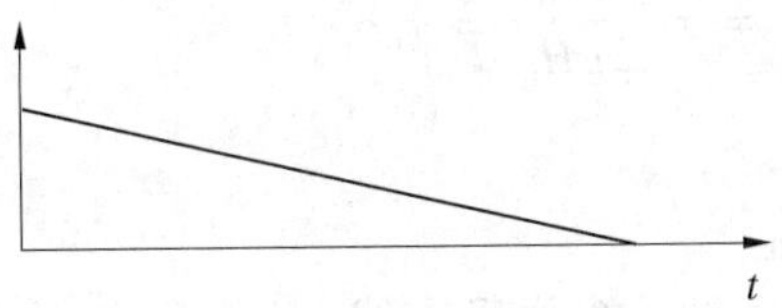

图 2-8-4 理想的阀门启闭规律

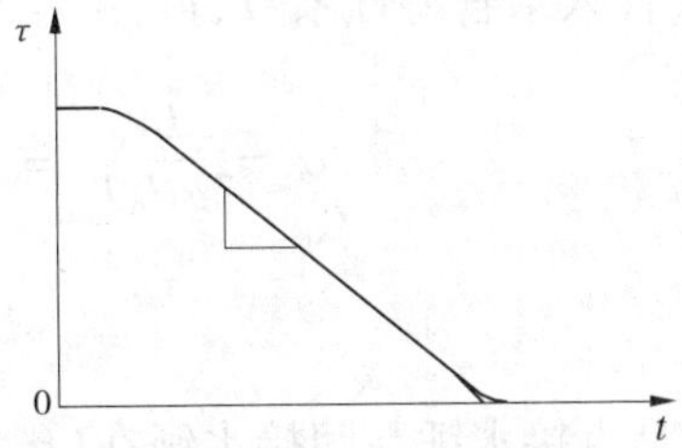

图 2-8-5 实际的阀门启闭规律

第一相水锤,最大水锤压力出现在第一相的相末,T_s 时间内水锤波幅将逐渐减小,到末相之后,水锤波将维持末相的波幅不变,周期性波动。式(2-8-26)为第一相正水锤的计算公式,同样可推得第一相负水锤的计算公式:

$$\tau_1 \sqrt{1 - \eta_1^A} = \tau_0 + \frac{\eta_1^A}{2\rho} \tag{2-8-30}$$

末相水锤,最大水锤压力出现在末相(T_s 时间末),T_s 时间内水锤波幅将逐渐增大,并且数值越来越接近,所以也称为极限水锤。根据末相水锤的这一特性,即最末相邻相水锤值接近,来推导末相水锤的计算公式,根据式(2-8-28),第 $n+1$ 相水锤的计算公式为:

$$\tau_{n+1}\sqrt{1+\xi_{n+1}^A} = \tau_0 - \frac{\xi_{n+1}^A}{2\rho} - \frac{1}{\rho}\sum_{i=1}^{n}\xi_i^A$$

第 n 相水锤的计算公式为:

$$\tau_n\sqrt{1+\xi_n^A} = \tau_0 - \frac{\xi_n^A}{2\rho} - \frac{1}{\rho}\sum_{i=1}^{n-1}\xi_i^A$$

两式相减,并考虑到 $\xi_n^A = \xi_{n+1}^A = \xi_m$,得:

$$(\tau_{n+1}-\tau_n)\sqrt{1+\xi_m} = -\frac{1}{\rho}\xi_m$$

其中,$\tau_{n+1}-\tau_n = -\dfrac{2L}{aT_s}$,并令 $\sigma = \dfrac{LV_0}{gH_0T_s}$,$\sigma$ 称为水管特性系数,则上式变为:

$$\sigma\sqrt{1+\xi_m} = \xi_m \tag{2-8-31}$$

从式(2-8-31)可解得:

$$\xi_m = \frac{\sigma}{2}(\sigma + \sqrt{\sigma^2+4}) \tag{2-8-32}$$

式(2-8-32)为末相正水锤的计算公式。同样方法求得末相负水锤的计算公式为:

$$\eta_m = \frac{\sigma}{2}(\sqrt{\sigma^2+4} - \sigma) \tag{2-8-33}$$

水锤类型的划分依据是参数 σ、$\tau_0\rho$ 的变化关系,在($\sigma,\tau_0\rho$)平面图上(见图 2-8-6),划分为Ⅰ~Ⅴ区,其中Ⅰ、Ⅲ区为末相水锤;Ⅱ、Ⅳ为第一相水锤,Ⅴ为直接水锤。

当阀门初始开度为 τ_0,阀门关闭时间为 τ_0T_s,则直接水锤与间接水锤判别的临界条件 $\tau_0T_s = \dfrac{2L}{a}$,代入水管特性系数,得:

$$\sigma = \frac{LV_0}{gH_0T_s} = \frac{LV_0}{gH_0}\frac{a\tau_0}{2L} = \tau_0\frac{aV_0}{2gH_0} = \tau_0\rho$$

即

$$\sigma = \tau_0\rho \tag{2-8-34}$$

这就是直接水锤与间接水锤在($\sigma,\tau_0\rho$)平面图上的分界直线。

第一相水锤与末相水锤的分界线是由 $\xi_1 = \xi_m$ 条件确定的,由式(2-8-31)得:

$$\sqrt{1+\xi_m} = \frac{\xi_m}{\sigma}$$

代入下式,并令 $\xi_1 = \xi_m$,得:

$$\tau_1\sqrt{1+\xi_1^A} = \tau_0 - \frac{\xi_1^A}{2\rho}$$

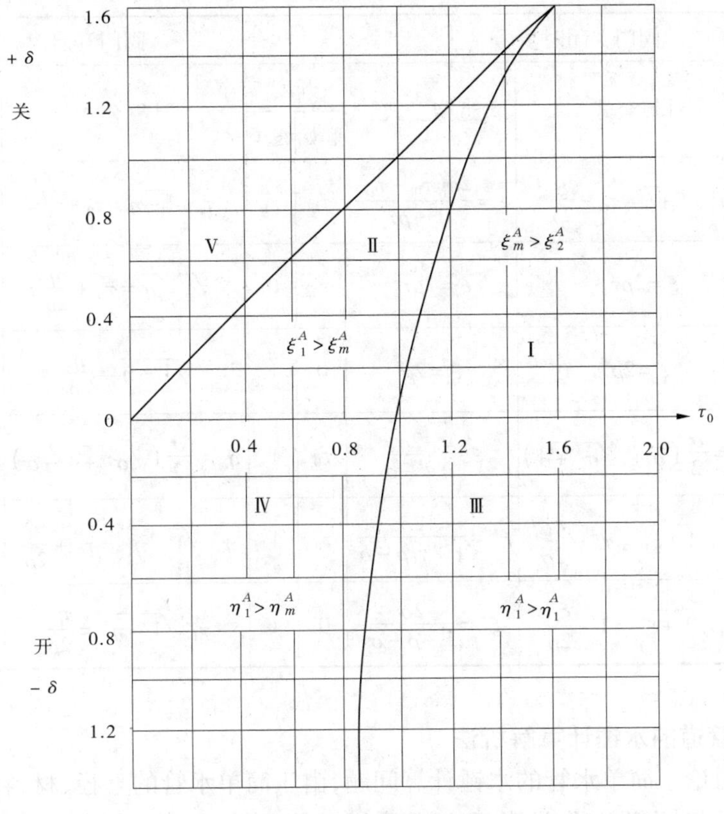

图 2-8-6 水锤类型判别

得：

$$\frac{\tau_1 \xi_m}{\sigma} = \tau_0 \frac{\xi_m}{2\rho}$$

由于 $\tau_1 = \tau_0 - \frac{2L}{aT_s}$ 和 $\sigma = \frac{LV_0}{gH_0 T_s} = \frac{aV_0}{2gH_0} \cdot \frac{2L}{aT_s} = \rho \frac{2L}{aT_s}$，并考虑 $\frac{\sigma}{\rho} = \frac{2L}{aT_s}$，所以上式变为：

$$\xi_m = \frac{2\sigma}{2 - \frac{\sigma}{\rho\tau_0}}$$

代入式(2-8-31)，得：

$$\sigma = \frac{4\rho\tau_0(1 - \rho\tau_0)}{1 - 2\rho\tau_0} \tag{2-8-35}$$

这就是第一相水锤与末相水锤在($\sigma,\tau_0\rho$)平面图上的分界线。从图 2-8-6 中可以看出间接水锤的粗略判断条件：

(1)当 $\rho\tau_0 \leqslant 1.0$ 时，一般为第一相水锤。

(2)当 $\rho\tau_0 > 1.5$ 时，一般为末相水锤。

(3)当 $1.0 < \rho\tau_0 \leqslant 1.5$ 时，介于两者之间。

简单水管水锤压强计算公式见表 2-8-1。

表 2-8-1　简单水管(阀门断面)水锤压强计算公式汇总

水锤类型	阀门关闭时				阀门开启时			
	开度		计算公式	近似公式	开度		计算公式	近似公式
	起始	终了			起始	终了		
直接水锤	τ_0	τ_t	$\tau_t\sqrt{1+\xi}=\tau_0-\frac{\xi}{2\rho}$	$\xi=\frac{2\rho(\tau_0-\tau_t)}{1+\rho\tau_t}$	τ_0	τ_1	$\tau_t\sqrt{1-\eta}=\tau_0+\frac{\eta}{2\rho}$	$\eta=\frac{2\rho(\tau_t-\tau_0)}{1+\rho\tau_t}$
	τ_0	0	$\xi=2\rho\tau_0$	$\xi=2\rho\tau_0$	τ_0	0	$\sqrt{1-\eta}=\tau_0+\frac{\eta}{2\rho}$	$\eta=\frac{2\rho(1-\tau_0)}{1+\rho\tau_t}$
	1	0	$\xi=2\rho$	$\xi=2\rho$	0	1	$\sqrt{1-\eta}=\frac{\eta}{2\rho}$	$\eta=\frac{2\rho}{1+\rho\tau_t}$
间接水锤	τ_0	0	$\xi_m=\frac{\sigma}{2}(\sigma+\sqrt{\sigma^2+4})$	$\xi_m=\frac{2\sigma}{2-\sigma}$	τ_0	1	$\eta_m=\frac{\sigma}{2}(\sqrt{\sigma^2+4}-\sigma)$	$\eta_m=\frac{2\sigma}{2+\sigma}$
	τ_0	τ_t	$\tau_1\sqrt{1+\xi_1^A}=\tau_0-\frac{\xi_1^A}{2\rho}$	$\xi_1=\frac{2\sigma}{1+\tau_0\rho-\sigma}$	τ_0	1	$\tau_1\sqrt{1-\eta_1^A}=\tau_0+\frac{\eta_1^A}{2\rho}$	$\eta_1=\frac{2\sigma}{1+\tau_0\rho+\sigma}$
	1	τ_t	$\tau_1\sqrt{1+\xi_1^A}=1-\frac{\xi_1^A}{2\rho}$	$\xi_1=\frac{2\sigma}{1+\rho-\sigma}$	0	1	$\tau_1\sqrt{1-\eta_1^A}=\frac{\eta_1^A}{2\rho}$	$\eta_1=\frac{2\sigma}{1+\sigma}$

(三)复杂管道的水锤计算解析法

前面着重讨论了简单水管的水锤计算问题,由于简单水管的直径、材料和管壁厚度不随管长度变化,同时也没有分岔管,所以其水锤计算条件比较简单,能够用解析方法进行分析计算。但是,工程实际情况就复杂得多,主要有以下两种:

(1)水管的管壁厚度、直径和材料等任何一项沿管长发生变化,这种复杂管称为串联管。常见的串联管是管壁厚度沿管段变化,因为不同管段水管所受的内水压力不同,一般在设计中,分段确定管壁厚度,因此各段管壁厚度是不同的。

(2)水电站采用联合供水或分组供水时,一根总管要向数根支管供水,在总管末端需设分岔管,这种有分岔管的水管称为并联管。

另外,引水管、蜗壳和尾水管组成特殊的串联管,它们所用的材料、直径、管壁厚度都不同,并且导水机构(阀门)设置在蜗壳和尾水管之间。

1. 串联管的水锤压力计算

复杂水锤的计算方法是将复杂管转化为等价的简单管,并利用简单管的公式进行计算。从前面讨论可知,水锤现象事实是水体动能与压能的相互转化过程,初始动能大小影响水锤压力值。另外,水锤压力还受反射波的影响,主要参数是相长$\frac{L}{a}$。在将复杂管转化为简单管时,必须保证水锤值不变。为此,其转化原则是总动能不变和相长不变。

假设原管各段管的长度、最大流速和水锤波速分别为 l_i、v_i 和 a_i,$i=1,2,3,\cdots,n$。另外,$L=\sum_{i=1}^{n}l_i$。根据相长不变要求,并令等价水锤波速为 a_c,可得

$$a_c = \frac{L}{\sum_{i=1}^{n} \frac{l_i}{a_i}} \tag{2-8-36}$$

设原管各段管的截面面积为 $\omega_i, i = 1,2,3,\cdots,n$,水体密度为 ρ。则原水管中的总动能可表示为 $\frac{1}{2}\rho\sum_{i=1}^{n}\omega_i l_i v_i^2 = \frac{1}{2}\rho Q\sum_{i=1}^{n} l_i v_i$,其中 Q 为流量。根据动能不变要求,可得

$$v_c = \frac{\sum_{i=1}^{n} l_i v_i}{L} \tag{2-8-37}$$

因此,串联管可转化为长度为 $L = \sum_{i=1}^{n} l_i$、水锤波速为 $a_c = \frac{L}{\sum_{i=1}^{n}\frac{l_i}{a_i}}$、管中最大流速为 $v_c = \frac{\sum_{i=1}^{n} l_i v_i}{L}$ 的简单管,其水管特性系数为

$$\rho_c = \frac{a_c v_c}{2gH_0} \tag{2-8-38}$$

$$\sigma_c = \frac{L v_c}{gH_0 T_s} \tag{2-8-39}$$

2. 分岔管的水锤压力计算

分岔管的水锤计算比较复杂,水锤波传播至分岔点时,部分水锤波反射折回,部分穿透分岔点分别向主管和其余支管传播。由于各支管之间相互干扰,产生错综复杂的情况,所以分岔管的水锤计算比串联管复杂得多。近似分析时,可先将分岔管简化为串联管,再转化为简单管进行计算。将分岔管简化为串联管时,保留最长的一根支管,去掉其余支管。保留的支管面积和流量分别为各支管面积和流量之和,长度取为最长支管的长度。最长的支管和主管组成串联管,按前面介绍的方法,转化为简单管。

(四)水锤压力沿管长的分布

前面主要讨论了阀门断面最大水锤压力的计算问题,但实际工程中,在压力水管管线布置时,还需要了解压力水管沿管长的压力分布情况,主要目的是防止管中出现真空(负压现象),以免压力水管受压而失稳。通常要求压力水管沿线各断面的最低压力不小于2 m(水柱)。

研究证明,如果压力水管末端出现末相水锤,无论是正、负水锤,压力水管各断面的最大水锤压力沿管线按直线规律分布。第一相水锤压力水管各断面的最大水锤压力沿管线按曲线规律分布,正水锤分布曲线向上凸,负水锤分布曲线向下凹,见图2-8-7。

1. 末相水锤压力分布规律

假设压力管中间任意断面 C,距离进口长度为 l,则断面 C 的最大、最小水锤为

$$\xi_{\max}^{C} = \frac{l}{L}\xi_m^A \tag{2-8-40}$$

$$\eta_{\max}^{C} = \frac{l}{L}\eta_m^A \tag{2-8-41}$$

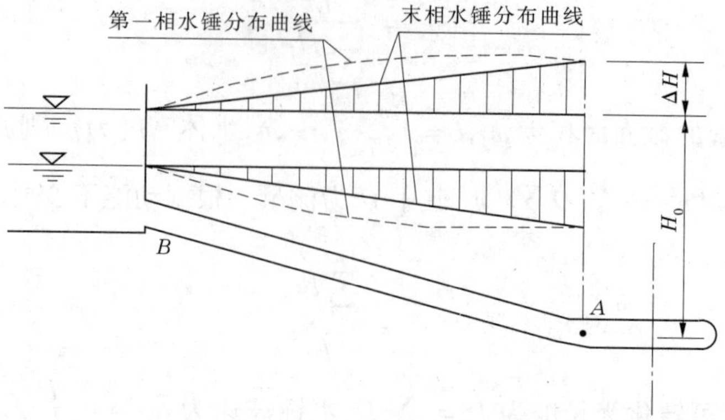

图 2-8-7　水锤压力沿管路的分布

2. 第一相水锤分布规律

压力管末端断面发生第一相时,任意断面 C 的最大、最小水锤发生在阀门断面第一相末产生的水锤到达断面 C 时,此时有两个水锤波叠加,分别是 $t_1=\dfrac{2L}{a}$ 和 $t_2=\dfrac{2(L-l)}{a}$ 从阀门断面出发的水锤 $\xi^A_{\frac{2L}{a}}$ 和 $\xi^A_{\frac{2(L-l)}{a}}$(或 $\eta^A_{\frac{2L}{a}}$ 和 $\eta^A_{\frac{2(L-l)}{a}}$)。因此,断面 C 的最大、最小水锤为

$$\xi^C_{\max}=\xi^A_{\frac{2L}{a}}-\xi^A_{\frac{2(L-l)}{a}} \tag{2-8-42}$$

$$\eta^C_{\max}=\eta^A_{\frac{2L}{a}}-\eta^A_{\frac{2(L-l)}{a}} \tag{2-8-43}$$

式中,$\xi^A_{\frac{2L}{a}}$ 或 $\eta^A_{\frac{2L}{a}}$ 按前面介绍的第一相水锤公式计算;$\xi^A_{\frac{2(L-l)}{a}}$ 或 $\eta^A_{\frac{2(L-l)}{a}}$ 可采用近似方法计算:按第一相水锤公式计算,只是管长按 $L-l$ 计。

将式(2-8-42)、式(2-8-43)代入表 2-8-1 中公式,可得

$$\xi^C_{\max}=\frac{2\sigma}{1+\tau_0\rho-\sigma}-\frac{2\sigma_{AC}}{1+\tau_0\rho-\sigma_{AC}} \tag{2-8-44}$$

$$\eta^C_{\max}=\frac{2\sigma}{1+\tau_0\rho+\sigma}-\frac{2\sigma_{AC}}{1+\tau_0\rho+\sigma_{AC}} \tag{2-8-45}$$

式中,$\sigma_{AC}=\dfrac{(L-l)V_0}{gH_0T_s}$。

三、机组转速变化计算

机组转速变化通常用相对值表示,其最大值称 $\beta=\dfrac{n_{\max}-n_0}{n_0}$,其中 $n_{\max}$ 为机组运行时的最大转速,n_0 为额定转速。

机组转速变化的最大值一般出现在机组突然丢弃全部负荷时,这时机组负荷为 0,水轮机出力要经过 $T_{关}$ 时间,从最大出力逐渐降为 0。水轮机出力变化过程取决于阀门的关闭规律,阀门从全开到全关所需时间为 T_s,但阀门未完全关闭时,水轮机出力已降为 0,一般 $T_{关}$ 为(0.6~0.9)T_s(开启与关闭有差别,需要区别时用 T_{s1} 和 T_{01} 表示)。水轮机在 $T_{关}$ 时刻所做的功转化为机组转动动能,使机组转速增加。假设水轮机出力按直线规律变化,

那么水轮机在 $T_{关}$ 时刻所做的功为 $\frac{1}{2}NT_{关}$，机组转速从额定转速增加到最大转速时所增加的动能为 $\frac{1}{2}I\left[\left(\frac{\pi n_{max}}{30}\right)^2-\left(\frac{\pi n_0}{30}\right)^2\right]$。根据能量守恒定律，有

$$\frac{1}{2}NT_{关}=\frac{1}{2}I\left[\left(\frac{\pi n_{max}}{30}\right)^2-\left(\frac{\pi n_0}{30}\right)^2\right] \tag{2-8-46}$$

式中　N——水轮机的额定出力；

I——机组转动部分的惯性矩，在工程中表示为 $I=\frac{GD^2}{4g}$。

将 $n_{max}=n_0(1+\beta)$ 代入式(2-8-46)，并整理后得

$$\beta=-1+\sqrt{1+\frac{3\ 567NT_{关}}{GD^2n_0^2}} \tag{2-8-47}$$

考虑到阀门关闭规律并不是按直线变化的，同时水锤对水轮机出力也有影响，所以式(2-8-47)要进行修正。下面介绍苏联 Л. M. З(列宁格勒金属工厂)公式：

丢弃负荷时
$$\beta=-1+\sqrt{1+\frac{T_{s1}f}{T_a}} \tag{2-8-48}$$

增加负荷时
$$\beta=1-\sqrt{1-\frac{T_{01}f}{T_a}} \tag{2-8-49}$$

式中　T_a——机组时间常数，$T_a=\frac{GD^2n_0^2}{3\ 567NT_{关}}$；

T_{s1}——阀门(导叶)关闭至空转开度的历时，对于混流式水轮机和冲击式水轮机，$T_{s1}=(0.8\sim0.9)T_s$，对于轴流式水轮机，$T_{s1}=(0.6\sim0.7)T_s$；

T_{01}——阀门(导叶)空转至全开的历时；

f——水锤影响系数，可根据管道特性系数 σ 从图 2-8-8 中查出。

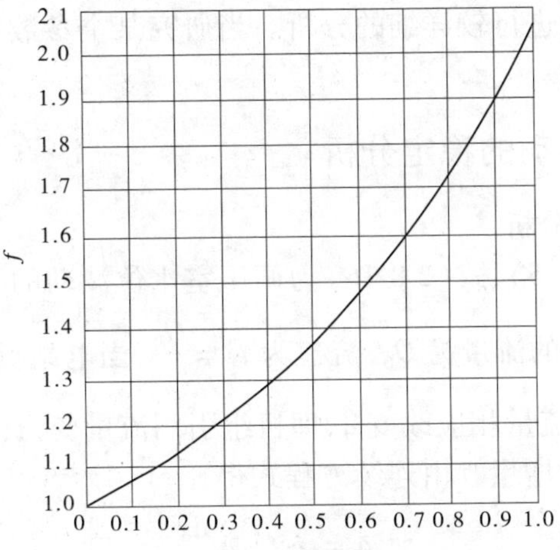

图 2-8-8　水锤影响系数

任务三　调压室水位波动计算

一、调压室水位波动计算的目的和计算工况

(一)调压室水位波动计算的目的和内容

调压室水位波动计算的目的是确定调压室的基本尺寸和水位波动的周期及衰减程度。其计算内容包括:①计算最高涌波水位,以确定调压室的顶部高程。为确保安全,调压室最高涌波水位以上的安全超高不宜小于1 m。②计算最低涌波水位,以确定调压室底部和压力管道进口的高程。为保证在调压室最低涌波水位时引水道中水流仍为有压流,最低涌波水位与引水道顶部间的安全高度不应小于2~3 m,调压室底板应留有不小于1.0 m的安全水深。③求水位波动的全过程。

(二)调压室水位波动计算方法

1.解析法

解析法较简便省时,可直接用公式求出最高和最低涌波水位,但引入的假定较多,精度较差,且不能求出波动的全过程。通常在可行性研究阶段或初步设计阶段用以初步确定调压室的尺寸。

2.逐步积分法

逐步积分法(差分法)通过逐时段计算求出最高和最低涌波水位以及波动的全过程。适用于各种形式的调压室以及丢弃部分负荷的情况,具有较大的灵活性和准确性。逐步积分法分为图解法和列表法,二者原理相同,前者简便、醒目,应用较广;后者较繁,但精度较高。

3.电算法

电算法可以把调压室的水位波动、压力管道的水击压力及机组速率上升联合起来计算,对调压室的水位波动进行较详细的分析。当研究某个参数对调压室水位变化过程的影响时,电算法更为优越。

二、调压室水位波动的稳定分析

(一)小波动的稳定分析

式(2-8-14)、式(2-8-15)、式(2-8-16)为调压室水位波动的三个基本方程。水电站正常运行时,压力引水道中的流量为Q_0,流速为$v_0=\dfrac{Q_0}{f}$,当电站负荷发生变化时,调压室水位发生微小波动x,机组流量相应改变q,即机组引用流量变为(Q_0+q),引水道流速由v_0变为v_0+y,y为流速的微增量。由连续方程式得

$$q = fy + A\frac{\mathrm{d}x}{\mathrm{d}t} \tag{2-8-50}$$

水电站正常运行时,其有效水头为$H=H_0-h_{w0}-h_{wm0}$,其中H_0为水库静水位,h_{w0}为引水道的水头损失,h_{wm0}为压力管道的水头损失。设机组效率为η,则水电站的出力为

$$N = 9.81Q_0H\eta = 9.81Q_0\eta(H_0 - h_{w0} - h_{wm0}) \tag{2-8-51}$$

当调压室水位发生微小波动 x 后，将式(2-8-51)展开并略去二阶微量，得

$$q = \frac{Q_0x}{H_0 - h_{w0} - 3h_{wm0}} = \frac{Q_0x}{H_1} \tag{2-8-52}$$

式中 $H_1 = H_0 - h_{w0} - 3h_{wm0}$。

当流速 $v = v_0 + y$ 时，略去 y 的平方项，水头损失 $h_w \approx h_{w0} + 2\beta y$，则动力方程变为

$$x = 2\beta v_0 y + \frac{L}{g}\frac{dy}{dt} \tag{2-8-53}$$

由式(2-8-50)、式(2-8-51)、式(2-8-53)，化简后得引水道－调压室系统无限小波动时的运动微分方程式为

$$\frac{d^2x}{dt^2} + v_0\left(\frac{2\beta g}{L} - \frac{f}{AH_1}\right)\frac{dx}{dt} + \frac{gf}{LA}\left(1 - \frac{2\beta v_0^2}{H_1}\right)x = 0$$

令 $m = \frac{v_0}{2}\left(\frac{2\beta g}{L} - \frac{f}{AH_1}\right)$，$\omega^2 = \frac{gf}{LA}\left(1 - \frac{2\beta v_0^2}{H_1}\right)$，则得

$$\frac{d^2x}{dt^2} + 2m\frac{dx}{dt} + \omega^2 x = 0 \tag{2-8-54}$$

式(2-8-54)为二阶常系数齐次线性微分方程，代表一个有阻尼的自由振动，其中 m 为阻尼系数，可能正也可能负，ω 为振动频率。

由振动理论可知，只有当阻尼项和恢复力项都是正值，即满足 $m > 0$ 和 $\omega^2 > 0$ 的必要条件，振动才是衰减的。因此，调压室水位波动稳定的条件是：

(1)由 $m > 0$，得

$$A_k > \frac{Lf}{2\beta gH_1} = \frac{Lf}{2\beta g(H_0 - h_{w0} - 3h_{wm0})} = A_{th} \tag{2-8-55}$$

式(2-8-55)表示引水道－调压室系统波动衰减的条件之一，即调压室的断面面积必须大于临界断面 A_{th}，A_{th} 通常称为托马断面。

(2)由 $\omega^2 > 0$，得

$$h_{w0} + h_{wm0} < \frac{H_0}{3} \tag{2-8-56}$$

式(2-8-56)表示，为保证波动衰减，引水道和压力管道的水头损失之和必须小于静水头的1/3。由于经济上的原因，引水系统的水头损失占静水头的比重通常很小，该条件一般总是满足要求的。

(二)调压室水位波动的计算

调压室水位波动的计算主要考虑两个工况：水电站突然增加全部负荷和丢弃全部负荷的情况。其方程分别为

$$\begin{cases} fv = F\dfrac{dz}{dt} + \dfrac{Q_0H_0}{H_0 - \beta v^2 - \alpha\left(\dfrac{Q_0}{A}\right)} \\ \dfrac{L}{g}\dfrac{dv}{dt} = z + \beta v^2 \end{cases} \tag{2-8-57}$$

$$\begin{cases} fv = F\dfrac{\mathrm{d}z}{\mathrm{d}t} + \dfrac{Q_0H_0}{H_0 - \beta v^2} \\ \dfrac{L}{g}\dfrac{\mathrm{d}v}{\mathrm{d}t} = z + \beta v^2 \end{cases} \tag{2-8-58}$$

式中　Q_0——水电站设计流量；

α、A——压力水管的水头损失系数和断面面积。

式(2-8-57)和式(2-8-58)可以采用图解法、数解法，利用数学软件 Mathematica 或 MATLAB 计算，十分方便。

项目九 水电站厂房布置设计

【设计任务】

立式机组地面厂房横剖面布置设计、立式机组地面厂房平面布置设计、副厂房的布置设计、卧式机组厂房的布置设计。

任务一 立式机组地面厂房的横剖面布置设计

厂房设备布置设计工作比较复杂，它是在三维空间全方位地进行布置，一般来说，它没有明确的步骤和顺序，习惯上是边绘图边布置。因此，按绘图的步骤进行布置设计是比较方便的。

一、水轮机的剖面布置

（一）反击式水轮机的基本构造和尺寸

现代水轮机一般由进水设备、导水机构、转轮和出水设备所组成。对于不同类型的水轮机，上述四个组成部分在形式上各具特点，其中转轮是直接将水能转换为旋转机械能的过流部件，是水轮机的核心部分，对水轮机的性能、结构、尺寸等起着决定性的作用。进水设备和出水设备取决于厂房下部结构的尺寸。

1. 水轮机的进水设备

反击式水轮机进水设备有开敞式与封闭式两大类。

1）开敞式（明槽式）进水设备

开敞式引水室的水轮机导水机构外围为矩形或蜗形的明槽，槽中水流具有自由水面。开敞式引水室只适用于水头在 10 m 以下的小型水电站。

2）封闭式进水设备

封闭式进水设备可分为压力槽式、罐式和蜗壳式三种，主要是蜗壳式，见图 2-9-1。

水流由压力管道进入蜗壳后，一方面沿圆周作环流，另一方面又经座环外圈均匀地、轴对称地流入导水机构。由于流量逐渐减小，所以蜗壳断面亦逐渐收缩，蜗壳外形很像蜗牛壳。

根据蜗壳材料不同，可分为金属蜗壳与混凝土蜗壳两种。

（1）金属蜗壳，如图 2-9-1 所示。水轮机的工作水头在 40 m 以上或者小型卧式机组，蜗壳通常由钢板焊接或由钢铸造而成，统称为金属蜗壳。图中垂直于压力管道轴线的 1—1 断面为进口断面，进口断面的形状为圆形。蜗壳的末端为 0—0 断面，通常和座环的一个固定导叶连接在一起。

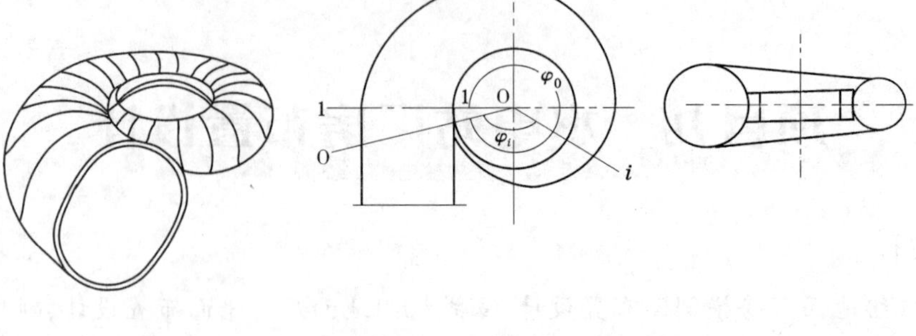

图 2-9-1　金属蜗壳

(2)混凝土蜗壳,如图 2-9-2 所示。当水轮机的最大工作水头在 40 m 以下时,为了节约钢材,大多采用钢筋混凝土浇制的蜗壳,简称为混凝土蜗壳。

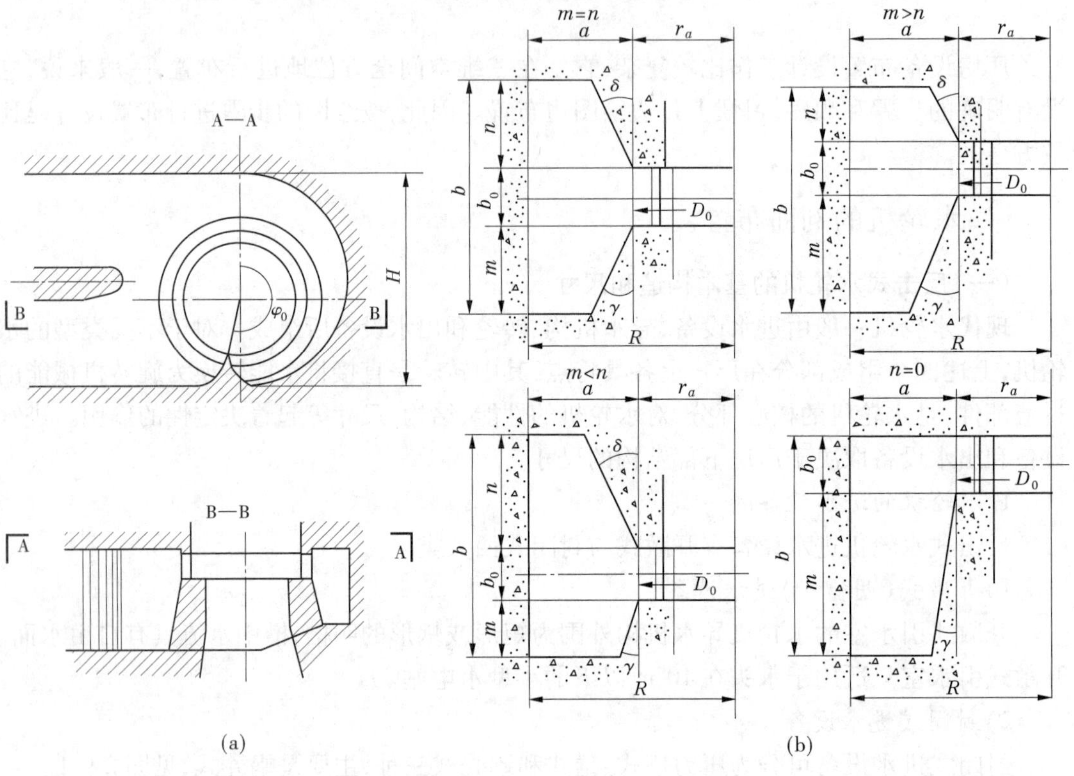

图 2-9-2　混凝土蜗壳

3)蜗壳主要参数选择

蜗壳的主要参数有蜗壳的包角、蜗壳断面形状和蜗壳进口断面平均流速。

(1)蜗壳的包角。从进口断面到末端间的圆心夹角称蜗壳的包角,用 φ_0 表示。蜗壳包角直接影响蜗壳的平面尺寸,包角大(接近 360°)时,水轮机流量全部经蜗壳进口断面进入水轮机,因此进口断面较大;包角较小时,部分流量直接进入导水机构,经进口断面进入水轮机的流量减少,进口断面尺寸相应减小。

金属蜗壳的包角为 340°~350°,多用 345°。混凝土蜗壳的包角一般采用 180°~270°,常选用的包角为 180°。

(2)蜗壳的断面形状。金属蜗壳断面形状为圆形,断面的半径从进口至末端随着流量的减小而减小,蜗壳尾部断面的半径较小,为了便于与座环连接,断面形状由圆形逐步过渡到椭圆形。

混凝土蜗壳的断面形状常为梯形。由于断面可以沿轴向向上或向下延伸,在断面面积相等的情况下梯形比圆形径向尺寸要小,有利于减小厂房尺寸和基建投资,所以混凝土蜗壳特别适用于低水头、大流量的轴流式水轮机。混凝土蜗壳也有用在水头大于 40 m 的情况(目前最高可用到 80 m),此时需在蜗壳内壁做钢板衬砌,钢板的厚度为 10~16 mm,仅作为防渗与磨损的保护层。混凝土蜗壳断面形状见图 2-9-2(b)。为减小蜗壳平面尺寸,通常选择 $b>a$。

当 $m=0$ 或 $n=0$ 时,$\frac{b}{a}=1.50\sim1.75$(最大可达 2.0),$\delta=30°$,$\gamma=10°\sim15°$。

当 $m>n$ 时,$\frac{b-n}{a}=1.2\sim1.7$(最大可达 1.85),$\delta=20°\sim30°$,$\gamma=10°\sim20°$。

当 $m\leqslant n$ 时,$\frac{b-m}{a}=1.2\sim1.7$(最大可达 1.85),$\delta=20°\sim30°$,$\gamma=20°\sim35°$。

中小型水电站多采用 $n=0$ 的平顶梯形断面,有利于接力器的布置。

(3)蜗壳进口断面平均流速。蜗壳进口断面流速不仅与蜗壳尺寸有关,还与蜗壳内水头损失有关。流量相同时,进口断面流速大,断面尺寸就小,机组间距也可减小,但蜗壳内水头损失就大;流速小,断面尺寸就大,将增加厂房投资。因此,需要合理地选择进口平均流速。根据已运行的一些水轮机资料统计,推荐使用图 2-9-3 中的曲线,由水轮机的设计水头即可查得蜗壳进口断面的平均流速 v_p。一般情况下,v_p 可采取图上的中间值;对有钢板里衬的混凝土蜗壳和金属蜗壳,可取上限;当蜗壳在厂房中的布置不受限制时,也可取下限。

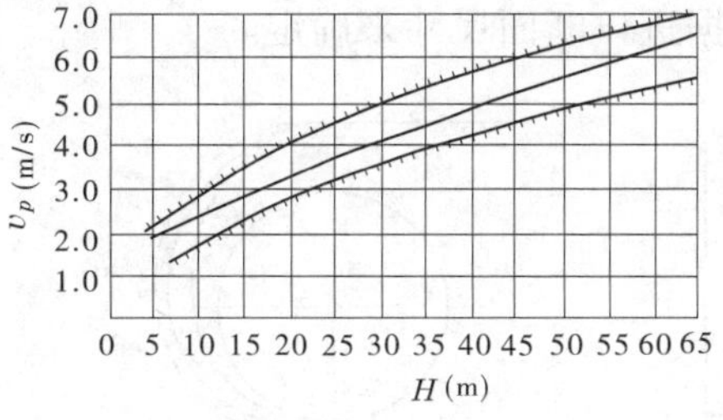

(a)水头小于60 m时

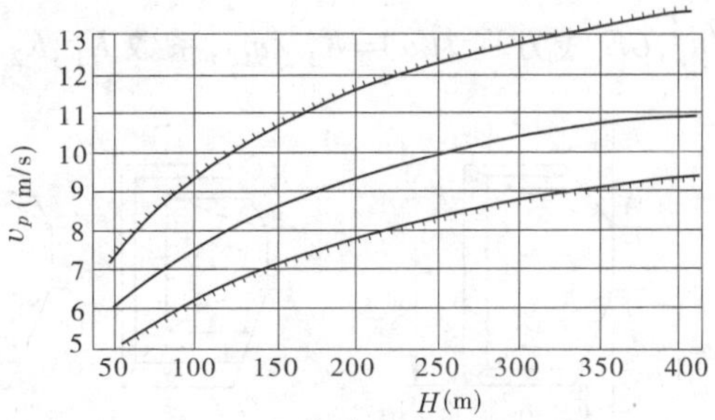

(b)水头在50~400 m时

图 2-9-3　蜗壳进口断面流速

4)蜗壳的水力计算

通过水力计算确定蜗壳各部分尺寸。由于蜗壳直接与水轮机座环相连,因此必须知道座环的尺寸,包括高度 b_0、外直径 D_a、内直径 D_b、蜗壳断面形状及设计流量 Q_T 与包角 φ_0 等。

(1)断面面积。由于水流沿座环均匀、轴对称地进入导水机构及转轮,故经蜗壳任一断面的流量 Q_φ 为

$$Q_\varphi = \frac{Q_T}{360°}\varphi_i \tag{2-9-1}$$

式中　φ_i——计算断面与蜗壳末端的夹角。

蜗壳进口断面的流量为

$$Q_0 = \frac{Q_T}{360°}\varphi_0 \tag{2-9-2}$$

断面面积 F_i 为

$$F_i = \frac{Q_i}{v_p} \tag{2-9-3}$$

式中符号意义同前。

(2)金属蜗壳外形尺寸计算。金属蜗壳采用圆形断面,只要确定 Q、v 就可确定断面面积 F,然后求出其断面半径。断面半径为

$$\rho_i = \sqrt{\frac{Q_i}{\pi v_p}} \tag{2-9-4}$$

从轴中心线到蜗壳外缘的半径 R_i 为:

$$R_i = r_a + 2\rho_i \tag{2-9-5}$$

式中　r_a——座环外径。

(3)混凝土蜗壳外形尺寸计算。令 $\varphi_i = \varphi_0$,代入式(2-9-2)和式(2-9-3),计算进口断面面积 F_0,并根据前面的要求选择和确定进口断面 a、b、m、n、γ、δ 等参数。

其余断面计算:首先选择蜗壳各断面的变化规律,即蜗壳上顶角 D 和下顶角 E 的变化规律。可选择下列一种:①均匀地减小宽度和高度的直线变化规律,如图 2-9-4(a)所示,即 AD 和 GE 为直线;②更快地减小高度或更快地减小宽度的曲线变化规律,如图 2-9-4(b)、(c)所示。常采用蜗壳顶角 D、E 按抛物线轨迹变化。AD 线方程为 $a_i = K_1\sqrt{n_i}$,GE 线方程为 $a_i = K_2\sqrt{m_i}$,系数 K_1、K_2 可根据进口断面尺寸来确定。

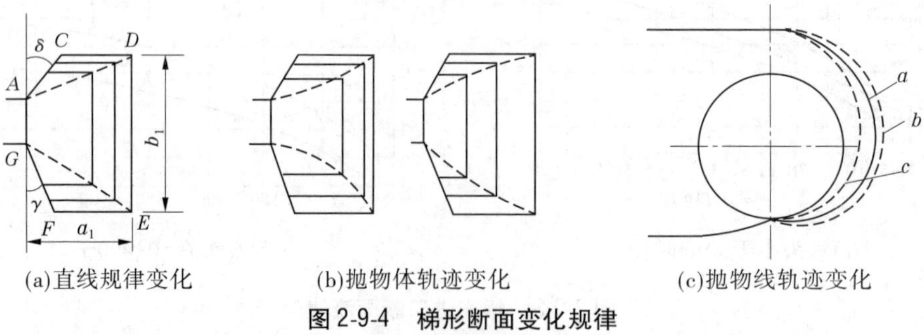

(a)直线规律变化　(b)抛物体轨迹变化　(c)抛物线轨迹变化

图 2-9-4　梯形断面变化规律

根据蜗壳各断面的变化规律写出 $R_i \sim F_i$ 关系式:

$$F_i = f(R_i) \tag{2-9-6}$$

联立求解式(2-9-3)和式(2-9-6),即可求出 R_i 与 φ_i 的关系 $R_i = h(\varphi_i)$,并可据此绘图。式(2-9-3)和式(2-9-6)也可采用图解法求解。

2. 水轮机的出水设备

尾水管是反击式水轮机过流通道的最后部分,其形式和尺寸对转轮出口动能的回收有很大的影响,而且在很大程度上还影响着厂房基础开挖和下部块体混凝土的尺寸。增大尾水管的尺寸可以提高水轮机的效率,但水电站的工程量和投资增大,因此应合理地选择尾水管的形式和尺寸。

目前,工程上常用的尾水管形式有直锥形、弯锥形和弯肘形三种,前两种适用于小型水轮机,后一种适用于大中型水轮机。

1)直锥形尾水管

图 2-9-5 为一竖轴水轮机的直锥形尾水管,图中 D_3 为尾水管的进口直径,其值可取为 $D_3 = D_1 + (0.5 \sim 1.0)$ cm; D_5 为尾水管的出口直径,与出口流速 v_5 有关,减小 v_5 可提高效率 η_d,但减小到一定程度时,η_d 提高得很小,反而会使尾水管的长度 L 增加,所以一般将出口流速控制在 $v_5 = (0.235 \sim 0.70)\sqrt{H}$,$L/D_3$ 在 3 ~ 4,相应的尾水管锥角 $\theta = 12° \sim 14°$,在 L 与 θ 值选定之后,则 $D_5 = 2L\tan\dfrac{\theta}{2} + D_3$。

为了保证尾水管排出的水流能够在尾水渠中顺畅流动,尾水渠的尺寸应不小于下列数值,如图 2-9-5 所示:$h = (1.1 \sim 1.5)D_3$,$B = (1.2 \sim 1.0)D_3$,$C = 0.85B$。

为了保证尾水管的工作,出口应淹没在下游水位以下,淹没深度 b_2 应不小于 0.3 ~ 0.5 m。

直锥形尾水管一般用钢板制成,结构简单、性能良好,各部尺寸合宜时,效率 η_d 可达 0.8 ~ 0.85。直锥形尾水管仅适用于小型水轮机,大中型水轮机如果采用 $L/D_3 = 3 \sim 4$,会形成很深的开挖坑,很不经济。

2)弯锥形尾水管

对小型卧轴混流式水轮机,为了布置上的方便,多采用弯锥形尾水管,由一等直径的 90°弯管和一直锥管组成,如图 2-9-6 所示。由于弯管中流速较大,同时转弯后流速分布也不均匀,所以水力损失较大。直锥管的尺寸选择和上述情况一样,这种尾水管的效率 η_d 一般为 0.4 ~ 0.6。

3)弯肘形尾水管

对于大中型水轮机,为了减小尾水管的开挖深度,都采用弯肘形尾水管。图 2-9-7 为一轴流转桨式水轮机的弯肘形尾水管。图 2-9-8 为一混流式水轮机的弯肘形尾水管。弯肘形尾水管由进口直锥段、肘管和出口扩散段三部分组成,现分述如下:

(1)进口直锥管。进口直锥管是一垂直的圆锥形扩散管,D_3 为直锥管的进口直径,由于混流式水轮机的直锥管与基础环相连接,D_3 等于转轮出口直径 D_2;轴流转桨式水轮机直锥管与转轮室里衬相连接,可取 $D_3 = 0.973D_1$。直锥管的扩散角 θ 的取值为:混流式水轮机 $\theta = 14° \sim 18°$,轴流转桨式水轮机 $\theta = 16° \sim 20°$。h_3 为直圆锥管的高度,增大 h_3 可以

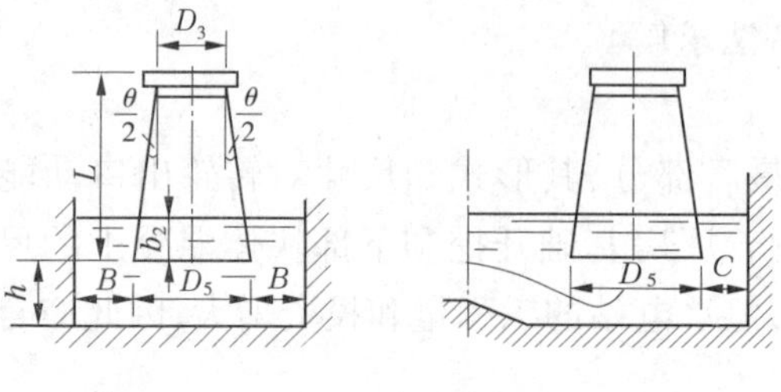

图 2-9-5 直锥形尾水管和尾水渠

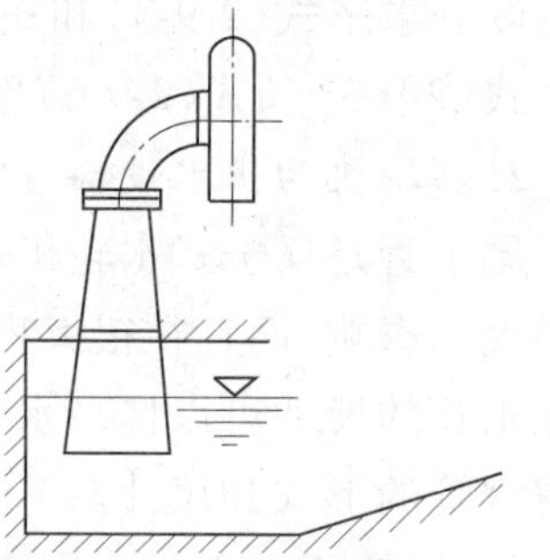

图 2-9-6 弯锥形尾水管

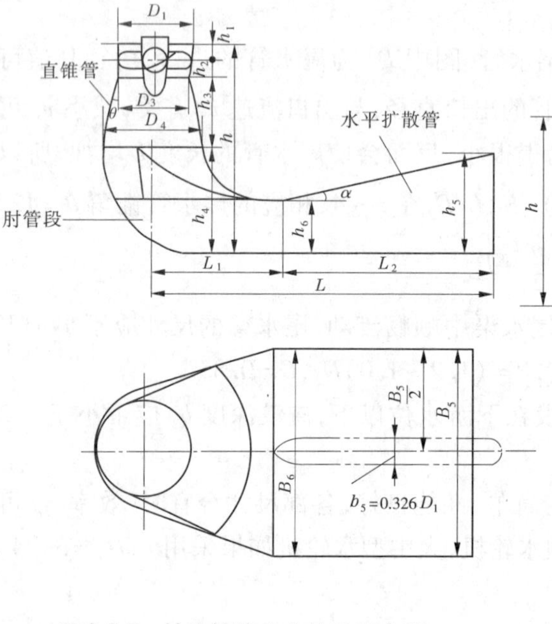

图 2-9-7 轴流转桨式水轮机尾水管

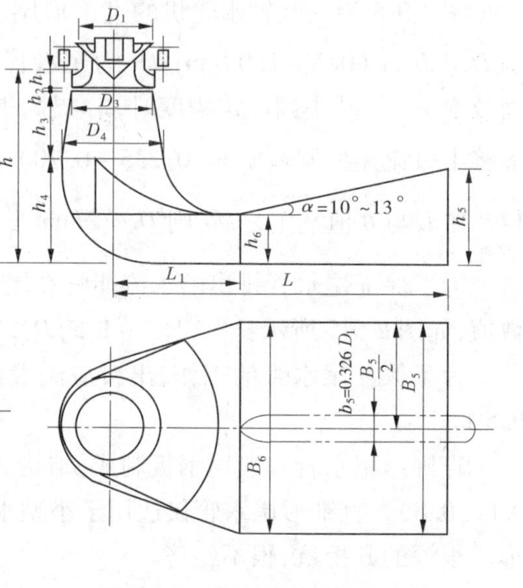

图 2-9-8 混流式水轮机尾水管

减小肘管的入口流速,减小水头损失。为了防止旋转水流和涡带脉动压力对管壁的破坏,一般在混凝土内壁做钢板里衬,里衬亦可作为施工时的内模板。

(2)肘管。肘管是一90°变断面的弯管,进口为圆断面,出口为矩形断面,如图 2-9-10 所示。水流在肘管转弯时受到离心力的作用,压力和流速的分布很不均匀,转弯后流向水平段时又形成了扩散,因而在肘管中产生了较大的水力损失。影响水头损失的主要因素是转弯半径和肘管的断面变化规律。如图 2-9-9 所示,曲率半径越小,则离心力越大,一般推荐使用的合理半径 $R=(0.6\sim1.0)D_4$,外壁 R_6 用上限,内壁 R_7 用下限。为了减小水流在转弯处的脱流及涡流损失,肘管出口做成收缩断面,并使断面的高度缩小而宽度增大,高宽比为 0.25,肘管进、出口面积比在 1.3 左右。

由于肘管中水流运动和断面变化的复杂性,肘管各部分尺寸很难用理论公式计算求得,因而必须经过反复试验才能确定较好的形式和尺寸。

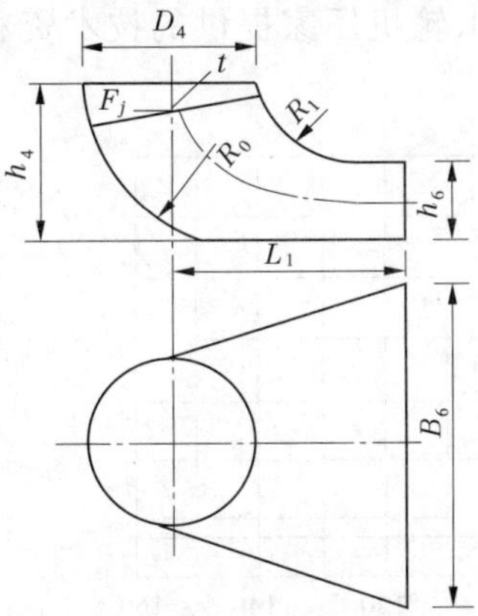

图 2-9-9　混凝土肘管的组成几何面

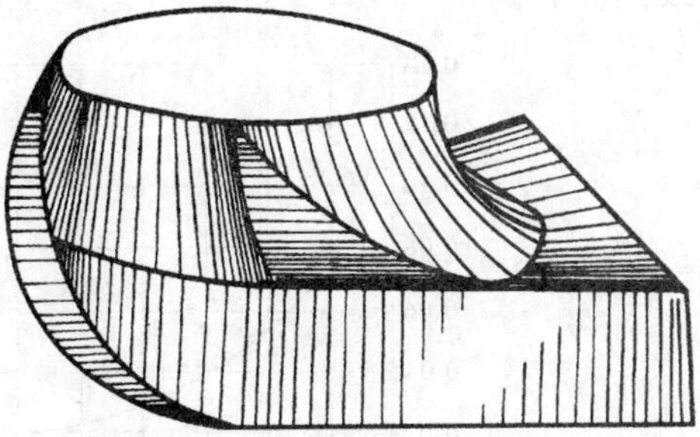

图 2-9-10　肘管的断面变化

(3)出口扩散段。出口扩散段是一水平放置、断面为矩形的扩散管,出口宽度一般与肘管出口宽度相等;顶板向上倾斜,仰角 $\alpha = 10° \sim 13°$,长度 $L_2 = L - L_1 = (2 \sim 3) D_1$;底板呈水平。当出口宽度过大时,可按结构要求加设中间支墩,如图 2-9-7、图 2-9-8 所示。

(4)推荐的尾水管尺寸。混流式和轴流式水轮机尾水管的尺寸,如图 2-9-7 及图 2-9-8 所示,一般情况下可按表 2-9-1 选用。表中的尺寸是对转轮直径 $D_1 = 1$ m 而言的,当直径不为 1 m 时,可乘以直径数值即得所需尺寸。

表 2-9-1　推荐的尾水管尺寸

h	L	B_5	D_4	h_4	h_6	L_1	h_5	肘管形式	适用范围
2.2	4.5	1.808	1.00	1.10	0.574	0.94	1.30	金属里衬肘管	混流式 $D_1 > D_2$
2.3	4.5	2.420	1.20	1.20	0.600	1.62	1.27	标准混凝土肘管	轴流式
2.6	4.5	2.720	1.35	1.35	0.675	1.82	1.22	标准混凝土肘管	混流式 $D_1 < D_2$

3. 水轮机安装高程

水轮机的安装高程是根据汽蚀条件进行计算确定的,但在水轮机的布置中,还要校核尾水管出口的最小淹没水深,以保证尾水管的正常工作。根据计算的安装高程可以推算出尾水管出口顶板高程,用最低尾水位校核,一般尾水管出口最小淹没深度为 0.3 ~ 0.5 m。如果安装高程的计算值不能满足要求,可以适当降低安装高程,也可以采用壅高尾水位的工程措施来解决。

1)水轮机的吸出高度

为防止汽蚀破坏,在设计水电站时则可选择合宜的安装高程,即选择静力真空值以达到限制汽蚀的目的。为此必须限制水轮机的吸出高度 H_s:

$$H_s = 10.0 - \frac{\nabla}{900} - (\sigma + \Delta\sigma) H \tag{2-9-7}$$

式中　∇——水轮机安装处的海拔高程;

σ、$\Delta\sigma$——汽蚀系数及其修正值;

H——工作水头。

汽蚀安全余量 $\Delta\sigma$ 可由图 2-9-11 查得。σ 可根据水轮机厂家提供的技术资料、特性曲线图查算。

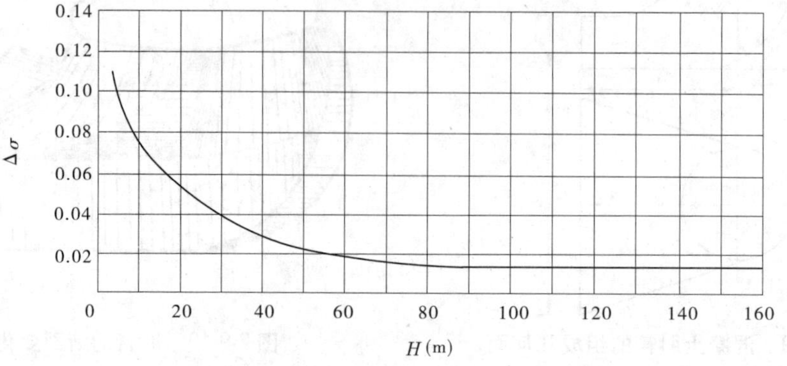

图 2-9-11　汽蚀系数修正值与水头关系曲线

工程上对水轮机的吸出高度做了如下规定,如图 2-9-12 所示:

(1)立轴轴流式水轮机:如图 2-9-12(a)所示,H_s 是从转轮叶片轴线到下游水面的垂直高度。

(2)立轴混流式水轮机:如图 2-9-12(b)所示,H_s 是从导叶下部底环平面到下游水面的垂直高度。

(3)卧轴混流式和贯流式水轮机:如图 2-9-12(d)、(e)所示,H_s 是从转轮叶片出口最高点到下游水面的垂直高度。

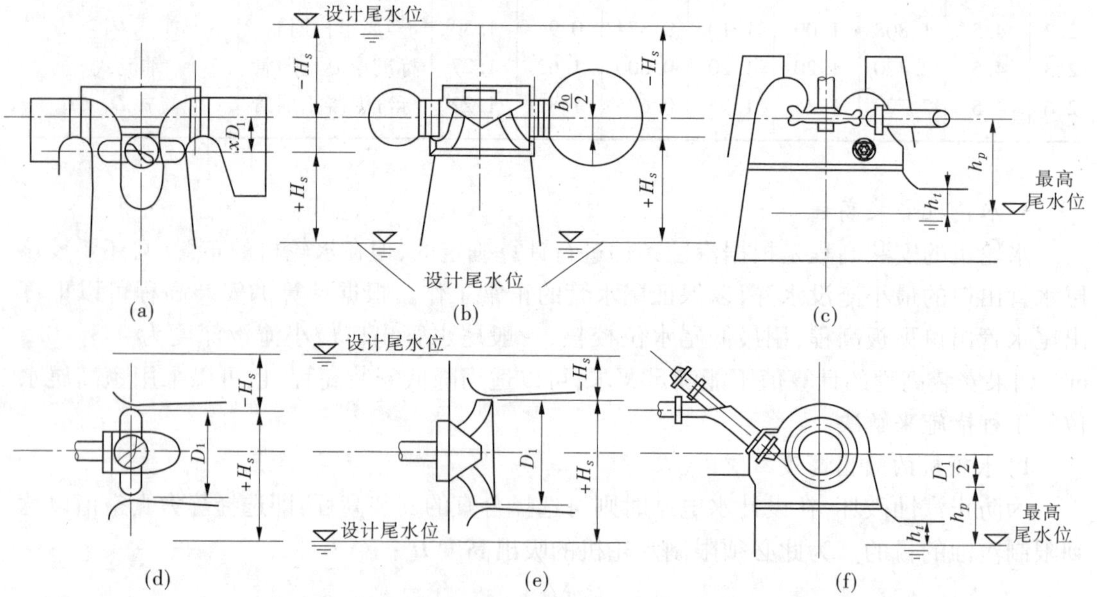

图 2-9-12　水轮机吸出高度和安装高程示意

为了保证水轮机在运行中不发生汽蚀,必须对各种特征工况下的吸出高度 H_s 进行验算并选其中的最小值。当 H_s 为负值时,说明需要将上述部件装置在下游水面以下,使转轮出口不再出现静力真空而产生正压,以抵消由于过大的动力真空所形成的负压。

2)水轮机的安装高程

水轮机的安装高程是水电站设计中的控制高程。立式机组的安装高程定义为导水机构中心线的高程,卧式机组的安装高程定义为机组主轴中心线高程。

在确定了吸出高度 H_s 以后,可以按下列公式计算水轮机的安装高程 Z_a:

(1)反击式水轮机。

立轴混流式水轮机

$$Z_a = \nabla_w + H_s + \frac{b_0}{2} \tag{2-9-8}$$

立轴轴流式水轮机

$$Z_a = \nabla_w + H_s + xD_1 \tag{2-9-9}$$

卧轴水轮机

$$Z_a = \nabla_w + H_s - \frac{D_1}{2} \tag{2-9-10}$$

式中 ∇_w——电站设计尾水位,m;

b_0——水轮机导叶高度,m;

D_1——水轮机转轮标称直径,m;

x——轴流式水轮机高度系数,为转轮中心线至导叶中心距离与转轮直径的比,由水轮机制造厂家提供,一般为 0.38 ~ 0.46,初步计算时可取 0.41。

∇_w 应选择下游设计最低尾水位,可根据水电站的运行方式和机组台数选择水轮机的过流量,从下游水位—流量关系曲线中查得。一般情况下,水轮机的过流量可根据电站装机台数按如下方法选用:电站装机 1 ~ 2 台时采用一台机组半负荷所对应的过流量;3 台或 4 台机组的电站采用一台机组满出力运行时对应的过流量;5 台机组及以上的电站采用 1.5 ~ 2 台机组满出力运行时对应的过流量。

(2)冲击式水轮机。

冲击式水轮机没有尾水管,除喷嘴、针阀和斗叶可能产生间隙汽蚀外,不产生叶型与空腔汽蚀,所以冲击式水轮机安装高程的确定应在既充分利用水头,又保证通风和落水回溅不妨碍转轮运转的前提下,尽量减小水轮机的泄水高度,如图 2-9-12(c)、(f)所示。

立轴水斗式水轮机的安装高程规定为喷嘴中心线的高程,即

$$Z_a = \nabla_w + h_p \tag{2-9-11}$$

卧轴水斗式水轮机的安装高程规定为主轴中心线的高程,即

$$Z_a = \nabla_w + h_p + \frac{D_1}{2} \tag{2-9-12}$$

式中 ∇_w——电站设计尾水位,m;

h_p——泄水高度,m。

泄水高度 h_p 应根据试验和实际资料统计确定,$h_p = (1.0 \sim 1.5)D_1$,对于立轴机组取较大值,卧轴机组取较小值,通风高度 h_t 一般不宜小于 0.4 m。

设计尾水位应选用最高尾水位,一般可采用 20 ~ 50 年一遇洪水相应的下游水位。

(二)蜗壳、尾水管布置

蜗壳、尾水管的尺寸一般由厂家提供,初步设计时可由前面介绍的方法计算确定。布置时,首先确定水轮机的安装高程轴线,再根据水轮机的流道、蜗壳、进水管和尾水管等的尺寸绘图水轮机剖面图(见图 2-9-13)。

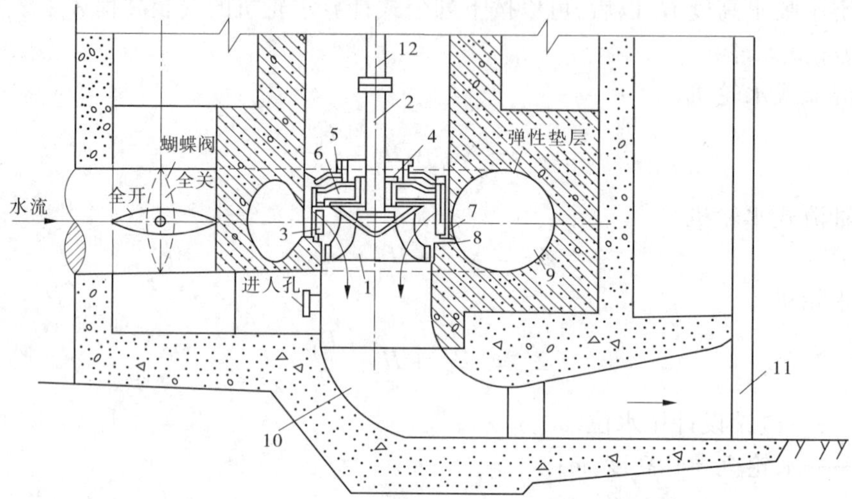

1—转轮;2—水轮机主轴;3—导叶;4—水导轴承;5—导叶转动机构;6—顶盖;7—座环;8—基础环;9—蜗壳;10—尾水管;11—尾水闸门槽;12—发电机主轴

图 2-9-13　水轮机横剖面布置

1. 蜗壳

蜗壳四周混凝土的厚度至少为 0. 8 ~ 1. 0 m,要根据具体情况来确定。蜗壳顶部混凝土厚度由进口断面尺寸确定,要保证其厚度不小于最小值,一般为 1. 0 ~ 2. 0 m,并由此确定水轮机层地面高程;蜗壳顶部混凝土还支承发电机墩,机墩内径与座环内径相近,厚度一般为 1. 0 m 以上。上游部分的混凝土厚度,在保证蜗壳混凝土结构需要的基础上,也要兼顾主阀室的布置要求,可适当小一些;下游部分的混凝土与尾水管顶板、下游防洪墙连成整体。

蜗壳进人孔可设在主阀后进水管处或蜗壳进口附近,也可在水轮机层地面开竖井进入蜗壳,进人孔直径不小于 0. 45 m。蜗壳的排水也布置在主阀后进水管底部,装设排水管,将水排至主阀室的排水沟中或埋设排水管直通尾水管。

为了减小蜗壳的应力,金属蜗壳上半部分通常用弹性材料做垫层与混凝土适当隔开。

2. 进水管和主阀室

进水管为通过主阀与蜗壳进口连接的水平管段,进水管的中心轴线为水平线,与安装高程同高。在蜗壳上游混凝土层以外的空间布置主阀室,这一段水管为架空管,中间安装主阀,长度为 4 ~ 5 m,具体要根据主阀尺寸来确定。主阀室的上游布置防渗墙,厚度 0. 8 m 左右,由此决定了厂房上游围墙位置,即厂房上游部分的宽度。

主阀布置时,要保证主阀四周有足够的工作空间和支墩布置位置,主阀安装检修所需的空间应不小于 1. 0 m。主阀尺寸较大时,也可以设在厂外单独的主阀室内,这样必须增设独立的起重设备。

河床式水电站引水管比较短,一般不设主阀,由进口闸门代替,这样厂房的上游防洪墙的布置不受主阀的影响,可根据上部结构的设备布置来确定。

3. 尾水管

立式机组的尾水管多数是弯曲形尾水管,少部分为直锥形尾水管。尾水管的尺寸由厂家提供,也可按水轮机手册进行计算。直锥段一般是金属结构,其余部分为钢筋混凝土结构。尾水管底板混凝土厚度为1.0~2.0 m,顶板出口处最小厚度为0.5 m,边墩厚度为1.0~2.0 m。

尾水管进人孔可设置在主阀室,通过直锥段进入尾水管,也可由尾水管出口的闸门前进入尾水管或在水轮机层开竖井,再通过水平通道进入尾水管。进人孔口最小尺寸不小于0.45 m。

尾水管的排水是由埋设的排水管排至集水井。

(三)尾水平台

尾水管出口要设置检修闸门,闸门布置所需的闸墩长度为1.0~2.0 m,主要考虑闸门厚度和闸门前后的安装维修与安全的空间。所以,在尾水管出口处要设置1.0~2.0 m长的闸墩,底板也相应延长。尾水闸墩的高度一般要高于下游正常水位,洪水位不高时,可高于洪水位,否则要设置排架式工作平台。尾水平台应高于下游洪水位,为方便交通,也可与发电机层同高。

尾水闸可采用平板闸门或叠梁式闸门,闸门启闭可数台机组共用一套启闭设备。启闭设备根据闸门的大小,可选择起重门机、桥式吊车、活动绞车和电动葫芦等。

二、发电机的剖面布置

发电机上部支承结构取决于发电机尺寸,主要是通风道外径及高度、定子内(外)径及高度、下机架直径及高度和水轮机井直径,它们决定了发电机墩上部的内部尺寸。水轮机井内径取决于发电机尺寸和水轮机转轮直径,除满足发电机定子和下机架安装需要的尺寸外,一般要比水轮机转轮直径大0.5~0.7 m,底部可略大于水轮机座环内径。外部尺寸要考虑通风道外壁厚度和发电机墩壁厚度,一般通风道外壁直径大于发电机墩外壁直径,可用斜面进行连接,但要保证发电机定子地脚螺栓埋设需要,即要设置定子圈梁。定子圈梁高度一般不小于1.0 m。通风道外壁顶部一般与发电机层楼板连接。

发电机墩的下部结构是指定子圈梁以下部分的支承结构,常有以下几种形式:

(1)圆筒式机墩,如图2-9-14(a)所示。它是上下直径相同、等厚度的钢筋混凝土圆筒结构。圆筒式机墩的筒壁厚度一般在1.0 m以上,机墩的上部与定子圈梁连接,下部固结在蜗壳混凝土顶部。机墩底部一侧要布置调速器的接力器,另一侧布置水轮机井进人孔。进人孔的尺寸一般为2 m×1.2 m左右。

圆筒式机墩适用于容量比较大的机组,其特点是结构简单,刚度大,抗扭、抗震性能好。缺点是工程量比较大,水轮机井空间小,水轮机安装、检修不够方便。

(2)平行墙式机墩,如图2-9-14(b)所示。平行墙式机墩是由两道钢筋混凝土平行墙组成的,顶部连接发电机圈梁(或横梁),其特点是水轮机井比较宽敞,工作方便,水轮机检修时,不需要拆除发电机,水轮机转轮和导水机构可直接从平行墙之间吊出。但其刚度和抗扭性不如圆筒式机墩。

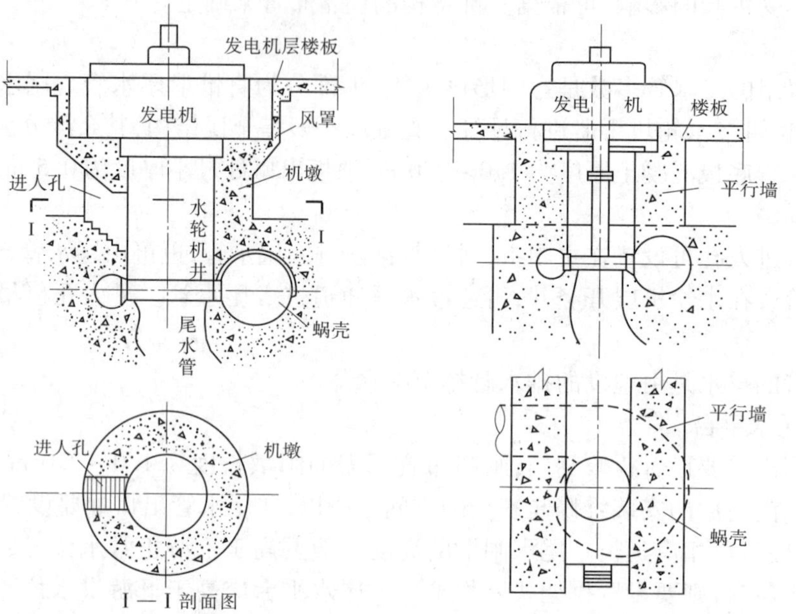

(a)圆筒式机墩　　(b)平行墙式机墩

图 2-9-14　圆筒式机墩和平行墙式机墩

(3)环形梁式机墩,如图 2-9-15(a)所示。中小型机组,由于机组产生的扭矩比较小,对机墩的抗扭性能要求比较低,为简化结构、减少投资,将圆筒式机墩的圆筒结构简化为四根(或六根)环形布置的立柱,即成为环形梁式机墩。其顶部仍与环形圈梁连接,这种机墩结构简单、经济,更加方便于水轮机的检修、安装和维护,便于接力器的布置。但其刚度和抗扭性比较差。

(4)框架式机墩,如图 2-9-15(b)所示。它是由两个平行的混凝土框架和两根横梁组成的,发电机直接安装在横梁上,其特点与环形梁式机墩类似,适用于小型机组。

三、上部结构的剖面布置

厂房的上部结构的宽度取决于发电机通风道外径、机旁盘和吊物通道的布置要求。机旁盘和吊物通道可分别布置在上下游两侧,布置机旁盘一侧的宽度一般为通风道外半径 +(2.5 ~3.0)m,吊物通道一侧取决于吊物的尺寸,一般为通风道外半径 +(2.0 ~3.0)m。所以,厂房总宽度一般为通风道外径 +(5 ~6)m,另外考虑桥式吊车的标准跨度取值,机旁盘一侧的宽度略大一些。结合厂房排架立柱的结构尺寸,最终确定厂房上下游围墙的位置。

吊车轨顶高程(或吊车的安装高程)要考虑以下几个因素:主钩的上限位置(由厂家提供)、吊具和绳索长度(一般为 1.0 ~1.5 m)、最大吊运部件的高度、跨越物的高度(高于发电机层地板的部分)。它们之和加上发电机层楼板高程,即为吊车轨顶高程。

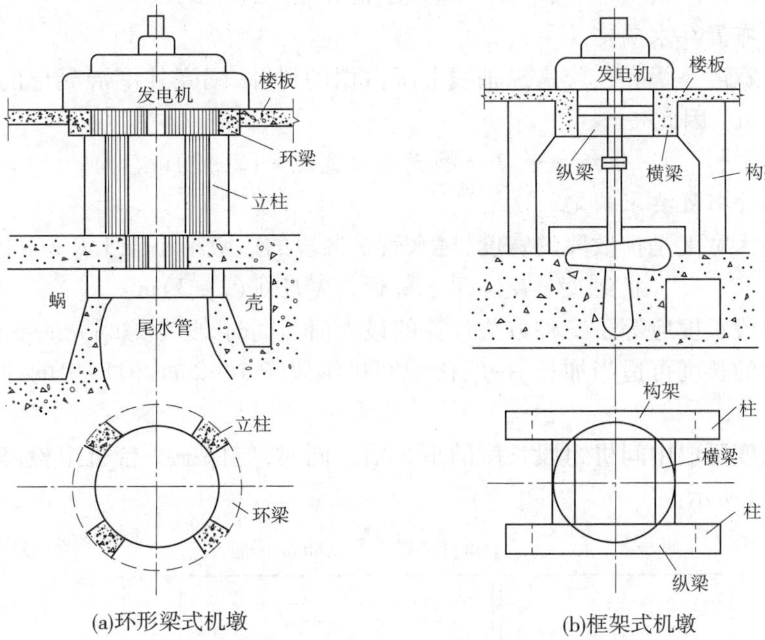

(a)环形梁式机墩 (b)框架式机墩

图 2-9-15 环形梁式机墩和框架式机墩

吊车轨顶高程减去轨道高度(厂家提供)为吊车梁顶高程。吊车梁顶高程减去吊车梁高度(根据跨度确定)为牛腿顶面高程。

屋顶大梁底部高程等于吊车轨顶高程加上吊车高度,再加 0.2 ~0.3 m 的安全距离。

屋面高程等于屋顶大梁底部高程加上屋顶大梁高度。

上部结构的结构布置包括发电机层楼面结构、厂房排架柱、屋面结构和围墙的布置,排架间距与平面布置有关,一般为 6.0 ~8.0 m。发电机层楼板厚度一般为 0.15 ~0.25 m,主次梁截面尺寸应根据跨度来确定。

任务二 立式机组地面厂房的平面布置设计

一、发电机层平面布置

(一)机组段长度

厂房宽度由剖面布置确定,厂房长度为中间各机组段长度、边机组段长度和安装间长度之和。

中间机组段的长度应从以下三方面来确定。

1. 按发电机的布置要求确定

发电机的最大尺寸是通风道的外径,机组之间应留有必要的工作通道,一般为 2 ~3 m。所以

机组段长度 = 通风道的外径 + (2 ~ 3) m

2. 按蜗壳布置要求确定

蜗壳最大宽度是蜗壳在厂房纵轴线上所占据的尺寸,蜗壳外围混凝土的厚度一般要求不小于 1.0 m。因此

机组段长度 = 蜗壳最大宽度 + (2 ~ 3) m

3. 按尾水管布置要求确定

尾水管最大宽度是扩散段的宽度,尾水管扩散段的边墩不小于 1.0 m。因此

机组段长度 = 尾水管最大宽度 + (2 ~ 3) m

中间机组段长度应等于三种方法计算的最大值。同时,要考虑蜗壳的不对称影响。

边机组段的长度可适当加长,一般比中间机组段长 1 ~ 2 m,但厂房的柱距最好调整为等跨布置。

安装间长度可取中间机组段长度的 1.5 倍。同时,应保证一台机组检修时所需的空间,如图 2-9-16 所示。

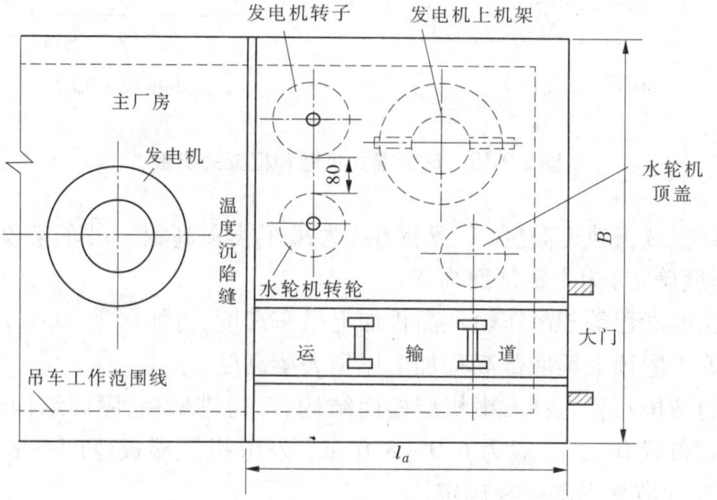

图 2-9-16　安装间布置示意　(单位:cm)

(二)发电机层的设备布置

发电机层的设备布置要注意区域划分,一般以纵轴线为界分为上下游侧,以横轴线为界分为左右侧。设备布置的原则是要保证机电分侧布置。

1. 机旁盘和励磁盘

机旁盘一般包括自动操作盘、测量盘、动力盘、继电保护盘等,机旁盘和励磁盘一般有 2 ~ 3 块。机旁盘和励磁盘一般沿厂房纵向并排布置在发电机旁,前面必须留有足够的工作通道,一般 1.0 m 以上,后面保证有 0.8 m 以上的检修通道。

2. 调速器

调速器的操作柜、油压装置一般布置在发电机层,靠近机旁盘,但必须注意机电分侧,即分别布置在机组横轴线的左右两侧,避免管线交叉现象。

（三）厂内交通

1. 吊物通道

水平吊物通道最好布置在机旁盘的另一侧（上游侧或下游侧），保证最大物件吊运时所需的空间。垂直吊物通道（吊物孔）一般设在安装间，吊物孔尺寸应以最大部件来确定，保证物件四周的水平安全距离不小于0.4 m。

2. 厂内交通

水平交通包括主厂房与副厂房之间开设的门和通道，各种设备四周的安全距离和工作通道；垂直交通主要指发电机层与水轮机层设置的楼梯，一般不少于两个，分别布置在厂房两端。

3. 对外交通

进厂公路直接进入主厂房的安装间，进厂大门应保证汽车或列车开进厂房所需的尺寸。在主厂房另一端一般还设置小门，方便对外交通。

（四）安装间的检修布置

安装间要保证一台机组检修布置所需的空间。在吊物范围内，布置机组四大部件：发电机转子、上机架、水轮机转轮和水轮机顶盖。发电机转子四周安全距离为2.0 m，其余部件四周不小于1.0 m的工作通道，并保证所有部件均在吊物范围内。

二、水轮机层的布置

水轮机层的主要建筑物有水轮机井、主阀廊道和上下楼梯。水轮机层的设备布置也考虑机电分侧，发电机引出线和各种电缆线应布置在机旁盘的同一侧（上游侧或下游侧），另一侧布置各种管沟。引出线和各种电缆线挂设在发电机层楼板下，管沟则铺设在水轮机层地面上，如图2-9-17所示。

水轮机层主要布置油、气、水系统。

（一）油系统

水电站的油系统包括透平油和绝缘油两个系统。

（1）透平油系统供应机组所需的润滑油和操作调速器、主阀的压力油，均属于透平油。

（2）绝缘油系统是供应各种电器所需的绝缘用油，例如，变压器的冷却用油、断路器所需的灭弧用油等。由于这两种用油性质不同，不能混用，因此必须分开来布置。

系统设备包括油泵、储油罐、油处理设备、油管和控制元件，设计时主要考虑油库、油处理室和各种油管的布置。

（二）压气系统

水电站所需的压气系统由两部分组成，即高压系统和低压系统。

（1）高压系统是指额定压力为2.5 MPa和4.0 MPa的压缩空气系统。主要向调速器的油压装置提供压缩空气，向断路器提供灭弧所需的压缩空气。

（2）低压系统是指额定压力为0.5～0.8 MPa的压缩空气系统，主要供给机组制动、

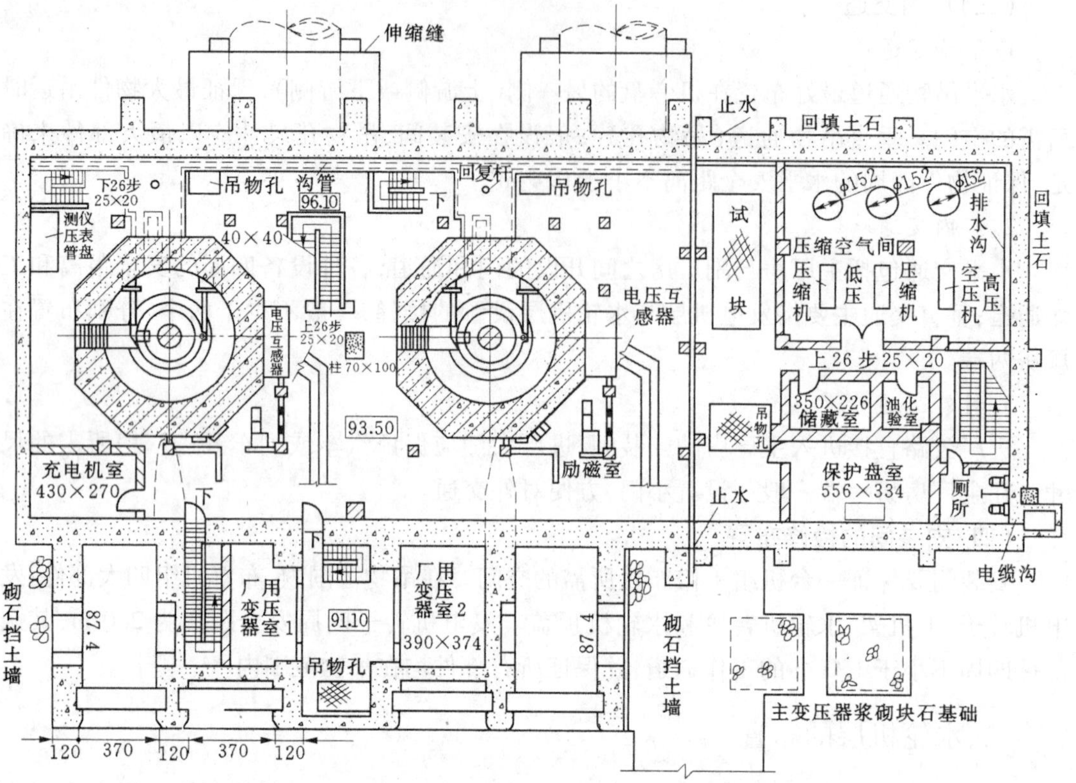

图 2-9-17 水轮机层布置示意 (单位:cm)

调相运行压水、各种风动工具和主阀止水带充气等。

压气系统的主要设备有空气压缩机、储气罐、阀门和管道。设计时主要考虑压气机室的布置。

油库、油处理室、压气机室、储气罐等均可布置在安装间下层。

(三)水系统

水电站厂房由两套水系统组成,即供水系统和排水系统。

1. 供水系统

厂房用水有技术用水、生活用水和消防用水三个方面。

(1)技术用水。供给发电机冷却器、推力轴承和导轴承、水轮机导轴承油压装置油槽、水冷式压气机气缸、水冷式变压器等设备的冷却和润滑用水。

(2)生活用水。包括厂内和厂区各种生活设施的用水。

(3)消防用水。消防用水必须保证水流能喷射到建筑物最高部位,用水量保证为15 L/s 左右。

供水源与取水方式:

(1)水头较高的水电站,可直接从坝前、压力水管或蜗壳等处取水。当水头大于40～50 m 时,应设置减压阀,降低水压力。

(2)低水头水电站或水头低于8 m的水电站,可从尾水、集水井取水。

2.排水系统

厂内排水包括机组检修排水和渗漏排水两个方面。

(1)检修排水。机组在检修时,需要将蜗壳、尾水管内的水排出。蜗壳、尾水管内的水部分可以自流排出,部分需要用水泵抽排。

水泵抽排方式有两种:一是直接排水。用水泵直接从尾水管抽排。二是间接排水。用排水管将蜗壳、尾水管内的水引至集水井,再利用水泵从集水井抽排。

(2)厂内渗漏排水。厂内渗漏排水包括技术用水、生活用水、水轮机顶盖与主轴的密封漏水、压力管伸缩节漏水、主阀漏水等的排水。

一般采用间接排水,通过管、沟将渗漏水引至集水井,用水泵从集水井抽排。集水井可以设在主阀廊道的空地或尾水管之间的空间,底板应低于尾水管底板 1 ~2 m,如图 2-9-18所示。

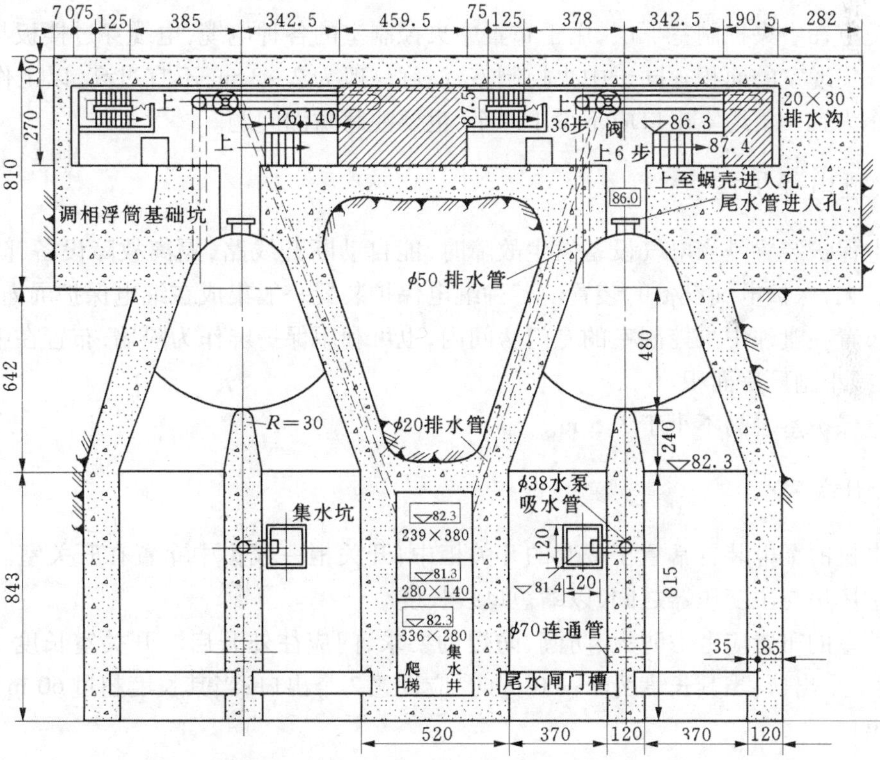

图 2-9-18 尾水管层布置示意 (单位:cm)

任务三 副厂房的布置设计

副厂房是设置机电设备运行、控制、试验、管理和运行管理人员工作与生活的厂房建筑。副厂房布置包括中央控制室、集缆室、继电保护室、通信室、开关室、母线廊道、厂用电设备室、电气试验室、值班调度室、办公室和生活用房等。

一、中央控制室

中央控制室是负责水电站的运行、调度、控制、保护和监视等方面的任务,是整个水电站的中枢。布置的设备主要包括控制盘、继电保护盘、信号盘、直流盘、厂用电盘、照明盘等。

中央控制室应尽量靠近主厂房,以便巡视和及时处理事故。在主厂房与副厂房之间应设置玻璃窗,以便监视主厂房的运行情况。同时,要保证中央控制室有好的工作条件,特别要保证在防止噪声、防潮、通风、采光等方面的工作条件。

中央控制室的面积取决于各种表盘的数目和布局,初步设计时可参照表2-9-2。室内高度为4.0~4.5 m。

二、集缆室

集缆室在中央控制室下层,用于布置中央控制室的各种电缆,电缆穿过楼板与各种设备连接。集缆室的面积等同于中央控制室,高度一般为2~3 m,不宜过高,以工作人员能直立工作为宜。集缆室出口应不少于两个,也要注意防潮问题。

三、继电保护室

继电保护装置是当电气设备发生故障时,能自动断开线路,隔离故障设备,防止事故进一步扩大,保护电气设备的装置。各种继电保护装置一般集成在继电保护屏内,继电保护屏应布置在毗邻中央控制室的专门房间内,也可利用保护屏作为隔墙,布置在中央控制室内,以减小副厂房面积。

继电保护室层高不小于3.5 m。

四、开关室

发电机的配电装置常置于成套的开关柜中,开关柜一般集中布置在开关室。开关室应位于主厂房与主变压器之间,以缩短母线长度。

开关室的布置应考虑防火、防潮、防爆的要求,门应往外开启。开关室长度小于7 m时,可设1个出口;当其长度为7~60 m时,应设置2个出口;当其长度超过60 m时,应设置3个出口。

五、通信室及远动装置室

当输电电压在110 kV以上时,为了便于与调度中心联系,由系统调度中心指挥水电站运行,应专设载波电话通信室、自动交换机室、微波通信室和远动装置室等。这些房间应靠近中控室布置,并在同一高程,室内最小高度为3.5 m。

副厂房类型及各部分房间参考面积见表2-9-2。

表 2-9-2 副厂房类型及各部分房间参考面积 （单位：m^2）

序号	类别	名称	按装机容量确定面积，N 的单位为万 kW		
			$130>N>20$	$20>N>10$	$10>N>2.5$
1	直接生产副厂房	中央控制室	90～130	65～90	35～65
2		集缆室	90～130	65～90	35～65
3		继电保护室	80～120	50～80	30～50
4		通信及远动装置室	25～50	25～50	20～30
5		计算机室	100～120	100～120	100～120
6		开关室	按需要确定		
7		油、气、水系统	按需要确定		
8		厂用电变压器室	按需要确定		
9	检验试验副厂房	继电保护试验室	40～45	40～45	40～45
10		测量仪表试验室	35～40	30～35	25～30
11		精密仪器试验室	30～35	25～30	20～25
12		高压试验室	40～45	35～40	25～35
13		电工修理间	25～35	25～35	25～35
14		电气工具间	20	15	15
15		机械维修间	60～100	40～60	40～60
16		油化验室	10～20	10～20	10～20
17		仓库	10～25	10～25	10～25
18	间接辅助生产副厂房	总工程师室	20～25	20～25	20～25
19		运行分场	30～40	20～30	20～30
20		检修分场	30～40	20～30	20～30
21		水工分场	25～35	25～35	25～35
22		交接班室	20～25	20～25	15～20
23		生产技术科	25～30	25～30	20～25
24		厂长室	25	20	15
25		资料室	25～35	25～35	25～35
26		会议室	35～50	35～50	20～35
27		保安工具室	10	10	10
28		警卫室	10	10	10
29		仓库	15	15	15

任务四　卧式机组厂房的布置设计

一、卧式机组地面厂房的特点分析

卧式机组地面厂房分为上部结构和下部结构,上部为单层结构,布置的设备有水轮机、发电机、调速器、机旁盘、桥式吊车等,平面上划分为主机室和安装间。下部结构主要有尾水室、尾水渠、主阀坑、管沟和基础等。与立式机组厂房相比,卧式机组厂房高度低,平面尺寸大,结构简单,造价低,设备布置、安装、检修和维护方便,适用于小型水电站。卧式机组一般分为混流式、冲击式、贯流式。

二、厂房的主机设备布置

(一)机组排列方式

卧式机组的水轮机和发电机呈一条直线布置在厂房内,机组的排列方式有以下三种,如图 2-9-19所示。

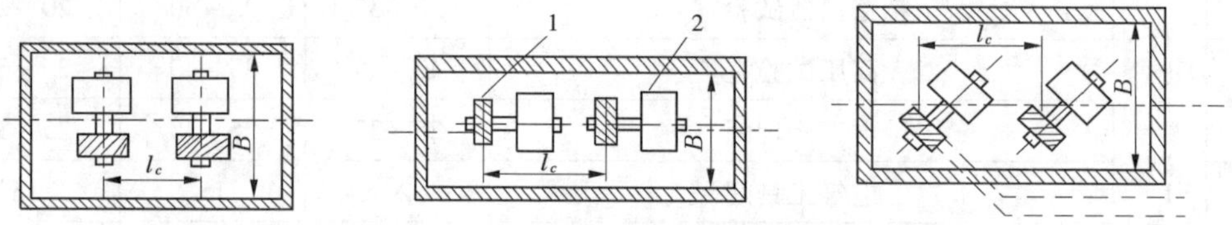

(a)横向排列　　(b)纵向排列　　(c)斜向排列

1—水轮机;2—发电机

图 2-9-19　卧式机组平面排列方式

1. 横向排列

各机组平行布置,即机组轴线与厂房纵轴线垂直,如图 2-9-19(a)所示。这种布置,水轮机的进出水方向与厂房横轴线垂直,而进水管与厂房横轴线平行,所以水流不平顺。厂房长度较小,宽度相对大,厂房的跨度大,增加了厂房的结构投资。但机组台数多时,可以减小厂房长度,因此适用于机组较多的水电站。

2. 纵向排列

各机组呈一条直线排列,即机组轴线与厂房纵轴线平行,如图 2-9-19(b)所示。这种布置,水轮机的进出水方向与厂房横轴线平行,水流平顺,有利于运行管理。厂房较长,宽度小,适用于机组较少的水电站。

3. 斜向排列

各机组平行布置,但机组轴线与厂房纵轴线成斜角,如图 2-9-19(c)所示。这种布置,水轮机的进出水方向与厂房横轴线成一夹角,而进水管与厂房横轴线平行,所以水头损失介于以上两种之间。厂房长度、宽度也是介于以上两种之间。这种布置适用于机组较多,而又要减小厂房尺寸的水电站。

(二)混流式、冲击式水轮机组厂房的设备布置

混流式、冲击式水轮机组的进水管、主阀坑和各种管沟均布置在厂房的上游侧,调速器一般固定在水轮机旁,机旁盘、励磁盘等布置在下游侧。吊物通道可设在上游侧,但要跨过主阀,如布置在下游侧,应在机旁盘与机组之间留有足够的距离。

1. 混流式水轮机组厂房下部结构的布置

混流式水轮机的蜗壳布置有两种方式:进口水平和进口朝下,如图 2-9-20 所示。

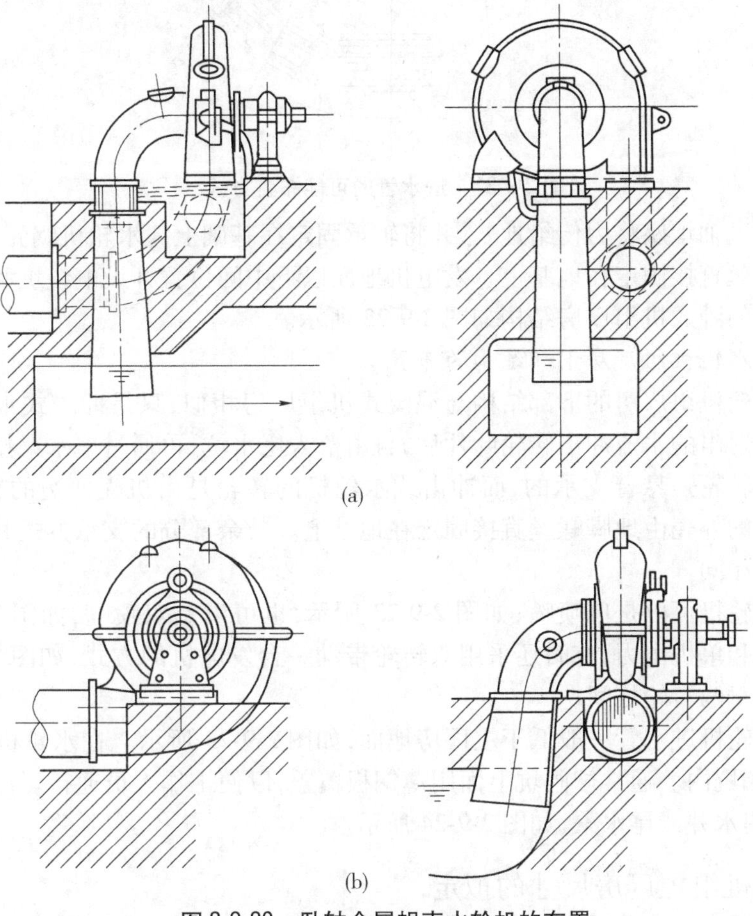

图 2-9-20　卧轴金属蜗壳水轮机的布置

进口水平布置可以减小蜗壳高度,水流亦比较平顺,但引水管露在厂房地面以上,影响厂房设备布置和交通。进水管管轴的方向必须与机组主轴垂直。

进口朝下布置蜗壳高度较大,进水管必须通过 90°的弯头,才能与蜗壳进口连接,水头损失较大,但这种方式,由于进水管埋在地面以下,所以不影响厂房内的交通与设备布置;进水管的布置也比较灵活,进水管管轴的方向可以与机组主轴垂直到平行的任何角度布置,如图 2-9-21 所示。

卧式机组常采用直锥形管,通过 90°的弯头与蜗壳出口连接,尾水管伸入尾水室,尾水管出口必须淹没在水面以下 0.3 ~0.5 m。

卧轴混流式水轮发电机组的整个转动部分是由 2 ~3 个轴承支承的,其中一个为推力

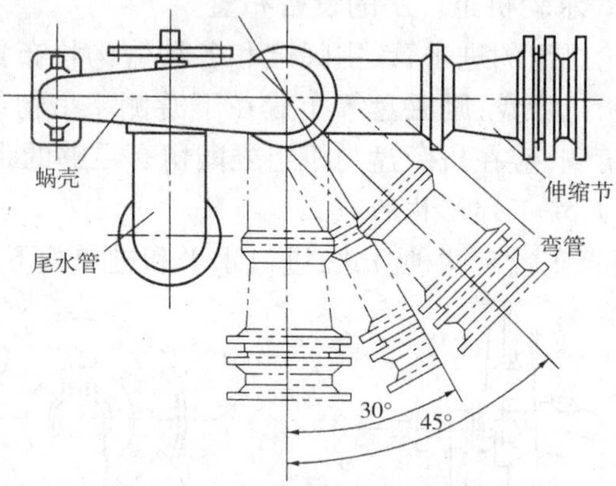

图 2-9-21　进水管的可能布置方式

轴承。轴承通过轴承座将力传给地基,并将轴承固定在基础上。水轮机蜗壳、发电机定子外壳由地脚螺丝直接固定在地基上。发电机地面以下中间位置开设电缆坑和通风道。采用横向布置时的卧式机组厂房结构如图 2-9-22 所示。

2. 冲击式水轮机组厂房下部结构的布置

冲击式水轮机组厂房的下部结构与混流式机组厂房相似,只是冲击式水轮机没有尾水管。由喷嘴射出的水流冲击转轮叶片后,自由落入尾水坑,再通过尾水渠排至下游。混流式水轮机的转轮是悬臂支承的,而冲击式水轮机的转轮是由机壳两边的轴承支承的。冲击式水轮机的外壳由地脚螺丝直接固定在地基上。其余部分的支承方式和地下结构与卧式混流机组相同。

冲击式水轮机可以是单喷嘴,如图 2-9-23 所示,也可以是双喷嘴,如图 2-9-24 所示。为了提高效率和单机出力,有时还采用双转轮带动一台发电机的方式,如图 2-9-24 所示,这时发电机位于两转轮之间。

冲击式水轮机进水管一般低于主厂房地面,如图 2-9-23 所示。在水轮机之前要布置球阀,置于球阀坑内。通常球阀坑上面用薄钢板覆盖,以便工作人员通行。球阀坑应设置排水管,通向集水井或尾水渠,如图 2-9-24 所示。

三、卧式机组主厂房尺寸的拟定

卧式机组主机房轮廓尺寸的拟定原则与立式机组厂房基本相同。

(一)水轮机安装高程和主机房高度尺寸的确定

1. 反击式水轮机

反击式水轮机应根据允许吸出高度 H_s 来计算水轮机主轴的安装高程 Z_s。

主轴安装高程 $Z_s = H_s - \dfrac{D_1}{2}$ + 最低尾水位,并根据尾水管长度验算尾水管出口淹没深度,要保证淹没深度不小于 0.3 ~0.5 m,否则要加长尾水管或降低安装高程。

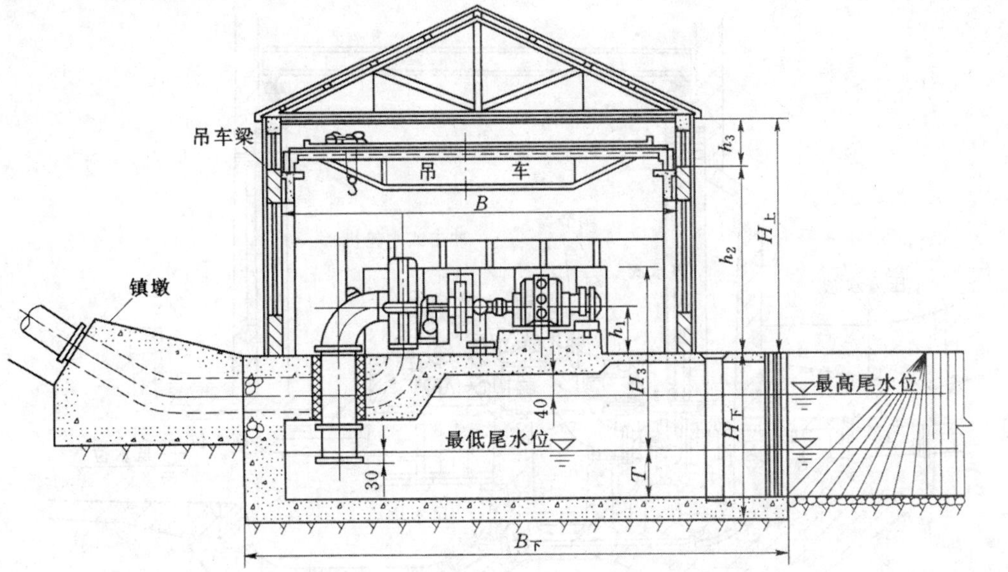

(a)

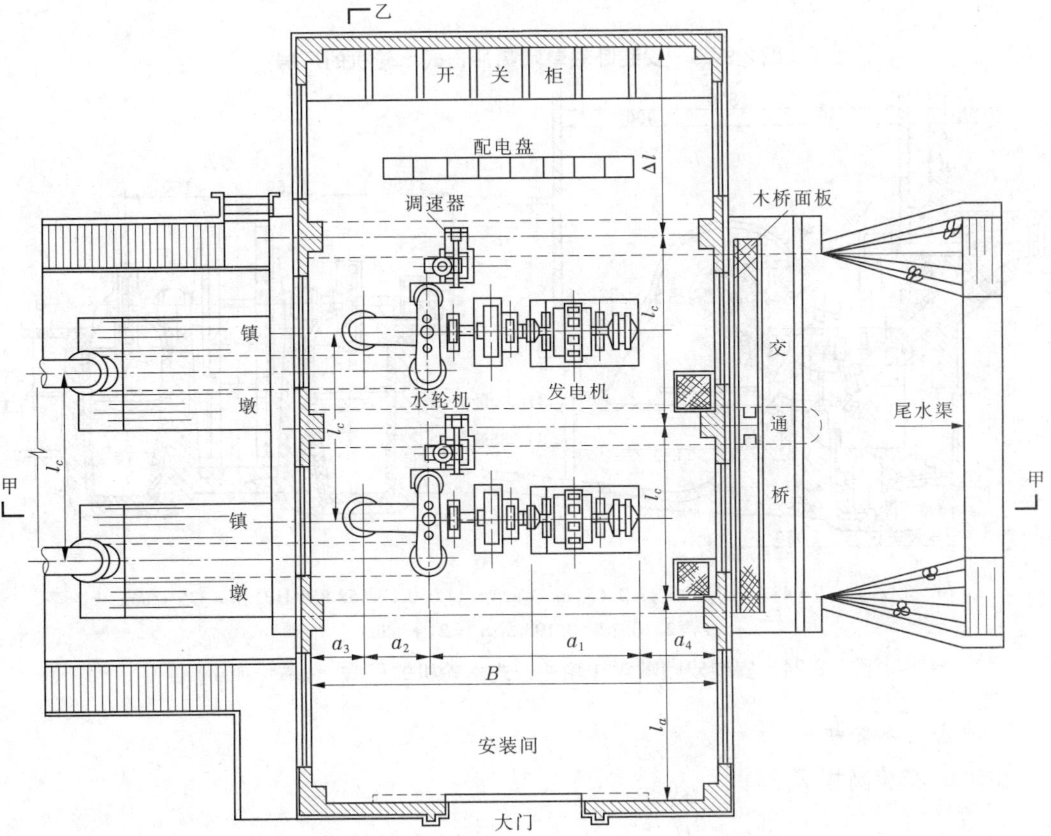

(b)

图 2-9-22　安装卧式反击式水轮机厂房　（单位:cm）

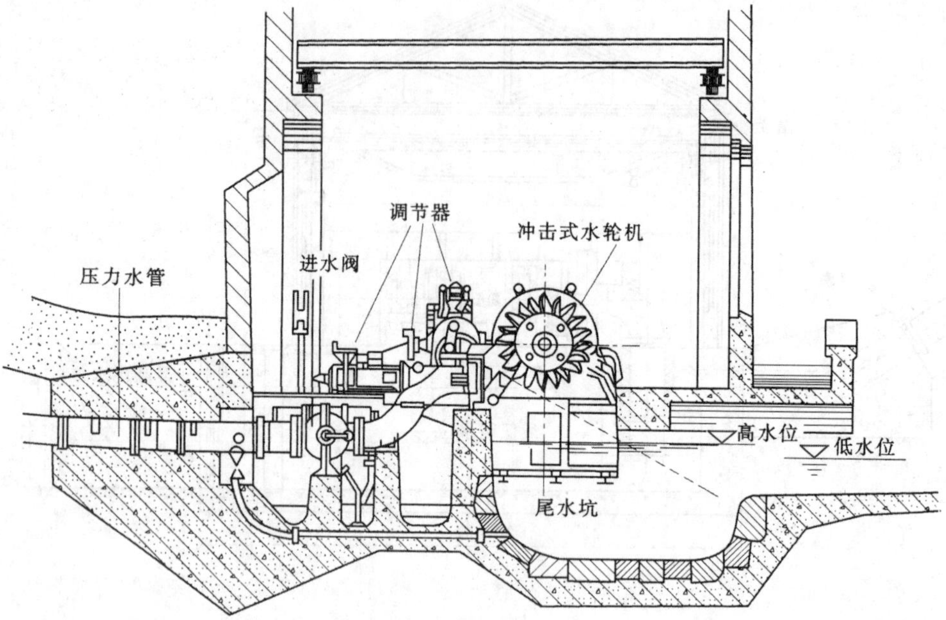

图 2-9-23　安装卧轴单喷嘴冲击式水轮机的厂房

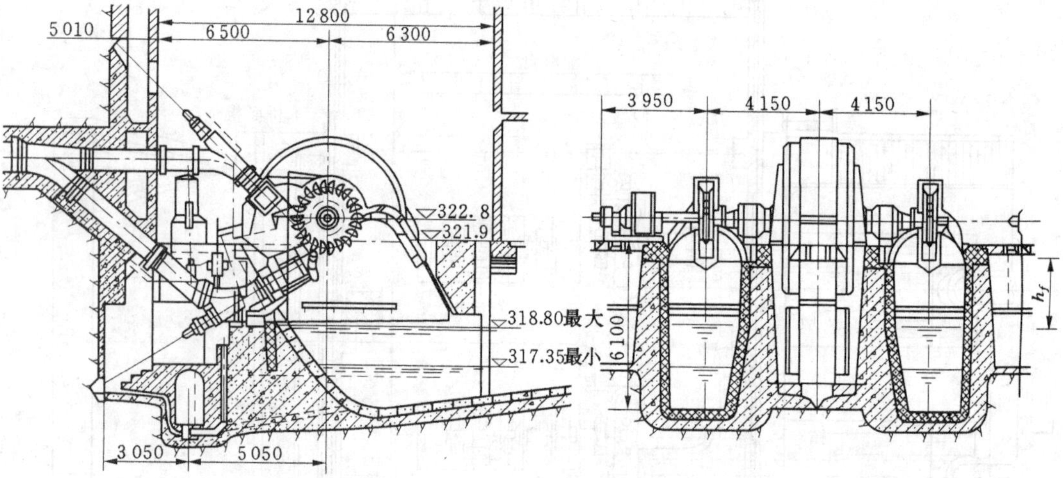

(单机数据为:$H=482$ m;$Q=2\times2\times2.65$(m^3/s);$N=44\ 050$ kW(58 850 HP);$n=375$ r/min;
$D=2.2$ m;$d=0.195$ m;$n_p=21$ r/min)

图 2-9-24　安装双喷嘴双转轮冲击式水轮机的厂房　(单位:mm)

2. 冲击式水轮机

主轴的安装高程 Z_s:

$$Z_s = \frac{D_1}{2} + 自由高度\ h_f + 最高尾水位$$

其中,转轮最低点和尾水位之间的自由高度 h_f 一般不小于 0.5~1.0 m。

3. 主厂房地面高程

主厂房地面高程由水轮机主轴的安装高程 Z_s 减去主轴中心到轴承底部的高度得到。其中，轴承支架高度由飞轮直径及其安装检修要求确定，应使主机房地面高于最高尾水位，以利防潮。

4. 尾水室底板高程

对于反击式水轮机厂房：尾水室底板高程等于尾水管出口高程减去保证泄水顺畅所需的水深（一般为 $1.3D_1$）。

对于安装卧轴冲击式水轮机的厂房（见图 2-9-23）：

$$尾水室底板高程 = Z_s - 节圆半径 - h_f - 尾水坑水深$$

5. 针阀坑和球阀坑的底部高程

针阀坑和球阀坑的底部高程由引水管高程和喷嘴的布置确定，最好高于尾水坑水位，以利排水管自流排水；否则，需先排到集水井，再由水泵抽排至下游。

6. 主机房的高度

主机房的高度由吊运发电机转子、水轮机转轮、发电机定子等设备并考虑其安装方法的要求确定。

（二）厂房的长度和宽度

厂房的长度和宽度主要取决于机组的排列方式及设备布置的情况。

（1）当机组为横向排列时，由图 2-9-22 可以看出：

主机房长度 $$l = nl_c + l_a + \Delta l$$

主机房宽度 $$B = b_3 + b_1 + b_2 + b_4$$

式中 l_c——机组段长度，为机组外形尺寸宽 + 工作通道宽（0.8 ~ 1.2 m）；

l_a——安装间长度，$l_a = (1 \sim 1.2)\ l_c$；

Δl——边机组段的增长值，由该处的设备布置、通道要求和桥吊工作范围等因素确定，对于中小型水电站一般可取 1 ~ 1.5 m，如该处作为室内配电所，则 Δl 应按实际需要确定；

$b_1 + b_2$——机组长度，由厂家提供；

b_3、b_4——机组到边墙的距离，由设备布置和通道要求确定，如有主阀设在厂内，则 b_3 应按需要增大，b_4 的大小还要考虑发电机转子抽出检修的需要。

（2）当机组为纵向排列时，由图 2-9-25 可以看出：

主机房长度 $$L = (n-1)l_c + a_1 + a_2 + a_3 + l_a$$

主机房宽度 $$B = b_1 + b_2 + b_3 + b_4$$

式中 l_a——中间机组段长度，$l_c = a_1 + a_2 + d$；

d——两机组间的通道宽，一般为 0.8 ~ 1.2 m，当发电机转子需要就地抽出检修时，应按转子带轴长确定。

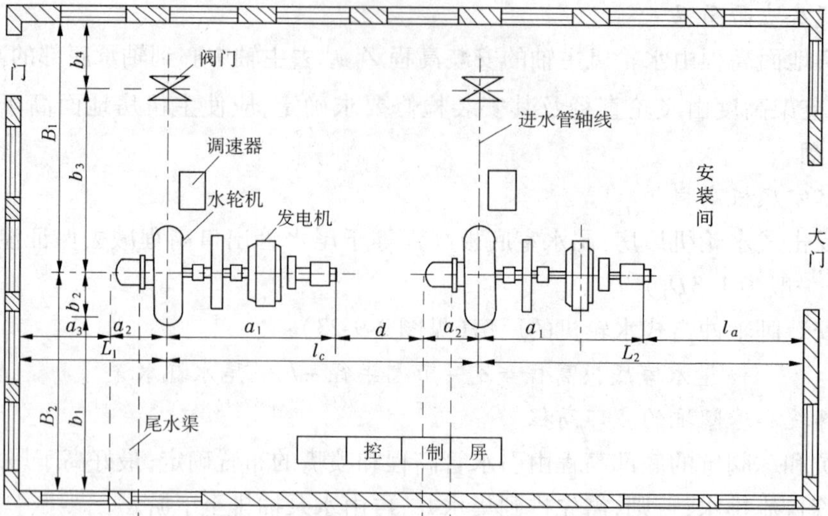

图 2-9-25　卧式机组纵向排列时的厂房平面尺寸示意

项目十　泵站设计

【设计任务】

抽水装置与管道布置设计、进出水池设计、泵房布置设计等。

任务一　抽水装置与管道布置设计

抽水装置与管道布置设计的主要内容是水泵及其进出水管的布置,它影响泵站实际工作状况,关系到是否满足排灌能力和高效率的要求,也关系到泵房的结构布置,因此泵站设计首先要完成水泵及其管道布置设计。

一、水泵抽水装置

(一)离心泵抽水装置

离心泵抽水装置见图2-10-1。离心泵抽水装置包括进水池、滤网和底阀、进水管、水泵、出水管、逆止阀、出水管闸阀、出水池等。

由离心泵的工作原理可知,离心泵可以利用吸水管或进水管从进水池吸水,单开机时必须保证进水管和泵体充满水,才能发挥吸水作用。为此,需要在进水管进口设置底阀,防止进水管水体流失,确保泵体能够充满水。滤网可防止垃圾进入水泵。

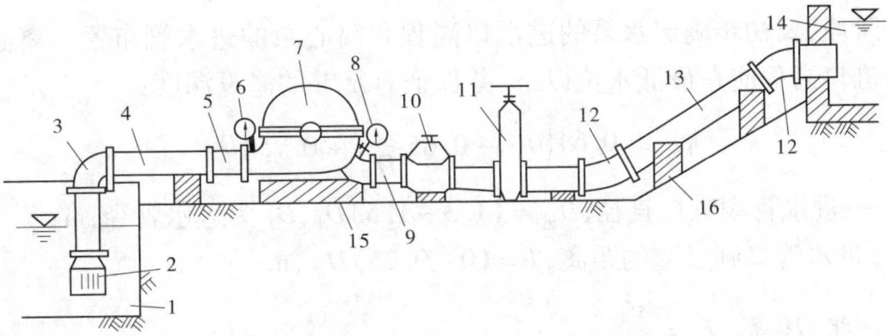

1—进水池;2—滤网与底阀;3—90°弯头;4—进水管;5—偏心渐缩接管;6—真空表;7—水泵;8—压力表;9—正心渐扩接管;10—缓闭逆止阀;11—闸阀;12—弯头;13—出水管;14—出水池;15—水泵基础;16—支墩

图2-10-1　离心泵抽水装置

为防止停泵时出水池水体倒流,需要在出水管装设逆止阀或在出口装置拍门。

由于离心泵在启动时,水泵功率随流量的增加而逐渐增大,容易烧坏电机,因此必须在出水管装设闸阀。当离心泵开机时,应关闭出水管闸阀,待机组运转稳定后,才能打开闸阀。

(二)轴流泵抽水装置

轴流泵抽水装置见图2-10-2。轴流泵抽水装置包括进水池、喇叭口、叶轮、出水管、拍门、出水池等。

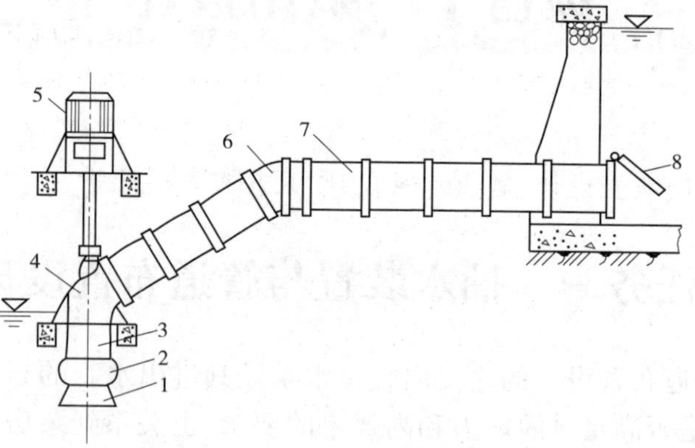

1—喇叭管;2—叶轮;3—导叶体;4—出水弯管;5—电动机;6—45°弯头;7—出水管;8—拍门

图2-10-2　轴流泵抽水装置

由轴流泵的工作原理可知,轴流泵必须置于水下,因此不需要设进水管。

为防止停泵时出水池水体倒流,需要在出口装置拍门。

由于轴流泵在启动时,水泵功率不会随流量的增加而增大,因此无须在出水管装设闸阀。

二、管道布置

(一)进水管

在这一阶段,要初步确定水泵的进水口高程和离心泵的进水管布置。离心泵进水管或轴流泵的进口高程应在最低水位以下,并保证有足够的淹没深度:

$$h_{淹} \geqslant 0.64\left(Fr + 0.65\frac{T}{D_{进}} + 0.75\right)D_{进} \tag{2-10-1}$$

式中　$D_{进}$——进水管喇叭口直径,$D_{进} = (1.3 \sim 1.5)D_1$,$D_1$ 为进水管径,m;

T——进水管口到后壁的距离,$T = (0 \sim 0.25)D_{进}$,m;

Fr——弗劳德数,$Fr = \dfrac{v_{进}^2}{gD_{进}}$;

$v_{进}$——进水管流速,m/s。

同时,还要保证淹没深度不小于0.5 m(进水管立装)或0.4 m(进水管平装)。对于中小型轴流泵,可用以下方法确定淹没深度:

当 $T = (0 \sim 0.25)D_{进}$ 时,$h_{淹} > 0.8D_{进}$;当 $T = 0.5D_{进}$ 时,$h_{淹} > (1 \sim 1.1)D_{进}$。进水管直径一般按经济流速选定,经济流速为1.5~2.0 m/s。

离心泵安装高程应根据地形条件来拟定,一般不高于最低水位2~3 m,并要通过汽蚀条件验算(后面章节介绍)。

轴流泵和混流泵可按照厂家提供的安装要求确定安装高程和进口高程。

(二)出水管布置

对水泵性能影响比较大的是出水管的布置。

1. 出水管出口高程

出水管出口高程与出流方式有关。出流方式有两种:淹没出流和自由出流。

从经济角度出发,选择淹没出流比较合理,这样不会造成扬程的浪费。淹没出流时,出水管管顶高程应在出水池最低水位以下,并保证淹没不小于 $0.1v^2$(v 为出水管流速)。

有时候为使装置扬程不小于水泵最小扬程,有意识地抬高出水管出口高程,会出现自由出流的情况,具体抬高多少需要结合地形来考虑。

2. 出水管布置

出水管布置方式见图 2-10-3。

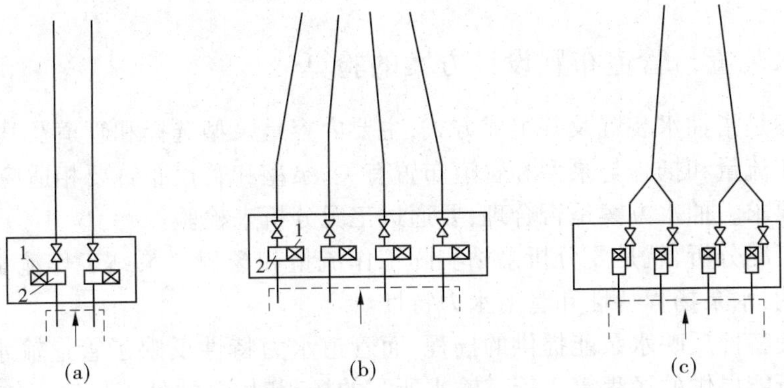

1—电动机;2—水泵

图 2-10-3 出水管布置方式

1)平行布置

各机组出水管独立平行布置,互不干扰,管线比较平直,水头损失小,便于施工,但占地面积较大,出水池比较宽,出水管用钢量比较大,适用于机组台数少、管线比较短的泵站。

2)收缩布置

为克服平行布置的缺点,减小占地面积和出水池宽度,出水管采用收缩布置,但水头损失会增大,由于独立设置出水管,管用钢量仍比较大,适用于管线比较短的泵站。

3)并联布置

为减少用钢量,对于有较长出水管的泵站,可多台机组共用出水管,即各机组出水管并联布置,但会增加水头损失,管道结构也比较复杂,所以适用于管线比较长的泵站。

3. 管道结构

出水管支承结构见图 2-10-4。

出水管直径一般按经济流速选定。当净扬程在 50 m 以下时,经济流速为 1.5~2.0 m/s;当净扬程在 50~100 m 时,经济流速为 2.0~2.5 m/s。

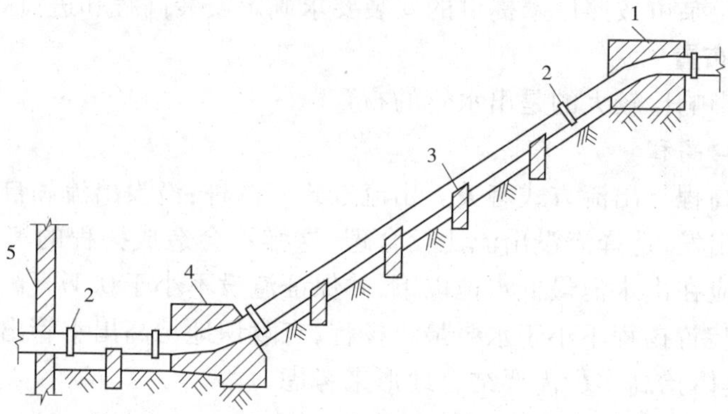

1—2 号镇墩;2—伸缩节;3—支墩;4—1 号镇墩;5—泵房墙

图 2-10-4　出水管支承结构

三、抽水装置与管道布置设计方案的验算

抽水方案是指抽水装置及其组成方式,主要内容是泵型选择和管道及其附件的布置。泵站实际工作流量和扬程与泵型和管道布置有关,泵型和管道布置要相适应,否则不能满足排灌设计要求。抽水方案是否合理,要通过工况分析来检验。

泵站的工况分析,就是要分析泵站实际工作流量和扬程。泵站工作流量和扬程受两个方面的制约:水泵扬程特性和管道水力特性。

水泵扬程特性反映水泵能提供的扬程,而管道水力特性反映了管道输水所需要的扬程。当水泵所能提供的扬程等于管道输水所需的扬程时,泵站处于稳定工作状态,对应的流量和扬程就是泵站实际工作的流量和扬程。

(一)水泵扬程特性曲线

水泵特性是通过大量的试验测得的,工程上把试验成果整理成特性曲线,例如图 2-10-5 ~ 图 2-10-9 所示的特性曲线。水泵特性曲线图的横坐标为流量 Q,纵坐标分别为扬程 H、效率 η、功率 P 和 $(NPSH)_r$,主要曲线有:

(1)扬程特性曲线:$Q \sim H$ 关系曲线。

(2)效率特性曲线:$Q \sim \eta$ 关系曲线。

(3)功率特性曲线:$Q \sim P$ 关系曲线。

(4)汽蚀特性曲线:$Q \sim (NPSH)_r$ 关系曲线。

水泵的扬程特性曲线反映了水泵的工作能力,一般可用多项式表示,通常的形式为:

$$H = H_x - S_x Q^2 \tag{2-10-2}$$

式中　H_x、S_x——常数;

H——扬程,m;

Q——流量,m^3/s。

式(2-10-2)为水泵的扬程特性方程,也称经验公式。

为了确定式(2-10-2)的待定常数 H_x、S_x,可在水泵的扬程特性曲线上读取两点 $D_1(Q_1、H_1)$、$D_2(Q_2、H_2)$,然后代入式(2-10-2),解得:

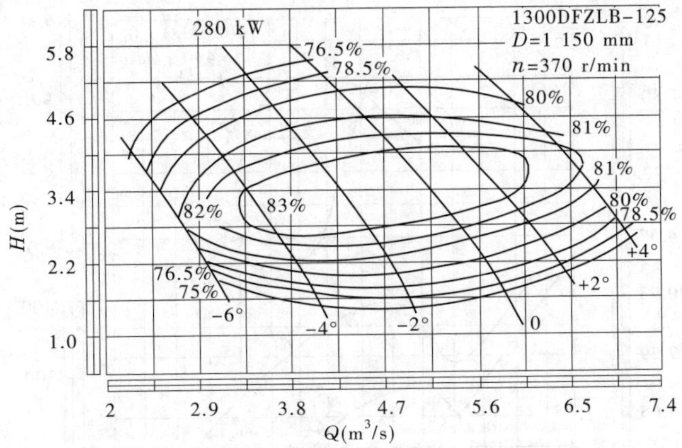

图 2-10-5 1300DFZLB－125－280 型泵特性曲线

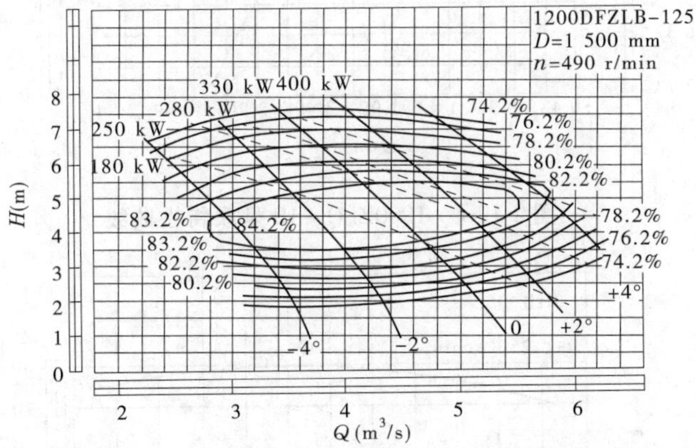

图 2-10-6 1200DFZLB－125－330 型泵特性曲线

$$S_x = \frac{H_1 - H_2}{Q_2^2 - Q_1^2} \tag{2-10-3}$$

$$H_x = H_1 + S_x Q_1^2 \tag{2-10-4}$$

（二）管道水力特性曲线

管道水力特性曲线是指管道通过流量 Q 时，所需要（或消耗）的总扬程，它包括两个方面：净扬程（进出水池水位差）和管路水头损失。管道水力特性曲线方程为：

$$H = H_{实} + SQ^2 \tag{2-10-5}$$

$$S = \sum \frac{\lambda L}{2gDA^2} + \frac{\sum \xi}{2gA^2} \tag{2-10-6}$$

$$\lambda = \frac{8g}{C^2} \tag{2-10-7}$$

式中 $H_{实}$——净扬程，m，$H_{实} = Z_{出} - Z_{进}$；

S——管路沿程和局部阻力参数之和，s^2/m^5。

（三）水泵运行工况分析

1. 水泵单机运行工况分析

泵站的工况就是泵站的实际工作流量和扬程，当水泵所能提供的扬程等于管道输水

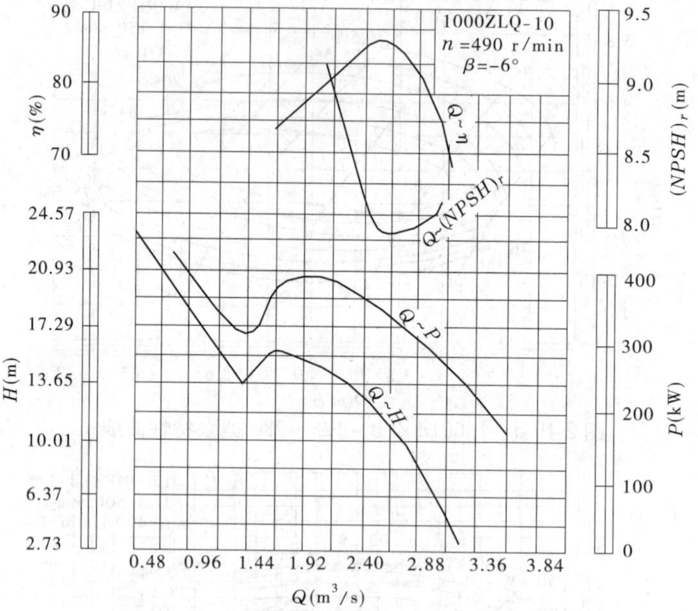

图 2-10-7　1000ZLQ－10 型泵特性曲线

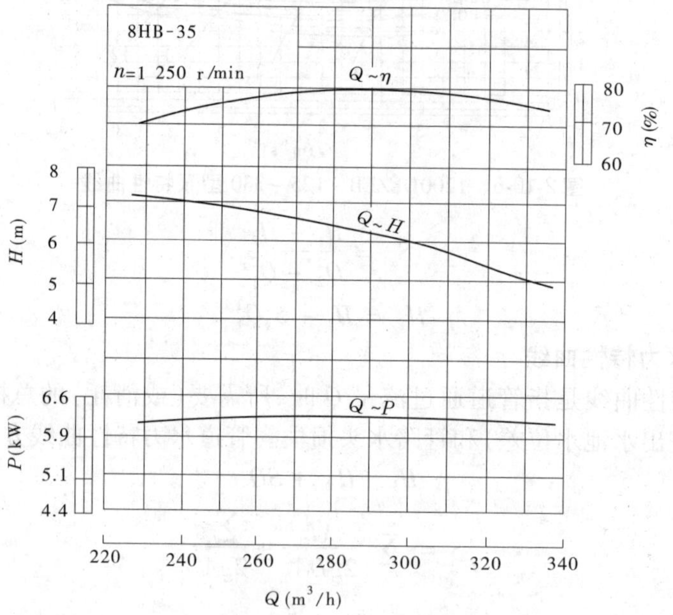

图 2-10-8　8HB－35 型泵特性曲线

所需的扬程时，对应的流量和扬程就是泵站实际工作流量和扬程。因此，水泵工况分析就是联立求解方程(2-10-2)和(2-10-5)，由此解得：

$$Q = \sqrt{\frac{H_x - H_{实}}{S_x + S}} \tag{2-10-8}$$

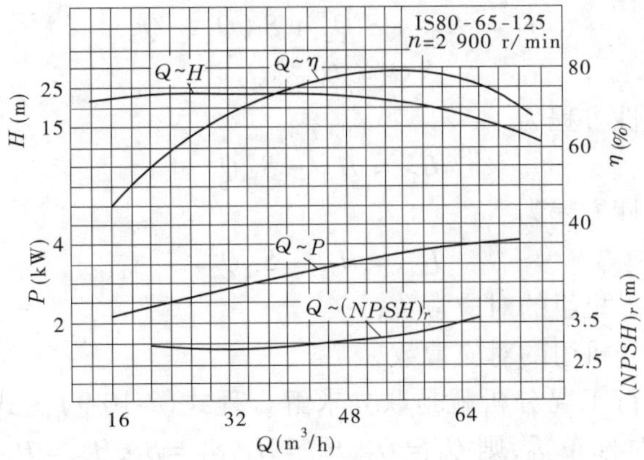

图 2-10-9　IS80－65－125 型泵特性曲线

将式(2-10-8)代入式(2-10-2)或式(2-10-5),即可求得 H。

以上求解,也可采用图解法,见图 2-10-10。

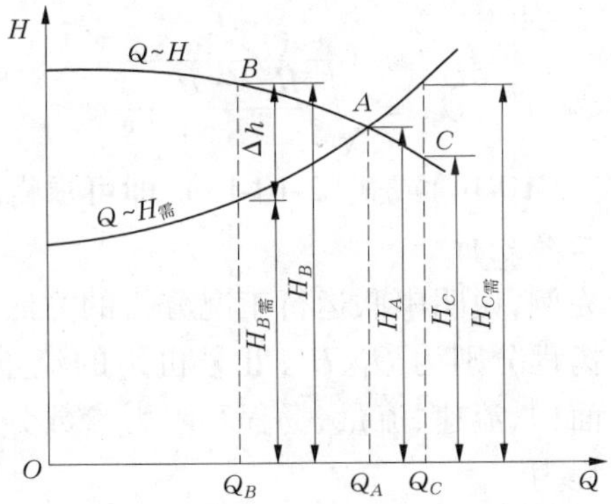

图 2-10-10　叶片泵工作点的确定

在 A 点水泵能提供的扬程等于管道输水所消耗的扬程,因此 A 点对应的流量 Q_A 和扬程 H_A 即为所求的工况点。图中的 B 点、C 点的水泵能提供的扬程均不等于管道输水所消耗的扬程,两点不稳定,因此是过渡点,而不是工况点。

2. 水泵多机并联运行工况分析

以两台机组并联运行为例,说明并联运行工况分析的方法。设两台机组分别为Ⅰ、Ⅱ号机组,Ⅰ号机组对应的支管长度、管径、管断面面积、流速、流量、扬程和阻力参数分别为 L_1、D_1、A_1、v_1、Q_1、H_1 和 S_1;Ⅱ号机组对应的支管长度、管径、管断面面积、流速、流量、扬程和阻力参数分别为 L_2、D_2、A_2、v_2、Q_2、H_2 和 S_2;总管对应的长度、管径、管断面面积、流速、流量、扬程和阻力参数分别为 L、D、A、v、Q、H 和 S。

并联运行各机组的输水路径是不同的,各自管道输水所需的扬程也是不同的。Ⅰ号机组输水路径是Ⅰ号机组对应的支管和总管;Ⅱ号机组输水路径是Ⅱ号机组对应的支管和总管。Ⅰ号机组管道水力特性曲线方程为

$$H_1 = H_{实} + S_1 Q_1^2 + S(Q_1 + Q_2)^2 \tag{2-10-9}$$

Ⅱ号机组管道水力特性曲线方程为

$$H_2 = H_{实} + S_2 Q_2^2 + S(Q_1 + Q_2)^2 \qquad (2\text{-}10\text{-}10)$$

$$Q = Q_1 + Q_2 \qquad (2\text{-}10\text{-}11)$$

Ⅰ号机组扬程特性方程为

$$H_1 = H_{x1} - S_{x1} Q_1^2 \qquad (2\text{-}10\text{-}12)$$

Ⅱ号机组扬程特性方程为

$$H_2 = H_{x2} - S_{x2} Q_2^2 \qquad (2\text{-}10\text{-}13)$$

式中 H_{x1}、S_{x1}——Ⅰ号机组的对应常数;

H_{x2}、S_{x2}——Ⅱ号机组的对应常数。

两台机组并联运行工况分析就是联立求解方程式(2-10-9)~式(2-10-13)。如果两机组型号相同,采用对称布置,则 $Q_1 = Q_2$, $H_1 = H_2$, $S_1 = S_2$, $H_{x1} = H_{x2}$, $S_{x1} = S_{x2}$,则方程式(2-10-9)、式(2-10-10)、式(2-10-12)和式(2-10-13)合并为:

$$H_1 = H_{实} + (S_1 + 4S) Q_1^2 \qquad (2\text{-}10\text{-}14)$$

$$H_1 = H_{x1} - S_{x1} Q_1^2 \qquad (2\text{-}10\text{-}15)$$

解得

$$Q_1 = \sqrt{\frac{H_{x1} - H_{实}}{S_x + S_1 + 4S}} \qquad (2\text{-}10\text{-}16)$$

将式(2-10-16)代入式(2-10-14)或式(2-10-15),即可求得 H_1。

3. 水泵多机串联运行工况分析

以两台机组串联运行为例,说明串联运行工况分析的方法。设两台机组分别为Ⅰ、Ⅱ号机组,Ⅰ号机组的流量、扬程分别为 Q_1、H_1;Ⅱ号机组的流量、扬程分别为 Q_2、H_2;管道对应的长度、管径、管断面面积、流速、流量、扬程和阻力参数分别为 L、D、A、v、Q、H 和 S。

管道水力特性曲线方程为

$$H = H_{实} + SQ^2 \qquad (2\text{-}10\text{-}17)$$

由于

$$Q = Q_1 = Q_2 \qquad (2\text{-}10\text{-}18)$$

那么,Ⅰ号机组扬程特性方程为

$$H_1 = H_{x1} - S_{x1} Q^2 \qquad (2\text{-}10\text{-}19)$$

Ⅱ号机组扬程特性方程为

$$H_2 = H_{x2} - S_{x2} Q^2 \qquad (2\text{-}10\text{-}20)$$

又由于

$$H = H_1 + H_2 \qquad (2\text{-}10\text{-}21)$$

那么,方程式(2-10-19)和式(2-10-20)合并为

$$H = H_{x1} + H_{x2} - (S_{x1} + S_{x2}) Q^2 \qquad (2\text{-}10\text{-}22)$$

由方程式(2-10-17)和式(2-10-22)解得

$$Q = \sqrt{\frac{H_{x1} + H_{x2} - H_{实}}{S_{x1} + S_{x2} + S}} \qquad (2\text{-}10\text{-}23)$$

将式(2-10-23)代入式(2-10-17)或式(2-10-22),即可求得 H。

(四)抽水装置与管道布置设计方案评价

工况分析可以计算得出水泵实际工作流量和扬程,根据流量可在特性曲线上查得其余参数:效率η、功率P和$(NPSH)_r$等。

按以上计算方法分析抽水装置与管道布置设计方案在不同工况下的运行工况的综合情况,分析各工况对应的流量Q、扬程H、效率η、功率P和$[NPSH]_r$等指标,进行综合评判,以确定抽水装置与管道布置设计方案是否满足设计要求。综合评判主要从以下几个方面开展。

1. 抽水功能

抽水装置与管道布置设计要满足用户或规划要求的抽水流量或扬程的要求。根据计算结果,分析在泵站进出水池的水位变化的过程中,水泵工作流量和扬程是否能满足排灌需要,特别是在设计工况下,必须满足用户或规划的要求。

2. 工作效率

抽水装置与管道布置设计方案要确保水泵在各种工况下,其运行效率都比较高,或均工作在高效率区。效率的大小与泵型有关,一般来说,水泵最高效率在80%~85%,因此在判断水泵是否满足高效率的要求时,一是看效率是否达到80%以上,二是看水泵工作点是否比较对称地分布在最高效率点的两侧。

3. 汽蚀参数

水泵的汽蚀参数为必需汽蚀余量$[NPSH]_r$或允许吸上真空度H_s,要分析水泵在工作中最不利的情况,判断其合理性与否,要看其对泵站基础工程的影响,不会增加基础工程量或增加少量的基础工程量,都是合理的;否则,需要修改设计方案。

任务二 进出水池设计

一、进水池设计

(一)复核水泵安装高程

在前一任务中已按进水口淹没要求,初步拟定水泵的安装高程,但是还需要进行复核,复核内容包括汽蚀、基础开挖情况。

水泵的安装高程是指水泵基准面的高程,见图2-10-11。

1. 按汽蚀要求

为了防止水泵发生汽蚀现象,需要限制水泵安装高程,水泵基准面到进水池最低水位的最大高差称为允许吸上高度$H_{允许}$,设进水池最低水位为∇_{min},则水泵(允许最高的)安装高程为

$$\nabla_a = \nabla_{min} + H_{允许} \tag{2-10-24}$$

式中 ∇_a——水泵(允许最高的)安装高程,m。

计算水泵(允许最高的)安装高程主要计算允许吸上高度$H_{允许}$,一般按两种方法计算,分别是必需汽蚀余量参数法和允许吸上真空度参数法。

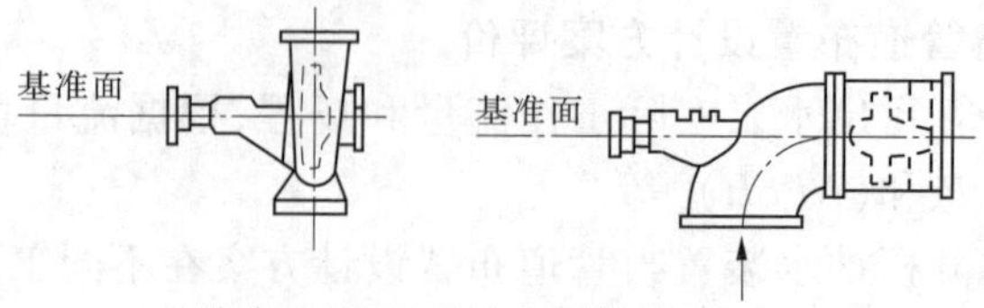

(a)卧式叶片泵(通过水泵轴线平面)

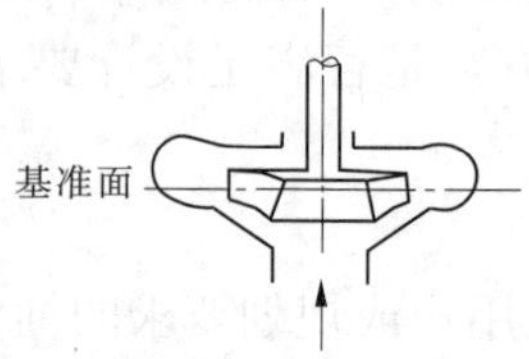

(b)立式离心泵与混流泵(通过第一级叶轮出口中心的水平面)

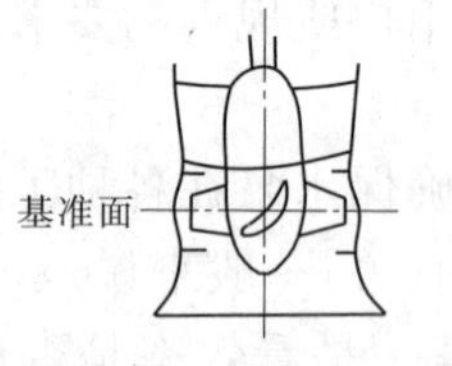

(c)立式轴流泵(通过叶轮轴线的水平面)

图 2-10-11 水泵基准面的高程

必需汽蚀余量参数法的计算公式为：

$$H_{允许} = 10.0 - \frac{\nabla_{min}}{900} - [NPSH]_r - h_{吸} \tag{2-10-25}$$

式中 $[NPSH]_r$——必需汽蚀余量，根据前面工况分析的结果，据工作流量从特性曲线上查得，或由厂家提供；

$h_{吸}$——吸水管的水头损失，m；

其余符号含义同前。

允许吸上真空度参数法的计算公式为：

$$H_{允许} = H_s - \frac{v_s^2}{2g} - h_{吸} \tag{2-10-26}$$

式中 H_s——允许吸上真空度，根据前面工况分析的结果，据工作流量从特性曲线上查得，或由厂家提供；

v_s——进口流速，m/s。

考虑海拔高程的影响，式(2-10-26)修改为

$$H_{允许} = H_s - \frac{\nabla_{min}}{900} - \frac{v_s^2}{2g} - h_{吸} \tag{2-10-27}$$

初定的安装高程低于按汽蚀条件计算的水泵(允许最高的)安装高程，则初定的安装高程满足防汽蚀条件，是安全的；否则，要降低初定的安装高程。

2. 按基础开挖要求

根据泵站站址的地形地质条件，分析初定的安装高程对基础工程的影响。如果安装高程很低，基础开挖量大，这时需要采取措施，提高安装高程，措施主要是针对汽蚀问题；如果安装高程过高，基础需要大量的回填工程，这时可以适当放低安装高程。

(二)进水池的高程确定

进水池的高程确定的基点是水泵安装高程∇_a,主要确定水泵进口或吸水管进口高程和进水池底板高程。

1. 水泵进口或吸水管进口高程

在本项目任务一已讲述过水泵进口或吸水管进口高程的确定方法。

2. 进水池底板高程

水泵进口或吸水管进口高程与进水池底板高程之间的高差,称为悬空高度。悬空高度影响进水池的流态,如图 2-10-12 所示。

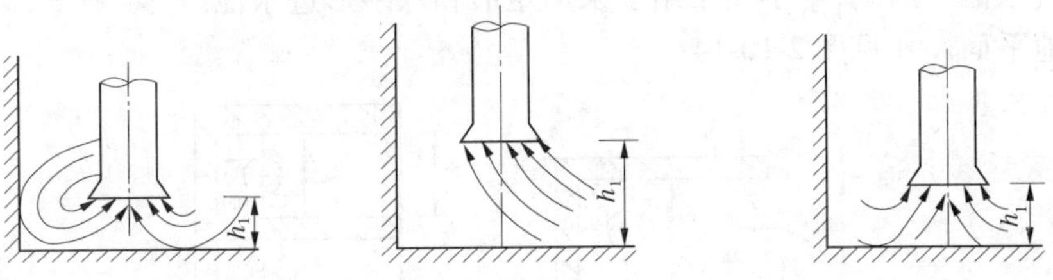

(a) (b) (c)

图 2-10-12 悬空高度对进水池流态的影响

图 2-10-12(a)悬空高度太小,流线过于弯曲,增加水头损失;图 2-10-12(b)悬空高度太大,形成单面进水,流态不对称、不稳定,容易产生振动和噪声;图 2-10-12(c)悬空高度适中,流态对称、稳定,进水条件良好。此外,悬空高度过小,会冲刷池底,还会将泥沙吸起;悬空高度过大,会增加进水池工程量。因此,合理确定悬空高度十分重要。

根据试验资料,悬空高度在(0.3~0.8)$D_{进}$时,效率比较高。对于中小型立式轴流泵站,一般建议悬空高度取为

$$h_{悬} = (0.3 \sim 0.5)D_{进} \tag{2-10-28}$$

对于卧式泵站,建议悬空高度取为

$$h_{悬} = (0.6 \sim 0.8)D_{进} \tag{2-10-29}$$

同时,考虑到安装、检修要求,立式轴流泵不宜小于 0.5 m,其他情况不宜小于 0.3 m。

3. 进水池边墙顶高程

根据泵站的防洪标准,并考虑河道、调蓄区的调蓄影响,计算内河的设计洪水及相应的水面线,确定进水池最高水位,加上安全超高即为进水池边墙顶高程,安全超高一般为 0.3~0.5 m。

(三)进水池平面尺寸

进水池平面形状有矩形、八字形、半圆形、圆形、平面对称蜗壳形和非对称蜗壳形,见图 2-10-13。进水池平面形状对进水室流态有影响,进水池的不利流态有边角处的漩涡和围绕水泵的回流,进水池平面形状的确定主要消除不利流态。矩形进水池的两角处会产生漩涡,还会形成围绕水泵的回流,其流态比较差。八字形、半圆形、圆形平面形状可以消除漩涡,但仍会产生回流。蜗壳形进水池可以消除漩涡和回流,流态最好。

在合理选择进水池平面尺寸的情况下,进水池平面形状对水泵装置效率影响不大。试验表明,对称蜗壳形进水池对水泵装置的效率较矩形进水池提高 2%~4%。

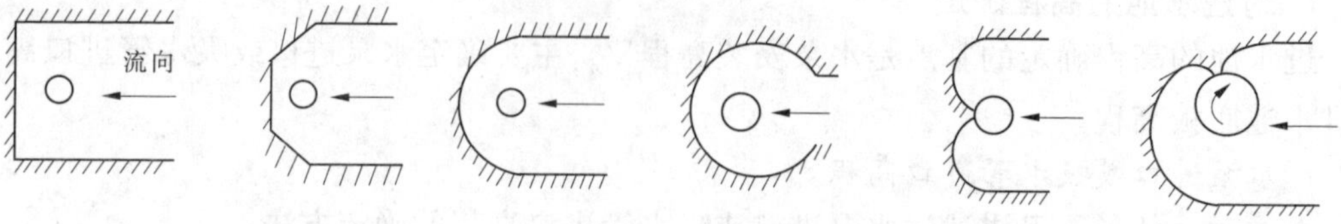

(a)矩形　(b)八字形　(c)半圆形　(d)圆形　(e)平面对称蜗壳形　(f)蜗壳形

图 2-10-13　进水池平面形状

由于矩形和八字形进水池的施工比较简便,只要合理确定平面尺寸,就可以选用矩形和八字形进水池。因此,中小型泵站多采用矩形和八字形进水池。

进水池平面尺寸见图 2-10-14。

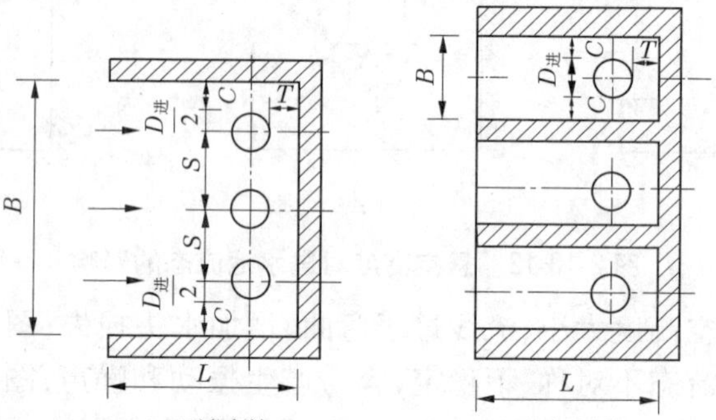

(a)无隔墩　(b)有隔墩

图 2-10-14　进水池平面尺寸

1. 宽度

进水池宽度包括边距、间距和泵进口直径。

当进水池有隔墩时,边距

$$C = D_{进} \tag{2-10-30}$$

机组间距

$$S = 2C + D_{进} + d \tag{2-10-31}$$

式中　d——隔墩厚度,m。

无隔墩时,边距

$$C = (0.5 \sim 1.0) D_{进} \tag{2-10-32}$$

机组间距

$$S \geqslant (2 \sim 2.5) D_{进} \tag{2-10-33}$$

此外,机组间距还要考虑上部结构的布置要求,例如,柱网的布置、机电设备检修和安装的要求、运行管理要求等。

进水池宽度

$$B = (n - 1)S + 2C + D_{进} + 2d \tag{2-10-34}$$

2. 厚壁距离 T

厚壁距离对漩涡、回流的形成有较大的影响,也关系到抽水装置的效率。根据试验研究,$T=0$ 的流态最好,但考虑到检修和安装的需要,一般 T 选为

$$T = (0 \sim 0.25)D_{进} \tag{2-10-35}$$

3. 进水池长度 L

确定进水池长度时要确保进水池的有效容积，计算公式为

$$L = K\frac{Q}{Bh} \tag{2-10-36}$$

式中　L——进水池长度，m；

Q——水泵站设计流量，m^3/s；

K——秒换水系数，当 $Q<0.5\ m^3/s$ 时，$K=25\sim30$，当 $Q>0.5\ m^3/s$ 时，$K=15\sim20$；

h——进水池设计水位对应的水深，m。

此外，进水池的最小长度为

$$L = 4.5D_{进} + T \tag{2-10-37}$$

二、出水池设计

（一）出水池的布置

1. 出水池的平面布置形式

出水池的平面布置形式是指出水管与出水渠的相对方向，有三种方式，见图 2-10-15。其中，图 2-10-15(a)为正向出水池，图 2-10-15(b)为侧向出水池，图 2-10-15(c)为多向出水池。出水池的平面布置形式的选择要根据出水管和出水渠道的布置与要求确定。

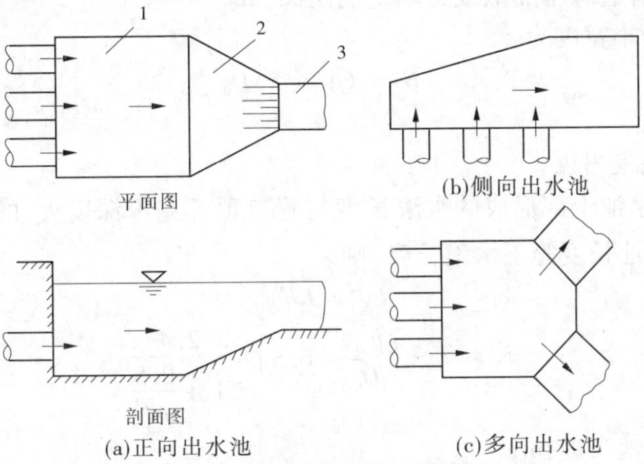

1—出水池；2—渐变段；3—干渠

图 2-10-15　出水池的平面布置形式

2. 出流方式

出水管出口布置可分为两种形式：一是布置在水面以下，称为淹没出流；二是布置在水面以上，称为自由出流。淹没出流时，水泵扬程随出水池水位而变，不会浪费扬程。自由出流时，水泵扬程高于实际所需扬程，造成扬程的浪费。所以，一般采用淹没出流形式。

3. 防止停泵逆流的方式

为了防止停泵时出水池水流倒灌，需要在出水管设置防止停泵逆流的设施，一般主要

采用逆止阀、拍门等设备。

(二)出水池的尺寸

1. 高程

1)出水管顶高程

淹没出流时,出水管顶应在最低水位以下,并保证有一定的淹没深度,最小淹没深度为

$$h_{淹小} = 0.1v_0^2 \tag{2-10-38}$$

式中　v_0——出水管口流速,m/s。

2)出水池底板高程

为防止管口淤塞和便于检修,出水池底板应低于出水管口 0.1 ~0.3 m,结合出水渠道的布置确定出水池底板高程。

3)出水池边墙顶高程

出水池最高水位是对应出水渠道最大流量时的水位或设计洪水位,出水池边墙顶高程为出水池最高水位加上超高 0.5 m。

2. 宽度

出水池宽度与出水管布置有关,正向出水池最小宽度为

$$B = (n - 1)\delta + n(D_0 + 2b) \tag{2-10-39}$$

式中　n——出水管根数;

δ——隔墩厚度,m;

D_0——出水管径,m;

b——出水管边缘至隔墩或边墙壁的距离,m。

侧向出水池最小宽度为

$$B = (4 \sim 5)D_0 \tag{2-10-40}$$

3. 长度

1)正向水平淹没出流

试验表明,出水池上部形成的水滚长度与管口顶部淹没深度 $h_{淹}$ 的 1/2 次方成正比,见图 2-10-16,出水池长度等于水滚长度,则

$$L_K = Kh_{淹}^{0.5} \tag{2-10-41}$$

$$K = 7 - \left(\frac{h_{坎}}{D_0} - 0.5\right) \times \frac{2.4}{1 + \frac{0.5}{m^2}} \tag{2-10-42}$$

式中　L_K——出水池长度,m;

K——试验系数;

m——出水池末段底坡坡比,$m = \frac{h_{坎}}{L_{坎}}$;

$h_{坎}$——坎台高度,m;

$L_{坎}$——坎台长度,m。

式(2-10-41)适用于 $v_0 < 1.5$ m/s。当 $v_0 > 1.5$ m/s 时,采用式(2-10-43)计算:

$$L_K = K\left(h_{淹} + \frac{v_0^2}{2g}\right) \tag{2-10-43}$$

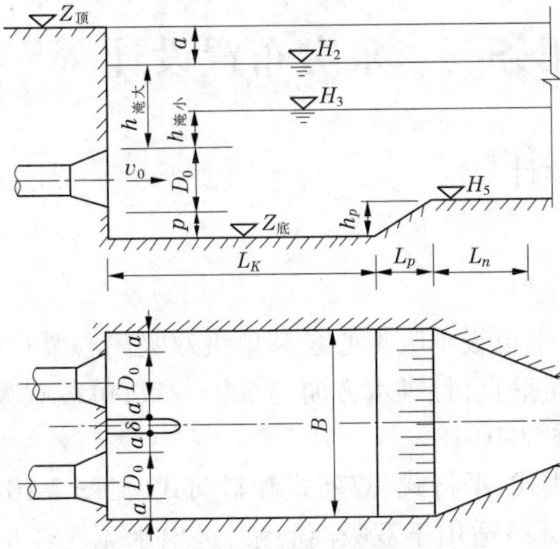

图 2-10-16 出水池尺寸示意

当 $m=0$ 或 $h_{坎}\leqslant 0.5D_0$ 时

$$L_K = 7\left(h_{淹} + \frac{v_0^2}{2g}\right) \tag{2-10-44}$$

当 $m=\infty$ 时

$$L_K = \left(8 - 2.4\frac{h_{坎}}{D_0}\right)\left(h_{淹} + \frac{v_0^2}{2g}\right) \tag{2-10-45}$$

2)正向斜向淹没出流

$$L_K = \frac{h_{坎} - P}{\tan\alpha} + 2(3D_0 - h_{坎}) \tag{2-10-46}$$

式中 α——出水管轴线与水平向的夹角。

3)侧向水平淹没出流

当侧向水平淹没出流时,出水池的长度为:

$$L_K = (n+6)D_0 + (n-1)S \tag{2-10-47}$$

式中 S——出水管之间的净距,m。

侧向水平淹没出流时出水池的尺寸见图 2-10-17。

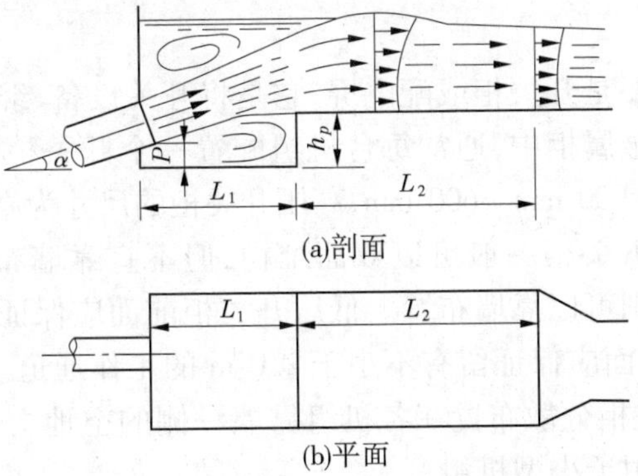

图 2-10-17 侧向水平淹没出流时出水池的尺寸

任务三 泵房布置设计

一、卧式泵房的布置设计

(一)泵房布置

1. 主机组布置

离心泵多为卧式机组,其中单级单吸离心泵和单级双吸离心泵在布置上有所不同,单级单吸离心泵的进出水管相互垂直,且进水方向与泵轴一致;单级双吸离心泵的进出水管方向一致,且与泵轴垂直,见图2-10-18。

主机布置方式主要有直线式、平行式、双列式和斜向式,见图2-10-18。

直线布置(见图2-10-18(a))适用于双吸离心泵,进出水流比较平顺,便于管线布置,但是泵房相对较长,机组较多时可采用双列布置(见图2-10-18(c))或斜向布置(见图2-10-18(d))的,可以缩短厂房长度。

平行布置(见图2-10-18(b))适用于单吸离心泵,进出水流比较平顺,便于管线布置,但是泵房相对较宽,跨度比较大。

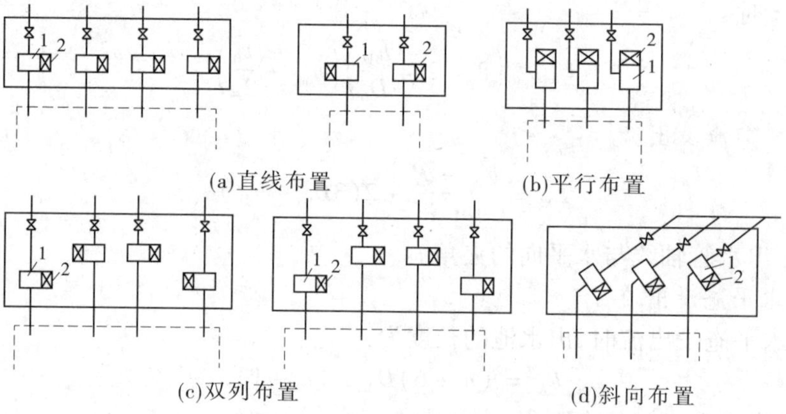

1—水泵;2—电动机

图2-10-18 主机布置方式

2. 电气设备布置

水泵的电气设备主要是开关柜或配电屏,它是将开关设备、继电设备、测量设备、控制设备集成布置在封闭的金属柜中,通常每台机组配置一个开关柜。低压开关柜的尺寸为高×宽×厚=2 140 mm×900 mm×600 mm,高压开关柜的尺寸为高×宽×厚=3 100 mm×1 200 mm×1 200 mm。开关柜一般可以双面维护,但不宜靠墙布置,且距离墙面不小于0.8 m。若是单面维护,则可以靠墙布置。低压开关柜前面应保证留有不小于1.5 m的工作通道,而高压开关柜前面应保证留有不小于2.0 m的工作通道。

(1)分散布置。开关柜分散布置在各机组靠墙一侧的空地上,开关柜靠近电机,便于就近管理。分散布置适用于小型机组。

(2)集中布置。为了便于集中管理,大中型泵站一般将所有开关柜集中在一起布置。

布置位置可以是泵房的一端或一侧。布置在一端，可以减小泵房宽度，泵房两侧均可开窗，有利于泵房的通风和采光。但配电室远离泵房，线路较长，工作人员对机组监控不便，适用于机组台数较少的泵站。布置在一侧，则需要加宽泵房，影响泵房通风和采光，但便于管理，适用于机组台数多的泵站。

3. 检修间

检修间是专门用于机组安装、检修的场所，为了便于吊运部件和对外交通，一般在泵房的一端设置检修间。检修间要与进厂公路连接，要设置进场大门；为便于布置起吊设备，检修间应与泵房同宽，长度应满足一台机组的安装检修需要，同时为了配合泵房柱网的布置，一般取 1 ~2 个机组段长。

4. 交通布置

泵房内交通通道包括吊物通道和工作通道。吊物通道设置在泵房的上游侧或下游侧，按吊物需要布置，并与纵向工作通道相结合，宽度不小于 1.5 m。设备四周还要留有不小于 0.7 m 的维护通道。

5. 起重设备

为了便于泵房内各种机电设备的安装和检修，需要设置泵房内的起重设备。起重设备有手动葫芦、单轨吊车、桥式吊车三种形式。

手动葫芦可以采用固定吊点或临时搭起三脚架，适用于起吊重量小于 10 kN 的泵站。

单轨吊车，见图 2-10-19，是由轨道、手动小车和起吊葫芦组成的。起吊范围限制在轨道沿线，适用于起吊重量在 10 ~20 kN 的泵站。

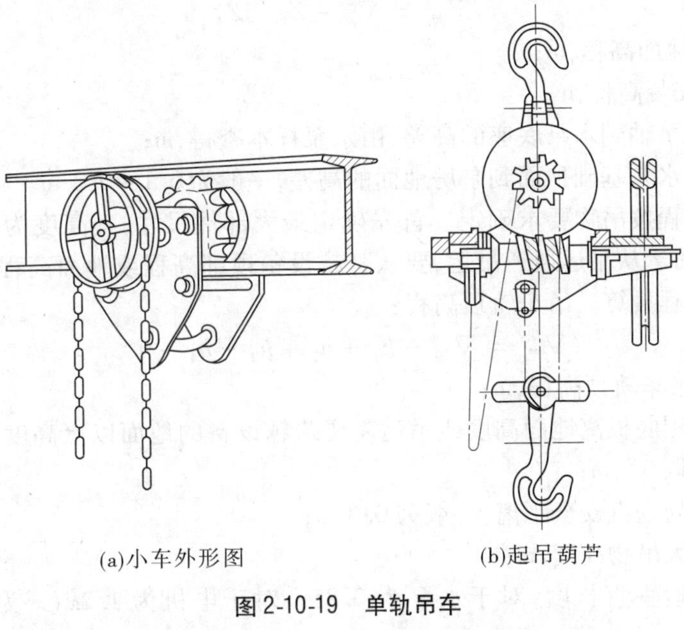

(a)小车外形图　　(b)起吊葫芦

图 2-10-19　单轨吊车

桥式吊车，见图 2-10-20。吊车轨道安装在泵房两侧的吊车梁上，吊车梁则支承在立柱的牛腿上。大车沿轨道来回行驶，小车在大车上左右移动。桥式吊车的起吊范围可以到达泵房的各个位置，适用于起吊重量大于 20 kN 的泵站。

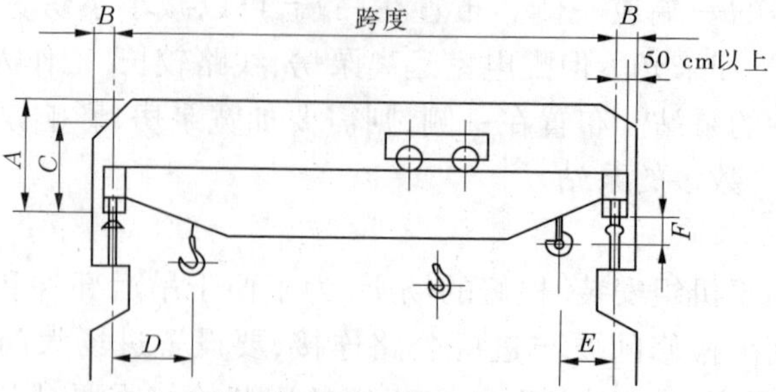

图2-10-20　桥式吊车

6. 其他

离心泵需要充水才能启动,当离心泵的叶轮直径大于300 mm时,需要用真空泵来抽气充水。充水设备按机电设备有关设计要求来布置。泵房内机组的漏水和废水排除需要设置一定的排水沟和集水井。此外,厂房内的通风、采光设施按一般工业厂房的要求布置。

(二)泵房尺寸确定

泵房上部结构各部分尺寸见图2-10-21。

1. 高程

水泵的安装高程一经确定,以此为基准,可以推算其余高程。

泵房地面高程根据水泵安装图要求(安装图一般给出安装高程与地面的高差)和安装高程确定地面高程。

$$\nabla_{地} = \nabla_{a} - Z_1 - Z_2 \tag{2-10-48}$$

式中　$\nabla_{地}$——地面高程,m;

∇_{a}——安装高程,m;

Z_1——从泵轴到水泵底座的高差,由水泵样本查得,m;

Z_2——从水泵基础顶面到泵房地面的高差,一般为0.1~0.3 m。

吊车轨顶高程按吊物要求确定。首先确定最大部件尺寸,其高度为h_3,其次要考虑起吊方式,检修吊运从吊运通道吊运,要从跨越设备顶部高程或地面高程推算;装卸吊运要从车厢底板高程推算。吊车轨顶高程:

$$\nabla_{轨} = \nabla_{地} + h_1 + h_2 + h_3 + h_4 + h_5 \tag{2-10-49}$$

式中　$\nabla_{轨}$——吊车轨顶高程,m;

h_1——车厢底板离地面高度或吊运需要跨越设备的地面以上高度(不需跨越设备时取0),m;

h_2——吊物垂直安全距离,一般为0.3 m;

h_3——最大吊物高度,m;

h_4——绳索垂直长度,对于水泵为0.85x,对于电机为1.2x(x为起吊部件的宽度),m;

h_5——吊钩到轨顶的最小距离,m。

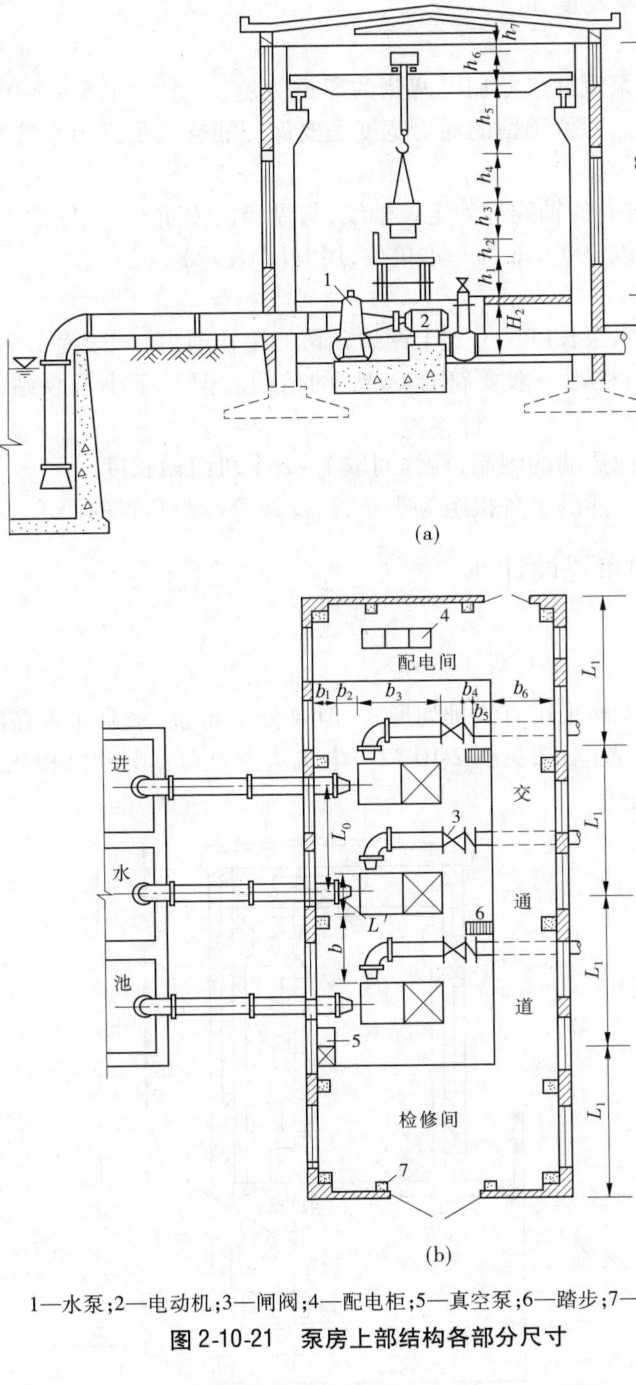

1—水泵;2—电动机;3—闸阀;4—配电柜;5—真空泵;6—踏步;7—抗风柱

图 2-10-21　泵房上部结构各部分尺寸

屋面高程:

$$\nabla_{屋} = \nabla_{轨} + h_6 + h_7 + h_8 \tag{2-10-50}$$

式中　$\nabla_{屋}$——泵房屋面高程,m;

h_6——轨顶面到吊车顶部的高度,m;

h_7——吊车顶部到屋面大梁底的安全距离,一般为 0.3 m;

h_8——屋面大梁高度,m。

2. 宽度

泵房宽度根据水泵宽度尺寸加上两侧的通道宽度,一般为1.5~2.0 m,再加上泵房围护结构厚度来确定。两侧预留的通道宽度还要保证能够满足进出水管及其附件的布置要求,否则应加宽。

另外,泵房跨度方向的轴线称为定位轴线,与纵墙内皮重合,一般取$30M_0$的倍数(我国规定的统一模数制以100 mm为基本单位,用"M_0"表示)。

3. 长度

水泵机组间距由水泵长度尺寸加上两边预留的工作通道(一般为1.0~2.0 m)确定,并结合柱距布置要求,柱距一般要符合$60M_0$的倍数。但对于小型泵站,最小柱距可取4.0 m。

边机组段还要考虑边墙的限制,检修间取1~2个机组段长度。

泵房长度确定最好能满足各机组等距布置、排架等柱距布置的要求。

二、立式泵房的布置设计

(一)泵房布置

1. 主机组布置

立式机组平面布置均采用直线排列形式,但要分层布置,水泵布置在底层的泵室,泵室正上方为电机层,布置电机,见图2-10-22。电机层主要布置电动机和开关设备,且与地面同高,便于对外交通。

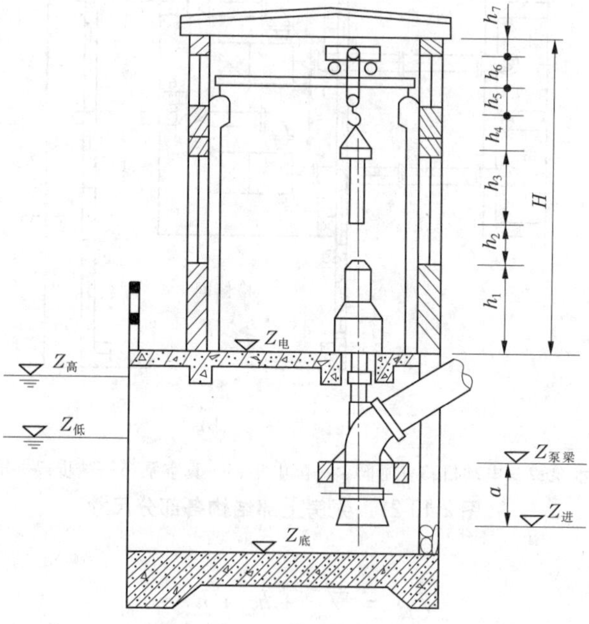

图2-10-22 立式机组泵房

2. 电气设备布置

为了便于集中管理,一般将所有开关柜集中布置在电机层。布置位置可以是电机层的一端或一侧，与卧式机组布置类同。

3. 检修间

一般在电机层的一端设置检修间。检修间要与进厂公路连接，要设置进场大门；为便于布置起吊设备，检修间应与泵房同宽，长度应满足一台机组安装检修需要，同时为了配合泵房柱网的布置，一般取 1～2 个机组段长。

4. 交通布置

电机层内交通通道包括吊物通道和工作通道。吊物通道设置在泵房的上游侧或下游侧，按吊物需要布置，并与纵向工作通道相结合，宽度不小于 1.5 m。设备四周还要留有不小于 0.7 m 的维护通道。

5. 其余的布置

与卧式机组的要求相同。

（二）泵房尺寸确定

泵房上部结构各部分尺寸见图 2-10-21。

1. 高程

电机层地面高程：根据泵轴长度和安装高程确定电机层地面高程，并要求不低于泵房外地面高程，必要时可以加长泵轴。

吊车轨顶高程：按吊物要求确定，计算方法与卧式机组相同，按式(2-10-49)计算。

屋面高程：计算方法与卧式机组相同，按式(2-10-50)计算。

2. 宽度

泵房宽度根据水泵宽度尺寸，加上两侧的通道宽度，一般为 1.5～2.5 m，再加上泵房围护结构厚度来确定。两侧预留的通道宽度还要保证能够满足进出水管及其附件布置要求，否则应加宽。

另外，泵房跨度方向的轴线称为定位轴线，与纵墙内皮重合，一般取 $30M_0$ 的倍数（我国规定的统一模数制以 100 mm 为基本单位，用“M_0”表示）。

3. 长度

电机层布置计算与卧式泵相同，但立式机组还要考虑进水池的布置长度，通过调整，使上下结构对齐。

参 考 文 献

[1] 宋东辉,吴伟民. 水利水电工程建筑物[M]. 郑州:黄河水利出版社,2009.

[2] 杨邦柱,焦爱萍. 水工建筑物[M]. 北京:中国水利水电出版社,2005.

[3] 王英华. 水工建筑物[M]. 北京:中国水利水电出版社,2002.

[4] 孙明权. 水工建筑物[M]. 2 版. 北京:中央广播电视大学出版社,2006.

[5] 林继镛. 水工建筑物[M]. 4 版. 北京:中国水利水电出版社,2006.

[6] 汤能见,吴伟民. 水工建筑物[M]. 北京:中国水利水电出版社,2005.

[7] 吴媚玲. 水工建筑物(上、下册)[M]. 北京:清华大学出版社,1991.

[8] 高必仁. 水工建筑物[M]. 北京:中国水利水电出版社,2003.

[9] 郭宗闵. 水工建筑物[M]. 北京:中国水利水电出版社,1995.

[10] 陈宝华,张世儒. 水闸[M]. 北京:中国水利水电出版社,2003.

[11] 潘家铮. 重力坝[M]. 北京:水利电力出版社,1983.

[12] 匡会健. 水电站[M]. 北京:中国水利水电出版社,2002.